Das Tierreich

Eine Zusammenstellung und Kennzeichnung der rezenten Tierformen

Gegründet von der Deutschen Zoologischen Gesellschaft

Im Auftrage der

Preußischen Akademie der Wissenschaften zu Berlin

herausgegeben von

F. E. Schulze (†), W. Kükenthal (†)

fortgesetzt von **K. Heider,** seit 1927 von **R. Hesse**

Schriftleiter: **C. Apstein**

Seit Linnés Systema naturae ist die Zahl der bekannten Tierformen so angewachsen, daß eine neue, umfassende Übersicht des Systems, die als Abschluß der bisherigen und als Grundlage künftiger systematischer Forschung dienen kann, ein dringendes Bedürfnis geworden ist. Um diese Aufgabe zu erfüllen, hatte die Deutsche Zoologische Gesellschaft das vorliegende Werk gegründet und dessen wissenschaftliche Leitung Herrn Geh. Reg.-Rat Prof. **F. E. Schulze** in Berlin anvertraut. Das gewaltige Unternehmen fand die Unterstützung der Preußischen Akademie der Wissenschaften, die in Würdigung der Bedeutung des Werkes im Jahre 1902 die Herausgabe übernommen hat.

Die Herausgabe findet in Lieferungen statt, die je eine oder mehrere nahestehende Gruppen behandeln, jedoch unabhängig von einer systematischen Folge erscheinen.

Jede Lieferung ist einzeln käuflich. Dem Umfang entsprechend ist der Preis der Lieferungen verschieden; **jedoch wird den Subskribenten, die sich für die Abnahme von fünf hintereinander erscheinenden Lieferungen verpflichten, ein Nachlaß von zwanzig Prozent des bei Ausgabe der Lieferung festgesetzten Ladenpreises gewährt.**

Nach einer Umfrage bei den bisherigen Bearbeitern haben folgende Herren ihre Mitarbeit zugesagt, resp. neue Bearbeiter sind hinzugekommen:

Bearbeiter: Dr. **E. Ahl** in Berlin, Dr. **W. Arndt** in Berlin, Graf Dr. **C. Attems** in Wien, **R. S. Bagnall** und **Hood** in Oxford, England, Prof. **Bischoff** in Berlin, Prof. **Boschma** in Leiden, Lehrer **H. Fahrenholz** in Hannover, Prof. Dr. **H. Friese** in Schwerin, Lehrer **H. Gebien** in Hamburg, Dir. **E. Hartert** in Tring, Dr. **C. E. Hellmayr** in München, Prof. **A. Jacobi** in Dresden, Dr. **K. Jordan** in Tring, Hauptlehrer **Fr. Kiefer** in Dilsberg bei Heidelberg, Prof. **C. A. Kofoid** in Berkeley (California), Dr. **H. A. Krauss** in Tübingen, Prof. **T. Krumbach** in Berlin, Dr. **H. Kuntzen** in Berlin, Prof. **A. Laubmann** in München, Dir. Prof. **H. Lohmann** in Hamburg, Prof. Dr. **T. Mortensen** in Kopenhagen, Dr. **E. Neresheimer** in Wien, **W. D. Pierce** in Washington, Dr. **E. Reisinger** in Köln, Prof. **L. Rhumbler** in Hannov.-Münden, Lord **W. Rothschild** in Tring, Dr. **F. A. Schilder** in Naumburg/Saale, Prof. **O. Schmiedeknecht** in Blankenburg, Prof. **E. Stechow** in München, Dr. **O. Steinböck** in Innsbruck, Dr. **H. Stichel** in Berlin-Lichterfelde-Ost, Dr. **T. Stingelin** in Olten, Konrektor **H. Stitz** in Berlin, Dr. **E. Stresemann** in Berlin, Prof. **J. Thiele** in Berlin, Schuldirektor **S. Thor** in Oslo, Dr. **G. Ulmer** in Hamburg, **K. Viets** in Bremen, Prof. **F. Werner** in Wien.

Siehe auch S. 3 des Umschlags!

Das Tierreich

Eine Zusammenstellung und Kennzeichnung der rezenten Tierformen

Gegründet von der Deutschen Zoologischen Gesellschaft

Im Auftrage der

Preußischen Akademie der Wissenschaften zu Berlin

herausgegeben von

F. E. Schulze (†), W. Kükenthal (†)

fortgesetzt von **K. Heider**, seit 1927 von **R. Hesse**

Schriftleiter: **C. Apstein**

„Πάντα ῥεῖ“ *„Sine systemate chaos“*

54. Lieferung

Myriapoda

2. Scolopendromorpha

bearbeitet von

Dr. Graf Attems
Wien

Mit 387 Abbildungen

Berlin und Leipzig 1930

Walter de Gruyter & Co.

vormals G. J. Göschen'sche Verlagshandlung — J. Guttentag, Verlagsbuchhandlung
Georg Reimer — Karl J. Trübner — Veit & Comp.

Ausgegeben Juni 1930

Das Tierreich

Im Auftrage der

Preußischen Akademie der Wissenschaften zu Berlin

herausgegeben von

F. E. Schulze (†), W. Kükenthal (†)

fortgesetzt von **K. Heider,** seit 1927 von **R. Hesse**

Schriftleiter: **C. Apstein**

54. Lieferung

Myriapoda

2. Scolopendromorpha

bearbeitet von

Dr. Graf Attems
Wien

Mit 387 Abbildungen

Berlin und Leipzig 1930

Walter de Gruyter & Co.

vormals G. J. Göschen'sche Verlagshandlung — J. Guttentag, Verlagsbuchhandlung
Georg Reimer — Karl J. Trübner — Veit & Comp.

Ausgegeben Juni 1930

Druck: August Hopfer, Burg Bz. Mgdbg.

Inhalt

Die Literatur wurde bis Anfang 1930 berücksichtigt.

S. 97. **Cormocephalus (C.) michaelseni** Krpln. 1908 muß wegen **Cormocephalus (H.) michaelseni** Att. 1903 S. 112 einen neuen Namen erhalten, ich nenne ihn:
C. (H.) **Kraepelini** nom. nov. Att.

Literatur-Kürzungen

Abh. Mus. Dresden — Abhandlungen und Berichte des Königlichen zoologischen und anthropologisch-ethnographischen Museums zu Dresden. Berlin. 4.
Abh. Senckenb. Ges. — Abhandlungen, herausgegeben von der Senckenbergischen naturforschenden Gesellschaft. Frankfurt a. M. 4.
Abh. Ver. Bremen — Abhandlungen, herausgegeben vom naturwissenschaftlichen Vereine zu Bremen. Bremen. 8.
Agassiz, Nomencl. zool. — Nomenclator zoologicus, continens Nomina systematica Generum Animalium tam viventium quam fossilium. Auctore L. Agassiz. 1 Vol. & Index universalis. Soloduri. 1842—46, 46. 4.
Alluaud & Jeannel, Voy. Afr. Or. — Voyage de Ch. Alluaud et R. Jeannel en Afrique Orientale 1911—1912. Résultats scientifiques. Paris. 1914—.... 8.
Ann. ent. Soc. Amer. — Annals of the entomological Society of America. Columbus. 8.
Ann. gén. Sci. phys. — Annales générales des Sciences physiques. Bruxelles. 8.
Ann. Mus. Genova — Annali del Museo civico di Storia naturale di Genova. Genova. 8.
Ann. nat. Hist. — The Annals and Magazine of natural History, including Zoology, Botany, and Geology. London. 8.
Ann. S. Afr. Mus. — Annals of the South African Museum. Cape Town. 8.
Ann. Sci. nat. — Annales des Sciences naturelles. — [Sér. 2—4:] Zoologie ([Sér. 5 & sequ.:] Zoologie et Paléontologie). Paris. 8.
Ann. Soc. ent. France — Annales de la Société entomologique de France. Paris. 8.
Ann. Transvaal Mus. — Annals of the Transvaal Museum. Pretoria. 8.
Arch. ent. — Archives entomologiques ou Recueil contenant des Illustrations d'Insectes nouveaux ou rares. Paris. 8.
Arch. Naturg. — Archiv für Naturgeschichte. Berlin. 8.
Arch. Zool. expér. — Archives de Zoologie expérimentale et générale. Paris. 8.
Ark. Zool. — Arkiv för Zoologi utgifvet af K. Svenska Vetenskaps-Akademien. Stockholm. 8.
Atti Acc. Napoli — Società Reale di Napoli. Atti della Reale Accademia delle Scienze fisiche e matematiche. Napoli. 4.
Beitr. Land-Süßw.-Fauna D.-S.-W.-Afr. — Beiträge zur Kenntnis der Land- und Süßwasserfauna Deutsch-Südwestafrikas. Ergebnisse der Hamburger Deutsch-südwestafrikanischen Studienreise 1911. Herausgegeben von W. Michaelsen. Hamburg. 8.
Berlese, A. M. S. — Antonii Berlesii, Acari, Myriopoda et Scorpiones hucusque in Italia reperta. Fasc. 1—101. Patavii, Portici. 1882—1903. 8.
Berlin. ent. Z. — Berliner entomologische Zeitschrift. Berlin. 8.
Bih. Svenska Ak. — Bihang till Kongl. Svenska Vetenskaps-Akademiens Handlingar. — Afdelning 4, Zoologi. Stockholm. 8.
Bijdr. Dierk. — Bijdragen tot de Dierkunde. Uitgegeven door het [Koninklijk zoologisch] Genootschap Natura Artis Magistra], te Amsterdam]. Amsterdam. 4.
Biol. Centr.-Amer. — Biologia Centrali-Americana; or, Contributions to the Knowledge of the Fauna and Flora of Mexico and Central-America. Edited by F. Ducane Godman [and Osbert Salvin]. London. 4.
Boll. Laborat. Zool. Portici — Bollettino del Laboratorio di Zoologia generale e agraria della R. Scuola superiore d'Agricoltura in Portici. Portici. 8.

Boll. Mus. Torino — Bollettino dei Musei di Zoologia ed Anatomia comparata della Reale Università di Torino. Torino. 8.

Boll. Soc. Rom. zool. — Bollettino della Società Romana per gli Studi zoologici. Roma. 8.

Brandt, Recu. Mém. — Recueil de Mémoires relatifs à l'Ordre des Insectes Myriapodes et lus à l'Académie Impériale des Sciences de St.-Pétersbourg. St.-Pétersbourg & Leipsik. 1841. 8.

Extrait du Bulletin scientifique publié par l'Académie Impériale des Sciences de St.-Pétersbourg. *v.* 5—9.

Bronn, Kl. Ordn. — H. G. Bronn's Klassen und Ordnungen des |Thier |Tier |-Reichs, wissenschaftlich dargestellt in Wort und Bild. Leipzig, Heidelberg. 8.

Bull. Ac. Belgique — Bulletins de l'Académie Royale des Sciences, des Lettres et des Beaux-Arts de Belgique. Bruxelles. 8.

Bull. Ac. St.-Pétersb. — Bulletin de l'Académie Impériale des Sciences de St.-Pétersbourg. St.-Pétersbourg. 4 (8).

Bull. Amer. Mus. — Bulletin of the American Museum of natural History. New York. 8.

Bull. Liverp. Mus. — Bulletin of the Liverpool Museum. Liverpool. 8.

Bull. Mus. Harvard — Bulletin of the Museum of comparative Zoology at Harvard College, in Cambridge. Cambridge, Mass., U. S. A. 8.

Bull. Soc. ent. France — Bulletin des Séances et Bulletin bibliographique de la Société entomologique de France. Paris. 8.

Bull. Soc. ent. Ital. — Bullettino della Società entomologica Italiana. Firenze. 8.

Bull. Soc. Moscou — Bulletin de la Société Impériale des Naturalistes de Moscou. Moscou. 8.

Bull. Soc. Rouen — Bulletin de la Société des Amis des Sciences naturelles de Rouen. Rouen. 8.

Bull. Soc. Toulouse — Bulletin de la Société d'Histoire naturelle de Toulouse. Toulouse. 8.

Bull. Soc. zool. France — Bulletin de la Société zoologique de France. Paris. 8.

Bull. U. S. Mus. — Bulletin of the United States national Museum. Washington. 8.

Canad. Ent. — The Canadian Entomologist. Toronto (London). 8.

Cook, Brandtia — Brandtia. A Series of occasional Papers on Diplopoda and other Arthropoda. By O. F. Cook. Huntington, New York. 1896, 97. 8.

Costa, Cenni zool. — Oronzio Gabriele Costa, Cenni zoologici, ossia Descrizione sommaria delle Specie nuove di Animali discoperti in diverse Contrade del Regno nell' Anno 1834. Napoli. 1834. 12.

Cuvier, Règne an. — Le Règne animal distribué d'après son Organisation, pour servir de Base à l'Histoire naturelle des Animaux et d'Introduction à l'Anatomie comparée. Par [Georges] Cuvier. Tom 1—4. Paris. 1817. 8.

G. Cuvier, Règne an., ed. 2 — Le Règne animal distribué d'après son Organisation, pour servir de Base à l'Histoire naturelle des Animaux et d'Introduction à l'Anatomie comparée. Par [Georges] Cuvier. Nouvelle Édition, revue et augmentée. [Tom. 4 & 5:] Par [Pierre André] Latreille. Tom. 1—5. Paris. 1829, 29, 30, 29, 29. 8.

*G. Cuvier, Règne an., ed. 4**) — Le Règne animal distribué d'après son Organisation, pour servir de Base à l'Histoire naturelle des Animaux, et d'Introduction à l'Anatomie comparée. Par [Georges] Cuvier. [4.] Édition accompagnée de Planches gravées, ... par une Réunion de Disciples de Cuvier. Paris. 1836—49. 4.

Daday, Myr. Regni Hungar. — Myriopoda Regni Hungariae. E Commissione Regiae Societatis Hungaricae Scientiarum Naturalium. Elaboravit Eugenius Daday de Deés. Budapest. 1889. 4.

Denk. Ges. Jena — Denkschriften der medicinisch-naturwissenschaftlichen Gesellschaft zu Jena. Jena. 4.

---

*) Diese Ausgabe ist bisher als „ed. 3" aufgeführt gewesen. Es gibt aber eine Ausgabe Bruxelles 1836, die mit „3 Edition" auf dem Titel bezeichnet ist, so daß die zuerst genannte Ausgabe von jetzt ab als „ed. 4" zitiert werden wird.

Edinb. Enc. — The Edinburgh Encyclopaedia; conducted by David Brewster. With the Assistance of Gentlemen eminent in Science and Literature. Vol. 1—18. Edinburgh. 1830 [1809—31]. 4.

Ent. News Philad. — Entomological News [and Proceedings of the entomological Section of the Academy of natural Sciences of Philadelphia]. Philadelphia. 8.

Ent. Tidskr. — Entomologisk Tidskrift. På Föranstaltande af entomologiska Föreningen i Stockholm. Stockholm. 8.

Ent. Zeit. Stettin — Entomologische Zeitung. Herausgegeben von dem entomologischen Vereine zu Stettin. Stettin. 8.

Ergeb. Schwed. Exp. Kilimandjaro — Wissenschaftliche Ergebnisse der Schwedischen zoologischen Expedition nach dem Kilimandjaro, dem Meru und den umgebenden Massaisteppen Deutsch-Ostafrikas 1905—1906, unter Leitung von Yngve Sjöstedt. Herausgegeben mit Unterstützung von der Königl. Schwedischen Akademie der Wissenschaften. Stockholm. 4.

Expl. Algérie — Exploration scientifique de l'Algérie pendant les Années 1840, 41, 42. Publiée par Ordre du Gouvernement et avec le Concours d'une Commission académique. — Sciences physiques. Zoologie. 9 Vol. & Atlas. Paris. 1844—67. 4.

Expl. Algérie, An. artic. — Exploration scientifique de l'Algérie pendant les Années 1840, 41, 42. Publiée par Ordre du Gouvernement et avec le Concours d'une Commission académique. — Sciences physiques. Zoologie. I—IV. Histoire naturelle des Animaux articulés par H. Lucas. Partie 1—3; Atlas. Paris. 1849 [1845—49]. 4.

Fabricius, Ent. syst. — Joh. Christ. Fabricii Entomologia systematica emendata et aucta. Secundum Classes, Ordines, Genera, Species adjectis Synonimis, Locis, Observationibus, Descriptionibus. Tom. 1—4. [Cum Ind.:] Index alphabeticus in J. C. Fabricii Entomologiam systematicam, emendatam et auctam, Ordines, Genera et Species continens. [Cum Suppl.:] Joh. Christ. Fabricii Supplementum Entomologiae systematicae. [Cum Ind. Suppl.:] Index alphabeticus in J. C. Fabricii Supplementum Entomologiae systematicae, Ordines, Genera et Species continens. Hafniae. 1792, 93, 93/94, 94; 96; 98; 99. 8.

Fabricius, Syst. Ent. — Io. Christ. Fabricii Systema Entomologiae, sistens Insectorum Classes, Ordines, Genera, Species, adiectis Synonymis, Locis, Descriptionibus, Observationibus. Flensburgi et Lipsiae. 1775. 8.

Fauna S. W.-Austral. — Die Fauna Südwest-Australiens. Ergebnisse der Hamburger Südwestaustralischen Forschungsreise 1905, herausgegeben von W. Michaelsen und R. Hartmeyer. Jena. 8.

Feuille Natural. — La Feuille des jeunes Naturalistes. [Revue mensuelle d'Histoire naturelle.] [Fondée à Mulhouse en 1870.] Paris. 8.

Forbes, Nat. Hist. Sokotra — The natural History of Sokotra and Abd-el-Kuri. Being the Report upon the Results of the Conjoint Expedition to these Islands in 1898—9, by W. R. Ogilvie-Grant, of the British Museum, and H. O. Forbes, of the Liverpool Museums, together with Information from other available Sources. Forming a Monograph of the Islands. Edited by Henry O. Forbes. Liverpool, London. 1903. 8.

Gay, Hist. Chile — Historia fisica y politica de Chile segun Documentos adquiridos . . . y publicada bajo los Auspicios del supremo Gobierno por Claudio Gay. — Zoologia. Tom. 1—8; Atlas. Paris. 1847—54. 8 & 2.

Geer, Mém. Hist. Ins. — Mémoires pour servir à l'Histoire des Insectes. Par Charles de Geer. Tom. 1—7. Stockholm. 1752, 71, 73, 74, 75, 76, 78. 4.

Guérin-Méneville, Iconogr. Règne an. — Iconographie du Règne animal de G. Cuvier, ou Représentation d'après Nature de l'une des Espèces les plus remarquables et souvent non encore figurées, de chaque Genre d'Animaux. Avec un Texte descriptif mis au Courant de la Science. Par F. E. Guérin-Méneville. Tom. 1—3. Paris, Londres. 1829—44. 4 (& 8). Text 1844.

Hartmann, Erd-Süßw. Gasterop. — Erd- und Süßwasser-Gasteropoden der Schweiz. Mit Zugabe einiger merkwürdigen exotischen Arten. Dargestellt und beschrieben von J. D. W. Hartmann. St. Gallen. 1840—44. 8.

Hist. An. artic. — Histoire naturelle des Animaux articulés, Annelides, Crustacés, Arachnides, Myriapodes et Insectes. — Histoire naturelle des Crustacés, des Arachnides et des Myriapodes, par [Hippolyte] Lucas. Paris. 1840. 8.

Hist. Madag. — Histoire physique, naturelle et politique de Madagascar. Publiée par Alfred Grandidier. Paris. 4.

Horae Soc. ent. Ross. — Horae Societatis entomologicae Rossicae. Petropoli. 8.

J. Ac. Philad. — Journal of the Academy of natural Sciences of Philadelphia. Philadelphia. 8 (4).

J. Bombay Soc. — The Journal of the Bombay natural History Society. Bombay. 8.

J. Linn. Soc. London — The Journal of the Linnean Society. — Zoology. London. 8.

J. Mus. Godeffroy — Journal des Museum Godeffroy. Geographische, ethnographische und naturwissenschaftliche Mittheilungen. Hamburg. 4.

Koch, C. M. A. — Deutschlands Crustaceen, Myriapoden und Arachniden. Ein Beitrag zur Deutschen Fauna von C. L. Koch. Heft 1—40. Regensburg. [1835—44.] 16. [= C. L. Koch in: Panzer (Herrich-Schäffer), Faun. Ins Germ., Heft 182 etc.]

Koch, Myr. — Die Myriopoden. Getreu nach der Natur abgebildet und beschrieben von C. L. Koch. *v.* 1, 2. Halle. 1863. 8.

Koch-Panzer, Krit. Revis. — C. L. Koch (Panzer's) Kritische Revision der Insektenfauna Deutschlands. 3. Bändchen, enthaltend Deutschlands Crustaceen, Arachniden und ein System der Myriapoden. Regensburg. 1847. 8.

Kohlrausch, Beitr. Scolopendr. — Ernst Kohlrausch, Beiträge zur Kenntniss der Scolopendriden. Inaugural-Dissertation. Marburg. 1878. 4.

Kükenthal & Krumbach, Handb. Zool. — Handbuch der Zoologie. Eine Naturgeschichte der Stämme des Tierreichs. Gegründet von Willy Kükenthal, unter Mitarbeit zahlreicher Fachgelehrten herausgegeben von Thilo Krumbach. Berlin, Leipzig. 1923—. 8.

Latzel, Myr. Österr.-Ung. — Die Myriopoden der Österreichisch-Ungarischen Monarchie von Robert Latzel. *v.* 1, 2. Wien. 1880, 84. 8.

Leach, Zool. Misc. — The zoological Miscellany; being Descriptions of new, or interesting Animals, by William Elford Leach. Illustrated with coloured Figures, drawn from Nature, by R. P. Nodder. Vol. 1—3. London. 1814, 15, 17. 8.

Linné, Syst. Nat., ed. 10 — Caroli Linnaei Systema Naturae per Regna tria Naturae, secundum Classes, Ordines, Genera, Species, cum Characteribus, Differentiis, Synonymis, Locis. Editio X, reformata. — Tomus I. Holmiae. 1758. 8.

Linné, Syst. Nat., ed. 12 — Caroli a Linné Systema Naturae per Regna tria Naturae, secundum Classes, Ordines, Genera, Species, cum Characteribus, Differentiis, Synonymis, Locis. Editio XII, reformata. — Tomus I. Pars 1, 2. Holmiae. 1766, 67. 8.

Math. termész. Értes. — Mathematikai és természettudományi Értesitö. Kiadja a Magyar Tudományos Akadémia. Budapest. 8.

Mém. Soc. Genève — Mémoires de la Société de Physique et d'Histoire naturelle de Genève. Genève. 4.

Mem. Soc. Hist. nat. Madrid — Memorias de la Real Sociedad Española de Historia natural. Madrid. 8.

Mém. Soc. Neuchâtel — Mémoires de la Société des Sciences naturelles de Neuchâtel. Tome 1—4. Neuchâtel. 1835—74. 4. Mémoires de la Société neuchâteloise des Sciences naturelles. Tome 5 n. 1914 (?Sep. 1912). Neuchâtel. 4.

Mém. Soc. zool. France — Mémoires de la Société zoologique de France. Paris. 8.

Miss. Arc Mérid. — Ministère de l'Instruction publique. Mission du Service géographique de l'Armée pour la Mesure d'un Arc de Méridien équatorial en Amérique du Sud 1899—1906. Paris. 4.

Miss. Mex. — Mission scientifique au Mexique et dans l'Amérique centrale, Ouvrage publié par Ordre du Ministre de l'Instruction publique. — Recherches zoologiques . . . publiées sous la Direction de [Henri] Milne Edwards. Paris. 4.

Monber. Ak. Berlin — Monatsberichte der Königlich Preussischen Akademie der Wissenschaften zu Berlin. Berlin. 8.

Mt. Mus. Hamburg — Mitteilungen aus dem naturhistorischen Museum in Hamburg. Aus dem (Beiheft zum) Jahrbuch der Hamburgischen wissenschaftlichen Anstalten. Hamburg. 8.

Murray, Econ. Ent. Apt. — Economic Entomology, by Andrew Murray. Aptera. South Kensington Museum Science Handbooks. London. 1877. 8.

N. Acta Ac. Leop. — Nova Acta |physico-medica| Academiae Caesareae Leopoldino-Carolinae |Germanicae| Naturae Curiosorum. [*v.* 9 & sequ.:] Verhandlungen (Abhandlungen) der |Kaiserlichen| Leopoldinisch-Carolinischen Akademie der Naturforscher. Norimbergae. (Erlangen) (Bonn) . . . . 4.

Nat. Hist. Red River — Natural History of the Red River of Louisiana. Reprinted from the Report of R. B. Marcy. Washington. 1853. 8.

Natural. Sicil. — Il Naturalista Siciliano. Giornale di Scienze naturali. Palermo. 4.

Naturh. Tidsskr. — Naturhistorisk Tidsskrift. Kjøbenhavn. 8.

N. Caledonia — Nova Caledonia. Forschungen in Neu-Caledonien und auf den Loyalty-Inseln. Herausgegeben von Fritz Sarasin und Jean Roux. Wiesbaden, Berlin, München. 4.

Newport, Cat. Brit. Mus. Myr. — Catalogue of the Myriapoda in the Collection of the British Museum by George Newport. Part I. Chilopoda. London. 1856. 8.

Occas. Papers Mus. Zool. Michigan — Occasional Papers of the Museum of Zoology, University of Michigan. Published by the University. Michigan. 8.

Öfv. Ak. Förh. — Öfversigt af Kongliga Vetenskaps-Akademiens Förhandlingar. Stockholm. 8.

P. Ac. Philad. — Proceedings of the Academy of natural Sciences of Philadelphia. Philadelphia. 8.

Palisot, Ins. Afr. Amér. — Insectes recueillis en Afrique et en Amérique, dans les Royaumes d'Oware et de Benin, à Saint-Domingue et dans les États-Unis, pendant les Années 1786—97; par A.-M.-F.-J. Palisot de Beauvois. Paris. 1805—21. 2.

P. Amer. phil. Soc. — Proceedings of the American philosophical Society, held at Philadelphia, for promoting useful Knowledge. Philadelphia. 8.

Perty, Delect. An. artic. — Delectus Animalium articulatorum, quae in Itinere per Brasiliam Annis 1817—20 Jussu et Auspiciis Maximiliani Josephi I. Bavariae Regis augustissimi peracto collegerunt J. B. de Spix et C. F. Ph. de Martius. Digessit, descripsit, pingenda curavit Maximilianus Perty, praefatus est et edidit Carol. Frideric. Philip. de Martius. Monachii. 1830—34. 2.

Peters, Reise Mossamb. — Naturwissenschaftliche Reise nach Mossambique auf Befehl Sr. Maj. des Königs Friedrich Wilhelm IV. in den Jahren 1842 bis 48 ausgeführt von W. Peters. — Zoologie. *v.* 1, 3, 4, 5. Berlin. 1852, 82, 68, 62. 4.

Phil. Tr. — Philosophical Transactions of the Royal Society of London. London. 4.

P. U. S. Mus. — Proceedings of the United States national Museum. Washington. 8.

P. zool. Soc. London — Proceedings of the zoological Society of London. London. 8.

Quart. J. micr. Sci. — Quarterly Journal of microscopical Science. London. 8.

Rec. Austral. Mus. — Records of the Australian Museum. Sydney. 8.

Rec. Canterbury Mus. — Records of the Canterbury Museum. Published by Order of the Board of Governors. Christchurch, New Zealand. 8.

Rec. Ind. Mus. — Records of the Indian Museum (A Journal of Indian Zoology). Calcutta. 8.

Rev. biol. Nord France — Revue biologique du Nord de la France. Lille. 8.

Revista Chilena — Revista Chilena de Historia natural. Valparaiso. 8.

Revista Mus. Paul. — Revista do Museu Paulista. Publicada por H. von Ihering. São Paulo. 8.

Rev. Mag. Zool. — Revue et Magasin de Zoologie pure et appliquée. Paris. 8.

Rev. Suisse Zool. — Revue Suisse de Zoologie et Annales du Musée d'Histoire naturelle de Genève. Genève. 8.

Rev. zool. — Revue zoologique, par la Société Cuvierienne. Paris. 8.

Rosenhauer, Thiere Andalus. — Die Thiere Andalusiens nach dem Resultate einer Reise zusammengestellt, nebst den Beschreibungen von 249 neuen oder bis jetzt noch unbeschriebenen Gattungen und Arten. Von Wilhelm Gottlob Rosenhauer. Erlangen. 1856. 8.

Rossi, Fauna Etrusca — Fauna Etrusca, sistens Insecta, quae in Provinciis Florentina et Pisana praesertim collegit Petrus Rossius. Tom. 1, 2. Liburni. 1790. 4.

SB. Ak. Wien — Sitzungsberichte der Kaiserlichen Akademie der Wissenschaften. — Mathematisch-naturwissenschaftliche Classe. Wien. 8.

SB. Ges. Marburg — Sitzungsberichte der Gesellschaft zur Beförderung der gesammten Naturwissenschaften in Marburg. Marburg. 8.

Smith, Unknown Afr. Countries — Through unknown African Countries. The first Expedition from Somaliland to Lake Rudolf and Lamu by A. Donaldson Smith. London, New York. 1897. 8.

Spediz. Ruwenzori — Spedizione al Ruwenzori di S. A. R. il Principe Luigi Amedeo di Savoia, Duca degli Abbruzzi. Parte Scientifica. Milano. 8.

Termész. Füzetek — Természetrajzi Füzetek [az Állat-, Növé-y-, Ásvány-, és Földtan Köréböl]. Kiadja a Magyar nemzeti Múzeum. Budapest. 8.

Tierreich — Das Tierreich. Gegründet von der Deutschen Zoologischen Gesellschaft. Herausgegeben von der Preußischen Akademie der Wissenschaften zu Berlin. Berlin. 8.

Tr. Amer. phil. Soc. — Transactions of the American philosophical Society, held at Philadelphia, for promoting useful Knowledge. Philadelphia. 4.

Tr. ent. Soc. London — The Transactions of the entomological Society of London. London. 8.

Tr. Linn. Soc. London — The Transactions of the Linnean Society of London. — [Ser. 2:] Zoology. London. 4.

Tr. N. Zealand Inst. — Transactions and Proceedings of the New Zealand Institute. Wellington (Wellington, London). 8.

Trudy Russ. ent. Obschtsch. St.-Peterb. — Труды Русскаго энтомологическаго Общества въ С.-Петербургѣ. С.-Петербургъ. 8. [Arbeiten der Russischen entomologischen Gesellschaft in St.-Petersburg. 8].

Univ. Calif. Publ. — University of California Publications. Zoology. Berkeley. 8.

Verh. Batav. Genoot. — Verhandelingen van het Bataviaasch Genootschap van Kunsten en Wetenschappen. Batavia. 4.

Verh. Ges. Basel — Verhandlungen der naturforschenden Gesellschaft in Basel. Basel. 8.

Verh. Ges. Wien — Verhandlungen der kaiserlich-königlichen zoologisch-botanischen Gesellschaft in Wien. Wien. 8.

Vidensk. Meddel. — Videnskabelige Meddelelser fra den naturhistoriske Forening i Kjøbenhavn for Aarene .... Kjøbenhavn. 8.

Villers, Linn. Ent. — Caroli Linnaei Entomologia. Faunae Suecicae Descriptionibus aucta; D. D. Scopoli, Geoffroy, De Geer, Fabricii, Schrank, etc. Speciebus vel in Systemate non enumeratis, vel nuperrime detectis, vel Speciebus Galliae australis locupletata, Generum Specierumque rariorum Iconibus ornata, curante et augente Carolo de Villers. Tom. 1—4. Lugduni. 1789. 8.

Voeltzkow, Reise O.-Afr. — Reise in Ostafrika in den Jahren 1903—1905 mit Mitteln der Hermann und Elise geb. Heckmann-Wentzel-Stiftung ausgeführt von Alfred Voeltzkow. Wissenschaftliche Ergebnisse. Systematische Arbeiten. Stuttgart. 4.

Voy. Favorite — Voyage autour du Monde par les Mers de l'Inde et de Chine exécuté sur la Corvette de l'État La Favorite 1830—1832 sous le Commandement de Laplace. Paris. 8.

Voy. zool. Gadeau de Kerville Syrie — Voyage zoologique H. Gadeau de Kerville en Syrie. (Avril-Juin 1908). *v.* 1—4. Paris. 1921—26. 8.

Wagner, Reis. Algier — Reisen in der Regentschaft Algier, in den Jahren 1836, 1837 und 1838 von Moritz Wagner. Nebst einem naturhistorischen Anhang und einem Kupferatlas. *v.* 1—3. Leipzig. 1841. 8.

Walckenaer (& Gervais), Hist. Apt. — Histoire naturelle des Insectes. Aptères. Par [Charles Athanasie de] Walckenaer. [Tome 3:] Par Paul Gervais. [Tome 4:] Par Walckenaer et Paul Gervais. Tome 1—4; Atlas. Paris. 1837, 37, 44, 47. 8.

Webb & Berthelot, Hist. Canar. — Histoire naturelle des Iles Canaries, par P. Barker Webb et Sabin Berthelot. Tome 1—3; Atlas. Paris. 1835—50. 4 & 2. — Tome 2. Partie II. Zoologie. Paris. 1836—44. 4 & 2.

Weber, Ergeb. Reise Niederl. O.-Ind. — Zoologische Ergebnisse einer Reise in Niederländisch Ost-Indien. Herausgegeben von Max Weber. Band 1—4. Leiden. 1890—1907. 8.

Willey, Zool. Results — Zoological Results based on Material from New Britain, New Guinea, Loyalty Islands and elsewhere, collected during the Years 1895, 96 and 97 by Arthur Willey. (Part) 1—6. Cambridge. 1898—1902. 4.

Z. Ent. Breslau — Zeitschrift für Entomologie, herausgegeben vom Verein für Schlesische Insektenkunde zu Breslau. Breslau. 8.

Z. Naturw. — Zeitschrift für Naturwissenschaften ([Band 1—54:] Zeitschrift für die gesammten Naturwissenschaften). Halle (Berlin) (Leipzig). 8.

Zool. Anz. — Zoologischer Anzeiger. Leipzig. 8.

Zool. Jahrb., Syst. — Zoologische Jahrbücher. — Abtheilung für Systematik, Geographie und Biologie der Thiere. Jena. 8.

Zool. Mededeel. Mus. Leiden — Zoologische Mededeelingen uitgegeven vanwege 's Rijks Museum van Natuurlijke Historie te Leiden. Leiden. 8.

Zool. N. York — Zoologica. Scientific Contributions of the New York zoological Society New York. 8.

Systematischer Index

2. Ordnung **Scolopendromorpha**

1815 *Scolopendrides*, stirps 2. Leach in: Tr. Linn. Soc. London, *v.* 11 p. 382 | 1844, 1845 *Scolopendridae*, Newport in: Tr. Linn. Soc. London, *v.* 19 p. 275, 374 | 1847 „*Scolopendrien*“, C. L. Koch in: Koch-Panzer, Krit. Revis., *v.* 3 p. 71, 152 | 1847 *Scolopendrides*, P. Gervais in: Walckenaer, Hist. Apt., *v.* 4 p. 240 | 1856 *Scolopendridae*, Newport, Cat. Brit. Mus. Myr., p. 2, 24 | 1868 *Scolopendrae*, Meinert in: Naturh. Tidsskr., ser. 3 *v.* 5 p. 241 | 1872 *Scolopendrides*, Saussure & Humbert in: Miss. Mex., part 6 Sect. 2 p. 118 | 1879 „*Scolopendriden*“, Kohlrausch in: J. Mus. Godeffroy, *v.* 14 p. 51 | 1880 *Scolopendridae*, Latzel, Myr. Österr.-Ung., *v.* 1 p. 135 1881 „*Scolopendriden*“, Kohlrausch in: Arch. Naturg., *v.* 47 I p. 50 | 1887 *Scolopendridae*, E. Haase in: Abh. Mus. Dresden, nr. 5 p. 38 | 1893 *S.*, Bollman in: Bull. U. S. Mus., *v.* 46 p. 164 | 1894 *Oligostigmata*, Silvestri in: Ann. Mus. Genova, *v.* 34 p. 623 | 1895 *Scolopendromorpha*, Pocock in: Biol. Centr.-Amer., Chilop. p. 13 1902 *S.*, Pocock in: Quart. J. micr. Sci., n. s. *v.* 45 p. 443 1903 „*Scolopendriden*“, Kraepelin in: Mt. Mus. Hamburg, *v.* 20 p. 1 | 1907 *Scolopendromorpha*, C. Verhoeff in: Bronn, Kl. Ordn., *v.* 5 II p. 242 | 1914 *S.*, Attems in: Arch. Naturg., *v.* 80 A. 4 p. 100 | 1926 *S.*, Attems in: Kükenthal & Krumbach, Handb. Zool., *v.* 4 p. 369 | 1928 *S.*, Attems in: Ann. S. Afr. Mus., *v.* 26 p. 80.

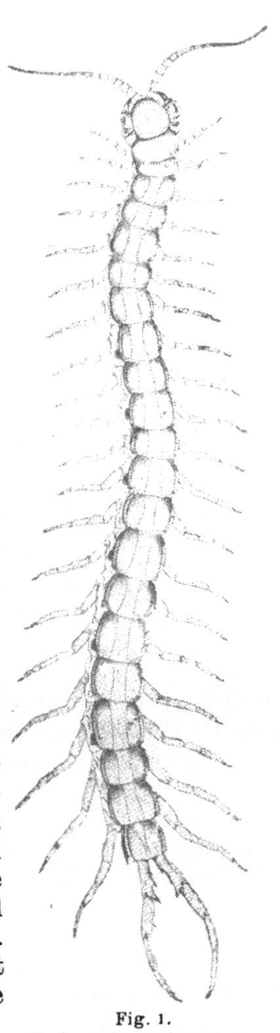

Fig. 1.
Scolopendra subspinipes.
Leach.

Körper schlank bis mäßig gedrungen, im Verhältnis von Länge zu Breite die Mitte haltend zwischen Geophilomorpha und Lithobiern. Die kleinsten Arten ungefähr 10 mm lang, die größten gegen 300 mm. Färbung von lichtgelblich bis schwärzlich in den verschiedensten Tönen von Gelb, Braun, Olivfarbe, Grün usw.; sehr oft der Kopf und das Hinterende anders gefärbt als der übrige Körper. Auffallende Färbungen sind selten, wie z. B. *Scolopendra hardwickei*, gewisse Exemplare von *Scolopendra morsitans*. Meist ist die Farbe ziemlich gleichmäßig über den Körper verteilt und wenig charakteristisch. Ältere Alkoholexemplare sind meist sehr ausgebleicht und lassen die ursprüngliche Farbe nicht gut erkennen. Bewegungen ziemlich bis sehr behende; aufgestört entfliehen sie, nie knäueln sie sich zusammen wie die Geophiliden oder stellen sich tot wie manche Lithobiiden. Segment und Beinpaarzahl konstant, letztere 21 oder 23; nur für *Rhoda thayeri* mit 21 Beinpaaren und *Scolopendropsis bahiensis* mit 23 Beinpaaren wurde die Vermutung ausgesprochen, daß es heteromorphe Formen derselben Art seien.

Die Kopfkapsel besteht aus dem dorsalen Kopfschild und den auf der Ventralseite gelegenen Teilen: Clypeus und Kopfpleuriten. Sie trägt vorn die Antennen und ist zwischen den Antennenbasen ein wenig eingekerbt; am Grunde dieser Einkerbung in der Sagittalebene eine kurze dunkelbraun gefärbte Naht. Seitlich von und hinter den Antennen liegen, wenn vorhanden, die 4 Ocellen. Eine Stirnfurche ist nie vorhanden. Auf dem Kopfschild häufig 2 feine Furchen, Fortsetzung der sogenannten Episkutal- oder Paramedianfurchen der Tergite; sie sind entweder vollständig, d. h. vom Vorder- bis zum Hinterrand durchlaufend oder abgekürzt und dann meist nur hinten vorhanden oder in der Mitte unterbrochen. Selten hat der Kopfschild eine unpaare Medianfurche. Bei *Cormocephalus* u. a. ist durch eine schräge Querfurche in jeder Hinterecke ein kleines Plättchen, Basalplatte, abgegrenzt (Fig. 2).

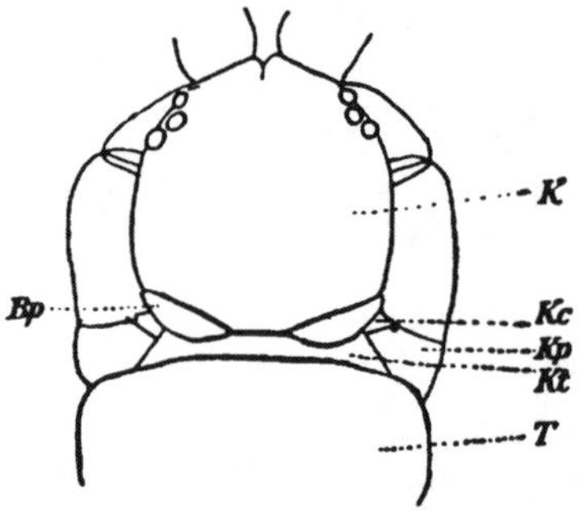

Fig. 2.
Cormocephalus westwoodi dispar Por.
Kopf, Dorsalseite.
K = Kopfschild, *Bp* = Basalplatten, *KT* = Tergit des Kieferfußsegments, *Kp* = Pleurit des Kieferfußsegments, *Kc* = Hüfte der Kieferfüße, *T* = Tergit des 1. beintragenden Segments.

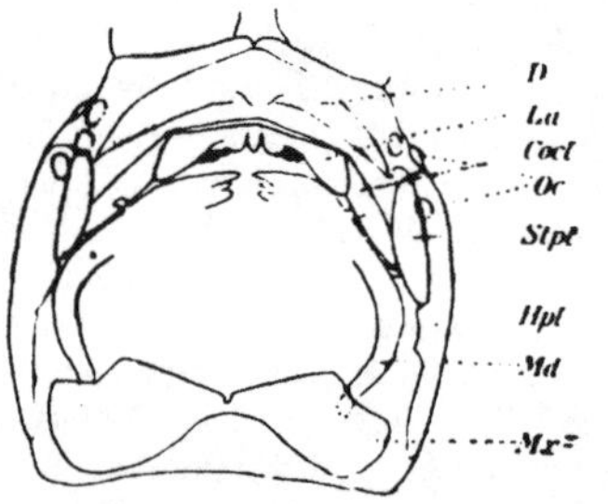

Fig. 3.
Cormocephalus westwoodi dispar Por.
Kopf, Ventralseite.
D = Dreieck im Clypeus, *La* = Labrum, *Cocl* = Coclypeus, *Oc* = Ocellen, *Stpl* = Stützpleurit, *Hpl* = Hauptpleurit, *Md* = Mandibel (nur angedeutet), Mx^2 = Syncoxit der 2. Maxille.

Der Clypeus ist der vordere ventrale Teil der Kopfkapsel; an seinem Hinterrande trägt er das nur durch häutige Nähte mit ihm verbundene Labrum *(La)* und auf jeder Seite des Labrum ein durch eine Naht abgegrenztes Stück, den Coclypeus *(Cocl)*, dessen Hinterrand oft ebenso fein gefranst ist wie das Labrum. Auf dem Clypeus ist oft ein annähernd dreieckiges Feld *(D)* durch Furchen abgegrenzt und manchmal weiter vorn ein kleines oblonges Feld, die Postantennalarea, in der einige starke Borsten stehen, so bei *Cryptops*. Die Oberflächenstruktur des vordersten Clypeusstreifens ist manchmal auffallend verschieden von derjenigen der übrigen Fläche, so bei *Theatops*, *Otocryptops*. Der Clypeus trägt häufig Borsten, bei den *Cryptopidae* im allgemeinen zahlreichere und stärkere als bei den *Scolopendridae*, hauptsächlich in einer Reihe oder Zone vor dem Labrum und in der Mitte. Bei *Scolopendra* ist er kahl. Seitlich auf der Ventralseite der Kopfkapsel liegen die Kopfpleurite. Die Art, wie sie durch Nähte in Sklerite zerlegt werden, ist bei den Gattungen und Arten sehr verschieden und bisher erst bei sehr wenigen Arten genauer studiert. Man kann stets ein großes, fast die ganze Länge einnehmendes Sklerit, das Kopfhauptpleurit (*Hpl* Fig. 3), erkennen, von dem meist ein kleineres Sklerit vorn abgetrennt ist, das Stützpleurit (*Stpl* Fig. 3), mit dem das laterale Ende der Stützplatte verbunden ist. Die Stützplatte ist ein in der Tiefe unter dem Coclypeus liegendes Stück, das die Gelenkgrube für den Drehzapfen der Mandibel bildet. Bei *Theatops* (Fig. 4) und

Otocryptops ist vor dem Stützpleurit ein weiteres kleines Pleurit abgegrenzt, das vordere Kopfpleurit *(v)*. Bei *Rhoda* dagegen ist vom Hauptpleurit nur in undeutlicher Weise ein sehr kleines Stützpleurit abgetrennt (Fig. 5).

Das Hauptpleurit endet verschmälert schon ein Stück vor dem Hinterrande des Kopfschildes; die Verbindung zwischen den Seiten der Maxillen und dem Kopfe wird durch weichhäutige Partien gebildet.

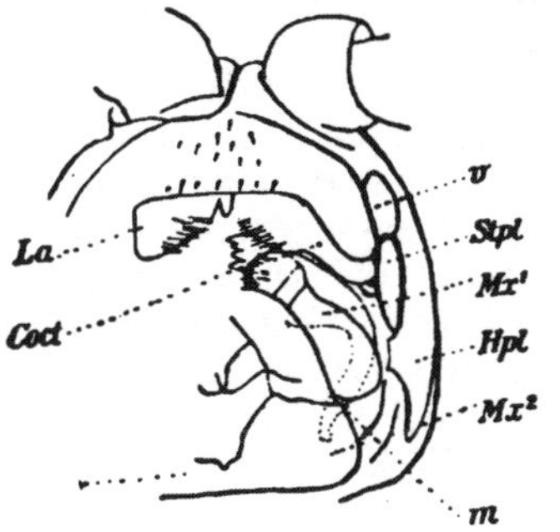

Fig. 4.
Theatops erythrocephala (C. L. Koch).
Kopf, Ventralseite.
La = Labrum, *Coct* = Coclypeus, *v* = vorderes Kopfpleurit, *Stpl* = Stützpleurit, *Mx*¹ = 1. Maxille, *Hpl* = Hauptpleurit, *Mx*² = 2. Maxille, *m* = Mandibel.

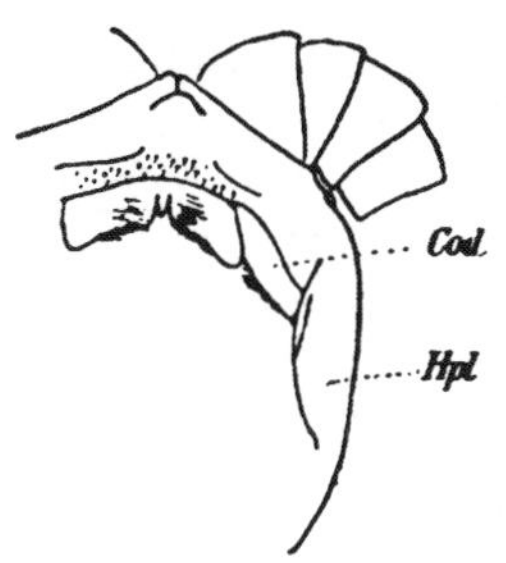

Fig. 5.
Rhoda calcarata (Poc.)
Kopf, Ventralseite.
Cocl = Coclypeus, *Hpl* = Hauptpleurit.

Das Labrum (*Lab* Fig. 6) ist völlig vom Clypeus getrennt; es ist hinten in der Mitte tief eingebuchtet und hat am Grunde dieser Einbuchtung einen starken Medialzahn; nur bei *Cryptops parisi* (Fig. 260) ist jeder der beiden die Mittelbucht begrenzenden Seitenlappen nahe der Mittelbucht eingeschnitten, so daß das Labrum dreizähnig genannt werden kann; das Labrum ist meist beborstet, und zwar ist die Mitte des Hinterrandes fein gefranst, und mit diesen Borsten in Verbindung steht ein Feld von medianwärts gerichteten

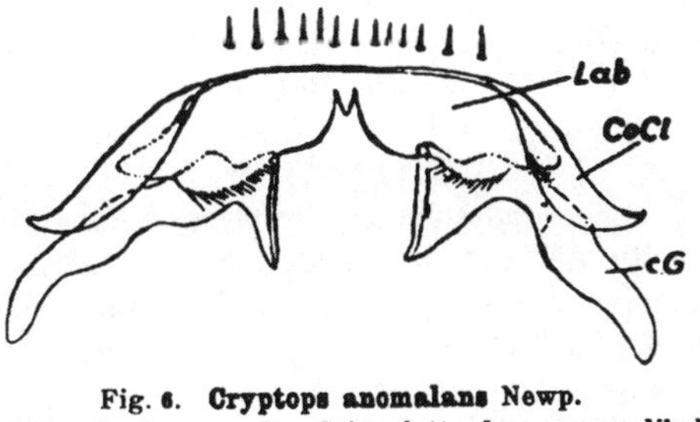

Fig. 6. **Cryptops anomalans** Newp.
Lab = Labrum, *CoCl* = Coclypeus, *cG* = Stützplatte des commandibularen Gerüstes.

Borsten auf der Ventralfläche; bei *Asanada* ist nur der dorsale dem Körperinnern zugewandte Teil des Labrum teilweise beborstet. Selten, so bei *Scolopendra*, ist das Labrum ganz kahl. An das Labrum schließt jederseits ein Coclypeus (*Cocl* Fig. 6) an.

Die Antennen sind kurz bis mittellang, die kürzesten überragen kaum den Hinterrand des Kopfes (so bei *Asanadini*), die längsten erreichen ungefähr das 7. Tergit; meist 17 oder etwas mehr Glieder, selten bis zu 34 Glieder; nur *Tidops* hat 13 und *Kartops* nur 11 Glieder; am häufigsten ist 17 als Gliederzahl. Stets mehr oder weniger pfriemenförmig, an der Basis manchmal sehr dick; bei den Arten mit ganz kurzen Antennen werden sie nach vorn gerichtet getragen, die längeren werden zurückgebogen. Die Antennen sind beborstet; bei den *Cryptopidae* sind auch die Grundglieder beborstet, allerdings schütterer als die weiter folgenden; bei den *Scolopendridae* sind einige Grundglieder kahl, deren Zahl bei manchen Gattungen so genau fixiert ist, daß sie mit zur Charakterisierung der Arten verwendet wird. Die Borsten der mittleren und Endglieder sind meist kurz und dichtstehend; manchmal sind sie so klein, daß sie kaum sichtbar sind. Zwischen diesen kleinen Borsten kommen öfters ein oder mehrere Quirle längerer Borsten vor.

Bei *Scolopendra* sind die Borsten teils massiv, teils hohl; außerdem kommen noch kurze Kegel, die herzförmigen Sinneskegel, vor, und zwar auf den basalen Gliedern letztere und hohle Borsten, auf den terminalen Gliedern hohle und massive Borsten. Die massiven Borsten (Fig. 7) sitzen auf einem niedrigen, von der oberflächlichen Schicht der Cuticula gebildeten Höcker; der enge Porenkanal mit dem Terminalstrang des Nerven erweitert sich in diesem Höcker zu einer Kammer; die Borste ist durch eine Kuppelmembran mit dem Außenrande des Höckers verbunden. Die hohlen Borsten, die anatomisch den Übergang bilden zu den Zapfen der *Lithobiidae,* sind relativ kurz, schnell verjüngt; die der basalen Glieder sind etwas verschieden von denen der terminalen Glieder. Der Porenkanal ist weit und enthält außer dem Terminalstrang die Ausläufer der trichogenen Zellen; der Terminalstrang endet frei im basalen Teil des Lumen der Borste. Die Borsten der basalen Glieder haben eine von der mittleren, chromophilen, Chitinschicht gebildete Kuppelmembran und einen aus Oberflächenchitin bestehenden, von der Kuppelmembran ganz getrennten Ring zwischen chromophiler und Lamellenschicht. Die hohlen Borsten der Terminalglieder haben keinen Ring von Oberflächenchitin; sie stehen auch auf einem Höcker. Bei *Otocryptops* ist der die Borste tragende Höcker höher und an seiner Basis ± deutlich abgesetzt, so daß die Borsten zweigliedrig aussehen (Fig. 339).

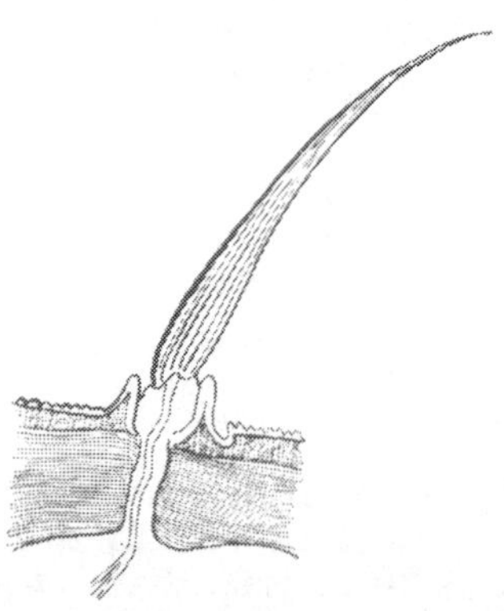

Fig. 7.
Scolopendra cingulata Latr.
Massive Borste der Antenne.

Augen: Die *Cryptopidae* haben keine Ocellen, höchstens undeutliche weiße Augenflecken an der entsprechenden Stelle. Die *Scolopendridae* haben 4 Einzelocellen; nur bei *Paracryptops* sind die 2 unteren Ocellen undeutlich. Die Ocellen liegen dorsal-seitlich hinter den Antennen; jeder wird von einem vom kurzen *lobus opticus* abgehenden Nerv versorgt.

Die Mundteile der *Scolopendromorpha* sind viel gleichmäßiger gestaltet als die der *Geophilomorpha*; Mandibeln und erste Maxillen sind bei allen Gattungen gleichgebaut, dagegen zeigen die zweiten Maxillen und das Labrum einige Verschiedenheiten.

Die Mandibel ist fast rechtwinklig gebogen; der verschmälerte proximale Teil legt sich parallel der Längsachse des Körpers auf dem nach unten geschlagenen Teil des Kopfes an und ist am Grunde durch ein Ligament befestigt, der breite distale Teil legt sich dem Hinterrande des Clypeus und Coclypeus an. Auf der Außenseite schon nahe dem Ende hat die Mandibel einen starken, dicken, runden Drehzapfen, der in einer Aushöhlung der Stützplatte des kommandibulären Gerüstes artikuliert. Das Nähtekreuz im mittleren Abschnitt der Mandibel trennt 4 Teile: die Schaftplatte *(Sp)*, das Zapfenstück *(Zpf)*, das Dreieck *(D)* und das Zahnstück *(Zn)*. Der basale verschmälerte Teil der Mandibel, der Schaft *(Sch)* setzt sich auf der Dorsalseite noch bis fast zum Ende der Schaftplatte fort, während er ventral zum Teil von letzterer bedeckt ist. Die Zurückführung dieser Teile auf die Glieder

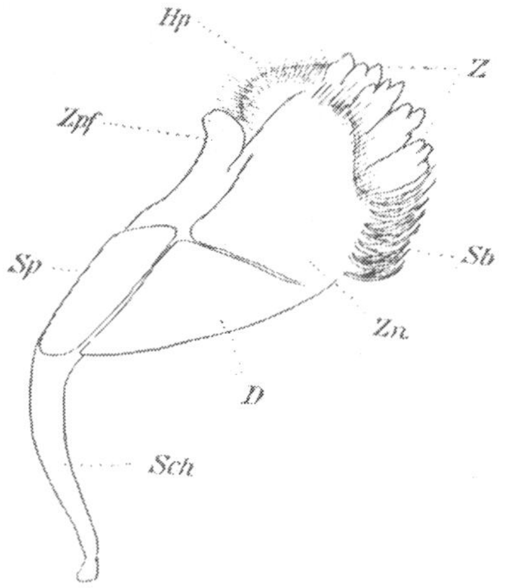

Fig. 8. Cormocephalus violaceus Newp.
Rechte Mandibel von der Ventralseite.
Sch = Schaft, *Sp* = Schaftplatte, *Zpf* = Zapfenstück, *D* = Dreieck, *Zn* = Zahnstück, *Sb* = Sichelborsten, Z = Zähne, *Hp* = Haarpolster.

eines Beines ist wegen der so gänzlich veränderten Gestalt des Ganzen wohl nicht mit Sicherheit möglich: wenn man sie schon versuchen wollte, müßten wohl Schaft, Schaftplatte und Zapfenstück als Grundglied (Hüfte) und der Rest als Telopodit gedeutet werden. Das Zahnstück trägt die starken Beißzähne, die bei jungen Individuen noch ganz getrennt sind, bei älteren jedoch mehr oder weniger verwachsen, so daß die Grenzen der einzelnen Blocks nur

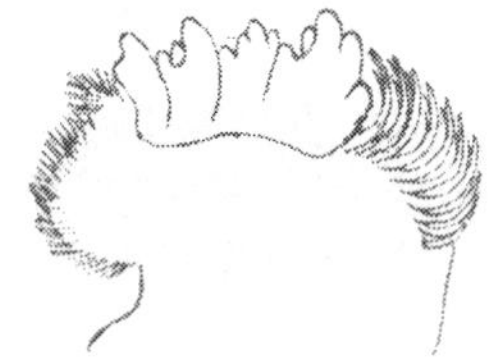

Fig. 9.
Cormocephalus violaceus Newp.
Linke Mandibel, Endteil.

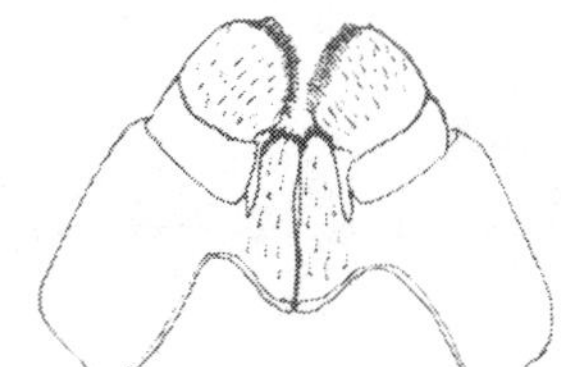

Fig. 10.
Cormocephalus anceps Por.
1. Maxillenpaar.

mehr undeutlich sind. Bemerkenswert ist eine Asymmetrie, indem die rechte Mandibel 5, die linke 4 Zahnblocks hat (Fig. 8 & 9). Vor den Zähnen *(Z)*, also zwischen diesen und dem Drehzapfen liegt das runde, dicht und fein behaarte Haarpolster *(Hp)*; hinter den Zähnen folgen die Sichelborsten *(Sb)*, die in Reihen geordnet sind, jedoch keine eigentlichen Kämme bilden, sondern bis zum Grunde getrennt bleiben; auf der Ventralseite steht neben den Zähnen eine Reihe von Borsten.

1. Maxillenpaar (Fig. 10): Die beiden Hüften legen sich eng aneinander, sind jedoch nur ganz am Grunde schmal verbunden; jede hat einen großen Fortsatz, der sich auch eng dem der Gegenseite anlegt; die Fortsätze sind beborstet, am Ende dicht und fein, sonst mehr zerstreut. Das Telopodit ist zweigliedrig, das erste Glied ist kurz, scheibenförmig, das zweite Glied gerundet und auf der Medialseite dicht beborstet. Die Borsten am Ende hakig gebogen. Vom Sternit ist am Erwachsenen nichts mehr zu sehen, beim Embryo ist es noch eine schmale basale Spange.

2. Maxillenpaar (Fig. 11): Beide Hüften sind durch eine schmale Brücke miteinander verbunden, in der meist keine Spur einer Mediannaht mehr

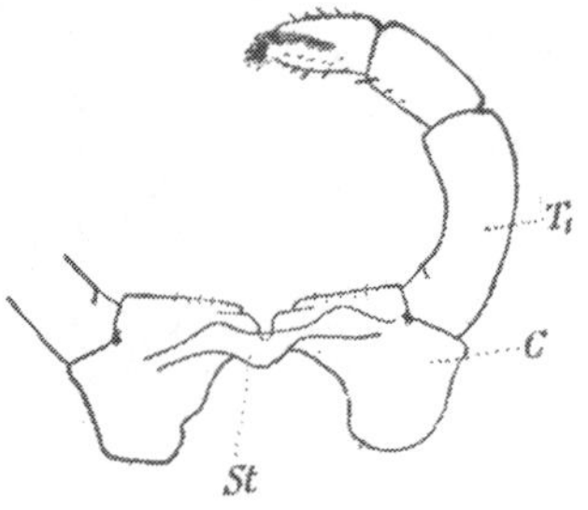

Fig. 11.
Otostigmus scabricauda (Humb. & Sauss.)
2. Maxillenpaar.
St = Sternit, C = Coxit, T_1 = 1. Telopoditglied.

Fig. 12.
Cryptops anomalans Newp.
2. Maxille.

sichtbar ist; zuweilen z. B. bei *Rhoda calcarata* (Fig. 150) ist eine solche noch erhalten. Auf der Vorderseite sind beide Hüften außerdem durch eine schmale, häutige Querspange verbunden, dem Reste eines Sternits (Fig. 11 *St*). Das Telopodit ist dreigliedrig (außer der Endkralle), jedoch zeigt das 1. Glied durch eine von einer Kerbe ausgehende bald kurze (z. B. *Alipes* und die meisten anderen Gattungen) bald längere, fast durchgehende Naht (z. B. *Cryptops anomalans* Fig. 12), resp. hellere Zone im Chitin, seine Zusammen-

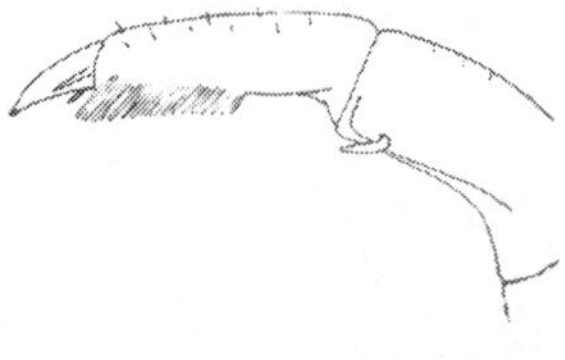

Fig. 13.
Arthrorhabdus formosus Poc.
Endglieder der 2. Maxille.

Fig. 14.
Arthrorhabdus formosus Poc.
Borsten der Putzbürste.

setzung aus 2 Gliedern (Trochanter und Präfemur) an; es ist das längste der 3 Glieder und etwas medialwärts gekrümmt. Zwischen Coxa und Telopodit sind 2 Condyli vorhanden, ein dorsaler und ein ventraler, zwischen den Telopoditgliedern nur ein lateraler. Das 2. Glied ist entweder im Querschnitt rund oder es hat auf der Vorderseite eine scharfe Kante; nahe dem Ende trägt es häufig einen Stachel, eine verstärkte Borste, der am Ende der Kante sitzt, wenn eine solche vorhanden; dieser Stachel ist bei den meisten *Scolopendridae* vorhanden und fehlt bei vielen *Cryptopidae*. Das 3. Glied hat auf der Vorderseite eine steife, quer abstehende Bürste, die Putzbürste (Fig. 13), die wohl zum Putzen der Antennen dient; die einzelnen Borsten dieser Bürste sind am Ende oft etwas verbreitert und löffelartig ausgehöhlt (Fig. 14), meist ± gebogen, manchmal vor dem Ende mit feinen Seitenspitzchen besetzt. Die Endkralle ist meist breit und stumpf, selten schlank, wie z. B. bei *Cryptops*, wo sie außerdem einen lappigen Anhang hat, und hat 0—2 Nebenkrallen, starr mit der Hauptkralle verbundene Abspaltungen derselben; wenn nur eine Nebenkralle vorhanden ist, ist es eine hintere.

Die Verbindung von Kopf und Rumpf erfolgt entweder so, daß der Kopfschild frei an das 1. Tergit, d. h. das Tergit des ersten Laufbeinsegments,

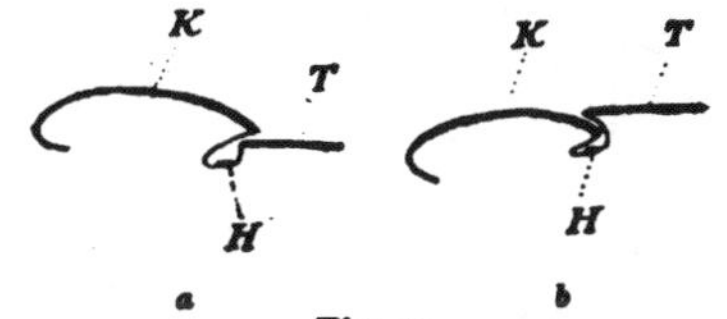

Fig. 15.
Schematische Darstellung: a) der Kopf *(K)* überlagert das 1. Tergit *(T)*, *H* = Tergit des Kieferfußsegments; b) der Kopf *(K)* wird vom 1. Tergit *(T)* überlagert, *H* = Tergit des Kieferfußsegments.

stößt oder es findet eine Überlagerung statt, und zwar kann der Kopfschild *(K)* das 1. Tergit *(T)* überlagern (Fig. 15a) oder umgekehrt vom ersten Tergit überlagert werden (Fig. 15b); beide Möglichkeiten sind manchmal bei verschiedenen Individuen derselben Art realisiert, so daß man diesen Verhältnissen keinen allzu hohen systematischen Wert beilegen kann, wenn auch im allgemeinen die Art der gegenseitigen Überlagerung für die Art stabil ist. Das rudimentäre Tergit des Kieferfußsegments *(H)* liegt in beiden Fällen in der Tiefe, in der Falte zwischen Kopf und 1. Tergit, und es sind höchstens ganz kleine Zwickel von ihm sichtbar. Bei der Dorsalansicht sieht man neben dem Kopfe meist einen Teil der Kieferfüße, und zwar zu hinterst die Pleurite, an deren vorderer Außenecke höchstens ein kleiner Zwickel der Hüften sichtbar ist; nach vorn stößt an das Pleurit scheinbar direkt das Telopoditgrundglied an, da die Hüfte hier von einer Pleuritduplikatur verdeckt ist.

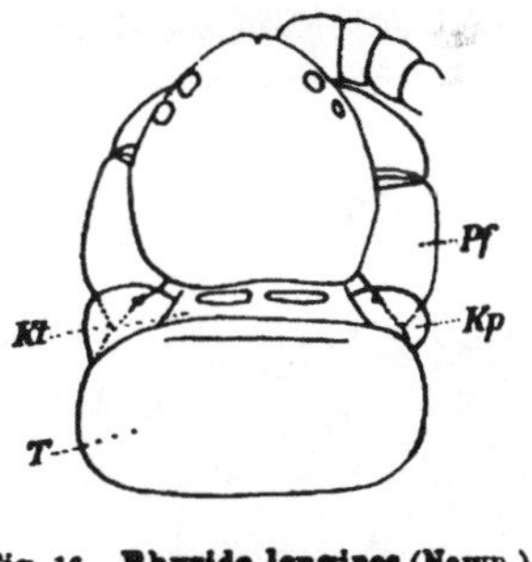

Fig. 16. Rhysida longipes (Newp.) Kopf, Dorsalseite.
Kt = Tergit des Kieferfußsegments, Pf = 1. Telopoditglied der Kieferfüße, Kp = Kieferfußpleurit, T = Tergit des 1. Laufbeinsegments.

Der Rumpf besteht aus dem Kieferfußsegment und 21 oder 23 beintragenden Segmenten, deren letztes in einer ventral sich öffnenden Tasche versenkt die 2 Segmente der Genitalregion und das Analsegment trägt, die wohl hervorgestülpt werden können, jedoch gewöhnlich eingestülpt sind, so daß das sichtbare Hinterende vom letzten beintragenden Segment gebildet wird.

K i e f e r f u ß s e g m e n t: Sein Rumpfteil ist sehr reduziert, während die Extremitäten sehr groß sind und den größten Teil der Kopfunterseite verdecken. Sein Tergit liegt in der Tiefe einer vom Kopf und ersten Tergit*) gebildeten Falte, eng mit dem Vorderrande des 1. Tergit verbunden, so daß

*) Als „erstes Tergit" ist das erste, frei sichtbare, Tergit des das erste Laufbeinpaar tragenden (zweiten) Rumpfsegments bezeichnet.

am unpräparierten Tiere meist nichts von ihm sichtbar ist; am mazerierten und etwas gedehnten Körper erscheint es stets deutlich (Fig. 16); manchmal bleibt es zum größten Teil weichhäutig und sind nur 2 Inseln stärker chitinisiert. Die Pleuren *(Kp)* sind auf der Ventralseite als schmale, hinter

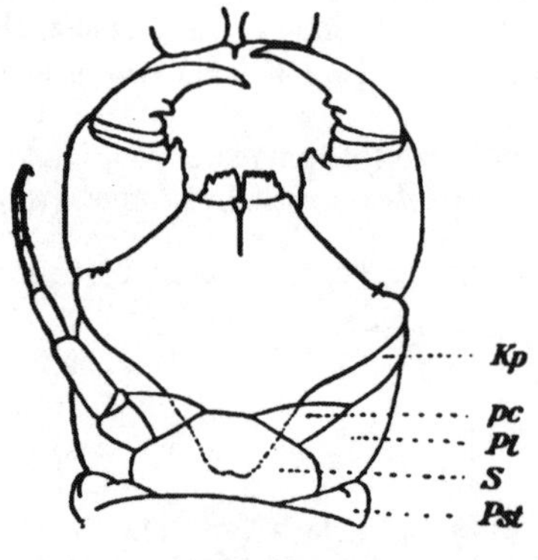

Fig. 17.
Cormocephalus westwoodi dispar Por.
Vorderende, Ventralseite.
Kp = Pleurit des Kieferfußsegments, *pc* = Procoxa des 1. Laufbeinsegments, *Pt* = Pleurit, *S* = Sternit des 1. Laufbeinsegments, *Pst* = Prästernit des folgenden Segments.

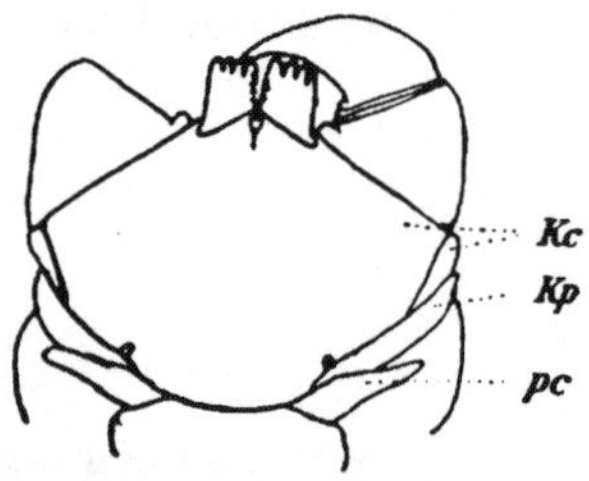

Fig. 18.
Ethmostigmus trigonopodus (Leach).
Kieferfüße von der Ventralseite.
Kc = Hüfte, *Kp* = Pleurit der Kieferfüße, *pc* = Procoxa des 1. Laufbeinsegments.

dem schrägen Seitenrand der Hüfte gelegene Streifen sichtbar (Fig. 17); auf der Dorsalseite liegt ein großer Teil von ihnen frei und es bleibt von den Kieferfußhüften zwischen ihnen, dem Kopfe und dem Tergite der Kieferfüße nichts (Fig. 17) oder nur ein kleiner Teil (Fig. 18) sichtbar. Das große Grundglied des Kieferfußtelopodits stößt dorsal scheinbar breit an die Pleuren der Kieferfüße an, doch legt sich in Wirklichkeit eine Duplikatur der Pleuren über den lateralen Teil der Hüfte der Kieferfüße, der hier sehr kurz ist

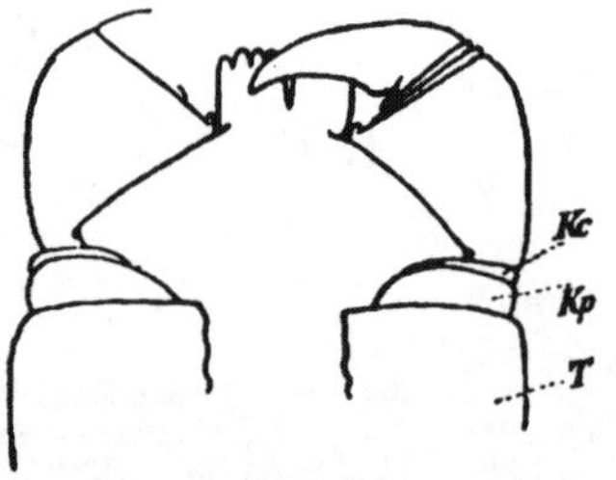

Fig. 19.
Ethmostigmus trigonopodus (Leach).
Kieferfüße von der Dorsalseite nach Entfernung des Kopfschildes.
T = Tergit, *Kp* = Pleurit, *Kc* = Hüfte der Kieferfüße.

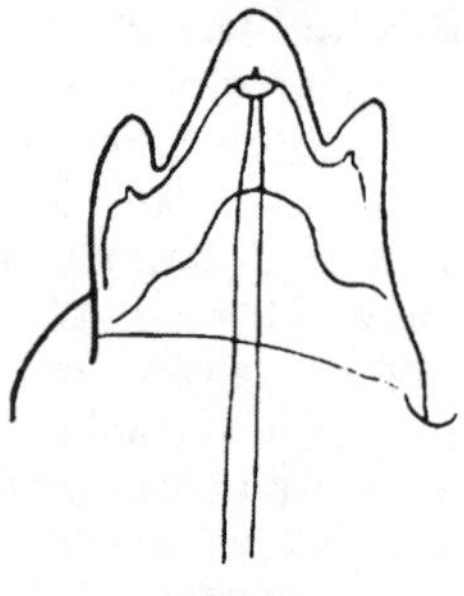

Fig. 20.
Asanada socotrana Poc.
Rechte Zahnplatte der Kieferfüße.

(Fig. 19). Die großen Hüften verwachsen auf der Ventralseite völlig mit einander, ohne daß eine Mediannaht übrigbliebe; auf der Dorsalseite dagegen bleibt ein ziemlich breiter Spalt zwischen den Medialrändern und nur im vorderen Teil sind sie auch hier ganz verwachsen; jede Hüfte stellt eine plattgedrückte, medial offene Röhre vor, deren ventrale Wand ganz, und deren dorsale nur im vordersten Teil mit der anderen Seite verwächst; am Grunde reichen die Hüften tief in das folgende Segment hinein; am Vorderrand tragen die Hüften oft Vorragungen, die Zahnplatten; jede Hüfte eine, die ventral durch eine seichte Furche, die Grundfurche, abgegrenzt ist, während dorsal von dieser Furche nichts zu sehen ist. Zahnplatten finden sich bei allen *Scolopendridae* mit Ausnahme von *Arrhabdotus* und bei einer Anzahl der *Cryptopidae*, und zwar wohlentwickelt bei den *Theatopsinae*, als kleine

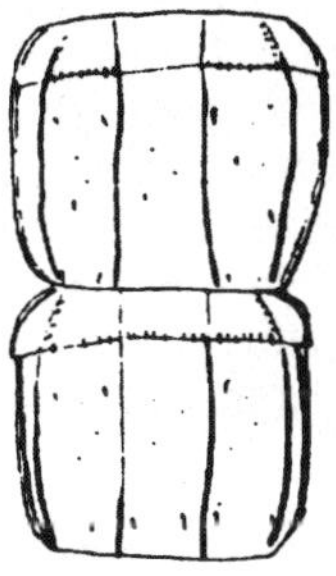

Fig. 21.
Cryptops anomalans Newp.
2 Tergite aus der Körpermitte.

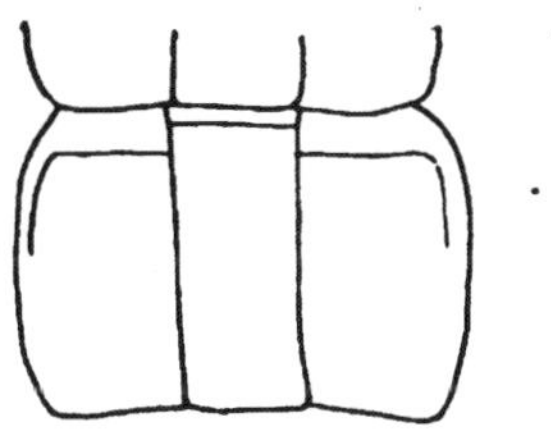

Fig. 22.
Cormocephalus westwoodi dispar Por.
15. Tergit.

abgerundete Plättchen bei einigen anderen Gattungen; der Rand ist in eine Anzahl (meist etwa 3—5) kräftiger Zähne eingeschnitten (Fig. 20), die oft ± verwachsen können, wobei dann der äußere Zahn meist etwas isolierter bleibt. Häufig findet sich knapp hinter der Mitte der Zahnreihe eine stärkere, senkrecht zur Fläche der Zahnplatte abstehende Borste, oft auf einem kleinen Tuberkel inmitten eines Grübchens. Das 1. Telopoditglied hat oft einen kräftigen Innenzahn, der meist einen oder mehrere Höcker trägt. Die 2 Zwischenglieder sind kurz, seitwärts nicht ganz geschlossen, so daß sich

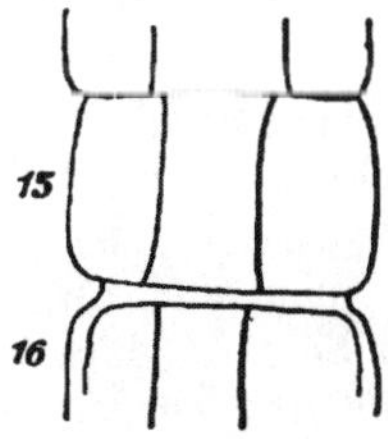

Fig. 23.
Otocryptops rubiginosus (L. Koch).
15. & 16. Tergit.

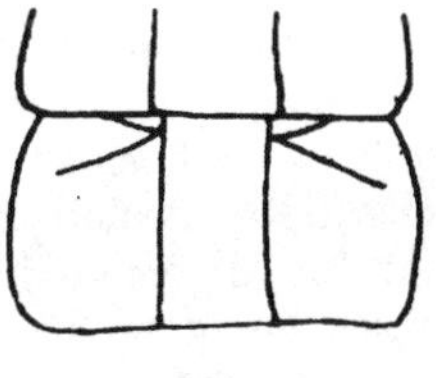

Fig. 24.
Rhysida longipes (Newp.)
7. Tergit.

hier das 1. Telopoditglied und das Tarsungulum berühren, im übrigen ohne Besonderheiten. Die Kralle des Tarsungulum ist meist sehr kräftig, nur bei einigen *Cryptopidae* klein; die geschlossenen Kieferfüße überragen den Stirnrand nur bei *Rhoda*.

An den beintragenden Rumpfsegmenten unterscheidet man Tergit, Sternit und Pleuren. Die Abgrenzung von sogenannten Interkalarsegmenten ist im Vergleich mit den Geophilomorpha gering; während die Prästernite stets wohl ausgebildet sind und man meist auch Präpleurite sieht, kann man von deutlichen Prätergiten eigentlich nur bei den *Cryptopinae*, *Theatopsinae* und *Asanada* sprechen, bei denen auch im natürlichen Kontraktionszustand ein bei *Cryptopinae* und *Theatopsinae* relativ großes, durch eine durchlaufende Querfurche abgegrenztes Prätergit sichtbar ist (Fig. 21). Bei den übrigen Gattungen ist im unpräparierten Zustand kein Prätergit sichtbar (Fig. 22, 23, 24); manchmal ist ein solches, unter dem vorangehenden Tergit verborgenes, abgegrenzt, meist aber befindet sich vor der vorderen Grenzlinie des Tergits nur die weiche Intersegmentalhaut.

Die Tergite haben meist 2 feine parallele Längsnähte, die „paramedianen Längsfurchen" oder „Längsfurchen" schlechtweg, die auf einer Anzahl der vordersten Segmente oft abgekürzt sind oder ganz fehlen. Der Seitenrand der Tergite ist oft aufgewulstet, d. h. die Tergite sind „berandet"; diese Berandung beginnt meist erst in einiger Entfernung vom Kopfe und ganz allmählich, so daß es oft schwer fällt, ihren Beginn genau anzugeben. Die den Seitenrandwulst begrenzende flache unscharfe Furche geht oft vorn im rechten Winkel in eine feine scharfe bis zur Längsfurche ziehende Querfurche über. Bei *Cormocephalus* u. a. findet sich in einiger Entfernung vor diesen

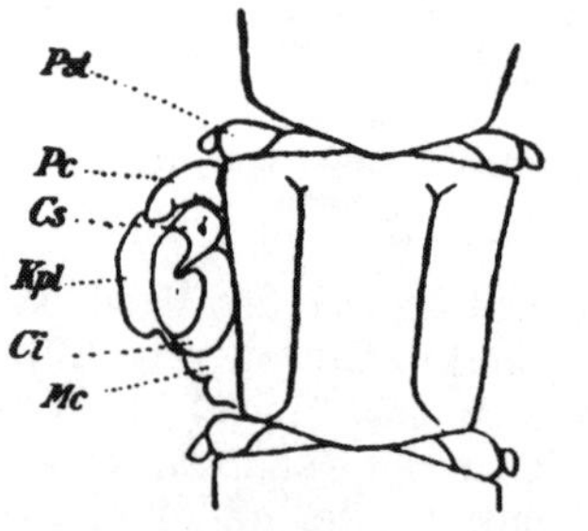

Fig. 25.
Cormocephalus westwoodi dispar Por.
12. Sternit.
Pst = Prästernit, *Pc* = Procoxa, *Cs* = Coxa superior, *Kpl* = Katopleure, *Ci* = Coxa inferior, *Mc* = Metacoxa.

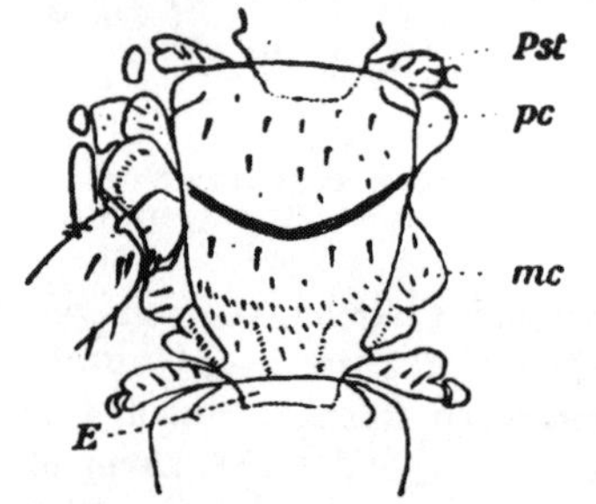

Fig. 26.
Cryptops anomalans Newp.
3. beintragendes Segment, Ventralseite.
Pst = Prästernit, *pc* = Procoxa, *mc* = Metacoxa, *E* Endsternit.

Querfurchen eine feine Querfurche zwischen den Längsfurchen; mit einer Abgrenzung von einem Prätergit haben diese Furchen nichts zu tun. Bei *Alipes, Arrhabdotus* und einer Anzahl von *Otostigmus*- und *Rhysida*-Arten finden sich Längskiele, Pusteln, Dornspitzchen, sonst sind die Tergite glatt.

Sternite: Im allgemeinen überlagern die Sternite dachziegelartig mit ihrem meist etwas bogigem Hinterrand ein wenig den Vorderrand des nachfolgenden Sternits, so daß die medialen Enden der Prästernite und ein kleiner Teil des Sternits überdeckt sind, was oft erst nach Mazeration deutlich wird (Fig. 25). Bei *Cryptops* senkt sich das hinten verlängerte Sternit unter das nachfolgende hinein; dieser verlängerte, oft, aber nicht immer, durch eine Furche scharf abgesetzte und auch sonst differenzierte Teil heißt Endosternit (Fig. 26 *E*). Die mit *Cryptops* nächst verwandten Genera sind in bezug auf die Sternitverhältnisse noch nicht alle bekannt. *Newportia* hat ebenfalls Endosternite, *Theatops* und *Otocryptops* keine. In der Familie *Scolopendridae* haben die Sternite im allgemeinen 2 feine Längsnähte, die manchmal abgekürzt sind oder ganz fehlen; bei den *Cryptopidae* findet sich eine oberflächliche unpaare Medianfurche, oft in Verbindung mit einer sie kreuzenden Querfurche, die bei *Cryptops* einer inneren Leiste entspricht. Ausnahmen bilden *Arrhabdotus* (zu den *Scolopendridae* gehörig) mit einer unpaaren

Medianfurche und *Mimops (Cryptopidae)* mit 2 parallelen Längsfurchen. Inwieweit die Furchen auch Nähten entsprechen, ist bei den meisten Arten unbekannt; besonders bei den *Cryptopidae*.

Pleuren (Fig. 27): Die seitliche Begrenzung der Segmente zwischen Tergit und Sternit wird von den Pleuren gebildet, in denen die Beine inseriert sind und die Stigmen liegen. Die Ausbildung von schärfer begrenzten und stärker chitinisierten Skleriten in der im übrigen faltigen und weichen Haut der Pleuren ist eine sehr mannigfaltige und erst bei den wenigsten Arten genauer studiert, so daß diese Verhältnisse leider nicht mit der wünschenswerten Ausgiebigkeit zur Charakterisierung der Gruppen verwendet werden können. Die Schwierigkeit wird noch größer dadurch, daß die Ausbildung dieser Sklerite je nach Körperregion und je nachdem, ob es sich um stigmenführende oder stigmenlose Segmente handelt und auch je nach dem Alter bei derselben Art sehr variiert, ferner dadurch, daß der Ausbildungsgrad der Sklerite alle möglichen Übergänge von sehr deutlich bis fehlend zeigen kann,

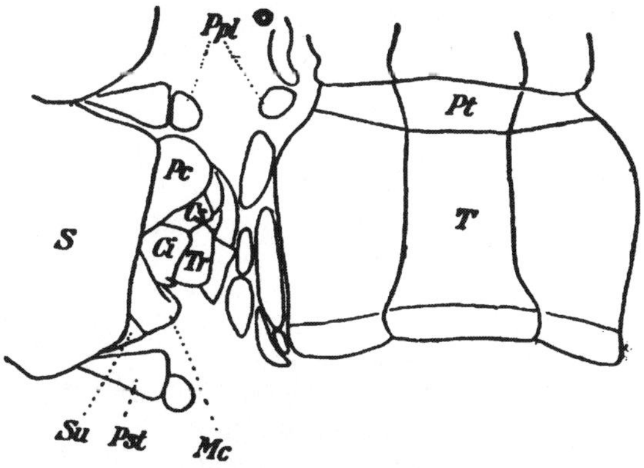

Fig. 27. **Theatops erythrocephala** (C. L. Koch).
Ein mittleres Segment aufgeschnitten und auseinandergebreitet.
Ppl = Präpleurite, *Pc* = Procoxa, *Mc* = Metacoxa, *Cs* = Coxa superior, *Ci* = Coxa inferior, *Tr* = Trochanter, *Su* = Suprasternit, *Pst* = Prästernit, *Pt* = Prätergit, *T* = Tergit, *S* = Sternit.

so daß manchmal verschiedene Beobachter zu verschiedenen Resultaten bezüglich des Vorhandenseins gewisser Sklerite kommen werden. Innerhalb der Pleuren haben wir zunächst zu unterscheiden: die Pericoxa, die Umrahmung der Hüfte, gebildet von der Hypocoxa ventral (bestehend aus Pro- und Metacoxa) (Fig. 27 *Pc* & *Mc*) und der der Katopleure (Fig. 28 *Kpl*) dorsal. Pro- und Metacoxa sind manchmal annähernd gleichgroß, meist aber ist die Procoxa viel größer. Beide stoßen entweder unterhalb der Hüfte zusammen *(Cryptopidae)* oder sie sind durch einen größeren Zwischenraum getrennt, indem die Coxa direkt an das Sternit grenzt *(Scolopendridae)*. Beide können durch Nähte in 2, 3 oder noch mehr Teile zerlegt sein; die Teile der Procoxa können durch feine Furchen noch weiter zerlegt werden. Die Metacoxa ist ungeteilt bei *Cryptops*, *Theatops*, *Newportia*, in 2 übereinander liegende Teile geteilt bei *Otocryptops*, *Cormocephalus*, *Scolopendra*, in noch mehr Teile zerlegt bei Subgen. *Trigonocryptops*. Von der Metacoxa ist hinten ein Sklerit abgetrennt, das Suprasternit (Fig. 27 *Su*), das einfach oder zweiteilig sein kann und durch eine Längsreihe von Tastborsten ausgezeichnet ist. Die Procoxa des 1. beintragenden Segments verschmilzt zuweilen mit dem Sternit.

Der Rest der Pleuren, abgesehen von der Pericoxa, bleibt bei manchen Gattungen, z. B. *Scolopendra,* zum größten Teil häutig, bei anderen ist er ganz zerlegt in scharf begrenzte, gut chitinisierte Sklerite, z. B. bei *Rhoda, Cormocephalus, Ethmostigmus, Otostigmus, Arthrorhabdus* u. a. Bei diesen finden sich folgende Sklerite: vorn zwischen Prätergit und Prästernit meist 2 Präpleurite, manchmal zwischen beiden noch ein drittes; manchmal ist nur das untere vorhanden; weiter 3 Anopleuren, eine obere, eine mittlere und eine untere, hinter der oberen Anopleure ein Prostigmenpleurit, hinter diesem das Stigmenpleurit und hinter diesem das Poststigmenpleurit; unter dem Stigmenpleurit liegen 2 Substigmapleurite. Das Stigmenpleurit ist stets klein, besonders im Vergleich mit den Geophilomorpha; manchmal bildet es nur einen schmalen Rahmen um das dann sehr große Stigma, z. B. bei *Ethmostigmus*; es kann jedoch mit dem Poststigmenpleurit verschmelzen *(Arrhabdotus),* auf den stigmenlosen Segmenten kann das dem Stigmenpleurit entsprechende Sklerit auch mit dem Prostigmapleurit verschmelzen *(Theatops, Ethmostigmus, Arthrorhabdus).* Bei manchen Gattungen finden sich nur 2 oder 1 Anopleure, oder es fehlen die Substigmaplatten; bei anderen treten oberhalb des Stigmenpleurits 1—3 Suprastigmapleurite auf. Deutlich abgegrenzte Paratergite finden sich nur selten.

Beine: Sie bestehen aus Coxa und Telopodit; da die Endbeine in manchen Punkten abweichen, sind unter „Beinen" immer nur die Laufbeine mit Ausschluß der Endbeine gemeint. Die Coxa bildet einen Ring, der oben niedriger ist und mehr weichhäutig bleibt und unten durch die Costa coxalis geteilt wird in die Eucoxa superior (Fig. 28 *Cs*) vorn und Eucoxa inferior (Fig. 28 *Ci*) hinten; letztere wird wieder durch eine feine Naht in nur mehr oder weniger deutlicher Weise in eine Eucoxa inferior (im engeren Sinne) und Eucoxa posterior geteilt. Die Eucoxa superior endet oben mit einem einfachen Zipfel oder es schnürt sich von ihr ± vollständig ein Stück der Coxocardo (Coxopleure Verhoeffs) ab, der mit der Katopleure artikuliert, der oberen Umrahmung der Hüfte, Teil der Pericoxa, die zuweilen (z. B. bei *Cryptops gigas*) zweiteilig ist. Zwischen Sternit und Hüfte befindet sich eine taschenartige Einsenkung, in deren Grund ein etwas verstärkter Teil der Wandung, der Conus lateralis das Widerlager für das untere Ende der Costa coxalis abgibt, die auf der Ventralseite die Artikulation des Beines besorgt. Die Costa coxalis bildet eine in das Innere des Gliedes vorspringende Längsrippe, den *processus costae,* die mit einem starken, vorragenden Zapfen endet. Die Artikulation des Telopodits mit der Hüfte erfolgt so, daß auch der Trochanter einen Doppelzapfen hat, der nach außen wenig, nach innen weit in das Innere vorspringt und auf dem *processus costae* aufliegt; mit einer Kante greift er in eine Längsrinne des *processus* ein. Das Telopodit der Laufbeine besteht aus Trochanter, Präfemur, Femur, Tibia, 1- oder 2gliedrigem Tarsus und Prätarsus oder Endkralle. Die Tibia hat manchmal 1 oder 2 „Tibialsporne", einen ventralen oder einen ventralen und einen vorderen-lateralen; der Tarsus hat oft 1 oder 2 Tarsalsporne (Fig. 29), beide ventral; diese Sporne

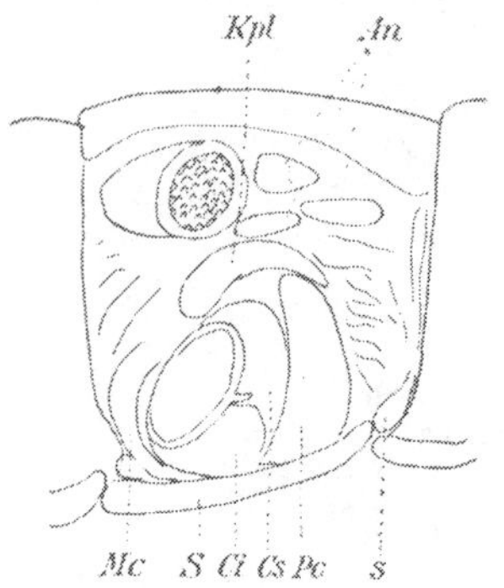

Fig. 28.
Ethmostigmus trigonopodus (Leach). 5. beintragendes Segment von der Seite.
An = Anopleuren, *Kpl* = Katopleuren, *Mc* = Metacoxa, *S* = Sternit, *Ci* = Coxa inferior, *Cs* = Coxa superior, *Pc* = Procoxa, *s* = Prästernit.

sind vergrößerte, zumeist solide Borsten, sehr oft fehlen sie auf einem oder mehreren der letzten Beinpaare, auch wenn sie auf den übrigen vorhanden sind. Der Prätarsus ist stets krallenförmig und hat meist 1 oder 2 Nebenkrallen, starr mit der Hauptkralle verbundene Äste derselben, die „Klauensporne" genannt werden. Bei einigen *Scolopendra*-Arten hat das Präfemur einer Anzahl von Beinen dorsal einen oder mehrere Kegelzähnchen. Der Tarsus der *Scolopendridae* ist stets zweigliedrig, derjenige der *Cryptopidae* eingliedrig oder ± deutlich zweigliedrig, manchmal zweigliedrig ohne Artikulation der beiden Glieder gegeneinander.

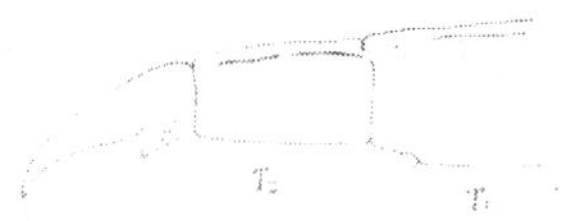

Fig. 29. **Scolopendra morsitans** L. T_1 = 1. Tarsus, T_2 = 2. Tarsus eines Beines aus der Körpermitte.

Endbeinsegment: Es unterscheidet sich sehr wesentlich von der Mehrzahl der normal gebauten Segmente; der Unterschied zwischen beiden wird durch die 2 dem Endbeinsegment vorangehenden Segmente angebahnt. Im Endbeinsegment wird der ganze Raum zwischen Tergit und Sternit von einem großen ungegliederten Sklerit eingenommen, das aus der Verwachsung von Coxa und Procoxa hervorgegangen sein dürfte und Coxopleure genannt wird; es ist mit dem Tergit verwachsen entweder so, daß zwischen beiden noch eine deutliche häutige Naht übrigbleibt (Fig. 30) oder starr, so daß die Naht undeutlich wird (*Scolopendra*). Ein häutiger Pleuralbezirk ist am Endbeinsegment nicht vorhanden. Die Naht zwischen Tergit und Coxopleuren liegt auf der Dorsalseite, so daß also der Seitenrandwulst von der Coxopleure gebildet wird und wesentlich etwas anderes ist als der Randwulst der übrigen Tergite, der diesen selbst angehört. Die Coxopleure hat am Hinterrande einen Einschnitt, an den sich ein nach vorn gerichteter mehr oder weniger langer Wulst anschließt, der eine innere Leiste, das Homologon der Costa coxalis der Laufbeine, bildet. Eine von diesem Einschnitt ausgehende dunkle Linie begrenzt das Porenfeld außen, ist aber nicht immer vorhanden; der dorsal von dieser Linie gelegene glatte porenfreie Streif wird häufig als Umschlagsrand des Tergits bezeichnet, gehört jedoch zur Coxopleure. Ein großer, meist der größte Teil der Coxopleure (Fig. 31) ist von den Poren durchbohrt, die zumeist sehr zahlreich und klein sind; nur bei einigen *Cryptopiden* sind sie größer, weniger zahlreich und zählbar. Den *Asanadini* fehlen die Poren. Bei der überwiegenden Mehrzahl der Arten zieht sich die Coxopleure in einen Fortsatz aus, den Coxopleurenfortsatz; meist ist er konisch von breiter, oft den ganzen Hinterrand einnehmender Basis allmählich sich zuspitzend, manchmal ist er aber auch schlank, walzig, plötzlich beginnend; am Ende ist er ein- oder mehrspitzig und hat oft auch an den Seitenflächen Dornspitzen. Häufig finden sich am Hinterrand der Coxopleure neben dem Einschnitt ein oder zwei Dornen.

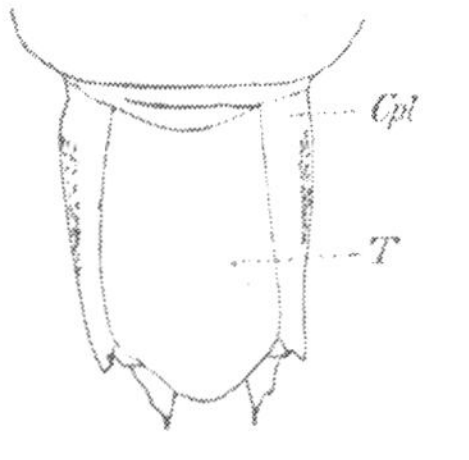

Fig. 30. **Otocryptops rubiginosus** (L. Koch). *Cpl* = Coxopleuren, *T* = Endtergit.

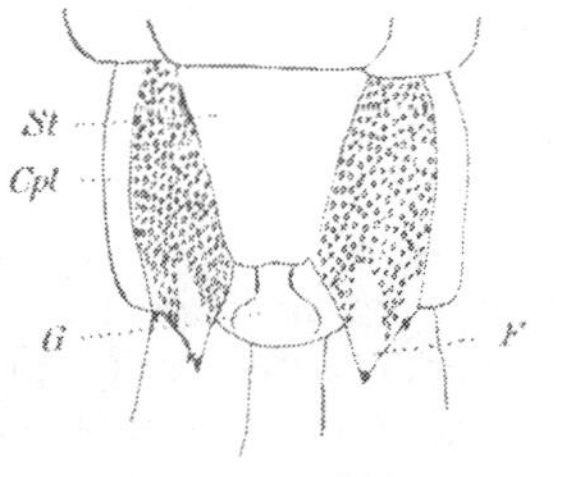

Fig. 31. **Cormocephalus westwoodi dispar** Por. Hinterende, Ventralseite. *St* = Sternit des Endbeinsegments, *Cpl* = Coxopleuren, *G* = Genital- und Analregion, *F* = Coxopleurenfortsatz.

Der Trochanter (Fig. 32 *Tr*) ist verkümmert und mit dem Präfemur verwachsen, doch bleibt die Naht zwischen beiden meist sichtbar. Dieser rudimentäre Trochanter hat einen ähnlichen Gelenkzapfen wie auf den Laufbeinen, der mit dem Ende der Costa coxalis gelenkig verbunden ist. Das Präfemur besitzt meist eine Anzahl starrer, unbeweglicher Dornen, die von klein, körnchenartig bis riesig groß (z. B. bei *Ethmostigmus*) sein können; ihre Zahl und Anordnung wird systematisch verwendet. Bei *Cryptops* fehlen solche Dornen, dafür aber sind ± zahlreiche bedeutend verstärkte, sogen. Stiftborsten vorhanden. Bei den ♂ mancher *Otostigmus*- und *Alipes*-Arten finden sich eigentümliche, zylindrische oder knospenförmige Fortsätze auf der dorsalen Medialseite des Präfemur. Das Femur hat nur sehr selten Dornen. Der Tarsus ist stets zweigliedrig, auch bei denjenigen Arten, deren Laufbeine einen eingliedrigen Tarsus haben; bei *Newportia* und *Tidops* ist der 2. Tarsus in eine Anzahl sekundärer, mehr oder weniger scharf abgesetzter Gliederchen aufgelöst. Bei *Cryptops* (Fig. 33) ist der 2. Tarsus ventral messerartig zugeschärft, kann stark eingeklappt werden und bildet im Vereine

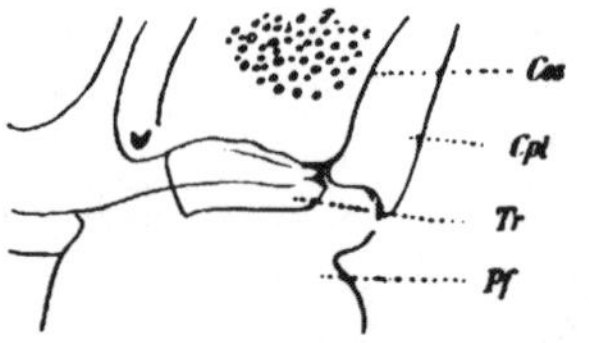

Fig. 32. **Theatops erythrocephala** (C. L. Koch). *Cos* = Furche, die das Porenfeld begrenzt, *Cpl* = Coxopleuren, *Tr* = Trochanter, *Pf* = Präfemur.

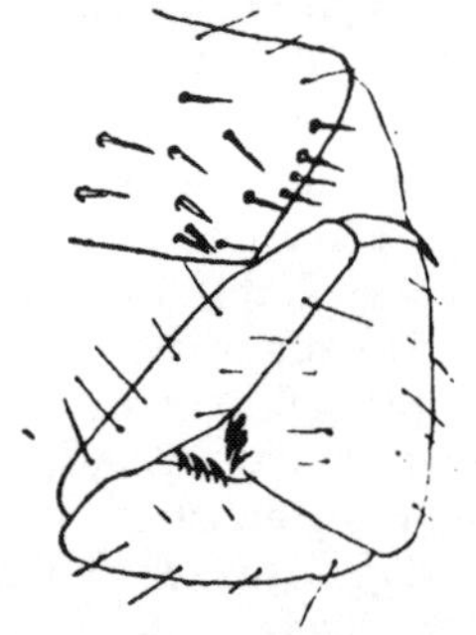

Fig. 33. **Cryptops hortensis** Leach. Endbein.

mit den auf der Ventralseite des 1. Tarsus und der Tibia stehenden Sägezähnchen einen sehr wirksamen Halteapparat. Bei ♂ und ♀ der Gattung *Alipes* endet das Telopodit mit einem eigentümlichen raket-artigen Gebilde, das durch die Verbreiterung von Tibia und Tarsus entsteht. Bei dieser Gattung fehlt ein Prätarsus oder ist nur sehr rudimentär als kleines manchmal gelenkiges, manchmal starr verbundenes Kegelchen entwickelt. Bei den meisten *Newportia*-Arten und bei *Tidops* fehlt ein Prätarsus. Bei den anderen Gattungen ist er krallenförmig, ventral ausgehöhlt und zweikantig oder durch Rückbildung der einen Kante messerartig zugeschärft. Meist hat er 1 oder 2 Nebenkrallen, auch hier Krallensporne genannt, starr mit der Hauptkralle verbundene Äste derselben (Fig. 34), oder es fehlen Nebenkrallen (Fig. 35). Der Übergang von der Pleurenbildung eines normalen Laufbeinsegments zu den Verhältnissen am Endbeinsegment wird von den 2 letzterem vorangehenden Segmenten gebildet. Bei *Cryptops* ist die Metacoxa des 19. Laufbeinsegments nur mehr halb so groß; auf dem 20. Segment ist sie noch kleiner geworden, dagegen die Procoxa auffallend groß und ungegliedert, Katopleure und mittlere Anopleure sind zwar vorhanden aber kleiner als auf den anderen Segmenten. Bei *Ethmostigmus* haben die Pleuren des 20. Segments nur eine kleine mittlere Anopleure (gegenüber 7 Anopleuren in 3 oder 4 Reihen auf den anderen Segmenten) und eine ganz rudimentäre Metacoxa; die Procoxa ist merklich vergrößert und nahtlos mit der Katopleure verschmolzen.

Stigmen: sie liegen in den Pleuren, meist in einem im Verhältnis zur Größe des Stigma kleinen Sklerit, das manchmal nur einen undeutlichen schmalen Rand um das Stigma bildet, besonders wenn die Stigmen groß sind. Sie sind vorhanden auf den beintragenden Segmenten 3, 5, (7), 8, 10, 12, 14, 16, 18, 20, (22), d. h. das 7. Segment hat nicht bei allen Gattungen Stigmen und ein 22. Segment kommt natürlich nur bei Gattungen mit 23 Beinpaaren vor. Nur *Plutonium* hat auf den beintragenden Segmenten 2—20 Stigmen. Die äußere Öffnung des Atmungsapparates, das Stigma, ist von einem höheren oder niedrigeren Ringwall umgeben, dem Peritrema, das meist aus aneinandergereihten Wülsten, Bögelchen oder dgl. besteht. Manchmal liegt das Stigma auf einer kraterähnlichen Erhebung (gewisse *Cormocephalus*-Arten). Das Stigma führt in den Stigmenkelch, in dessen Grund die Tracheen beginnen. Der Stigmenkelch hat zweierlei Ausbildungen: bei den *Cryptopidae* und *Otostigminae* ist er eine einfache Einsenkung, bei den ersteren mehr eng und tief, bei letzteren weiter und seichter, manchmal so seicht, daß der Kelchboden fast in einer Höhe mit der umgebenden Körperwand

Fig. 34.
Cormocephalus violaceus Newp.
Prätarsus des Endbeins.

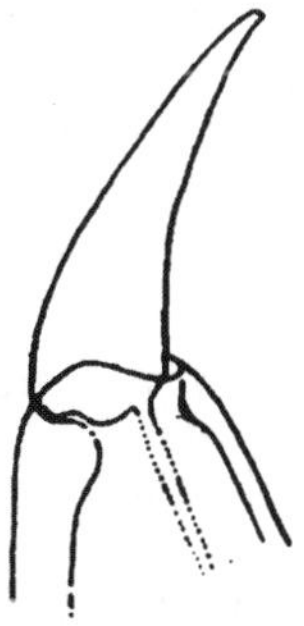

Fig. 35.
Cryptops anomalans Newp.
Prätarsus des Endbeins.

liegt (z. B. bei *Ethmostigmus*). Die Innenwand des Kelches hat manchmal niedrige septenartige Längsleisten. Das Stigma selbst ist rund oder oval; in letzterem Falle liegt die längere Achse, mit Ausnahme des ersten Stigma, schräg zur Längsachse des Körpers, manchmal senkrecht zu ihr.

Bei den *Scolopendrinae* (Fig. 36) ist der Kelch durch eine Klappe geteilt in ein Vestibulum und einen Innenkelch; die Klappe besteht aus 3 Lippen, die meist einheitlich sind und einen hinten gegabelten Längsschlitz zwischen sich frei lassen; manchmal sind sie in büschelige Kegel aufgelöst. Die Innenwände von Vestibulum und Innenkelch sind dicht mit winzigen, krückenartigen Borsten besetzt. Bei den *Scolopendrinae* ist das Stigma häufig dreieckig, mit der Spitze vorn, kann aber auch kreisrund sein; wenn es eine längere Achse hat, liegt sie in der Längsrichtung des Rumpfes. Der Boden des Innenkelches ist mit einem Kranz von zarten, wärzchentragenden Fäden besetzt. Der Eingang zu den Tracheen ist bei beiden Arten von Stigmen mit zarten Fransen umstellt, Schutzvorrichtungen gegen das Eindringen von Fremdkörpern (Fig. 37).

Die Genitalregion, bestehend aus Prägenital- und Genitalsegment und das Telson liegen für gewöhnlich in einer auf der Ventralseite des Endbeinsegments sich öffnenden Tasche versenkt, können jedoch unter Umständen hervorgestülpt werden; sie sind sehr klein und spielen in der Systematik keine Rolle.

Die Beborstung des Rumpfes ist im allgemeinen eine spärliche. Die Tergite, Sternite und Pleuren vieler Arten, besonders der *Scolopendridae* sind kahl; auch die Beine sind bei ihnen oft sehr spärlich beborstet. Reichlicher ist die Beborstung bei manchen *Cryptopidae*; die Beine von *Cryptops* haben

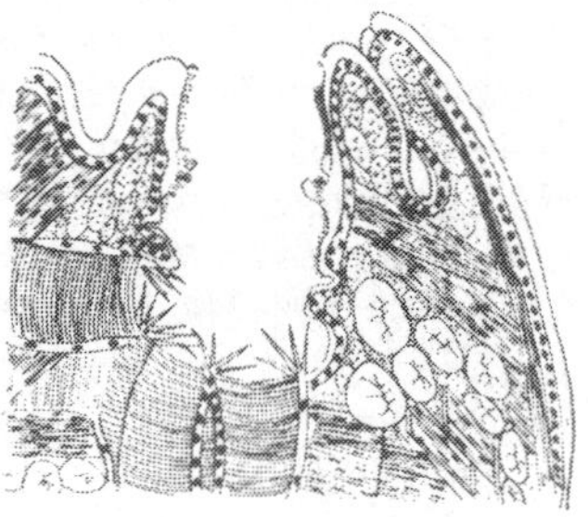

Fig. 36. **Scolopendra cingulata** Latr. Querschnitt durch ein Stigma.

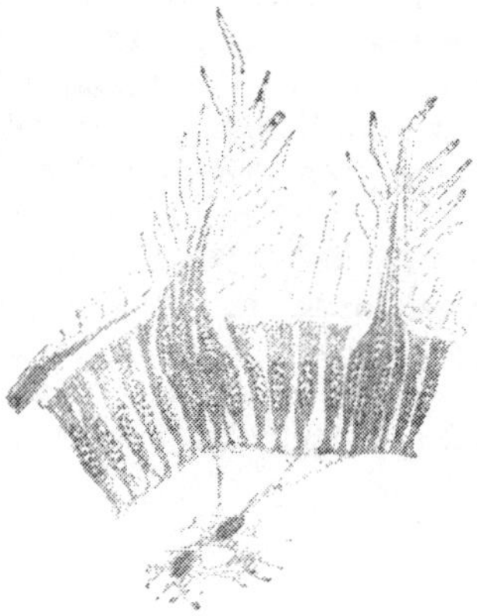

Fig. 37. **Scolopendra cingulata** Latr. Verästelte Haare im Stigma.

besondere verstärkte Borsten, die Stiftborsten, die in einem verstärkten Halbring der Beincuticula eingelenkt sind. Andere besondere Ausbildungen von Borsten sind die Tibial- und Tarsalsporne und die Borsten der Putzbürste der 2. Maxille.

Von unbeweglichen Fortsätzen der Cuticula sind zu erwähnen: die Kieferfußhüftzähne, die Spitzen am Ende des Coxopleurenfortsatzes, die Dornen des Präfemur der meisten Gattungen und die Sägezähne von Tibia und 1. Tarsus der Endbeine von *Cryptops*. Auch sie stehen mit Nervenendigungen in Verbindung.

Übersicht über die Familien:

Jederseits 4 Ocellen vorhanden. Sternite ungefurcht oder mit 2 paramedianen Längsfurchen, nur ausnahmsweise mit einer unpaaren Medianfurche, nie mit Querfurche . . . . 1. Fam. **Scolopendridae**

Keine Ocellen, zuweilen unscharf begrenzte helle Flecken an der entsprechenden Stelle. Sternite mit einer unpaaren Medianfurche, die selten fehlt, ausnahmsweise mit 2 Paramedianfurchen, oft mit Querfurche . . . . 2. Fam. **Cryptopidae**

1. Fam. **Scolopendridae**

1893 Subfam. *Scolopendrinae* + *Scolopendropsinae*, Bollman in: Bull. U. S. Mus., *v.* 46 p. 165 | 1895 *Scolopendridae*, Pocock in: Biol. Centr.-Amer., Chilop. p. 13 | 1903 *Scolopendrinae* + *Otostigminae*, Kraepelin in: Mt. Mus. Hamburg, *v.* 20 p. 29 | 1914 *Scolopendridae*, Attems in: Arch. Naturg., *v.* 80 A. 4 p. 101 | 1926 *S.*, Attems in: Kükenthal & Krumbach, Handb. Zool., *v.* 4 p. 372.

Jederseits 4 Ocellen. Antennen 17- bis über 30gliedrig, 2 oder mehr Grundglieder kahl, Kieferfüße meist mit gezähnten Platten (Zahnplatten);

fehlen nur bei *Arrhabdotus*. Alle Tarsen 2gliedrig. Sternite mit 2 paramedianen Längsfurchen oder ungefurcht, nur bei *Arrhabdotus* mit einer unpaaren Medianfurche; nie mit Querfurche.

2 Subfamilien, 4 Tribus, 16 Gattungen, 238 sichere und 44 unsichere Arten.

Übersicht über die Subfamilien:

Stigmenkelch durch eine meist dreizipflige Klappe in Vestibulum und Innenkelch geteilt	1. Subfam. **Scolopendrinae**
Stigmenkelch einheitlich, ohne Klappe	2. Subfam. **Otostigminae**

A. Subfam. Scolopendrinae

1903 *Scolopendrinae*, Kraepelin in: Mt. Mus. Hamburg, *v.* 20 p. 29, 165 | 1906 *Scolopendridae*, C. Verhoeff in: N. Acta Ac. Leop., *v.* 86 p. 431 | 1907 *S.*, C. Verhoeff in: Bronn, Kl. Ordn., *v.* 5 II p. 248 | 1914 *Scolopendrinae*, Attems in: Arch. Naturg., *v.* 80 A. 4 p. 101 | 1926 *Scolopendrini*, Attems in: Kükenthal & Krumbach, Handb. Zool., *v.* 4 p. 373.

Stigmenkelch innen mit einer meist dreizipfligen Klappe, die das Vestibulum vom Innenkelch trennt; in letzterem entspringen die Tracheen. Die Klappe wird meist von 3 einheitlichen Lippen gebildet, selten ist jede Lippe in eine Anzahl büscheliger Kegel zerteilt. Stigmen, wenigstens die vorderen, der Körperlängsachse parallel, dreieckig, vorn spitzwinklig bis längsschlitzförmig, die hinteren zuweilen kreisrund. Kopf hinten vom 1. Tergit überlagert oder beide frei aneinanderstoßend oder das 1. Tergit vom Kopf überlagert. Basalplatten zuweilen vorhanden. 21 oder 23 Beinpaare, letzteres nur bei *Scolopendropsis*. Stigmen auf den beintragenden Segmenten 3, 5, 8, 10, 12, 14, 16, 18, 20, (22). Präfemur der Kieferfüße mit Medialzahn. Beine ohne Tarsalsporn oder mit einem ventralen Sporn, zuweilen das 1. Beinpaar mit 2 Tarsalspornen. 1. Tarsus länger, ebenso lang oder kürzer als der 2. 2. Telopoditglied der 2. Maxille meist mit Dorn, Endkralle meist mit 1 oder 2 Nebenkrallen. Labrum gefranst und beborstet oder ganz unbeborstet. Zahnplatten der Kieferfüße normal entwickelt.

2 Tribus, 9 Gattungen, 131 sichere, 38 unsichere Arten.

Übersicht über die Tribus:

Coxopleuren mit Poren. Antennen wenigstens das 2. Tergit überragend, meist viel länger	1. Trib. **Scolopendrini**
Coxopleuren ohne Poren. Antennen sehr kurz, das 1. Tergit nicht überragend	2. Trib. **Asanadini**

1. Tribus Scolopendrini

1906 *Scolopendrinae*, C. Verhoeff in: N. Acta Ac. Leop., *v.* 86 p. 435 | 1907 *S.*, C. Verhoeff in: Bronn, Kl. Ordn., *v.* 5 II p. 258 | 1914 *Scolopendrini*, Attems in: Arch. Naturg., *v.* 80 A. 4 p. 101 | 1926 *S.*, Attems in: Kükenthal & Krumbach, Handb. Zool., *v.* 4 p. 378.

Coxopleuren mit Porenfeld, meist auch mit Fortsatz, der am Ende ein- oder mehrspitzig ist. Antennen wenigstens das 2. Tergit überragend, meist länger. 2. Tergit merklich kürzer als das 1. Die 4 Ocellen gleich groß. Endkralle der 2. Maxille meist mit 2, selten nur mit 1 Nebenkralle, 2. Telopoditglied mit Dorn auf der Vorderseite.

7 Gattungen, 125 sichere, 38 unsichere Arten.

Übersicht über die Gattungen:

1	23 Beinpaare. 1. Tarsus kürzer als der 2. . .	7. Gen. **Scolopendropsis**
	21 Beinpaare — 2	

2	1. Tarsus besonders der hinteren Beine etwas kürzer als der 2. Coxopleuren abgestutzt, ohne Fortsatz	6. Gen. **Rhoda**
	1. Tarsus meist deutlich länger, seltener nur so lang wie der 2. — 3	
3	Alle Beine ohne Tarsalsporn. Lippen des Stigmenkelches ungeteilt — 4	
	Die meisten Beine mit Tarsalsporn — 5	
4	Stigmen nicht von Pleuritfalten bedeckt . .	4. Gen. **Cormocephalus**
	Stigmenenden ± von Pleuritfalten bedeckt .	5. Gen. **Campylostigmus**
5	Der Kopf überlagert deutlich das 1. Tergit. Labrum ganz unbeborstet. Lippen des Stigmenkelches in büschelig zerfaserte Kegel aufgelöst. Endbeine immer mit Klauenspornen	1. Gen. **Scolopendra**
	Der Kopf stößt frei an das 1. Tergit oder wird undeutlich von letzterem überlagert. Labrum am Hinterrande gefranst und auf der Fläche beborstet — 6	
6	Lippen des Stigmenkelches ähnlich wie bei *Scolopendra* in warzige Höcker aufgelöst oder nur ihr Rand in hutpilzförmige Abschnitte geteilt. Endbeine mit oder ohne Klauensporne	2. Gen. **Trachycormocephalus**
	Lippen des Stigmenkelches ungeteilt. Endbeine ohne Klauensporne	3. Gen. **Arthrorhabdus**

1. Gen. **Scolopendra** L.

1758 *S.* (part.), Linné, Syst. Nat., ed. 10 p. 637 | 1844/5 *S.*, Newport in: Tr. Linn. Soc. London, *v.* 19 p. 275, 377 | 1844/5 *Rhombocephalus*, Newport in: Tr. Linn. Soc. London, *v.* 19 p. 275, 425 | 1847 *Scolopendra*, P. Gervais in: Walckenaer, Hist. Apt., *v.* 4 p. 250 | 1856 *S.*, Newport, Cat. Brit. Mus. Myr., p. 2, 24 | 1872 *S.*, Porath in: Öfv. Ak. Förh., *v.* 28 p. 1140 | 1876 *S.* [mit den Subgenera: Collares oder *Collaria*, Calcaratae oder *Calcaria*, Multispinatae, Parcispinatae], Porat in: Bih. Svenska Ak., *v.* 4 nr. 7 p. 4, 10 | 1879 *S.*, Kohlrausch in: J. Mus. Godeffroy, *v.* 14 p. 58 | 1880 *S.*, Latzel, Myr. Österr.-Ung., *v.* 1 p. 138 | 1881 *S.*, Kohlrausch in: Arch. Naturg., *v.* 47 I p. 94 | 1886 *S.*, Meinert in: Vidensk. Meddel., *v.* 36—38 p. 124 | 1903 *S.*, Kraepelin in: Mt. Mus. Hamburg, *v.* 20 p. 223 | 1907 *S.*, C. Verhoeff in: Bronn, Kl. Ordn., *v.* 5 II p. 263 | 1926 *Rhadinoscytalis*, Attems in: Voy. zool. Gadeau de Kerville Syrie, *v.* 1 p. 244 | 1926 *Scolopendra* + *R.* + *Collaria*, Attems in: Kükenthal & Krumbach, Handb. Zool., *v.* 4 p. 374.

21. Beinpaare. Kopf mit oder ohne Längsfurchen, ohne Basalplatten, das 1. Tergit überlagernd. Antennen 17—31gliedrig, lang, 4 bis viele Grundglieder kahl. Clypeus unbeborstet. Labrum unbeborstet. Hüften der 2. Maxille ohne Mediannaht. 2. Telopoditglied drehrund oder mit scharfer Längskante, immer mit kräftigem Dorn, Endkralle mit 2 kräftigen Nebenkrallen. Zahnplatten der Kieferfüße mit 3 bis vielen Zähnen. Dahinter meist eine Borste, die Grundfurchen bilden miteinander einen rechten Winkel bis zu einer geraden Linie; Hüften mit oder ohne Querfurche, die sich dann meist mit feinen, von den Enden der Grundfurchen abgehenden Linien zu einem Furchendreieck verbindet. 2., 4., 6., 9., 11., 13., 15., 17. und 19. Tergit kürzer als die anderen; 1. Tergit mit oder ohne Ringfurche; Längsfurchen der Tergite meist deutlich ausgebildet, selten undeutlich bis fehlend, sie beginnen auf dem 1. oder einem der folgenden Tergite. Seitliche Berandung manchmal schon auf dem 3. beginnend, manchmal nur auf dem 21., mit allen Zwischenstufen. 21. Tergit mit oder ohne Medianfurche. Sternite mit oder ohne

2 Längsfurchen. Coxopleuren mit kurz-kegeligem bis langem, schlank-walzlichem Fortsatz, der am Ende ein- bis mehrspitzig ist und nur sehr selten so kurz wird, daß er undeutlich ist. Porenfeld groß. Endbeine lang und schlank bis kurz und dick; Präfemur fast stets bedornt, nur sehr selten außer dem Eckdorn unbedornt; Eckdorn ein- oder mehrspitzig, Endkralle mit Klauenspornen. Tarsalsporne stets vorhanden, 1. Beinpaar mit 1 oder 2, 21. Paar fast stets ohne solchen. 1. Tarsus länger als der 2. Stigmen gestreckt schlitzförmig oder kurz dreieckig, der Klappenrand in zerschlitzte Kegel aufgelöst.

Alle tropischen und warmen Länder.

33 sichere Arten, von denen 4 in 13 Unterarten geteilt sind, und 32 unsichere Arten.

Typus: *S. morsitans* L.

Übersicht über die Arten:

1	1. Tergit ohne Ringfurche — 2	
	1. Tergit mit Ringfurche (Fig. 55) — 26	
2	1. Tarsus der Endbeine mit 1 Sporn	11. **S. calcarata**
	1. Tarsus der Endbeine ohne Sporn — 3	
3	Coxopleurenfortsatz lang, schlank, walzig, am Ende 3—15spitzig, auf seiner Seite wenigstens 1 Dörnchen, abgesehen vom Hinterranddorn (Fig. 51) — 4	
	Coxopleurenfortsatz allmählich kegelig verschmälert, nur am Ende mit Dornspitzen (Fig. 43) — 11	
4	1. Beinpaar mit 1 Tarsalsporn — 5	
	1. Beinpaar mit 2 Tarsalspornen — 6	
5	19 Antennenglieder, 20. Tergit berandet, 19. Beinpaar mit 1 Tarsalsporn	12. **S. madagascariensis**
	17 Antennenglieder, 20. Tergit nicht berandet, 19. Beinpaar ohne Tarsalsporn	13. **S. gardullana**
6	1. Tergit mit 2 nach vorn konvergierenden Längsfurchen, Präfemur der Endbeine am Ende oben mit kurzer grubenartiger Furche. Endbeine des ♂ sehr dick, Tibia und 1. Tarsus an der Basis stielartig verdünnt; Tibia und Tarsus des ♂ dicht behaart (Fig. 47)	14. **S. clavipes**
	1. Tergit ohne oder nur mit kaum merklichen Längsfurchen. Präfemur der Endbeine am Ende ohne Furche. Tibia und 1. Tarsus an der Basis nicht stark verdünnt — 7	
7	21. Tergit ohne oder mit hinten abgekürzter Medianfurche. Meist 16—17 Antennenglieder. Eckdorn 4—5spitzig	15. **S. dalmatica**
	21. Tergit mit durchlaufender Medianfurche. 18 bis 23 Antennenglieder. Eckdorn der Endbeine meist 2 oder 3, selten bis 10spitzig	16. **S. canidens**: 8
8	5 oder 6 Grundglieder der Antennen kahl. Eckdorn meist 2-, selten 3spitzig. Beide Tarsen der Endbeine des ♂ ringsum dicht kurz behaart	16c. **S. c. oraniensis**
	Die meisten Antennenglieder kahl. Eckdorn 3 oder mehrspitzig — 9	
9	Endbeine auch beim ♂ schlank, Tarsen dorsal dicht kurz behaart (Fig. 52)	16d. **S. c. cretica**
	Endbeine beim ♂ mehr oder weniger verdickt (Fig. 49), die Tarsen beim ♂ nicht oder nur äußerst spärlich behaart — 10	

10	Coxopleurenfortsatz mit 6 bis 12 Dörnchen. Femur, Tibia und Tarsus der Endbeine des ♂ nicht keulig. Femur und Tibia dorsal gerundet	16a. S. c. canidens
	Coxopleurenfortsatz mit 14—16 Dörnchen. Femur, Tibia und Tarsus am Ende leicht keulig angeschwollen, erstere beiden dorsal abgeflacht . .	16b. S. c. cyrenaica
11 (3)	Präfemur des 20. Beinpaars dorsal am Ende mit 1 bis 6 Dörnchen; Kopf mit 2 Längsfurchen; Hüften der Kieferfüße mit Querfurche — **12**	
	Präfemur des 20. Beinpaars dorsal am Ende ohne Dörnchen. Kopf ohne Längsfurchen; Hüften der Kieferfüße ohne Querfurche — **13**	
12	Die Haare der Antennenglieder sind in Reihen geordnet. Tergite vom 5.—8. an berandet. Präfemur des 20. Beinpaars dorsal am Ende mit 3—6, ventral ohne Dorn. Präfemur der Endbeine innen und oben-innen mit 15—22 Dornen, Eckdorn lang, am Ende 7—9spitzig. Endklaue der Endbeine unten ausgehöhlt zweikantig	17. S. alternans
	Haare der Antennen nicht in Reihen geordnet. Nur das 21. Tergit berandet. Präfemur des 20. Beinpaars am Ende dorsal und ventral mit je 1 Dorn. Präfemur der Endbeine oben-innen mit 4 Dornen. Eckdorn kürzer, 2spitzig. Endklaue der Endbeine unten schneidig zugeschärft	18. S. arthrorhabdoides
13	Präfemur der Endbeine unten mit 5 bis vielen Dornen — **14**	
	Präfemur der Endbeine unten mit 0—3 (selten 4) Dornen — **19**	
14	Tarsen des 20. und 21. Beinpaars dicht rauhhaarig .	6. S. hirsutipes
	Tarsen der hinteren Beine unbehaart — **15**	
15	Präfemur, Femur und oft auch Tibia der Endbeine des ♂ dorsal abgeflacht und wulstig umrandet .	1. S. morsitans
	Präfemur und Femur der Endbeine des ♂ dorsal gerundet, selten ein wenig abgeflacht aber nie wulstig gerandet — **16**	
16	Sternite 3—13 am Vorderrande mit kurzen Furchen, Sternite 14—20 ungefurcht. Die Zähnchen der Kieferfüße nicht deutlich geschieden. 21. manchmal auch 20. Tergit berandet	4. S. gracillima
	Sternite des vorderen Körperdrittels oder alle bis zum 20. mit 2 durchlaufenden Längsfurchen — **17**	
17	Die Zähnchen der Kieferfüße sind nicht deutlich geschieden. 3 Grundglieder der Antennen kahl. 20. und 21. Tergit berandet	5. S. pinguis
	Die Zähnchen der Kieferfüße deutlich geschieden. 5—7 Grundglieder der Antennen kahl — **18**	
18	Jederseits 4—5 Kieferfußhüftzähne; Zahnplatten so lang wie breit. Berandung frühestens auf dem 17. Tergit beginnend. 21. Tergit mit durchlaufender Medianfurche. 20. Beinpaar ohne Tarsalsporn	2. S. laeta
	Jederseits 12 oder mehr Kieferfußhüftzähne. Zahnplatten viel breiter als lang. 3.—21. Tergit berandet. 21. Tergit ohne Medianfurche. 20. Beinpaar mit 1 Tarsalsporn	3. S. metuens

19 (13)
- Coxopleuren mit sehr kurzem, einspitzigem Kegel, der den Hinterrand kaum überragt (Fig. 45). Kopf und die ganzen Tergite 2, 4, 6, 9, 11, 13, 15, 17, 19 dunkelbraun, scharf gegen die anderen hell braungelben Tergite abstechend. Präfemur der Endbeine ventral ohne Dorn . . . . 10. **S. hardwickei**
- Coxopleuren mit deutlichem, den Hinterrand merklich überragendem Fortsatz (Fig. 43). Rücken einfarbig oder nur der Hinterrand aller Tergite dunkelgrün — **20**

20
- Präfemur der Endbeine $1^1/_2$—2mal so lang wie breit (Fig. 42), dorsal etwas abgeflacht, innen ohne Dornen, oben-innen meist 4 (2—8), unten meist 2 (1—4) Dornen . . . . 7. **S. cingulata**
- Präfemur der Endbeine $2^1/_2$ bis mehrmal so lang wie breit (Fig. 44), dorsal abgerundet, innen mit 1 bis 2 Dornen — **21**

21
- Die Dornen des Endbeinpräfemur, inkl. einspitzigem Dorn, riesig groß. Sternite ungefurcht. 4 Grundglieder der Antennen kahl . . . . 9. **S. spinosissima**
- Die Dornen des Endbeins höchstens mäßig groß bis klein, Eckdorn ein- bis mehrspitzig. Sternite zweifurchig. 6 Grundglieder der Antennen kahl . . 8. **S. subspinipes: 22**

22
- Endbeinpräfemur ventral ohne Dorn, innen und oben-innen mit 0—3 Dornen. . . . . 8e. **S. s. dehaani**
- Endbeinpräfemur ventral mit 1—3 Dornen — **23**

23
- Coxopleurenfortsatz 3spitzig, selten auf einer Seite 2spitzig. Präfemur der Endbeine ventral mit 2 bis 3 Dornen. 20. Beinpaar ohne Tarsalsporn — **24**
- Coxopleurenfortsatz meist 2- (selten 1- oder 3-) spitzig. Präfemur ventral mit 2 oder 1 Dorn. 20. Beinpaar meist mit 1 Tarsalsporn — **25**

24
- Längsfurchen der Sternite tief, den Hinterrand erreichend. Kopf und 1. Tergit entweder so wie der übrige Rücken gefärbt oder heller grünlich. Tergite erst vom 3. an gefurcht . . . . 8c. **S. s. japonica**
- Längsfurchen der Sternite schwach, den Hinterrand nicht erreichend. Kopf und 1. Tergit rostrot, scharf vom olivbraunen Rücken abstechend. Tergite meist vom 2. an gefurcht. . . . . 8d. **S. s. multidens**

25
- Kopf und 1. Tergit nicht wesentlich anders gefärbt als der übrige Rücken; Tergite braun, oliv oder gelbbraun mit dunkelgrünem Hinterrand. Sternitfurchen durchlaufend, die des 16.—19. Sternits oft schwach . . . . 8a. **S. s. subspinipes**
- Kopf und 1. Tergit gelbrot, scharf vom übrigen dunkelgrünen Rücken abstechend. Sternite 2—19 mit 2 den Hinterrand nicht ganz erreichenden Längsfurchen . . . . 8b. **S. s. mutilans**

26 (1)
- Präfemur des 20. und oft auch vorangehender Beinpaare am Ende oben mit einem oder mehreren Dörnchen. Hüften der Kieferfüße mit Querfurche. Kopf mit 2 durchgehenden Längsfurchen — **27**
- Präfemur aller Beine am Ende oben ohne Dörnchen — **36**

27 Tergite vom 19., 20. oder 21. an berandet. Präfemur des 20. Beinpaars ventral mit 1—2 Dörnchen, die manchmal fehlen — **28**
Die Berandung beginnt vom 4.—14. Tergit. Präfemur des 20. Beinpaars ventral ohne Dorn — **29**

28 Ringfurche des 1. Tergits sehr schwach, fast fehlend. 1. Tergit mit 2 Längsfurchen. Kieferfußhüften mit tiefer grubenartiger Medianfurche hinter der Querfurche . . . . 18. **S. arthrorhabdoides**
Ringfurche des 1. Tergits deutlich. 1. Tergit ohne Längsfurchen. Kieferfußhüften ohne Medianfurche hinter der Querfurche . . . . 19. **S. armata**

29 8—10 Grundglieder der Antennen kahl. Femur der meisten oder wenigstens einiger der hinteren Beinpaare am Ende oben oft mit Dörnchen . . . . 20. **S. gigantea**
4—5 Grundglieder der Antennen kahl. Femur höchstens des 20. und 19. Beinpaars am Ende dorsal mit 1—2 Dörnchen — **30**

30 Sternite ohne oder mit 2 ganz schwachen, kaum angedeuteten Längsfurchen. Femur der Endbeine mit einigen Dörnchen. Antennen 17gliedrig — **31**
Sternite mit 2 gut ausgeprägten Längsfurchen. Femur der Endbeine unbedornt — **32**

31 Die Berandung beginnt auf dem 6. oder 7. Tergit. Coxopleuren mit 1 Seitendorn . . . . 21. **S. angulata**
Die Berandung beginnt zwischen 11. und 14. Tergit. Coxopleuren ohne Seitendorn . . . . 22. **S. explorans**

32 Antennen 17gliedrig. Neotropisch — **34**
Antennen 22- oder 23gliedrig. Präfemur des 20. und 19. Beinpaars, selten auch der vorangehenden Beine bis zum 12. Paar dorsal am Ende mit 1 bis 4 Dörnchen. 21. Tergit ohne Mediankiel. Mediterrane Region, Afrika . . . . 23. **S. valida: 33**

33 Die 3 inneren Zähne jeder Kieferfußhüfte verwachsen mehr oder weniger und überragen nicht den 4. gut ausgebildeten äußeren Zahn . . . . 23a. **S. v. valida**
Die 3 inneren Zähne jeder Kieferfußhüfte verwachsen völlig zu einem großen, den kleinen äußeren Zahn weit überragenden Kegel . . . . 23b. **S. v. simonyi**

34 21. Tergit ohne Mediankiel. Präfemur des 20. Beinpaars am Ende oben mit 4—5, des 19. Beinpaars mit 2 Dörnchen . . . . 24. **S. crudelis**
21. Tergit mit Mediankiel — **35**

35 Präfemur des 1.—20. Beinpaars oder nur einer Anzahl derselben, manchmal nur des 20. Paars am Ende oben mit 1—2 Dörnchen. Coxopleurenfortsatz 1—4spitzig, am Hinterrande kein Seitendorn . . 25. **S. viridicornis**
Präfemur des 2.—20. Beinpaars oben am Ende mit 4—5 Dörnchen. Coxopleurenfortsatz 7—12spitzig, am Hinterrand 1 Seitendorn . . . . 26. **S. galapagoensis**

36 (26) Kopf mit 2 Längsfurchen. Hüften der Kieferfüße mit mehr oder weniger deutlicher Querfurche — **37**
Kopf ohne Längsfurchen. Hüften der Kieferfüße ohne Querfurche — **40**

37 — 2. Telopoditglied der 2. Maxille mit dreieckigem Vorsprung, 3. Telopoditglied am Ende unter der Kralle spitzlappig . . . . 27. **S. heros**

— 2. Telopoditglied der 2. Maxille ohne diesen Vorsprung, 3. Glied am Ende unten verjüngt, nicht spitzlappig — **38**

38 — Antennen 17gliedrig. Die Grundfurchen der Zahnplatten bilden fast einen rechten Winkel. Tergite vom 4. an berandet . . . . 28. **S. robusta**

— Antennen 21—26gliedrig. Die Grundfurchen der Zahnplatten bilden einen stumpfen Winkel. Tergite vom 16. an oder nur das 21. berandet — **39**

39 — Längsfurchen der Tergite nicht deutlich. 21. Tergit ohne Medianfurche. Präfemur der Endbeine mit 6—8 Dornen . . . . 29. **S. sumichrasti**

— Längsfurchen der Tergite deutlich ausgebildet. 21. Tergit mit scharfer, hinten abgekürzter Medianfurche. Präfemur der Endbeine mit 27 Dornen im ganzen . . . . 30. **S. mohavea**

40 — Antennen 17- oder 18gliedrig. Präfemur der Endbeine ventral abgeflacht, in der Mitte dornenfrei. Hinterrand des 21. Tergits stärker stumpfwinklig vorgezogen. 1. Tergit ohne Längsfurchen . . . 31. **S. pomacea**

— Antennen 21—31gliedrig. Präfemur der Endbeine ventral gerundet, ohne kahle Area, die Dornen mehr gleichmäßig verteilt. Hinterrand des 21. Tergits weniger flachbogig vorgezogen — **41**

41 — 1. Tergit ohne Längsfurchen. Coxopleurenfortsatz sehr kurz, fast fehlend . . . . 32. **S. pachygnatha**

— 1. Tergit mit 2 Längsfurchen. Coxopleurenfortsatz gut ausgebildet . . . . 33. **S. viridis**: **42**

42 — (4) 5—6 (7) Grundglieder der Antennen kahl. Eckdorn meist 2-, selten 1spitzig. Körperlänge bis 90 mm . . . . 33a. **S. v. viridis**

— 8—12 Grundglieder der Antennen kahl. Eckdorn 3- bis 9-, meist 4spitzig. Körperlänge bis 130 mm . 33b. **S. v. polymorpha**

1. **S. morsitans** L. 1758 *S. m.*, Linné, Syst. Nat., ed. 10 p. 638 | 1821 *S. marginata*, Say in: J. Ac. Philad., *v.* 2 p. 109 | 1837 *S. brandtiana* + *m.*, P. Gervais in: Ann. Sci. nat., ser. 2 *v.* 7 p. 50, 51 | 1840 *S. crassipes* + *platypus* + *limbata* + *erythrocephala* + *bilineata*, J. F. Brandt in: Bull. Ac. St.-Pétersb., *v.* 7 p. 153—155 | 1841 *S. fulvipes* + *elegans*, J. F. Brandt in: Bull. Ac. St.-Pétersb., *v.* 8 p. 22, 23 | 1844 *S. Leachii* + *angulipes* + *platypoides* + *tuberculidens* + *longicornis* + *bilineata*, Newport in: Ann. nat. Hist., *v.* 13 p. 97 | 1845 *S. varia* + *tigrina* + *Leachii* + *longicornis* + *formosa* + *Fabricii* + *Richardsoni* + *angulipes* + *platypoides*, Newport in: Tr. Linn. Soc. London, *v.* 19 p. 378—385 | 1845 *Heterostoma elegans* + *fulvipes*, Newport in: Tr. Linn. Soc. London, *v.* 19 p. 418 | 1847 *Scolopendra Leachii* (p. 262) + *fulvipes* (p. 264) + *elegans* (p. 264) + *Fabricii* (p. 265) + *tigrina* (p. 265) + *formosa* (p. 265) + *tuberculidens* (p. 267) + *erythrocephala* (p. 268) + *bilineata* (p. 268) + *angulipes* (p. 270) + *Richardsoni* (p. 271) + *longicornis* (p. 271) + *tongana* (p. 275) + *marginata* (p. 276) + *Brandtiana* (p. 280) + *platypus* (p. 280) + *platypoides* (p. 281) + *limbata* (p. 288) + *varia* (p. 290), P. Gervais in: Walckenaer, Hist. Apt., *v.* 4 p. 262—290 | 1861 *S. pella* + *porphyrotainia*, H. C. Wood in: P. Ac. Philad., p. 13, 15 1862 *S. mossambica* + *brachypoda*, Peters, Reise Mossamb., *v.* 5 p. 527, 529 | 1862 *S. modesta* + *compressipes*, H. C. Wood in: J. Ac. Philad., ser. 2 *v.* 5 p. 29, 31 | 1863 *S. planipes* + *infesta*, C. L. Koch, Myr., *v.* 2 p. 57, 58 f. 179, 180 | 1865 *S. morsitans*, H. C. Wood in: Tr. Amer. phil. Soc., ser. 2 *v.* 13 p. 161 | 1870 *S. carinipes* + *californica*, Humbert & Saussure in: Rev. Mag. Zool., ser. 2 *v.* 22 p. 204 |

1872 *S. picturata* + *intermedia* + *cognata* + *afzelii* + *Leachii* + *attenuata* + *pilosella* + *chlorocephala* + *Wahlbergi* + *saltatoria* + *vaga*, Porath in: Öfv. Ak. Förh., *v.* 28 p. 1144, 1151 | 1872 *S. carinipes* + *platypus* + *californica*, Saussure & Humbert in: Miss. Mex., part. 6 Sect. 2 p. 125—127 | 1876 *S. platypus* + *longicornis* + *cognata* + *impressa*, Porat in: Bih. Svenska Ak., *v.* 4 nr. 7 p. 11, 12 | 1878 *S. lopadusae*, Pirotta in: Ann. Mus. Genova, *v.* 11 p. 403 | 1879 *Eurylithobius Slateri*, A. G. Butler in: Phil. Tr., *v.* 168 p. 499 | 1881 *Scolopendra morsitans* + *lopadusae*, Kohlrausch in: Arch. Naturg., *v.* 47I p. 104 | 1886 *S. m.*, Meinert in: P. Amer. phil. Soc., *v.* 23 p. 200 | 1887 *S. m.* + var. *procera* + var. *sulcipes*, E. Haase in: Abh. Mus. Dresden, nr. 5 p. 53, 54 | 1891 *S. m.* + var. *calcarata* + var. *tigrina*, Daday in: Termész. Füzetek, *v.* 14 p. 150 | 1902 *S. grandidieri* + *angulipes* + *spinosella* + *lineata*, Saussure & Zehntner in: Hist. Madag., *v.* 27 (Myr.) p. 302 | 1903 *S. morsitans*, Kraepelin in: Mt. Mus. Hamburg, *v.* 20 p. 250 | 1908 *S. m.*, Kraepelin in: Fauna S. W.-Austral., *v.* 2 p. 123 | 1912 *S. m.*, Brölemann in: Rec. Austral. Mus., *v.* 9 p. 54.

Länge bis 120 mm; das Verhältnis von Körperlänge zur Breite variiert von 10:1 bis zu 15:1. Auch die Färbung äußerst variabel, einfarbig gelbbraun, dunkelkastanienbraun oder dunkelgrün oder Kopf und 1. Tergit rotbraun, 2.—20. Tergit in der Mitte gelb, vorn und hinten grün berandet;

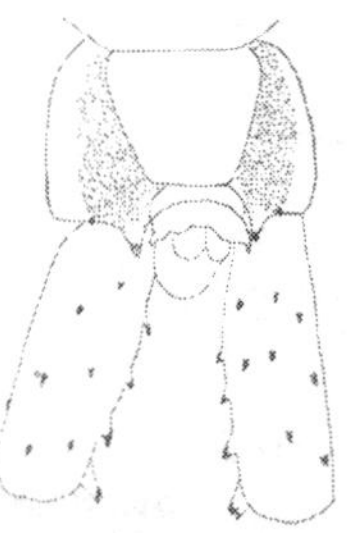

Fig. 38.
Scolopendra morsitans L.

Fig. 39.
Scolopendra morsitans L.
Präfemur und Femur des Endbeins von der Dorsalseite.

oder Kopf und 1. Tergit licht kastanienbraun, übrige Tergite olivengrünlich, oder Tergite gelbbraun am Hinterrand zwischen den Längsfurchen ein breiter grüner Saum, Kopf dabei entweder heller oder manchmal pechbraun. Kopf ungefurcht und nicht oder sehr schwach punktiert. Antennen (17) 18—21 (23)-gliedrig, meist 19- oder 20 gliedrig, 6 oder 7 (selten bis 9) Grundglieder kahl. Tergite vom 2. oder 3. an gefurcht. Die Berandung sehr variabel, beginnt vom 3. bis 19. Tergit. Letztes Tergit fast stets mit durchgehender Medianfurche, hinten flachbogig. Kieferfußhüften zerstreut punktiert, oft mit Andeutung einer Medianfurche ohne Querfurche, Zahnplatten wenig breiter als lang, jede mit 4—5 Zähnen, die 2 medialen etwas verschmolzen und kleiner. 2.—20. Sternit mit 2 Längsfurchen, auf den letzten Segmenten meist hinten abgekürzt. 1.—19. Beinpaar mit 1 Tarsalsporn, das 1. Paar ausnahmsweise auch mit 2 Spornen. 20. Beinpaar mit oder ohne Tarsalsporn. Coxopleurenfortsatz (Fig. 38) ziemlich kurz kegelförmig, 3—5-, meist 4 spitzig, die Zahl oft auf beiden Beinen eines Tieres verschieden; am Hinterrand meist ein Seitendorn. Endbeine bei Erwachsenen dick und gedrungen, Präfemur, Femur und oft auch Tibia des ♂ (Fig. 39) dorsal ganz flach und links und rechts schmal erhaben gerandet, hinten dick wulstig gerandet, der dicke Wulst in der Mitte durch eine Einsenkung unterbrochen. Beim ♀ ist die Berandung nur lateral angedeutet und die Dorsalseite rund. Präfemur ventral mit 3 Längsreihen von 3 Dornen (einzelne können fehlen), dorsal mit 4—6 Dornen in 2 Reihen; Eckdorn lang, zapfenförmig, 3—8-, meist 4spitzig (siehe auch Fig. 29).

In allen Tropen und warmen Ländern der gemäßigten Zone. In der paläarktischen Region in Nordafrika, Tunis, Algier, Marokko, Konstantinopel. Im Wiener Museum ein Glas „Florenz". Neben *S. subspinipes* einer der häufigsten Scolopendriden.

1a. **S. m.** var. **scopoliana** C. L. Koch 1841 *S. s.*, C. L. Koch in: M. Wagner, Reis. Algier, *v.* 3 p. 222 t. 11 | 1845 *S. algerina*, Newport in: Tr. Linn. Soc. London, *v.* 19 p. 387 | 1849 *S. scopoliana*, H. Lucas in: Expl. Algérie, Zool. *v.* 1 p. 340 t. 2 f. 5 | 1863 *S. gervaisiana*, C. L. Koch, Myr., *v.* 1 p. 53 f. 46 | 1891 *S. scopoliana*, Pocock in: Ann. nat. Hist., ser. 6 *v.* 7 p. 52 | 1903 *S. morsitans* var. *scopoliana*, Kraepelin in: Mt. Mus. Hamburg, *v.* 20 p. 253.

Einfarbig tief dunkelgrün, fast schwarzgrün, Beine gelb. Coxopleurenfortsatz meist 5spitzig; von den Spitzen sind 2 hakig aufwärts gebogen; manchmal nur 3 Spitzen, von denen 1 aufwärts gekrümmt ist.

Marokko, Algier, Tunis.

Keine scharf geschiedene Varietät, da auch tiefgrüne einfarbige Exemplare ohne aufwärts gekrümmte Coxopleurenspitzen vorkommen (z. B. in Südafrika, Kamaggas usw., Cap Verde-Inseln), andrerseits nordafrikanische Exemplare mit aufwärts gekrümmten Coxopleurenspitzen manchmal heller braun gefärbt sind. In Marokko, Algier, Tunis finden sich auch ganz typische Exemplare der *morsitans*: hell gefärbt ohne aufwärts gekrümmte Coxopleurenspitzen.

2. **S. laeta** Haase 1887 *S. l.*, E. Haase in: Abh. Mus. Dresden, nr. 5 p. 51 | 1901 *Rhombocephalus laetus*, Pocock in: Ann. nat. Hist., ser. 7 *v.* 8 p. 454 | 1903 *Scolopendra laeta*, Kraepelin in: Mt. Mus. Hamburg, *v.* 20 p. 253 | 1908 *S. l.*, Kraepelin in: Fauna S. W.-Austral., *v.* 2 p. 125 | 1912 *S. l.*, Brölemann in: Rec. Austral. Mus., *v.* 9 p. 60.

Länge bis 50 mm. Rücken dunkelgrün, in den Seiten meist ein breiter weißlicher, lateral wieder von einem schmalen grünen Streifen begrenzter Streif. Beine meist grün und gelblich geringelt (Färbungsvarietäten siehe unten). Kopf fein und ziemlich dicht punktiert. Antennen 18gliedrig, selten 17gliedrig, 5 bis 7 Grundglieder dorsal kahl, aber kräftig punktiert. Kieferfüße mit 4 bis 5 Zähnen jederseits, von denen die medialen mehr oder weniger verschmelzen können; Zahnplatten ungefähr so lang wie breit. Tergite vom 2. an gefurcht, die Furchen des 2. abgekürzt oder winkelig gebogen. 21. Tergit mit durchgehender Medianfurche; vom 6.—10. an oft ein ganz kurzer Medianstrich am Hinterrande; Berandung frühestens vom 17. an, die des 19. Tergites meist noch schwach, des 20. und 21. deutlich. 2.—20. Sternit mit vollständigen Längsfurchen. Coxopleuren mit sehr kurzem 2—4spitzigem Fortsatz, am Hinterrand ein Seitendorn. 1.—19. Beinpaar mit 1 Tarsalsporn, 20. Paar nur ausnahmsweise auf einer Seite mit 1 Sporn. Endbeine kurz und dick, Präfemur und Femur dorsal abgeflacht, mit tiefer Gelenkgrube am Ende; Präfemur ventral mit 3 Reihen von je 3 Dornen, von denen einzelne fehlen können, an der dorsalen Medialkante 2—5 Dornen, Eckdorn zapfenförmig, 3—4spitzig.

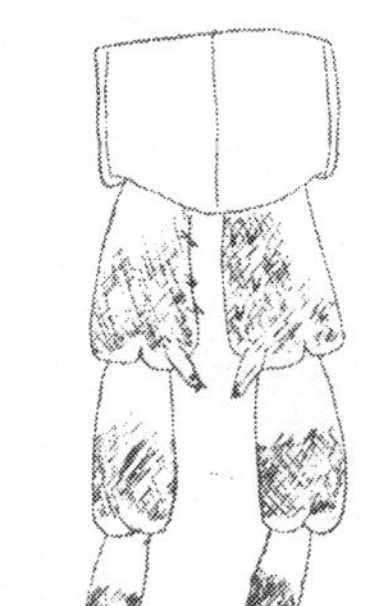

Fig. 40.
Scolopendra laeta Haase.
Dorsalseite.

Australien.

Farbenvarietäten:

2a. **S. l. var. laeta** Krpln.

Rücken grün mit breitem, weißem Längsband jederseits, das außen wieder von einem schmalen grünen Band begrenzt ist. Endbeine (Fig. 40) auffallend quergeringelt, indem die Basis und ein schmaler Ring am Ende jedes Gliedes gelb, der Rest dazwischen grün ist; in geringerem Maße auch die vorangehenden Beine geringelt. Kopf und 1. Tergit ebenso dunkelgrün wie der übrige Rücken.

Adelaide.

2b. **S. l. var. viridis** Krpln. 1908 *S. l.* var. *v.*, Kraepelin in: Fauna S. W.-Austral., *v.* 2 p. 126.

Der gesamte Rumpf, einschließlich Kopf und 1. Tergit einfarbig dunkelgrün, Endbeine breit grün geringelt, 20. Beinpaar grün, gefleckt.

Südaustralien an der Koombana Bay; nördlich bis in die Gegend von Perth.

2c. **S. l. var. fasciata** Krpln. 1908 *S. l.* var. *f.*, Kraepelin in: Fauna S. W.-Austral., *v.* 2 p. 126.

Kopf und 1. Tergit etwas mehr gelbgrün. Die übrigen Tergite mit breitem, einfarbig grünem Rückenband, jederseits davon ein weißes scharf abgesetztes Seitenband, auf das wieder ein grüner Randstreif folgt. Endbeine mehr einfarbig grünlich.

N.W.-Australien: Sharks Bay (Tamala, Denham).

2d. **S. l. var. flavipes** Krpln. 1908 *S. l.* var. *f.*, Kraepelin in: Fauna S. W.-Austral., *v.* 2 p. 126.

Kopf, 1. und letztes Tergit gelb, die übrigen Tergite zeigen auf gelblichem Grunde nur einen schmalen, blaßgrünen Medianstreifen zwischen den Längsfurchen, in dem sich wieder 3 dunkelgrüne Längslinien hervorheben. Alle Beine, auch die Endbeine, einfarbig gelb.

S.W.-Australien: bei Yalgoo, östlich der Champion Bay.

3. **S. metuenda** Poc. 1895 *S. m.*, Pocock in: Ann. nat. Hist., ser. 6 *v.* 16 p. 423 | 1903 *S. m.*, Kraepelin in: Mt. Mus. Hamburg, *v.* 20 p. 250 | 1912 *S. m.*, Brölemann in: Rec. Austral. Mus., *v.* 9 p. 53.

Länge 140 mm. Kastanienbraun bis dunkel olivbraun, Antennen und Beine gelbbraun. Kopf fein punktiert. Antennen 19- oder 20gliedrig, 5.—6., manchmal auch die Basis des 7. Gliedes kahl. Kieferfußhüften ohne Median- und Querfurche; Zahnplatten viel breiter als lang, mit 12 + 12 oder mehr kleinen Zähnchen (Fig. 41); Präfemurzahn nur mit winzigen Höckerchen. Tergite vom 3. an gefurcht, vom 3.—21. berandet. Letztes Tergit ohne Medianfurche. Sternite mit 2 Längsfurchen, letztes verjüngt, hinten gestutzt. 1.—20. Beinpaar mit 1 Tarsalsporn. Coxopleurenfortsatz 4—5spitzig. Präfemur der Endbeine ventral-lateral mit 2, 3 oder 3, 3, auf der Medialfläche mit 6—19 Dornen, entweder in mehr oder weniger erkennbaren Reihen zu 2, 2, 2 oder 2, 3, 2, oder in unregelmäßiger Verteilung. Eckdorn 4—10spitzig.

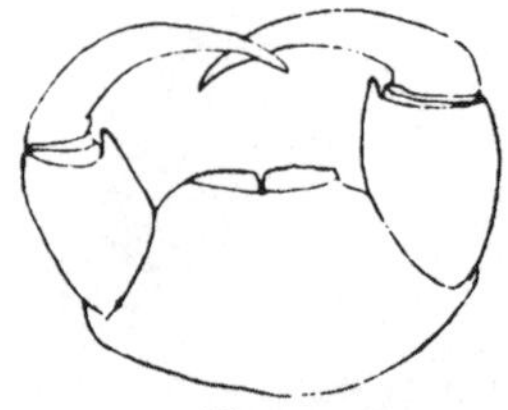

Fig. 41.
Scolopendra metuenda Poc.

Salomon-Inseln (Isabel Insel u. a.).

4. **S. gracillima** Att. 1898 *S. g.*, Attems in: Denk. Ges. Jena, *v.* 8 p. 508 t. 41 f. 1 | 1903 *S. g.*, Kraepelin in: Mt. Mus. Hamburg, *v.* 20 p. 249 f. 158, 159.

Länge 65 mm, sehr schlank. Dunkelgrün, Beine gelblich. Kopf seicht punktiert, ohne Längsfurchen. Antennen 17gliedrig, das 3. Tergit etwas überragend, 5 Grundglieder glatt und glänzend. Kieferfußhüften kaum punktiert, ohne Median- und Querfurche, Zahnplatte doppelt so breit wie lang ohne deutliche Zähne, mit 5 winzigen Höckerchen; Medialzahn des Präfemur stumpfhöckerig. Tergite punktiert, vom 3. oder 4.—19. oder 20. gefurcht, das 21. gerandet, auf dem 20. schwache Andeutung einer Randung. 21. ohne Medianfurche, hinten fast spitzwinklig. Sternite zerstreut punktiert, 3.—13. am Vorderrand mit 2 kurzen Strichen, 14.—20. ungefurcht, 21. stark verjüngt, hinten abgerundet. 1.—20. Beinpaar mit 1 Tarsalsporn. Coxopleurenfortsatz ziemlich kurz, breit, 3—5spitzig, am Hinterrand 1 Seitendörnchen; Poren bis zum Randwulst reichend. Präfemur der Endbeine ventral-lateral mit 6—8 winzigen Dörnchen in 2 ± deutlichen Reihen, ventral-medial eine Reihe von 3—4 Dörnchen, medial 3—4, dorsal-medial 1—3; Eckdorn lang, 4—5spitzig, Präfemur dorsal gerundet mit tiefer Grube am Ende.

Java, Ceram, Wahaai, Molukken.

5. **S. pinguis** Poc. 1891 *S. p.*, Pocock in: Ann. Mus. Genova, *v.* 30 p. 411 | 1894 *S. p.*, Pocock in: Weber, Ergeb. Reise Niederl. O.-Ind., *v.* 3 p. 312 t. 19 f. 4 | 1903 *S. p.*, Kraepelin in: Mt. Mus. Hamburg, *v.* 20 p. 249.

Länge 64 mm, breit, gedrungen. Rücken einfarbig dunkel olivengrün, Bauch blasser, Beine gelb. Kopf schwach punktiert, ohne Furchen. Antennen kurz, 17gliedrig, 3 Grundglieder kahl. Zahnplatten der Kieferfüße kurz und breit, zusammenstoßend, undeutlich gezähnt; Präfemurzahn ohne Höcker. Tergite sehr schwach punktiert, vom 3. an gefurcht; 20. und 21. seitlich berandet, 21. ohne Medianfurche. Sternite glatt, die des vorderen Körperdrittels mit durchlaufenden Längsfurchen, die der anderen 2 Drittel nur am Vorderrand undeutlich gefurcht; letztes breit, verjüngt, hinten gestutzt-gerundet. Beine mit 1 Tarsalsporn und 2 Klauenspornen. Coxopleurenfortsatz kurz, 5spitzig; am Hinterrand ein Seitendorn. Endbeine lang und schlank, Präfemur mit 14—22 unregelmäßig gestellten Dornen ventral und innen. Eckdorn 2—8spitzig.

Burma: Carin Berge. Java: Buitenzorg.

6. **S. hirsutipes** Bollm. 1893 *S. h.*, Bollman in: Bull. U. S. Mus., *v.* 46 p. 198 | 1903 *S. h.*, Kraepelin in: Mt. Mus. Hamburg, *v.* 20 p. 244.

Länge 100 mm. Gelblich braun, die Tergite hinten grün gerandet. Beine und Antennen gelb. Kopf punktiert, ungefurcht. Antennen lang, 25—27gliedrig. 5 Grundglieder kahl. 4 + 4 große Kieferfußhüftzähne, die medialen verwachsen. 1. Tergit ungefurcht. Tergite vom 5. an berandet. Sternite tief doppelfurchig. 21. Sternit kurz und breit, verjüngt, hinten eingebuchtet. 1.—20. Beinpaar mit 1 Tarsalsporn. Coxopleurenfortsatz kurz, 4spitzig, am Hinterrand 1 Seitendorn. Endbeine lang und dick, die Dornen groß. Präfemur ventral-lateral mit 5—7, ventral-medial mit 2, medial mit 1, oben-medial mit 3 oder 4 Dornen in 2 Reihen. Eckdorn 3spitzig. Tarsen des 20. und 21. Beinpaars dicht rauhhaarig.

Westindien (ohne nähere Lokalität).

7. **S. cingulata** Latr. 1789 *S. morsitans*, Villers (nec L.), Linn. Ent., *v.* 4 p. 191 | 1790 *S. m.*, P. Rossi, Fauna Etrusca, *v.* 2 p. 123 | 1829 *S. cingulata*, Latreille in: Cuvier, Règne an., ed. 2 *v.* 4 p. 339 | 1837 *S. morsicans*, P. Gervais in: Ann. Sci. nat., ser. 2 *v.* 7 p. 50 | 1837 *S. italica*, C. L. Koch, C. M. A., Heft 9 t. 1 | 1841 *S. cingulata*, J. F. Brandt, Recu. Mém., p. 55 | 1844 *S. cingulatoides*, Newport in: Ann. nat. Hist., *v.* 13 p. 96 | 1844 *Rhombocephalus viridifrons*, Newport in: Ann. nat. Hist., *v.* 13 p. 100 |

1845 *Scolopendra cingulata* + *cingulatoides* + *Savignyi* + *hispanica*, Newport in: Tr. Linn. Soc. London, *v.* 19 p. 387—389 | 1845 *Rhombocephalus parvus*, Newport in: Tr. Linn. Soc. London, *v.* 19 p. 426 | 1847 *Scolopendra zonata* + *pulchra* + *nigrifrons* + *graeca* + *penetrans* + *banatica*, C. L. Koch in: Koch-Panzer, Krit. Revis., *v.* 3 p. 157—162 | 1847 *S. cingulata* + *fulva* + *Savignyi* + *viridifrons*, P. Gervais in: Walckenaer, Hist. Apt., *v.* 4 p. 255, 257, 258, 290 | 1856 *S. venefica*, L. Koch in: Rosenhauer, Thiere Andalus., p. 416 | 1856 *S. cingulata* + *hispanica*, Newport, Cat. Brit. Mus. Myr., p. 35, 36 | 1863 *S. pulchra*, C. L. Koch, Myr., *v.* 1 p. 24 f. 21 | 1863 *S. zwickiana* + *zonata* + *obscura* + *penetrans* + *graeca* + *italica* + *banatica* + ? *nigrifrons*, C. L. Koch, Myr., *v.* 2 p. 11, 37, 49, 69, 70, 80, 89, 48, f. 135, 160, 171, 192, 193, 203, 204, 170 | 1878 *S. doriae* + [illegible], Pirotta in: Ann. Mus. Genova, *v.* 11 p. 405, 407 | 1884 *S. cingulata*, Selivanoff in: Horae Soc. ent. Ross., *v.* 18 p. 112 | 1886 *S. c.*, Meinert in: Vidensk. Meddel., *v.* 36—38 p. 127 | 1887 *S. c.*, Ant. Berlese, A. M. S., fasc. 44 nr. 10 | 1889 *S. c.*, Daday, Myr. Regni Hungar., p. 92 | 1893 *S. c.*, Porat in: Rev. biol. Nord France, *v.* 6 p. 67 | 1893 *S. c.* + var. *hispanica*, C. Verhoeff in: Berlin. ent. Z., *v.* 38 p. 324 | 1895 *S. c.* + var. *h.*, Silvestri in: Boll. Soc. Rom. zool., *v.* 3 p. 3 | 1901 *S. c.* + var. *h.* + var. *nigrifrons* + var. *caeruleolimbata* + var. *krüperi*, C. Verhoeff in: N. Acta Ac. Leop., *v.* 77 p. 430 | 1902 *S. cingulata*, Attems in: SB. Ak. Wien, *v.* 111 I p. 562 | 1903 *S. c.*, Kraepelin in: Mt. Mus. Hamburg, *v.* 20 p. 254.

Färbung sehr variabel, einfarbig gelbbraun, dunkelbraun, olivgrün bis tief dunkelgrün („var. *hispanica*“) oder gelbbraun mit breitem dunkelgrünem Saum am Hinterrand, meist nur zwischen den Längsfurchen, manchmal auch längs des ganzen Hinterrandes. Die dunkelgrüne Farbe ist im Alkohol recht unbeständig, so daß die ursprüngliche Farbe älterer Museumsstücke nicht immer feststellbar ist; an derselben Lokalität finden sich oft einfarbige und dunkel geränderte Stücke, so daß es vorläufig nicht möglich ist, auf Grund dieser Färbungen Varietäten zu unterscheiden. Länge meist etwa 80 mm; in Kleinasien bis zu 170 mm bei 14 mm Breite. Kopf punktiert, ohne Furchen. Antennen 17 bis 22gliedrig mit 6 kahlen Grundgliedern. 1. Tergit ohne Furchen; Längsfurchen vom 2. oder 3. bis 20. Tergit; Berandung vom 5. bis 18. Tergit beginnend, meist vom 7.—12. an. Letztes Tergit ohne Medianfurche, hinten flachbogig vorgezogen. Kieferfußhüften ohne Furchen, die Zahnplatten so lang wie breit, jede mit 4 oder 5 Zähnen. 2.—20. Sternit mit 2 durchgehenden Längsfurchen, letztes verjüngt, hinten gestutzt oder etwas gerundet. Coxopleurenfortsatz (Fig. 42) kurz kegelförmig, meist 3spitzig, selten 1—5spitzig, auf beiden Beinen manchmal verschieden, z. B. 3 + 4, 2 + 3, 5 + 3, 1 + 3. Endbeine kurz und gedrungen, Präfemur $1^1/_2$—2mal so lang wie breit, dorsal etwas abgeflacht, am Ende mit Gelenkgrube, ventral-lateral meist 2, selten 1 oder 3 oder 4 Dornen; auf beiden Beinen ist die Zahl oft verschieden, z. B. 1 + 2, 2 + 3, 2 + 4, 3 + 4. Medial keine Dornen, oben medial meist 4 Dornen in 2 Reihen, selten 2, 3, oder 5—8 Dornen; auch diese Zahlen oft auf beiden Beinen verschieden, z. B. 2 + 3, 3 + 4, 3 + 5, 3 + 6, 4 + 5, 4 + 6, 4 + 7. Eckdorn meist 4- oder 5spitzig, seltener 2-, 3- oder 6—11spitzig, auf beiden Beinen oft verschieden; z. B. 1 + 4, 2 + 3, 2 + 4, 2 + 11, 3 + 4, 3 + 5, 4 + 5, 4 + 10, 5 + 6, 5 + 9, 8 + 10 (siehe auch Fig. 7, 36, 37).

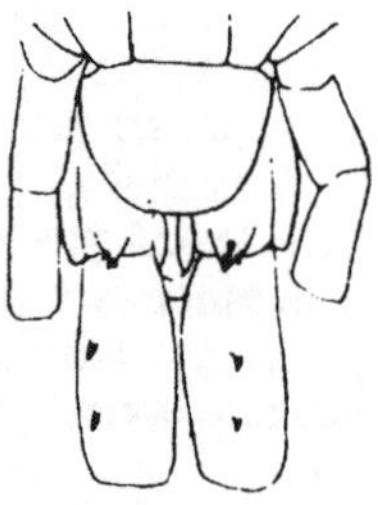

Fig. 42.
Scolopendra cingulata Latr.

Ganze Mediterranregion, besonders im östlichen Teil derselben sehr häufig; dringt auf der Balkanhalbinsel bis nach Rumänien, Südungarn und über Westungarn bis zum Leithagebirge am Neusiedler See vor. Wurde einmal in der Klosterneuburger Au bei Wien gefangen.

7a. **S. c. var. obscuriceps** Por. 1893 *S. c.* var. *o.*, Porat in: Rev. biol. Nord France, *v.* 6 p. 67 | 1902 *S. c.* var. *o.*, Attems in: SB. Ak. Wien, *v.* 111 I p. 568 | 1903 *S. c.* var. *o.*, Kraepelin in: Mt. Mus. Hamburg, *v.* 20 p. 256.

Kopf und 1. Tergit sehr dunkel, braun bis schwarzgrün, die anderen Tergite braun, Hinterrand zwischen den Längsfurchen oder darüber hinaus spangrün. Antennen und Endbeine rotgelb. 20. Beinpaar mit 1 Tarsalsporn. Coxopleuralfortsatz meist mit 3, selten 1 oder 2 Spitzen. Bedornung der Endbeine variabel wie bei der Stammform, ventral-lateral meist 2, oben medial meist 4, Eckdorn meist mit 5 Dornen.

Syrien: östlicher Antilibanon, Palästina. In Jerusalem kommt diese Varietät neben der Stammform vor.

8. **S. subspinipes** Leach 1815 *S. s.*, Leach in: Tr. Linn. Soc. London, *v.* 11 p. 383.

Länge bis 200 mm. Einfarbig braun oder Kopf und 1. Tergit heller gefärbt als der dunkelgrüne Rücken und scharf von ihm abstechend. Kopf ziemlich dicht, fein punktiert, ohne Furchen. Antennen meist 18- oder 19-, selten 17- oder 20-gliedrig, 6 Grundglieder kahl. 1. Tergit fein punktiert, ohne Furchen. Paramedianfurchen auf dem 2.—9. Tergit beginnend, meist sehr fein, manchmal undeutlich; Berandung auf dem 5. bis 16. Tergit beginnend. Letztes Tergit ohne Medianfurche, hinten rundbogig vorgezogen. Kieferfußhüften punktiert, ohne Querfurche; Zahnplatten breiter als lang, ihre Grenzfurchen fast eine gerade Linie bildend, jede mit 4—9 Zähnen. Präfemur der Kieferfüße mit großem Zahn, der am Medialrand 1 bis 2 kleine schwarze Höckerchen hat. Sternite punktiert, mit 2 Längsfurchen; letztes Sternit verjüngt, hinten meist gerundet, seltener gestutzt. 1. bis 19. Beinpaar mit 1 Tarsalsporn. 20. Beinpaar mit oder ohne Tarsalsporn. Alle Beinpaare mit 2 Klauensporneu. Coxopleuren mit schlankem, kegelförmigem 1—3 spitzigem Fortsatz; Porenarea die Dorsalkante erreichend. Endbeine lang und schlank; Präfemur dorsal meist gerundet, selten ein wenig abgeflacht, mindestens $2^1/_2$ mal so lang wie breit, ventrallateral mit 0—3, medial mit 0—2, oben-medial mit 0—3 Dornen; Eckdorn ein- bis mehrspitzig (siehe auch Fig. 1).

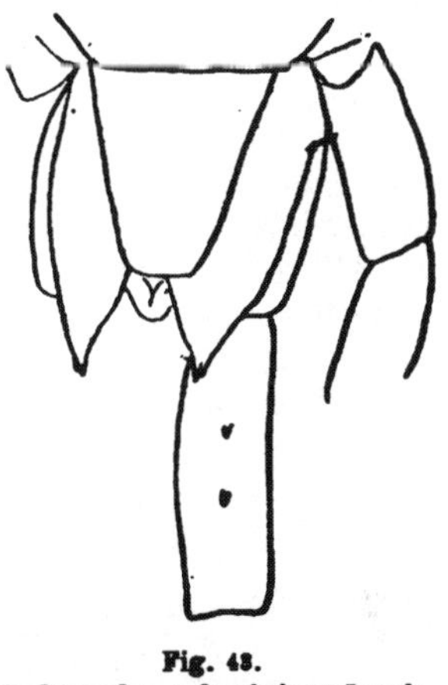

Fig. 43.
Scolopendra subspinipes Leach.

In allen subtropischen und tropischen Ländern mit Ausnahme der Mediterranregion.

Teilt sich in 5 Subspecies, von denen 3 auf Ostasien (China, Japan) und Java beschränkt sind.

8a. **S. s. subspinipes** Leach 1815 *S. s.*, Leach in: Tr. Linn. Soc. London, *v.* 11 p. 383 | 1829—44 *S. borbonica*, Blanchard in: Guérin-Menéville, Iconogr. Règne an., Ins. t. 12 f. 3 | 1837 *S. audax*, P. Gervais in: Ann. Sci. nat., ser. 2 *v.* 7 p. 50 | 1840 *S. septemspinosa*, J. F. Brandt in: Bull. Ac. St.-Pétersb., *v.* 7 p. 152 | 1844 *S. sexspinosa*, Newport in: Ann. nat. Hist., *v.* 13 p. 96 | 1845 *S. subspinipes*, *Placeae*, *Gervaisii*, *ceyonensis*, *planiceps*, *sexspinosa*, *ornata*, *flava*, *lutea*, Newport in: Tr. Linn. Soc. London, *v.* 19 p. 389—392 | ? 1845 *Rhombocephalus gambiae*, Newport, ibid., p. 426 | 1846 *Scolopendra newporti*, H. Lucas in: Expl. Algérie, An. artic. *v.* 1 p. 343 | 1847 *S. subspinipes* + *Gambiae* + *flava* + *septemspinosa* + *rarispina*, *Sandwichiana*, *placeae*, *audax*, *New-*

portii + *lutea* + *sexspinosa* + *ornata*, P. Gervais in: Walckenaer, Hist. Apt., *v.* 4 p. 261 —287 | 1847 *S. gigantea, mactans, sulphurea, ferruginea*, C. L. Koch in: Koch-Panzer, Krit. Revis., *v.* 3 p. 155—157 | 1861 *S. byssina, gracilipes, dinodon, cephalica* + var. *gracilis, parvidens, atra, plumbeolata*, H. C. Wood in: P. Ac. Philad., p. 10—14 | 1862 *S. nesophila, repens*, H. C. Wood in: J. Ac. Philad., ser. 2 *v.* 5 p. 31 | 1863 *S. mactans, ferruginea, sulphurea, gigantea, ornata*, C. L. Koch, Myr., *v.* 1 f. 21, 79, 80, 82; *v.* 2 f. 133, 134 | 1865 *S. byssina*, H. C. Wood in: Tr. Amer. phil. Soc., ser. 2 *v.* 13 p. 164 1872 *S. elongata*, Porath in: Öfv. Ak. Förh., *v.* 28 p. 1143 | 1876 *S. e.*, Porat in: Bih. Svenska Ak., *v.* 4 nr. 7 p. 13 | 1876 *Rhombocephalus smaragdinus*, A. G. Butler in: Ann. nat. Hist., ser. 4 *v.* 17 p. 446 | 1878 *Scolopendra damnosa*, L. Koch in: Verh. Ges. Wien, *v.* 27 p. 789 | 1881 *S. subspinipes*, Kohlrausch in: Arch. Naturg., *v.* 47 I p. 96 | 1885 *S. flavicornis, variispinosa, aurantipes*, Tömösváry in: Termész. Füzetek, *v.* 9 p. 67 | 1886 *S. subspinipes, rugosa*, Meinert in: P. Amer. phil. Soc., *v.* 23 p. 202 | 1887 *S. subspinipes, meyeri, flavicornis* + *repens*, E. Haase in: Abh. Mus. Dresden, nr. 5 p. 49 t. 3 f. 50, 49 p. 50 | 1890 *S. macracanthus*, Bollman in: P. U. S. Mus., *v.* 12 p. 213 | 1891 *S. subspinipes* + var. *gracilipes*, Daday in: Termész. Füzetek, *v.* 14 p. 149 | 1892 *S. s.* + var. *molleri*, C. Verhoeff in: Berlin. ent. Z., *v.* 37 p. 199 | 1893 *S. polyodonta*, Daday in: Math. termész. Értes., *v.* 12 p. 5 | 1900 *S. machaeropus*, Attems in: Zool. Jahrb., Syst. *v.* 13 p. 136 | 1901 *S. aringensis*, Sinclair in: P. zool. Soc. London, *v.* 2 p. 529.

Länge bis etwa 150 mm. Meist einfarbig braun oder gelbrot, zuweilen Kopf und 1. Tergit heller als der olivbraune Rücken. 4—9, meist 5 oder 6 Kieferfußhüftzähne jederseits. Paramedianfurchen der Tergite meist vom 3., manchmal schon vom 2. oder erst vom 4. an oder noch weiter hinten beginnend, meist sehr fein. Berandung vom 5.—16. beginnend. Sternite 2—19 mit durchlaufenden Längsfurchen, die auf den Sterniten 16—19 manchmal schwach sind. 20. Beinpaar meist mit einem Tarsalsporn. Coxopleurenfortsatz meist 2-, selten 1- oder 3spitzig. Präfemur der Endbeine ventral-lateral meist mit 2 (selten mit 1 oder 3), medial mit 1 oder 2, oben-medial mit 1—3 Dornen. Eckdorn meist 2-, selten 1- oder 3—5spitzig.

In allen tropischen und subtropischen Ländern mit Ausnahme der Mediterranregion, besonders in der indo-australischen Region eine der häufigsten Scolopenderarten.

8b. **S. s. mutilans** L. Koch 1878 *S. m.*, L. Koch in: Verh. Ges. Wien, *v.* 27 p. 791 | 1885 *S. tigrina*, Tömösváry in: Termész. Füzetek, *v.* 9 p. 66 | 1887 *S. mutilans*, E. Haase in: Abh. Mus. Dresden, nr. 5 p. 47 t. 3 f. 47 | 1903 *S. subspinipes* var. *m.*, Kraepelin in: Mt. Mus. Hamburg, *v.* 20 p. 263.

Länge bis 110 mm. Kopf und 1. Tergit gelbrot, scharf vom übrigen dunkelgrünen Rücken abstechend; Beine gelb. 5 + 5 Kieferfußhüftzähne; die 5 Zähne jeder Seite manchmal durch eine Lücke in 2 + 3 getrennt. Die Längsfurchen beginnen auf dem 4.—9. Tergit, sie sind sehr fein, manchmal ist ihr hinterstes Stück tiefer und scharf. Berandung vom 8.—10. an. Sternit 2—19 mit 2 den Hinterrand nicht ganz erreichenden Längsfurchen. 20. Beinpaar mit einem Tarsalsporn. Coxopleurenfortsatz meist 2-, selten 1- oder 3spitzig. Präfemur der Endbeine ventral-lateral meist mit 2 selten 1, medial und oben-medial je 1 Dorn. Eckdorn meist 2-, selten bis zu 5spitzig.

China, Japan.

8c. **S. s. japonica** L. Koch 1878 *S. j.*, L. Koch in: Verh. Ges. Wien, *v.* 27 p. 790 | 1887 *S. j.*, E. Haase in: Abh. Mus. Dresden, nr. 5 p. 48 t. 3 f. 48 | 1903 *S. subspinipes* var. *j.*, Kraepelin in: Mt. Mus. Hamburg, *v.* 20 p. 263.

Länge bis 75 mm. Rücken heller oder dunkler grün, zuweilen Kopf und 1. Tergit etwas heller als der übrige Rücken, mehr grünlichgelb, Antennen und Beine hell rostgelb. 4 + 4, 5 + 5 oder 6 + 6 Kieferfußhüftzähne; die Höckerchen an der Medialseite des Präfemurzahns verschmelzen ± mit der schwarzen Endspitze. Längsfurchen vom 3. Tergit an, anfangs äußerst fein; Berandung vom 10.—12. Tergit an. Sternite 2—19 mit 2 scharfen, bis zum Hinterrand durchlaufenden Längsfurchen. 20. Beinpaar ohne Tarsalsporn. Coxopleurenfortsatz meist 3-, selten einseitig 2spitzig. Endbeine relativ kurz und kräftig. Präfemur ventral-lateral mit 2—3, medial mit 1—2, oben-medial mit 2(—4) Dornen. Eckdorn meist 3, aber auch 2 oder mehr als 3spitzig. Alle Spitzen und Dornen klein.

Japan.

8d. **S. s. multidens** Newp. 1844 *S. m.*, Newport in: Ann. nat. Hist., *v.* 13 p. 97 | 1845 *S. m.*, Newport in: Tr. Linn. Soc. London, *v.* 19 p. 395 | 1847 *S. m.*, P. Gervais in: Walckenaer, Hist. Apt., *v.* 4 p. 288 | 1881 *S. m.*, Kohlrausch in: Arch. Naturg., *v.* 47 I p. 101 | 1887 *S. m.*, E. Haase in: Abh. Mus. Dresden, nr. 5 p. 46 t. 3 f. 46 | 1903 *S. subspinipes* var. *m.*, Kraepelin in: Mt. Mus. Hamburg, *v.* 20 p. 264.

Länge bis 125 mm. Kopf und 1. Tergit rostrot, scharf vom olivbraunen übrigen Rücken abstechend. Antennen 18gliedrig. 6 + 6 Kieferfußhüftzähne. Die Höckerchen des Präfemurzahns bleiben von der schwarzen Endspitze getrennt. Längsfurchen meist schon vom 2. Tergit an. Sternitfurchen schwach ausgebildet, den Hinterrand nicht erreichend. 20. Beinpaar ohne Tarsalsporn. Coxopleurenfortsatz 3spitzig. Präfemur der Endbeine ventral-lateral mit 2—3, medial mit 2, oben-medial mit 2 Dornen. Eckdorn meist 3-, selten 2- oder mehrspitzig.

Japan, China, Java.

8e. **S. s. de haani** Brandt 1840 *S. de Haani*, J. F. Brandt in: Bull. Ac. St.-Pétersb., *v.* 7 p. 152 | 1841 *S. d. H.*, J. F. Brandt, Recu. Mém., p. 59 | 1844 *S. Childreni*, Newport in: Ann. nat. Hist., *v.* 13 p. 96 | 1845 *S. inermis* + *silhetensis* + *concolor* + *Childreni*, Newport in: Tr. Linn. Soc. London, *v.* 19 p. 393, 394 | 1847 *S. inermipes* + *horrida*, C. L. Koch in: Koch-Panzer, Krit. Revis., *v.* 3 p. 153 | 1847 *S. inermis* + *silhetensis* + *concolor* + *dehaani* + *Childreni* + *Lucasii*, P. Gervais in: Walckenaer, Hist. Apt., *v.* 4 p. 266—287 | 1861 *S. limicolor* + ? *cephalica* + ? *gracilis*, H. C. Wood in: P. Ac. Philad., p. 12, 13 | 1862 *S. bispinipes*, H. C. Wood in: J. Ac. Philad., ser. 2 *v.* 5 p. 28 | 1863 *S. inermipes* + *horrida*, C. L. Koch, Myr., *v.* 1 p. 64, 77 f. 55, 67 | 1865 *S. fissispina*, L. Koch in: Verh. Ges. Wien, *v.* 15 p. 891 | 1865 *S. bispinipes*, H. C. Wood in: Tr. Amer. phil. Soc., ser. 2 *v.* 13 p. 166 | 1886 *S. de Haani*, Meinert in: P. Amer. phil. Soc., *v.* 23 p. 203 | 1903 *S. subspinipes* var. *dehaani*, Kraepelin in: Mt. Mus. Hamburg, *v.* 20 p. 260.

Länge bis 200 mm (größte Form des *Subspinipes*-Kreises). Farbe braun. Stimmt mit der Subsp. *subspinipes* in den meisten Punkten überein, unterscheidet sich von ihr nur durch die Bedornung des Endbeinpräfemur: ventral stets ohne Dorn, medial und oben-medial zusammen 0—3 Dornen. Eckdorn meist 2-, oder 1—3spitzig. Coxopleurenfortsatz 1- oder 2spitzig.

Sumatra, Java, Malayische Halbinsel, Hinterindien (Burma, Siam, Anam), Vorderindien (Kalkutta), China, Amboina.

9. **S. spinosissima** Krpln. 1903 *S. subspinipes* var. *spinosissima*, Kraepelin in: Mt. Mus. Hamburg, *v.* 20 p. 262.

Gelbbraun, Kopf und Hinterende meist etwas mehr rotbraun. Länge 150 mm. Kopf fein punktiert, ohne Furchen. Antennen 19gliedrig, 4 Grundglieder kahl, dorsal deutlich punktiert. Die 6—7 Zähne jeder Kieferfußhüfte sind durch eine Lücke in 3 + 3 getrennt; die Hüften fein punktiert. Tergite vom 3. an mit 2 ganz kurzen Furchen am Hinterrand, 6. mit 2 sehr feinen durchlaufenden Furchen, 7. Tergit wieder nur mit kurzen Furchen am Hinterrand, vom 8. an durchlaufende Furchen; 21. Tergit ohne Medianfurche, hinten bogig vorgewölbt. Die Berandung beginnt auf dem 6. bis 12. Tergit. Sternite ohne Furchen, nicht deutlich punktiert, letztes verjüngt, hinten abgerundet. 1.—19. Beinpaar mit 1, 20. Beinpaar ohne Tarsalsporn; alle Beine mit 2 Klauenspornen. Coxopleurenfortsatz lang und schlank, entweder 1spitzig mit winzigem dorsalem Dörnchen oder 2spitzig, beide Spitzen gleich groß, nebeneinander stehend. Endbeine lang und schlank, Präfemur ventral-lateral mit 2—3, ventral-medial mit 1—2, medial mit 1, oben-medial mit 2 sehr großen, nur an der Spitze schwarzen, fast wagrecht abstehenden Dornen. Eckdorn sehr groß, 1spitzig (Fig. 44).

Philippinen.

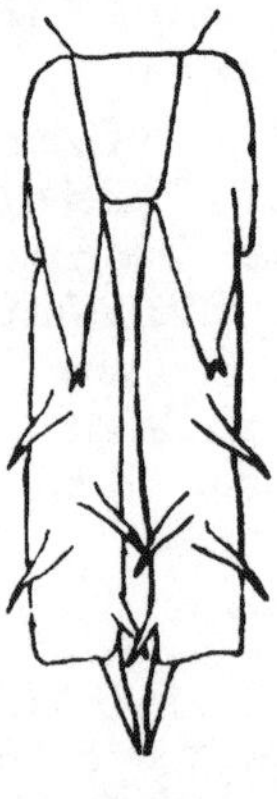

Fig 44.
Scolopendra spinosissima Krpln.

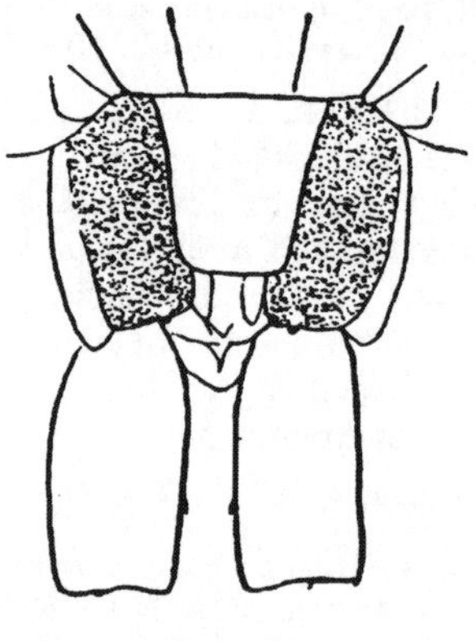

Fig. 45.
Scolopendra hardwickei Newp.

10. **S. hardwickei** Newp. 1844 *S. h.*, Newport in: Ann. nat. Hist., *v.* 13 p. 96 | 1845 *S. h.*, Newport in: Tr. Linn. Soc. London, *v.* 19 p. 395 | 1847 *S. h.*, P. Gervais in: Walckenaer, Hist. Apt., *v.* 4 p. 265 | 1863 *S. histrionica*, C. L. Koch, Myr., *v.* 1 p. 50 f. 44 | 1865 *S. bicolor*, Humbert in: Mém. Soc. Genève, *v.* 18 p. 12 t. 1 f. 2 | 1886 *S. De Haani* var. *histrionica*, Meinert in: Vidensk. Meddel., *v.* 36—38 p. 126 | 1887 *S. Hardwickei*, E. Haase in: Abh. Mus. Dresden, nr. 5 p. 42 t. 3 f. 42 | 1903 *S. subspinipes* var. *Hardwickei*, Kraepelin in: Mt. Mus. Hamburg, *v.* 20 p. 262.

Länge bis 160 mm. Kopf, Tergit des 2., 4., 6., 9., 11., 13., 15., 17. und 19. beintragenden Segments dunkelbraun oder dunkelgrün, die übrigen Tergite hell braungelb. Antennen und Beine braungelb, beide Tarsen des 20. und 21. Beinpaars schwärzlich. Kopf ziemlich dicht fein nadelstichig. Antennen lang, (17- oder) 18gliedrig, 6—7 Grundglieder kahl, punktiert, die anderen Glieder äußerst kurz, recht undeutlich behaart. Die Antennen überragen das 4. Tergit, Glieder der Endhälfte lang walzlich. Zahnplatten der Kieferfüße bedeutend breiter als lang, mit 6—12 sehr kleinen, undeutlich geschiedenen Zähnchen; die Höckerchen auf der Medialseite des Präfemurzahnes sehr schwach; Hüften der Kieferfüße punktiert, ohne Furchen. Tergite 3—20 mit feinen, durchlaufenden Furchen; die Berandung beginnt auf dem 5.—15. Tergit; letztes Tergit ohne Medianfurche, hinten bogig vorgezogen, die seitliche Berandung dickwulstig. 2.—20. Sternit mit scharfen, durchlaufenden Längsfurchen, das letzte verjüngt, hinten gestutzt-gerundet. 1. bis 20. Beinpaar mit 1 Tarsalsporn; er soll auf dem 20. Paar zuweilen fehlen; alle Beinpaare mit 2 Klauenspornen. Coxopleuren mit ganz kurzem, 1spitzigem Kegel, der den Hinterrand kaum überragt. Poren klein, sehr zahlreich, bis zur scharfen Seitenfurche und bis zum Hinterrand reichend (Fig. 45). Endbeine relativ kurz und dick, die Grundglieder oberseits gerundet. Präfemur ventral ohne Dorn, medial 0—1, oben-medial 0—1, ausnahmsweise 2 Dornen, Eckdorn 2spitzig.

Ceylon, Sundainseln (Sumatra, Java), Hinterindien, Nicobaren.

11. **S. calcarata** Por. 1876 *S. c.*, Porat in: Bih. Svenska Ak., *v.* 4 nr. 7 p. 10 | 1887 *S. c.*, E. Haase in: Abh. Mus. Dresden, nr. 5 p. 51.

Länge 46 mm. Grünlich, Kopf hinten rostfarben. Kopf dicht punktiert, ungefurcht. Antennen 17gliedrig, das 5. Tergit überragend. 4 Grundglieder dorsal kahl, das 4. ventral behaart. 1. Tergit ohne Ringfurche, 12. oder 13. bis 21. Tergit berandet, letztes ohne Medianfurche. 1.—21. Beinpaar mit 1 Tarsalsporn und mit 2 Klauenspornen. Endbeine lang und schlank, unten mit 9, medial und oben mit 5—14 Dörnchen. Eckdorn 2—5spitzig. Coxopleurenfortsatz 2—5spitzig, am Hinterrand 1 Seitendorn.

China.

12. **S. madagascariensis** Att. 1910 *S. m.*, Attems in: Voeltzkow, Reise O.-Afr., *v.* 3 p. 84.

Länge 42 mm. Rücken in der Mitte über die Längsfurchen hinaus und am Seitenrand olivgrün, dazwischen olivbraun. Kopf fein punktiert, ohne Furchen; 19 Antennenglieder, $5^1/_2$ Grundglieder kahl. Die 2 medialen Zähne jeder Kieferfußhüfte verschmelzen. 1. und 2. Tergit ohne Furchen, 3.—20. Tergit mit Längsfurchen, 20. und 21. Tergit berandet. 21. Tergit ohne Medianfurche. 2.—20. Sternit mit Längsfurchen. 1.—19. Beinpaar mit 1 Tarsalsporn. Coxopleurenfortsatz lang und schlank, am Ende 3- oder 4spitzig; dorsal 1 Dörnchen. Präfemur der Endbeine ventral und innen mit 10—12, oben-medial mit 5 Dornen. Eckdorn 2spitzig.

Madagaskar: Andranohinaly.

13. **S. gardullana** Att. 1909 *S. g.*, Attems in: Zool. Jahrb., Syst. *v.* 27 p. 400.

Länge 50 mm. Olivbraun. Kopf sehr fein punktiert, ohne Furchen. Antennen 17gliedrig, 6 Grundglieder kahl. Kieferfußhüften mit kurzer vorderer Medianfurche; die Grundfurchen der Zahnplatten bilden einen sehr stumpfen Winkel. 4 + 4 Zähne, die 2 medialen jeder Seite ein wenig verwachsen. 2.—20. Tergit mit vollständigen Längsfurchen, die auf den Tergiten 2—5 vorn nach lateral biegen. 21. Tergit ohne Medianfurche, hinten winklig vortretend; nur 21. Tergit berandet. 2.—20. Sternit mit vollständigen Längsfurchen. 1.—18. Beinpaar mit 1 Tarsalsporn. Coxopleurenfortsatz lang, schlank, zapfenförmig, am Ende 3spitzig, dorsal 2 Dörnchen. Präfemur und Femur der Endbeine ohne dorsale Längsgrube. Präfemur mit 4 (2 + 2) Dornen ventral-lateral, 3—4 ventral-medial und 3 Dornen oben-medial. Eckdorn 2spitzig, Endklaue mit 2 Spornen.

Gardulla, Südäthiopien.

14. **S. clavipes** C. L. Koch 1847 *S. c.*, C. L. Koch in: Koch-Panzer, Krit. Revis., *v.* 3 p. 169 | 1847 *S. c.*, P. Gervais in: Walckenaer, Hist. Apt., *v.* 4 p. 257 | 1863 *S. c.*, C. L. Koch, Myr., *v.* 1 p. 41 f. 85 | 1881 *Cupipes c.*, Kohlrausch in: Arch. Naturg., *v.* 47 I p. 83 | 1902 *Scolopendra c.*, Attems in: SB. Ak. Wien, *v.* 111 I p. 560 | 1903 *S. c.*, Kraepelin in: Mt. Mus. Hamburg, *v.* 20 p. 247 | 1908 *S. c.*, C. Verhoeff in: Zool. Jahrb., Syst. *v.* 26 p. 275 | 1926 *Rhadinoscytalis c.*, Attems in: Voy. zool. Gadeau de Kerville Syrie, *v.* 1 p. 246.

Länge 61 mm. Ockergelb oder schmutzig braungelb. Kopf ziemlich dicht, sehr fein punktiert. Antennen 17—20gliedrig mit 6 kahlen Grundgliedern. Kieferfußhüften (Fig. 46) reichlich punktiert, ohne Querfurche (wie die nächst verwandten Arten *dalmatica* und *canidens* auch) die 3 medialen Zähne jeder Seite verschmolzen und durch eine größere Lücke vom 4. lateralen Zahn getrennt; die borstentragende Tuberkel deutlich; der Zahn des Präfemur medial mit 2 schwarzen Höckerchen. 1. Tergit sehr fein punktiert, mit 2 feinen, nach vorn konvergierenden Längsfurchen; 2.—20. Tergit mit vollständigen Längsfurchen; 2.—10. und 12. Tergit mit kurzer, vorderer Schrägfurche. Berandung auf dem 14.—16. Tergit beginnend. Letztes Tergit

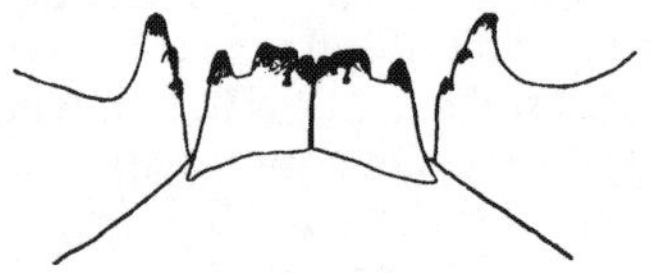

Fig. 46.
Scolopendra clavipes C. L. Koch.

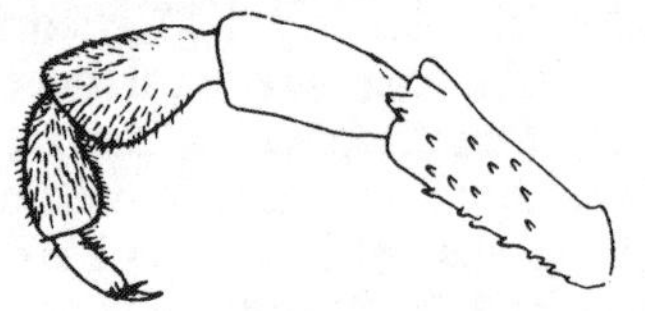

Fig. 47.
Scolopendra clavipes C. L. Koch.
♂, Endbein.

mit durchlaufender Medianfurche, hinten stumpfwinklig-rund vortretend. 2. bis 20. Sternit mit 2 scharfen vollständigen Längsfurchen, letztes verjüngt, hinten gestutzt-gerundet. 1. Beinpaar mit 2, 2.—18. mit 1 Tarsalsporn. Coxalfortsatz lang und schlank, am Ende und lateral mit 6—12 Dornen; am Hinterrand 1—2 Seitendornen, Endbeine (Fig. 47) ziemlich dick, besonders beim ♂ Tibia und Tarsus, bei dem Tibia und 1. Tarsus an der Basis stielartig verdünnt sind; auch sind diese Glieder ringsum reichlich kurz beborstet, weniger der 2. Tarsus. Beim ♀ sind diese Glieder schlank und nicht beborstet. Präfemur ventral im proximalen Teil etwas abgeflacht, im Ganzen mit 20 bis 22 Dornen, mit oder ohne kahle Area. Eckdorn meist 3-, selten 2spitzig.

Syrien, Kleinasien (Smyrna), Griechenland.

15. **S. dalmatica** C. L. Koch 1847 *S. d.*, C. L. Koch in: Koch-Panzer, Krit. Revis., *v.* 3 p. 128 | 1863 *S. d.*, C. L. Koch, Myr., *v.* 1 p. 51 f. 45 | 1880 *S. d.*, Latzel, Myr. Österr.-Ung., *v.* 1 p. 143 | 1889 *S. d.*, Daday, Myr. Regni Hungar., p. 92 | 1893 *S. mediterranea* var. *d.*, C. Verhoeff in: Berlin. ent. Z., *v.* 38 p. 319 | 1902 *S. oraniensis d.*, Attems in: SB. Ak. Wien, *v.* 111 I p. 555 | 1903 *S. d.*, Kraepelin in: Mt. Mus. Hamburg, *v.* 20 p. 245 | 1908 *S. d.*, C. Verhoeff in: Zool. Jahrb., Syst. *v.* 26 p. 275 | 1926 *Rhadinoscytalis d.*, Attems in: Voy. zool. Gadeau de Kerville Syrie, *v.* 1 p. 246.

Länge bis 80 mm. Olivgrün oder olivbraun. Beine am Grunde gelb, der Rest grünlich oder bläulich, besonders die hintersten Paare. Kopf fein punktiert, ohne Furchen. Antennen gewöhnlich 17-gliedrig, selten 16 bis 21 gliedrig, 6 Grundglieder kahl. Kieferfußhüften fein punktiert. Die Grundfurchen der Zahnplatten bilden fast eine gerade Linie (Fig. 48). Die 3 medialen Zähne jeder Seite ganz verschmolzen, der laterale isoliert; die borstentragende Tuberkel deutlich. Zahn des Präfemur ohne oder mit 1 äußerst undeutlichen Innenhöcker. Tergite ziemlich reichlich aber sehr fein und seicht punktiert; das 1. meist ungefurcht, nur selten Spuren von 2 vorn konvergierenden Längsfurchen. 2.—20. mit 2 scharfen Längsfurchen. 2.—10. und 12. Tergit mit kurzer vorderer Schrägfurche, eine Anzahl der hinteren Tergite mit kurzer querer Furche im hinteren Teil des Randwulstes. Berandung vom 11.—15. Tergit an.

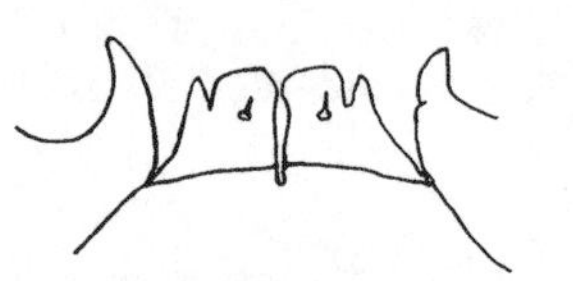

Fig. 48. **Scolopendra dalmatica** var. **pantocratoris** Att.

Letztes Tergit ohne oder mit kurzer vorderer Medianfurche, hinten stumpfwinklig vorgezogen. 2.—20. Sternit mit 2 scharfen, durchgehenden Längsfurchen, letztes verjüngt, hinten gestutzt oder seicht eingebuchtet. Coxopleurenfortsatz lang, am Grunde kegelig, nicht plötzlich schlank zapfenförmig entspringend, mit 10—17 Dörnchen, die zum Teil auch auf der Seite stehen; am Hinterrand 1—2 Seitendörnchen. 1. Beinpaar mit 2, 2.—17., 18. oder 19. Beinpaar mit 1 Tarsalsporn, 20. Beinpaar meist ohne Tarsalsporn, alle Beine mit 2 Klauenspornen. Präfemur der Endbeine oben leicht abgeflacht, ohne Grube am Ende, ventral-lateral mit 2 Reihen von je 3—5 Dornen, in der Mitte eine breite kahle Area, ventral-medial und oben-medial mit 10 bis 18 Dörnchen. Eckdorn meist 4—5, selten bis 8spitzig. Tarsen der Endbeine, eventuell auch weitere Glieder des 21. und 20. Paares ringsum dicht und kurz beborstet.

Kroatisches Litorale von Fiume an südwärts, Dalmatien, Montenegro. Herzegovina, Albanien, Krain, Sardinien, Kephalonia.

2 Varietäten:

15a. **S. d. var. dalmatica** C. L. Koch

Beim ♂ sind die Tarsen der Endbeine ringsum sehr kurz, dicht beborstet.

Verbreitung wie oben angegeben.

15b. **S. d. var. pantocratoris** Att. 1902 *S. oraniensis d.* var. *p.*, Attems in: SB. Ak. Wien, *v.* 111 I p. 556, 558 | 1903 *S. d.* var. *p.*, Kraepelin in: Mt. Mus. Hamburg, *v.* 20 p. 246 | 1926 *Rhadinoscytalis d.* var. *p.*, Attems in: Voy. zool. Gadeau de Kerville Syrie, *v.* 1 p. 246.

Beim ♂ sind Femur, Tibia und beide Tarsen der Endbeine, sowie Tibia und Tarsen des 20. Beinpaares ringsum dicht und sehr kurz beborstet. 21. Tergit mit kurzer, vorderer Medianfurche. Antennen 16 oder 17gliedrig, mit 6 kahlen Grundgliedern. Farbe: Antennen schön blaugrün, Kieferfüße, 21. und zum Teil 20. Tergit hell gelbbraun, der Rest des Rückens oliv-grün. Beine heller.

Korfu: Hochebene des Pantokrator, Pelleka, Kastradeshalbinsel.

16. **S. canidens** Newp. 1844 *S. c.*, Newport in: Ann. nat. Hist., *v.* 13 p. 98 | 1926 *Rhadinoscytalis c.*, Attems in: Voy. zool. Gadeau de Kerville Syrie, *v.* 1 p. 246.

Länge bis 80 mm. Ockergelb, lehmgelb, grünlich oliv usw. Kopf fein punktiert, ohne Furchen. Antennen 18—23gliedrig, 5—6 oder mehr bis fast alle Antennenglieder kahl. Die 2—3 medialen Zähne der Kieferfüße verschmelzen mehr oder weniger bis völlig, die borstentragende Tuberkel der Zahnplatte deutlich; die Grundfurchen bilden einen flachen Bogen bis sehr stumpfen Winkel; Zahn des Präfemur ohne Medialhöcker. 1. Tergit ungefurcht. 2.—20. Tergit mit vollständigen Furchen; letztes Tergit mit vollständiger Medianfurche, hinten stumpfwinklig gerundet. 2.—12. oder 18. Tergit mit kurzer vorderer Schrägfurche, die auf gewissen Tergiten, (dem 11., 13. usw.) fehlt. 2.—20. Sternit mit Längsfurchen, letztes verjüngt, hinten gestutzt-gerundet. 1. Beinpaar mit 2, 2.—17. oder 19. Beinpaar mit 1 Tarsalsporn. Coxopleurenfortsatz lang, schlank, walzig, mit 6—16 Dornen am Ende und auf den Seiten, am Hinterrand 1 Seitendorn. Endbeine schlank bis mäßig verdickt. Präfemur mit einer größeren Zahl von Dornen, die meist eine kahle Area auf der Ventralseite frei lassen; oben am Ende ohne Furche.

Syrien, Palästina, Persien, Cyrenaica, Kreta, Marokko, Algier, Tunis, Egypten, Spanien, Balearen, Sardinien, Korsika, Sizilien.

Teilt sich in 4 Subspezies, die aber weder morphologisch noch geographisch sehr scharf geschieden sind.

16a. **S. c. canidens** Newp. 1844 *S. c.* + *affinis* + *spinigera*, Newport in: Ann. nat. Hist., *v.* 13 p. 98 | 1845 *S. s.* + *a.* + *c.*, Newport in: Tr. Linn. Soc. London, *v.* 19 p. 386, 399 | 1847 *S. a.* + *s.*, P. Gervais in: Walckenaer, Hist. Apt., *v.* 4 p. 257, 260 | 1876 *S. aralocaspica*, Kessler in: Trudy Russ. ent. Obschtsch. St.-Peterb., *v.* 8 nr. 1 p. 33 | 1884 *S. a.*, Selivanoff in: Horae Soc. ent. Ross., *v.* 18 p. 115 | 1891 *S. dalmatica* var. *africana*, C. Verhoeff in: Berlin. ent. Z., *v.* 36 p. 69 | 1893 *S. mediterranea* var. *a.*, C. Verhoeff in: Berlin. ent. Z., *v.* 38 p. 318 | 1902 *S. oraniensis a.*, Attems in: SB. Ak. Wien, *v.* 111 I p. 556 | 1903 *S. canidens*, Kraepelin in: Mt. Mus. Hamburg, *v.* 20 p. 248 | 1908 *S. c.*, C. Verhoeff in: Zool. Jahrb., Syst. *v.* 26 p. 275 | 1926 *Rhadinoscytalis c.*, Attems in: Voy. zool. Gadeau de Kerville Syrie, *v.* 1 p. 246.

Länge bis 80 mm. Lehmgelb. Kopf ziemlich dicht aber sehr fein punktiert. Die Tergite zerstreuter und noch feiner, kaum merklich, punktiert. 8 oder mehr bis fast alle Glieder der Antennen kahl. Coxopleurenfortsatz mit 6—12 Dörnchen. Endbeine des ♂ ziemlich dick, besonders Tibia und 1. Tarsus. Präfemur dorsal nicht merklich abgeflacht, ventral mit kahler Area, im ganzen mit etwa 20—23 Dornen. Eckdorn meist 3-, seltener 4- oder 2spitzig. Die Tarsen beim ♂ unbeborstet oder nur mit sehr spärlichen, wenigen kaum sichtbaren Börstchen oben und unten.

Palästina, Syrien, Persien, Samarkand, Egypten, Tunis, Marokko.

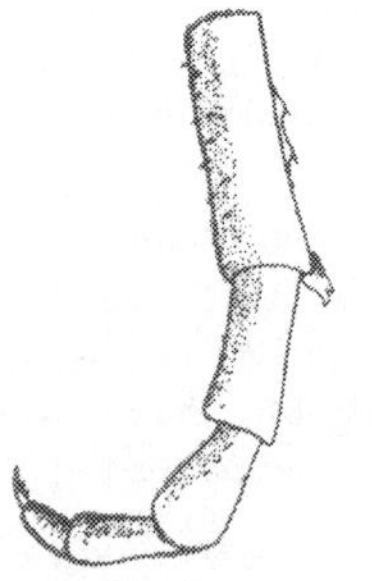

Fig. 49.
Scolopendra canidens cyrenaica Verh.
Endbein.

16b. **S. c. cyrenaica** Verh. 1908 *S. cyrenaica*, C. Verhoeff in: Zool. Jahrb., Syst. *v.* 26 p. 274 t. 20 f. 5, 6.

63 mm lang. Gelblichgrün, Hinterränder der Tergite grün, Kopf, Hinterende und Endbeine gelbbraun. Antennen 19—20gliedrig, größtenteils kahl. Tergite vom 11. an undeutlich, vom 13. an deutlich berandet; Coxopleurenfortsatz mit 14—16 Dörnchen, davon 5 auf der lateralen Abdachung. Präfemur, Femur und Tibia der Endbeine oben abgeflacht, gegen das Ende etwas angeschwollen; Präfemur unten mit 10 bis 11, medial und oben-medial mit 15 bis 17 Dörnchen; Eckdorn groß, 3 bis 4spitzig (Fig. 49).

Dernah, Cyrenaika.

16c. **S. c. oraniensis** H. Luc. 1846 *S. o.*, H. Lucas in: Rev. zool., *v.* 9 p. 287 | 1847 *S. o.*, P. Gervais in: Walckenaer, Hist. Apt., *v.* 4 p. 259 | 1849 *S. o.*, H. Lucas in: Expl. Algérie, An. artic. *v.* 3 p. 344 t. 2 f. 7 | 1893 *S. mediterranea* var. *lusitanica*, C. Verhoeff in: Berlin. ent. Z., *v.* 38 p. 318 | 1897 *S. clavipes*, Silvestri in: Bull. Soc. ent. Ital., *v.* 29 p. 7 | 1902 *S. oraniensis lusitanica* var. *siciliana*, Attems in: SB. Ak. Wien, *v.* 111 I p. 555 | 1903 *S. o.*, Kraepelin in: Mt. Mus. Hamburg, *v.* 20 p. 246 | 1908 *S. o.*, C. Verhoeff in: Zool. Jahrb., Syst. *v.* 26 p. 275 | 1926 *Rhadinoscytalis canidens o.*, Attems in: Voy. zool. Gadeau de Kerville Syrie, *v.* 1 p. 246.

Länge bis 55 mm. Antennen 18—22gliedrig. 5—6 Grundglieder kahl, die anderen dicht kurz beborstet. Die Grundfurchen der Zahnplatten der Kieferfüße bilden einen stumpfen Winkel (Fig. 50). Die Berandung der Tergite beginnt meistens vom 17.—19., selten schon vom 13. Die meisten der Tergite 2.—15. oder 18. mit vorderer kurzer Schrägfurche, (fehlt auf dem 6. 11. usw. Tergit). Coxopleurenfortsatz lang, schlank, walzig, mit 7—11 Dornen, meist 5—6 am Ende und einige, 1—3 auf der Seitenfläche; 1 Hinterrandsdorn. Endbeine bis inclusive Tibia ziemlich dick, aber die Glieder nicht keulig. Präfemur und Femur dorsal etwas abgeflacht, ohne Furche.

Präfemur ventral in der proximalen Hälfte mit flacher, kahler Area. Beide Tarsen beim ♂ ringsum dicht kurz beborstet. Eckdorn meist 2- seltener 3spitzig.

Spanien, Balearen, Sizilien, Korsika, Sardinien, Marokko, Algier, (nach Japan verschleppt).

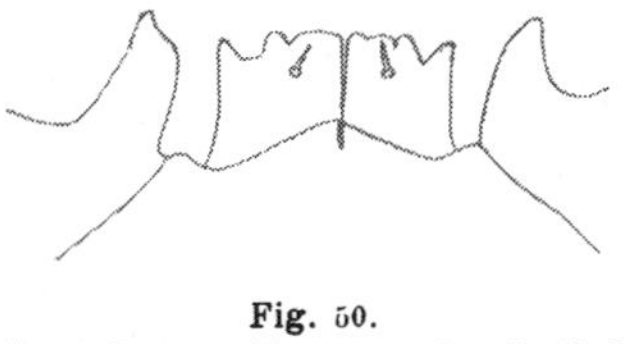

Fig. 50.
Scolopendra canidens oraniensis H. Luc.

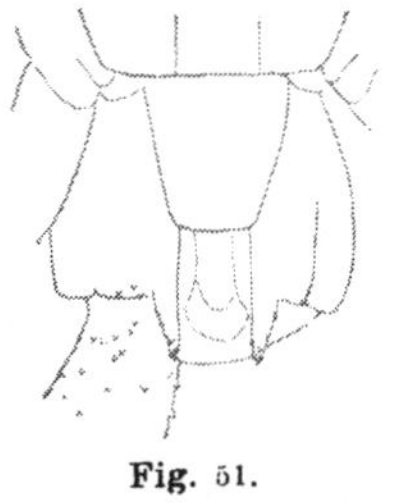

Fig. 51.
Scolopendra canidens cretica Att.

16d. **S. c. cretica** Att. 1902 *S. oraniensis lusitanica* var. *cretica*, Attems in: SB. Ak. Wien, *v.* 111 I p. 556 | 1926 *Rhadinoscytalis canidens cretica*, Attems in: Voy. zool. Gadeau de Kerville Syrie, *v.* 1 p. 246.

Länge bis 68 mm. Olivbraun. Der Kopf kastanienbraun. Hinterende und Endbeine gelbbraun. Antennen blaugrün. Kopf dicht aber sehr fein punktiert. Antennen 18—21gliedrig mit 13 bis 15 kahlen Grundgliedern. Die Grundfurchen der Zahnplatten der Kieferfüße bilden zusammen einen sehr flachen Bogen, fast eine Gerade, Tergite sehr fein punktiert. Die Berandung beginnt vom 12. bis 16. an. Die meisten Tergite vom 2.—12. oder 15. mit vorderer kurzer Schrägfurche. Coxopleurenfortsatz (Fig. 51) lang, schlank, walzig, mit etwa 5 Dornen am Ende und 3—7 auf der Außenfläche; am Hinterrand 2 Seitendornen. Endbeine schlank auch beim ♂; Präfemur mit 21—40 Dörnchen, die öfters eine Area auf der Ventralseite frei lassen; Eckdorn meist 3, zuweilen mehr- bis 10spitzig. Beide Tarsen beim ♂ dorsal sehr dicht und kurz beborstet (Fig. 52). Tibia der Endbeine und Tarsen des 20. Beinpaares nur sehr spärlich beborstet.

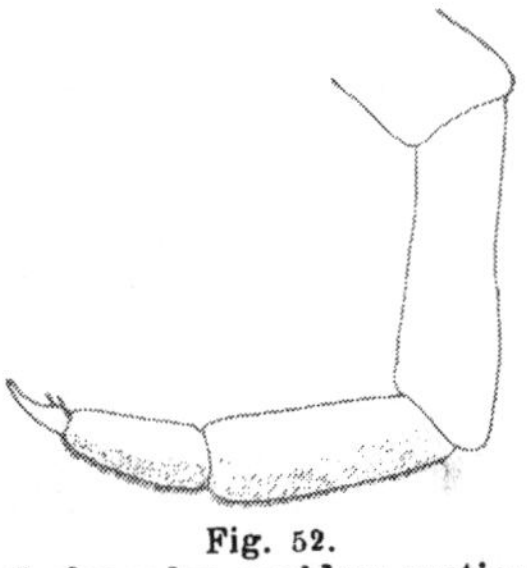

Fig. 52.
Scolopendra canidens cretica Att. Endbeintibia und -tarsus.

Kreta; Biskra.

17. **S. alternans** Leach 1805—1821 *S. morsitans*, Palisot, Ins. Afr. Amér., p. 152 | 1815 *S. alternans*, Leach in: Tr. Linn. Soc. London, *v.* 11 p. 383 | 1837 *S. Sagraea*, P. Gervais in: Ann. Sci. nat., ser. 2 *v.* 7 p. 50 | 1840 *S. Sagrae*, J. F. Brandt in: Bull. Ac. St.-Pétersb., *v.* 7 p. 157 | 1841 *S. S.*, J. F. Brandt, Recu. Mém., p. 66 | 1844 *S. complanata* + *Grayi* + *multispinosa* + *multispinata*, Newport in: Ann. nat. Hist., *v.* 13 p. 98 | 1845 *S. alternans* — *G.* + *c.* + *incerta* + *multispinosa*, Newport in: Tr. Linn. Soc. London, *v.* 19 p. 402—405 | 1847 *S. Sagraea* + *a.* + *G.* + *i.*, P. Gervais in: Walckenaer, Hist. Apt., *v.* 4 p. 281—289 | 1862 *S. longipes*, H. C. Wood in: J. Ac. Philad., ser. 2 *v.* 5 p. 26 | 1865 *S. l.*, H. C. Wood in: Tr. Amer. phil. Soc., ser. 2 *v.* 13 p. 163 | 1886 *S. alternans* + *crudelis*, Meinert in: P. Amer. phil. Soc., *v.* 23 p. 193, 194 | 1891 *S. complanata*, Daday in: Termész. Füzetek, *v.* 14 p. 184 | 1903 *S. alternans*, Kraepelin in: Mt. Mus. Hamburg, *v.* 20 p. 244.

Länge bis 190 mm. Rotbraun oder schmutzig lehmgelb, oft mit grünen Hinterrändern der Tergite. Kopf sehr zerstreut und äußerst fein punktiert

Antennen 17gliedrig, lang. 5 Grundglieder kahl, die anderen reihenstreifig kurz behaart. Kieferfußhüften fein und zerstreut punktiert wie der Kopf, vorn mit seichter Medianfurche, dahinter mit zarter Querfurche und hinter dieser mit tiefem Mittelgrübchen. Zahnplatten mit tiefem rundem Grübchen, in dem eine Tuberkel steht, die eine kräftige kurze Borste trägt. Der äußere Zahn jeder Zahnplatte bleibt isoliert, die anderen Zähne verwachsen bei Erwachsenen fast völlig. 1. Tergit ohne Ringfurche, mit 2 sehr feinen, kaum sichtbaren Längsfurchen; die Längsfurchen auf allen folgenden Tergiten bis zum 20. deutlich. Berandung vom 5.—8. Tergit an beginnend, zuerst aber nur im vorderen Drittel des Randes ausgebildet; 21. Tergit gleichmäßig gerundet, ohne Medianfurche, hinten rundbogig. Sternite mit 2 schwachen, hinten abgekürzten oder äußerst fein werdenden Längsfurchen; letztes Sternit wenig verjüngt, hinten leicht gerundet oder fast gerade. 1. Beinpaar mit 2, 2.—20. Beinpaar mit 1 Tarsalsporn; alle Beine mit 2 Klauenspornen. Präfemur des 19. Beinpaares dorsal am Ende mit 0—3 Dörnchen, des 20. Beinpaares mit 3—6 Dörnchen, die auf einem dem Eckdorn ähnlichen Fortsatz stehen, dazu zuweilen proximal 1 Dörnchen. Coxopleurenfortsatz ziemlich lang, dick kegelig, am Ende mit 5 größeren und 3—4 kleineren Spitzen; seitlich 1—3 Dörnchen. Präfemur der Endbeine ventral mit 13 bis 15, medial und oben-medial mit 15—22 unregelmäßig gestellten Dornen. Eckdorn lang, zylindrisch, 7—9spitzig. Endklaue unten ausgehöhlt zweikantig, bei großen Individuen nicht viel kürzer als der 2. Tarsus.

Westindien (Kuba, Haiti, Portorico, St. Thomas, St. Croix, Guadeloupe, Antigua, Montserrat usw.), Florida, Venezuela, Brasilien.

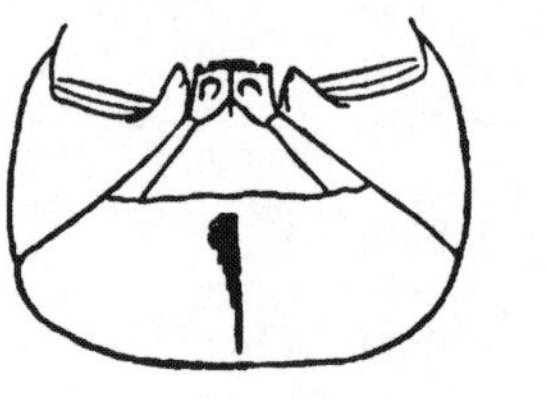

Fig. 53.
Scolopendra arthrorhabdoides Rib.

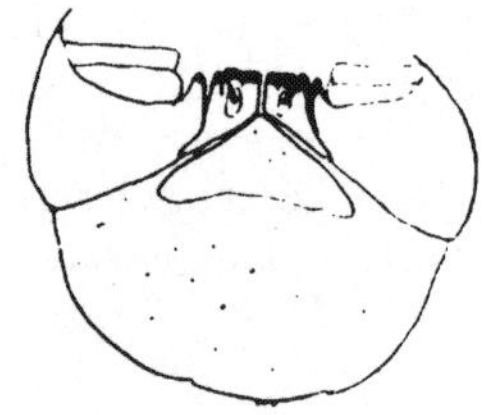

Fig. 54.
Scolopendra armata Krpln.

18. **S. arthrorhabdoides** Rib. 1914 *S. a.*, Ribaut in: Mém. Soc. Neuchâtel, *v.* 5ii p. 76 f. 1, 2 (?Sep. 1912).

Länge 42 mm. Einfarbig hellgrün. Kopf mit 2 divergierenden Längsfurchen. Antennen 17gliedrig, 5 Grundglieder kahl. Kieferfußhüften (Fig. 53) mit vorderer sehr kurzer Medianfurche, kräftiger Querfurche, die zusammen mit den seitlichen Furchen, die die Fortsetzung der Grundfurchen der Zahnplatten sind, ein Dreieck bildet. Hinter der Querfurche eine tiefe, grubenartige Medianfurche. Jede Zahnplatte mit einem Grübchen, die Zähne völlig verschmolzen. 1. Tergit nur mit Spuren einer Ringfurche. 1.—20. Tergit mit vollständigen Längsfurchen, 21. Tergit ohne Medianfurche, nur dieses Tergit berandet. Sternite vom 5. an mit vollständigen Längsfurchen. 1. Beinpaar mit 2, 2.—19. Beinpaar mit 1 Tarsalsporn. Alle Beine mit 2 Klauenspornen; auf den Endbeinen ist der mediale schwächer oder fehlt. Präfemur des 20. Beinpaares mit je 1 Dorn oben-medial und ventral. Coxopleurenfortsatz mäßig lang, 3spitzig, am Hinterrand 1 Dorn. Präfemur der Endbeine mit 7—8 Dornen in 4 Reihen unten und 4 Dornen oben-medial. Klaue kaum kürzer als der 2. Tarsus, unten schneidig zugeschärft, die Schneide fein gesägt.

Kolumbien: Guaduas.

19. **S. armata** Krpln. 1903 *S. a.*, Kraepelin in: Mt. Mus. Hamburg, *v.* 20 p. 232 f. 149.

Länge bis 100 mm. Farbe hell olivbraun, Vorder- und Hinterende dunkler braun. Kopf zerstreut punktiert, mit 2 durchgehenden feinen Längsfurchen. Antennen 17gliedrig, die ersten 5 Glieder fast ganz kahl, nur ventral vereinzelte Härchen; eine verschiedene Anzahl der folgenden Glieder dorsal kahl, in den Seiten und ventral dicht kurz behaart; manchmal sind nur die 7 ersten, manchmal alle Glieder dorsal kahl. Zahnplatten der Kieferfüße (Fig. 54) mit einem schlanken lateralen und einem sehr breiten, aus mehreren zusammengeflossenen medialen Zahn; in der Mitte der Zahnplatte eine längsovale Grube in der eine starke kurze Borste steht. Die Grundfurchen bilden einen stumpfen Winkel von etwa 100°, auf den Kieferfußhüften ein Dreieck, dessen Basis eine feine unregelmäßige Querlinie ist, die Seiten scharfe Furchen; Hüften deutlich punktiert. Tergite fein punktiert, kaudalwärts immer weniger; 1. Tergit mit Ringfurche, 2. Tergit ohne oder mit 2 ganz kurzen hinteren Längsfurchen, 3.—20. mit vollständigen Längsfurchen; Berandung vom 19. oder 20. an, manchmal nur das 21. Tergit berandet, dieses ohne Mediankiel oder -furche, hinten rund vorgewölbt. Sternite mit sehr schwachen Längsfurchen, die nur in der hinteren Körperhälfte manchmal durchgehen; letztes schmal, verjüngt, hinten gestutzt-gerundet; ohne Medianfurche. 1. Beinpaar mit 2, 2.—19. oder 20. Beinpaar mit 1 Tarsalsporn; 1.—20. Beinpaar mit 2 Klauenspornen. Präfemur und manchmal auch Femur des 19. Beinpaares dorsal am Ende mit winzigem Dörnchen. Präfemur des 20. Beinpaares dorsal am Ende mit 1—2 Dörnchen, ventral mit 2 Dörnchen, die manchmal einseitig fehlen. Coxopleurenfortsatz kurz, 1—3spitzig, am Hinterrande ein Dörnchen. Präfemur der Endbeine ventral und innen mit 7—8 kräftigen Dornen, oben innen 1 bis 4 (2 + 2) Dornen. Eckdorn meist einfach; Femur am Ende oben mit 1, in der Mitte mit 0—2 Dörnchen. Kralle nur mit einem lateralen Sporn.

Venezuela.

20. **S. gigantea** L. 1758 *S. g.*, Linné, Syst. Nat., ed. 10 p. 638 | 1815 *S. gigas*, Leach in: Tr. Linn. Soc. London, *v.* 11 p. 383 | 1844 *S. g.*, Newport in: Ann. nat. Hist., *v.* 13 p. 98 | 1844 & 1847 *S. insignis*, P. Gervais in: Walckenaer, Hist. Apt., *v.* 4 p. 278 t. 43 f. 4 | 1845 *S. gigas* + *gigantea*, Newport in: Tr. Linn. Soc. London, *v.* 19 p. 399, 400 | 1847 *S. gigas* + *gigantea*, P. Gervais in: Walckenaer, Hist. Apt., *v.* 4 p. 278, 279 | 1861 *S. prasinipes* + *epileptica*, H. C. Wood in: P. Ac. Philad., p. 11 | 1876 *S. gigantea*, Porat in: Bih. Svenska Ak., *v.* 4 nr. 7 p. 5 | 1881 *S. gigas*, Kohlrausch in: Arch. Naturg., *v.* 47 I p. 119 | 1884 *S. annulipes*, H. Lucas in: Bull. Soc. ent. France, ser. 6 *v.* 4 p. 74 | 1886 *S. gigas*, Meinert in: P. Amer. phil. Soc., *v.* 23 p. 191 | 1903 *S. gigantea*, Kraepelin in: Mt. Mus. Hamburg, *v.* 20 p. 233.

Länge bis 265 mm (größte Scolopendriden-Art). Heller oder dunkler olivbraun bis dunkel rotbraun, Beine olivgrünlich mit gelblichen Gliederenden. 2. Tarsus ganz gelb. Kopf zerstreut fein punktiert mit 2 feinen Längsfurchen. Antennen 17gliedrig, 9—12 Grundglieder kahl. Kieferfußhüften mit Furchendreieck und kräftiger Medianfurche, die sich vorn gabelt und die Querfurche erreicht oder schon vorher abbricht. Grundfurchen der Zahnplatten in rechtem Winkel zu einander. Zahnplatten dichter punktiert als die Hüften, mit sehr kleinem rundem Grübchen vorn, in dem eine winzige, eine kleine Borste tragende Tuberkel steht. 4 + 4 Zähne, von denen die 2 medialen jeder Seite ± verschmelzen. 1. Tergit mit Ringfurche. 2. Tergit mit sehr feinen, vorn abgekürzten Längsfurchen. 3.—20. Tergit mit 2 vollständigen Längsfurchen. 4.—18. Tergit außerdem mit kurzer Medianfurche hinten. Berandung im 4. oder 5. Tergit beginnend. 21. Tergit vorn in der Mitte bucklig, hinten rundbogig. Sternite sehr fein punktiert, die 2 Längsfurchen in der Mitte jedes Sternits tiefer, vorn und hinten äußerst zart bis ganz fehlend. 21. Sternit länger als breit (4:3) stark verjüngt, hinten gestutzt, die Ecken stark abgerundet. 1. Beinpaar mit 1—2, 2.—19. mit 1, 20. mit 0—1 Tarsalsporn. Alle Beine mit 2 Klauenspornen. Präfemur des 1.—20. oder 2.—20. Beinpaares dorsal am Ende mit 2—4, des 20. auch mit 5 Dörnchen. Femur der meisten oder nur einiger der letzten Beinpaare dorsal am Ende mit oder ohne 1 Dörnchen. Coxopleurenfortsatz mäßig lang, am Ende 4—9spitzig, dorsal nahe der Spitze manchmal ein paar Dörnchen, seitlich 0—1 Dorn. Präfemur der Endbeine ventral-lateral mit 2—3 Reihen von 2—4 Dörnchen, medial und oben-medial mit 12—15 Dörnchen; Femur am Ende oben mit oder ohne Dörnchen. Eckdorn dick, 6—8spitzig.

Brasilien, Chile, Venezuela, Kolumbien, Honduras, Trinidad, Jamaika, St. Thomas.

21. **S. angulata** Newp. 1844 *S. a.*, Newport in: Ann. nat. Hist., *v.* 13 p. 97 | 1845 *S. a.*, Newport in: Tr. Linn. Soc. London, *v.* 19 p. 398 | 1856 *S. a.*, Newport, Cat. Brit. Mus. Myr., p. 47 | 1861 *S. punctiscuta*, H. C. Wood in: P. Ac. Philad., p. 14 | 1863 *S. prasina*, C. L. Koch, Myr., *v.* 2 p. 23 f. 146 | 1876 *S. nitida*, Porat in: Bih. Svenska Ak., *v.* 4 nr. 7 p. 8 | 1879 *S. respublicana*, Giebel in: Z. Naturw., *v.* 52 p. 326 | 1881 *S. prasina*, Kohlrausch in: Arch. Naturg., *v.* 47 I p. 122 | 1886 *S. p.*, Meinert in: P. Amer. phil. Soc., *v.* 23 p. 192 | 1893 *S. angulata*, Pocock in: J. Linn. Soc. London, *v.* 24 p. 458 | 1898 *S. a.*, Brölemann in: Ann. Soc. ent. France, *v.* 67 p. 316 | 1903 *S. a.*, Kraepelin in: Mt. Mus. Hamburg, *v.* 20 p. 234.

Länge bis 170 mm. Olivbraun oder dunkelgrün, schmutzig oliv oder rotgelb mit dunkelgrünen Rändern. Kopf zerstreut punktiert mit 2 feinen durchgehenden Längsfurchen. Antennen 17gliedrig, 4 Grundglieder kahl, die anderen gleichmäßig kurz behaart. Kieferfußhüften reichlich aber seicht punktiert, mit einem Furchendreieck, dessen Seitenschenkel die unmittelbare Fortsetzung der Grundfurchen sind. Zahnplatten ohne Grube und ohne Borste, jede mit 4 Zähnen, von denen die 2—3 inneren verschmelzen. 1. Tergit mit Ringfurche. Die Längsfurchen beginnen auf dem 3. Tergit, die seitliche Berandung auf dem 6. oder 7.; anfangs nur im vorderen Drittel erst nach und nach vollständig. Letztes Tergit gleichmäßig gewölbt. Ohne Mediankiel oder Furche. Die Längsfurchen der Sternite sind auf ganz kurze Striche am Vorderrand reduziert; letztes Sternit verjüngt, hinten abgerundet. 1. Beinpaar mit 2, 2.—20. Beinpaar mit 1 Tarsalsporn, alle Beinpaare mit 2 Klauenspornen. Präfemur des 19. Beinpaars dorsal am Ende mit 1—2, Femur mit 1 Dörnchen. Präfemur des 20. Beinpaars am Ende oben mit 2, Femur mit 1—2 und letzteres in der Mitte medial mit 0—1 Dörnchen. Coxopleurenfortsatz kurz, am Ende 3(—4)spitzig, am Hinterrand ein Dörnchen. Präfemur der Endbeine ventral mit 7 (2, 3, 2) medial mit 4, oben-medial mit 4 Dornen ohne scharfe Scheidung dieser Regionen. Eckdorn 3—4spitzig. Femur in der Mitte medial mit 2—4 Dörnchen, am Ende dorsal mit 0—1, medial zuweilen ebenfalls mit einigen Dörnchen.

Brasilien, Bolivien, Ecuador, Venezuela, Trinidad, St. Thomas, St. Vincent, Grenada.

22. **S. explorans** Chamb. 1914 *S. e.*, Chamberlin in: Bull. Mus. Harvard, *v.* 58 p. 192.

Länge 83 mm. Dunkeloliv, die Tergite hinten dunkler gerandet. Beine gelb, die Endbeine mehr kirschrot. Kopf fein und ziemlich dicht punktiert mit 2 vollständigen, nach vorn divergierenden Längsfurchen. Antennen

17gliedrig, mäßig lang, 4 Grundglieder kahl. Kieferfußhüften punktiert, ohne Medianfurche, mit feiner Querfurche. Die 3 medialen Zähne jeder Zahnplatte verschmolzen, der laterale isoliert. 1. Tergit mit Ringfurche, sehr fein punktiert. 2. Tergit ohne Furchen. 3.—20. Tergit mit vollständigen Längsfurchen; die Berandung beginnt zwischen 11. und 14. Tergit. 21. Tergit ohne Mediankiel, hinten stark bogig vorgewölbt. Sternite ohne Furchen oder mit ganz kurzen Spuren von solchen am Vorderrand, letztes verjüngt, hinten seicht eingebuchtet. 1. Beinpaar mit 2, 2.—19. Beinpaar mit 1 Tarsalsporn. Präfemur des 19. Beinpaars dorsal am Ende mit 1, des 20. Beinpaars mit 2 Dörnchen. Femur des 20. Paars am Ende dorsal mit 1 Dorn. Coxopleurenfortsatz sehr kurz, 3—4spitzig, ohne Seitendorn. Präfemur der Endbeine ventral mit 5, medial mit 3—4, oben-medial mit 3 Dornen. Eckdorn 2spitzig. Femur oben-medial mit 2 Dornen in der proximalen Hälfte und 1 Dorn am distalen Ende und 1 Dorn auf der Medialseite. Klaue mit 2 Spornen.

Brasilien, Staat von Matto Grosso, Madeira Manisse. Wird wohl besser als Subspezies der *S. angulata* aufzufassen sein.

23. **S. valida** H. Luc. 1840 *S. v.* + *angusta*, H. Lucas in: Webb & Berthelot, Hist. Canar., *v.* 2II Ent. p. 49 t. 7 f. 13, 14 | 1845 *S. v.*, Newport in: Tr. Linn. Soc. London, *v.* 19 p. 402 | 1847 *S. v.* + *angusta*, P. Gervais in: Walckenaer, Hist. Apt., *v.* 4 p. 260, 261 | 1881 *S. v.*, Kohlrausch in: Arch. Naturg., *v.* 47I p. 112 | 1884 *Collaria morsitans*, F. Karsch in: Abh. Ver. Bremen, *v.* 9 p. 67 | 1888 *Scolopendra valida*, Pocock in: Ann. nat. Hist., ser. 6 *v.* 1 p. 335 | 1891 *S. v.*, C. Verhoeff in: Berlin. ent. Z., *v.* 36 p. 66 | 1895 *S. angusta*, Latzel in: Mt. Mus. Hamburg, *v.* 12 p. 119 | 1896 *S. valida* + var. *Balfouri* + var. *deserticola* + var. *persica*, Pocock in: Ann. nat. Hist., ser. 6 *v.* 18 p. 178 | 1900 *S. v.*, Brölemann in: Mém. Soc. zool. France, *v.* 13 p. 435 | 1902 *S. v.*, Attems in: SB. Ak. Wien, *v.* 111I p. 569 | 1903 *S. v.*, Kraepelin in: Mt. Mus. Hamburg, *v.* 20 p. 234 | 1904 *S. v.*, Brölemann in: Bull. Soc. ent. Ital., *v.* 35 p. 112.

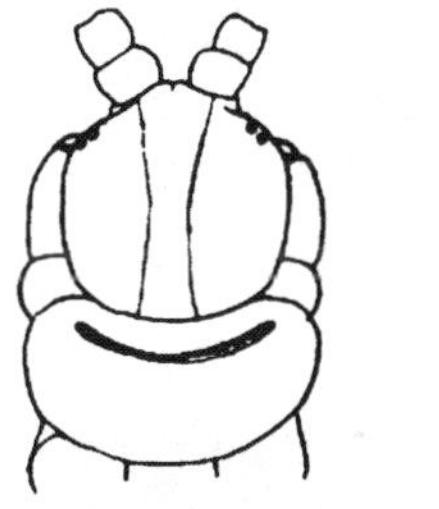

Fig. 55.
Scolopendra valida H. Luc.

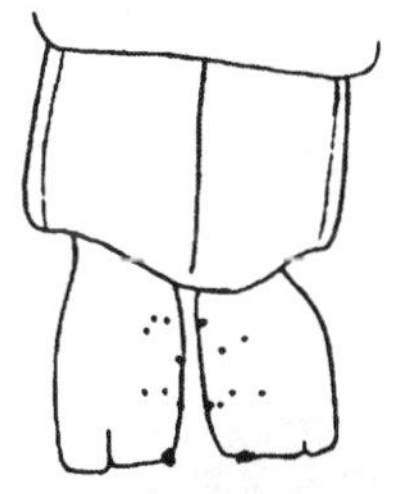

Fig. 56.
Scolopendra valida H. Luc.
(von Mossul).

Länge bis 160 mm. Farbe olivgrün, olivbraun oder kastanienbraun oft mit dunkelgrünen Hinterrändern der Tergite, manchmal Kopf samt Antennen, 1. Tergit und Endbeine dunkelgrün, die übrigen Tergite olivbraun. Kopf fein zerstreut punktiert, mit 2 feinen nach vorn divergierenden Längsfurchen (Fig. 55). Antennen 19—27gliedrig, 4—6 Grundglieder kahl. Kieferfußhüften mit Medianfurche vorn, die bis zur feinen Querfurche reicht; die in stumpfem Winkel zu einander stehenden Grundfurchen der Zahnplatten setzen sich in feine Furchen fort, die in die Querfurche münden. Von den 4 Zähnen jeder Zahnplatte verschmelzen die 3 medialen mehr oder weniger, jede Zahnplatte mit tiefer Grube, in der eine borstentragende Tuberkel steht. Zahn des Präfemur ohne oder mit 2 Medialhöckern. 1. Tergit mit tiefer Ringfurche und mit 2 sehr feinen Längsfurchen hinter ihr, die sich vorn kurz gabeln; beide Medialäste bleiben durch einen Zwischenraum getrennt; 2. Tergit mit abgekürzten vorderen oder vollständigen, 3.—20. Tergit mit vollständigen Längsfurchen. Die Berandung beginnt auf dem 5.—8. Tergit und ist anfangs auf das vordere Drittel beschränkt und wird erst nach und nach vollständig; letztes Tergit gleichmäßig gewölbt, ohne Medianfurche, hinten flach bogig. 2.—20. Sternit mit 2 tiefen Längsfurchen; letztes etwas verjüngt, hinten leicht abgerundet. Coxopleurenfortsatz kurz, kegelig, am Ende meist 4-, selten nur 3- oder 2spitzig, 1 Seitendorn. 1. Beinpaar mit 2, 2. bis 20. Beinpaar mit 1 Tarsalsporn, alle Beine mit 2 Klauenspornen, auf den Endbeinen fehlt manchmal der mediale. Präfemur des 20. Beinpaars dorsal am Ende mit 2—4, des 19. Beinpaars mit 1—3 (meist 1) kleinen Dörnchen, manchmal auch das 18. Beinpaar mit 1—2, und selten das 12.—17. Beinpaar mit 1 Dörnchen an dieser Stelle. Endbeine dick. Präfemur (Fig. 56) gerundet, mit 14—20 unregelmäßig gestellten Dornen ventral, medial und oben, ohne scharfe Scheidung in Regionen; etwa 5 Dornen sind ganz auf die Dorsalseite hinauf gerückt, Eckdorn 3—5spitzig. Präfemur und Femur am Ende dorsal mit kurzer, tiefer Längsgrube.

Syrien, Arabien usw., Kanaren, Kamerun.

Die Art zerfällt in 2 Unterarten:

23a. **S. v. valida** H. Luc.-Att.

Die 3 medialen Zähne jeder Zahnplatte der Kieferfüße verwachsen mehr oder weniger zu einer queren Lamelle, die den lateralen 4. Zahn nicht überragt. Zahn des Präfemur der Kieferfüße mit 1—2 Medialhöckern.

Syrien, Arabien, Sokotra, Persien am Persischen Golf, Erythraea, Kanaren (Teneriffa, Gomera), Kamerun (Viktoria).

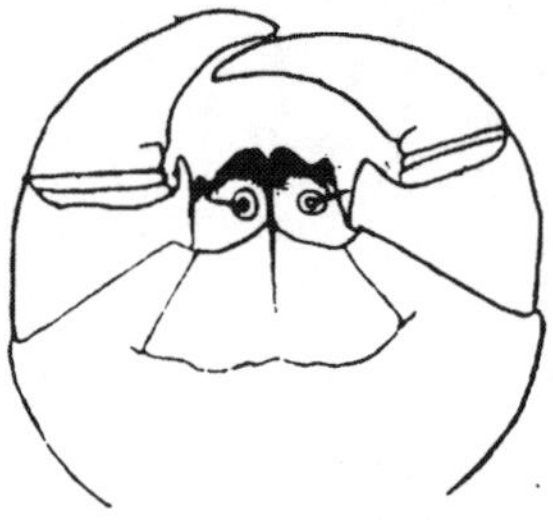

Fig. 57. **Scolopendra valida simonyi** Att.

23b. **S. v. simonyi** Att. 1902 *S. v. s.*, Attems in: SB. Ak. Wien, *v.* 111 I p. 570 | 1903 *S. v.* var. *s.*, Kraepelin in: Mt. Mus. Hamburg, *v.* 20 p. 235.

Die 3 medialen Zähne jeder Zahnplatte verwachsen völlig zu einem großen, den kleinen 4. Zahn weit überragenden Kegel. Präfemurzahn ohne Medialhöcker (Fig. 57).

Insel Abd al Kuri beim Kap Guardafui.

24. **S. crudelis** C. L. Koch 1847 *S. c.*, C. L. Koch in: Koch-Panzer, Krit. Revis., *v.* 3 p. 170 | 1863 *S. c.*, C. L. Koch, Myr., *v.* 2 p. 36 f. 158, 159 | 1876 *S. c.*, Porat in: Bih. Svenska Ak., *v.* 4 nr. 7 p. 7.

Länge 146 mm. Kastanienbraun. Tergite 2—20 hinten grün gerandet, sehr fein punktiert. Antennen 17gliedrig, bis zum Hinterrand des 6. Tergits reichend, 5 Grundglieder kahl, die anderen reihenstreifig behaart. Kieferfüße mit 3 + 3 Zähnen, der äußere jeder Seite isoliert. Die anderen zusammenfließend. 1. Tergit mit Ringfurche; Tergite vom 5. oder 6. an berandet; letztes ohne Medianfurche. Sternite mit 2 Längsfurchen, das letzte hinten gestutzt. Präfemur des 19. Beinpaares dorsal am Ende mit 2, das 20. Beinpaar mit 4—5 Dörnchen und außerdem zweimal 1—2 Dörnchen. Endbeine lang, schlank, Präfemur sehr lang, mit 30—40 Dornen medial und unten. Eckdorn lang, dick, 8spitzig. Coxopleurenfortsatz ziemlich lang, 8- bis 12spitzig, mit 1—4 Seitendornen am Hinterrand.

Insel Barthelemy, Westindien.

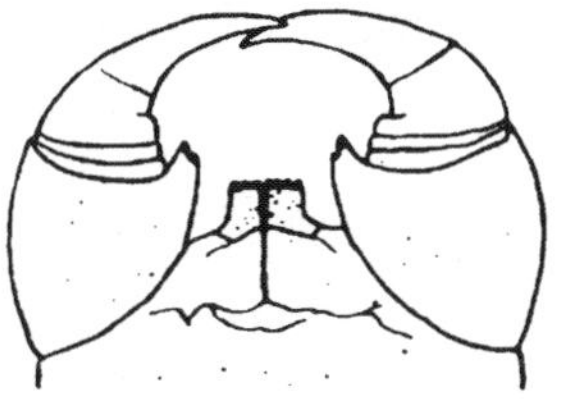

Fig. 58.
Scolopendra viridicornis Newp.

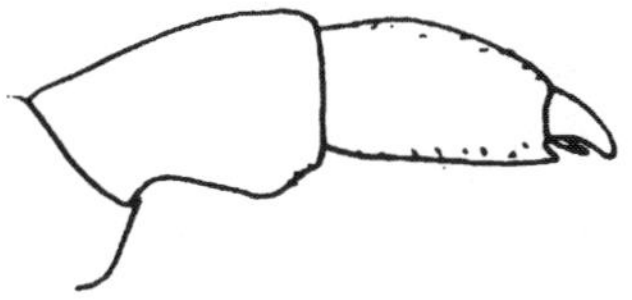

Fig. 59.
Scolopendra viridicornis Newp.
Endglieder der 2. Maxille.

25. **S. viridicornis** Newp. 1844 *S. v.* + *punctidens* + *variegata* + *cristata*, Newport in: Ann. nat. Hist., *v.* 13 p. 97, 98 | 1845 *S. punctidens* + *viridicornis* + *variegata*, Newport in: Tr. Linn. Soc. London, *v.* 19 p. 396, 397 | 1847 *S. cristata* + *variegata* + *p.* + *viridicornis*, P. Gervais in: Walckenaer, Hist. Apt., *v.* 4 p. 267, 279, 286, 287 | 1856 *S. hopei*, Newport, Cat. Brit. Mus. Myr., p. 45 | 1863 *S. herculeana*, C. L. Koch, Myr., *v.* 1 p. 22 f. 20 | 1863 *S. morsitans*, C. L. Koch, Myr., *v.* 1 p. 37 f. 33 | ? 1863 *S. costata*, C. L. Koch, Myr., *v.* 2 p. 25 f. 147 | 1876 *S. cristata*, Porat in: Bih. Svenska Ak., *v.* 4 nr. 7 p. 6 | 1881 *S. c.*, Kohlrausch in: Arch. Naturg., *v.* 47 I p. 117 | 1886 *S. c.*, Meinert in: P. Amer. phil. Soc., *v.* 23 p. 192 | 1888 *S. viridicornis*, Pocock in: Ann. nat. Hist., ser. 6 *v.* 1 p. 339 | 1891 *S. prasina* + *v.*, Daday in: Termész. Füzetek, *v.* 14 p. 184, 185 | 1903 *S. v.*, Kraepelin in: Mt. Mus. Hamburg, *v.* 20 p. 236 f. 151.

Länge bis 160 mm. Farbe gelbrot bis braun, hellgrün bis schmutzig dunkelgrün oft mit dunkelgrauen Hinterrändern der Tergite. Kopf zerstreut punktiert, mit 2 feinen nach vorn divergierenden Längsfurchen, die hinten in ein feines Maschenwerk übergehen. Antennen 17gliedrig, 4 Grundglieder kahl, die übrigen gleichmäßig behaart. Kieferfußhüften (Fig. 58) sehr fein, aber ziemlich reichlich punktiert, vorn mit deutlicher Medianfurche, die bis zur feinen Querfurche reicht; die Grundfurchen der Zahnplatten stehen im stumpfen Winkel zueinander und setzen sich in Furchen fort, die bis zur Querfurche ziehen. Jede Zahnplatte mit 4—5 Zähnen, die 2 medialen verschmelzen nur teilweise, hinter dem 2. Zahn von der Mediane eine auf einem Knötchen stehende Borste. 3. Telopoditglied der 2. Maxille am Ende ventral kurz spitzzackig vortretend (Fig. 59). 1. Tergit mit Ringfurche und 2 feinen Längsfurchen, die sich vorn gabeln; die Medialäste berühren sich meist nicht, sondern setzen sich über die Ringfurche ein Stück nach vorn fort; manchmal kommen sie in der Mediane zusammen ein W bildend. 2. Tergit ohne oder mit, 3.—20. mit vollständigen Längsfurchen. Berandung oft schon auf dem 3. oder 4. Tergit im vorderen Drittel beginnend. Letztes Tergit mit breitem flachem Mediankiel, der bis zu $^{5}/_{6}$ der Länge reicht; dahinter öfter eine flache Grube; Hinterrand rundbogig. Sternite mit 2 den Hinterrand nicht erreichenden Längsfurchen, letztes verjüngt, mit seichtem Medianeindruck, hinten gestutzt-gerundet. 1. Beinpaar mit 2, 2.—20. mit 1 Tarsalsporn. Präfemur des 1.—20. oder nur einer Anzahl derselben, manchmal nur des 20. Beinpaares dorsal am Ende mit 1—2, selten 3 Dörnchen; Präfemur des 20. Beinpaares dorsal auf der Fläche zuweilen mit 1 Dörnchen; alle Beine mit 2 Klauenspornen. Coxopleurenfortsatz ziemlich lang, 1- bis 3spitzig, seitlich kein Dorn. Präfemur der Endbeine ventral mit 4—7; medial mit 1, oben-medial mit 4—6 Dornen; manchmal die Dornen, etwa 13, ohne scharfe Scheidung in Regionen. Eckdorn 3—5spitzig. Endklaue fast so lang wie der 2. Tarsus, unten schneidig zugeschärft.

Bolivien, Brasilien, Guiana, Paraguay, Argentinien, Antillen, Venezuela.

26. **S. galapagoensis** Bollm. 1890 *S. g.*, Bollman in: P. U. S. Mus., *v.* 12 p. 215 | 1893 *S. g.*, Bollman in: Bull. U. S. Mus., *v.* 46 p. 115 | 1903 *S. g.*, Kraepelin in: Mt. Mus. Hamburg, *v.* 20 p. 237.

Länge 160 mm. Dunkelbraun, hinten mehr gelblich. Kopf mit zwei Längsfurchen, die hinten abbrechen und einen Seitenast an den Seitenrand abgeben. Antennen lang, 17gliedrig, 4 oder 5 Grundglieder kahl. Kieferfußhüften mit einer Querfurche, 3 + 3 große Zähne, die medialen verschmolzen. Berandung vom 5. Tergit an beginnend. 21. Tergit mit schwachem Mediankiel in den vorderen $^3/_4$. Sternite mit deutlichen Längsfurchen, letztes kurz, verjüngt, hinten gerundet. 1.—20. Beinpaar mit Tarsalspornen. Präfemur des 2.—20. Beinpaares am Ende oben mit 4 oder 5 Dornen, Präfemur des 20. Beinpaares oben auf der Fläche mit 1—3 Dörnchen. Coxopleurenfortsatz am Ende 9—12spitzig, am Hinterrand 1—2 Seitendörnchen. Am Rande des 21. Tergits 2 kleine Dörnchen. Endbeinpräfemur ventral mit 7—9, medial mit 2 oder 3, oben-medial mit 10—13 Dörnchen. Eckdorn 6- bis 8spitzig.

Galapagos-Inseln: Chatham, James, Albemarle, Bindeoe, Narborough.

27. **S. heros** Girard 1853 *S. h.*, C. Girard in: Nat. Hist. Red River, p. 272 t. 18 | 1862 *S. h.*, H. C. Wood in: J. Ac. Philad., ser. 2 *v.* 5 p. 18 | 1865 *S. h.*, H. C. Wood in: Tr. Amer. phil. Soc., ser. 2 *v.* 13 p. 155 | 1876 *S. h.*, Porat in: Bih. Svenska Ak., *v.* 4 nr. 7 p. 8 | 1881 *S. pernix*, Kohlrausch in: Arch. Naturg., *v.* 47 I p. 115 | 1886 *S. heros*, Meinert in: P. Amer. phil. Soc., *v.* 23 p. 195 | 1895 *S. h.*, Pocock in: Biol. Centr.-Amer., Chilop. p. 18 t. 1 f. 12 | 1903 *S. h.*, Kraepelin in: Mt. Mus. Hamburg, *v.* 20 p. 237 f. 152, 153.

Länge bis 210 mm. Färbung variabel, olivbraun, kastanienbraun oder dunkelgrün. Kopf und 1. Tergit sehr fein zerstreut punktiert. Kopf mit 2 sehr feinen nach vorn divergierenden Längsfurchen. Antennen 24- bis 26gliedrig, 4 $^1/_2$—6 Grundglieder kahl, punktiert, die anderen gleichmäßig kurz behaart. Kieferfußhüften zerstreut punktiert, vorn mit kurzer ± deutlicher Medianfurche, die manchmal die zarte, unregelmäßig wellige Querfurche erreicht; an den Enden der letzteren, die in der Mitte unterbrochen sein kann, setzen sich zarte, zu den Grundfurchen der Zahnplatten ziehende Furchen an; Grundfurchen fast in einer Linie liegend. Zahnplatten ohne Grube, mit je 4 oder 5 Zähnen, von denen die 3 inneren mehr oder weniger verschmolzen sein können. 1. Tergit mit kräftiger Ringfurche und meist mit 2 feinen, nach hinten stark konvergierenden Längsfurchen. Die Längsfurchen der Tergite beginnen manchmal erst auf dem 3., die seitliche Berandung beginnt auf dem 6.—12. Tergit, und ist nur auf dem 21. Tergit vollständig, auf den anderen abgekürzt, je weiter nach vorn um so mehr. 21. Tergit ohne oder selten mit Medianfurche, hinten flachbogig. 2.—20. Sternit mit 2 durchgehenden Längsfurchen, letztes verjüngt, hinten gestutzt oder seicht eingebuchtet. 1. Beinpaar mit 2, 2.—20. Beinpaar mit 1 Tarsalsporn, alle Beine mit 2 Klauenspornen. Coxopleurenfortsatz mäßig lang,

5—11 spitzig, seitlich am Hinterrand mit 0—2 Dörnchen. Präfemur der Endbeine ventral und medial mit etwa 11, oben-medial mit 5 Dornen. Eckdorn 5—11 spitzig; die Dörnchen im Kreis um ein zentrales Dörnchen

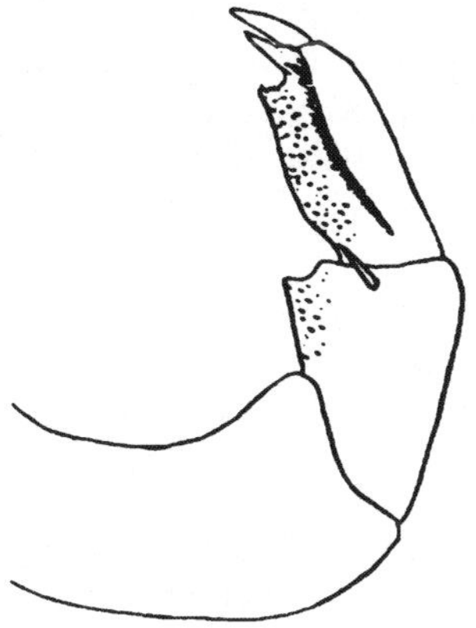

Fig. 60. **Scolopendra heros** Girard. Endglieder der 2. Maxille.

gestellt. — Das 2. Telopoditglied der 2. Maxille springt auf der Ventralseite lamellös vor, einen mit winzigen Dörnchen zerstreut besetzten Zacken bildend; ähnlich fein bedornt ist auch die Unterseite des Endgliedes, das am Ende ventral einen größeren spitzen Zacken bildet (Fig. 60).

Südliche Vereinigte Staaten (Georgia, Alabama, New Orleans, Kansas, Texas, Arizona), Mexiko.

3 Varietäten:

27 a. **S. h. var. heros** Girard

Rücken und Kopf ziemlich gleichmäßig olivbraun oder kastanienbraun. 21. Tergit ohne Medianfurche.

Südliche Vereinigte Staaten, Mexiko.

27 b. **S. h. var. castaneiceps** H. C. Wood 1861 *S. c.*, H. C. Wood in: P. Ac. Philad., p. 11 | 1865 *S. heros* var. *c.*, H. C. Wood in: Tr. Amer. phil. Soc., ser. 2 *v.* 13 p. 156.

Kopf samt Antennen, 1. und 2. Tergit leicht kastanienbraun. 1. bis 20. Beinpaar gelb, 3.—21. Tergit und Endbeine olivgrün. 21. Tergit ohne Medianfurche.

Georgia, Alabama, Louisiana, Texas, New Mexiko.

27 c. **S. h. var. arizonensis** Krpln. 1903 *S. h.* var. *a.*, Kraepelin in: Mt. Mus. Hamburg, *v.* 20 p. 238.

Kopf, 1. und die 3 letzten Tergite dunkelgrün, die übrigen Tergite schmutzig olivbraun. 21. Tergit in der Regel mit deutlicher Medianfurche.

Arizona.

28. **S. robusta** Krpln. 1903 *S. r.*, Kraepelin in: Mt. Mus. Hamburg, *v.* 20 p. 238.

Länge 180 mm. Dunkelbraun, zuweilen lehmgelb. Kopf zerstreut punktiert, mit 2 nach vorn divergierenden Längsfurchen. Antennen 17 gliedrig, lang, bis zur Mitte des 7. Tergits reichend, 7—9 Grundglieder kahl. Kieferfußhüften vorn mit Medianfurche bis zur Querfurche. Grundfurchen der Zahnplatten im rechten Winkel zusammenstoßend, 4 + 4 Zähne, die 3 medialen verschmolzen. 1. Tergit mit Ringfurche. Längsfurchen vom 2., 3. oder 4. Tergit an durchgehend, Berandung vom 4. Tergit an. 21. Tergit ohne Medianfurche. 2.—20. Sternit mit nicht ganz durchgehenden Längsfurchen, letztes verjüngt, hinten gestutzt. 1.—20. Beinpaar mit 1 Tarsalsporn. Coxopleurenfortsatz stumpf, kegelförmig, am Ende 5—8spitzig, seitlich 1 Dörnchen. Präfemur der Endbeine ventral-lateral mit 3—7, medial und oben-medial mit 11—17 Dornen. Eckdorn mit 8 um einen zentralen Dorn gestellten Dornen.

Mexiko (Monterey), Kolumbien.

29. **S. sumichrasti** Sauss. 1860 *S. s.*, Saussure in: Mém. Soc. Genève, *v.* 15 p. 385 t. 7 f. 46 | 1872 *S. s.*, Saussure & Humbert in: Miss. Mex., part 6 sect. 2 p. 131 | 1895 *S. s.*, Pocock in: Biol. Centr.-Amer., Chilop. p. 20 t. 2 f. 4 | 1903 *S. s.*, Kraepelin in: Mt. Mus. Hamburg, *v.* 20 p. 239.

Länge 140 mm. Olivgrün bis braun. Kopf oft mehr kastanienbraun. Kopf sehr zerstreut und schwach punktiert, mit 2 nach vorn divergierenden Längsfurchen. Antennen 23—26gliedrig, 5—6 Grundglieder kahl. Kieferfußhüften mit Medianfurche, die bis zur feinen Querfurche nach hinten zieht. Grundfurchen der Zahnplatten im stumpfen Winkel; 4 + 4 Zähne, die drei inneren ± verwachsen. 11. Tergit mit Ringfurche. Die Längsfurchen meist nicht deutlich ausgebildet, manchmal deutlich. Berandung nur auf dem 21. Tergit, oder schon vom 13. an. 21. Tergit ohne Medianfurche, hinten flach bogig. 2.—20. Sternit mit 2 tiefen, durchgehenden Längsfurchen. Coxopleurenfortsatz kurz, am Ende 2- bis 4spitzig, am Hinterrand kein Seitendörnchen. 1.—20. Beinpaar mit 1 Tarsalsporn. Präfemur der Endbeine im ganzen mit 6—8 starken Dornen; ventral-lateral 3—4, ventral-medial 0—1, oben-medial 2—3. Eckdorn lang, kegelförmig, meist 2-, selten 4spitzig.

Mexiko (Verakruz), Guatemala, Britisch-Honduras.

30. **S. mohavea** Chamb. 1912 *S. m.*, Chamberlin in: Ann. ent. Soc. Amer., *v.* 5 p. 156.

Länge 45 mm. Blaß olivbraun. Die Hinterhälfte dunkler braun. Kopf glatt, mit einer Querfurche nahe dem Hinterrand. Zwischen Querfurche und Hinterrand 2 parallele Längsfurchen, vor der Querfurche 2 nach vorn konvergierende S-förmig gebogene Längsfurchen. Antennen lang, 26gliedrig, 6 oder 7 Grundglieder kahl. Kieferfußhüften glatt, mit kurzer vorderer Medianfurche, undeutlicher Querfurche und 2 schwachen Längsfurchen nahe der Mitte; Grundfurchen der Zahnplatten in stumpfem Winkel zueinander, 4 + 4 Zähne, die 3 medialen ± verschmolzen. 1. Tergit mit scharfer Ringfurche, vor ihr eine mediane Längsfurche. Die 2 Längsfurchen vom 2. Tergit an vollständig. Seitliche Berandung des 16.—19. Tergits hinten abgekürzt, des 20. und 21. vollständig. 21. Tergit mit scharfer, den Hinterrand nicht ganz erreichender Medianfurche und einer kurzen Längsfurche jederseits; Hinterrand stark vorgewölbt mit gleichmäßiger Rundung. 2.—20. Sternit mit vollständigen Längsfurchen, letztes verjüngt, hinten seicht eingebuchtet. 1. Beinpaar mit 2, 2. bis 20. Beinpaar mit 1 Tarsalsporn. Coxopleurenfortsatz kräftig, am Ende 2spitzig, seitlich 3 Dörnchen. Präfemur der Endbeine ventral mit 17, medial mit 10 Dornen. Eckdorn 5spitzig. Klaue mit 2 Spornen.

Fort Mohave, Arizona.

31. **S. pomacea** C. L. Koch 1847 *S. p.*, C. L. Koch in: Koch-Panzer, Krit. Revis., *v.* 3 p. 170 | 1860 *S. chichimeca*, Saussure in: Mém. Soc. Genève, *v.* 15 p. 386 t. 6 f. 44 | 1863 *S. pomacea*, C. L. Koch, Myr., *v.* 1 p. 65 f. 56 | 1869 *S. olmeca*, Humbert & Saussure in: Rev. Mag. Zool., ser. 2 *v.* 21 p. 157 | 1872 *S. chichimeca* + *o.*, Saussure & Humbert in: Miss. Mex., part 6 sect. 2 p. 129, 132 t. 5 f. 7, 13 | 1881 *S. pomacea*, Kohlrausch in: Arch. Naturg., *v.* 47 I p. 112 | 1895 *S. p.*, Pocock in: Biol. Centr.-Amer., Chilop. p. 15 t. 2 f. 7 | 1903 *S. p.*, Kraepelin in: Mt. Mus. Hamburg, *v.* 20 p. 240.

Länge 60 mm. Olivgrün, Beine gelb, die Spitzen oft grünlich. Kopf ziemlich kräftig und reichlich punktiert, ohne Furchen. Antennen 17- oder 18gliedrig, 4 oder $4^1/_2$ Grundglieder kahl. Kieferfußhüften ohne Medianfurche vorn und ohne Querfurche; die Grundfurchen der Zahnplatten bilden einen sehr stumpfen Winkel, fast eine Gerade; jede Zahnplatte mit 4 Zähnen, der laterale etwas mehr isoliert; zwischen 2. und 3. Zahn eine kleine Tuberkel mit einer Borste, keine deutliche Grube. Putzbürste der 2. Maxille bis zur Spitze der Endkralle vorragend, das 3. Glied ventral ohne Zacken (Fig. 61).

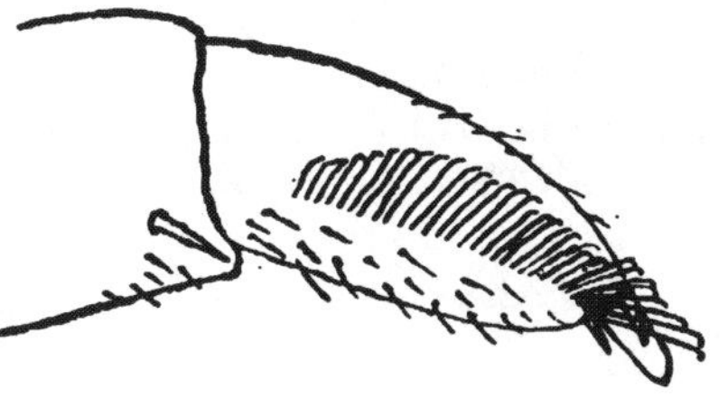

Fig. 61.
Scolopendra pomacea C. L. Koch.
Ende der 2. Maxille.

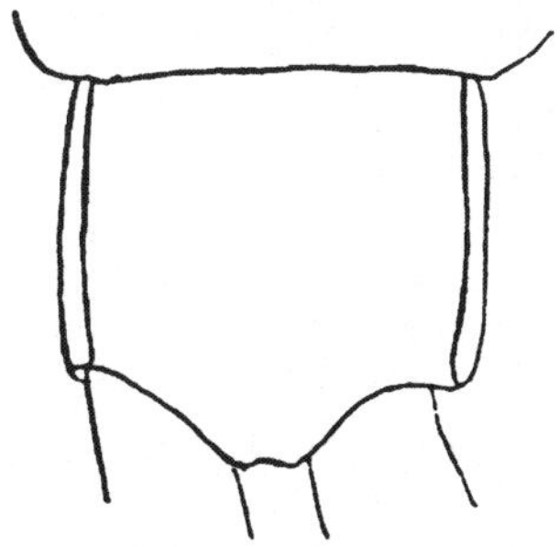

Fig. 62.
Scolopendra pomacea C. L. Koch.
Endtergit.

1. Tergit mit Ringfurche, ohne Längsfurchen. 2.—20. Tergit mit vollständigen Längsfurchen; Berandung vom 16. oder 17. Tergit an. Letztes Tergit (Fig. 62) ohne Medianfurche, hinten in der Mitte stark vorgezogen, in den Seiten konkav. 2.—19. oder 20. Sternit mit vollständigen Längsfurchen; letztes Sternit verjüngt, hinten gestutzt gerundet. 1. Beinpaar mit 2, selten einseitig 1, 2. bis 19. mit 1 Tarsalsporn. 20. meist ohne, seltener einseitig mit 1 Tarsalsporn. Coxopleurenfortsatz stumpf kegelig, am Ende 4- oder 5spitzig, am Hinterrand 1—2 Seitendörnchen. Präfemur der Endbeine unten abgeflacht, in der Mitte dornenfrei, ventral-lateral 3—7, ventral-medial, medial und oben-medial 5—15 Dornen. Eckdorn 2—3spitzig.

Mexiko: Puebla, Cuernavaca usw.

32. **S. pachygnatha** Poc. 1895 *S. p.*, Pocock in: Biol. Centr.-Amer., Chilop. p. 23 t. 2 f. 3 | 1903 *S. p.*, Kraepelin in: Mt. Mus. Hamburg, *v.* 20 p. 244.

Länge 96 mm. Olivgrün, Vorder- und Hinterende rostfarben. Kopf schwach punktiert, ohne Furchen. Antennen 25gliedrig, 6 Grundglieder kahl. Kieferfußhüften dicht punktiert, vorn gefurcht. Zahnplatten lang, 4zähnig. 1. Tergit mit Ringfurche, Tergite glatt, kaum punktiert. 2.—20. Tergit mit vollständigen Längsfurchen. 21. Tergit ohne Medianfurche. Sternite glatt, deutlich zweifurchig. Coxopleuren fast ohne Fortsatz, am Ende vieldornig. Endbeine lang und schlank. Präfemur ventral-lateral mit 8, medial mit 6 oder 7 Dornen. 1.—20. Beinpaar mit Tarsalsporn.

Mexiko: Mesquital del Oro, Zacatecas.

33. **S. viridis** Say 1821 *S. v.*, Say in: J. Ac. Philad., *v.* 2 p. 110 | 1903 *S. v.* + *polymorpha*, Kraepelin in: Mt. Mus. Hamburg, *v.* 20 p. 242, 241.

Länge bis 130 mm. Olivgelb, olivbraun oder olivgrün oft mit dunkelgrünen Hinterrändern der Tergite. Beine gelb. Kopf punktiert, meist ungefurcht, selten mit zarter Medianfurche. Antennen 21—31 gliedrig, 4 bis 12 Grundglieder kahl. Kieferfußhüften ohne Querfurche, 4 + 4 Zähne, die 2 medialen jeder Seite ± verschmolzen, in der Mitte der Zahnplatte eine seichte Grube in der eine, eine Borste tragende Tuberkel steht. 3. Telopoditglied der 2. Maxille ventral ohne Zacken, Putzbürste von der Endkralle überragt. 1. Tergit mit Ringfurche und 2 nach vorn divergierenden Längsfurchen, 2.—20. Tergit mit parallelen Längsfurchen; Berandung vom 8.—18. Tergit beginnend. 21. Tergit meist mit Medianfurche, seltener ohne solche; hinten rundbogig. 2.—20. Sternit mit durchgehenden Längsfurchen, letztes verjüngt, hinten gestutzt-gerundet. Coxopleurenfortsatz ± lang, kegelförmig, am Ende 1—11 spitzig, am Hinterrand 1—2 Seitendörnchen. 1. Beinpaar mit 2, 2. bis 19. oder 20. mit 1 Tarsalsporn. Alle Beine mit 2 Klauenspornen. Präfemur der Endbeine ventral gerundet, mit etwa 12—26 Dornen, die keine kahle Längsarea frei lassen.

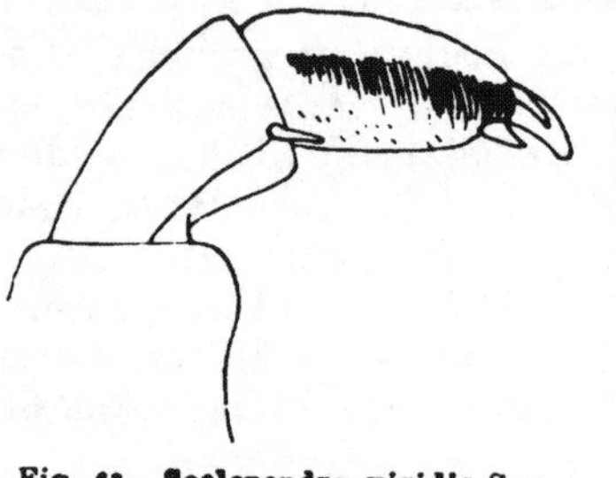

Fig. 63. **Scolopendra viridis** Say. Endglieder der 2. Maxille.

Südliche Vereinigte Staaten, Mexiko, Zentralamerika, Venezuela, Brasilien.

2 Unterarten und 2 Varietäten:

33a. **S. v. viridis** Say-Krpln. 1821 *S. v.*, Say in: J. Ac. Philad., *v.* 2 p. 110 | 1847 *S. v.*, P. Gervais in: Walckenaer, Hist. Apt., *v.* 4 p. 276 | 1860 *S. azteca*, *otomita*, *tolteca*, Saussure in: Mém. Soc. Genève, *v.* 15 p. 382—384 | 1861 *S. parva*, H. C. Wood in: P. Ac. Philad., p. 10 | 1865 *S. viridis*, H. C. Wood in: Tr. Amer. phil. Soc., ser. 2 *v.* 13 p. 159 | 1872 *S. azteca* + *tolteca*, Saussure & Humbert in: Miss. Mex., part 6 sect. 2 p. 128, 129 | 1886 *S. viridis*, Meinert in: P. Amer. phil. Soc., *v.* 23 p. 196 | ? 1891 *S. cuivis*, Pocock in: Ann. nat. Hist., ser. 6 *v.* 7 p. 62 | 1895 *S. tenuitarsis*, Pocock in: Biol. Centr.-Amer., Chilop. p. 18 t. 2 f. 5 | 1895 *S. viridis*, Pocock in: Biol. Centr.-Amer., Chilop. p. 21 t. 2 f. 2 | 1903 *S. v.*, Kraepelin in: Mt. Mus. Hamburg, *v.* 20 p. 242.

Länge bis 90, meist nur 50—60 mm. Kopf mit oder ohne zarte Medianfurche. Antennen 21—27 gliedrig, 5—6, selten 4 oder 7 Grundglieder kahl. Grundfurchen der Zahnplatten in sehr stumpfem Winkel zueinander oder fast eine gerade Linie bildend; Hüften der Kieferfüße vorn mit oder ohne kurze Medianfurche. 21. Tergit meist mit, seltener ohne Medianfurche. Coxopleurenfortsatz am Ende 3- bis 6-, manchmal nur 1—2 spitzig; am Hinterrand 1—2 Seitendörnchen. Präfemur der Endbeine ventral mit 8—15, obenmedial mit 3—5 Dornen. Eckdorn meist 2-, selten 1 spitzig.

Südliche Vereinigte Staaten (Georgia, Florida, Texas), Mexiko, Guatemala, Honduras, Nicaragua, Costa Rica.

33a. α. **S. v. v. var. viridis** Krpln.

20. Beinpaar mit 1 Tarsalsporn. Präfemur der Endbeine ventral-lateral mit 3 + 2, im ganzen mit etwa 12 Dornen.

Verbreitung wie oben angegeben.

33a. β. **S. v. v. var. maya** Sauss. 1860 *S. m.*, Saussure in: Mém. Soc. Genève, *v.* 15 p. 384 | 1886 *S. occidentalis*, Meinert in: P. Amer. phil. Soc., *v.* 23 p. 197.

20. Beinpaar fast stets ohne Tarsalsporn, selten einerseits einer. Präfemur der Endbeine ventral-lateral mit 8—10, im ganzen mit 23—26 Dornen; selten nur mit etwa 12 Dornen.

Mexiko.

33b. **S. v. polymorpha** H. C. Wood 1861 *S. p.*, H. C. Wood in: P. Ac. Philad., p. 11 | 1862 *S. copeana*, H. C. Wood in: J. Ac. Philad., ser. 2 *v.* 5 p. 27 | 1865 *S. polymorpha*, H. C. Wood in: Tr. Amer. phil. Soc., ser. 2 *v.* 13 p. 158 | 1865 *S. copeana*, H. C. Wood in: Tr. Amer. phil. Soc., ser. 2 *v.* 13 p. 165 | 1869 *S. mysteca*, Humbert & Saussure in: Rev. Mag. Zool., ser. 2 *v.* 21 p. 157 | ?1876 *S. otomita*, Porat in: Bih. Svenska Ak., *v.* 4 nr. 7 p. 9 | 1881 *S. pachypus* + *leptodera*, Kohlrausch in: Arch. Naturg., *v.* 47 I p. 113, 116 | 1893 *S. otomita*, Daday in: Termész. Füzetek, *v.* 16 p. 108 t. 5 f. 8 | 1895 *S. copeana* + var. *gaumeri*, Pocock in: Biol. Centr.-Amer., Chilop. p. 19 t. 2 f. 1 | 1903 *S. polymorpha*, Kraepelin in: Mt. Mus. Hamburg, *v.* 20 p. 241 | 1915 *S. p. pueblae*, Chamberlin in: Bull. Mus. Harvard, *v.* 59 p. 502.

Länge bis 130 mm. Kopf ungefurcht. Antennen (21) 25—31 gliedrig, 8—12 Grundglieder kahl. Kieferfußhüften ohne oder mit kurzer vorderer Medianfurche. 21. Tergit meist mit, selten ohne (var. *gaumeri* Poc.) Medianfurche. Coxopleurenfortsatz am Ende meist 4- bis 7-, seltener nur 3- oder 2 spitzig, manchmal auf beiden Beinen ganz ungleich z. B. 1 + 4. Präfemur der Endbeine ventral-lateral mit 8 bis 10, ventral-medial, medial und oben-medial mit 7 bis 13 Dornen; Eckdorn 3- bis 9-, meist 4 spitzig. 20. Beinpaar mit 1 Tarsalsporn.

Südliche Vereinigte Staaten (Texas, Kansas, Arizona), Kalifornien, Mexiko, Venezuela, Brasilien.

Unkenntliche Arten:

S. angusticollis A. Murr. 1877 *S. a.*, A. Murray, Econ. Ent. Apt., p. 27.
Old Calabar.

S. anomia Newp. 1844 *S. a.*, Newport in: Ann. nat. Hist., *v.* 13 p. 97.
Patria? Nomen nudum.

S. appendiculata Daday 1891 *S. a.*, Daday in: Termész. Füzetek, *v.* 14 p. 191.
Argentinien: Gran Chaco Resistencia.
Vielleicht = *Cormocephalus (Hemiscolopendra) laevigatus*.

S. chlorotes L. Koch 1856 *S. c.*, L. Koch in: Rosenhauer, Thiere Andalus., p. 416.
Malaga.

S. clavipes Berl. 1888 *S. c.*, Ant. Berlese (nec C. L. Koch), A. M. S., fasc. 46 nr. 4.
Venetien, Sizilien.
Eine Form der *S. canidens*-Gruppe.

S. clypeata F. 1793 *S. c.*, J. C. Fabricius, Ent. syst., *v.* 2 p. 391.
Trankebar.

S. coeruleoviridis A. Murr. 1877 *S. c.*, A. Murray, Econ. Ent. Apt., p. 27.
Australien.

S. crassa Templ. 1846 *S. c.*, Templeton in: Ann. nat. Hist., *v.* 17 p. 65.
Ceylon.
Ohne Beschreibung.

S. cubensis Sauss.

1860 *S. c.*, Saussure in: Mém. Soc. Genève, *v.* 15 p. 387 | 1872 *S. c.*, Saussure & Humbert in: Miss. Mex., part 6 sect. 2 p. 132 t. 5 f. 11.

Kuba.

Vielleicht = *S. alternans*.

S. dalmatica Mein. 1886 *S. d.*, Meinert in: Vidensk. Meddel., *v.* 36—38 p. 128.

Südspanien, Italien, Marokko, Algier.

Eine Form der *S. canidens*.

S. dorsalis F. 1793 *S. d.*, J. C. Fabricius, Ent. syst., *v.* 2 p. 390.

Trankebar.

S. inaequidens Gerv. 1847 *S. i.*, P. Gervais in: Walckenaer, Hist. Apt., *v.* 4 p. 277.

New York.

S. indica Mein. 1886 *S. i.*, Meinert in: P. Amer. phil. Soc., *v.* 23 p. 204 | 1887 *S. i.*, E. Haase in: Abh. Mus. Dresden, nr. 5 p. 55 | 1903 *S. i.*, Kraepelin in: Mt. Mus. Hamburg, *v.* 20 p. 265.

Indien: Koolloo (Kulu) am Himalaya, Ambala.

S. labiata C. L. Koch 1863 *S. l.*, C. L. Koch, Myr., *v.* 1 p. 25 f. 22 | 1881 *S. l.*, Kohlrausch in: Arch. Naturg., *v.* 47 I p. 112 | 1903 *S. l.*, Kraepelin in: Mt. Mus. Hamburg, *v.* 20 p. 266.

Afrika.

S. latro Mein. 1886 *S. l.*, Meinert in: Vidensk. Meddel., *v.* 36—38 p. 127 | 1887 *S. l.*, E. Haase in: Abh. Mus. Dresden, nr. 5 p. 55 t. 4 f. 82.

Sesampore.

S. melinonii H. Luc. 1853 *S. m.*, H. Lucas in: Bull. Soc. ent. France, ser. 3 *v.* 1 p. 55.

Cayenne.

S. microcanthus Bollm. 1890 *S. m.*, Bollman in: P. U. S. Mus., *v.* 12 p. 213 | 1893 *S. m.*, Bollman in: Bull. U. S. Mus., *v.* 46 p. 114.

Südkalifornien: Margarita Island.

S. nicaraguensis Bollm. 1893 *S. n.*, Bollman in: Bull. U. S. Mus., *v.* 46 p. 198.

Nicaragua.

S. pallipes Templ. 1846 *S. p.*, Templeton in: Ann. nat. Hist., *v.* 17 p. 65.

Ceylon.

Ohne Beschreibung.

S. picta Newp. 1844 *S. p.*, Newport in: Ann. nat. Hist., *v.* 13 p. 100 | 1847 *S. p.*, P. Gervais in: Walckenaer, Hist. Apt., *v.* 4 p. 290.

Patria?

S. pentagramma Motsch. 1866 *S. p.*, Motschulsky in: Bull. Soc. Moscou, *v.* 39 I p. 200.

Japan.

S. polita (Newp.) 1845 *Rhombocephalus politus*, Newport in: Tr. Linn. Soc. London, *v.* 19 p. 426 | 1847 *Scolopendra polita*, P. Gervais in: Walckenaer, Hist. Apt., *v.* 4 p. 274.

Westaustralien.

S. puncticeps H. C. Wood 1861 *S. p.*, H. C. Wood (nec Gervais) in: P. Ac. Philad., p. 14.
Patria?

S. sanatillae Bollm. 1893 *S. s.*, Bollman in: Bull. U. S. Mus., *v.* 46 p. 199.
Swan Island in der Karibischen See.

S. septemspinosa Brandt 1841 *S. s.*, J. F. Brandt, Recu. Mém., p. 60 | 1845 *S. s.*, Newport in: Tr. Linn. Soc. London, *v.* 19 p. 391.
China.

S. testacea H. C. Wood 1861 *S. t.*, H. C. Wood in: P. Ac. Philad., p. 15.
Patria?

S. torquata H. C. Wood 1861 *S. t.*, H. C. Wood in: P. Ac. Philad., p. 13.
Sombrero Island.

S. violacea F. 1798 *S. v.*, J. C. Fabricius, Ent. syst., Suppl. p. 289 | 1837 *S. v.*, P. Gervais in: Ann. Sci. nat., ser. 2 *v.* 7 p. 51 | 1837 *S. v.*, Guérin-Méneville, Iconogr. Règne an., Ins. t. 1 f. 7 | 1847 *S. v.*, P. Gervais in: Walckenaer, Hist. Apt., *v.* 4 p. 263.
Kap der Guten Hoffnung.

S. viridilimbata Daday 1891 *S. v.*, Daday in: Terméaz. Füzetek, *v.* 14 p. 186.
Nordamerika.

S. viridipes Duf. 1822 *S. v.*, Dufour in: Ann. gén. Sci. phys., *v.* 4 p. 317 | 1840 *S. v.*, H. Lucas in: Hist. An. artic., p. 545 | 1847 *S. v.*, P. Gervais in: Walckenaer, Hist. Apt., *v.* 4 p. 258.
Spanien.

S. viridis Kohlr. 1881 *S. v.*, Kohlrausch in: Arch. Naturg., *v.* 47 I p. 112.
Florida, Georgia.

S. calcarata Por. 1876 *S. c.*, Porat in: Bih. Svenska Ak., *v.* 4 nr. 7 p. 10.
China.

2. Gen. Trachycormocephalus Krpln.

1903 *T.*, Kraepelin in: Mt. Mus. Hamburg, *v.* 20 p. 218 | 1907 *T.*, C. Verhoeff in: Bronn, Kl. Ordn., *v.* 5 II p. 262.

21 Beinpaare. Kopf ohne oder mit schwachen Längsfurchen, und zwar entweder mit einer unpaaren oder mit 2 paarigen; Basalplatten abgegrenzt oder nicht. Kopf hinten vom 1. Tergit ein wenig überlagert oder beide frei aneinanderstoßend. Antennen 17—21 gliedrig mit 4—18 kahlen Grundgliedern. Die Borsten sehr fein und kurz ohne Quirle längerer Borsten. Clypeus vor dem Labrum schwach aufgewulstet und mit winzigen Härchen zerstreut besetzt. Labrum am Hinterrande und auf der Fläche beborstet; zuweilen ist das kommandibulare Gerüst am Hinterrande ebenso gefranst wie das Labrum. 2. Telopoditglied der 2. Maxille ohne ausgesprochene Kante mit schlankem Dorn, Endkralle mit 2 Nebenkrallen, die Putzbürste überragend. Zahnplatten der Kieferfüße mit oder ohne Borste, Hüften ohne Querfurche, mit oder ohne schwache vordere Medianfurche, Präfemur mit Innenzahn. 1. Tergit merklich länger als das 2., dieses kürzer als das 3., vom 3. an kein wesentlicher Unterschied in der Länge. Tergite vom 2. oder 3. bis 20. mit 2 Längsfurchen. Die Berandung beginnt selten schon auf dem 7., meist erst auf dem 17.—19. oder ist nur auf dem 21. vorhanden. 21. Tergit mit oder ohne Medianfurche. 2.—20. Sternit mit 2 Längsfurchen. Coxopleuren mit kurzem, 2—7 spitzigem Fortsatz. End-

beine ± dick und kurz. Präfemur 1—$1^{1}/_{2}$ mal so lang wie breit, bedornt, mit 2- oder 1spitzigem Eckdorn, Endkralle mit 0—2 Spornen. 1.—19. oder 20. Beinpaar mit 1 Tarsalsporn. 1. Tarsus ebenso lang oder länger als der 2., Kralle so lang oder kürzer als der 2. Tarsus. Stigmen kurz dreieckig, die Lippen des Kelches sind in kleine, mit Warzen besetzte Kegel aufgelöst oder es ist nur der laterale Lippenrand in kurze, sich eng aneinander legende hutpilzförmige Vorragungen geteilt (Fig. 63). Boden des Stigmenkelches mit einem Kranz von papillösen Fransen besetzt.

Ostafrika, Südafrika, Kongo, Somaliland, Ägypten, Syrien, Palästina, Mesopotamien, Kaukasus, Indien.

Typus: *T. mirabilis* (Por.).

8 Arten.

Übersicht über die Arten:

1	21. Tergit mit durchlaufender Medianfurche — 2	
	21. Tergit ohne Medianfurche — 7	
2	Nur das 21. Tergit berandet	6. T. indiae
	Tergite vom 17. bis 19. an berandet — 3	
3	1. Beinpaar mit 1 Tarsalsporn. Präfemur der Endbeine $1^{1}/_{2}$ mal so lang wie breit — 4	
	1. Beinpaar mit 2 Tarsalspornen. Präfemur der Endbeine doppelt so lang wie breit — 6	
4	Kopf ohne Basalplatten und ohne Längsfurchen (Fig. 70). Antennen lang, bis zum Hinterrand des 6. Tergits reichend. 5 + 5 Kieferfußzähne	5. T. intermedius
	Kopf mit kleinen, unvollkommen abgegrenzten Basalplatten (Fig. 64 *Bp*), meist mit 2 feinen Längsfurchen. Antennen kurz, bis zum Hinterrand des 2. oder 3. Tergits reichend. 4 + 4 Kieferfußzähne, die 3 inneren jeder Seite meist ± verschmolzen — 5	
5	Tergite nicht punktiert. Endbeinpräfemur innen abgeflacht, oben + medial mit 6—8, ventral auch mit 6—8 Dornen. 8—18 Grundglieder der Antennen kahl. Am Hinterrande der Coxopleuren ein Seitendorn. Kieferfußhüften vorn mit sockelartiger Verlängerung von der Breite der Zahnplatten, auf der diese, durch die Grundfurche abgetrennt, sitzen (Fig. 65)	1. T. mirabilis
	Tergite punktiert. Endbeinpräfemur drehrund, oben-medial mit 2—3, ventral mit 1 Dorn. 6—7 Grundglieder der Antennen kahl. Am Hinterrand der Coxopleuren kein Seitendorn	2. T. teretipes
6	Kopf mit abgekürzter unpaarer Medianfurche. Antennen 17- bis 20gliedrig mit 4 kahlen Grundgliedern. Keine Basalplatten. Tergite nicht punktiert. Coxopleurenfortsatz 2spitzig. Endbeine ohne Klauensporne	3. T. occidentalis
	Kopf hinten mit 2 divergierenden Längsfurchen. Antennen 15—17gliedrig mit 5—7 kahlen Grundgliedern. Basalplatten sichtbar. Tergite punktiert. Coxopleurenfortsatz 6—7spitzig. Endbeine mit 2 Klauenspornen	4. T. medius
7	Nur das 21. Tergit berandet. 21. Sternit hinten abgestutzt (Fig. 72), 5 bis 8 Grundglieder der Antennen kahl. Präfemur der Endbeine ventral mit 7—10 Dornen in 3—4 sehr unregelmäßigen Reihen	7. T. afer
	Tergite vom 7. an berandet. 21. Sternit hinten tief eingeschnitten. 4 Grundglieder der Antennen kahl. Präfemur der Endbeine ventral mit 2 Reihen von 3 und 2 Dornen	8. T. langi

1. **T. mirabilis** (Por.) 1876 *Cormocephalus m.*, Porat in: Bih. Svenska Ak., *v.* 4 nr. 7 p. 18 | 1881 *C. acanthophorus*, Kohlrausch in: Arch. Naturg., *v.* 47 I p. 89 | 1889 *Scolopendra truncaticeps*, Pocock in: Tr. Linn. Soc. London, *v.* 5 p. 119 t. 13 f. 7 | 1893 *Cormocephalus acanthophora*, Porat in: Bih. Svenska Ak., *v.* 18 nr. 7 p. 6 | 1893 *C. mirabilis*, Porat in: Rev. biol. Nord France, *v.* 6 p. 69 f. 3 | 1895 *C. spinosissimus*, Silvestri in: Ann. Mus. Genova, *v.* 35 p. 483 | 1903 *Trachycormocephalus mirabilis*, Kraepelin in: Mt. Mus. Hamburg, *v.* 20 p. 219 | 1928 *T. pardus*, Attems in: Zool. Anz., *v.* 78 p. 296 f. 14, 15.

Länge bis 85 mm. Lehmgelb, rotbraun oder oliv mit rotgelbem Hinterende. Kopf fein punktiert, mit 2 schwachen, vorn divergierenden Längsfurchen in der hinteren Hälfte; in den Hinterecken durch seichte oder tiefere, schräge, die Ränder nicht ganz erreichende Furchen kleine Basalplatten unvollständig abgegrenzt (Fig. 64). Antennen kurz, bis zum Ende des 2. oder 3. Tergits reichend, 19—21 gliedrig mit 8—18 kahlen Gliedern. Kieferfußhüften vorn in einen sockelartigen Fortsatz ausgezogen, der so breit ist wie

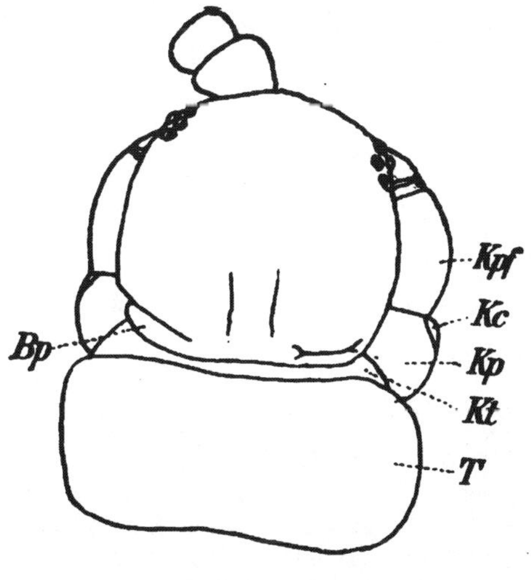

Fig. 64. Trachycormocephalus mirabilis (Por.)
Kp' = 1. Telopoditglied, *Kc* = Hüfte, *Kp* = Pleurit, *Kt* = Tergit der Kieferfüße.
Bp = unvollkommen abgesetzte Basalplatten, *T* = Tergit des 1. Laufbeinsegments.

die Zahnplatten, die er trägt; mit sehr schwacher vorderer Medianfurche, keiner Querfurche; von der Mitte des Gelenkrandes ausgehend manchmal feine, verästelte Furchen. Zahnplatten ungefähr so breit wie lang, der laterale Zahn isoliert, die anderen verschmolzen; hinter dem Zahnrande keine Borste. Die Grundfurchen bilden fast eine gerade Linie. Präfemurzahn ohne oder mit sehr kleinem Innenhöcker (Fig. 65). Kopf und 1. Tergit aneinanderstoßend, ohne daß eines das andere deutlich überlagert, oder der Kopf hinten ganz wenig überlagert. 2.—20. Tergit mit vollständigen Längsfurchen; 21. Tergit mit durchgehender Medianfurche, hinten rundbogig. Berandung vom 17., 18. oder 19. Tergit an. 2.—20. Sternit mit 2 Längsfurchen, letztes wenig verjüngt, hinten stark gerundet. Die vorderen 17—19 Beinpaare mit 1 Tarsalsporn; 1—20. Beinpaar mit 2 Klauenspornen. Coxopleuren mit kürzerem oder längerem Fortsatz, der am Ende 3—5 meist 4 Dörnchen trägt; am Hinterrande 1 Seitendorn. Porenarea breit, bis an die seitliche Furche und fast bis zum Hinterrand reichend. Endbeine kurz und dick, Präfemur $1^1/_2$ mal so lang wie breit, innen mehr oder weniger abgeflacht, am Ende oben mit kurzer grubenartiger Furche, ventral-lateral 6—8 Dornen in 2 Reihen (Fig. 66) oder ungeordnet, ventral-medial 3—8, oben-medial 4—7 Dornen. Eckdorn kurz, 2spitzig. 1. Tarsus deutlich länger als der 2., Endkralle kürzer als der 2. Tarsus, fast stets ohne Sporne, hie und da mit 2 Spornen.

Von Deutsch-Ostafrika durch das Somaliland bis Ägypten, Palästina, Syrien, Mesopotamien, Insel Perim, Sansibar.

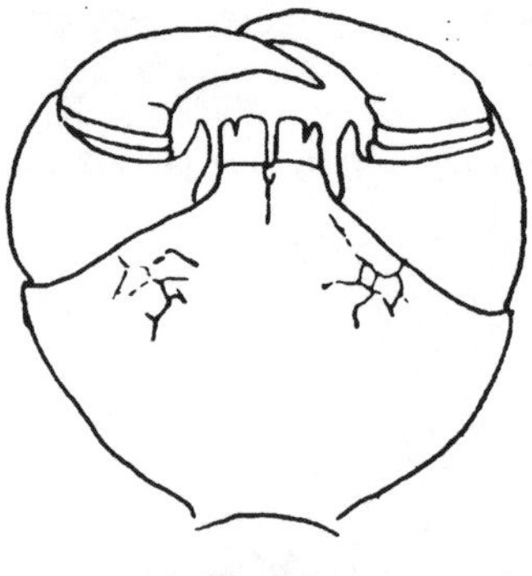

Fig. 65. Trachycormocephalus mirabilis (Por.)

Fig. 66. Trachycormocephalus mirabilis (Por.)

2. **T. teretipes** (Por.) 1893 *Cormocephalus t.*, Porat in: Rev. biol. Nord France, *v.* 6 p. 72 f. 2.

Länge bis 50 mm. Grünlich, Kopf und Endbeine schwarzgrün. Kopf frei, punktiert mit 2 kurzen Längsfurchen hinten und 2 Querfurchen hinten. Antennen kurz, bis zum Hinterende des 3. Tergits reichend, 19gliedrig, 6—7 Grundglieder kahl. Zahnplatten schmal, länger als breit, 4 Zähne, der laterale isoliert, die anderen verschmolzen. Präfemurzahn groß, ohne Innenhöcker. 2.—20. Tergit mit 2 Längsfurchen, 21. mit Medianfurche, alle punktiert, 19.—21. Tergit berandet. 2.—20. Sternit doppelfurchig. Coxopleurenfortsatz klein, am Ende 3—4spitzig, 1 Subapikaldorn, am Hinterrande kein Seitendorn. Endbeine stielrund, dick, Präfemur $1^1/_2$ mal so lang wie breit, am Ende oben mit einer Furche, ventral mit 1 Dorn, oben-medial mit 2—3 Dornen; Eckdorn 2spitzig. 1.—19. Beinpaar mit 1 Tarsalsporn. 1.—20. Beinpaar mit 2 Klauenspornen.

Jericho, Totes Meer.

3. **T. occidentalis** Att. 1909 *T. o.*, Attems in: Denk. Ges. Jena. *v.* 14 p. 14; 1928 *Arthrorhabdus luteus*, Attems in: Zool. Anz., *v.* 78 p. 299 f. 17.

Länge bis 73 mm. Lehmgelb (alte Spiritusexemplare), Kopf seicht und zerstreut punktiert, mit deutlicher abgekürzter Medianfurche, die den Hinterrand nicht ganz erreicht und nach vorn bis zur Mitte oder bis zwischen die Antennen reicht. Antennen 17—20gliedrig, 4 Grundglieder kahl. Keine Basalplatten. Kopf an das 1. Tergit stoßend ohne es zu überlagern. Kieferfußhüften (Fig. 67) fein, zerstreut punktiert, vorn mit kurzer gegabelter Medianfurche, Zahnplatten breiter als lang, die Grundfurchen einen sehr flachen Bogen bildend. 4 + 4 große Zähne, die 2 inneren jeder Seite ± verschmolzen; hinter dem Zahnrand ein Grübchen mit einer kleinen Borste.

Tergite nicht punktiert. 2. Tergit mit 2 ganz kurzen Strichen vorn, 3.—20. mit 2 vollständigen Längsfurchen; feine vordere Schrägfurchen bis 16. Tergit sichtbar; 21. Tergit mit feiner, durchgehender Medianfurche. 19.—21. Tergit berandet. Sternite spiegelglatt, nicht punktiert; 2.—20. Sternit mit 2 durchgehenden Längsfurchen, nicht punktiert, letztes wenig verjüngt, hinten gestutzt-gerundet. 1. Beinpaar mit 2, 2.—19. Beinpaar mit 1 Tarsalsporn. Coxopleuren mit schlankem, kegelförmigem, 2spitzigem Fortsatz. Hinten kein Seitendorn. Porenarea breit, sehr merklich das Sternit überragend, nicht ganz bis zum Hinterrand reichend (Fig. 68). Endbeine dick; Präfemur 2mal oder fast 2mal so lang wie breit, ventral-lateral 3—6 (meist 2 + 3 + 1) Dornen, ventral-medial 2—5 (meist 2), medial 1, oben-medial 3—5 (meist 3) Dornen. Eckdorn groß, zweispitzig. 1. Tarsus der Endbeine (Fig. 69) etwas länger als der 2. Klaue bedeutend länger als der 1. Tarsus, ohne Sporne, unten sehr fein sägeartig gekerbt.

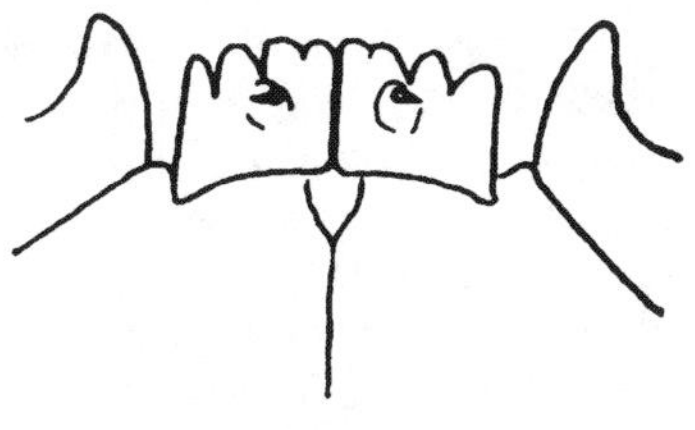

Fig. 67.
Trachycormocephalus occidentalis Att.

Groß-Namaland, Keetmanshoop und Kubub; Dinapore (Vorderindien?).

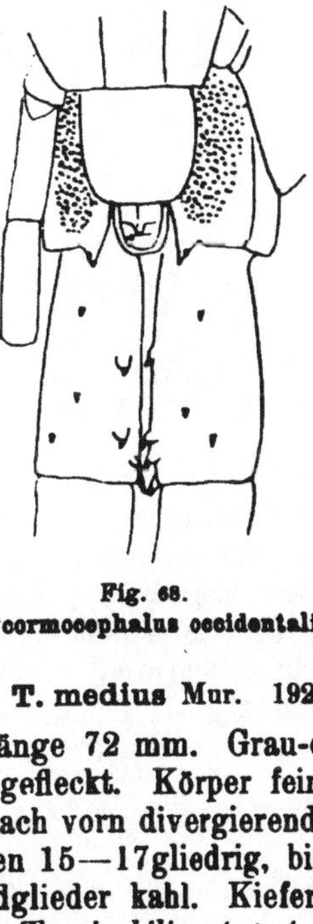

Fig. 68.
Trachycormocephalus occidentalis Att.

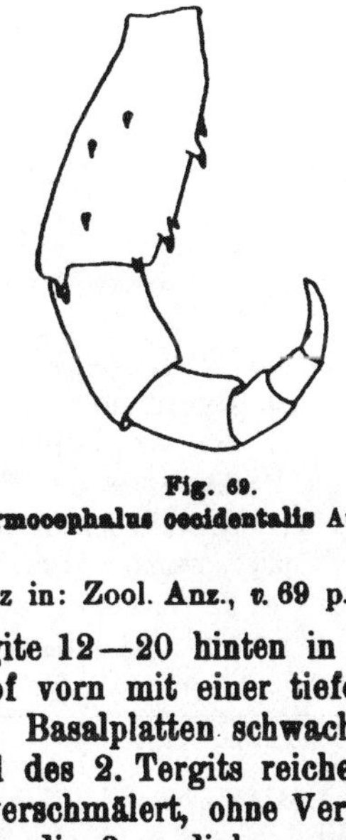

Fig. 69.
Trachycormocephalus occidentalis Att. Endbein

4. **T. medius** Mur. 1926 *T. m.*, Muralewicz in: Zool. Anz., *v.* 69 p. 39.

Länge 72 mm. Grau-olivenfarbig, Tergite 12—20 hinten in der Mitte dunkel gefleckt. Körper fein punktiert. Kopf vorn mit einer tiefen, hinten mit 2 nach vorn divergierenden Längsfurchen. Basalplatten schwach sichtbar. Antennen 15—17gliedrig, bis zum Hinterrand des 2. Tergits reichend, 5 bis 7 Grundglieder kahl. Kieferfußhüften vorn verschmälert, ohne Verlängerung wie bei *T. mirabilis*; 4 + 4 Zähne, von denen die 3 medialen verschmolzen sind, Grundfurchen der Zahnplatten stumpfwinklig zueinander. 2.—20. Tergit mit 2 Furchen, 17.—21. berandet, 21. mit Medianfurche, 13.—18. mit zwei weiteren Furchen. 2.—20. Sternit mit 2 Furchen, letztes kaum verjüngt, hinten halbkreisförmig gerundet. 1. Beinpaar mit 2, die folgenden bis zum 20. mit 1 Tarsalsporn, alle Beine mit 2 Klauenspornen. Coxopleurenfortsatz am Ende 6—7spitzig, seitlich 1 Dorn. Präfemur der Endbeine doppelt so lang wie breit, ventral-lateral mit 4 Reihen von 2—7, ventral-medial zwei Reihen von 4 und 2—3, dorsal 2 + 2 oder 1 + 2 Dornen; Eckdorn 2- bis 3spitzig.

Kaukasus: Ach-Ssu.

5. **T. intermedius** Att. 1928 *T. i.*, Attems in: Zool. Anz., t. 78 p. 297 f. 16.

Länge 55 mm. Dunkelrotbraun. Kopf (Fig. 70) ziemlich dicht fein punktiert; ohne Furchen, auch ohne jegliche Basalplatten, frei an das 1. Tergit stoßend, ohne deutliche Überlagerung des einen oder anderen. Antennen lang, bis zum Hinterrand des 6. Tergits reichend, 19gliedrig, 5—6 Grundglieder kahl. Kieferfußhüften fein punktiert, ohne Furchen, vorn nicht sockelartig verlängert. Grundfurchen der Zahnplatten fast eine gerade Linie bildend, 5 + 5 Zähne, die medialen nur etwas näher gestellt; hinter dem Zahnrande eine Borste. Tergite sehr fein punktiert, 2.—20. mit vollständigen Längsfurchen; letztes mit durchgehender Medianfurche, 18.—21. Tergit berandet.

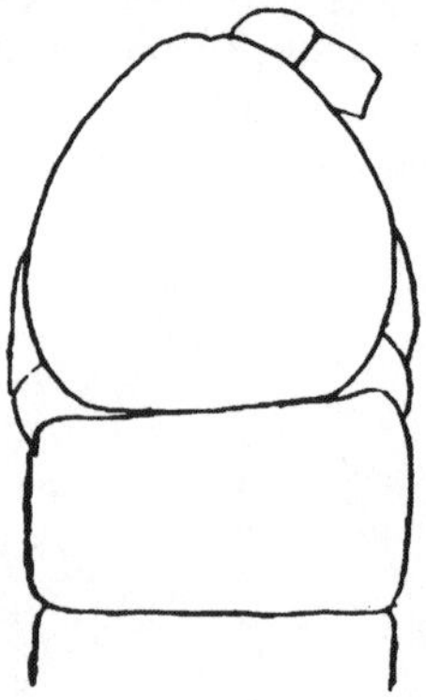

Fig. 70.
Trachycormocephalus intermedius Att.

Fig. 71.
Trachycormocephalus intermedius Att.

Sternite fein punktiert, 2.—20. mit 2 Längsfurchen, letztes so lang wie breit, verjüngt, hinten abgerundet. 1.—19. Beinpaar mit 1 Tarsalsporn. 1.—13. Beinpaar mit 1, 14.—21. Beinpaar mit 2 Klauenspornen. Coxopleurenfortsatz kurz, 4spitzig, am Hinterrande ein Seitendorn. Porenarea bis an den Hinterrand reichend (Fig. 71). Präfemur der Endbeine dick, am Ende oben mit tiefer, schmaler Furche, ventral-lateral 3 + 3 Dornen, ventral-medial, medial und oben-medial je 2 Dornen. Eckfortsatz groß, 4spitzig. 1. Tarsus merklich länger als der 2. Tarsus, dieser bedeutend länger als die Endkralle, letztere mit 2 Spornen.

Süd-Rhodesia, Salisbury.

6. **T. indiae** Chamb. 1914 *T. i.*, Chamberlin in: Ent. News Philad., t. 25 p. 390 t. 17 f. 8—10.

Länge 23 mm. Braun mit grünlichem Längsband auf dem Rücken; die Tergite hinten schmal dunkelgrün gerandet. Antennen grün, Beine gelb. Kopf nicht punktiert, mit einer Querfurche vor dem Hinterrande. Antennen 18gliedrig, kurz, bis in die Mitte des 31. Tergits reichend, 3—5 Grundglieder kahl. 4—5 Zähne auf jeder Kieferfußhüfte, der äußere Zahn etwas isolierter. 3.—20. Tergit mit 2 Längsfurchen. 21. Tergit mit vollständiger Medianfurche, hinten rundbogig vorgewölbt. Nur das 21. Tergit berandet. 2.—20. Sternit mit 2 Längsfurchen, letztes hinten gestutzt-gerundet oder leicht eingebuchtet. 1.—19. Beinpaar mit einem Tarsalsporn. Alle Beine mit 2 Klauenspornen. Coxopleuren mit sehr kurzem, gerundetem, 3spitzigem Fortsatz; am Hinterrande 1 Seitendorn. Endbeine kurz, Präfemur 2mal so lang wie dick, ventral-lateral 2, ventral-medial 3, medial 2, oben-medial 3 Dornen. Eckdorn 2- bis 3spitzig.

Indien: Jeypore.

7. **T. afer** (Mein.) 1886 *Cormocephalus a.*, Meinert in: P. Amer. phil. Soc., *v.* 23 p. 205 | 1893 *C. crassicornis*, Porat in: Bih. Svenska Ak., *v.* 18 nr. 7 p. 9 | 1903 *Trachycormocephalus afer*, Kraepelin in: Mt. Mus. Hamburg, *v.* 20 p. 220.

Länge 55 mm. Lehmgelb oder bleich oliv, Kopf und Hinterende etwas dunkler. Kopf vom 1. Tergit ein wenig überlagert, dicht sehr fein punktiert, oft mit Andeutung einer feinen Medianfurche und einer Querfurche in den

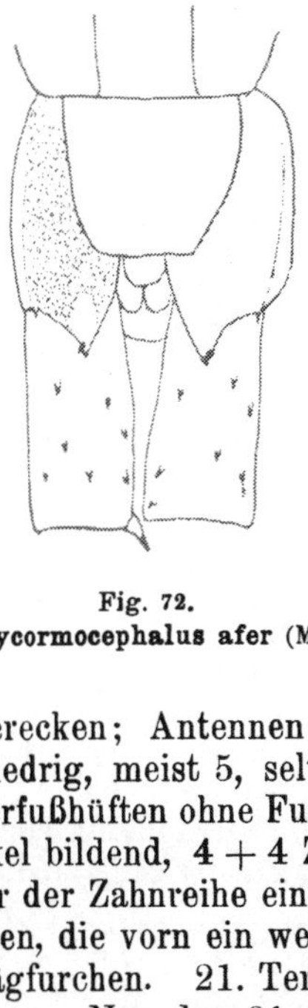

Fig. 72.
Trachycormocephalus afer (Mein.)

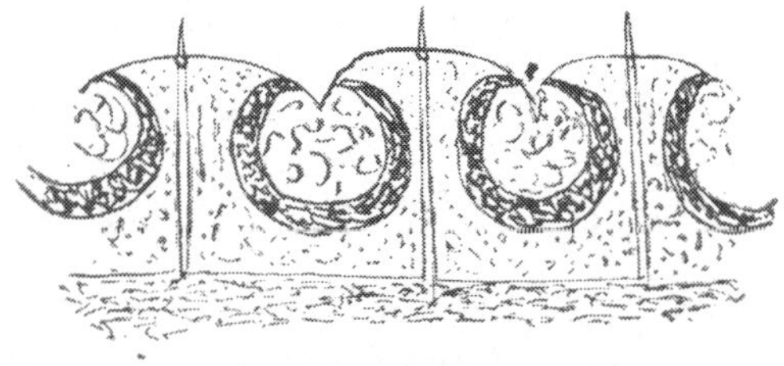

Fig. 73. **Trachycormocephalus afer** (Mein.)
Rand des Stigmenkelches.

Hinterecken; Antennen kurz, bis zum Hinterende des 2. Tergits reichend, 17gliedrig, meist 5, selten 6—8 Grundglieder kahl, die anderen dicht behaart. Kieferfußhüften ohne Furchen, die Grundfurchen der Zahnplatten einen stumpfen Winkel bildend, 4 + 4 Zähne, die 2 inneren jeder Seite etwas mehr genähert, hinter der Zahnreihe eine längere Borste. 2. oder 3.—20. Tergit mit 2 Längsfurchen, die vorn ein wenig abgekürzt sind; 3.—15. Tergit mit kurzen vorderen Schrägfurchen. 21. Tergit ohne Medianfurche, hinten fast rechtwinklig vorgezogen. Nur das 21. Tergit berandet. 2.—20. Sternit mit 2 Längsfurchen, letztes verjüngt, hinten gestutzt-gerundet. 1.—19. Beinpaar mit 1 Tarsalsporn. Alle Beinpaare mit 2 Klauenspornen. Coxopleurenfortsatz kurz, am Ende 3-, selten 2spitzig; am Hinterrand ein Seitendorn (Fig. 72). Endbeine kurz, Präfemur kaum länger als breit, dorsal am Ende ohne Furche, ventral mit 7—10 Dornen in 3—4 sehr unregelmäßigen Reihen, oben-medial mit 2—3, selten 5 Dornen. Eckdorn kurz, 2-, selten 1spitzig. Beide Tarsen und die Endklaue der Endbeine untereinander ungefähr gleich lang. Die Klauenspornen sehr fein.

Sansibar, Deutsch-Ostafrika, Britisch-Ostafrika, Kilimandjaro, Kibonoto, Meru-Niederung, Gondokoro.

8. **T. langi** Chamb. 1927 *T. l.*, Chamberlin in: Bull. Amer. Mus., *v.* 57 p. 188 f. 5.

Länge 57 mm. Olivgrün, Beine grünlichbraun, die Enden der Endbeine grün. Kopf fein punktiert, ohne Furchen. Antennen 20gliedrig, 4 Grundglieder kahl. 3.—20. Tergit mit 2 Längsfurchen. 21. Tergit ohne Medianfurche, hinten stark vorgebogen. Berandung vom 7. Tergit an. Zahnplatten der Kieferfüße länger als breit mit 4 Zähnen; die Grundfurchen im rechten Winkel zueinander. 2.—20. Sternit mit 2 Längsfurchen, letztes stark verjüngt, hinten tief eingebuchtet. Coxopleuren mit deutlichem, 2spitzigem Fortsatz, der dorsal und ventral ein Seitendörnchen hat. Endbeine mäßig lang; Präfemur ventral mit 3 + 2 Dornen; medial mit 2 + 2 Dornen und einfachem Eckdorn oder mit 4 kleinen Dornen in einer Querreihe am Ende. Klaue mit 1 kleinen Sporn.

Niangara, belgischer Kongo.

3. Gen. **Arthrorhabdus** Poc.

1891 *A.*, Pocock in: Ann. nat. Hist., ser. 6 *v.* 7 p. 221 | 1903 *A.*, Kraepelin in: Mt. Mus. Hamburg, *v.* 20 p. 220 | 1907 *A.* + Subgen. *Arthrorhabdinus*, C. Verhoeff in: Bronn, Kl. Ordn., *v.* 5 II p. 262.

21 Beinpaare. Kopf mit oder ohne Medianfurche, ohne Basalplatten, frei an das 1. Tergit stoßend oder letzteres ein wenig überlagernd. Antennen 17—26gliedrig, mit 5—7 kahlen Grundgliedern, ohne Quirle längerer Borsten. Clypeus einheitlich, ziemlich reichlich mit mikroskopisch kleinen Härchen besetzt. Labrum am Hinterrande und auf der Fläche beborstet. 2. Telopoditglied der 2. Maxille mit scharfer Kante und einem Dorn, Endkralle mit 2 Nebenkrallen. Hüften der Kieferfüße ohne besondere Furchen, höchstens vorn mit kurzer Medianfurche, jede Zahnplatte mit 3 oder 4 Zähnen und einer Borste. 1. Tergit kürzer als das 3., das 2. sehr kurz, kaum halb so

Fig. 74. **Arthrorhabdus formosus** Poc.
Ein Stück des Peritrema.

lang wie das 1.; das 4., 6., 9., 11., 13., 15., 17. und 19. kürzer als die anderen. Tergite vom 2. oder 3. bis 20. mit 2 Längsfurchen, 21. mit Medianfurche, die selten etwas undeutlich ist; seitliche Berandung vom 18. oder 19. an oder nur auf dem 21. 2.—20. Sternit mit 2 vollständigen Längsfurchen. Coxopleuren mit äußerst kurzem oder kaum merkbarem Fortsatz, am Ende 1—5spitzig. Endbeine sehr dick, Präfemur $1^1/_2$—3mal so lang wie breit, bedornt, Eckdorn 2—4spitzig, Endkralle länger oder kürzer als der 2. Tarsus, unten schneidig zugeschärft, ohne Sporne. Die ersten 15—20 Beinpaare mit Tarsalsporn. 1. Tarsus wenig länger oder nur so lang wie der 2. Stigmen dreieckig bis schlitzförmig, Peritrema unregelmäßig rund gelappt (Fig. 74). Lippenrand zusammenhängend, d. h. nicht in zerfaserte Kegel aufgelöst; am Grunde des Innenkelches ein Kranz von warzigen Stäbchen.

Südafrika, Nordamerika, Brasilien, Australien.

Typus: *A. formosus* Poc.

4 Arten.

Übersicht über die Arten:

1	1. Tergit mit 2 Längsfurchen; nur das 21. Tergit berandet .	4. **A. spinifer**
	1. Tergit ohne Furchen; Tergite vom 17.—19. an berandet —	**2**

2 { Porenarea der Coxopleuren das Sternit sehr merklich überragend, den Hinterrand fast erreichend. Endbeinkralle länger als der 2. Tarsus . . . . 1. **A. formosus**
Porenarea den Hinterrand des Sternits nicht erreichend, vom Endrande weit entfernt bleibend. Endbeinkralle kürzer als der 2. Tarsus — 3

3 { Antennen gestreckt, 20—26 gliedrig. Endbeinpräfemur ventral mit etwa 16 Dornen, medial + oben-medial mit 6 bis 7 Dornen . . . . 2. **A. pygmaeus**
Antennen kurz, 17 gliedrig. Endbeinpräfemur ventral mit 6—8, oben mit 4 Dornen . . . . 3. **A. mjöbergi**

1. **A. formosus** Poc. 1891 *A. f.*, Pocock in: Ann. nat. Hist., ser. 6 v. 7 p. 222 t. 5 f. 1 | 1893 *A. interveniens*, Porat in: Bih. Svenska Ak., v. 18 nr. 7 p. 46 | 1903 *A. formosus*, Kraepelin in: Mt. Mus. Hamburg, v. 20 p. 221 f. 146.

Länge 50 mm. Blaugrün, rotbraun oder vorn blaugrün, hinten rotbraun, Antennen blaugrün. Kopf schwach punktiert, zuweilen mit Andeutung einer schwachen Medianfurche. Antennen 17 gliedrig, kurz. 5—6 Grundglieder kahl oder fast kahl, die anderen dicht und kurz behaart. Kieferfußhüften mit sehr feiner, undeutlicher, vorderer Medianfurche, sonst ungefurcht; Zahnplatten so lang wie breit, jede meist mit 4, selten 3 Zähnen, von denen die 2 medialen, bei 4 Zähnen, einander mehr genähert sind, ohne ganz zu verwachsen; hinter dem Zahnrande eine Borste. 1. Tergit und Kopf stoßen aneinander, ohne daß eines das andere überlagern würde. Tergite vom 2. oder 3. an mit 2 durchgehenden Längsfurchen. Tergite 3, 5, 7, 8, 10, 12, 14, 16 mit kurzen Schrägfurchen vorn. Letztes Tergit mit feiner Medianfurche, hinten bogig vorgezogen; Berandung vom 19. oder 20. an. 2.—20. Sternit mit 2 durchgehenden Längsfurchen und kurzer Medianfurche in der Mitte, letztes Sternit etwas verjüngt, hinten gestutzt-gerundet oder seicht eingebuchtet. 1. Beinpaar mit 2, 2. bis 19. Beinpaar mit 1 Tarsalsporn. 1.—20. Beinpaar mit 2 Klauenspornen. Coxopleuren fast gestutzt, mit kaum merklichem kleinem Kegel medial, der am Ende 1—3 Spitzen hat. Porenfeld ziemlich groß, das Sternit überragend, aber den Hinterrand nicht erreichend, seitlich bis an die Furche des Umschlagrandes reichend, nur hinten von ihr abweichend. Endbeine dick und kurz, Präfemur etwa $1^1/_2$ mal so lang wie breit, medial abgeflacht, ventral-lateral mit 0—3, ventral-medial mit 1—2, oben-medial mit 1 Dorn, Eckdorn 2 spitzig. Beide Tarsen der Endbeine gleich lang oder der 2. sehr wenig kürzer, ungefähr so lang wie breit; Endklaue merklich länger als der 2. Tarsus, unten schneidig zugeschärft, meist ohne deutlichen Sporn, zuweilen mit 1 winzigen lateralen Sporn (Fig. 76). Die Borsten der Putzbürste der 2. Maxille z. T. am Ende abgestumpft, fast spatelförmig, dazwischen spitze, schwach gebogene.

Fig. 75.
Arthrorhabdus formosus Poc.

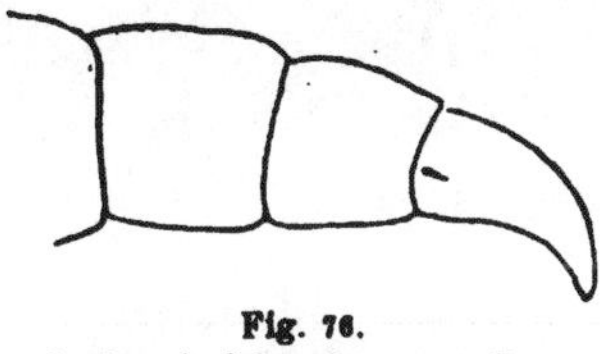

Fig. 76.
Arthrorhabdus formosus Poc.
Endglieder eines Endbeins.

Südafrika: Gr. Buschmannland, Namaqualand, Kapkolonie, Oranje-Freistaat, Transvaal, Natal. Im Kapland sehr häufig.

2. **A. pygmaeus** (Poc.) 1895 *Scolopendra pygmaea*, Pocock in: Biol. Centr.-Amer., Chilop. p. 13, 15 t. 2 f. 8 | 1903 *Arthrorhabdus pygmaeus*, Kraepelin in: Mt. Mus. Hamburg, *v.* 20 p. 222 f. 147, 148 | 1907 *A.* Subgen. *Arthrorhabdinus p.*, C. Verhoeff in: Bronn, Kl. Ordn., *v.* 5 II p. 262.

Länge 37 mm. Lehmgelb oder lichtoliv. Kopf nicht punktiert, ohne Furchen und ohne Basalplatten, frei an das 1. Tergit anstoßend oder letzteres ein wenig überragend. Antennen 20—26gliedrig, ziemlich lang, mit 6 bis 7 kahlen Grundgliedern. Kieferfußhüften vorn mit kurzem Fortsatz von der Breite der Zahnplatten, jederseits 3—4 Zähne, der äußere frei, die anderen verschmolzen. 1. Tergit zuweilen mit 2 feinen, vorn abgekürzten Längsfurchen, 2.—20. Tergit mit 2 vollständigen Längsfurchen, 21. Tergit mit durchgehender Medianfurche. 18. oder 19.—21. Tergit berandet. 2. bis 20. Sternit mit 2 vollständigen Längsfurchen, Andeutung einer kurzen Medianfurche und auf den vorderen Sterniten 1 schwachen Längseindruck lateral von jeder Längsfurche, letztes Sternit länger als breit, fast parallelseitig, hinten gestutzt-gerundet. Beine bis zum 15. oder 16. mit Tarsalspornen. Coxopleurenfortsatz zwar kurz aber deutlich, am Ende 4—5 spitzig, am Hinterrande 1—2 Seitendornen. Porenarea schmal, das Sternit nicht überragend, vom Hinterrande weit entfernt bleibend. Endbeine lang, dick; Präfemur $2^1/_2$—3 mal so lang wie breit, ventral mit etwa 16, innen und dorsal mit etwa 6—7, im ganzen etwa 23 Dornen. Eckdorn 2 spitzig. Tibia und Tarsen mehrmals länger als breit, fein behaart, 2. Tarsus mehrmals länger als die kurze Endklaue; letztere ohne Sporne.

Texas, Mexiko: Amula.

3. **A. mjöbergi** Krpln. 1916 *A. m.*, Kraepelin in: Ark. Zool., *v.* 10 nr. 2 p. 7 f. 6—9.

Blaß lehmgelb, Kopf und 1. Tergit oft gelbrot. Kopf zerstreut fein punktiert, ohne Furchen und ohne Basalplatten, den Vorderrand des 1. Tergits überlagernd. Antennen kurz, 17 gliedrig. Kieferfußhüften (Fig. 77) ohne

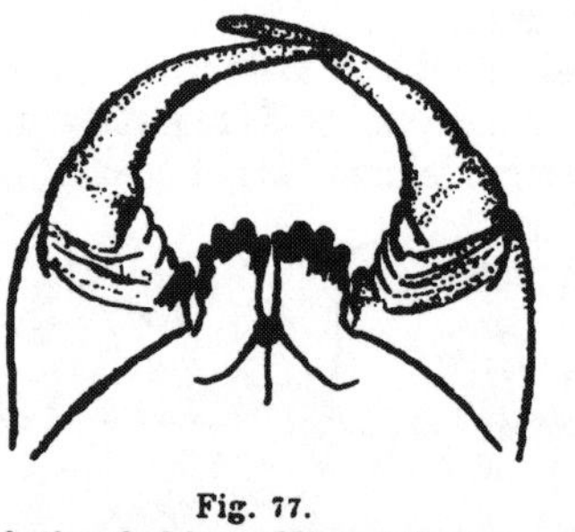

Fig. 77.
Arthrorhabdus mjöbergi Krpln.

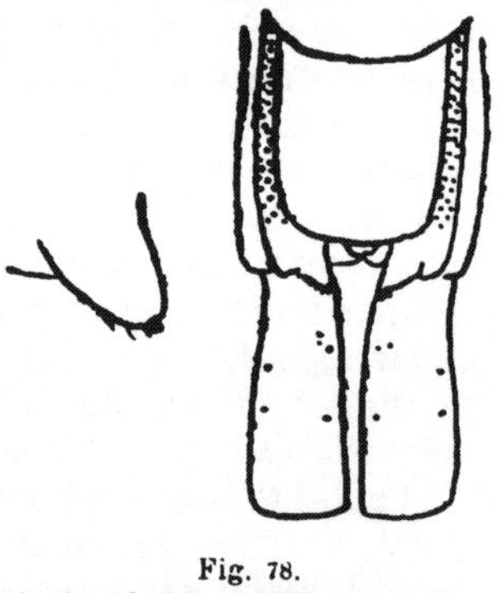

Fig. 78.
Arthrorhabdus mjöbergi Krpln.

Medianfurche, Zahnplatten ohne Grundfurchen, länger als breit, 4 + 4 große Zähnchen. 4.—20. Tergit gefurcht, 21. mit Andeutung einer Medianfurche; nur das 21. Tergit berandet. 2.—20. Sternit mit 2 vollständigen Längsfurchen, letztes breit, parallelseitig, $1^1/_2$ mal so lang wie breit, hinten gestutzt-gerundet. Coxopleuren mit kurzem, kegelförmigem, 2 spitzigem Fortsatz manchmal ein 3. Nebendörnchen; Porenarea schmal, den Hinterrand des Sternits nicht erreichend (Fig. 78). Präfemur der Endbeine wenigstens doppelt so lang wie breit, ventral mit 6—8 Dornen, medial kein Dorn, oben-medial

4 Dornen in 2 Reihen. Eckdorn 2—4spitzig. Endklaue ohne Sporne, kürzer als der 2. Tarsus. 1.—19. oder 20. Beinpaar mit Tarsalsporn.

NW.-Australien: Kimberley-Distrikt.

4. **A. spinifer** (Krpln.) 1903 *Cupipes s.*, Kraepelin in: Mt. Mus. Hamburg, *v.* 20 p. 176 f. 117.

Länge 35 mm. Bleich grünlichgelb. Kopf punktiert mit einer kurzen hinteren Medianfurche, ohne Basalplatten, hinten vom 1. Tergit überlagert. Antennen 18gliedrig, 6 Grundglieder kahl, die anderen ockergelb behaart. Kieferfußhüften mit kurzer Medianfurche; jederseits 1 + 3 Zähne. 1. bis 20. Tergit mit 2 vollständigen Längsfurchen. 21. Tergit mit Medianfurche, äußerst dicht fein punktiert, nur 21. Tergit berandet. Sternite nicht punktiert, 2.—20. mit 2 Längsfurchen, letztes parallelseitig, hinten gerundet. Die meisten Beinpaare mit Tarsalsporn. Coxopleuren gestutzt, ohne Fortsatz, an der Innenecke mit 2 winzigen Körnchen, seitlich ein ebenso winziges Körnchen; Porenarea bis an den Hinterrand reichend. Präfemur der Endbeine medial flach, ventral-medial 2, medial und dorsal 7 Dornen, Eckdorn lang, 2spitzig, am Vorderrande medial 2 Dörnchen; Endbeine ohne Tarsal- und Klauensporne.

Para.

4. Gen. **Cormocephalus** Newp.

1844 u. 1845 *C.*, Newport in: Tr. Linn. Soc. London, *v.* 19 p. 275, 419 | 1903 *C.* + *Hemicormocephalus* + *Cupipes* + *Psiloscolopendra* + *Hemiscolopendra* + *Colobopleurus*, Kraepelin in: Mt. Mus. Hamburg, *v.* 20 p. 174—217.

21 Beinpaare. Kopf hinten vom 1. Tergit überlagert oder beide frei aneinanderstoßend oder der Kopf das 1. Tergit überlagernd, mit oder ohne Basalplatten. Antennen meist 17-, selten bis 21gliedrig, mit mehreren, bis 16 kahlen Grundgliedern. Kieferfüße meist mit 4 oder 3, selten 5 Zähnen und einer Borste hinter dem Zahnrande. 2., 4., 6., 9., 11., 13. und meist auch 15., 17., 19. Tergit kürzer als die anderen; die Längsfurchen beginnen auf dem 1.—7. Tergit. 2.—20. Sternit mit 2 vollständigen Längsfurchen. Coxopleuren hinten gestutzt, ganz ohne Fortsatz oder mit langem, schlankwalzigem oder kegeligem Fortsatz, dazwischen alle Stufen. Endbeine schlank bis sehr dick. Präfemur meist bedornt, Endkralle kürzer oder länger als der 2. Tarsus, unten ausgehöhlt zweikantig oder schneidig zugeschärft. Alle Beine ohne Tarsalsporn. Stigmen dreieckig, schlitzförmig oder kreisrund.

Alle Tropen und warmen Länder der gemäßigten Zone.

Typus: *C. rubriceps* (Newp.).

4 Untergattungen, 72 Arten mit 16 Unterarten, 12 Varietäten und 6 fraglichen Arten.

Übersicht über die Untergattungen:

1	Kopf hinten deutlich vom 1. Tergit überlagert .	a) Subgen. **Cormocephalus**
	Kopf frei an das 1. Tergit stoßend oder das 1. Tergit überlagernd — 2	
2	Coxopleuren hinten abgestutzt oder ganz schwach, abgerundet vorspringend, meist unbedornt, selten 1 winziger Dorn an der Innenecke. Basalplatten sichtbar	b) Subgen. **Colobopleurus**
	Coxopleuren mit deutlichem ein- oder mehrspitzigem Fortsatz. Keine Basalplatten — 3	
3	Coxopleurenfortsatz lang, schlank, walzig, mit mehreren Dornspitzen	c) Subgen. **Hemiscolopendra**
	Coxopleurenfortsatz kurz, kegelig einspitzig . .	d) Subgen. **Psiloscolopendra**

a) Subgen. **Cormocephalus** Newp.

1844 und 1845 *C.*, Newport in: Tr. Linn. Soc. London, *v.* 19 p. 275, 419 | 1879 *C.* + *Cupipes*, Kohlrausch in: J. Mus. Godeffroy, *v.* 14 p. 58, 71 | 1881 *C.* + *C.*, Kohlrausch in: Arch. Naturg., *v.* 47 I p. 83, 78 | 1886 *C.* + *C.*, Meinert in: Vidensk. Meddel., *v.* 36—38 p. 131, 122 | 1903 *C.* + *C.* + *Hemicormocephalus*, Kraepelin in: Mt. Mus. Hamburg, *v.* 20 p. 184, 174, 211 | 1907 *C.* + *C.* + *H.*, C. Verhoeff in: Bronn, Kl. Ordn., *v.* 5 II p. 262, 260, 261 | 1908 *Cormocephalus*, Kraepelin in: Fauna S. W.-Austral., *v.* 2 p. 110 | 1923 *C.* + *Cupipes*, Ribaut in: N. Caledonia, *v.* 3 I p. 50, 54 | 1926 *C.* + *C.*, Attems in: Kükenthal & Krumbach, Handb. Zool., *v.* 4 p. 374 | 1928 *Cormocephalus*, Attems in: Ann. S. Afr. Mus., *v.* 26 p. 93 | 1928 *C.*, Attems in: Zool. Anz., *v.* 78 p. 279.

Kopf (Fig. 2) meist mit 2 am Hinterrande beginnenden, nach vorn divergierenden und bis etwa zur Mitte reichenden Längsfurchen, die selten noch mehr verkürzt oder länger sind und dann fast oder ganz bis nach vorn reichen; selten fehlen sie ganz. Zuweilen nur eine unpaare, vollständige oder abgekürzte Medianfurche. Basalplatten meist sichtbar. Kopf hinten vom 1. Tergit überlagert. Antennen fast stets 17gliedrig, selten 1 Glied mehr oder weniger; eine Anzahl von Grundgliedern, bis zu 16, kahl. Kieferfußhüften (Fig. 17) ungefurcht oder mit einer Medianfurche, die meist kurz ist, nur vorn, selten durchläuft; manchmal 2 feine, vorn spitzwinklig zusammentreffende schräge Längsfurchen und manchmal außerdem eine sie kreuzende unregelmäßig wellige verästelte Querfurche; Zahnplatten gewöhnlich mit 4 Zähnen, oft verschmelzen die medialen 3 ± und ist der laterale isoliert; manchmal nur 3 Zähne; bei einer Art *(C. amazonae)* an Stelle der Zähne ein längerer konischer Zipfel; hinter dem Zahnrande eine Borste. Clypeus in der Mitte vor dem Labrum mit einer kleinen Gruppe winziger Härchen, sonst unbeborstet. Labrum: Seiten am Hinterrande gefranst, auf der Fläche beborstet; auch der Hinterrand des kommandibularen Gerüstes kann gefranst sein. 2. Telopoditglied der 2. Maxille drehrund, mit Dorn, Endkralle mit 2 Nebenkrallen, die Putzbürste ragt bis zur Mitte oder bis zum Ende der Endkralle vor. 2., 4., 6., 9., 11., 13. Tergit kürzer als die anderen. Tergite (Fig. 22) mit 2 Längsfurchen, die entweder schon auf dem 1. vollständig sind oder erst weiter hinten, manchmal erst auf dem 7. beginnen; zuweilen haben die vorderen Tergite unvollständige abgekürzte oder in der Mitte unterbrochene Furchen. Oberfläche meist glatt, zuweilen granuliert oder pustelig. 21. Tergit mit oder ohne Medianfurche; die seitliche Berandung kann vom 2. beginnen oder nur auf dem 21. vorhanden sein mit allen Zwischenstufen. Sternite (Fig. 25) oft mit seichten medianen Grübchen oder Furchen zwischen den stets vorhandenen 2 scharfen Längsfurchen. 21. Sternit meist nach hinten verjüngt, hinten gestutzt oder gestutztgerundet, selten breiter abgerundet oder seicht eingebuchtet. Coxopleuren mit konischem, nie besonders langem Fortsatz oder nur schwach gerundet vortretend oder gestutzt ohne Fortsatz; am Ende des Fortsatzes meist 2, selten nur 1 oder mehr, bis zu 6 Dornspitzen oder gar keine, manchmal auch bei gestutzten fortsatzlosen Coxopleuren 1—2 winzige Dörnchen vorhanden; am Hinterrande oft ein Seitendörnchen. Porenarea entweder groß und breit, den Hinterrand der Coxopleuren erreichend, so daß nur die Spitze des Fortsatzes und ein von ihr ausgehender schmaler Medianstreif porenfrei bleibt oder sie ist ein schmales Oval, das den Hinterrand des 21. Sternits nicht überragt; zwischen beiden alle Zwischenstufen (Fig. 31). Endbeine lang und schlank bis kurz und sehr dick, Präfemur meist bedornt; die Dornen der Ventralseite sind durch einen unbedornten Medianstreifen getrennt in eine Dorngruppe „ventral-lateral“ in 1 oder 2 Reihen und eine Gruppe „ventral-medial" meist in 1 Reihe; letztere oft nicht scharf von den Dornen der Innenfläche (medial) getrennt; am dorsalen Innenrand meist auch eine Reihe von 1, 2 oder mehr Dornen. Eckdorn stets vorhanden, oft verlängert, meist 2spitzig, manchmal an seiner Stelle 1—2 winzige Dörnchen. Bei den Arten mit stark verdickten Endbeinen sind Präfemur, Femur und Tibia dorsal am Ende oft breit muldenartig gefurcht. Endklaue viel kürzer als der 2. Tarsus bis so lang wie beide Tarsen zusammen, unterseits ausgehöhlt, zweikantig oder schneidig zugeschärft, mit gerader oder gebogener, glatter oder feingesägter Unterkante, mit oder ohne Klauensporne. Beine 1—20 stets ohne Tarsalsporn, mit oder ohne Klauensporne. Stigmen meist gestreckt dreieckig, der Innenschlitz hinten gegabelt; manchmal mehr rundlich bis ganz kreisrund.

Alle Tropen, vereinzelt auch in der Mediterranregion, im Kaplande häufig.

Typus: *C. (C.) rubriceps* (Newp.)

61 sichere Arten, von denen 7 in 16 Unterarten geteilt sind und 12 Varietäten, 6 unsichere Arten.

Übersicht über die Arten:

1 { 1. Tergit meist ganz ungefurcht, bei wenigen Arten mit 2 ganz kurzen Strichen am Vorderrande, manchmal ebensolchen Strichen auch hinten; bei *oligoporus* und *granulosus* reichen die feinen Furchen vom Hinterrand bis zur Mitte — 2
1. Tergit mit 2 vollständigen, nur selten vorn ein wenig abgekürzten feinen Längsfurchen — 50

2 { Endbeinklaue kürzer, oft erheblich kürzer als der 2. Tarsus (Fig. 92), unterseits entweder ausgehöhlt, 2kantig, oder schneidig zugeschärft, selten ist die Klaue fast so lang wie der 2. Tarsus — 3
Endbeinklaue merklich länger als der 2. Tarsus (Fig. 103), oft so lang wie beide Tarsen zusammen, unten stets schneidig zugeschärft — 45

3 { Die seitliche Berandung der Tergite beginnt auf dem 17. Tergit oder noch vorher — 4
Nur das 21. Tergit ist seitlich scharf berandet; Kopf ohne paarige Längsfurchen — 44

4 { Die 2 Längsfurchen sind vom 2. selten erst vom 3. Tergit an vollständig — 5
2. und 3., manchmal auch die folgenden bis zum 7. Tergit ohne Längsfurchen oder höchstens mit ganz kurzen Strichen vorn — 37

5 { Coxopleurenfortsatz 1—3spitzig, meist zweispitzig — 6
Coxopleurenfortsatz 5- bis 6spitzig (Fig. 93) — 36

6 { Präfemur der Endbeine ventral-lateral unbedornt (ventral-medial mit 2 winzigen Dörnchen) . . . . 2. **C. laevipes**
Präfemur der Endbeine ventral-lateral mit 1 oder 2 Reihen von Dörnchen — 7

7	Präfemur der Endbeine ventral-lateral mit einer einzigen Reihe von 2—3 Dornen — **8**	
	Präfemur der Endbeine ventral-lateral mit 2 Reihen von Dornen (2 + 1 bis 4 + 5 Dornen) — **14**	
8	5 Grundglieder der Antennen kahl; Indo-austral. Region	**1. C. rubriceps: 9**
	6—10 Grundglieder der Antennen kahl — **10**	
9	Präfemur der Endbeine 3 mal so lang wie breit, ventral-lateral mit 3 Dornen; Coxopleurenfortsatz lang; Kieferfußhüften glatt, hinten ohne Paramedianfurchen oder -wülste	**1a. C. rubriceps rubriceps**
	Präfemur der Endbeine 2 bis 2½ mal so lang wie breit, ventral-lateral mit 2 Dornen; Coxopleurenfortsatz kurz 3eckig; Kieferfußhüften mit 2 flachen Paramedianfurchen oder -wülsten	**1b. C. rubriceps turneri**
10	Die seitliche Berandung beginnt auf dem 4.—8., selten 9. Tergit — **11**	
	Die seitliche Berandung beginnt auf dem 12.—19. Tergit, Australien	**5. C. violaceus: 12**
11	6 Grundglieder der Antennen kahl; die seitliche Berandung beginnt auf dem 7. oder 8., selten 9. Tergit. Endbeine mit kräftigen Klauenspornen; Indo-austral. Region . .	**3. C. aurantiipes**
	7—8 Grundglieder der Antennen kahl; die seitliche Berandung beginnt auf dem 4. oder 5. Tergit; Endbeine ohne Klauensporne; Madagaskar	**4. C. incongruens**
12	21. Tergit ohne Medianfurche — **13**	
	21. Tergit mit Medianfurche	**5b. C. violaceus sulcatus**
13	Eckdorn des Endbeinpräfemur winzig, fast rudimentär, 2spitzig; Präfemur oben-medial mit 2 winzigen Dörnchen . . .	**5a. C. violaceus violaceus**
	Eckdorn des Präfemur stark vorgezogen mit 2 starken Spitzen; Präfemur oben-medial mit einem starken, fast dem Eckdorn gleichenden Dorn	**5c. C. violaceus distinguendus**
14 (7)	Porenarea der Endbeine schmal-oval, den Hinterrand des Sternits nicht überragend, ihn oft nicht erreichend — **15**	
	Porenarea breiter, den Sternit-Hinterrand erreichend oder meist deutlich überragend — **19**	
15	5 Grundglieder der Antennen kahl. 21. Tergit ohne Medianfurche; Australien	**6. C. strigosus**
	6—12 Grundglieder der Antenne kahl. 21. Sternit mit Medianfurche; S. Afrika — **16**	
16	Präfemur der Endbeine ventral-lateral mit 4 + 5 bis 5 + 5, ventral-medial mit 14 Dornen; (Endbeine mit Klauenspornen, Tarsen kahl)	**7. C. multispinosus**
	Präfemur der Endbeine ventral-lateral mit 2 + 2 bis 2 + 3, ventral-medial 2 bis 3 Dornen — **17**	

17 { Endbeine ohne Klauensporne; Tarsen der Endbeine beim ♂ dicht behaart . . . . 8. **C. setiger**
Endbeine mit Klauenspornen, ihre Tarsen bei ♂ und ♀ kahl — **18**

18 { 1. Tergit ganz ungefurcht . . . . 9. **C. insulanus**
1. Tergit mit 2 feinen, von hinten bis zur Mitte reichenden Längsfurchen . . . . 10. **C. oligoporus**

19 { Endbeinpräfemur ventral-lateral mit 1 + 2 oder 2 + 2 Dornen — **20**
Endbeinpräfemur ventral-lateral mit 2 + 3, selten 1 + 3 Dornen — **23**

20 { Zahnplatten der Kieferfüße durch einen breiten Zwischenraum, der so breit ist wie eine Zahnplatte, getrennt. Alle Beine ohne Klauensporne; Ceylon . . . . . . 11. **C. inermipes**
Zahnplatten nur durch einen schmalen Spalt getrennt — **21**

21 { Präfemur, Femur und Tibia der Endbeine auffallend verdickt, oben abgeflacht, grob punktiert (Fig. 85) . . . . 12. **C. cupipes**
Endbeinglieder weniger stark verdickt, oben abgerundet, nicht oder nur schwach punktiert . . . . 13. **C. westwoodi: 22**

22 { Die seitliche Berandung beginnt auf dem (7.) 8. oder 9. Tergit . . . . 13a. **C. westwoodi westwoodi**
Die seitliche Berandung beginnt auf dem 2.—5. (7.) Tergit . . . . 13b. **C. westwoodi dispar**

23 (19) { Endbeine ungewöhnlich lang, so lang wie $^1/_3$ des Rumpfes; seitliche Berandung vom 3. Tergit an; Madagaskar . . . . 14. **C. mecistopus**
Endbeine nie so verlängert, höchstens $^1/_5$ der Körperlänge, aber auch das selten; seitliche Berandung vom 6. Tergit oder weiter hinten beginnend; Afrika — **24**

24 { 21. Tergit mit Medianfurche — **25**
21. Tergit ohne Medianfurche — **33**

25 { (8) 9—16 Grundglieder der Antennen kahl — **26**
6 oder 7 (8) Grundglieder der Antennen kahl — **28**

26 { Endbeine sehr lang und schlank, so lang wie $^1/_5$ der Körperlänge (Fig. 87), Präfemur ventral-lateral mit 11, ventral-medial und medial zusammen mit 11 Dornen; keine Basalplatten . . . . 15. **C. spinulosus**
Endbeine weniger lang und dicker (Fig. 88), Präfemur ventral-lateral mit 5—6, ventral-medial und medial zusammen 6 bis 8 Dornen; Basalplatten deutlich . . . . 16. **C. anceps: 27**

27 { Endbeine mit Klauenspornen. Olivengrünlich, Kopf und 1. Tergit rötlich . . . . 16a. **C. anceps anceps**
Endbeine ohne Klauensporne. Gewöhnlich einfarbig gelb, manchmal wie *C. anceps* gefärbt . . . . 16b. **C. anceps segnis**

28 Präfemur der Endbeine $2^1/_2$- bis 4mal so lang wie breit, ventral-medial und medial zusammen mit 8—14, ventral-lateral mit 9.—11. Dornen — **29**
Präfemur 2mal so lang wie breit, ventral-medial und medial mit 3–6, ventral-lateral mit 5—6 Dornen — **30**

29 Basalplatten sichtbar. Am Hinterrand der Coxopleuren kein Dorn. Die Dornen des Endbeinpräfemur kleiner (Fig. 89) . . . 17. **C. mecutinus**
Keine Basalplatten. Am Hinterrand der Coxopleuren ein Seitendorn. Die Dornen des Endbeinpräfemur kräftiger (Fig. 91) . 18. **C. humilis**

30 Präfemur der Endbeine ventral-lateral mit 3 + 3 Dornen. Medialfläche mit Schrägreihe von 2—3 Dornen, ventral-medial 3—4 Dornen. Tergite vom 15. an berandet 19. **C. brevicornis**
Präfemur der Endbeine ventral-lateral mit 2 + 3 Dornen, medial mit 1—2, ventral-medial mit 2—3 Dornen. Tergite vom 3.—18. an berandet — **31**

31 Seitliche Berandung vom 3.—5. Tergit an, vom 4.—6. Tergit an ein flacher Mediankiel; Antennenglieder kürzer als breit . 20. **C. ferox**
Seitliche Berandung nicht vor dem 7. Tergit beginnend, kein Mediankiel; Antennenglieder länger als breit . . . . 21. **C. elegans: 32**

32 Basalplatten deutlich; seitliche Berandung vom 7.—9. Tergit an . . . . 21a. **C. elegans elegans**
Keine Basalplatten; seitliche Berandung vom 18. Tergit an . . . . 21b. **C. elegans zuluinus**

33 Endbeine mit Klauenspornen — **34**
(24) Endbeine ohne Klauensporne . . . . . . 24. **C. nitidus: 35**

34 5 oder 6 Grundglieder der Antennen kahl; Präfemur der Endbeine ventral-lateral mit 3 + 4 bis 4 + 5 Dornen. Farbe oliv oder braun . . . . 22. **C. calcaratus**
9 Grundglieder der Antennen kahl; Präfemur der Endbeine ventral-lateral mit 2 + 2 bis 3 + 3 Dornen; einfarbig lehmgelb . . . . 23. **C. aeruginosus**

35 Seitliche Berandung der Tergite vom 8. bis 15. an; schon das 2. Tergit mit vollständigen Längsfurchen. Endbeinpräfemur $2^1/_2$mal so lang wie breit . . . . 24a. **C. nitidus nitidus**
Seitliche Berandung vom (5.) 6. oder 7. Tergit an. Die 2 Längsfurchen des 2. und 3. Tergits sind unterbrochen; Endbeinpräfemur 3—4mal so lang wie breit . . 24b. **C. nitidus willsii**

36 Tergite vom 16. an seitlich berandet; Endbeinpräfemur ventral-lateral mit 5 + 5, ventral-medial mit 3—5, medial mit 6, oben-medial mit 3–4 Dornen; Südafrika 25. **C. multispinus**
(5) Tergite vom 12. oder 13. an seitlich berandet; Endbeinpräfemur ventral-lateral mit 3 + 4, ventral-medial mit 4—5, medial mit 1—2, oben-medial mit 1 Dorn; Australien . . 26. **C. novaehollandiae**

37 (4)	21. Tergit mit Medianfurche; Südafrika . .	27. **C. pontifex**
	21. Tergit ohne Medianfurche — **38**	
38	Kopf mit 2 abgekürzten Längsfurchen. Basalplatten sichtbar — **39**	
	Kopf ohne Längsfurchen — **42**	
39	Endbeinpräfemur ventral-lateral mit einer Reihe von 2 Dornen; Australien . . .	1b β. **C. rubriceps turneri** var. **yalgooensis**
	Endbeinpräfemur ventral-lateral mit 2 Reihen von Dornen	28. **C. esulcatus: 40**
40	2. und 3. Tergit ganz ohne Längsfurchen, die 4 Zähne der Kieferfußzahnplatte deutlich getrennt; Sternite und Kopf grob punktiert; Australien	28a. **C. esulcatus esulcatus**
	2. und 3. Tergit mit ganz kurzen Furchen vorn; die 3 medialen Zähne der Kieferfußzahnplatte sind ± verschmolzen; Sternite und Kopf unmerklich oder fein punktiert; Südafrika — **41**	
41	Die Porenarea erreicht nicht den Hinterrand der Coxopleuren (Fig. 95). Endbeine mit Klauenspornen, Präfemur ventral-lateral mit 2 + 2 oder 2 + 3, ventral-medial und medial zusammen mit 6 bis 10 Dornen	28b. **C. esulcatus schultzei**
	Die Porenarea erreicht den Hinterrand der Coxopleure. Endbeine ohne Klauensporne, Präfemur ventral-lateral mit 1 + 2 oder 2 + 2, ventral-medial und medial mit 3—4 Dornen	28c. **C. esulcatus capensis**
42	Die den seitlichen Randwulst begrenzenden Furchen biegen vorn medianwärts ein, besonders auf dem 3.—6. Tergit; die Berandung beginnt auf dem 2. Tergit; Südafrika	31. **C. punctatus**
	Die den Randwulst begrenzenden Furchen bleiben parallel ohne vorn medianwärts einzubiegen; die Berandung beginnt auf dem 3. Tergit oder weiter hinten — **43**	
43	Die Berandung beginnt auf dem (8.) 12. bis 14. Tergit. Ohne oder mit kaum sichtbaren Basalplatten. Endbeinpräfemur etwas reichlicher bedornt, ventral-lateral meist 8—11 (selten nur 5) Dornen in 2 Reihen, ventral-medial mit 2—3, bis zu 7 Dornen, medial 2—3, selten 6 bis 10 Dornen; Südafrika.	29. **C. pseudopunctatus**
	Die seitliche Berandung beginnt auf dem 3.—5. Tergit. Basalplatten vorhanden. Endbeinpräfemur ventral-lateral mit 2 + 2 oder 2 + 3, ventral-medial 2 (selten 1 oder 3), medial 2—3 Dornen; Australien . .	30. **C. hartmeyeri**
44 (3)	21. Tergit ohne Medianfurche; Coxopleurenfortsatz 2—3spitzig. Heimat Westafrika	32. **C. büttneri**
	21. Tergit mit Medianfurche; Coxopleurenfortsatz 4spitzig (Fig. 97). Heimat Australien	33. **C. tricuspis**

45 (2)	Nur das 21. Tergit ist seitlich berandet. Endbeintarsen dicht behaart (Fig. 98). Coxopleuren mit gut entwickeltem zweispitzigem Fortsatz, Endbeinpräfemur bedornt; Indo-austral. Region	34. **C. hirtipes**
	Die seitliche Berandung beginnt schon vor dem 21. Tergit. Endbeintarsen kahl — **46**	
46	Coxopleuren medial nicht vorgezogen. Endbeinpräfemur ganz unbedornt; Südamerika	35. **C. venezuelianus**
	Coxopleuren mit deutlichem, (1-) 2spitzigem Fortsatz (Fig. 100). Endbeinpräfemur bedornt — **47**	
47	6.—18. Tergit granuliert. Endbeinpräfemur 1—$1^1/_2$ mal so lang wie breit; Indo-austral. Region	36. **C. rugosus**
	Tergite nicht granuliert — **48**	
48	Die seitliche Berandung beginnt auf dem 3. Tergit. 21. Sternit hinten seicht eingebuchtet. 6 bis 8 Grundglieder der Antenne kahl. Heimat Madagaskar . .	37. **C. lambertoni**
	Die seitliche Berandung beginnt auf dem 7. oder 8. Tergit. 21. Sternit hinten gerade abgestutzt; Indoaustralien — **49**	
49	1. Tergit ganz ungefurcht; Kieferfußhüften ohne Furchen. 11 Grundglieder der Antennen kahl. Körperlänge 30 mm . .	38. **C. ribauti**
	1. Tergit mit kurzen Furchen vorn und hinten. Kieferfußhüften mit schrägen Längsfurchen und vorderer Medianfurche (Fig. 104). 6 bis 7 Grundglieder der Antenne kahl. Körperlänge 70 mm . .	39. **C. neocaledonicus**
50 (1)	Tergite zum Teil granuliert; Indoaustralien — **51**	
	Tergite nicht granuliert — **52**	
51	Die seitliche Berandung beginnt auf dem 3. Tergit; vom 5. an haben die Tergite runde Pusteln; 1. Tergit mit vollständigen Längsfurchen. Kieferfußhüften ohne Querfurche, 3 + 3 Zähne; Endbeinpräfemur $1^1/_2$ mal so lang wie breit	40. **C. pustulatus**
	Die seitliche Berandung beginnt auf dem 6. oder 7. Tergit; vom 2. an haben die Tergite längliche Pusteln. 1. Tergit nur in der hinteren Hälfte mit 2 Längsfurchen. Kieferfußhüften mit feiner Querfurche, 4 + 4 Zähne. Endbeinpräfemur $2^1/_2$ mal so lang wie breit	41. **C. granulosus**
52	Endbeinklaue kürzer als der 2. Tarsus — **53**	
	Endbeinklaue länger als der 2. Tarsus, unten schneidig zugeschärft — **60**	
53	Nur das 21. Tergit seitlich berandet. 8 bis 9 Grundglieder der Antenne kahl. Coxopleurenfortsatz 3spitzig. 21. Tergit mit Medianfurche; Madagaskar	42. **C. albidus**
	Die seitliche Berandung beginnt auf dem 3.—17. Tergit. 4—7 Grundglieder der Antenne kahl — **54**	

54	Endbeinpräfemur ventral-lateral mit 2 Reihen von Dornen — **55**	
	Endbeinpräfemur ventral-lateral mit einer einzigen Reihe von Dornen; Indoaustralien — **58**	
55	Femur und Tibia der Endbeine ventral grob gekörnt. 4 oder 5 Grundglieder der Antenne kahl; Indien	**44. C. dentipes**
	Femur und Tibia der Endbeine glatt. 6 oder 7 Grundglieder der Antenne kahl — **56**	
56	Coxopleurenfortsatz 3spitzig. Porenarea den Hinterrand der Coxopleure bei weitem nicht erreichend; Endbeine mit Klauenspornen; Madagaskar	**43. C. flavescens**
	Coxopleurenfortsatz 2spitzig. Porenarea den Hinterrand erreichend, Endbeine meist ohne Klauensporne; Indien — **57**	
57	Die seitliche Berandung beginnt auf dem 13. oder 14. Tergit, 4.–17. Tergit grob, netzig-runzelig. 21. Tergit ohne Medianfurche. Kieferfußhüften mit fast durchgehender Medianfurche	**45. C. philippinensis**
	Die seitliche Berandung beginnt auf dem 17. Tergit. Tergite glatt. 21. Tergit meist mit Medianfurche	**46. C. pygmaeus**
58	Die seitliche Berandung beginnt auf dem 9. oder 10. Tergit. Endbeinpräfemur 2mal so lang wie breit	**47. C. michaelseni**
	Die seitliche Berandung beginnt auf dem 3. oder 4. Tergit. Endbeinpräfemur mehr als $2^1/_2$mal so lang wie breit — **59**	
59	Endbeinpräfemur ventral-medial mit nur einem Dorn. Längsfurchen des 1. Tergits nicht gegabelt. Zwischen den Längsfurchen der Tergite nur ein Mediankiel; Punktierung kaum sichtbar. 21. Sternit so lang wie breit	**48. C. longipes**
	Endbeinpräfemur ventral-medial mit zwei Dornen. Längsfurchen des 1. Tergits gegabelt. Zwischen den Längsfurchen der Tergite 3 Kiele, Punktierung deutlich. 21. Sternit viel länger als breit	**49. C. cognatus**
60 (52)	Kopfschild mit einer unpaaren Medianfurche, ohne paarige Längsfurchen (Fig. 112). Coxopleuren nicht vorgezogen, unbedornt, Endbeinpräfemur mit einer Anzahl Dörnchen. Nur das 21. Tergit seitlich berandet; Südamerika	**50. C. mediosulcatus**
	Kopfschild mit 2 abgekürzten Längsfurchen — **61**	
61	Nur das 21. Tergit seitlich scharf berandet; Südamerika — **62**	
	Die seitliche Berandung beginnt schon vor dem 21. Tergit — **65**	

62 Coxopleuren mit kleinem, abgerundetem Lappen vorspringend, ganz unbedornt. Porenarea den Hinterrand der Coxopleuren erreichend . . . . 54. C. brasiliensis

Coxopleuren mit 1—2 winzigen Dörnchen, mit oder ohne sehr kurzen Fortsatz; Porenarea den Hinterrand der Coxopleuren nicht erreichend — **63**

63 Kieferfußhüften mit zwei durchgehenden schrägen Längsfurchen und einer sie kreuzenden Querfurche (Fig. 115). Tergite vom 17. oder 18. an durch seichte Depressionen scheinberandet. Coxopleuren gar nicht vorspringend, mit 1 Dörnchen. Endbeinpräfemur mit acht winzigen Dörnchen . . . . 51. C. bonaerius

Kieferfußhüften mit 2 vorderen, abgekürzten, schrägen Längsfurchen. Tergite vor dem 21. auch nicht scheinberandet — **64**

64 Antennen sehr dick, den Hinterrand des 1. Tergits nicht erreichend (Fig. 117). Porenarea den Hinterrand des 21. Sternits nicht überragend, einen breiten Endrand der Coxopleuren frei lassend (Fig. 118). 21. Sternit fast halbkreisförmig abgerundet. Endbeinpräfemur ventral und medial unbedornt . . . . 52. C. inermis

Antennen bis zum Hinterrand des 2. Tergits reichend. Porenarea fast bis zum Hinterrand der Coxopleuren reichend. 21. Sternit gestutzt-gerundet. Endbeinpräfemur ventral und medial mit einigen winzigen Dörnchen . . . . 53. C. ungulatus

65 21. Tergit ohne Medianfurche; Indoaustralien — **66**

21. Tergit mit Medianfurche — **67**

66 Kieferfußhüften ohne schräge Furchen. Coxopleuren mit 2spitzigem Fortsatz, Endbeinpräfemur ventral-lateral und ventral-medial mit je einer Reihe von 2 Dornen. Tergite ohne Längskiele . . . . 55. C. mixtus

Kieferfußhüften mit 2 fast vollständigen schrägen Furchen. Coxopleuren nicht vorgezogen, unbedornt (Fig. 120). Endbeinpräfemur ventral nur am Endrand mit einem Dörnchen. Tergite vom 5. an mit 5 Längskielen . . . . 56. C. amphieurys

67 Kieferfußhüften ohne schräge Längsfurchen. Coxopleuren mit etwas längerem, schlankerem, zylindrischem Fortsatz (Fig. 121). Tergite vom 16. an berandet; Mediterranregion . . . . 57. C. gervaisianus

Kieferfußhüften mit schrägen Längsfurchen. Coxopleuren ohne oder mit kurzem dickkegeligem Fortsatz. Tergite vom 6. bis 10. an berandet; Südamerika, Indoaustralien — **68**

68	5.—19. Tergit mit 5 Längskielen. Coxopleuren nur wenig, flachbogig vorgezogen (Fig. 119); Längsfurchen des Kopfes nur in der hinteren Hälfte	58. **C. lineatus**
	Tergite ohne Längskiele. Längsfurchen des Kopfes fast oder ganz durchlaufend — **69**	
69	Coxopleuren medial nicht vorgezogen, mit 1—2 winzigen Dörnchen (Fig. 125) . .	59. **C. impressus: 70**
	Coxopleuren mit kegeligem, 2spitzigem Fortsatz — **72**	
70	Präfemur, Femur und Tibia der Endbeine dorsal gefurcht. 1. Antennenglied kahl, 2.—4. Glied schwach beborstet, vom 5. Glied an dicht beborstet	59b. **C. i.** var. **neglectus**
	Präfemur, Femur und Tibia der Endbeine ungefurcht — **71**	
71	6—7 Grundglieder der Antennen kahl . .	59. **C. impressus**
	Alle Antennenglieder beborstet	59a. **C. i. var. armatus**
72	Zahnplatte der Kieferfüße in einen längeren kegeligen Zipfel ausgezogen (Fig. 127) .	60. **C. amazonae**
	Zahnplatte der Kieferfüße mit normalen Zähnen	61. **C. andinus**

1. **C. (C.) rubriceps** (Newp.) 1844 *Scolopendra r.*, Newport in: Ann. nat. Hist., *v.* 13 p. 99.

Gelbrot bis braun, Hinterrand und Seiten der Segmente meist dunkelgrün, Kopf rotgelb, meist ebenfalls grün berandet. Antennen und letzte Glieder der hinteren Beine meist grün, Beine sonst gelb. Länge bis 125 mm. Antennen 17gliedrig. 5 Grundglieder glatt und glänzend, die 2 folgenden dicht punktiert, seitlich und unten behaart. Kieferfußhüften reichlich und fein punktiert, vorn mit undeutlicher Medianfurche, die in eine unregelmäßige, sich teilende sehr feine Querfurche übergeht; 4 + 4 Hüftzähne. Kopf und 1. Tergit reichlich und fein punktiert, weiterhin eine allmählich erlöschende äußerst feine Punktierung der Tergite. Vollständige Längsfurchen auf den Tergiten 2—20 oder erst vom 7. oder 8. an, Berandung vom 4.—11. Tergit beginnend; letztes Tergit glatt, ohne Medianfurche. 2.—20. Sternit mit vollständigen Längsfurchen. Endsternit trapezisch, hinten abgestutzt. Coxopleuren mit sehr kleinen, äußerst dicht stehenden Poren, die die ganze Fläche bis zur Lateralfurche einnehmen mit Ausnahme eines schmalen Medianstreifens auf dem großen oder kleinen, kegeligen, 2spitzigen Fortsatz; am Hinterrand zuweilen ein winziger Seitendorn. Endbeinpräfemur (Fig. 79) 2—3mal so lang wie dick, ventral manchmal flach, ventral-lateral eine Längsreihe von (2) 3 (—4), ventral-medial 1—2, medial 1—2, dorsal-medial 1—2 Dornen und 2spitziger starker Eckdorn. Endkralle etwa halb so lang wie der 2. Tarsus, unterseits ausgehöhlt zweikantig, mit 2 kräftigen Klauenspornen.

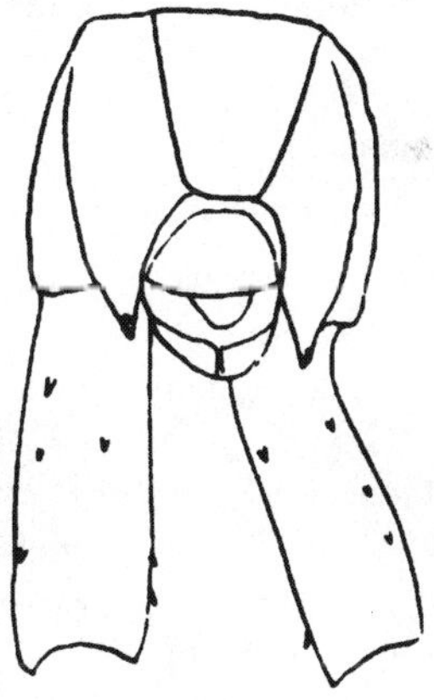

Fig. 79.
Cormocephalus rubriceps (Newp.)

Neu-Seeland, Australien.

2 Subspecies mit 2 Varietäten:

1a. **C. (C.) r. rubriceps** (Newp.) 1844 *Scolopendra r.*, Newport in: Ann. nat. Hist., *v.* 13 p. 99 | 1844 *S. lobidens*, Newport, ibid., p. 99 | 1845 *Cormocephalus rubriceps*, Newport in: Tr. Linn. Soc. London, *v.* 19 p. 419 | 1845 *C. lobidens*, Newport, ibid., p. 420 | 1847 *Scolopendra rubriceps* + *l.*, P. Gervais in: Walckenaer, Hist. Apt., *v.* 4 p. 274, 290 | 1881 *Cormocephalus r.*, Kohlrausch in: Arch. Naturg., *v.* 47 I p. 91 | 1881 *C. lobidens*, Kohlrausch, ibid., p. 92 | 1887 *C. rubriceps*, E. Haase in: Abh. Mus. Dresden, nr. 5 p. 57 | 1903 *C. r.*, Kraepelin in: Mt. Mus. Hamburg, *v.* 20 p. 198 | 1916 *C. r.*, Kraepelin in: Ark. Zool., *v.* 10 nr. 2 p. 11 | 1921 *C. r.*, Archey in: Tr. N. Zealand Inst., *v.* 53 p. 193.

Kieferfußhüften hinten ohne Paramedianfurchen oder -wülste. Berandung der Tergite vom 5.—8. an. Coxopleurenfortsatz lang. Präfemur der Endbeine 3mal so lang wie dick, ventral-lateral mit 3(—4), medial mit 2 Dornen.

Neu-Seeland: Mana Island, Whangasei, Ruapekapeka, Gisborne, Southbridge; Australien: N.-Queensland, N. S. Wales, Tasmanien.

1b. **C. (C.) r. turneri** Poc. 1901 *C. t.*, Pocock in: Ann. nat. Hist., ser. 7 *v.* 8 p. 456 | 1908 *C. t.*, Kraepelin in: Fauna S. W.-Austral., *v.* 2 p. 114 | 1920 *C. lamprus*, Chamberlin in: Bull. Mus. Harvard, *v.* 64 p. 25.

Kopf fein grubig-runzelig. Die Berandung der Tergite beginnt vom 7.—11. Kieferfußhüften grob-, fast körnig-runzelig oder nur fein chagriniert, vorn mit kurzer Furche bis zur welligen, zarten Querlinie, weiter mit einer ± deutlichen seichten Längsfurche, die zuweilen von 2 flachen Längswülsten begrenzt wird, die in anderen Fällen allein vorhanden sind oder nur 2 mediale Längsfurchen dicht nebeneinander. Coxopleurenfortsatz kurz. Endbeinpräfemur 2—2$^1/_2$ mal so lang wie dick, ventral-lateral mit 2, ventral-medial 1—2, medial 1 sehr kräftiger, dorsal-medial 2, selten nur 1, kräftige Dornen. Eckdorn 2 spitzig. Endklauen der Endbeine sehr verschieden lang, von erheblich kürzer bis bedeutend länger als der 2. Tarsus (Alters- und Geschlechtsunterschiede?). Länge bis 55 mm. Im übrigen mit *C. rubriceps* übereinstimmend.

Australien.

1b. α. **C. (C.) r. t. var. turneri** Poc.

Berandung der Tergite vom 7.—11. an beginnend. Tergite vom 2. an mit vollständigen Längsfurchen.

S. W.-Australien, von Harvey nahe der Koombana-Bay längs der ganzen Westküste bis zur Sharks-Bay und weit im Innern (Boorabbin, Kalgoorlie, Mt. Robinson). N. S. Wales.

1b. β. **C. (C.) r. t. var. yalgooensis** Krpln. 1908 *C. t. y.*, Kraepelin in: Fauna S. W.-Austral., *v.* 2 p. 115.

Längsfurchen der vorderen 6—7 Tergite auf kurze Striche am Vorder- und Hinterrand reduziert; seitliche Berandung bereits im 4. oder 5. Tergit deutlich erkennbar.

S. W.-Australien, Yalgoo.

2. **C. (C.) laevipes** Poc. 1891 *C. l.*, Pocock in: Ann. nat. Hist., ser. 6 *v.* 7 p. 67 | 1903 *C. l.*, Kraepelin in: Mt. Mus. Hamburg, *v.* 20 p. 196.

Schokoladenbraun, Endbeine rostfarben, übrige Beine und Antennen grünlich. Länge 80 mm. Antennen mit 5 kahlen Grundgliedern. Kieferfußhüften grob punktiert, vorn mit abgekürzter Medianfurche, 4 + 4 Hüftzähne. Kopf punktiert, hinten mit 2 Längsfurchen. 1. Tergit punktiert, vorn und hinten mit kurzen Furchen, 2.—20. Tergit mit vollständigen Längsfurchen, Berandung vom 6. Tergit. Endtergit mit durchgehender Medianfurche. 2. bis 20. Sternit mit vollständigen Längsfurchen. Endsternit trapezisch, hinten gestutzt. Alle Beine mit Klauenspornen. Coxopleurenfortsatz kurz, 2spitzig, seitlich hinten kein Dorn. Endbeine grob und dicht punktiert, Präfemur kurz, ventral-lateral ohne Dornen, ventral-medial 2 winzige Dörnchen, medial 1—2, dorsal-medial 2 kleine Dörnchen, 2 Spitzchen an Stelle des Eckdornes.

Salomon-Inseln: Lord Howe's Island.

3. **C. (C.) aurantiipes** (Newp.) 1844 *Scolopendra a.*, Newport in: Ann. nat. Hist., v. 13 p. 99 | 1844 *S. subminiata*, Newport, ibid., p. 100 | 1845 *Cormocephalus aurantiipes* + *obscurus* + *subminiatus* + *miniatus* + *pallipes*, Newport in: Tr. Linn. Soc. London, v. 19 p. 420—424 | 1847 *Scolopendra a.* + *obscura* + *miniata* + *subminiata* + *brevis*, P. Gervais in: Walckenaer, Hist. Apt., v. 4 p. 271—274 | 1876 *Cormocephalus marginatus*, Porat in: Bih. Svenska Ak., v. 4 nr. 7 p. 16 | 1881 *C. aurantiipes* + *gracilis* + *pygomelas*, Kohlrausch in: Arch. Naturg., v. 47 I p. 86—90 | 1886 *C. a.*, Meinert in: P. Amer. phil. Soc., v. 23 p. 206 | 1887 *C. a.* + var. *obscurus*, var. *spinosus*, aberr. *pygomelas*, E. Haase in: Abh. Mus. Dresden, nr. 5 p. 57 | 1903 *C. a.* + var. *marginatus*, Kraepelin in: Mt. Mus. Hamburg, v. 20 p. 197 | 1908 *C. a.*, Kraepelin in: Fauna S. W.-Austral., v. 2 p. 116 | 1912 *C. a.*, Brölemann in: Rec. Austral. Mus., v. 9 p. 47.

Gelb- bis olivbraun, Kopf, 1. Tergit und Endsegment oft mehr gelbrot, Hinterränder der Segmente zuweilen dunkelgrün, Beine gelb, Länge bis 100 mm. Antennen 17gliedrig, 6 Grundglieder glatt und glänzend. Kieferfußhüften ± dicht punktiert, vorn meist mit Medianfurche, weiter hinten eine zarte gewellte Querfurche. 4 + 4 Hüftzähne. Kopf dicht punktiert mit deutlichen Basalplatten und 2 bis zur Mitte reichenden Längsfurchen. 1. Tergit dicht punktiert. 2.—20. Tergit mit vollständigen Längsfurchen, Berandung vom 7., 8., selten erst 9. Tergit beginnend. Endtergit mit oder ohne durchgehende Medianfurche, beides bei Exemplaren vom selben Fundort, fein punktiert. Sternite fein punktiert, 2.—20. mit vollständigen Längsfurchen. Endsternit trapezisch, mit seichtem Medianeindruck, hinten flachbogig gerundet. Coxopleurenfortsatz schlank, kegelig, 2-spitzig, hinten kein Seitendorn. Alle Beine mit Klauenspornen. Endbeinpräfemur $2^1/_4$—$2^1/_2$mal so lang wie breit, ventral meist flach, oft mit gewulsteten Rändern, ventral-lateral 3 starke Dornen, ventral-medial 2, medial 1, dorsal-medial 2 Dornen und starker zweispitziger Eckdorn. Endklauen groß, oft so lang wie der 2. Tarsus.

Australien: Ost-Australien, S.W.-Australien, N.S. Wales, N.- u. S.-Queensland, S.- u. W.-Australien.

4. **C. (C.) incongruens** Krpln. 1903 *C. i.*, Kraepelin in: Mt. Mus. Hamburg, v. 20 p. 200 f. 132.

Olivfarben, Kopf und ein oder mehrere vordere Tergite und Endtergit gelbrot. Länge 70 mm. Antennen 17gliedrig, 7—8 Grundglieder glatt und glänzend. 4 + 4 Kieferfußhüftzähne. Kopf schwach punktiert, mit Basalplatten und abgekürzten Längsfurchen. 2. bis 20. Tergit mit vollständigen Längsfurchen, Berandung auf dem 4. oder 5. Tergit beginnend. 2.—20. Sternit mit vollständigen Längsfurchen; letztes Sternit sehr schmal, fast doppelt so lang wie vorn breit, in der hinteren Hälfte mit seichter

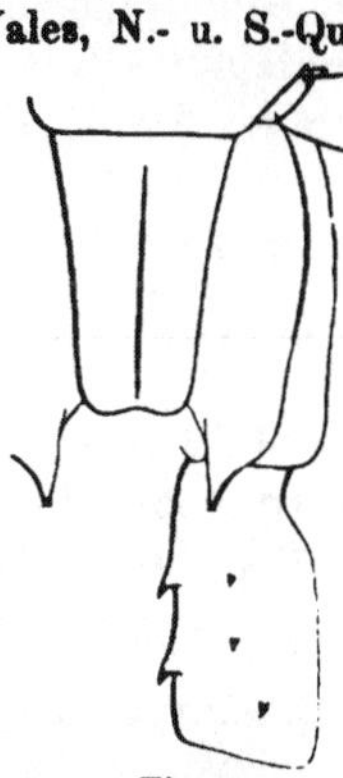

Fig. 80.
Cormocephalus incongruens Krpln.
Hinterende.

Medianfurche, hinten seicht eingebuchtet. 1.—20. Beinpaar mit Klauenspornen. Coxopleurenfortsatz mäßig lang, 2spitzig (Fig. 80). Endbeinpräfemur $1\frac{1}{2}$mal so lang wie breit, ventral-lateral 3, ventral-medial 2 Dornen, medial 1, dorsal-medial 2 Dornen und 2spitziger Eckdorn. Endklaue ohne Sporne.

Madagaskar, Abohimitomboo.

5. **C. (C.) violaceus** Newp. 1845 *C. v.*, Newport in: Tr. Linn. Soc. London, *v.* 19 p. 424 | 1847 *Scolopendra violacescens*, P. Gervais in: Walckenaer, Hist. Apt., *v.* 4 p. 275.

Olivgelb oder olivgrün, Länge bis 80 mm. Kopf mehr oder weniger punktiert mit Basalplatten und bis zur Mitte reichenden Längsfurchen. Antennen 17gliedrig. 6—10 Grundglieder kahl. Kieferfußhüften dicht punktiert. vorn mit kurzer Medianfurche; 4 + 4 Hüftzähne. 1. Tergit punktiert, ungefurcht, 2.—20. Tergit mit vollständigen Längsfurchen, seitliche Berandung vom 12.—19. beginnend, 21. Tergit ohne oder mit Medianfurche. 2. bis 20. Sternit mit 2 Längsfurchen, 1.—20. Beinpaar mit Klauenspornen. Coxopleurenfortsatz am Ende 2spitzig; Seitendorn am Hinterrande der Coxopleuren vorhanden oder fehlend. Endbeinpräfemur 2—3 mal so lang wie breit, ventral-lateral und ventral-medial je 2—3 Dörnchen, medial 0—2, dorsal-medial 1—2 Dörnchen; Eckdorn 1- oder 2spitzig; Endklaue fast doppelt so lang wie der 2. Tarsus mit 2 sehr kleinen Klauenspornen (Fig. 8, 9, 34).

Australien.

3 Unterarten:

5a. **C. (C.) v. violaceus** Newp. 1867 *C. brevispinatus*, L. Koch in: Verh. Ges. Wien, *v.* 17 p. 248 | 1886 *C. exiguus*, Meinert in: Vidensk. Meddel., *v.* 36—38 p. 132 | 1887 *C. violaceus* + *subminiatus*, E. Haase in: Abh. Mus. Dresden, nr. 5 p. 59. 60 t. 3 f. 58; t. 4 f. 59 | 1893 *C purpureus*, Pocock in: Ann. nat. Hist., ser. 6 *v.* 11 p. 127 | 1903 *C. brevispinatus*, Kraepelin in: Mt. Mus. Hamburg, *v.* 20 p. 199.

Olivgelb, Hinterrand der Segmente oft dunkler, Kopf und 1. Tergit oft rotgelb. Länge bis 80 mm. Kopf meist dicht punktiert mit großen Basalplatten und bis zur Mitte reichenden Längsfurchen. Antennen 17gliedrig, $6\frac{1}{2}$—10 Grundglieder kahl. Kieferfußhüften dicht punktiert, vorn mit kurzer Medianfurche und zarter welliger Querfurche. Berandung der Tergite vom 12.—17. beginnend, letztes Tergit ohne Medianfurche. Letztes Sternit trapezisch, wenig länger als breit, hinten gestutzt oder seicht eingebuchtet. Coxopleuren mit ganz kurzem, in 2 winzige Dornspitzchen endigendem Fortsatz; am Hinterrand der Coxopleuren kein oder ein winziger Seitendorn. Endbeinpräfemur etwas über doppelt so lang wie breit, ventral-lateral 2—3, ventral-medial 2—3 sehr kleine Dörnchen, medial 1—2, dorsal-medial 1 bis 2 winzige Dörnchen; Eckdorn winzig, 1- oder 2spitzig.

Ostaustralien, Queensland, Neu-Südwales.

5b. **C. (C.) v. sulcatus** Bröl. 1912 *C. brevispinatus s.*, Brölemann in: Rec. Austral. Mus., *v.* 9 p. 49.

Dunkel olivgrün, Antennen und Beine heller, Kieferfüße rostbraun. Letztes Tergit mit deutlicher Medianfurche. Dornen des Endbeinpräfemur relativ kräftig. Im übrigen mit *C. v. violaceus* übereinstimmend.

Australien: Bourke und Wilcannia, Darling River floods.

5c. **C. (C.) v. distinguendus** Haase 1887 *C. d.*, E. Haase in: Abh. Mus. Dresden, nr. 5 p. 61 | 1903 *C. brevispinatus* var. *d.*, Kraepelin in: Mt. Mus. Hamburg, *v.* 20 p. 200 | 1908 *C. d.*, Kraepelin in: Fauna S. W.-Austral., *v.* 2 p. 117 t. 12 f. 14 | 1916 *C. brevispinatus d.*, Kraepelin in: Ark. Zool., *v.* 10 nr. 2 p. 12.

Länge 60 mm bei 4 mm Breite. Antennen auffallend kurz, nur bis zum Anfang des 2. Segments reichend; 6 Grundglieder kahl. Berandung der Tergite im 18. oder 19., selten schon 17. Segment beginnend. Letztes Tergit ohne Medianfurche. Coxopleurenfortsatz mit 2 kräftigen Enddornen, hinten ohne Seitendorn. Endbeinpräfemur 2—3 mal so lang wie breit, ventral-lateral 2—3 körnchenartige Dörnchen, ventral-medial 2 starke Dornen, medial 0—1 kleiner Dorn; dorsal-medial ein starker, dem Eckdorn fast gleichkommender Dorn; Eckdorn stark vorgezogen, 2spitzig. Endklaue kürzer als der 2. Tarsus mit oder ohne Klauensporne. Im übrigen *violaceus* gleichend.

S.W.- und S.-Australien (Adelaide).

6. **C. (C.) strigosus** Krpln. 1908 *C. s.*, Kraepelin in: Fauna S. W.-Austral., *v.* 2 p. 120 t. 12 f. 15.

Farbe hellgrün bis dunkel schwarzgrün; Vorder- und Hinterende mehr olivfarben. Länge bis 42 mm. Breite 2 mm. Kopf zerstreut grob punktiert mit Basalplatten und abgekürzten Längsfurchen. Antennen kurz, bis zum 2. oder 3. Tergit reichend. 5 Grundglieder glatt und glänzend. 2.—20. Tergit mit vollständigen Längsfurchen, letztes Tergit mit tiefer Medianfurche; die seitliche Berandung beginnt auf dem (15.) 16. oder 17. Tergit. 2.—20. Sternit mit vollständigen Längsfurchen, letztes Sternit trapezisch, länger als vorn breit, hinten gestutzt-gerundet. Coxopleuren mit ziemlich spitzem, kegelförmigem, 2spitzigem Fortsatz, hinten ein Seitendörnchen. Porenarea schmal oval, weder die Seiten noch die Basis des Fortsatzes erreichend. Endbeine gedrungen. Präfemur kaum 2mal so lang wie breit, ventral-lateral 2 + 2, (nämlich 2 weit voneinander gerückte Reihen von je 2 Dornen) ventral-medial 2—3, medial 2, dorsal-medial 2 Dörnchen. Eckdorn vorgezogen, 2spitzig. Endklaue erheblich kürzer als der 2. Tarsus, mit Klauenspornen.

S.W.-Australien, Lake Austin, Perth, Jarrabdale usw.

7. **C. (C.) multispinosus** Att. 1909 *C. oligoporus m.*, Attems in: Denk. Ges. Jena, *v.* 14 p. 14 | 1928 *C. m.*, Attems in: Ann. S. Afr. Mus., *v.* 26 p. 98.

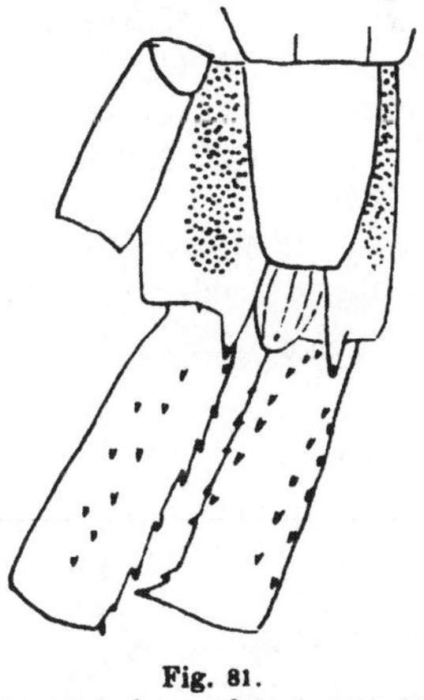

Fig. 81. **Cormocephalus multispinosus** Att.

Lehmgelb. Länge bis 50 mm. Kopf fein punktiert, mit 2 feinen, abgekürzten Längsfurchen; Basalplatten deutlich. Antennen 17gliedrig, 6—12 Basalglieder kahl. Kieferfüße meist merklich punktiert. Zahnplatten lang und schmal, mit 4—5 Zähnen, von denen die lateralen 1—2 etwas mehr abgerückt sind. 1. Tergit angefurcht oder mit 2 sehr kurzen Furchen vorn. Längsfurchen des 2. Tergits manchmal in der Mitte kurz unterbrochen. Letztes Tergit mit Medianfurche. Seitliche Berandung vom 11. oder 12. Tergit an. 2. bis 20. Sternit mit 2 Längsfurchen. Endsternit hinten nur wenig verschmälert. Porenarea schmal, den Hinterrand des Sternits nur wenig überragend, den Hinterrand nicht erreichend; Coxopleurenfortsatz 2spitzig; ein Seitendörnchen vorhanden. Endbeine relativ schlank, Praefemur ventral-lateral 5,5 (2 Reihen zu je 5), ventral-medial und medial zusammen 15—16, oben 4—5 Dornen (Fig. 81). Eckdorn klein, 2spitzig. Alle Beine mit Klauenspornen.

S.W.-Afrika, Kapland.

8. **C. (C.) setiger** Por. 1872 *C. s.*, Porath in: Öfv. Ak. Förh., *v.* 28 p. 1158 | 1903 *C. s.*, Kraepelin in: Mt. Mus. Hamburg, *v.* 20 p. 204 f. 134 | 1928 *C. s.*, Attems in: Ann. S. Afr. Mus., *v.* 26 p. 96.

Heller oder dunkler oliv bis ockerfarben; Kopf, 1. und letztes Tergit lehmgelb, Tergite zuweilen mit grünem Mediansteif und grünen Seitenrändern. Länge bis 35 mm. Kopf dicht punktiert, mit abgekürzten Längsfurchen; Basalplatten deutlich. Antennen 17gliedrig. 6 Grundglieder kahl. Kieferfüße dicht punktiert, 4+4 Hüftzähne. 2. bis 20. Tergit mit vollständigen Längsfurchen, Endtergit mit Medianfurche, seitliche Berandung auf dem 8.—16. Tergit beginnend. 2.—20. Sternit mit Längsfurchen; letztes nach hinten wenig verjüngt, hinten gestutzt-gerundet. Coxopleurenfortsatz schlank, plötzlich abgesetzt, 2spitzig (Fig. 82). Porenarea schmal, das Sternit nicht überragend, der porenlose Seitenrand breit; hinten meist kein, selten ein Seitendorn. Endbeinpräfemur unten ausgehöhlt, ventrallateral 2 + 2 bis 3 + 3 Dornen, ventral-medial 2, medial 2 Dornen. Eckdorn 2spitzig. Endklaue kurz, ohne Klauensporne, unten schneidig zugeschärft, glattrandig leicht gebogen. Tarsen des ♂ kurz behaart.

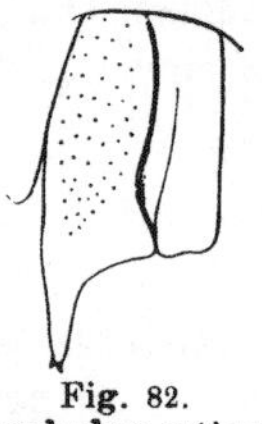

Fig. 82.
Cormocephalus setiger Por.
Coxopleuren.

Kapland, Transvaal, Rhodesia.

9. **C. (C.) insulanus** Att. 1922 *C. michaelseni*, Attems (nec Kraepelin) in: Beitr. Land-Süßw. Fauna D.-S.-W.-Afr., *v.* 2 p. 98 | 1928 *C. insulanus*, Attems in: Ann. S. Afr. Mus., *v.* 26 p. 97.

Einfarbig bräunlichgelb. Länge bis 58 mm. Breite 4 mm. Kopfschild mit 2 feinen abgekürzten Längsfurchen, Basalplatten sichtbar. Antennen 17gliedrig, 6 Grundglieder kahl. 4+4 Kieferfußhüftzähne. Kopf, Tergite und Kieferfüße sehr schwach punktiert. 1. Tergit ungefurcht, 2.—20. Tergit mit vollständigen Längsfurchen. Letztes Tergit mit Medianfurche. Seitliche Berandung vom 12.—14. Tergit beginnend. 2.—20. Sternit mit vollständigen Längsfurchen, letztes Sternit nach hinten verschmälert, abgestutzt-gerundet. Alle Beine mit Klauenspornen. Coxopleurenfortsatz sehr schlank, spitzkegelig, 2spitzig, sein Seitenrand fast im rechten Winkel zum Endrand der Coxopleure stehend, letzterer unbedornt. Porenarea schmal oval, den Hinterrand des Sternits nicht überragend. Endbeine nicht verdickt, Präfemur ventrallateral mit 2 Längsreihen von je 1—3 Dornen, ventral-medial und medial zusammen 5 oder 6, oben-medial 2 Dornen. Eckdorn 2spitzig.

Pinguin-Insel bei Lüderitzbucht, S.W.-Afrika.

10. **C. (C.) oligoporus** Krpln. 1903 *C. o.*, Kraepelin in: Mt. Mus. Hamburg, *v.* 20 p. 205 f. 135 | 1928 *C. o.*, Attems in: Ann. S. Afr. Mus., *v.* 26 p. 97.

Lehmgelb bis gelblich oliv, Länge bis 45 mm. Kopf (Fig. 83) fein punktiert mit 2 abgekürzten äußerst seichten Längsfurchen und relativ großen Basalplatten. Antennen 17gliedrig. 6 Grundglieder glatt und glänzend, das 7. kahl aber runzelig. Kieferfüße zerstreut fein punktiert. Zahnplatten so lang wie breit, 4+4 Hüftzähne. 1. Tergit mit 2 feinen von hinten bis zur Mitte reichenden Längsfurchen; Längsfurchen des 2. Tergits in der Mitte unterbrochen, vom 3.—20. Tergit durchgehend. Berandung im 12. oder 13. Tergit oder weiter hinten beginnend. Letztes Tergit mit Medianfurche. 2.—20. Sternit mit 2 Längsfurchen, letztes Sternit länger als breit, nach hinten kaum verjüngt, hinten flach gerundet oder fast gestutzt. Coxopleuren mit 2spitzigem, kegeligem Fortsatz. Porenarea schmal oval, kaum breiter als der glatte Seitenrand, den Hinterrand bei weitem nicht erreichend; hinten meist ein Seitendorn (Fig. 84). Endbeinpräfemur ventral-lateral, mit 2 Reihen von je 2—3 Dornen (2,2 oder 2,3 oder 3,3) ventral-medial 2—3, medial 1, dorsal-medial 2 Dornen und 2spitziger Eckdorn. Klauensporne vorhanden oder fehlend.

D.-S.W.-Afrika: Swakopmund, Windhoek, Omaruru, Vryburg, Vlagkop, Goas, Choaberib; S.-Rhodesia; Eierfontein, Kapland.

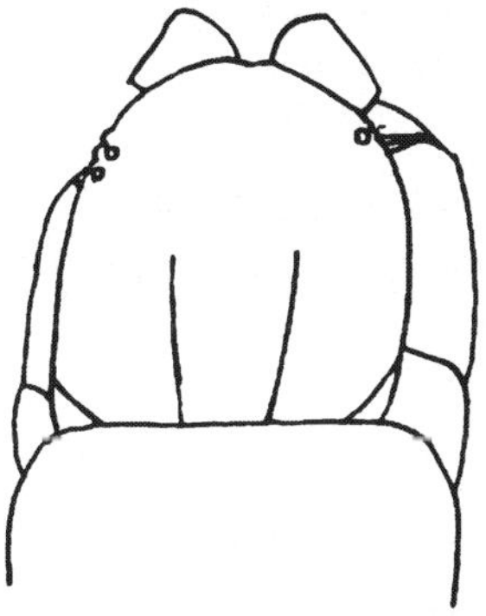

Fig. 83.
Cormocephalus oligoporus Krpln.

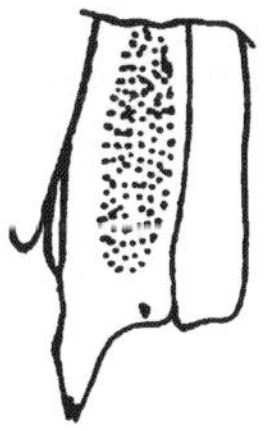

Fig. 84.
Cormocephalus oligoporus Krpln. Coxopleuren.

11. **C. (C.) inermipes** Poc. 1891 *C. i.*, Pocock in: Ann. nat. Hist., ser. 6 *v.* 7 p. 65 | 1903 *C. i.*, Kraepelin in: Mt. Mus. Hamburg, *v.* 20 p. 204.

Olivfarben mit metallischem Schimmer. Länge 45 mm. Kopf ziemlich grob punktiert mit abgekürzten Längsfurchen und Basalplatten. Antennen 17gliedrig, 6 Grundglieder glatt und glänzend, Kieferfußhüften grob punktiert, 4 + 4 Hüftzähne, die 3 medialen jeder Seite verschmolzen, beide Zahnplatten des einzigen bekannten Individuums durch einen breiten Zwischenraum getrennt. 2.—20. Tergit mit vollständigen Längsfurchen, letztes Tergit in der Endhälfte mit feiner Medianfurche; seitliche Berandung vom 5. oder 6. Tergit an. 2.—20. Sternit mit Längsfurchen, letztes Sternit nach hinten stark verjüngt, hinten gestutzt. Coxopleuren mit schlankem, 2spitzigem Fortsatz, ohne Seitendorn. Alle Beine ohne Klauensporne. Endbeinpräfemur kaum doppelt so lang wie dick, ventral-lateral 2 + 2, ventral-medial 2, medial 2—3, dorsal-medial 1 Dorn, Eckdorn 2spitzig.

Ceylon.

12. **C. (C.) cupipes** Poc. 1891 *C. c.*, Pocock in: Ann. nat. Hist., ser. 6 *v.* 7 p. 64 | 1928 *C. c.*, Attems in: Ann. S. Afr. Mus., *v.* 26 p. 99.

Bleich olivenfarben, Kopf, 1. Tergit und Endbeinsegment rotbraun, 2.—20. Tergit seitlich mit schmalem schwarzem Rand, ebenso meist 2 schmale Medianstreifen. Länge 50 mm. Breite 3 mm. Kopf, Kieferfüße und 1. Tergit sehr fein punktiert, Kopf mit 2 abgekürzten Längsfurchen und Basalplatten. Antennen 17gliedrig, bis zum 4. Tergit reichend, 7—8 Grundglieder kahl. Zahnplatten der Kieferfüße nahe bei einander, mit je 3—4 Zähnen, Hüften reichlich punktiert ohne Querfurche; die Grundfurchen einen sehr stumpfen Winkel bildend. 2.—20. Tergit mit vollständigen Längsfurchen, letztes mit Medianfurche; seitliche Berandung vom 2.—7. beginnend. 2.—20. Sternit mit Längsfurchen und einem länglichen Mediangrübchen in der vorderen Hälfte. Endsternit lang und schmal, nach hinten verjüngt, mit Medianfurche. Coxopleuren mit kleinem, kurzem, spitzkegeligem, 2—3spitzigem Fortsatz, ohne Seitendorn; Porenarea schmal, aber den Hinterrand des Sternits überragend, bis an den Grund des Fortsatzes reichend. Endbeine (Fig. 85) stark verdickt, Präfemur, Femur und Tibia oben und unten dicht und grob punktiert, oben abgeflacht, die Ränder etwas erhoben, Tarsen schwächer punktiert; Präfemur ventral-lateral mit 2 + 2, ventral-medial 2, medial 2, oben-medial 2 Dornen. Eckdorn 2spitzig, Endklaue fast so lang wie der kurze 2. Tarsus, unten schneidig zugeschärft, ohne Klauensporne. 1. bis 20. Beinpaar mit 2 Klauenspornen.

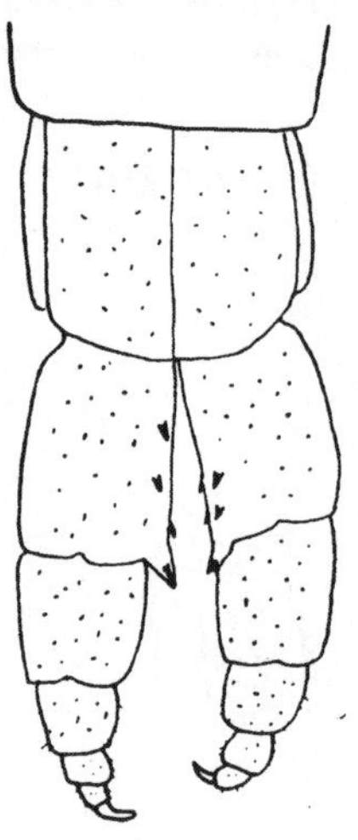
Fig. 85.
Cormocephalus cupipes Poc.

Durban, Natal. Masiene, Chai Chai, Portugiesisch O.-Afrika.

13. **C. (C.) westwoodi** (Newp.) 1844 *Scolopendra w.*, Newport in: Ann. nat. Hist., *v.* 13 p. 100 | 1845 *Cormocephalus w.*, Newport in: Tr. Linn. Soc. London, *v.* 19 p. 422 | 1847 *Scolopendra w.* + *puncticeps*, P. Gervais in: Walckenaer, Hist. Apt., *v.* 4 p. 272, 273 | 1872 *Cormocephalus rugulosus*, Porath in: Öfv. Ak. Förh., *v.* 28 p. 1155 | 1876 *C. r.*, Porat in: Bih. Svenska Ak., *v.* 4 nr. 7 p. 16 | 1881 *C. westwoodi* + *C. lanatipes*, Kohlrausch in: Arch. Naturg., *v.* 47 i p. 81 & 85 | 1887 *C. w.*, E. Haase in: Abh. Mus. Dresden, nr. 5 p. 62 t. 4 f. 62, 63 | 1903 *C. w.*, Kraepelin in: Mt. Mus. Hamburg, *v.* 20 p. 200 | 1912 *C. w.*, Brölemann in: Rec. Austral. Mus., *v.* 9 p. 51.

Oliv bis lehmgelb, Tergite zuweilen dunkelgrün berandet, Kopf und 1. Tergit meist gelbrot. Länge bis 90 mm. Kopf zerstreut punktiert mit abgekürzten Längsfurchen und Basalplatten. Antennen 17gliedrig, $6^1/_2$ bis 13 Grundglieder kahl. Kieferfußhüften zerstreut punktiert, ohne gewellte Querfurche, Zahnplatten einander genähert, ungefähr so lang wie breit, mit je 4 Zähnen, von denen die 2—3 medialen ± verschmolzen sind. 2. bis 20. Tergit mit vollständigen Längsfurchen, letztes Tergit meist mit Medianfurche; seitliche Berandung vom 2.—14. Tergit beginnend. 2.—20. Sternit mit vollständigen Längsfurchen, ohne Mediangruben, letztes Sternit nach hinten stark verjüngt, hinten gestutzt. 1.—20. Beinpaar meist mit, Endbeine meist ohne Klauensporne, es kann auch ein Endbein mit, das andere ohne Klauensporne sein. Coxopleuren mit mäßig langem, kegelförmigem, 2spitzigem Fortsatz, Hinterrand mit oder ohne Seitendorn. Präfemur der Endbeine höchstens doppelt so lang wie breit, unten oft flachgrubig ausgehöhlt, ventral-lateral mit 2 + 2 oder 1 + 2, ventral-medial und medial mit 6—7 Dornen. Eckdorn 2spitzig. Tarsen der Endbeine zuweilen (beim ♂?) kurz behaart.

Australien, Tasmanien, Neu-Guinea, Neu-Seeland, Südafrika, Madagaskar, Ceylon.

2 Subspecies mit 4 Varietäten:

13a. **C. (C.) w. westwoodi** (Newp.) 1903 *C. w.*, Kraepelin in: Mt. Mus. Hamburg, *v.* 20 p. 200.

$6^1/_2$—10 Grundglieder der Antennen kahl. Seitliche Berandung der Tergite im (7. selten) 8., 9. oder noch weiter hinten, bis 13. oder 14. Tergit, beginnend. 1.—20. Beinpaar mit Klauenspornen, Endbeine meist ohne Klauensporne; Endklaue unten schneidig zugeschärft, kürzer als der 2. Tarsus, sehr fein gesägt. Letztes Tergit mit oder ohne Medianfurche.

Australien, Tasmanien, Neu-Guinea, Neu-Seeland, Südafrika, Pemba.

13a. *α*. **C. (C.) w. w. var. westwoodi** (Newp.)

Letztes Tergit mit Medianfurche.

Australien, Tasmanien, Neu-Guinea, Neu-Seeland, Südafrika, Pemba.

C. (C.) foecundus Newp. 1845 *C. f.*, Newport in: Tr. Linn. Soc. London, *v.* 19 p. 421 | 1847 *Scolopendra foecunda*, P. Gervais in: Walckenaer, Hist. Apt., *v.* 4 p. 272 | 1876 *Cormocephalus monilicornis*, Porat in: Bih. Svenska Ak., *v.* 4 nr. 7 p. 16 | 1881 *C. foecundus*, Kohlrausch in: Arch. Naturg., *v.* 47 I p. 86 | 1887 *C. f.*, E. Haase in: Abh. Mus. Dresden, nr. 5 p. 60 t. 4 f. 60 | 1903 *C. westwoodi* var. *f.*, Kraepelin in: Mt. Mus. Hamburg, *v.* 20 p. 201 | 1916 *C. w.* var. *f.*, Kraepelin in: Ark. Zool., *v.* 10 nr. 2 p. 13.

Die seitliche Berandung der Tergite beginnt meist erst im 13. oder 14. Tergit, doch zuweilen auch schon im 11., 10. oder 9. Tergit, so daß keine Trennung von *C. westwoodi* var. *westwoodi* möglich ist. Letztes Tergit mit Medianfurche. Fällt mit var. *westwoodi* zusammen.

Ost-Australien.

13a. *β*. **C. (C.) w. w. var. huttoni** Poc. 1878 *C. violaceus*, F. W. Hutton in: Tr. N. Zealand Inst., *v.* 10 p. 289 | 1893 *C. huttoni*, Pocock in: Ann. nat. Hist., ser. 6 *v.* 11 p. 128 | 1903 *C. h.*, Kraepelin in: Mt. Mus. Hamburg, *v.* 20 p. 202 | 1916 *C. westwoodi* var. *h.*, Kraepelin in: Ark. Zool., *v.* 10 nr. 2 p. 13 | 1921 *C. violaceus*, Archey in: Tr. N. Zealand Inst., *v.* 53 p. 194.

Letztes Tergit ohne Medianfurche.

Neu-Seeland, Südaustralien (Victoria).

13b. **C. (C.) westwoodi dispar** Por. 1872 *C. d.*, Porath in: Öfv. Ak. Förh., *v.* 28 p. 1155 | 1872 *C. longicornis*, Porath, ibid., p. 1159 | 1893 *C. dispar*, Porat in: Bih. Svenska Ak., *v.* 18 nr. 7 p. 7 | 1902 *C. crudelis*, Saussure & Zehntner in: Hist. Madag., *v.* 27 (Myr.) p. 312 | 1903 *C. dispar*, Kraepelin in: Mt. Mus. Hamburg, *v.* 20 p. 202 | 1928 *C. d.*, Attems in: Ann. S. Afr. Mus., *v.* 26 p. 99.

7—13, selten 5—6 Grundglieder der Antennen kahl. Seitliche Berandung der Tergite im 3.—5. selten erst vom 7. Tergit beginnend. 1.—20. Beinpaar mit oder ohne Klauensporne. Endbeine meist ohne, selten mit Klauenspornen. Letztes Tergit mit Medianfurche. Präfemur der Endbeine ventral-lateral manchmal einseitig mit 2 + 3 Dornen (Fig. 86, 2, 3, 17, 22, 25, 31).

Südafrika: Kapkolonie, Transvaal, Natal, Rhodesia. Madagaskar. Ceylon.

13b. *α*. **C. (C.) w. d. var. dispar** Por. 1903 *C. d.*, Kraepelin in: Mt. Mus. Hamburg, *v.* 20 p. 202.

1.—20. Beinpaar mit Klauenspornen.

Südafrika (Kap, Transvaal, Natal, Rhodesia).

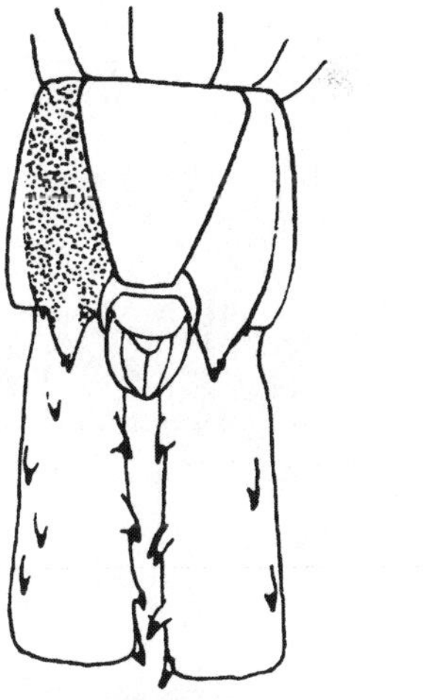

Fig. 86. **Cormocephalus westwoodi dispar** Por.

C. (C.) sarasinorum Haase 1887 *C. s.*, E. Haase in: Abh. Mus. Dresden, nr. 5 p. 63 | 1903 *C. dispar* var. *s.*, Kraepelin in: Mt. Mus. Hamburg, *v.* 20 p. 203.

Unterscheidet sich von var. *dispar* nur dadurch, daß der distale Dorn der ventral-medialen Reihe des Endbeinpräfemur nahe dem distalen Rande, unter dem Eckdorn steht, während er sich bei den typischen *dispar* meist in oder nahe der Mitte des Präfemur befindet. Aber Übergangsformen in Madagaskar, bei denen er dem Ende genähert ist, machen selbst eine eigene Varietät für diese Form unmöglich.

13b. β. C. (C.) w. d. var. **fangaroka** Sauss. & Zhnt. 1902 *C. f.*, Saussure & Zehntner in: Abh. Senckenb. Ges., *v.* 26 p. 432 | 1902 *C. f.*, Saussure & Zehntner in: Hist. Madag., *v.* 27 (Myr.) p. 316 t. 2 f. 10 | 1922 *C. dispar f.*, Brolemann in: Bull. Soc. zool. France, *v.* 47 p. 224.

Alle Beine ohne Klauensporne.

Madagaskar, Nossibé.

14. C. (C.) **mecistopus** Brol. 1922 *C. m.*, Brolemann in: Bull. Soc. zool. France, *v.* 47 p. 227.

Länge 83 mm, Breite 7 mm. Kopf zerstreut fein punktiert, mit abgekürzten, sehr feinen Längsfurchen. Antennen lang, 17gliedrig, 11 Grundglieder kahl. Kieferfußhüften ohne wellige Querfurche, 4 + 4 Hüftzähne. Tergite vom 2. mit vollständigen Längsfurchen und mit niedrigem Mediankiel. Seitliche Berandung vom 3. Tergit an. Letztes Tergit mit in der Mitte unterbrochener Medianfurche. Endsternit länger als breit, nach hinten verjüngt. Coxopleuren mit schlankkegeligem, 2spitzigem Fortsatz; am Hinterrand ein Dörnchen; Porenarea bis an die Basis des Fortsatzes und den Hinterrand reichend. 1.—20. Beinpaar mit Klauenspornen. Endbeine sehr lang und schlank = 1/3 der Körperlänge; Präfemur 4mal so lang wie dick, ventral-lateral mit 2 + 3, ventral-medial mit 2, medial 2, oben-medial 2 Dornen; Eckdorn 2spitzig.

Madagaskar, Tananarivo.

15. C. (C.) **spinulosus** Att. 1928 *C. s.*, Attems in: Zool. Anz., *v.* 78 p. 290 f. 9.

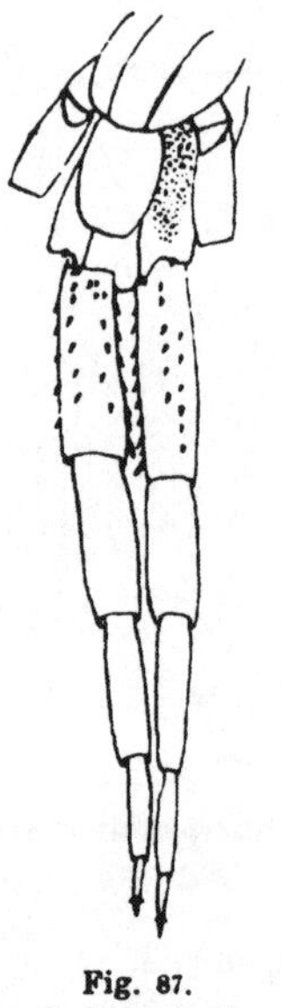

Fig. 87.
Cormocephalus spinulosus Att.

Einfarbig lehmgelb. Länge bis 65 mm. Kopf fein punktiert mit 2 abgekürzten Längsfurchen. Keine Basalplatten sichtbar. Antennen 18gliedrig, 11 Grundglieder kahl. Kieferfußhüften sehr schwach punktiert, mit 4 + 4 Zähnen. 1. Tergit ungefurcht und nicht punktiert, 2.—20. Tergit mit 2 vollständigen Längsfurchen, letztes Tergit mit vollständiger Medianfurche, ohne Grübchen; seitliche Berandung vom 9. Tergit an. 2.—20. Sternit mit 2 vollständigen Längsfurchen und kleinem medialem Längsgrübchen, sehr fein punktiert. Letztes Sternit länger als breit, nach hinten verjüngt, abgestutzt. Alle Beine mit 2 Klauenspornen. Coxopleurenfortsatz schlank-kegelig, 2spitzig, am Hinterrand ein Dorn, Porenarea den Hinterrand des Sternits etwas überragend, läßt den Fortsatz und einen Streif medial frei. Endbeine (Fig. 87) lang und schlank (13 mm lang bei 65 mm Körperlänge); Präfemur ventral mit wulstrandiger Grube, ventral-lateral mit 5 + 6 oder 6 + 6 Dornen, ventral-medial und medial zusammen 11 Dornen, oben-medial 2 Dornen, Eckdorn 2spitzig. Klaue klein, unten ausgehöhlt zweikantig.

Deutsch-Südwestafrika, Okasise bei Okahandja.

16. **C. (C.) anceps** Por. 1872 *C. a.*, Porath in: Öfv. Ak. Förh., *v.* 28 p. 1157 | 1903 *C. a.*, Kraepelin in: Mt. Mus. Hamburg, *v.* 20 p. 208 | 1928 *C. a.*, Attems in: Ann. S. Afr. Mus., *v.* 26 p. 101.

Olivengrün, Kopf, 1. und letztes Tergit gelbrot. Länge bis 60 mm. Kopf fein punktiert, mit abgekürzten Längsfurchen und Basalplatten. Antennen 17gliedrig, meist 11—16, selten nur 8—10 Grundglieder kahl. Kieferfußhüften fein punktiert, Zahnplatten länger als breit, jede mit 3—4 Zähnen. 2.—20. Tergit mit vollständigen Längsfurchen. Letztes Tergit mit Medianfurche. Seitliche Berandung vom 10.—17. Tergit beginnend. 2.—20. Sternit mit 2 vollständigen Längsfurchen, letztes Sternit etwas länger als breit, nach hinten schwach verjüngt, gestutzt. Coxopleuren mit kurzem, kegelförmigem, 2spitzigem Fortsatz, am Hinterrand ein Dorn; Porenarea ziemlich schmal, aber fast bis an den Hinterrand reichend. Endbeine dicker und verhältnismäßig kürzer als bei *spinulosus*. Endbeinpräfemur ventral-lateral meist mit 2 + 3, seltener mit 3 + 3 oder 3 + 5 Dornen, ventral-medial und medial zusammen 4—6 Dornen, dorsal-medial 2 Dornen, Eckdorn 2spitzig (Fig. 88). Endklaue mit oder ohne Klauensporne, unten ausgehöhlt zweikantig.

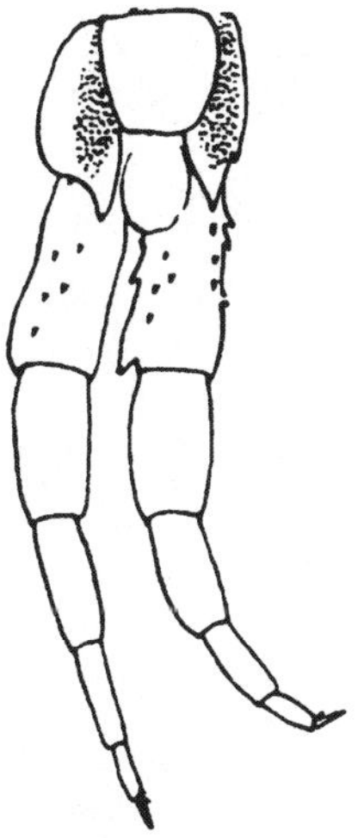

Fig. 88.
Cormocephalus anceps Por.

Kapland.

2 Unterarten:

16a. **C. (C.) a. anceps** Por.

Endbeine mit Klauenspornen.

Kapland.

16b. **C. (C.) a. segnis** Att. 1928 *C. a. s.*, Attems in: Ann. S. Afr. Mus., *v.* 26 p. 101.

Endbeine ohne Klauensporne. Meist einfarbig gelb, aber zuweilen auch wie *anceps anceps* gefärbt. Endbeinpräfemur ventral-lateral meist mit 3 + 3, aber auch 2 + 2, 2 + 3, 3 + 4, 4 + 4, 3 + 5 Dornen.

Kapland.

17. **C. (C.) mecutinus** Att. 1928 *C. m.*, Attems in: Zool. Anz., *v.* 78 p. 284, 291.

Olivgrün. Länge 40 mm. Kopf dicht fein punktiert, mit abgekürzten Längsfurchen und Basalplatten. Antennen 17gliedrig, 7 Grundglieder kahl. Kieferfußhüften dicht fein punktiert, vorn eine kurze Medianfurche, Zahnplatten lang und schmal mit 4 Zähnen, die 2 medialen verwachsen. Tergite sehr fein punktiert, 2.—20. mit vollständigen Längsfurchen, letztes mit Medianfurche, seitliche Berandung vom 18. Tergit an. 2.—20. Sternit mit vollständigen Längsfurchen, ohne Mediangrübchen, äußerst fein punktiert. Endsternit länger als breit, nach hinten verschmälert, abgestutzt-gerundet. 1.—20. Beinpaar mit 2 Klauenspornen. Coxopleuren mit schlankem, spitzkegeligem, 2spitzigem Fortsatz; Porenarea groß, nur den Fortsatz selbst frei lassend; am Hinterrand kein Dorn. Präfemur der Endbeine 3—4mal so lang wie breit, ventral mit wulstrandiger Grube, ventral-lateral 9—11 Dornen in 2—3 Reihen, ventral-medial und medial zusammen 12—14 Dornen, oben-medial 2—5 Dornen (Fig. 89), Eckdorn 1- bis 2spitzig. Endkralle merklich kürzer als der 2. Tarsus, ohne Klauensporne.

Landschaft Mecutine in Mozambique.

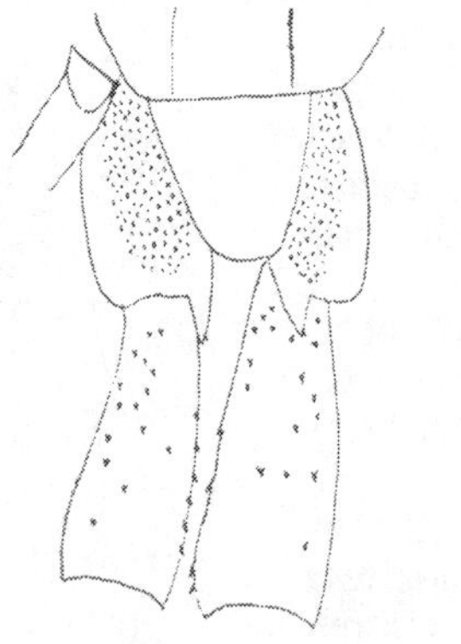

Fig. 89.
Cormocephalus mecutinus Att.

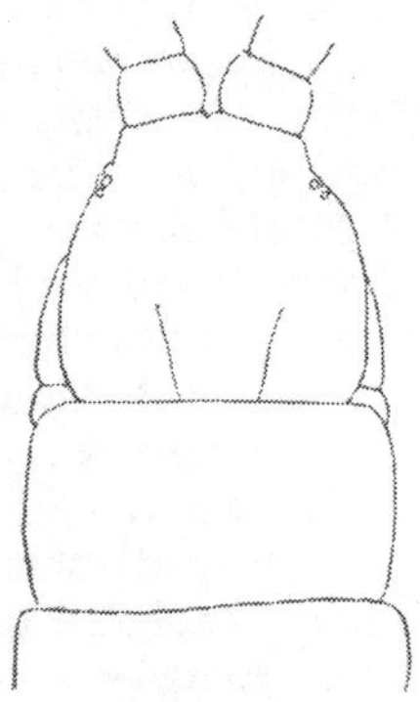

Fig. 90.
Cormocephalus humilis Att.

18. **C. (C.) humilis** Att. 1928 *C. h.*, Attems in: Zool. Anz., *v.* 78 p. 294 f. 10—12.

Lehmfarben mit einem Stich ins Olivengrünliche. Länge 33 mm, Breite 2,5 mm. Kopf fein punktiert, mit abgekürzten Längsfurchen, ohne Basalplatten (Fig. 90). Antennen 17gliedrig, 6 Grundglieder kahl. Kieferfußhüften ohne Medianfurche, mit sehr seichter welliger Querfurche, 4 + 4 Zähne. Tergite sehr fein punktiert, 2.—20. mit vollständigen Längsfurchen, letztes Tergit

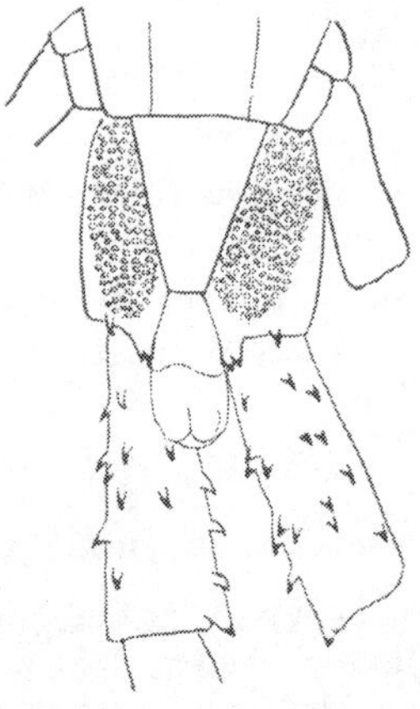

Fig. 91.
Cormocephalus humilis Att.

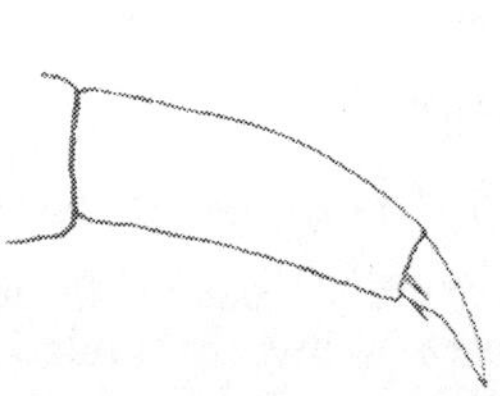

Fig. 92.
Cormocephalus humilis Att. Endbein.

mit durchgehender Medianfurche, hinten rechtwinklig; die seitliche Berandung beginnt auf dem 17. Tergit. 2.—20. Sternit mit Längsfurchen, letztes Sternit lang und schmal, vorn schmäler als lang, nach hinten verjüngt, abgestutzt. Coxopleuren mit kurzem, kegeligem, 2spitzigem Fortsatz; in der Mitte des Hinterrandes ein kräftiger Dorn; Porenarea breit, vorn bis an den Seitenrand reichend, in der distalen Hälfte bleibt lateral, medial und am Endrand ein Streif porenfrei (Fig. 91). Endbeine verdickt, Präfemur ventral-lateral mit

8 sehr kräftigen Dornen in 3 etwas unregelmäßigen Reihen zu 3, 2, 3 oder 4, 1, 3; ventral-medial und medial 8, dorsal-medial 2 Dornen: Eckdorn einfach. Endklaue kürzer als der 2. Tarsus (Fig. 92). Alle Beinpaare mit 2 Klauenspornen.

Sansibar.

19. C. (C.) **brevicornis** Krpln. 1903 *C. b.*, Kraepelin in: Mt. Mus. Hamburg, *v.* 20 p. 206 | 1911 *C. b.*, Attems in: Rev. Suisse Zool., *v.* 19 p. 271.

Lehmgelb. Länge 43 mm. Kopf grob punktiert, mit abgekürzten Längsfurchen und großen Basalplatten. Antennen 17gliedrig, bis zum Ende des 1. Tergits reichend; 6—7 Grundglieder kahl. 1. und letztes Tergit punktiert, 2.—20. mit vollständigen Längsfurchen, seitliche Berandung vom 15. Tergit an, Endtergit mit Medianfurche. Kieferfußhüften vorn mit abgekürzter Medianfurche, jede mit 2—4 Zähnen. 2.—20. Sternit mit Längsfurchen, letztes fast parallelrandig, hinten fast halbkreisförmig gerundet. 1.—20. Beinpaar mit Klauenspornen. Coxopleuren mit ziemlich schlankem, kegelförmigem, 2spitzigem Fortsatz, seitlich mit Randdorn; Porenarea breit, den Hinterrand der Coxopleure erreichend. Präfemur der Endbeine doppelt so lang wie breit, ventral-lateral mit 3 + 3, ventral-medial 3—4, medial 2—3, dorsal-medial 2 Dornen, Eckdorn 2spitzig. Endklaue ohne Klauensporne.

Südafrika: Kapland, Transvaal, Rhodesia; Mabira im Zentralafrikanischen Seengebiet.

20. C. (C.) **ferox** Sauss. & Zhnt. 1902 *C. f.*, Saussure & Zehntner in: Hist. Madag., *v.* 27 (Myr.) p. 320 | 1903 *C. f.*, Kraepelin in: Mt. Mus. Hamburg, *v.* 20 p. 207 f. 136.

Bleich olivgelb, Kopf und 1. Tergit rotbraun. Länge 40 mm. Kopf ziemlich grob punktiert, mit Längsfurchen und Basalplatten. Antennen 17gliedrig, Glieder kurz, 6 Grundglieder kahl. Kieferfußhüften schwach punktiert, ohne Querfurche, 4 + 4 Zähne. 2.—20. Tergit mit Längsfurchen, vom 4.—6. bis 19. Tergit ein flacher Mediankiel. Letztes Tergit mit schwacher Medianfurche. Berandung vom 3. oder 5. Tergit an. 2.—20. Sternit mit Längsfurchen, letztes etwas länger als breit, verjüngt, hinten gerade abgestutzt. Coxopleurenfortsatz schlank, fast zylindrisch, 2spitzig; am Hinterrand ein Dorn. Präfemur der Endbeine ventral-lateral mit 2 + 3, ventral-medial 2—3, medial 1—2, dorsal-medial 2 Dornen, Eckdorn 2spitzig. Endklaue ohne Klauensporne.

Südl. Zentral-Madagaskar.

21. C. (C.) **elegans** Krpln. 1903 *C. e.*, Kraepelin in: Mt. Mus. Hamburg, *v.* 20 p. 206.

Gelb bis olivbraun. Länge bis 85 mm. Kopf mehr oder weniger punktiert mit abgekürzten Längsfurchen, mit oder ohne Basalplatten. Antennen 17gliedrig, 6—8 Grundglieder kahl. Kieferfußhüften punktiert, ohne Querfurche, 3—4 Zähne jederseits; die Grundfurchen der Zahnplatten bilden einen stumpfen Winkel. Tergite fein punktiert, das 1. ungefurcht, 2.—20. mit Längsfurchen, letztes Tergit mit Medianfurche; die seitliche Berandung beginnt vom 7.—18. Tergit. 1.—20. Beinpaar mit 2 Klauenspornen. Coxopleurenfortsatz kegelförmig, am Ende 2spitzig, am Hinterrand der Coxopleuren ein Dorn; Porenarea breit, das Sternit hinten überragend. Präfemur der Endbeine ventral-lateral mit 2 Reihen von Dornen (2 + 3 selten 2 + 2), ventral-medial mit 2—3, medial und oben-medial je 1—2 Dornen; Eckdorn 1- oder 2spitzig. Endklaue der Endbeine lang, fast so lang wie der 2. Tarsus, ohne Klauensporne, unten fein gesägt.

Südafrika, Madagaskar, Comoren.

21a. **C. (C.) e. elegans** Krpln. 1903 *C. e.*, Kraepelin in: Mt. Mus. Hamburg, *v.* 20 p. 206 | 1928 *C. e.*, Attems in: Ann. S. Afr. Mus., *v.* 26 p. 102.

Olivbräunlich bis gelb, Kopf, 1. Tergit und Hinterende gelbrot bis braunrot. Länge 85 mm. Kopf und Tergite ziemlich dicht punktiert, ersterer mit abgekürzten Längsfurchen und kleinen Basalplatten. Antennen 17gliedrig, die Glieder länger als breit, 6—8 Grundglieder kahl. Kieferfußhüften grob punktiert, ohne Querfurche, jede mit 3 oder 4 Zähnen. 2.—20. Tergit mit Längsfurchen, ohne Mediankiel, letztes Tergit mit Medianfurche; seitliche Berandung vom 7.—10. Tergit beginnend. 2.—20. Sternit mit Längsfurchen, ohne Mediangruben, letztes so lang wie breit, stark verjüngt, hinten gestutzt-gerundet. 1.—20. Beinpaar mit Klauenspornen. Coxopleuren mit kegelförmigem, 2spitzigem Fortsatz, hinten mit Seitendorn. Endbeinpräfemur ventral mit flacher wulstrandiger Grube, ventral-lateral mit 2 + 3 (selten 2 + 2), ventral-medial mit 2—3, medial mit 1—2, dorsal-medial mit 1 bis 2 Dornen. Eckdorn 2spitzig. Endklaue lang, fast so lang wie der 2. Tarsus, ohne Klauensporne, unten schneidig zugeschärft, sehr fein gesägt.

Südafrika, Madagaskar, Comoren.

21a. α. **C. (C.) e. e. var. elegans** Krpln.

Coxopleurenfortsatz kegelförmig. Endsternit so lang wie breit. Tibia und Tarsen der Endbeine nicht behaart.

Transvaal, Natal, Kapland, Kalahari.

21a. β. **C. (C.) e. e. var. gracilipleurus** Krpln. 1903 *C. e.* var. *g.*, Kraepelin in: Mt. Mus. Hamburg, *v.* 20 p. 207.

Coxopleurenfortsatz schlank, fast zylindrisch. Endsternit länger als breit. Tarsen und Tibia der Endbeine kurz abstehend behaart.

Madagaskar, Ankoraka; Gr. Comoro.

21b. **C. (C.) e. zuluinus** Att. 1928 *C. e. z.*, Attems in: Zool. Anz., *v.* 78 p. 294.

Lehmgelb. 32 mm lang (juv.). Kopf fein und sehr seicht punktiert, hinten mit 2 bis zur Mitte reichenden nach vorn etwas divergierenden Längsfurchen, ohne Basalplatten. Antennen 17gliedrig, 8 Grundglieder dorsal kahl, seitlich und unten beginnt die Behaarung schon etwas früher. Die seitliche Berandung der Tergite beginnt erst auf dem 18. Tergit. Endsternit bedeutend länger als breit, nach hinten deutlich verschmälert, hinten gerade abgestutzt. Porenarea der Coxopleuren groß, den Hinterrand des Sternits sehr merklich überragend, seitlich bis an die Furche reichend; der Fortsatz und ein ziemlich schmaler Streif am Hinterrand der Coxopleure bleiben porenfrei. Endbeine sehr dick, besonders Präfemur und Femur. Präfemur ventral-lateral mit 2 + 3, ventral-medial 3, medial und oben 2 Dornen, alle Dornen sehr klein. Eine wulstrandige Einsenkung vorhanden. Eckdorn 1—2spitzig. Endbeine ohne Klauensporne. Klaue fein gesägt.

Zululand, Umtuli River.

22. **C. (C.) calcaratus** Por. 1872 *C. c.*, Porath in: Öfv. Ak. Förh., *v.* 28 p. 1159 | 1903 *C. c.*, Kraepelin in: Mt. Mus. Hamburg, *v.* 20 p. 209 | 1928 *C. c.*, Attems in: Ann. S. Afr. Mus., *v.* 26 p. 100.

Olivgelb bis olivbräunlich, vorn und hinten oft mehr gelblich, Beine gelb. Länge 40 mm. Kopf punktiert mit abgekürzten Längsfurchen und Basalplatten. Antennen 17gliedrig, 5—6 Grundglieder kahl. Kieferfußhüften punktiert, ohne Querfurche, 3—4 Zähne. 1. Tergit zuweilen mit 2 kurzen Furchen vorn; 2.—20. Tergit mit vollständigen Längsfurchen, letztes ohne Medianfurche; seitliche Berandung vom 10. oder 11. Tergit an. 2.—20. Sternit mit Längsfurchen, letztes verjüngt, hinten gestutzt. Coxopleuren mit kurzem, kegelförmigem, 2spitzigem Fortsatz, am Hinterrand kein Dorn. Porenarea den Hinterrand ziemlich erreichend. Präfemur der Endbeine 3mal so lang wie breit, ventral-lateral mit 3 + 4 bis 4 + 5, ventral-medial mit 3 bis 4 Dornen; die laterale und mediale Gruppe treffen an der Basis meist zusammen; medial 3—4, dorsal-medial 2 große Dornen; Eckdorn 2spitzig. Endbeine mit Klauenspornen. Stigmen kurz dreieckig.

Kapland.

23. C. (C.) **aeruginosus** Att. 1928 *C. a.*, Attems in: Ann. S. Afr. Mus., *v.* 26 p. 100.

Einfarbig strohgelb. Länge 55 mm. Breite 4 mm. Kopf mit abgekürzten Längsfurchen und Basalplatten. Antennen 17gliedrig, 9 Grundglieder kahl. 4 + 4 Kieferfußhüftzähne, die medialen jeder Seite ± verwachsen, keine Querfurche. Vordere Tergite äußerst fein punktiert, diese Punktierung hört allmählich auf; 1. Tergit mit 2 ganz kurzen Strichen vorn, in Verlängerung der Kopffurchen; 2.—20. Tergit mit vollständigen Längsfurchen; letztes Tergit ohne Medianfurche; seitliche Berandung vom 10. bis 12. Tergit beginnend. 2.—20. Sternit mit Längsfurchen. Letztes Sternit trapezisch, hinten gerade abgestutzt. Coxopleuren mit kurzem, kegeligem, gewöhnlich 2spitzigem Fortsatz, der manchmal unbewehrt ist, hinten meist ein Dorn; Porenarea groß, vorn die seitliche Furche, hinten den Endrand erreichend. Endbeinpräfemur ventral mit seichter, wulstrandiger Grube; ventral-lateral gewöhnlich 2 + 2 bis 2 + 3, ventral-medial 4—5, medial und oben 2, 3 Dornen. Eckdorn 2spitzig. Endklaue mit Klauenspornen, unterseits schneidig zugeschärft aber bedeutend kürzer als der 2. Tarsus. Stigmen länglich dreieckig.

Kapland.

24. C. (C.) **nitidus** Por. 1872 *C. n.*, Porath in: Öfv. Ak. Förh., *v.* 28 p. 1154 | 1903 *C. n.*, Kraepelin in: Mt. Mus. Hamburg, *v.* 20 p. 210.

Olivgrün oder gelbgrün. Länge bis 115 mm. Kopf mit abgekürzten Längsfurchen und Basalplatten. Antennen 17gliedrig, 5—14 Grundglieder kahl. 4 + 4 Kieferfußhüftzähne. 1. Tergit ungefurcht; 2. und 3. Tergit mit vollständigen oder mit abgekürzten, 4.—20. Tergit mit vollständigen Längsfurchen; letztes Tergit ohne Medianfurche, seitliche Berandung vom 5. bis 15. Tergit beginnend. 2.—20. Sternit mit 2 Längsfurchen. Coxopleurenfortsatz kurz kegelförmig, am Ende 2spitzig; Porenarea breit, den Sternithinterrand überragend. Endbeine von mittlerer Länge, Präfemur $2^1/_2$ bis 4mal so lang wie breit, ventral-lateral mit 2 Längsreihen von Dornen, meist 2 + 3, seltener 1 + 3 oder 3 + 3, ventral-medial 1—4, medial 1—3, obenmedial 1—2 Dornen. Eckdorn 2spitzig. Endklaue ohne Klauensporne.

Südafrika: Kapland, Transvaal. Mozambique. Madagaskar.

2 Subspecies und 1 Varietät.

24a. **C. (C.) n. nitidus** Por. 1872 *C. n.*, Porath in: Öfv. Ak. Förh., *v.* 28 p. 1154 | 1872 *C. Victorini*, Porath, ibid., p. 1156 | ?1886 *C. ambiguus*, Meinert in: P. Amer. phil. Soc., *v.* 23 p. 207 | 1902 *C. formidandus*, Saussure & Zehntner in: Hist. Madag., *v.* 27 (Myr.) p. 319 | 1903 *C. nitidus*, Kraepelin in: Mt. Mus. Hamburg, *v.* 20 p. 210 f. 138 | 1928 *C. n.*, Attems in: Ann. S. Afr. Mus., *v.* 26 p. 100.

Olivgrün oder gelbgrün. Kopf, Antennen, Beine und gewöhnlich auch 1. und letztes Tergit rötlich. Länge gewöhnlich bis 80 mm, manchmal bis 105 mm. Kopf punktiert mit abgekürzten Längsfurchen und Basalplatten. Antennen 17gliedrig, 5—14 Grundglieder kahl. Kieferfußhüften grob punktiert mit kurzer Medianfurche und feiner Querfurche, 4 + 4 Zähne, die 3 medialen ± verschmolzen. 2.—20. Tergit mit vollständigen Längsfurchen, letztes ohne Medianfurche, seitliche Berandung vom 8.—15. Tergit beginnend. 2. bis 20. Sternit mit Längsfurchen und manchmal mit schwachen Mediangruben; letztes Sternit kürzer als breit, verjüngt, hinten flach abgerundet oder gestutzt. Coxopleuren mit kurzem, kegelförmigem, 2spitzigem Fortsatz, hinten mit oder ohne Seitendorn, Porenarea den Hinterrand erreichend. Präfemur der Endbeine ventral-lateral mit 2 + 3 (selten 1 + 3 oder 3 + 3), ventral-medial mit 1—4, gewöhnlich 3, medial 1—2, oben-medial 1—2 Dornen; Eckdorn 2spitzig. Endklaue ohne Klauensporne. 1.—20. Beinpaar mit Klauenspornen. Stigmen der beintragenden Segmente 3, 5 und 7 sehr groß.

Südafrika, Mozambique, Madagaskar.

24a. α. **C. (C.) n. n. var. nitidus** Por.

5—7 Grundglieder der Antennen kahl.

Südafrika (Transvaal), Madagaskar.

24a. β. **C. (C.) n. n. var. calvus** Att. 1928 *C. n. c.*, Attems in: Ann. S. Afr. Mus., *v.* 26 p. 101.

(9)10—14 Grundglieder der Antennen kahl, im übrigen mit der Hauptform übereinstimmend.

Kapland, Mozambique.

24b. **C. (C.) n. willsii** Poc. 1891 *C. w.*, Pocock in: Ann. nat. Hist., ser. 6 *v.* 7 p. 63 | 1902 *C. arantsoae*, Saussure & Zehntner in: Hist. Madag., *v.* 27 (Myr.) p. 317 | 1902 *C. gracilipes*, Saussure & Zehntner, ibid., p. 321 | 1903 *C. nitidus* var. *willsii*, Kraepelin in: Mt. Mus. Hamburg, *v.* 20 p. 210.

6—10 Grundglieder der Antennen kahl. Die seitliche Berandung der Tergite beginnt im 5.—7. Tergit. 1. Tergit ungefurcht, 2. Tergit mit schwachen abgekürzten, 3. Tergit ebenfalls mit noch unvollständigen, 4.—20. Tergit mit vollständigen Längsfurchen. Präfemur der Endbeine schlanker, 3—4 mal so lang wie breit, ventral-lateral mit 2 + 3, ventral-medial mit 2, medial mit 2—3, dorsal-medial mit 2 Dornen. Eckdorn 2spitzig. Endbeine meist ohne Klauensporne.

Madagaskar.

25. **C. (C.) multispinus** (Krpln.) 1903 *Hemicormocephalus m.*, Kraepelin in: Mt. Mus. Hamburg, *v.* 20 p. 211 f. 139, 140.

Olivfarben. Länge 40 mm. Kopf dicht punktiert, die Längsfurchen nur schwach angedeutet, Basalplatten deutlich. Antennen 17gliedrig, nur bis zum Ende des 1. Tergits reichend, 6—7 Grundglieder kahl. Kieferfußhüften ohne Medianfurche, 3—4 Zähne. 1. Tergit dicht punktiert, 2. bis 20. Tergit mit vollständigen Längsfurchen, ohne Mediankiel, letztes Tergit mit Medianfurche; seitliche Berandung vom 16. Tergit an. 2.—20. Sternit mit Längsfurchen und schwachem, medianem Längseindruck. Letztes Sternit etwa $1\,^1/_3$ mal so lang wie breit, verjüngt, hinten flachbogig abgeschnitten. Alle Beine mit Klauenspornen. Coxopleuren mit kurzem, kegelförmigem Fortsatz, der 5—6 Dornen trägt (Fig. 93); am Hinterrand ein Seitendorn. Endbeinpräfemur 3 mal so lang wie breit, ventral-lateral mit 2 Reihen von je 5 Dornen, ventral-medial eine Reihe von 3—5, medial eine schräge Reihe von 6 Dornen, dorsal-medial 3—4 Dornen, Eckdorn 1—2spitzig. Stigmen kurz dreieckig.

Südafrika, Port Durban.

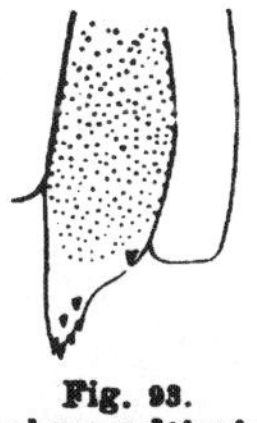

Fig. 93.
Cormocephalus multispinus (Krpln.)
Coxopleure.

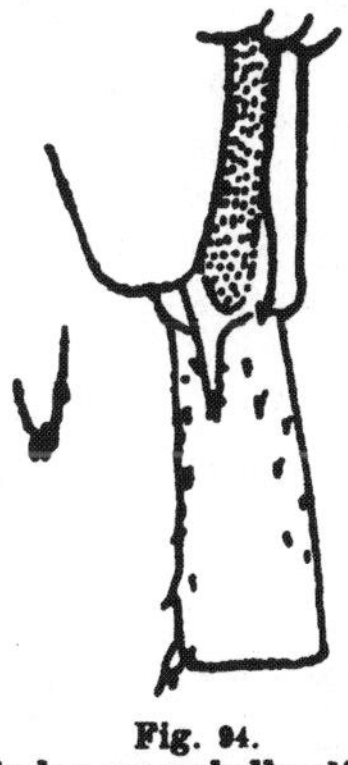

Fig. 94.
Cormocephalus novaehollandiae (Krpln.)

26. **C. (C.) novaehollandiae** (Krpln.) 1908 *Hemicormocephalus n.*, Kraepelin in: Fauna S.W.-Austral., v. 2 p. 122 t. 12 f. 17.

Bleichgrün, Kopf, 1., 2. und letztes Tergit hellweißlich-gelbgrünlich. Länge 32 mm. Breite $2\,^1/_4$ mm. Kopf kaum punktiert, mit abgekürzten Längsfurchen und Basalplatten. Antennen 17gliedrig, kurz, bis zum Anfang des 2. Tergits reichend, 6 Grundglieder kahl. Kieferfußhüften glatt, mit Querfurchen, 4 + 4 Zähne. 2.—20. Tergit mit vollständigen Längsfurchen; letztes Tergit mit Medianfurche; seitliche Berandung im 12. oder 13. Tergit beginnend. 2.—20. Sternit mit Längsfurchen, letztes wenig länger als breit, verjüngt, hinten gestutzt-gerundet. Coxopleurenfortsatz spitz, am Ende 3 starke Dornen, etwas tiefer 2 kleinere Dornen; am Hinterrand ein Dörnchen; Porenarea oval, den Hinterrand, aber nicht den Medial- und Lateralrand, erreichend (Fig. 94). Präfemur der Endbeine $2\,^1/_2$ mal so lang wie breit, ventral-lateral mit 3 + 4, ventral-medial mit einer Reihe von 4—5 Dörnchen, medial 1—2, dorsal-medial in der Mitte ein Dörnchen, Eckdorn 2spitzig. Klauen der Endbeine kurz, halb so lang wie der 2. Tarsus mit Spornen.

Subiaco bei Perth, Fremantle, Südwestaustralien.

27. **C. (C.) pontifex** Att. 1928 *C. p.*, Attems in: Ann. S. Afr. Mus., v. 26 p. 95.

Einfarbig lehmgelb. Länge 40 mm. Kopf nicht merklich punktiert, mit abgekürzten Längsfurchen und Basalplatten. Antennen 17gliedrig, 4 bis 6 Grundglieder kahl. 4 + 4 Kieferfußhüftzähne. Tergite vom 2.—5. an mit Längsfurchen, die auf dem 2. oder 2. und 3. oder 3. und 4. unterbrochen bis ganz undeutlich sind; vom 5. an durchlaufend. 1. Tergit ungefurcht, letztes mit Medianfurche. Seitliche Berandung vom 10.—12. an. Sternite 2.—20. glatt, mit Längsfurchen. Coxopleurenfortsatz lang und schlank,

2spitzig; am Hinterrand ein Dorn; Porenarea den Hinterrand des Sternits nicht überragend, ein breiter Streif am Hinterende der Coxopleuren porenfrei. Präfemur ventral-lateral mit 2 + 2 oder 1 + 2, einmal auch 4 + 2 Dornen.

Vryburg, Bechuanaland, Südafrika.

28. **C. (C.) esulcatus** Poc. 1901 *C. e.*, Pocock in: Ann. nat. Hist., ser. 7 *v.* 8 p. 458.

Olivgrünlich oder -bräunlich. Länge bis 56 mm. Kopf mehr oder weniger punktiert mit abgekürzten Längsfurchen und Basalplatten. Antennen 17gliedrig, 5 oder 6 Grundglieder kahl. 4 + 4 getrennte oder ± verschmolzene Kieferfußzähne. 1. Tergit ungefurcht, 2. und 3. Tergit ebenso oder mit kurzen Furchen vorn, 4.—6. oder 7. Tergit mit unterbrochenen Furchen, vom 7. oder 8. an sind die Furchen vollständig. 21. Tergit ohne Medianfurche. Seitliche Berandung vom 8.—13. an beginnend. 2.—20. Sternit mit 2 Längsfurchen, 21. nach hinten verjüngt. Coxopleurenfortsatz am Ende 2spitzig; Porenarea schmal, schmäler als der glatte Rand, den Hinterrand des Sternits nicht oder gerade erreichend ohne ihn zu überragen. Präfemur der Endbeine dick, ventral-lateral mit 4—5 Dornen in 2 Reihen, ventral-medial + medial mit 6—10 Dornen. Eckdorn 2spitzig; Endklaue kürzer als der 2. Tarsus, mit oder ohne Sporne.

Südaustralien, Südafrika.

3 Subspecies.

28a. **C. (C.) e. esulcatus** Poc. 1901 *C. e.*, Pocock in: Ann. nat. Hist., ser. 7 *v.* 8 p. 458 | 1903 *C. e.*, Kraepelin in: Mt. Mus. Hamburg, *v.* 20 p. 195 f. 130.

Dunkelolivgrün bis olivbräunlich. Kopf und 1. Tergit gelbbräunlich. Beine grünlichgelb. Länge 56 mm. Kopf grob punktiert, mit abgekürzten Längsfurchen und Basalplatten. Antennen 17gliedrig, kurz, 6 Grundglieder kahl. Kieferfüße grob punktiert, Hüften mit kurzer Medianfurche vorn, 4 + 4 getrennte Zähne. Tergite grob punktiert, 1.—3. ungefurcht, 4., 5. (und 6., 7.) mit zarten, z. T. unterbrochenen, die folgenden bis 20. mit vollständigen Längsfurchen; letztes Tergit ohne Medianfurche, hinten mit seichtem Grübchen; seitliche Berandung vom 8. oder 9. an. Sternite ziemlich grob punktiert, 2.—20. mit Längsfurchen, ohne Mediangrube, letztes verjüngt, hinten gestutzt. 1.—20. Beinpaar mit Klauenspornen. Coxopleuren mit schlankem, 2spitzigem Fortsatz, hinten mit oder ohne Dörnchen. Präfemur der Endbeine gedrungen, $2^1/_2$ mal so lang wie dick, ventral-lateral 4 oder 5 Dornen in 2 Reihen, ventral-medial 2, medial 1—2, dorsal-medial 1—2 Dornen. Eckdorn 2spitzig, Endklaue ohne Sporne. Stigmen kurz dreieckig, fast rundlich.

Victoria, Südaustralien.

28b. **C. (C.) e. schultzei** Att. 1909 *C. e. s.*, Attems in: Denk. Ges. Jena, *v.* 14 p. 13.

Tergite olivengrünlich. Kopf, 1. und 21. Tergit, die 4 ersten Antennenglieder und die Beine lehmgelb, manchmal mehr einfarbig lehmgelb. Länge 47 mm. Breite 3 mm. Kopf sehr fein punktiert, mit abgekürzten Längsfurchen und Basalplatten. Antennen 17gliedrig, 5 Grundglieder kahl. 4 + 4 Kieferfußhüftzähne, die 3 medialen jeder Seite stark verschmolzen. 1. Tergit ungefurcht, 2. und 3. Tergit mit ganz kurzen Furchen vorn, 4.—7. Tergit mit ebensolchen und mit ganz kurzen Furchen hinten, vom 8. Tergit an durchlaufende Furchen; letztes Tergit ohne Medianfurche; seitliche Berandung meist vom 12. oder 13. eventuell schon 10. oder 11. an. Sternite nicht merklich punktiert.

2.—20. mit Längsfurchen, 5.—21. mit seichtem Mediangrübchen, letztes verjüngt, gestutzt oder gerundet. Alle Beine mit Klauenspornen. Coxopleuren mit schlankem, 2spitzigem Fortsatz, hinten ein Dorn (Fig. 95), Porenarea schmäler als der glatte Seitenrand, nach hinten so weit reichend wie das Sternit. Präfemur der Endbeine ventral-lateral mit 2 + 2 oder 2 + 3, ventral-medial und medial 6—10 Dornen. Eckdorn 2spitzig. Stigmen dreieckig.

Kubub, Gr.-Namaland.

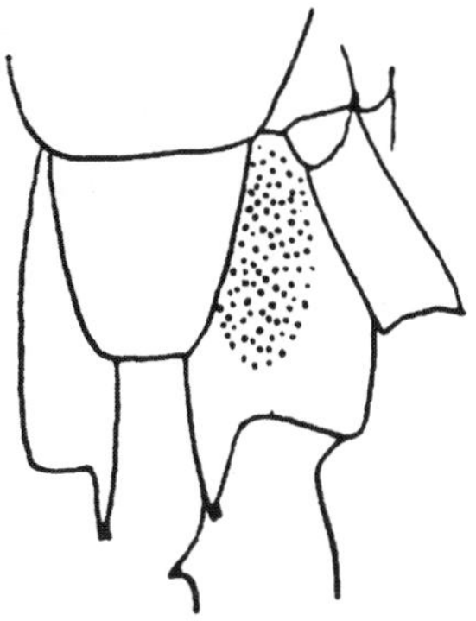

Fig. 95. Cormocephalus esulcatus schultzei Att.

28c. **C. (C.) e. capensis** Att. 1928 *C. e. c.*, Attems in: Ann. S. Afr. Mus., *v.* 26 p. 95.

Kopf dicht punktiert, mit abgekürzten Längsfurchen und Basalplatten. Antennen 17gliedrig, 5 Grundglieder kahl. 4 + 4 Kieferfußhüftzähne. 1. Tergit ungefurcht, 2. und 3. Tergit mit kurzen scharfen Furchen vorn, 4.—6. mit in der Mitte unterbrochenen Furchen, vom 7. Tergit an vollständige Furchen. Letztes Tergit ohne Medianfurche, seitliche Berandung vom 12. an. Tergite vom 2. an schwach punktiert. Sternite glatt, 2.—20. mit Längsfurchen, letztes etwas länger als breit, ohne Medianfurche. Coxopleurenfortsatz kurz, 2spitzig, hinten kein Dorn, Porenarea breit, den Hinterrand erreichend. Präfemur und Femur der Endbeine dick, abgerundet, ersterer ventral-lateral mit 2 + 2 oder 1 + 2, ventral-medial und medial 3—4 Dornen. Eckdorn winzig. Endklaue ohne Sporne.

Kapland.

29. **C. (C.) pseudopunctatus** Krpln. 1903 *C. p.*, Kraepelin in: Mt. Mus. Hamburg, *v.* 20 p. 194 | 1928 *C. p.*, Attems in: Ann. S. Afr. Mus., *v.* 26 p. 96.

Olivfarben, Kopf meist mehr bräunlich. Länge 45 mm. Kopf schwach punktiert, ohne Längsfurchen, ohne oder mit kaum sichtbaren Basalplatten. Antennen 17gliedrig, 3 bis 4 Grundglieder kahl. Kieferfußhüften ziemlich grob punktiert, Zahnplatte halb so lang wie breit mit 4 getrennten Zähnchen. Tergite schwach punktiert, 1.—3. ungefurcht, die folgenden 1—3 Tergite (4.—7.) mit abgekürzten Furchen vorn, vom 5.—9. angefangen durchgehende Furchen; letztes Tergit ohne Medianfurche; seitliche Berandung meist vom 12.—14., selten 8. Tergit an, die Randfurchen mit dem Seitenrand parallel, nicht vorn medianwärts einbiegend. Sternite 2—20 mit Längsfurchen, mit oder ohne seichte Mediangruben. Alle Beinpaare mit Klauenspornen. Coxopleurenfortsatz ziemlich schlank, 2spitzig, am Hinterrand ein Dorn. Präfemur der Endbeine schlank, 3mal so lang wie dick, ventral-lateral mit meist 8—11, selten nur 5 Dornen in 2 Reihen, ventral-medial mit 2—3 (selten 4—7), medial 2—3 (selten 6—10), dorsal-medial 1—2 Dornen. Eckdorn 2spitzig. Stigmen klein, kurz, dreieckig.

Kapland, Transvaal, Natal.

30. **C. (C.) hartmeyeri** Krpln. 1908 *C. h.*, Kraepelin in: Fauna S.W.-Austral., *v.* 2 p. 119 t. 12 f. 16.

Farbe meist dunkelgrün, Kopf und 1. Tergit rotbraun, manchmal oliv oder hellgrün, Vorderende hell lederbraun. Länge 65 mm, Breite 5 mm. Kopf zerstreut punktiert, mit Basalplatten aber ohne Längsfurchen. Antennen

17gliedrig, relativ lang, bis zum 4. Tergit reichend, 4—5 Grundglieder kahl. Kieferfußhüften glatt, punktiert, mit tiefer Querfurche, Zahnplatte kurz mit 4 Zähnen. Die ersten 3—5 Tergite ungefurcht, letztes Tergit ohne Medianfurche, seitliche Berandung auf dem 3.—5. ausnahmsweise 6. Tergit beginnend. 2.—20. Sternit mit Längsfurchen, letztes länger als vorn breit, verjüngt, hinten gerade abgeschnitten. Coxopleurenfortsatz (Fig. 96) spitzkegelig, 2spitzig, hinten meist ein Dorn, Porenarea groß, den Hinterrand erreichend. Endbeinpräfemur $2^1/_2$mal so lang wie dick, ventral-lateral mit 2 + 2 oder 2 + 3, ventral-medial 2, selten 1 oder 3, Dornen, medial 2—3, dorsal-medial 1—2 kleine Dornen, Eckdorn 2spitzig. Klauen der Endbeine halb so lang wie der 2. Tarsus, meist ohne, selten mit Spornen.

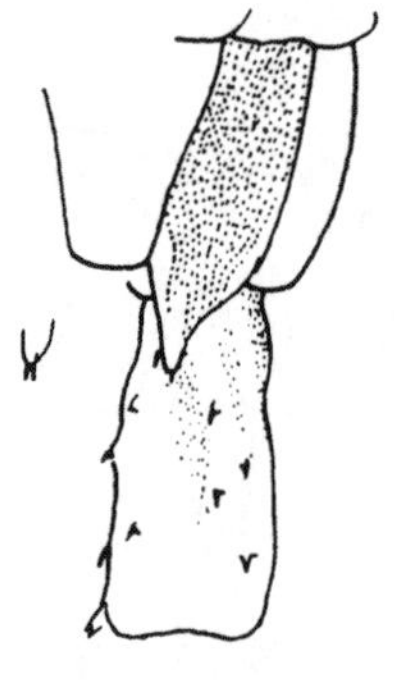

Fig. 96.
Cormocephalus hartmeyeri Krpln.

Südwestaustralien von Perth bis Albany und Torbay.

31. **C. (C.) punctatus** Por. 1872 *C. p.*, Porath in: Öfv. Ak. Förh., *v.* 28 p. 1160 | 1903 *C. p.*, Kraepelin in: Mt. Mus. Hamburg, *v.* 20 p. 194 f. 129 | 1928 *C. p.*, Attems in: Ann. S. Afr. Mus., *v.* 26 p. 96.

Olivfarben, Kopf und 1. Tergit gelbbraun bis braun, Beine gelb. Länge 45 mm. Kopf grob punktiert ohne Längsfurchen, ohne oder mit kaum sichtbaren Basalplatten. Antennen 17gliedrig; 3 Grundglieder ganz, 4. nur dorsal kahl. Kieferfüße sehr grob punktiert, Zahnplatte länger als breit mit 4 getrennten Zähnchen. Tergite glatt, ziemlich grob punktiert, die ersten 7 ganz ungefurcht oder nur ganz kurze Furchen vorn und hinten, vom 8. oder 9. an die Furchen durchgehend. Seitliche Berandung vom 2. Tergit an; die Randfurche, besonders des 3.—6. Tergits, vorn medianwärts einbiegend, letztes Tergit ohne Medianfurche. 2.—20. Sternit mit Längsfurchen, die meisten mit schwachen Mediangruben, bei Erwachsenen ziemlich dicht grob punktiert; Endsternit verjüngt, hinten gestutzt-gerundet. Alle Beine mit Klauenspornen. Coxopleurenfortsatz ziemlich kurz, 2spitzig, hinten ein Dörnchen. Präfemur der Endbeine gestreckt, 3mal so lang wie breit, ventral-lateral mit 2 + 3, ventral-medial 3—4, medial 0—1, dorsal-medial 1 Dorn; Eckdorn 2spitzig. Stigmen kurz dreieckig, fast rund.

Kapland, Natal, Transvaal.

32. **C. (C.) büttneri** Krpln. 1903 *C. b.*, Kraepelin in: Mt. Mus. Hamburg, *v.* 20 p. 193.

Olivgrün, Kopf und 1. Tergit oft braunrot, letztes Tergit und Endbeine gelblich oder gelblichgrün, Beine gelb. Länge 90 mm. Kopf zerstreut fein punktiert, ohne Basalplatten und ohne paarige Längsfurchen, zuweilen mit vorn abgekürzter feiner Medianfurche. Antennen 17gliedrig, 5 oder 6 Grundglieder kahl. Kieferfußhüften fein punktiert, vorn eine sehr feine kurze Medianfurche, keine Querfurchen, jederseits 4—5 Zähne. Tergite kaum punktiert, 2. mit 2 feinen, vorn abgekürzten Längsfurchen, manchmal ungefurcht, 3. mit sehr feinen, manchmal vorn abgekürzten Furchen, vom 4.—20. durchlaufende Furchen; 21. Tergit ohne Medianfurche; nur das 21. Tergit seitlich berandet, 2.—17. Tergit vorn seitlich mit kurzer, scharfer, schräger Furche. 2. bis 20. Sternit mit Längsfurchen, außerdem zuweilen eine mediane Längsgrube, letztes Sternit verjüngt, gestutzt-gerundet. 1.—20. Beinpaar mit Klauenspornen. Coxopleurenfortsatz kurz-kegelförmig, meist 3, seltener 2spitzig, am Hinterrand meist ein Dorn. Porenarea sehr groß, den Hinterrand und die Seitenfurche erreichend. Präfemur der gedrungenen Endbeine kaum doppelt so lang wie breit, ventral-lateral mit 2 + 2 (selten 1 + 2), ventral-medial und medial 3—6, dorsal-medial 1—3 Dornen, Eckdorn 2—3spitzig. Endklaue unten 2kantig, kürzer als der 2. Tarsus, mit oder ohne Sporne. Stigmen groß, schlank dreieckig.

Deutsch-Ostafrika; Mombas; Belgischer Kongo, Prov. Nayuma, Kasai Ipam.

33. **C. (C.) tricuspis** Krpln. 1916 *C. t.*, Kraepelin in: Ark. Zool., *v.* 10 nr. 2 p. 14 f. 5.

Olivgrün oder rotgelb bis rotbraun mit grünen Antennen. Länge 85 mm. Kopf ohne Längsfurchen und Basalplatten. Antennen 17gliedrig, kurz, bis zum 2. Tergit reichend, 7 oder mehr Grundglieder kahl, 2.—20. Tergit mit vollständigen Längsfurchen, 21. mit durchgehender Medianfurche, nur letzteres seitlich scharf gerandet, Andeutung der Berandung auf dem 20. Tergit. 2. bis 20. Sternit mit Längsfurchen, 21. verjüngt, hinten gestutzt. Coxopleuren (Fig. 97) mit sehr kurzem, nicht scharf abgesetztem Fortsatz, der am Ende 3 und davor eine 4. Spitze trägt. In der Mitte des Hinterrandes ein Dörnchen; Porenarea sehr groß, seitlich nur distal einen kleinen Zwickel frei lassend. Präfemur der Endbeine etwa 3mal so lang wie breit, ventral-lateral 2 + 3, ventral-medial 3—4, medial 3, dorsal-medial 2 Dornen, Eckdorn 2spitzig.

N.-Queensland, Australien.

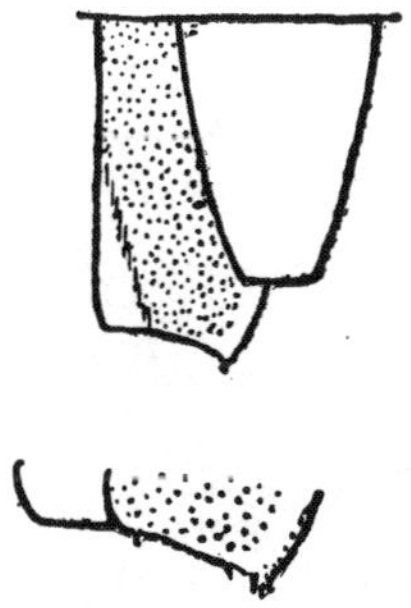

Fig. 97.
Cormocephalus tricuspis Krpln.

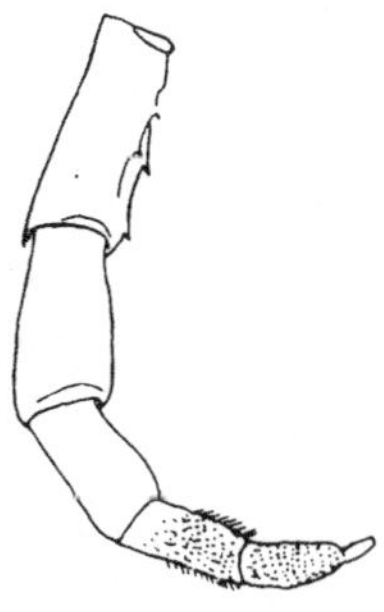

Fig. 98.
Cormocephalus hirtipes (Rib.) Endbein.

34. **C. (C.) hirtipes** (Rib.) 1923 *Cupipes h.*, Ribaut in: N. Caledonia, *v.* 3I p. 58 f. 152—159.

Länge 40 mm. Kopf zerstreut grob punktiert, mit abgekürzten Längsfurchen und Basalplatten. Antennen sehr kurz, die Mitte des 1. Tergits nicht erreichend, 17gliedrig, 6 Grundglieder kahl. Kieferfußhüften vorn mit Medianfurche, ohne paarige Längsfurchen; 4 + 4 Zähne, die 3 medialen ± verwachsen. 1. Tergit mit 2 kurzen Längsfurchen nur am Vorderende, vom 2. an 2 vollständige Längsfurchen, 21. mit Medianfurche; nur das 21. seitlich berandet. 2.—20. Sternit mit Längsfurchen; 21. Sternit 1¼mal so lang wie vorn breit, verjüngt, hinten gestutzt. 1.—20. Beinpaar mit Klauenspornen. Coxopleuren mit gut entwickeltem, 2spitzigem Fortsatz, ohne Seitendorn; die Porenarea reicht bis nahe an den Endrand, den Hinterrand des Sternits weit überragend. Präfemur der Endbeine (Fig. 98) 2mal so lang wie breit, ventral-lateral mit 3, ventral-medial 2 oder 3 Dornen, medial keine Dornen, oben-medial 2 oder 3 Dornen, Eckdorn 2spitzig. Beide Tarsen dicht behaart; Endklaue ohne Sporne, unten schneidig und fein gesägt. (Beim einzigen untersuchten Exemplar fehlt eine Kralle ganz, die andere ist teilweise abgebrochen.) Stigmen gestreckt dreieckig, hinten gegabelt (Fig. 99).

Neukaledonien: Hienghiène.

35. C. (C.) **venezuelianus** (Bröl.) 1898 *Cupipes* sp., Brölemann in: Ann. Soc. ent. France, *v.* 67 p. 318 t. 28 f. 3 | 1904 *C. ungulatus* var. *venezueliana*, Brölemann in: Revista Mus. Paul., *v.* 6 p. 65.

Olivgrün, Vorderende und Beine mehr gelb. Länge 21 mm, Breite 1,5 mm. Kopfschild fast so breit wie lang, parallelrandig, mit abgekürzten Längsfurchen. Antennen 17gliedrig, 4 oder 5 Grundglieder kahl. 4 + 4 Kieferfußhüftzähne, der laterale jeder Seite isoliert. 2.—20. Tergit mit Längsfurchen, 21. mit Medianfurche; nur 21. Tergit berandet; hinten abgerundet. 21. Sternit breit, verjüngt, hinten abgestutzt. Coxopleuren ohne Fortsatz und unbedornt. Endbeinpräfemur ganz unbedornt, Endklaue mit kleinem Sporn.

Venezuela: Bas Sarare.

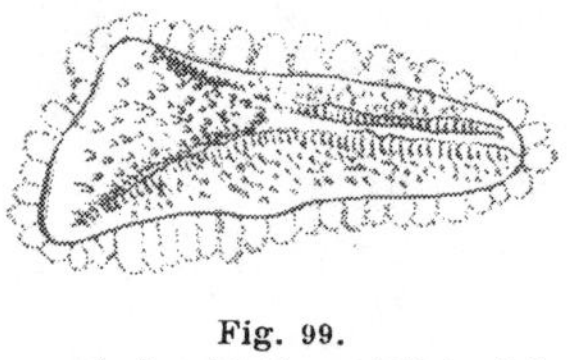

Fig. 99.
Cormocephalus hirtipes (Rib.) Stigma.

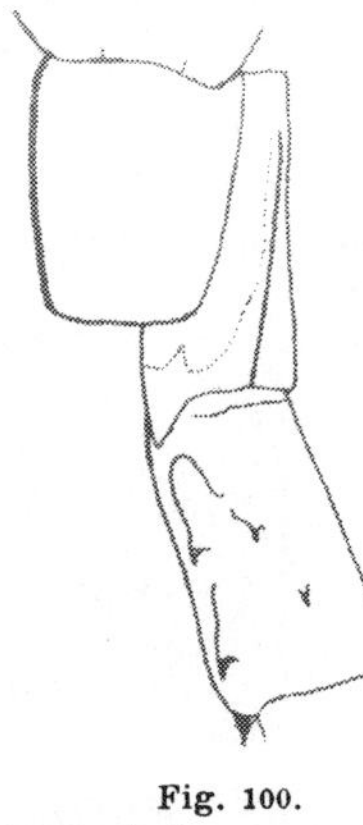

Fig. 100.
Cormocephalus rugosus (Rib.)

36. C. (C.) **rugosus** (Rib.) 1923 *Cupipes r.*, Ribaut in: N. Caledonia, *v.* 3ɪ p. 57 f. 145—151.

Kopf und die ersten 5 Tergite grün, der Rest des Rückens braun. Länge 23 mm. Kopf mit abgekürzten Längsfurchen und Basalplatten. Antennen 17gliedrig, den Hinterrand des 2. Tergits erreichend, 6 Grundglieder kahl. Kieferfußhüften mit Medianfurche im vorderen Drittel, ohne paarige Längsfurchen; 3 + 3 Zähne, die 2 inneren ± verwachsen. Tergite dicht und fein punktiert, vom 5. oder 6. bis 19. oder 20. mit starken, zerstreuten Tuberkeln. 1. Tergit mit 2 ganz kurzen Furchen am Vorderrand, vom 2. Tergit an sind die Längsfurchen vollständig, aber auf den Tergiten 2—5 sehr fein; Tergite mit 2 Längskielen zwischen den Furchen; 21. Tergit mit Medianfurche; seitliche Berandung vom 8. an, fehlt auf dem 20. und ist auf dem 21. schwächer als gewöhnlich. 2.—20. Sternit mit Längsfurchen; 21. Sternit $1^1/_4$mal so lang wie breit, kaum verjüngt, hinten breit abgerundet. Coxopleuren (Fig. 100) mit gut ausgebildetem kegeligem, 2spitzigem Fortsatz, ohne Seitendorn; die Porenarea überragt sehr merklich den Hinterrand des

Sternits, läßt aber einen breiten Saum hinten porenfrei. Endbeinpräfemur $1^1/_2$ mal so lang wie breit, ventral-lateral und ventral-medial mit je 2 Dornen, medial unbedornt, oben-medial 1 Dorn, Eckdorn 2spitzig; Tibia und Tarsus ventral vorgewölbt; Endklaue so lang wie beide Tarsen zusammen, ohne Sporne. Stigmen kurz dreieckig, der Schlitz hinten gegabelt (Fig. 101).

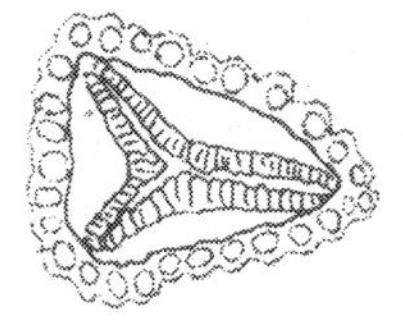

Fig. 101.
Cormocephalus rugosus (Rib.)
Stigma.

Neukaledonien: Oubatche.

37. **C. (C.) lambertoni** Brol. 1922 *C. l.*, Brolemann in: Bull. Soc. zool. France, *v.* 47 p. 225 f. 1.

Länge bis 75 mm. Breite bis 6 mm. Kopf mit abgekürzten Längsfurchen. Antennen die Mitte des 5. Tergits überragend, 17gliedrig, 6 bis 8 Grundglieder kahl. 2.—20. Tergit mit Längsfurchen, 21. mit Medianfurche, seitliche Berandung vom 3. an. 21. Sternit länger als vorn breit (7 : 5), verjüngt, hinten eingebuchtet. Beine mit Klauenspornen. Coxopleuren mit kegeligem, 2spitzigem Fortsatz. Porenarea groß, nur ein Streif in der Verlängerung des Fortsatzes bleibt porenfrei. Endbeine dick, ihre Länge gleich $^1/_5$ der Körperlänge, Präfemur 2mal so lang wie breit, ventral-lateral mit 2 + 1, 2 + 2 oder 2 + 3 Dornen, ventral-medial 2—3, medial 1, dorsal-medial 2—3 Dornen, Eckdorn 2spitzig; Endklaue $1^1/_2$ mal so lang wie der 2. Tarsus, unten gleichmäßig gebogen, glattrandig, ohne Sporne.

Madagaskar: Tananarivo.

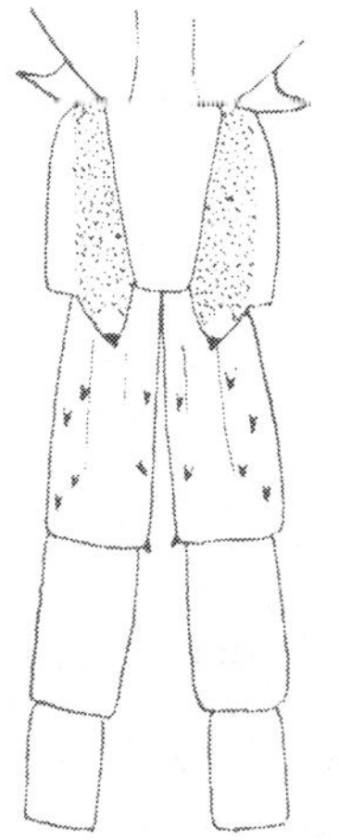

Fig. 102.
Cormocephalus ribauti Att.

38. **C. (C.) ribauti** Att. 1928 *C. r.*, Attems in: Zool. Anz., *v.* 78 p. 289 f. 7 & 8.

Rötlichgelb bis rotbraun, Antennen gelblich. Länge 130 mm, Breite 7 mm. Kopf dicht punktiert mit abgekürzten Längsfurchen und Basalplatten. 11 Grundglieder der Antennen kahl. Kieferfußhüften kräftig punktiert, ohne Furchen außer den Basalfurchen der Zahnplatten, jede mit 3 + 1 Zähnen, die 3 medialen verschmolzen. Tergite fein punktiert, 2.—20. mit vollständigen Furchen; 21. mit Medianfurche, hinten rundbogig; die seitliche Berandung beginnt auf dem 8. Tergit; die den Randsaum bildende Furche biegt vorn medialwärts um und zieht etwas nach hinten schräg bis zur Längsfurche; auf den vorderen Segmenten sind beide Querfurchen auch zwischen den Längsfurchen vereinigt. 2.—20. Sternit mit Längsfurchen, von dem 13. an runzelig uneben, 21. Sternit länger als vorn breit, verjüngt, hinten abgestutzt. 1. bis 20. Beinpaar mit Klauensporn. Coxopleuren (Fig. 102) mit ziemlich langem, kegeligem, 2spitzigem Fortsatz, Porenarea groß, nur die distale Hälfte des Fortsatzes frei lassend. Endbeine dick, besonders Präfemur bis Tibia, dorsal am Ende mit kurzer Längsgrube; Präfemur ventral-lateral mit 2 + 2, ventral-medial 2, medial 1, dorsal-medial 2 Dornen, Eckdorn 2spitzig, die Fläche zwischen den ventralen Dornengruppen grubig eingesenkt. End-

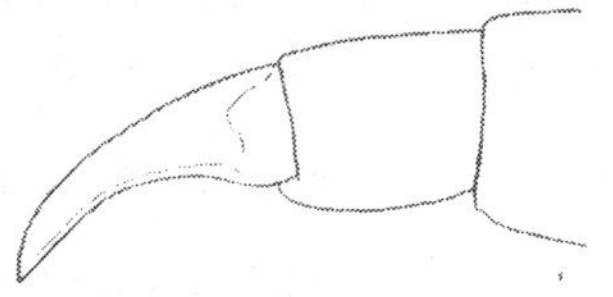

Fig. 103.
Cormocephalus ribauti Att.
Endbein.

klaue bedeutend länger als der 2. Tarsus, unten schneidig zugeschärft, bogig, ohne Sporne (Fig. 103). Stigmen kurz dreieckig mit abgerundeten Ecken und kraterförmig erhobenen Rändern.

Sidney.

39. **C. (C.) neocaledonicus** (Krpln.) 1903 *Cupipes n.*, Kraepelin in: Mt. Mus. Hamburg, *v.* 20 p. 182 | 1923 *C. n.*, Ribaut in: N. Caledonia, *v.* 3I p. 54 f. 131—138.

Ockergelb mit Anflug von oliv, Vorder- und Hinterende gelbrot. Länge 70 mm. Kopf etwas länger als breit, zerstreut grob punktiert, mit abgekürzten Längsfurchen und Basalplatten. Antennen 17gliedrig, 6, selten 7, Grundglieder kahl. Kieferfußhüften mit Medianfurche in den vorderen 2 Dritteln und 2 kurzen schrägen, etwas verästelten, vorn in der Mediane sich treffenden feinen Furchen; 3 + 1 Zähne, die 3 medialen verschmolzen (Fig. 104). 1. Tergit mit 2 kurzen Längsfurchen am Vorderrand und meist 2 ganz kurzen Furchen am Hinterrand; 2.—20. Tergit mit vollständigen Furchen, 21. mit Medianfurche, seitliche Berandung vom 7. an. 2.—20. Sternit mit Längsfurchen, 21. etwas länger als breit, verjüngt, hinten abgestutzt. Coxopleuren (Fig. 105) mit kurzem, kegeligem, 2spitzigem Fortsatz, ohne Seitendorn; die Porenarea überragt weit das Sternit und läßt einen breiten Endsaum porenfrei. 1.—20. Beinpaar mit zwei Klauenspornen. Endbeinpräfemur (Fig. 106) 2mal so lang wie breit, ventral-lateral und ventral-medial mit je 2, dorsal-medial 2 Dornen. medial kein Dorn, Eckdorn 2spitzig. Endklaue so lang wie beide Tarsen zusammen, unten schneidig und fein gesägt, ohne Sporne. Stigmen dreieckig, 2mal so lang wie breit.

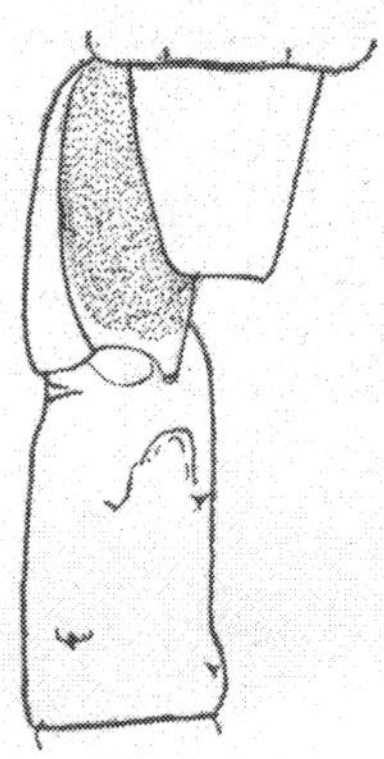

Fig. 104. **Cormocephalus neocaledonicus** (Krpln.)

Neukaledonien; Neupommern; Loyalty-Inseln: Lifou, Maré.

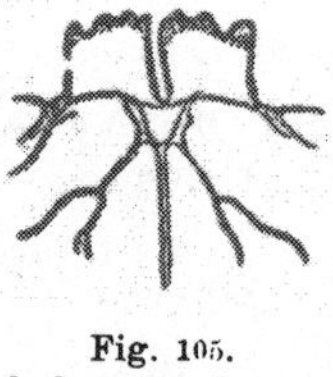

Fig. 105. **Cormocephalus neocaledonicus** (Krpln.)

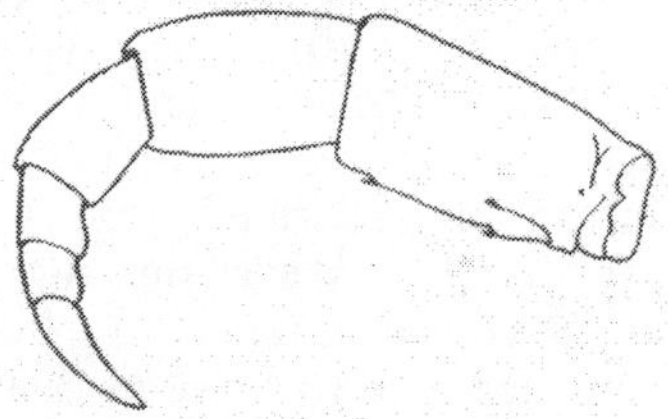

Fig. 106. **Cormocephalus neocaledonicus** (Krpln.) Endbein.

40. **C. (C.) pustulatus** Krpln. 1903 *C. p.*, Kraepelin in: Mt. Mus. Hamburg, *v.* 20 p. 189 f. 127.

Schmutzig oliv, Kopf und 1. Tergit rotbraun. Länge 65 mm. Kopf undeutlich punktiert, mit abgekürzten Längsfurchen und kleinen Basalplatten. Antennen 17gliedrig, 6 Grundglieder kahl. Kieferfußhüften vorn mit Medianfurche, 3 + 3 Zähne, die 2 medialen jeder Seite fast völlig verschmolzen. 2.—20. Tergit mit vollständigen Längsfurchen, vom 5. an mit groben Pusteln besetzt, die nach hinten an Dichte zunehmen und auf dem 21. am dichtesten sind, 21. Tergit ohne Medianfurche, hinten flachbogig (Fig. 107); seitliche Berandung vom 3. Tergit an. 2.—20. Sternit mit Längsfurchen, 21. verjüngt, hinten gestutzt-gerundet. 1.—20. Beinpaar mit Klauenspornen. Coxopleuren mit kurz-kegeligem, 2spitzigem Fortsatz, ohne Seitendorn; Porenarea fast bis zur Spitze reichend. Endbeinpräfemur $1^1/_2$mal so lang wie breit, ventral am Grunde mit flacher Grube, ventral-lateral 1, ventral-medial 0—1 Dorn, medial 1—2, dorsal-medial 1—2 Dornen, Eckdorn 2spitzig, Endklaue ohne Sporn.

Neukaledonien.

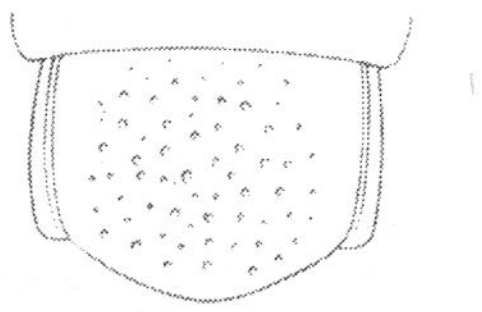

Fig. 107.
Cormocephalus pustulatus Krpln. 21. Tergit.

Fig. 108.
Cormocephalus granulosus Rib.

41. **C. (C.) granulosus** Rib. 1923 *C. g.*, Ribaut in: N. Caledonia, *v.* 3I p. 49 f. 124—130.

Rücken braun, grün berandet, Kopf, 1., 21. Tergit und Endbeine rot. Länge 60 mm. Kopf dicht und fein punktiert, außerdem zerstreute grobe Punkte, mit abgekürzten Längsfurchen und Basalplatten. Antennen lang, den Hinterrand des 3. Tergits erreichend, 17gliedrig, 5 Grundglieder kahl. Kieferfußhüften mit einer Medianfurche und einer etwas verästelten Querfurche; 4 + 4 Zähne, von denen die 3 medialen verwachsen (Fig. 108). 1. Tergit punktiert wie der Kopf, mit 2 Längsfurchen in der hinteren Hälfte, vom 2. an sind die Tergite dicht mit länglichen Pusteln bedeckt, die nur auf dem 21. rund sind; 21. Tergit ohne Medianfurche. 2.—20. Tergit mit vollständigen Längsfurchen; seitliche Berandung vom 6. oder 7. an, 2.—20. Sternit mit Längsfurchen, 21. Sternit vorn $1^1/_4$mal so breit wie lang, stark verjüngt, hinten leicht abgerundet. Coxopleuren mit gut entwickeltem, dickkegeligem, 2- (selten 3)spitzigem Fortsatz, ohne Seitendorn. Porenarea nur einen Medianstreif frei lassend (Fig. 109). Alle Beine mit 2 Klauenspornen. Präfemur der Endbeine $2^1/_2$mal so breit wie lang, ventral-lateral mit (2) 3, ventral-medial 0—1, medial 1—5, dorsal-medial 1—2, Eckdorn meist 2spitzig, manchmal unbewehrt oder 3spitzig. Endklaue halb so lang wie der 2. Tarsus, unten ausgehöhlt. Stigmen länglich-dreieckig.

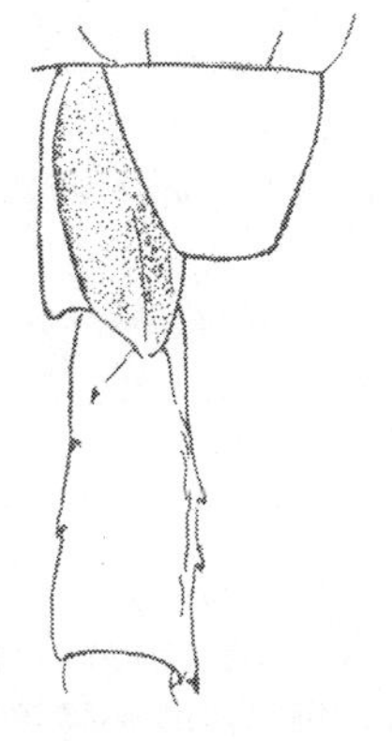

Fig. 109.
Cormocephalus granulosus Rib.

Neukaledonien: La Foa.

42. **C. (C.) albidus** Krpln. 1903 *C. a.*, Kraepelin in: Mt. Mus. Hamburg, *v.* 20 p. 190.

Bleichgelb. Länge 25 mm (juv.?). Kopf kaum punktiert, ohne Basalplatten, nur mit zarter Andeutung von 2 Längsfurchen. Antennen 17gliedrig, 8—9 Grundglieder kahl. Kieferfußhüften fein punktiert; 4 + 4 Zähne, die

3 medialen jeder Seite fast verschmolzen. 1. Tergit mit 2 zarten, nach vorn divergierenden und den Vorderrand fast erreichenden Längsfurchen, 2.—20. mit vollständigen Längsfurchen, 21. Tergit mit Medianfurche; nur dieses seitlich berandet. 2.—20. Sternit mit Längsfurchen, letztes länger als breit, verjüngt, hinten gerundet. Coxopleurenfortsatz kurz kegelförmig, 3spitzig, hinten ein Seitendorn. Präfemur der Endbeine gestreckt, etwa 4mal so lang wie dick (juv.!) ventral-lateral 7, ventral-medial und medial 6, dorsal-medial 2 Dornen, Eckdorn 2spitzig, Endklaue ohne Sporne. Stigmen kurz dreieckig.

Madagaskar.

43. **C. (C.) flavescens** Krpln. 1903 *C. f.*, Kraepelin in: Mt. Mus. Hamburg, *v.* 20 p. 191.

Lehmgelb, Kopf und 1. Tergit etwas dunkler. Länge 28 mm (juv.?). Kopf zerstreut punktiert, mit winzigen Basalplatten und feinen abgekürzten Längsfurchen. Antennen 17gliedrig, 6—7 Grundglieder kahl. Kieferfußhüften zerstreut punktiert, vorn mit zarter Querfurche, 4 + 4 undeutliche Zähne, die 3 medialen jeder Seite verschmolzen. 1. Tergit mit 2 feinen, den Vorderrand nicht ganz erreichenden Längsfurchen; 2.—20. Tergit mit vollständigen Längsfurchen; 21. Tergit ohne Medianfurche; seitliche Berandung im 16. oder 17. Tergit beginnend. 2.—20. Sternit mit Längsfurchen, letztes nur wenig verjüngt, gestutzt-gerundet. Alle Beine mit Klauenspornen. Coxopleuren mit kurz kegelförmigem, 3spitzigem Fortsatz; Hinterrand mit Seitendorn; Porenarea wohl die seitliche Furche, nicht aber den Hinterrand und Basis des Fortsatzes erreichend. Endbeinpräfemur 3mal so lang wie dick, ventral-lateral mit 3 + 3, ventral-medial 2, medial 4, dorsal-medial 2 Dornen, kein Eckdorn. (Individuelle Abnormität des einzigen Exemplars?) Stigmen kurz dreieckig.

Zentral-Madagaskar.

44. **C. (C.) dentipes** Poc. 1891 *C. d.*, Pocock in: Ann. nat. Hist., ser. 6 *v.* 7 p. 66 | 1903 *C. d.*, Kraepelin in: Mt. Mus. Hamburg, *v.* 20 p. 191.

Färbung getrockneter Exemplare scherbengelb, Kopf ockergelb. Länge 42 mm. Kopf mit abgekürzten Längsfurchen und Basalplatten. Antennen 17gliedrig, kurz, 4—5 Grundglieder kahl. Kieferfußhüften unregelmäßig längsgrubig, 4 + 4 Zähne. 1.—20. Tergit mit vollständigen Längsfurchen, 21. Tergit ohne Medianfurche, seitliche Berandung vom 13. Tergit an. 2. bis 20. Sternit mit Längsfurchen, 21. stark verjüngt, hinten gestutzt-gerundet. Alle Beine mit Klauenspornen. Coxopleuren mit kurzem, kegelförmigem, 2spitzigem Fortsatz; am Hinterrand ein Dorn. Präfemur der Endbeine ventral-lateral mit 6—7 Dornen in 2 Reihen, ventral-medial 3, medial 5, dorsal-medial 3 Dornen; Eckdorn 2spitzig. Präfemur ventral am Ende undeutlich körnig, Femur und Tibia ventral und medial grob körnig, Tibia dorsal mit Längsfurche. Tarsen schwach gekörnt.

Bengalen.

45. **C. (C.) philippinensis** Krpln. 1903 *C. p.*, Kraepelin in: Mt. Mus. Hamburg, *v.* 20 p. 192.

Dunkel olivgrün, Beine gelbgrün. Länge 27 mm. Kopf zerstreut punktiert, mit 2 sehr feinen abgekürzten Längsfurchen und kleinen Basalplatten. Antennen 17gliedrig, 6 Grundglieder kahl. Kieferfußhüften punktiert, mit fast durchgehender Medianfurche, 4 + 4 fast freie Zähne. 1. Tergit mit 2 feinen, fast durchgehenden Längsfurchen, dazu am Vorderrande 6 kurze

Furchenstriche; 2.—20. Tergit mit vollständigen Längsfurchen, 21. Tergit ohne Medianfurche; seitliche Berandung im 13. oder 14. Tergit beginnend. 4.—17. Tergit grob netzig-runzelig (pathologisch?). 2.—20. Sternit mit Längsfurchen, 21. mit durchgehender, ausgeprägter Medianfurche. 1.—20. Beinpaar mit Klauenspornen. Coxopleurenfortsatz kurz, kegelförmig, 2spitzig; hinten kein Dorn; Porenarea den Hinterrand erreichend. Endbeinpräfemur 3mal so lang wie dick, ventral-lateral 3 + 3, ventral-medial 2, medial 3—4, dorsal-medial 2 Dornen, Eckdorn 2spitzig. Endklaue ohne Sporne. Stigmen kurz dreieckig.

Philippinen.

46. C. (C.) **pygmaeus** Poc. 1892 *C. p.*, Pocock in: J. Bombay Soc., *v.* 7 nr. 2 p. 140 | 1903 *C. p.*, Kraepelin in: Mt. Mus. Hamburg, *v.* 20 p. 192.

Tief graublau, hinten dunkler oder bleich gelbbläulich. Länge 25 mm. Kopf fein punktiert mit 2 abgekürzten Längsfurchen. Antennen 17gliedrig, kurz, 6 Grundglieder kahl. Kieferfußhüften fein punktiert, 4 + 4 Zähne, die 3 inneren jeder Seite verschmolzen. Tergite fein punktiert, 1.—20. mit vollständigen Längsfurchen, 21. Tergit meist mit Medianfurche, seitliche Berandung vom 17. an. 2.—20. Sternit mit Längsfurchen, letztes stark verjüngt, hinten gestutzt-gerundet. 1.—20. Beinpaar mit Klauenspornen. Coxopleuren mit kurzem, 2spitzigem Fortsatz, am Hinterrand ein Dorn. Endbeine mäßig lang, Präfemur ventral-lateral mit 3 + 4, medial und dorsal 3 Reihen von etwa 10 Dornen (3, 4, 3), Eckdorn 2spitzig. Endklaue meist ohne Sporne. Alle Endbeinglieder glatt, ungekörnt. Stigmen klein, fast rundlich.

Vorderindien: Madras, Bombay.

47. C. (C.) **michaelseni** Krpln. 1908 *C. m.*, Kraepelin in: Fauna S. W.-Austral., *v.* 2 p. 113 t. 12 f. 13.

Dunkelgrün oder bleich-gelbgrün mit grünlicherem Kopf. Länge 45 mm. Kopf zerstreut punktiert, die abgekürzten Längsfurchen ± deutlich. Antennen kurz, nur bis zum 2. Tergit reichend, 5 oder $5^1/_3$ Grundglieder kahl. Kieferfußhüften mit zarter Querfurche, mit oder ohne Medianfurche, dicht nadelstichig, 4 + 4 Zähne. 1.—20. Tergit mit vollständigen Längsfurchen; 21. meist ohne Medianfurche; seitliche Berandung vom 9. oder 10. Tergit an. 2. bis 20. Sternit mit Längsfurchen, letztes ziemlich kurz, etwas verjüngt, hinten gestutzt. Coxopleuren wenig vorgezogen, 1- bis 2spitzig, hinten kein Dorn, Porenarea breit, den Hinterrand erreichend. Präfemur der Endbeine doppelt so lang wie breit, ventral-lateral 2, ventral-medial 1 körnchenartiger Dorn, medial und oben-medial ein kräftiger, spitzer Dorn. Eckdorn 2spitzig. Endklaue ohne oder mit äußerst winzigen Spornen.

Süden von Südwestaustralien: Albany, Bridgetown, Collie.

48. C. (C.) **longipes** Rib. 1923 *C. l.*, Ribaut in: N. Caledonia, *v.* 3 I p. 46 f. 113—120.

Rücken braun, die Ränder der Tergite grün, Kopf, 1. und 21. Tergit und Endbeine rot. Länge 60 mm, Kopf dicht und fein und dazwischen zerstreut grob punktiert, mit abgekürzten Längsfurchen und Basalplatten. Antennen 17gliedrig, lang, bis zum Hinterrand des 3. Tergits reichend, 5 Grundglieder kahl. Kieferfußhüften vorn mit kurzer Medianfurche und unregelmäßig-welliger Querfurche, 4 + 4 Zähne, die 3 medialen jeder Seite verwachsen (Fig. 110). 1. Tergit wie der Kopf punktiert. Die Punktierung ver-

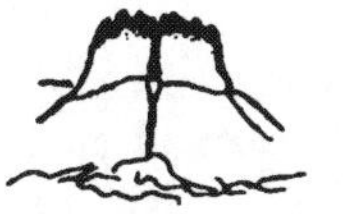

Fig. 110. **Cormocephalus longipes** Rib.

schwindet auf den folgenden Tergiten allmählich. 1.—20. Tergit mit vollständigen Längsfurchen, 21. ohne Medianfurche, seitliche Berandung vom 4. oder 3. Tergit an. 2.—20. Sternit mit Längsfurchen, letztes so lang wie vorn breit, hinten abgerundet. Coxopleuren (Fig. 111) mit langem, kegeligem, 2spitzigem Fortsatz; am Hinterrand öfters ein Dorn; Porenarea groß, den Hinterrand des Sternits weit überragend. Alle Beine mit Klauenspornen. Präfemur der Endbeine $3^1/_4$mal so lang wie breit, ventral-lateral 3 (ausnahmsweise 2), ventral-medial 1, medial 2, oben-medial 2 Dornen; Eckdorn 2spitzig. Endklaue unten ausgehöhlt, $^1/_3$ so lang wie der 2. Tarsus.

Neukaledonien; Loyalty-Inseln: Ouvéa, Lifou, Maré.

Fig. 111.
Cormocephalus longipes Rib.

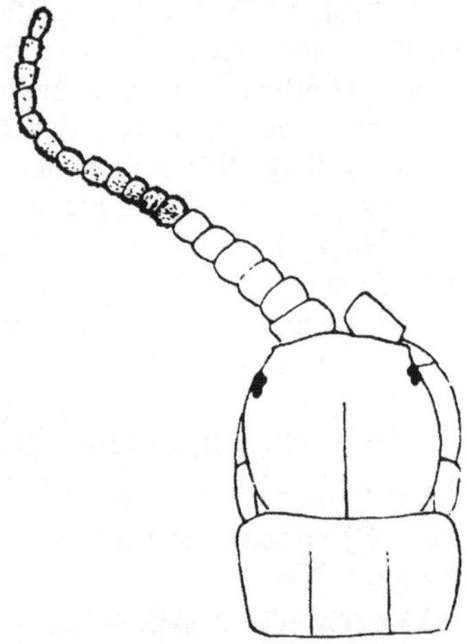

Fig. 112.
Cormocephalus mediosulcatus Att.

49. C. (C.) **cognatus** Rib. 1923 *C. c.*, Ribaut in: N. Caledonia, *v.* 3 I p. 48 f. 121—123.

Tergite dunkelbraun mit Metallschimmer, Kopf und 1. Tergit ebenso gefärbt. Länge 37 mm. Kopf und Tergite fein aber sehr deutlich punktiert, die Punktierung bis fast zum Hinterende vorhanden. Die Längsfurchen des 2. Tergits sind gegabelt. Zwischen den 2 Längsfurchen der Tergite 3 deutliche Kiele. 21. Sternit viel kürzer als vorn breit, hinten breit abgerundet. Coxopleurenfortsatz kürzer als bei *C. longipes*, nur ungefähr $^1/_3$ der Außenlänge der ganzen Coxopleure betragend (bei *C. longipes* beträgt er $^1/_2$ dieser Länge). Endbeinpräfemur $2^3/_4$mal so lang wie dick, ventral-medial 2 Dornen. Im übrigen gleicht diese Art dem *C. longipes*.

Neukaledonien: Koné.

50. C. (C.) **mediosulcatus** Att. 1928 *C. m.*, Attems in: Zool. Anz.. *v.* 78 p. 285 f. 1—4.

Licht olivenbraun. Länge 40 mm. Kopf sehr fein punktiert, mit einer vom Hinterrand bis zwischen die Antennen reichenden Medianfurche (Fig. 112). Basalplatten sichtbar. Antennen 18gliedrig, den Hinterrand des 2. Tergits überragend; 6 Grundglieder kahl, scharf von der dichten kurzen Behaarung der folgenden Glieder abstechend. 3 + 3 Kieferfußhüftzähne; die Basalfurchen beider Zahnplatten sind durch eine bogige Furche verbunden; vom Scheitel dieses Bogens geht eine Medianfurche nach hinten ab, die in eine Querfurche mündet (Fig. 113). Tergite fein punktiert; 1. Tergit mit vorn ein wenig abgekürzten, 2.—20. mit vollständigen Längsfurchen, 21. mit Medianfurche. Nur 21. Tergit seitlich berandet. 2.—19. Tergit mit kurzen Schrägfurchen, die auf den vorderen Segmenten medial vom Vordereck, weiterhin vom Vordereck schräg nach hinten einwärts ziehen. 2.—20. Sternit mit Längs-

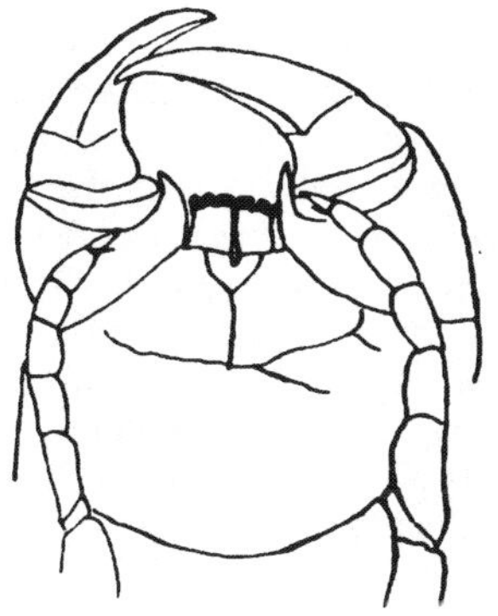

Fig. 113.
Cormocephalus mediosulcatus Att.

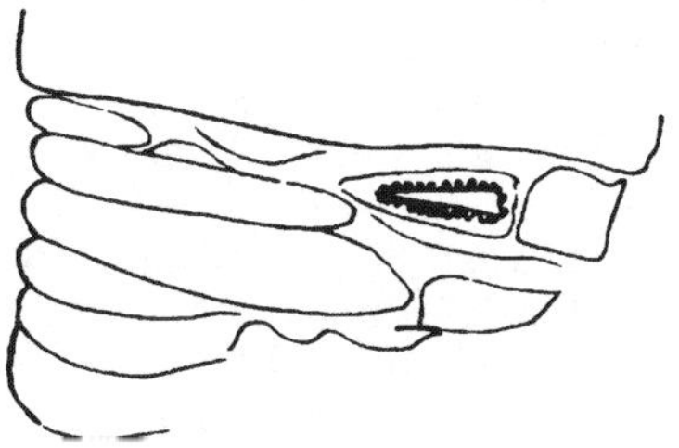

Fig. 114.
Cormocephalus mediosulcatus Att.
5. Segment.

furchen, spiegelglatt, 21. etwas länger als breit, kaum verschmälert, mit kleinem Mediangrübchen hinten. Coxopleuren hinten geradlinig, ganz ohne Fortsatz und unbedornt; Porenarea groß, nur ein schmaler Endsaum bleibt porenfrei. Endbeine sehr dick; Präfemur medial abgeflacht, an der Kante 2, auf der Innenfläche 6 Dornen, oben-medial 1 Dorn; Eckdorn groß, 2spitzig.

Fig. 115.
Cormocephalus bonaerius Att.

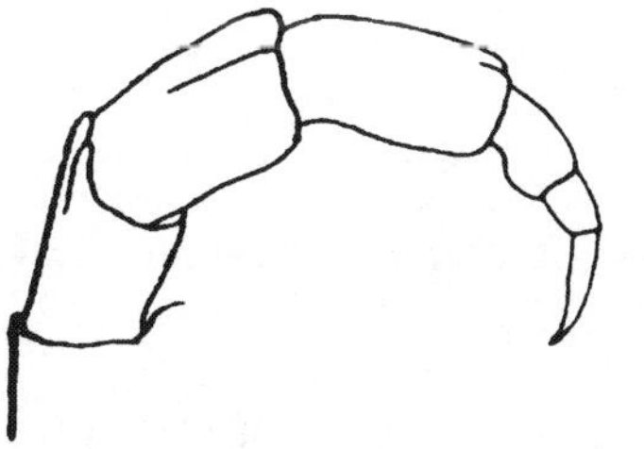

Fig. 116.
Cormocephalus bonaerius Att.
Endbein.

Endklaue etwas länger als der 2. Tarsus, unten schneidig zugeschärft und äußerst fein sägezähnig, ohne Sporne. 1.—20. Beinpaar mit Klauenspornen. Stigmen langgestreckt, schmal-dreieckig (Fig. 114).

Brasilien, Staat Grao Pará, Insel Marajo, Distr. Caldeirao.

51. **C. (C.) bonaerius** Att. 1928 *C. b.*, Attems in: Zool. Anz., *v.* 78 p. 287 f. 5, 6.

Lehmgelb bis blaß olivenbräunlich. Länge 35 mm. Kopf kaum merklich punktiert, mit 2 abgekürzten Längsfurchen und ziemlich großen Basalplatten.

Antennen 16gliedrig, kurz, 7—8 Grundglieder kahl. Kieferfußhüften fein und seicht punktiert, mit 2 Längsfurchen, die von einer feinen, unregelmäßig sich gabelnden Querfurche gekreuzt werden und vor dieser nach vorn konvergieren; 4 + 4 Zähne, der äußere etwas isoliert (Fig. 115). Tergite nur äußerst fein punktiert, 1.—20. mit 2 vollständigen Längsfurchen, 21. mit Medianfurche; seitliche Berandung scharf nur auf dem 21. Tergit, vom 17. oder 18. an scheinberandet. 2.—20. Sternit mit Längsfurchen, Punktierung mikroskopisch klein, 21. so lang wie vorn breit, verjüngt, hinten gestutzt. 1.—20. Beinpaar mit 2 Klauenspornen. Coxopleuren ganz ohne Fortsatz, medial abgerundet mit winzigem Dorn; Porenarea den Hinterrand des Sternits nicht überragend, ein breiter Streif am Hinterrand porenfrei. Endbeine sehr dick, besonders Präfemur bis Tibia; Präfemur kaum länger als breit, Femur und Tibia ein wenig länger als breit, alle 3 Glieder dorsal breit gefurcht; diese Furche auf dem Femur am längsten, bis zur Mitte reichend, auf der Tibia am kürzesten. Präfemur ventral-lateral mit 2, ventral-medial 2 Dornen, am Endrand 4 winzige Dörnchen, dorsal, ventral und medial. Klaue länger als der 2. Tarsus, unten fast gerade, glattrandig, schneidig zugeschärft (Fig. 116). Stigmen kreisrund, Innenschlitz ohne hintere Gabelung.

Bonnaire bei Curaçao.

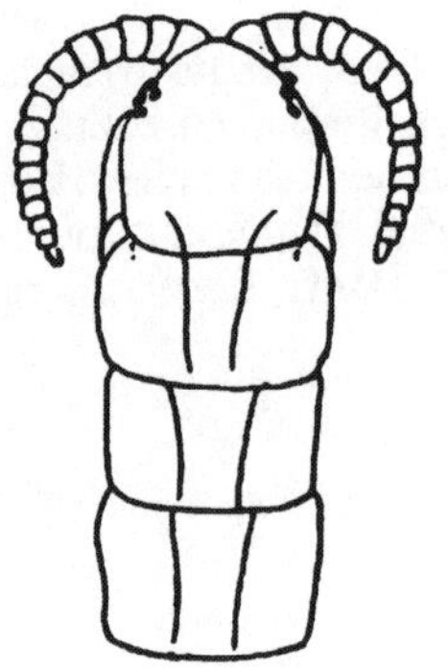

Fig. 117.
Cormocephalus inermis (Krpln.)

Fig. 118.
Cormocephalus inermis (Krpln.)

52. **C. (C.) inermis** (Krpln.) 1916 *Cupipes i.*, Kraepelin in: Ark. Zool., *v.* 10 nr. 2 p. 9 f. 3, 4.

Bleich gelblich-grünlich, der Kopf etwas dunkler, Antennen grünlich. Länge 26 mm. Kopf glatt, glänzend, mit abgekürzten Längsfurchen (Fig. 117). Antennen kurz, 15- bis 16gliedrig, den Hinterrand des 1. Tergits nicht erreichend, 7—8 Grundglieder kahl. Kieferfußhüften mit 2 in der Mediane beginnenden, nach hinten divergierenden abgekürzten Längsfurchen; Zahnplatten ohne Basalfurche, jede mit 3 Zähnen. 1.—20. Tergit mit vollständigen Längsfurchen, 21. mit Medianfurche; nur 21. Tergit seitlich berandet. 2.—20. Sternit mit Längsfurchen, 21. länger als breit, mit abgekürzter Längsfurche, hinten fast halbkreisförmig gerundet. Coxopleuren medial kaum merklich vorgezogen, mit winzigem Dornhöcker (Fig. 118). Porenarea sehr schmal, mit etwa 30—40 Poren, schmäler als der glatte Seitenteil, $^1/_4$ des Hinterrandes porenfrei. Klauensporne vorhanden. Endbeine etwa $2^1/_2$ mal so lang wie breit, Präfemur ventral und medial ohne Dornen, an Stelle des

Eckdorns 2 winzige Dörnchen; Präfemur, Femur und Tibia dorsal in der Endhälfte mit Längsfurche. Endklaue wenig länger als der 2. Tarsus, unten schwach gebogen, fein gesägt.

Kap York, Australien.

53. C. (C.) **ungulatus** (Mein.) 1886 *Cupipes u.*, Meinert in: P. Amer. phil. Soc., *v.* 23 p. 187 | 1903 *C. u.*, Kraepelin in: Mt. Mus. Hamburg, *v.* 20 p. 177 | 1904 *C. u.*, Brölemann in: Revista Mus. Paul., *v.* 6 p. 64.

Olivbräunlich, Kopf oft gelbbraun. Länge 40 mm. Kopf kaum punktiert, mit abgekürzten Längsfurchen. Antennen 17gliedrig, 6 Grundglieder kahl. Kieferfußhüften mit 1 + 3 Zähnen (der laterale etwas isoliert), im Vorderdrittel 2 vorn spitzwinklig zusammenstoßende Längsfurchen. 1.—20. Tergit mit vollständigen Längsfurchen, vom 6. an mit schwachem Mediankiel, 21. mit Medianfurche, nur 21. seitlich berandet. 2.—20. Sternit mit Längsfurchen, mit flachem Medianeindruck, nicht punktiert, 21. verjüngt, hinten gestutzt-gerundet. Coxopleuren etwas vorgezogen, 2spitzig, ohne Seitenranddorn. Porenarea nicht ganz bis zum Hinterrand reichend. Präfemur der Endbeine medial gerundet, ventral mit 2—4 kaum sichtbaren Dörnchen; am Endrand ventral ein Dorn, dorsal der 1- bis 2spitzige Eckdorn, zwischen beiden oft ein 3. Dörnchen; dorsal-medial 0—2 Dornen, medial 0—4 Dörnchen. 1. Tarsus ventral rundbucklig vorgewölbt.

Haiti, Grande Anse; Pernambuco, Port au Prince; Venezuela, Manaos.

54. C. (C.) **brasiliensis** Humb. & Sauss. 1870 *C. b.*, Humbert & Saussure in: Rev. Mag. Zool., ser. 2 *v.* 22 p. 203 | 1872 *C. b.*, Saussure & Humbert in: Miss. Mex., part 6 II p. 124 t. 6 f. 17 | 1881 *Cupipes b.*, Kohlrausch in: Arch. Naturg., *v.* 47 I p. 82 | 1904 *C. ungulatus mitis*, Brölemann in: Revista Mus. Paul., *v.* 6 p. 65.

Das einzige Originalexemplar Saussures ist in sehr defektem Zustand und läßt nicht mehr alles genau erkennen. Länge 24 mm. Antennen abgebrochen, scheinen das 1. Tergit zu überragen. Kleine Basalplatten sichtbar. Kieferfußhüften mit 2 vollständigen Längsfurchen, die vorn in geringer Entfernung voneinander beginnen und nach hinten divergieren; 4 + 4 Hüftzähne, der laterale und mediale jeder Platte klein, weniger weit vorragend als die 2 mittleren; keine Querfurche. 1.—20. Tergit mit vollständigen Längsfurchen, 21. mit Medianfurche, hinten flachbogig, nur 21. Tergit seitlich berandet. Endsternit hinten nur wenig verschmälert, gerade abgestutzt. Coxopleuren medial mit kleinem, abgerundetem Vorsprung, ganz unbedornt; Porenarea groß, den Hinterrand und die seitliche Furche erreichend. Endbeine dick, Femur, Tibia und 1. Tarsus an der Basis etwas eingeschnürt, am meisten der 1. Tarsus, der unterseits rundbucklig vorgewölbt ist; Präfemur und Femur dorsal in der Endhälfte mit breiter, muldenartiger Furche, Tibia mit nur sehr seichter solcher Furche; von Zähnen oder Dornen am Ende der Femurfurche nichts zu sehen; Präfemur ventral und medial unbedornt, nur an Stelle des Eckdorns 2 winzige Dörnchen; Klaue unten zugeschärft, schwach gebogen, länger als der 2. Tarsus, ohne Sporne. Stigmen klein, rund.

Brasilien; Venezuela, Manaos.

55. C. (C.) **mixtus** (Rib.) 1923 *Cupipes m.*, Ribaut in: N. Caledonia, *v.* 3 I p. 56 f. 139—144.

Länge 55 mm. Meist mit Metallschimmer. Kopf dicht-fein und dazwischen zerstreut grob punktiert, mit abgekürzten Längsfurchen. Antennen 17gliedrig, 5—6 Grundglieder kahl. Kieferfußhüften nur mit sehr abgekürzter vorderer Medianfurche, 4 + 4 Zähne. 1.—20. Tergit mit vollständigen Längsfurchen, die auf dem 2. Tergit gegabelt sind. 21. Tergit ohne Medianfurche; seitliche Berandung vom 8. Tergit an. Zwischen den Längsfurchen vom 5. Tergit an 3 (selten nur 1) Längskiele. 2.—20. Sternit mit Längsfurchen, 21. breiter als lang, verjüngt, hinten abgestutzt. Coxopleuren (Fig. 119) medial kegelig, 2spitzig, aber kaum merklich vorgezogen; Porenarea den Hinterrand des Sternits überragend aber einen Streifen am Ende freilassend; kein Seitendorn. Präfemur der Endbeine nur $1^1/_2$ mal so lang wie dick, ventral-lateral und ventral-medial je eine Reihe von 2 Dornen, oben-medial 2 Dornen, Eckdorn 2spitzig. Klaue so lang wie beide Tarsen zusammen. Stigmen dreieckig, doppelt so lang wie hinten breit.

Neukaledonien: Tchalabel, Oubatche, Mont Panié, Hienghiène, Tionka-Tal, Canala, Négropo-Tal, La Foa. Loyalty-Inseln: Maré.

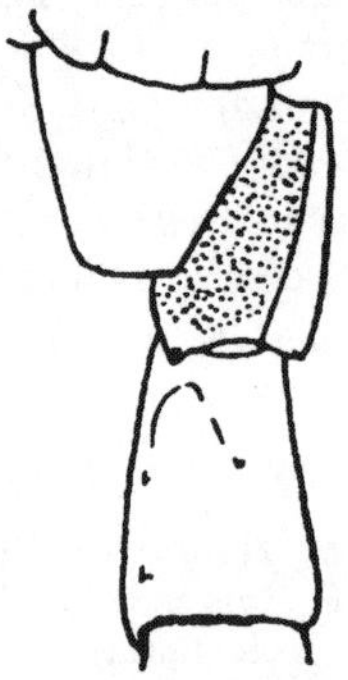

Fig. 119.
Cormocephalus mixtus (Rib.)

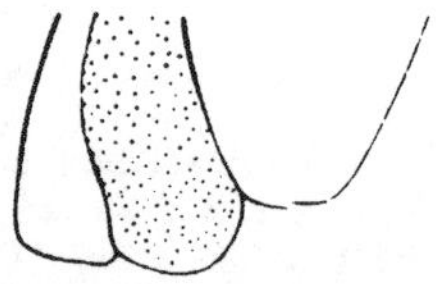

Fig. 120.
Cormocephalus amphieurys (Kohlr.)
Coxopleuren.

56. **C. (C.) amphieurys** (Kohlr.) 1878 *Cupipes a.*, Kohlrausch, Beitr. Scolopendr., p. 24 f. 8, 9 | 1881 *C. a.*, Kohlrausch in: Arch. Naturg., v. 47 I p. 79 | 1886 *C. quadrisulcatus*, Meinert in: P. Amer. phil. Soc., *v.* 23 p. 187 | 1887 *C. amphieurys*, E. Haase in: Abh. Mus. Dresden, nr. 5 p. 65 t. 4 f. 65 | 1903 *C. a.*, Kraepelin in: Mt. Mus. Hamburg, *v.* 20 p. 178 f. 118.

Olivfarben, Kopf gelbrot. Länge 40 mm. Kopf punktiert, mit abgekürzten Längsfurchen. Antennen 17gliedrig, 6—8 Grundglieder kahl. Kieferfußhüften mit 2 vorn spitzwinklig sich vereinigenden fast bis zum Hinterende durchlaufenden Längsfurchen; 1 + 3 Zähne jederseits, der laterale etwas isoliert. 1.—20. Tergit mit vollständigen Längsfurchen, 5.—19. dazwischen mit 2 weiteren Furchen, so daß 5 gleich breite, parallele Längskiele entstehen. 21. Tergit ohne Medianfurche; seitliche Berandung vom 7. oder 8. Tergit an. 2.—20. Sternit mit Längsfurchen, ohne Mediangruben, 21. in den vorderen 2 Dritteln mit Medianfurche, verjüngt, hinten gestutzt-gerundet. Coxopleuren gestutzt, nicht vorgezogen, medial gerundet, ohne Dörnchen (Fig. 120); Porenarea bis an den Hinterrand reichend. Endbeinpräfemur medial völlig abgeplattet, ein Eckdorn, je ein Dorn am Ende medial und ventral und ein winziges Dörnchen an der Dorsalkante der Medialfläche.

Karolinen: Ponape. Insel Ascension. New Britain.

57. **C. (C.) gervaisianus** (C. L. Koch) 1841 *Scolopendra gervaisiana*, C. L. Koch in: M. Wagner, Reis. Algier, *v.* 3 p. 223 t. 11 | 1847 *S. g.*, P. Gervais in: Walckenaer, Hist. Apt., *v.* 4 p. 259 | 1849 *S. g.*, H. Lucas in: Expl. Algérie, Zool. *v.* I p. 343 t. 2 f. 6 |

1863 *S. scopoliana*, C. L. Koch, Myr., *v.* 1 p. 39 f. 34 | 1881 *Cupipes graecus*, Kohlrausch in: Arch. Naturg., *v.* 47 1 p. 81 | 1886 *C. g.*, Meinert in: Vidensk. Meddel., *v.* 36—38 p. 123 | 1892 *C. gervaisianus*, Pocock in: P. zool. Soc. London, p. 26 | 1903 *C. g.*, Kraepelin in: Mt. Mus. Hamburg, *v.* 20 p. 179 f. 120.

Blaß gelblichweiß mit olivgrünem Schein. Länge 40 mm. Kopf zerstreut fein punktiert, mit 2 abgekürzten Längsfurchen und deutlichen Basalplatten. Antennen 17gliedrig, bis zum Ende des 4. Tergits reichend, 6 Grundglieder kahl. Kieferfußhüften ganz ohne Furchen, 3 + 1 Zähne, der laterale jeder Seite etwas isoliert. 1.—20. Tergit mit vollständigen Längsfurchen, 21. mit Medianfurche, seitliche Berandung vom 16. an. 2.—20. Sternit mit Längsfurchen, 21. etwas länger als vorn breit, deutlich verjüngt, hinten gestutzt-gerundet. Coxopleuren mit im Verhältnis zu den nächst verwandten Arten langem, schlankem, 2spitzigem Fortsatz; Porenarea breit, aber den Hinterrand des Sternits nur wenig überragend; im breiten, porenlosen Endsaum in der Mitte, vor dem Endrand ein kräftiges Dörnchen (Fig. 121). Endbeinpräfemur $1^1/_2$ bis 2mal so lang wie dick, ventral grubig vertieft, medial nicht deutlich abgeflacht, ventral-lateral mit 2 Reihen von je 3—5 Dörnchen, ventral-medial und medial 8—10 etwas unregelmäßig gestellte Dörnchen, dorsal-medial 2—3 Dörnchen, an Stelle des Eckdorns 1 oder 2 winzige Dörnchen; Präfemur, Femur und Tibia sehr dick, dorsal am Ende mit kurzer grubenartiger Furche. Endklaue etwas länger als der 2. Tarsus, unten schneidig, sehr fein gesägt, ohne Sporne (Fig. 122). 1. bis 20. Beinpaar mit Klauenspornen. Stigmen klein, rund.

Fig. 121.
Cormocephalus gervaisianus (C. L. Koch).

Algier, Tunis, Griechenland, Südspanien.

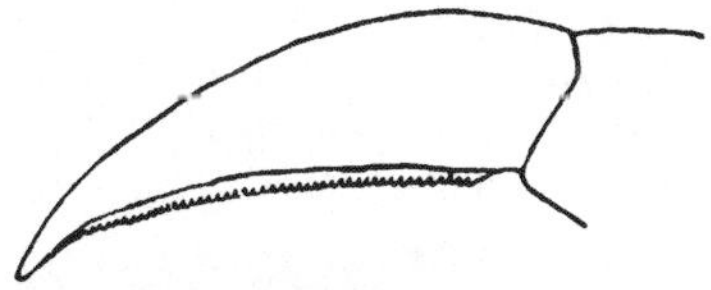

Fig. 122.
Cormocephalus gervaisianus (C. L. Koch).
Endbeinklaue.

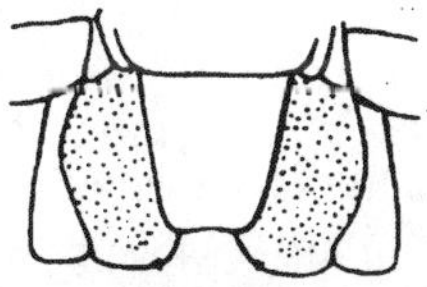

Fig. 123.
Cormocephalus lineatus Newp.
Hinterende.

58. **C. (C.) lineatus** Newp. 1845 *C. l.*, Newport in: Tr. Linn. Soc. London, *v.* 19 p. 425 | 1847 *Scolopendra lineata*, P. Gervais in: Walckenaer, Hist. Apt., *v.* 4 p. 284 | 1903 *Cupipes lineatus*, Kraepelin in: Mt. Mus. Hamburg, *v.* 20 p. 179 f. 119.

Schmutzig ockerfarben. Länge 40 mm. Kieferfußhüften mit 2 fast bis zum Hinterrand durchgehenden Längsfurchen. Tergite mit 4 Längsfurchen und 5 deutlichen Längskielen; vom 8. an seitlich berandet; 21. mit Medianfurche. Sternite mit 2 Längsfurchen, ohne Mediangrube. Coxopleuren nur sehr wenig und ganz flachbogig vorgezogen mit einem kleinen Dörnchen (Fig. 123). Endbeinpräfemur ventral ohne oder mit 5 winzigen Dörnchen, am Hinterrand ventral, medial und dorsal (Eckdorn) ein Dorn. Endbeinglieder (alle?) dorsal am Ende mit einer Furche.

Antillen: St. Vincent.

59. **C. (C.) impressus** Por. 1876 *C. i.*, Porat in: Bih. Svenska Ak., *v.* 4 nr. 7 p. 15 | 1881 *Cupipes microstoma*, Kohlrausch in: Arch. Naturg., *v.* 47i p. 80 | 1888 *Otostigma cormocephalinum*, Pocock in: Ann. nat. Hist., ser. 6 *v.* 2 p. 473 | 1903 *Cupipes impressus*, Kraepelin in: Mt. Mus. Hamburg, *v.* 20 p. 181 | 1920 *C. propulsus*, Chamberlin in: Bull. Mus. Harvard, *v.* 64 p. 24.

Olivfarben oft mit hellerem Mittelstreif. Kopf meist rostfarben. Länge bis 60 mm. Kopf deutlich länger als breit (3 : 2,4), zerstreut punktiert, mit 2 fast bis zum Vorderrand reichenden, divergierenden Längsfurchen. Antennen 17gliedrig, 6 oder 7 Grundglieder kahl, ziemlich scharf von den behaarten Gliedern abgesetzt (vgl. var. *armatus*). Kieferfußhüften mit 2 bis zum Hinterrand reichenden, vorn spitzwinklig zusammenstoßenden Längsfurchen und einer sie kreuzenden, unregelmäßig welligen Querfurche; Zahn-

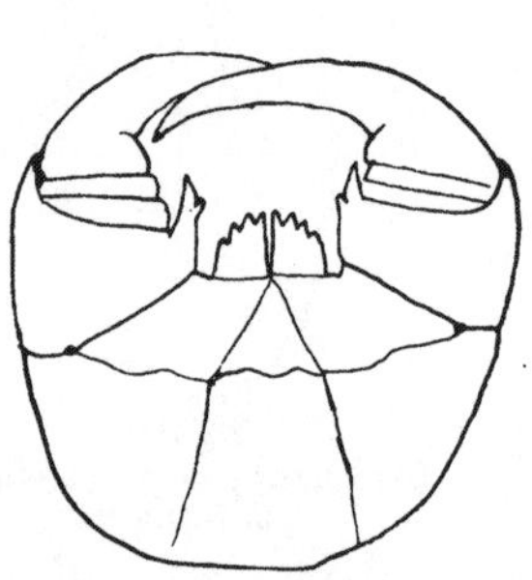

Fig. 124.
Cormocephalus impressus var. **armatus** (Daday).

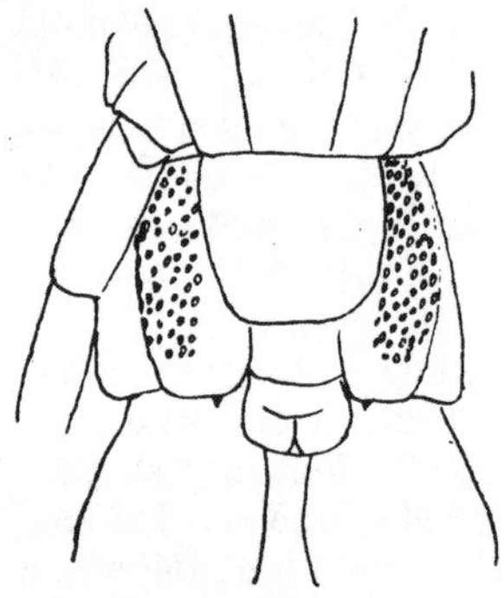

Fig. 125.
Cormocephalus impressus var. **armatus** (Daday).

platte länger als breit, meist mit 3 Zähnen (Fig. 124). 1.—20. Tergit mit vollständigen Längsfurchen, mit schwachem Mediankiel; 21. punktiert mit Medianfurche; seitliche Berandung vom 9. oder 10. an. 2.—20. Sternit mit Längsfurchen, vorn mit flachem Medianeindruck. 21. verjüngt, hinten gestutzt-gerundet. Coxopleuren nicht oder nur ganz schwach breit abgerundet vorgezogen mit 2 winzigen Dörnchen an der Medialecke, meist ohne Seitendörnchen (Fig. 125); Porenarea den Hinterrand nicht erreichend. Endbeinpräfemur mit Eckdorn und 2 weiteren Dornen am Vorderrand der Medialfläche, ventral mit 3—6 zerstreuten winzigen Dörnchen.

Mexiko; Antillen: Haiti, St. Barthelemy; Ekuador.

2 Varietäten.

59a. **C. (C.) impressus** var. **armatus** (Daday) 1891 *Cupipes a.*, Daday in: Termész. Füzetek, *v.* 14 p. 144 | 1914 *C. papuanus*, Attems in: Zool. Jahrb., Syst. *v.* 37 p. 381 | 1927 *C. impressus armatus*, Attems in: Zool. Mededeel. Mus. Leiden, *v.* 10 p. 62.

Alle Antennenglieder, auch die ersten sind behaart, die Grundglieder schütterer; der Übergang zu der dichten kurzen Behaarung der mittleren und Endglieder ist ein ganz allmählicher. Stigmen sehr klein kreisrund.

Insel Nila, Banda-See; Neusüdwales, Australien; Hollandia, N.-Neuguinea.

59b. **C. (C.) i.** var. **neglectus** (Chamb.) 1914 *Cupipes n.*, Chamberlin in: Bull. Mus. Harvard, *v.* 58 p. 186 t. 3 f. 7, 8.

Kopf so lang wie breit. 1. Antennenglied ganz kahl, 2. fast kahl, 3. und 4. Glied mit schwächerer Behaarung; vom 5. Glied an ist die Behaarung dicht. Endsternit mit seichter Medianfurche (Fig. 126). Präfemur, Femur und in schwächerem Maße die Tibia der Endbeine dorsal gefurcht, besonders am Ende der Glieder. Im übrigen mit *C. impressus* übereinstimmend.

Brasilien, Staat von Matto Grosso am Rio Madeira.

60. **C. (C.) amazonae** (Chamb.) 1914 *Cupipes a.*, Chamberlin in: Bull. Mus. Harvard, *v.* 58 p. 185 t. 2 f. 9; t. 3 f. 5, 6.

Olivenfarben, die vorderen und mittleren Tergite mit einem schwarzen Fleck jederseits, die mittleren außerdem am Hinterrand mit einem solchen; Kopf und Kieferfüße braun. Länge 43 mm. Kopf länger als breit, fein und dicht punktiert, die 2 Längsfurchen erreichen fast oder ganz den Vorderrand. Antennen 17gliedrig, 7 Grundglieder kahl, scharf von den folgenden verschieden. Kieferfußhüften mit 2 vorn spitzwinklig zusammenstoßenden Längsfurchen und einer verzweigten, unregelmäßige Anastomosen bildenden Querfurche. Zahnplatte ohne echte Zähne, mit einem einzigen zipfelförmigen

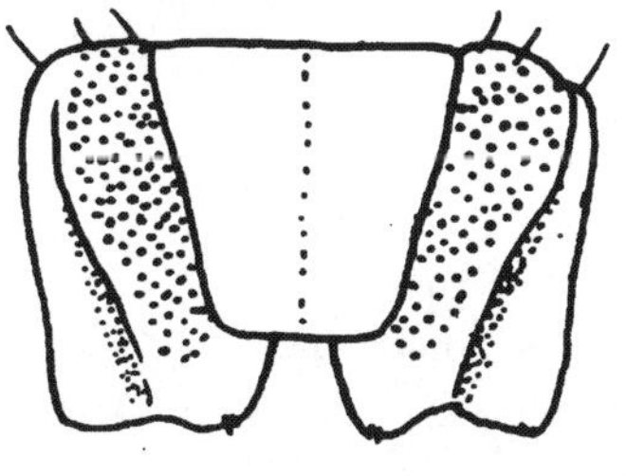

Fig. 126.
Cormocephalus impressus var. neglectus (Chamb.)

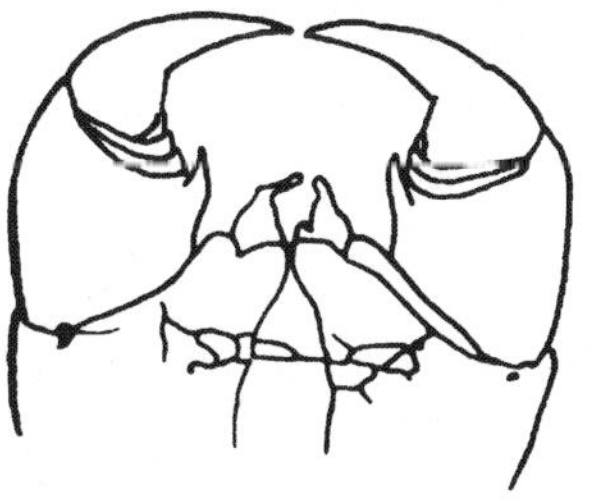

Fig. 127.
Cormocephalus amazonae (Chamb.)

Fortsatz (Fig. 127). Tergite vom 7. an seitlich berandet, vom 7.—10. noch undeutlich; mit niedrigem Mediankiel; 21. mit scharfer Medianfurche. 2. bis 20. Sternit mit 2 Längsfurchen und einige mit Andeutung einer Medianfurche. 21. Sternit vorn breiter als lang, stark verjüngt, hinten gestutzt-gerundet. Coxopleuren mit gut ausgebildetem, 2spitzigem Fortsatz; kein Seitendorn. Porenarea den Hinterrand nicht ganz erreichend. Endbeine in Präfemur bis Tibia stark verdickt; Präfemur und Femur dorsal am Ende tief gefurcht. Präfemur ventral mit 4 Dornen in 2 Reihen, 3 Dornen medial, zwei davon am Endrand, 2 Dornen oben-medial und ein Eckdorn.

Brasilien: Amazonas-Staat. Manaos.

61. **C. (C.) andinus** (Krpln.) 1903 *Cupipes a.*, Kraepelin in: Mt. Mus. Hamburg, *v.* 20 p. 182 f. 122.

Olivgelb, die Ränder und die Begrenzung der helleren Medianlinie meist schwärzlich, Kopf und 1. Tergit oft rotbraun. Länge 75 mm. Kopf so lang wie breit, stark punktiert, mit durchgehenden Längsfurchen, 8 bis 12 Grundglieder der Antennen kahl. Tergite vom 6.—9. an seitlich berandet. Sternite dicht punktiert. Coxopleuren mit starkem, 2spitzigem Fortsatz. Präfemur der Endbeine ventral mit 6 Dornen (in 3 Reihen zu je 2), medial am Endrand 2 Dornen; Eckdorn vorhanden. (Beschreibung unvollständig).

Bolivien: Vulkan Sorate; Peru: Santa Anna.

Ungenügend beschrieben:

C. ambiguus (Brandt) 1841 *Scolopendra ambigua*, J. F. Brandt, Recu. Mém., p. 63 | 1845 *Cormocephalus ambiguus*. Newport in: Tr. Linn. Soc. London, *v.* 19 p. 423 | 1847 *Scolopendra ambigua*, P. Gervais in: Walckenaer, Hist. Apt., *v.* 4 p. 263.

Südafrika.

C. guildingii Newp. 1845 *C. g.*, Newport in: Tr. Linn. Soc. London, *v.* 19 p. 425 | 1847 *Scolopendra g.*, P. Gervais in: Walckenaer, Hist. Apt., *v.* 4 p. 284.

Insel St. Vincent.

C. minor Chamb. 1927 *C. m.*, Chamberlin in: Bull. Amer. Mus., *v.* 57 p. 187 f. 4.

Kongo: Avakubi, Stanleyville.

C. pallipes Newp. 1845 *C. p.*, Newport in: Tr. Linn. Soc. London, *v.* 19 p. 424 | 1847 *Scolopendra p.*, P. Gervais in: Walckenaer, Hist. Apt., *v.* 4 p. 275.

Van Diemens Land, Neu-Seeland.

C. pallidum Silv. 1899 *C. p.*, Silvestri in: Revista Chilena, *v.* 3 p. 145.

Valparaiso.

Vielleicht = *C. (Hemiscolopendra) platei.*

„Rhombocephalus" brevis Newp. 1845 *R. b.*, Newport in: Tr. Linn. Soc. London, *v.* 19 p. 426 | 1847 *Scolopendra b.*, P. Gervais in: Walckenaer, Hist. Apt., *v.* 4 p. 274.

Westaustralien.

Vielleicht = *Cormocephalus aurantiipes* (nr. 3).

b) Subgen. **Colobopleurus** Krpln.

1903 *C.*, Kraepelin in: Mt. Mus. Hamburg, *v.* 20 p. 182 | 1907 *C.*, C. Verhoeff in: Bronn, Kl. Ordn., *v.* 5II p. 261 | 1908 *C.*, Kraepelin in: Fauna S. W.-Austral., *v.* 2 p. 109 | 1926 *C.*, Attems in: Kükenthal & Krumbach, Handb. Zool., *v.* 4 p. 374 | 1928 *C.*, Attems in: Ann. S. Afr. Mus., *v.* 26 p. 103.

Kopf nicht oder undeutlich vom 1. Tergit überlagert, mit 2 abgekürzten Längsfurchen. Kleine Basalplatten sichtbar. Antennen 17gliedrig, 4 bis 9 Grundglieder kahl. Labrumseiten am Hinterrande gefranst, auf der Fläche keine Borsten. 2. Telopoditglied der 2. Maxille mit Kante, ohne Dorn (bei *C. macrosestrus*; die anderen Arten?). Kieferfüße mit 4 + 4 Zähnen, hinter dem Zahnrand eine Borste, die Grundfurchen fast in einer Linie liegend. 1. Tergit ohne Längsfurchen; diese laufen entweder vom 2. Tergit an durch oder sind auf den vorderen Segmenten abgekürzt. 21. Tergit mit oder ohne Medianfurche. Die Berandung beginnt zwischen 12. und 19. Tergit. Coxopleuren hinten gar nicht oder nur schwach vorgezogen, meist unbedornt, selten 1 winziger Dorn. Präfemur der Endbeine bedornt oder unbedornt, Eckdorn rudimentär oder gut ausgebildet, Kralle unterseits 2kantig (bei *C. macrosestrus*), meist ohne, seltener mit Klauenspornen. 1.—20. Beinpaar mit Klauenspornen. 1. Tarsus länger als der 2. Stigmen dreieckig, der Innenschlitz hinten gegabelt oder auf den hinteren Segmenten rund, der Lippenrand ganzrandig. Vestibulum dicht mit kleinen Papillen besetzt.

Südafrika, Australien, Indien.

Typus: *C. devylderi* (Por.)

5 Arten (nr. 62—66).

Übersicht über die Arten (nr. 62—66):

1 { Präfemur der Endbeine unbedornt oder mit 1—3 winzigen Dörnchen. 21. Tergit ohne Medianfurche. Endbeine ohne Klauensporne (Südafrika) — **2**
Präfemur der Endbeine mit zahlreicheren Dornen. 21. Tergit mit Medianfurche. Endbeine mit Klauenspornen (Indoaustralische Region) — **4**

2 { 4—5 Grundglieder der Antennen kahl. Zahnplatten der Kieferfüße kaum länger als breit (Fig. 130) . . . . 64. **C. parcespinatus**
6—10 Grundglieder der Antennen kahl. Zahnplatten ungefähr doppelt so lang wie breit (Fig. 128) — 3

3 { Präfemur der Endbeine nicht bedornt, ohne deutlichen Eckdorn, höchstens ein winziges Körnchen an seiner Stelle. Coxopleuren abgestutzt, ohne jeden Fortsatz meist ganz ohne Dorn (Fig. 129) . . . . 62. **C. devylderi**
Präfemur der Endbeine mit 0—3 Dörnchen. Eckdorn immer vorhanden. Coxopleuren konisch ein wenig vorragend, gewöhnlich mit 1 Dorn . . . . 63. **C. fontinalis**

4 { Die Porenarea erreicht den Hinterrand der Coxopleuren (Fig. 131). Berandung vom 19. Tergit an. Endbeinpräfemur ventral-lateral mit 4—5 Dornen . . . . . 65. **C. macroseestrus**
Porenarea oval, weder den Hinterrand noch die Seiten der Coxopleuren erreichend. Berandung vom 15. Tergit an. Endbeinpräfemur ventral-lateral mit 9 bis 11 Dörnchen (Fig. 133) . . . . 66. **C. inopinatus**

62. **C. (Colob.) devylderi** (Por.) 1893 *Cormocephalus d.*, Porat in: Bih. Svenska Ak., *v.* 16 nr. 7 p. 9 | 1903 *Colobopleurus d.*, Kraepelin in: Mt. Mus. Hamburg, *v.* 20 p. 183 f. 123, 125 | 1921 *C. d.*, Grobbelaar in: Ann. Transvaal Mus., *v.* 7 p. 260 f. 25, 27 | 1928 *C. d.*, Attems in: Ann. S. Afr. Mus., *v.* 26 p. 104.

Länge 55 mm. Olivgrünlich, Kopf und 1. Tergit sowie Beine gelb, Kopf zerstreut punktiert, hinten mit 2 abgekürzten Längsfurchen, mit kleinen Basalplatten. Antennen 17gliedrig, 6—9 Grundglieder kahl. Zahnplatten der Kieferfüße (Fig. 128) 2—2$^1/_2$ mal so lang wie breit, mit 4 Zähnen, von

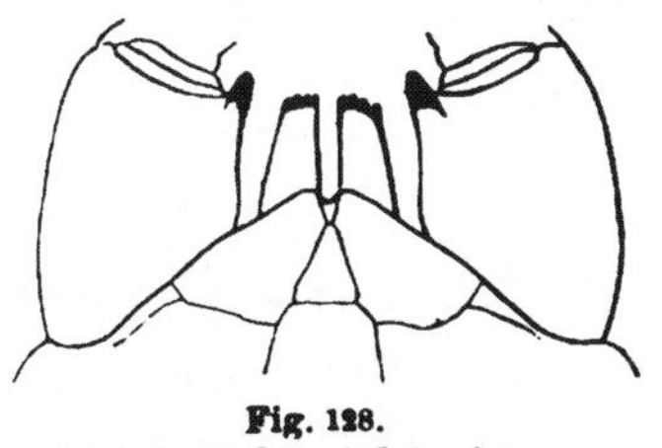

Fig. 128.
Cormocephalus (Colobopleurus) devylderi (Por.)
Kieferfüße.

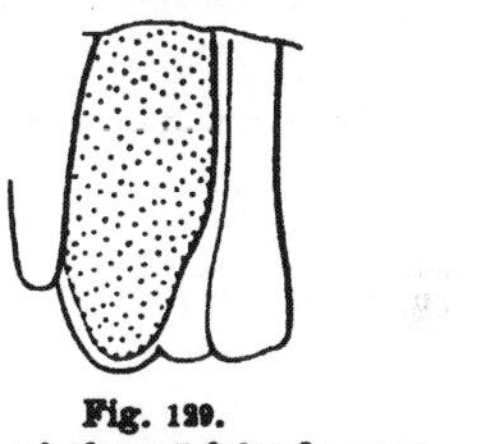

Fig. 129.
Cormocephalus (Colobopleurus) devylderi (Por.)
Coxopleuren.

denen der laterale etwas mehr isoliert ist. 2.—6. Tergit vorn und hinten mit 2 abgekürzten Strichen, vom 4.—7. an bis zum 20. mit durchgehenden Längsfurchen. Berandung vom 9.—12. Tergit an. 21. Tergit ohne Medianfurche. Tergite im übrigen glatt. 2.—20. Sternit mit 2 Längsfurchen, letztes verjüngt, hinten gestutzt-gerundet. Coxopleuren hinten gestutzt, ohne Fortsatz und meist ohne Dorn, nur zuweilen ein winziger Dorn (Fig. 129). Präfemur der Endbeine rund, unbedornt, der Eckdorn meist fehlend, selten durch ein winziges Körnchen angedeutet. Endklaue ohne Sporne.

Namaqualand; Kimberley, Groenkloof, Rustenburg in Transvaal; Gezina, Pretoria.

63. **C. (Colob.) fontinalis** Att. 1928 *Colobopleurus f.*, Attems in: Ann. S. Afr. Mus., *v.* 26 p. 105.

Rücken und Beine olivgrün, Kopf, 1. Tergit und Präfemora rötlich. Kopf dicht fein punktiert mit 2 Längsfurchen und Basalplatten. Antennen 17gliedrig, 7—9 Grundglieder kahl. Zahnplatten der Kieferfüße fast doppelt so lang wie breit, mit 4 Zänhen; Medialzahn des Präfemur mit Höcker.

2. und 3. Tergit mit kurzen vorderen Strichen, 4.—8. Tergit gewöhnlich mit in der Mitte unterbrochenen Längsfurchen; manchmal sind diese schon vom 2. Tergit an vollständig. Die Berandung beginnt auf dem 9. oder 10. Tergit. 21. Tergit ohne Medianfurche. 2.—20. Sternit mit 2 vollständigen Längsfurchen. Coxopleuren mit kurzem, konischem Fortsatz, der gewöhnlich ein Dörnchen trägt, das manchmal einseitig fehlt. Porenarea groß, oval, fast den Hinterrand erreichend. Präfemur der Endbeine mit gut ausgebildetem Eckdorn und außerdem mit 0—3 Dörnchen, eines davon gewöhnlich auf der Medialfläche. Keine Klauensporne.

Kapland: Matjesfontein, Hanover, Dunbrody, Burghersdorp; Oranje-Freistaat: Smithfield.

64. C. (Colob.) **parcespinatus** (Por.) 1893 *Cormocephalus p.*, Porat in: Bih. Svenska Ak., *v.* 18 nr. 7 p. 7 | 1903 *Colobopleurus p.*, Kraepelin in: Mt. Mus. Hamburg, *v.* 20 p. 183 f. 124, 126 | 1921 *C. p.*, Grobbelaar in: Ann. Transvaal Mus., *v.* 7 p. 260 f. 26, 28 | 1928 *C. p.*, Attems in: Ann. S. Afr. Mus., *v.* 26 p. 104.

Länge 55 mm. Olivgrün, Beine gelblich. Kopf dicht und grob punktiert, hinten mit 2 abgekürzten Längsfurchen. Antennen kurz, bis zum Hinterrand des 4. Tergits reichend, 17gliedrig, die ersten 4 oder 5 Glieder dorsal kahl, das 4. und 5. ventral behaart. Zahnplatten der Kieferfüße ungefähr so lang wie breit, mit 4 Zähnen, von denen der laterale etwas mehr isoliert ist (Fig. 130), Präfemurzahn mit Medialhöcker. 2.—6. oder 7. Tergit mit in der Mitte unterbrochenen Längsfurchen. Berandung vom 12.—14. an; 21. Tergit ohne Medianfurche. 2.—20. Sternit mit Längsfurchen. Coxopleuren mit sehr kurzem, stumpfem Fortsatz, ohne Dorn. Präfemur ohne Eckdorn und meist auch ohne andere Dörnchen; zuweilen medial 1—2, ventral 1 Dörnchen. Keine Klauensporne.

Kapland: Port Elizabeth, Tafelberg.

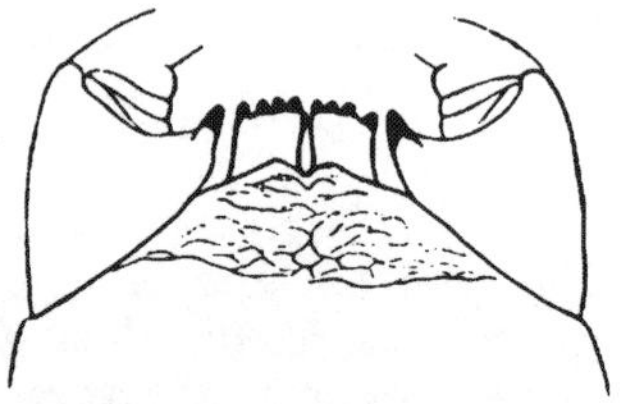

Fig. 130.
Cormocephalus (Colobopleurus) parcespinatus (Por.) Kieferfüße.

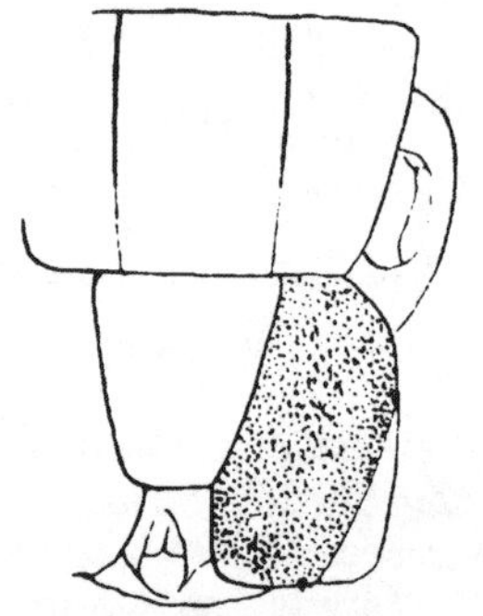

Fig. 131.
Cormocephalus (Colobopleurus) macrosestrus Att.

65. C. (Colob.) **macrosestrus** Att. 1928 *Colobopleurus m.*, Attems in: Zool. Anz., *v.* 78 p. 295 f. 13.

Länge 58 mm. Dunkelolivenfarben, Beine gelbbraun. Kopf äußerst fein punktiert, mit 2 sehr feinen vom Hinterrand bis zur Mitte reichenden Längsfurchen. Antennen 17gliedrig, 6 Grundglieder kahl. Basalplatten sehr deutlich, aber klein. Kopf hinten undeutlich vom 1. Tergit überlagert. Kieferfußhüften sehr fein punktiert, Zahnplatte mit einer Borste und 4 Zähnen, Grundfurchen in einer Linie liegend. Tergite sehr glatt und glänzend, unpunktiert, 2.—20. mit durchgehenden Längsfurchen, 2.—12. außerdem mit kurzem Schrägstrich vorn seitlich, 21. Tergit mit vollständiger Medianfurche, 19.—21. Tergit berandet; Berandung auf dem 20. und noch mehr auf dem 19. hinten abgekürzt. 2.—20. Sternit mit durchlaufenden Längsfurchen, letztes etwas länger als breit, hinten verschmälert. 2.—21. Beinpaar mit 2 Klauenspornen. Coxopleuren ganz ohne Fortsatz, hinten quer abgestutzt mit einem Dorn in der Mitte. Porenfeld groß, bis an den Hinterrand reichend (Fig. 131). Endbeine mäßig dick, Präfemur doppelt so lang wie breit, ventral-lateral 4—5, ventral-medial und medial 5—6, oben-medial in der Mitte 1 Dorn, Eckdorn 2—3spitzig. Endkralle unten abgeflacht 2kantig, nur wenig mehr als halb so lang wie der 2. Tarsus. Stigmen längsoval, Vestibulum dicht mit kleinen spitzkegeligen Papillen besetzt, die den Lippenrand fein gesägt erscheinen lassen (Fig. 132). Labrumseiten in der Mitte des Hinterrandes gefranst, auf der Fläche keine Borsten. Clypeus mit einem tiefen Quereindruck jederseits, beide Eindrücke durch einen mäßig breiten nicht eingedrückten Mittelstreif getrennt; vor dem Labrum zerstreute winzige Börstchen. 2. Glied der 2. Maxille ohne Stachelborste; die Putzbürste verdeckt von vorn die Endkralle völlig; nur eine hintere kräftige Nebenkralle vorhanden. Borsten der Putzbürste am Ende schwach kurzhakig.

Madder Thorrey, Westbase of West Ghates, Kalkutta.

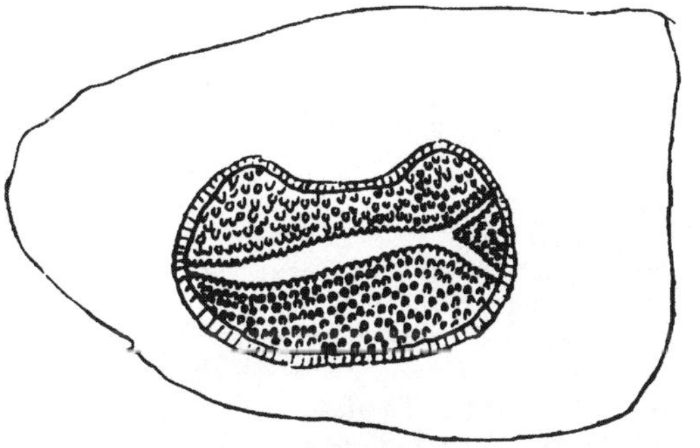

Fig. 132.
Cormocephalus (Colobopleurus) macrosestrus Att.
Stigma des 5. Segments.

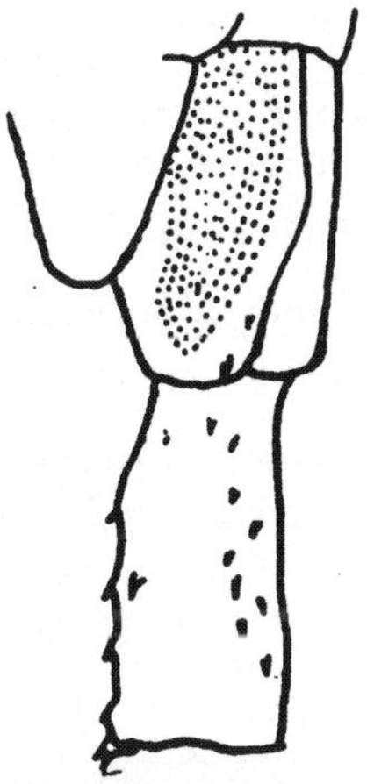

Fig. 133.
Cormocephalus (Colobopleurus) inopinatus Krpln.

66. **C. (Colob.) inopinatus** Krpln. 1908 *Colobopleurus i.*, Kraepelin in: Fauna S.W.-Austral., *v.* 2 p. 109 t. 12 f. 12.

Länge 38 mm. Schmutzig lehmgelb, Kopf grünlich. Kopf punktiert, mit 2 schwachen abgekürzten Längsfurchen, hinten nur mit Basalplatten. Antennen sehr kurz, kaum bis zum Hinterrand des 1. Tergits reichend, 17gliedrig, 6 Grundglieder kahl. Kieferfußhüften mit schwacher Querfurche; Zahnplatten etwas breiter als lang, mit je 4 Zähnen. 2.—20. Tergit mit vollständigen Längsfurchen, 21. Tergit mit schwacher Medianfurche, Berandung vom 15. Tergit an. Coxopleuren hinten fast geradlinig gestutzt, ohne Fortsatz, mit einem Seitendörnchen. Porenarea oval, weder den Hinterrand noch die Seiten erreichend (Fig. 133). Präfemur der Endbeine etwa 3mal so lang wie dick, ventral-lateral mit 9—11 unregelmäßig gestellten Dörnchen, ventral-medial mit einer

Reihe von 2—4 Dörnchen, medial mit 2—3, oben-medial mit 2 Dornen. Eckdorn ziemlich lang, 2spitzig; Klauen der Endbeine kaum halb so lang wie der 2. Tarsus, mit deutlichen Spornen.

Australien: Karrakatta bei Perth.

c) Subgen. **Hemiscolopendra** Krpln.

1903 *H.*, Kraepelin in: Mt. Mus. Hamburg, *v.* 20 p. 169, 212 | 1907 *H.*, C. Verhoeff in: Bronn, Kl. Ordn., *v.* 5 II p. 261 | 1926 *H.*, Attems in: Kükenthal & Krumbach, Handb. Zool., *v.* 4 p. 374.

Kopf und 1. Tergit frei aneinanderstoßend oder der Kopf den Vorderrand des 1. Tergits überlagernd, ohne Furchen; keine Basalplatten. Antennen 17—21gliedrig, 4 oder mehr Grundglieder kahl, ohne Quirle längerer Borsten. Kieferfüße mit 3 + 3 oder 4 + 4 Zähnen, hinter der Mitte jedes Zahnrandes eine Borste; die Grundfurchen in sehr stumpfem Winkel bis fast gerader Linie; Hüften ungefurcht. 1. Tergit meist ohne, selten mit Ringfurche. Die Längsfurchen beginnen auf dem 1., 2., 3. oder 4. Tergit, Berandung vom 15.—21. beginnend, 21. Tergit mit oder ohne Medianfurche. Coxopleuren mit langem, schlankem, walzigem, am Ende mehrspitzigem Fortsatz. Präfemur der Endbeine bedornt mit kräftigem Eckdorn. 1.—19. Beinpaar mit, 20. und 21. Beinpaar mit oder ohne Klauensporne. 1. Tarsus deutlich länger als der 2. Kralle kürzer als der 2. Tarsus. Stigmen kurz dreieckig, die hinteren mehr schlitzförmig.

Süd-, Zentral- und Nordamerika.

Typus: *H. punctiventris* (Newp.)

5 Arten (nr. 67—71).

Übersicht über die Arten (nr. 67—71):

1 { Kopf das 1. Tergit deutlich überlagernd oder mit freiem Hinterrand daran stoßend. Porenfeld der Coxopleuren wenigstens vorn den breiten Umschlagsrand erreichend — **2**

1 { Kopf mit dem Hinterrand in einen Falz des 1. Tergits eingesenkt, der Hinterrand nicht frei. Porenfeld der Coxopleuren schmal, den breiten Umschlagsrand vorn nicht oder kaum erreichend. 21. Tergit mit Medianfurche. Coxopleuren (Fig. 139) am Ende 3—4spitzig, seitlich meist 2, in der Mitte und dorsal meist je 1 Dorn. Präfemur der Endbeine kaum doppelt so lang wie breit, ventral-lateral mit 4,4 bis 6,6 Dornen . . . . 71. **H. platei**

2 { 1. Tergit mit deutlicher Ringfurche (Fig. 134). 21. Sternit breit ausgerandet. Coxopleurenfortsatz nur am Ende 3—5spitzig, weder dorsal noch seitlich auf dem Fortsatz noch am Hinterrand der Coxopleuren ein Dorn. 8 Grundglieder der Antennen kahl (Nordamerika) . 67. **H. punctiventris**

2 { 1. Tergit ohne Ringfurche. 21. Sternit hinten gerundet. Coxopleurenfortsatz auch dorsal und seitlich mit Dörnchen; am Hinterrand der Coxopleuren ein Dörnchen. Höchstens 6 Grundglieder der Antennen kahl — **3**

21. Tergit mit deutlicher Medianfurche. Präfemur der Endbeine kaum doppelt so lang wie dick, ventral-lateral mit 2 Reihen von zusammen 8—10 Dornen — 4

3 21. Tergit ohne Medianfurche, selten mit schwachem Mediankiel. Präfemur der Endbeine 3½—4 mal so lang wie dick, ventral flach, lateral mit 2 ± deutlichen Reihen von zusammen 10—20 Dornen. Coxopleurenfortsatz am Ende 4—6 spitzig, seitlich meist 2, dorsal 3 Dornen (Fig. 136). 5 Grundglieder der Antennen kahl . . . . 68. **H. chilensis**

Coxopleurenfortsatz am Ende 3—4 spitzig, dazu in der Mitte seitlich und dorsal je ein Dorn (Fig. 137). Am Hinterrand der Coxopleuren meist zwei Dörnchen. Vier Grundglieder der Antennen kahl. Porenfeld wenigstens distal ein breites glattes Dreieck zwischen sich und dem Umschlagsrande frei lassend. Präfemur der Endbeine ventral-lateral meist mit 5,5 Dornen . 69. **H. michaelseni**

4 Coxopleurenfortsatz am Ende meist 5—7 spitzig, in der Mitte seitlich 1, dorsal meist 3—4 Dornen (Fig. 138). Am Hinterrande der Coxopleuren 1 Dorn. 5 bis 6 Grundglieder der Antennen kahl. Porenfeld auch distal den Umschlagsrand fast erreichend. Präfemur der Endbeine ventral-lateral meist mit 3,3 oder 4,4, selten 5,5 Dornen . . . . 70. **H. laevigatus**

67. **C. (H.) punctiventris** (Newp.) 1844 *Scolopendra p.*, Newport in: Ann. nat. Hist., *v.* 13 p. 100 | 1845 *S. p.*, Newport in: Tr. Linn. Soc. London, *v.* 19 p. 387 | 1862 *S. inaequidens*, H. C. Wood in: J. Ac. Philad., ser. 2 *v.* 5 p. 24 | 1865 *S. i.*, H. C. Wood in: Tr. Amer. phil. Soc., ser. 2 *v.* 13 p. 162 | 1886 *S. Woodi*, Meinert in: P. Amer. phil. Soc., *v.* 23 p. 198 | 1893 *S. W.*, Bollman in: Bull. U. S. Mus., *v.* 46 p. 177 | 1895 *S. punctiventris*, Pocock in: Biol. Centr.-Amer., Chilop. p. 17 t. 2 f. 6 | 1903 *Hemiscolopendra p.*, Kraepelin in: Mt. Mus. Hamburg, *v.* 20 p. 217 f. 145.

Länge bis 60 mm. Olivgrün oder olivgelb, Vorder- und Hinterrand dunkler, bis kastanienbraun. Kopf mäßig dicht, sehr fein punktiert, den Vorderrand

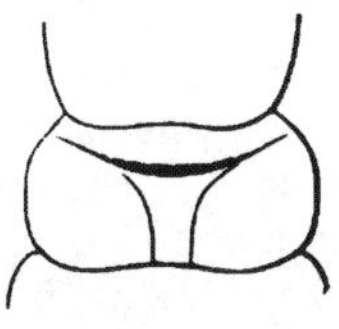

Fig. 134.
Cormocephalus (Hemiscolopendra) punctiventris (Newp.) 1. Tergit.

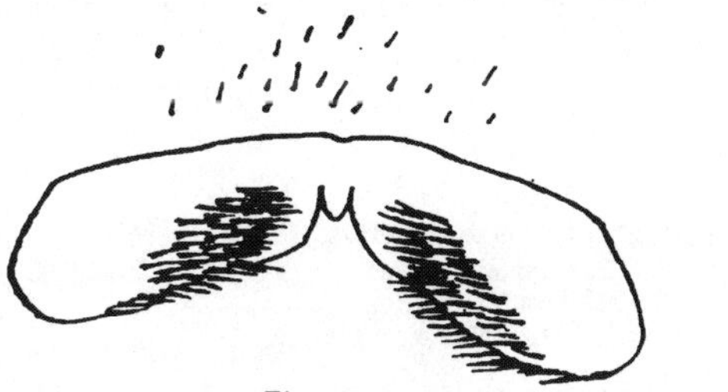

Fig. 135.
Cormocephalus (Hemiscolopendra) punctiventris (Newp.) Labrum.

des 1. Tergits überlagernd. Antennen 17 gliedrig, 6—9 Grundglieder kahl, die Behaarung der übrigen sehr fein und spärlich. 4 + 4 Kieferfußzähne, der laterale etwas isoliert, hinter dem Zahnrand eine Borste. 1. Tergit (Fig. 134) mit Ringfurche und von ihr ausgehend 2 nach hinten konvergierende feine Längsfurchen, sehr fein punktiert. 2.—20. Tergit mit vollständigen Längsfurchen, Berandung vom 17.—19. Tergit an, 21. Tergit mit feiner Medianfurche, hinten rundbogig vorgezogen. 2.—20. Sternit mit vollständigen Längsfurchen, letztes verjüngt, hinten deutlich eingebuchtet. Sternite zerstreut und äußerst fein punktiert. Coxopleurenfortsatz lang, schlank, am Ende 3- bis

5spitzig, ohne seitliche Dornen; auch am Hinterrand kein Dorn. Das Porenfeld reicht bis zur Furche, die porenlose glatte Fläche bis zur Dorsalkante ist ebenso breit wie das Porenfeld. Präfemur der Endbeine kurz und dick, ventral mit 6—10 Dornen, medial und oben mit 4—5 Dornen. Eckdorn meist 2-, selten bis zu 6spitzig. 1.—19. Beinpaar mit 2 Klauenspornen. Labrum am Hinterrande der Seiten gefranst und auf der Fläche beborstet. Clypeus einheitlich, in der Mediane ein Längsstreif winziger Härchen. 2. Telopoditglied der 2. Maxille ohne Kante, mit Dorn, die Putzbürste ragt so weit vor wie die Endkralle, ihre Borsten nur schwach gebogen, am Ende nicht hakig; Endkralle mit 2 Nebenkrallen; das Endglied etwas reichlicher, die anderen Glieder sehr spärlich beborstet.

Nordamerika: New York, Massachusetts, Connecticut, Illinois, Virginia, Louisiana, Karolina, Florida; Mexiko: Tampico, Omilteme.

68. **C. (H.) chilensis** (Gerv.) 1847 *Scolopendra c.* + *pallida*, P. Gervais in: Walckenaer, Hist. Apt., *v.* 4 p. 285 | 1881 *S. p.*, Kohlrausch in: Arch. Naturg., *v.* 47 I p. 123 | 1886 *S. chilensis*, Meinert in: P. Amer. phil. Soc., *v.* 23 p. 199 | 1895 *S. longipleura*, Silvestri in: Boll. Mus. Torino, *v.* 10 nr. 203 p. 2 | 1903 *Hemiscolopendra chilensis*, Kraepelin in: Mt. Mus. Hamburg, *v.* 20 p. 214 f. 141.

Länge bis 63 mm. Olivgrün oder olivbraun. Kopf punktiert, ohne Furchen, den Vorderrand des 1. Tergits überlagernd, keine Basalplatten. Antennen meist 17-, selten 16- oder 18gliedrig; entweder 5 Grundglieder kahl, die anderen behaart oder die Behaarung überhaupt so spärlich, daß kein deutlicher Unterschied zwischen kahlen und behaarten Gliedern erkennbar ist. 3 + 3 oder 4 + 4 Kieferfußzähne, hinter der Mitte des Zahnrandes eine Borste; die Grundfurchen der Zahnplatten in sehr stumpfem Winkel zueinander; Hüften der Kieferfüße mäßig dicht punktiert, ohne Furchen. 3. Tergit mit kurzen Längsfurchen vorn, 4.— 20. Tergit mit vollständigen Längsfurchen. Berandung auf dem 17.—21. oder einem Teil derselben, manchmal nur auf dem 21. Tergit. Letztes Tergit ohne Medianfurche, hinten stumpfwinklig abgerundet. 2.—20. Sternit mit vollständigen Längsfurchen, letztes verjüngt, hinten gestutzt-gerundet. Coxopleurenfortsatz am Ende 4—6spitzig, seitlich 0—2, dorsal meist 3 Dornen, am Hinterrand meist 1 Seitendorn. Die Porenarea erreicht den breiten Umschlagsrand auf dem größten Teil seiner Länge, nur hinten bleibt ein glattes Dreieck zwischen beiden frei (Fig. 136). Präfemur der Endbeine $3^1/_2$—4mal so lang wie dick, ventral-lateral mit 8—34, (oft mit 6 + 6), in der Mitte mit einigen winzigen Dörnchen, medial und oben-medial mit 16—24 Dörnchen, Eckdorn 2spitzig. Alle Beine mit Klauenspornen.

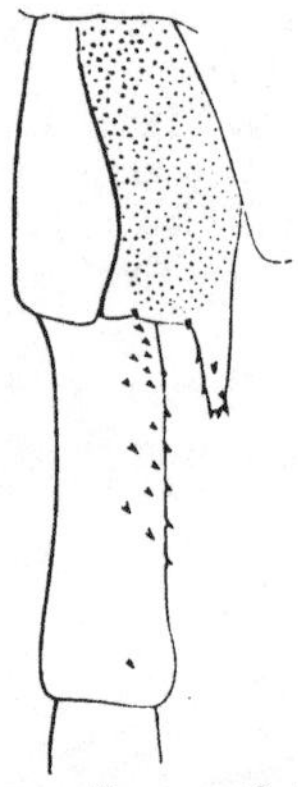

Fig. 136. **Cormocephalus (Hemiscolopendra) chilensis** (Gerv.) Coxopleuren.

Chile, südlich bis Conception, Ostargentinien (Cordoba, Tucuman).

69. **C. (H.) michaelseni** (Att.) 1903 *Otostigma m.*, Attems in: Zool. Jahrb., Syst. *v.* 18 p. 97 | 1903 *Hemiscolopendra m.*, Kraepelin in: Mt. Mus. Hamburg, *v.* 20 p. 215 f. 143.

Länge bis 50 mm. Dunkel olivgrün bis olivbraun. Kopf fein punktiert, den Vorderrand des 1. Tergits überlagernd. Antennen 17-, selten 18- oder 19gliedrig, mit 4 kahlen Grundgliedern. 4 + 4 Kieferfußzähne, mehr oder weniger verwachsen. 1. Tergit ungefurcht, 2. Tergit mit schwacher Andeutung von 2 Längsfurchen, 3. mit sehr feinen, 4.—20. mit 2 deutlichen Längsfurchen; 21. Tergit mit Medianfurche. 21., manchmal auch 20. und 19. Tergit berandet. 2.—20. Sternit mit 2 vollständigen Längsfurchen, sonst spiegelglatt, 21. Sternit verjüngt, hinten stark abgerundet. Coxopleurenfortsatz (Fig. 137) am Ende 3—4spitzig, lateral und dorsal je 1 Dorn, am Hinterrande meist 2 Dornen; Porenarea vorn die Furche des Umschlages erreichend, hinten ein breites glattes Dreieck zwischen beiden. Präfemur der Endbeine kaum 2mal so lang wie breit, ventral-lateral 8—10 Dornen, medial und oben etwa 14 Dornen; Eckdorn 2spitzig.

Chile: Valparaiso, Quilpué, Viña del Mar, Coquimbo.

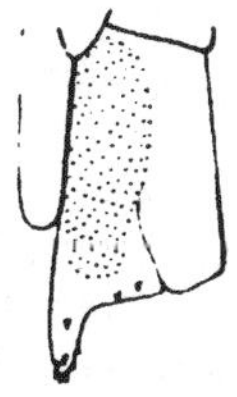

Fig. 137.
Cormocephalus (Hemiscolopendra) michaelseni (Att.)
Coxopleure.

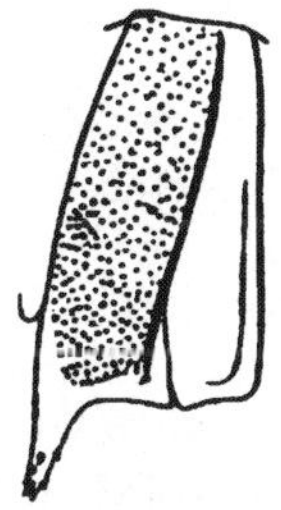

Fig. 138.
Cormocephalus (Hemiscolopendra) laevigatus Por.
Coxopleure.

70. **C. (H.) laevigatus** Por. 1876 *C. l.*, Porat in: Bih. Svenska Ak., *v.* 4 nr. 7 p. 17 | 1881 *Scolopendra cormocephalina*, Kohlrausch in: Arch. Naturg., *v.* 47 I p. 123 | 1886 *S. longispina*, Meinert in: P. Amer. phil. Soc., *v.* 23 p. 199 | 1903 *Hemiscolopendra laevigata*, Kraepelin in: Mt. Mus. Hamburg, *v.* 20 p. 215 f. 142.

Länge 55 mm. Olivgrün, am Hinterrande oft mehr gelblich. Kopf punktiert, den Vorderrand des 1. Tergits überlagernd. Antennen 17- bis 21gliedrig, 5—6 Grundglieder kahl. 3 + 3 oder 4 + 4 Kieferfußzähne. 3. Tergit mit abgekürzten, 4.—20. mit 2 vollständigen Längsfurchen, 21. Tergit mit Medianfurche. Berandung vom 19. Tergit an. 2.—20. Sternit mit durchgehenden Längsfurchen, letztes verjüngt, mit schwachem Medianeindruck. Coxopleurenfortsatz am Ende 5—7spitzig, lateral 1, dorsal 3—4 Dornen, am Hinterrand 0—1 Dorn (Fig. 138). Porenarea auch distal bis nahe an die den Umschlag begrenzende Furche herantretend. Präfemur der Endbeine kaum doppelt so lang wie dick, ventral-lateral mit 3 + 3 bis 5 + 5 Dornen, in der ebenen Mitte mit 1—2 winzigen Dörnchen, ventral-medial, medial und oben-medial mit 8—11 Dornen, Eckdorn 2—3spitzig.

Argentinien (Buenos Aires), Uruguay (Montevideo), Brasilien (Maldonado), Guyana (Cayenne), Kolumbien (Neu Granada).

71. **C. (H.) platei** (Att.) 1903 *Otostigma p.*, Attems in: Zool. Jahrb., Syst. *v.* 18 p. 98 | 1903 *Hemiscolopendra p.*, Kraepelin in: Mt. Mus. Hamburg, *v.* 20 p. 216 f. 144.

Länge bis 45 mm. Olivbraun oder olivgrün, Vorder- und Hinterende rotbraun. Kopf sehr dicht punktiert, hinten vom 1. Tergit überlagert. Antennen 17—19gliedrig, mit 4 kahlen Grundgliedern. Kieferfußhüften dicht punktiert, ohne Furchen, 4 + 4 Zähne, die Grundfurchen der Zahnplatten fast in einer Linie liegend, Zahnplatten ziemlich lang, hinter dem Zahnrand eine Borste. 1. Tergit punktiert, ohne Furchen, 4.—20. Tergit mit 2 durchgehenden Längsfurchen, 21. Tergit mit feiner Medianfurche. Berandung vom 15.—20. Tergit beginnend. 2.—20. Sternit mit vollständigen Längsfurchen, letztes verjüngt, hinten zungenförmig abgerundet. Coxopleurenfortsatz (Fig. 139) lang, sehr schlank, am Ende 3—5spitzig, lateral und dorsal je 1—2 Dornen, am Hinterrand meist 2 Seitendornen. Porenarea sehr schmal, zwischen sich und dem Umschlagsrand einen breiten Streifen frei lassend. Präfemur der Endbeine kaum doppelt so lang wie dick, ventral-lateral 8—12, ventral-medial, medial und oben-medial 12—14 Dornen. Eckdorn 2spitzig. Alle Beine mit Klauenspornen.

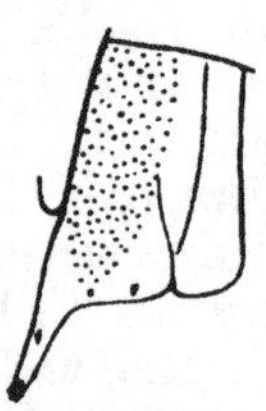

Fig. 139. Cormocephalus (Hemiscolopendra) platei (Att.) Coxopleure.

Chile: Valparaiso, Viña del Mar, Quilpué, Coquimbo.

d) Subgen. **Psiloscolopendra** Krpln.

1903 *P.*, Kraepelin in: Mt. Mus. Hamburg, *v.* 20 p. 169, 217 | 1907 *P.*, C. Verhoeff in: Bronn, Kl. Ordn., *v.* 5 II p. 261.

21 Beinpaare. Kopf das 1. Tergit überlagernd. 4 Ocellen. Antennen 17gliedrig, mit mehreren kahlen Grundgliedern. Kieferfüße mit 2 Zahnplatten, Präfemur mit winzigem Medialzahn. Tergite und Sternite mit 2 Längsfurchen, im übrigen glatt. 1. Tergit ungefurcht. Coxopleuren mit kurzem, kegeligem, einspitzigem Fortsatz und Porenfeld. Präfemur der Endbeine bedornt und mit Eckdorn. Alle Beine ohne Tarsalsporne. 1. Tarsus länger als der zweite.

Burma.

Eine Art.

72. **C. (P.) feae** (Poc.) 1891 *Scolopendra f.*, Pocock in: Ann. Mus. Genova, *v.* 30 p. 410 | 1903 *Psiloscolopendra f.*, Kraepelin in: Mt. Mus. Hamburg, *v.* 20 p. 218.

Länge 53 mm. Kopf und 1. Tergit rotbraun, die übrigen Tergite blaß olivfarben oder ockergelb mit dunkel olivfarbigem Hinterrand. Kopf schwach punktiert, mit sehr schwacher Medianfurche in den hinteren 2 Dritteln. Antennen kurz, 17gliedrig, 5 Grundglieder kahl. Kieferfußhüften schwach punktiert, Zahnplatten etwas breiter als lang, mit 5 + 5 kleinen, rundlichen Zähnen. Tergite glänzend, nicht punktiert, 2.—20. mit 2 Längsfurchen, vom 8. oder 9. an berandet; 21. Tergit ohne Medianfurche, hinten eingedrückt. Sternite glatt, nicht punktiert, 2.—20. mit 2 Längsfurchen, 21. viel länger als breit, verjüngt, hinten gestutzt-gerundet. Coxopleurenfortsatz kurz, kegelig, 1spitzig, am Hinterrand kein Seitendorn. Endbeine mäßig lang, ziemlich schlank; Präfemur ventral-lateral mit 2 + 2, ventral-medial mit 2, dorsal-medial mit 1—2 Dornen, Eckdorn stark, 1spitzig. Endklaue ohne oder mit 1 winzigen Sporn.

Burma, Carin-Berge beim Dorf Meteleo (300—1200 m).

5. Gen. **Campylostigmus** Rib.

1923 *C.*, Ribaut in: N. Caledonia, *v.* 3 I p. 37.

21 Beinpaare. Kopf hinten vom 1. Tergit überlagert, mit Basalplatten, mit oder ohne Längsfurchen. Antennen 17gliedrig, mit 6—7 kahlen Grundgliedern. 2.—20. Tergit mit 2 Längsfurchen, 21. ohne Medianfurche. Sternite mit Längsfurchen. Coxopleuren mit kurzem oder längerem, 2- oder mehrspitzigem Fortsatz. Präfemur der Endbeine bedornt, ventral-lateral 1 oder

2 Reihen von Dornen, Prätarsus unten flach oder hohl, nicht schneidig zugeschärft, viel kürzer als der 2. Tarsus. Alle Beine ohne Tarsalsporn. Stigmenschlitz hinten gegabelt, gekrümmt, dorsal konkav, die Enden ± durch Pleuritfalten bedeckt; Peritrema deutlich oder undeutlich, in ersterem Falle sein Dorsalrand ventralwärts gebogen; die Kelchlippen mit konischen Papillen besetzt.

Neukaledonien.

Typus: *C. crassipes* Rib.

5 Arten.

Übersicht über die Arten:

1 { Präfemur der Endbeine ventral-lateral mit einer einzigen Reihe von Dornen. Tergite frühestens vom 20. an berandet (manchmal Spuren der Berandung auf dem 19.). Stigmen gekrümmt. Der hintere Ocellus rund — 2
Präfemur der Endbeine ventral-lateral mit 2 Reihen von Dornen. Tergite vom 18. oder früher berandet. Die lateralen und medialen Dornreihen des Präfemur der Endbeine sind ungefähr parallel — 4

2 { Stigmen (Fig. 141) mit schmalem, gebogenem Schlitz, ohne Peritrema, die bestachelten Lippen kaum sichtbar. Präfemur der Endbeine am Grunde lateral stark eingeschnürt, $1^1/_2$mal so lang wie breit, die lateralen und medialen Dornenreihen stark konvergierend. Coxopleurenfortsatz kurz, 2spitzig. Kopf ohne Längsfurchen . . . . 1. **C. crassipes**
Stigmenschlitz weiter, gebogen, die bestachelten Lippen ziemlich breit sichtbar (Fig. 144). Präfemur der Endbeine am Grunde nicht oder kaum eingeschnürt; wenigstens doppelt so lang wie breit, die lateralen und medialen Dornreihen parallel — 3

3 { Coxopleurenfortsatz kurz, 2-, ausnahmsweise 3spitzig (Fig. 143). Kopf ohne Längsfurchen . . . . 2. **C. consobrinus**
Coxopleurenfortsatz ziemlich lang, 5- oder 6-, ausnahmsweise 3spitzig (Fig. 145). Kopf im hinteren Drittel mit zwei parallelen Längsfurchen . . . . 3. **C. orientalis**

4 { Stigmen dreieckig, mit sehr deutlichem Peritrema (Fig. 147). Tergite vom 16., in Spuren vom 14. an berandet. Die 4 + 4 Zähne der Kieferfüße deutlich getrennt (Fig. 146). Präfemur der Endbeine $2^1/_2$mal so lang wie breit. Coxopleurenfortsatz gewöhnlich 3- oder 4-, selten 2spitzig. Kopf ohne Längsfurchen. Der hintere Ocellus längsoval . . . . 4. **C. decipiens**
Stigmen schmal, schlitzförmig, ohne Peritrema, die bestachelten Lippen kaum sichtbar (Fig. 149). Tergite vom 18. an berandet. Die 3 inneren Zähne jeder Kieferfußhüfte verschmolzen. Präfemur der Endbeine 1,9mal so lang wie breit, Coxopleurenfortsatz 2spitzig. Kopf im hinteren Viertel mit 2 Längsfurchen. Hinterer Ocellus rund . . . . 5. **C. biseriatus**

1. **C. crassipes** Rib. 1923 *C. c.*, Ribaut in: N. Caledonia, *v.* 3I p. 38 f. 78—84.

Länge bis 53 mm. Grünlichbraun. Kopf sehr zerstreut punktiert, ohne Längsfurchen. Antennen kurz, bis zum Hinterrand des 1. Tergits reichend, 17gliedrig, die 6 ersten kahl. Kieferfußhüften ohne Furchen, mit 4 + 4 Zähnen, von denen die 2 medialen jeder Seite ± bis ganz verschmelzen (Fig. 140). Tergite sehr zerstreut punktiert, 2.—20. mit vollständigen Längsfurchen; 21. Tergit ungefurcht, berandet (nur dieses). 2.—20. Sternit mit Längsfurchen; letztes etwas länger als vorn breit, wenig verjüngt, hinten breit abgerundet. Coxopleuren mit sehr kurzem, 2spitzigem Fortsatz, ein Seitendorn hinten. Porenfeld das Sternit weit überragend, aber nicht die Höhe des Gelenkcondylus. Alle Beine mit 2 Klauenspornen. Präfemur der Endbeine kurz und dick, 1½mal so lang wie breit; ventral mit 2 Reihen von Dornen, lateral 3, medial 2—3; medial 2—3 Dornen nahe dem Endrande, oben-medial 2 Dornen. Eckdorn 2spitzig (Fig. 141). Endkralle ventral ausgehöhlt, halb so lang wie der 2. Tarsus. Stigmen fast ohne Vestibulum, ohne deutliches Peritrema; das Stigmenpleurit bildet oberhalb des hinten gegabelten Stigmenschlitzes eine Falte, die elliptisch und nur in der Mitte des Dorsalrandes unterbrochen ist (Fig. 142).

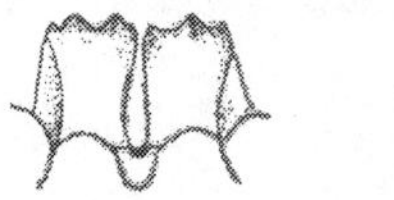

Fig. 140. **Campylostigmus crassipes** Rib.

Canala, Neukaledonien.

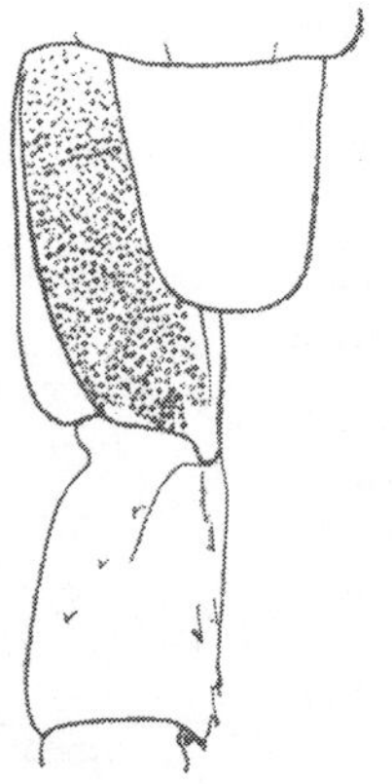

Fig. 141. **Campylostigmus crassipes** Rib.

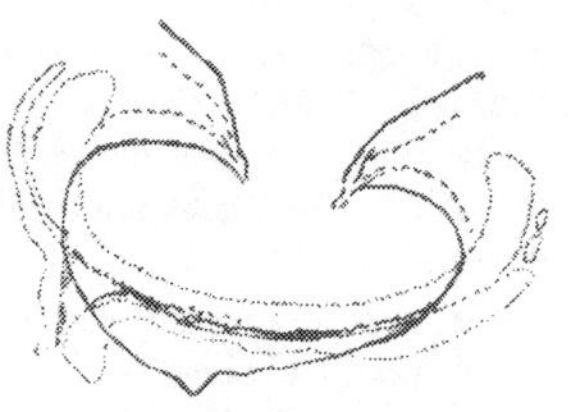

Fig. 142. **Campylostigmus crassipes** Rib. Stigma.

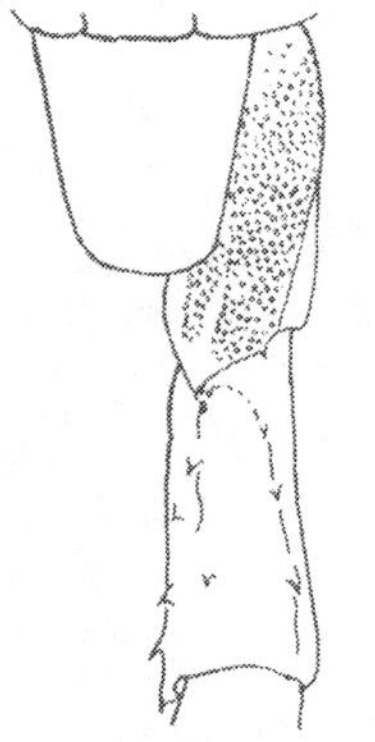

Fig. 143. **Campylostigmus consobrinus** Rib.

2. **C. consobrinus** Rib. 1923 *C. c.*, Ribaut in: N. Caledonia, *v.* 3I p. 41 f. 92—98.

Länge 39 mm. Einfarbig grünlichbraun. Kopf breiter als lang, zerstreut punktiert, ungefurcht. Basalplatten vorhanden. Antennen bis zum Hinterrand des 2. Tergits reichend, 17gliedrig, 6 Grundglieder kahl. Kieferfußhüften ungefurcht, 4 + 4 Zähne, der medialste Zahn jeder Seite viel kleiner als die anderen. 1. Tergit punktiert, ungefurcht, 2.—20. Tergit mit vollständigen Längsfurchen, 21. ohne Medianfurche. 21., 20. und manchmal undeutlich auch 19. Tergit berandet. 2. bis 20. Sternit mit Längsfurchen, letztes so lang wie vorn breit, verjüngt, hinten abgerundet. Alle Beine mit 2 Klauenspornen. Coxopleuren kurz breitkegelig vorgezogen; Porenfeld das Sternit weit überragend (Fig. 143). Präfemur der Endbeine doppelt so lang wie breit, ventral 2 Reihen von je 3 Dornen, medial 3, oben-medial 2 Dornen, Eckdorn 2spitzig; Endkralle unten ausgehöhlt, ⅓ so lang wie der 2. Tarsus.

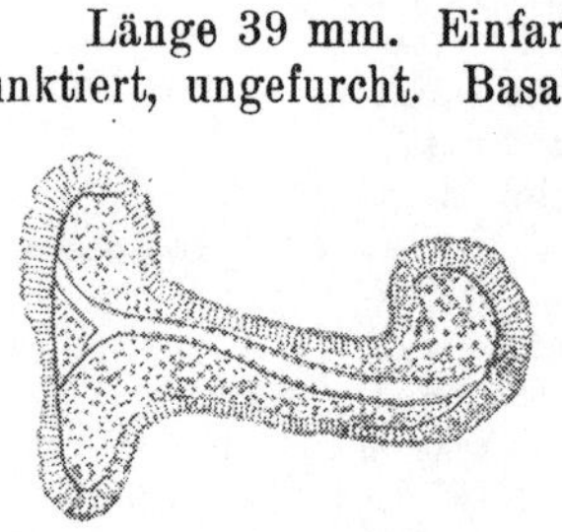

Fig. 144. **Campylostigmus consobrinus** Rib. Stigma.

Vestibulum des Stigma weit ausgehöhlt, das Pleurit bildet keine Falte. Stigmenschlitz vorn gebogen (Fig. 144).

Neukaledonien: Hienghiène, Tiouaka-Tal.

3. **C. orientalis** Rib. 1923 *C. o.*, Ribaut in: N. Caledonia, *v.* 31 p. 42 f. 99—105.

Länge 48 mm. Einfarbig dunkelbraun. Kopf länger als breit, zerstreut punktiert, im hinteren Drittel 2 parallele Längsfurchen. Basalplatten vorhanden. Antennen kurz, nicht bis zum Hinterrand des 1. Tergits reichend, 17gliedrig, 6 oder 7 Grundglieder kahl. Kieferfußhüften ohne Furchen, mit 4 + 4 Zähnen, von denen der laterale und mediale jeder Seite sehr klein ist. Tergite zerstreut punktiert, vom 2. an mit vollständigen Furchen; 21. ohne Medianfurche, seitlich berandet, 20. nur mit Spuren von Berandung. 2.—20. Sternit mit Längsfurchen, letztes vorn verjüngt, hinten abgerundet. Alle Beine mit 2 Klauenspornen. Coxopleurenfortsatz lang; 5—6-, ausnahmsweise 3spitzig; am Hinterrand ein Dorn; das Porenfeld läßt nur die Spitze des Fortsatzes und einen schmalen, kurzen, von ihr ausgehenden Streif frei (Fig. 145). Präfemur der Endbeine doppelt so lang wie breit, ventral mit 4 + 3—5 Dornen, medial 3—4, oben-medial 3 Dornen, Eckdorn 2spitzig. Endkralle unten ausgehöhlt, $^1/_3$ so lang wie der 2. Tarsus. Stigmen wie bei *C. consobrinus*.

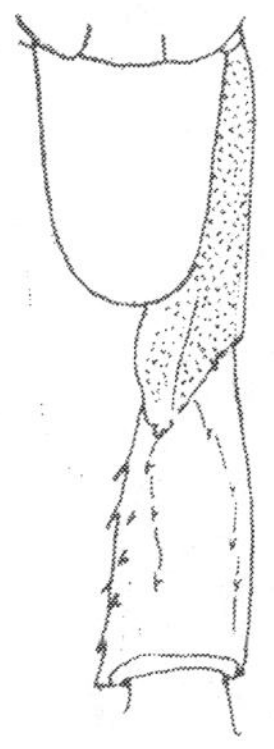

Fig. 145.
Campylostigmus orientalis Rib.

Neukaledonien: Oubatche, Mont Ignambi, Tao.

4. **C. decipiens** Rib. 1923 *C. d.*, Ribaut in: N. Caledonia, *v.* 31 p. 43 f. 106—112.

Länge 51 mm. Einfarbig grünlichbraun. Kopf etwas breiter als lang, zerstreut punktiert, ohne Furchen. Basalplatten vorhanden. Antennen bis zum Hinterrand des 2. Tergits reichend, 17gliedrig, 6 Grundglieder kahl. Kiefer-

Fig. 146.
Campylostigmus decipiens Rib.
Zahnplatten der Kieferfüße.

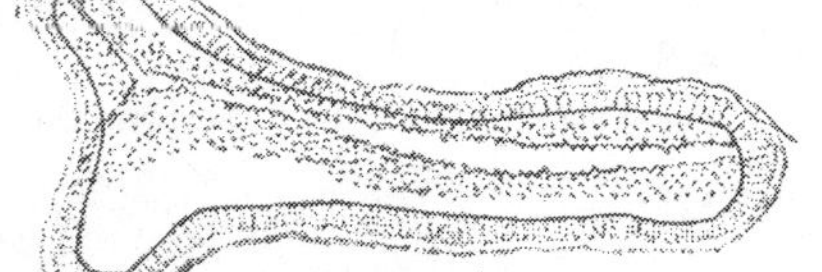

Fig. 147.
Campylostigmus decipiens Rib.
Stigma.

fußhüften ohne Furchen, mit 4 + 4 getrennten Zähnchen (Fig. 146). Tergite zerstreut punktiert, vom 2. mit vollständigen Furchen, vom 12.—16. an berandet, das letzte ohne Medianfurche. 2.—20. Sternit mit Längsfurchen, letztes so lang wie vorn breit, schwach verjüngt, hinten gestutzt-gerundet. Alle Beine mit 2 Klauenspornen. Coxopleurenfortsatz ziemlich lang, 2- bis 4spitzig; 1 starker Seitendorn hinten; Porenfeld bis nahe an die Spitze reichend. Präfemur der Endbeine $2^1/_4$mal so lang wie breit, ventral mit 3 Reihen von Dornen, eine mediale von 3—4, 2 laterale von je 2 Dornen, medial 3, oben-medial 2 Dornen. Eckdorn 2spitzig. Endkralle unten ausgehöhlt, fast halb so lang wie der 2. Tarsus. Dorsalseite des Peritrema der

Stigmen auf den vorderen und hinteren Segmenten gebogen, auf den mittleren meist gerade, Stigmenschlitz fast geradlinig, Vestibulum sehr seicht, die Kelchlippen fast im Niveau der Pleurite liegend, das Peritrema eingesenkt (Fig. 147).

Neukaledonien: Yaté, La Foa.

5. **C. biseriatus** Rib. 1923 *C. b.*, Ribaut in: N. Caledonia, *v.* 3 I p. 39 f. 85—81.

Länge 40 mm. Einfarbig grünlichbraun. Kopf zerstreut punktiert, mit 2 parallelen Längsfurchen im hinteren Viertel. Basalplatten vorhanden. Antennen bis zum Hinterrand des 2. Tergits reichend, 17gliedrig, 6 Grundglieder kahl. Kieferfußhüften ohne Furchen, mit 4 + 4 Zähnen, die 3 medialen jeder Seite stark verschmolzen. Die 2—3 vorderen und 3—4 hinteren Tergite zerstreut punktiert; vom 2. an mit vollständigen Längsfurchen, vom 18. an gerandet, letztes ohne Medianfurche. 2. bis 20. Sternit mit Längsfurchen, letztes etwas länger als vorn breit, wenig verjüngt, hinten abgerundet. Alle Beine mit 2 Klauenspornen.

Fig. 148.
Campylostigmus biseriatus Rib.

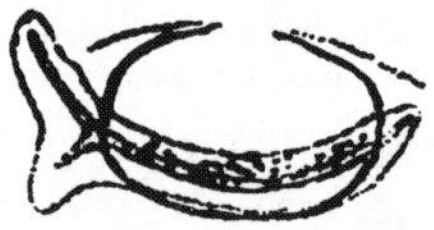

Fig. 149.
Campylostigmus biseriatus Rib.

Coxopleurenfortsatz lang, 2spitzig, 1 starker Seitendorn am Hinterrand; das Porenfeld überragt ein wenig die Höhe des Condylus (Fig. 148). Präfemur der Endbeine fast doppelt so lang wie breit, ventral mit 3 Reihen von je 2—3 Dornen, medial 2, oben-medial 2 Dornen; Eckdorn 2spitzig. Endkralle unten ausgehöhlt, $^1/_3$ so lang wie der 2. Tarsus. Stigmen von derselben Form wie bei *C. crassipes*, aber das Vestibulum etwas mehr ausgehöhlt; Peritrema undeutlich; das Pleurit bildet eine elliptische, fast vollständige Falte (Fig. 149).

Neukaledonien: Gipfel des Mont Humboldt.

6. Gen. **Rhoda** Mein.

1886 *R.*, Meinert in: P. Amer. phil. Soc., *v.* 23 p. 188 | 1891 *Pithopus* (err.), Pocock in: Ann. nat. Hist., ser. 6 *v.* 7 p. 223 | 1903 *P.*, Kraepelin in: Mt. Mus. Hamburg, *v.* 20 p. 170 | 1907 *P.*, C. Verhoeff in: Bronn, Kl. Ordn., *v.* 5 II p. 259.

21 Beinpaare. Kopf klein, hinten bedeutend schmäler als das 1. Tergit, einen großen Teil der Kieferfüße unbedeckt lassend, hinten vom 1. Tergit überlagert mit oder ohne Medianfurche, ohne paarige Längsfurchen und ohne Basalplatten. Zahnplatten der Kieferfüße ohne Borsten. Präfemur mit großem Innenzahn. Die Ungula der geschlossenen Kieferfüße überragen sehr merklich den Stirnrand (bei allen anderen Scolopendromorpha erreichen sie ihn höchstens). 1., 2. und 3. Tergit fast gleich groß, das 4. länger als das 3. und 5. oder nur ebenso lang; die weiteren Tergite ungefähr gleich lang. Tergite und Sternite zweifurchig, nur das 21. Tergit seitlich berandet. Coxopleuren ganz ohne Fortsatz, unbedornt oder mit 1 oder 2 winzigen Dörnchen; Porenfeld groß, die einzelnen Poren sehr klein. Endbeine sehr dick, Prä-

femur bedornt, mit Eckdorn. 1. Tarsus der Beine kürzer als der 2., besonders in der hinteren Körperhälfte, mit oder ohne Sporn. Stigmen lang, schlitzförmig. In den Pleuren 3 langgestreckte Reihen von Anopleuren übereinander (Fig. 150). In den Hüften der 2. Maxille ist die Mediannaht noch sichtbar (Fig. 151).

2 Arten.

Brasilien.

Typus: *R. thayeri* Mein.

Übersicht über die Arten:

1.—19. oder 20. Beinpaar mit einem kleinen Tarsalsporn . .	1. **R. calcarata**
Alle Beine ohne Tarsalsporn	2. **R. thayeri**

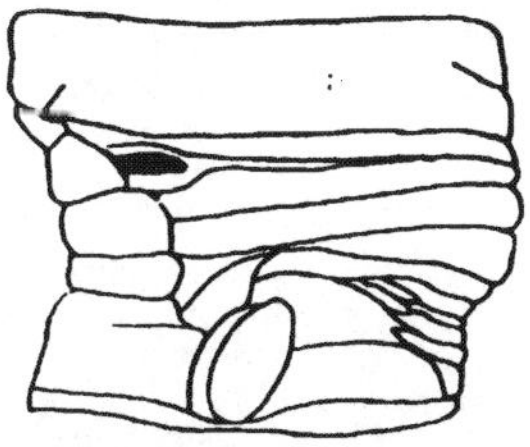

Fig. 150.
Rhoda calcarata (Poc.)
14. beintragendes Segment von der rechten Seite.

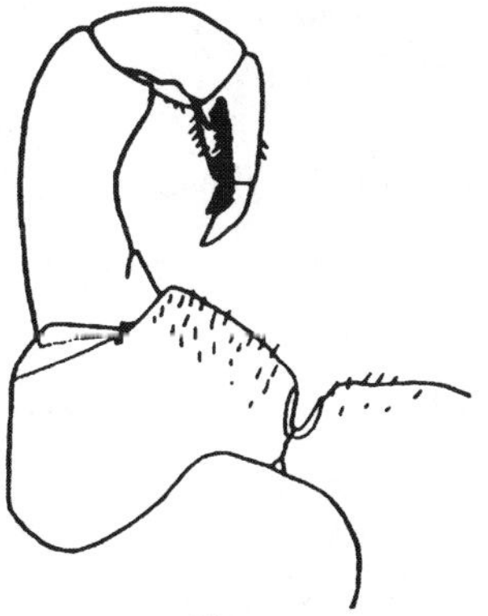

Fig. 151.
Rhoda calcarata (Poc.)
2. Maxille.

1. **R. calcarata** (Poc.) 1891 *Pithopus calcaratus*, Pocock in: Ann. nat. Hist., ser. 6 *v.* 7 p. 224 t. 5 f. 2 | 1903 *P. c.*, Kraepelin in: Mt. Mus. Hamburg, *v.* 20 p. 170 f. 111, 112.

Länge 70 mm. Ockergelb. Kopf (Fig. 152) zerstreut punktiert, mit oder ohne mediane Längsfurche, ohne Basalplatten. Antennen 17—20gliedrig, 6 bis 7 Grundglieder kahl. Kieferfußhüften punktiert, mit einer Querfurche; vor ihr eine Medianfurche, die vorn und hinten gegabelt ist. Zahnplatten schmal, ohne Borste; von den Zähnen der laterale isoliert, die anderen verschmolzen; Zahn des Präfemur mit großem Medialhöcker (Fig. 153). 2.—20. Tergit mit 2 vollständigen Längsfurchen; 21. Tergit mit scharfer, durch-

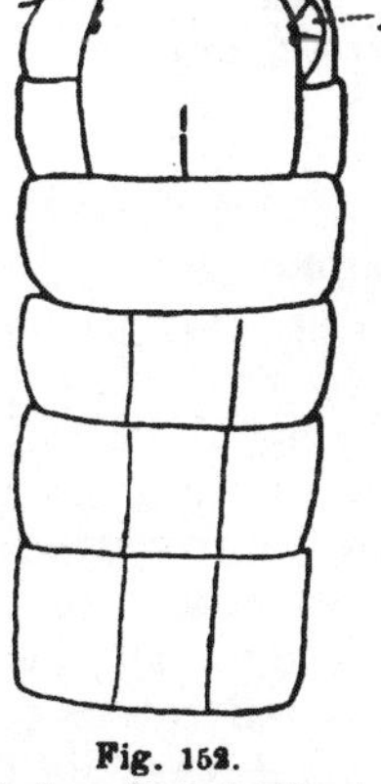

Fig. 152.
Rhoda calcarata (Poc.)
Vorderende, Dorsalseite. Mx² = 2. Maxille.

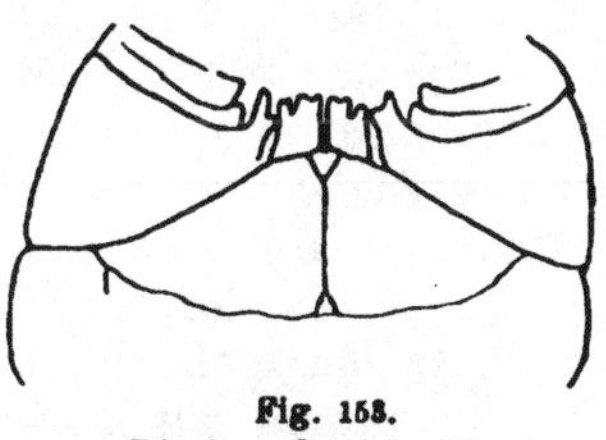

Fig. 153.
Rhoda calcarata (Poc.)

laufender Medianfurche, hinten flach-bogig; nur das 21. Tergit berandet, hinten ein wenig breiter als vorn, der Hinterrand rundbogig. 2.—20. Sternit mit 2 durchlaufenden Längsfurchen. 13.—19. Sternit außerdem mit einer seichteren, vorn und hinten abgekürzten Medianfurche; letztes Sternit etwas länger als breit, verjüngt, hinten stark gerundet. 1.—19. oder 20. Beinpaar mit Tarsalsporn (Fig. 156), 1. bis 20. Paar mit Klauenspornen. Coxopleuren (Fig. 154) gestutzt, ohne Fortsatz, unbedornt oder an der Innenecke 1 und am Hinterrand ein 2. winziges Dörnchen. Endbeine (Fig. 155) sehr dick, besonders Präfemur, Femur und Tibia, Tarsen rasch zugespitzt; Präfemur dorsal ohne Endfurche, ventral-medial 2—3 Dornen, davon einer am Endrande, medial 3—5, selten bis 9 Dörnchen, davon einer am Endrande, oben-medial 2—3 Dornen. Eckdorn 1—2spitzig; Endkralle länger als der 2. Tarsus, unten schneidig zugeschärft, ohne oder mit einem Sporn.

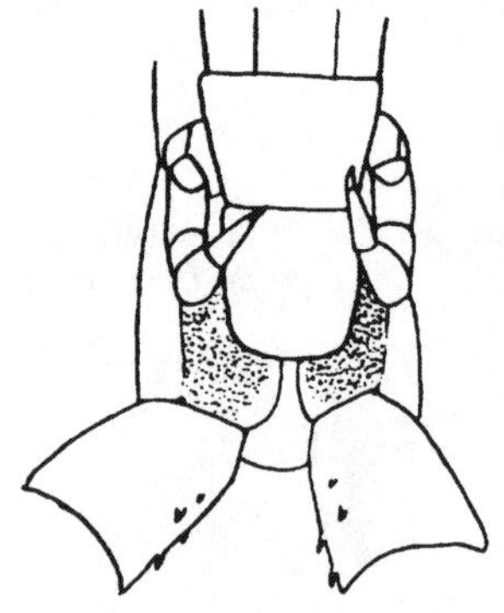

Fig. 154.
Rhoda calcarata (Poc.)

Brasilien: Bahia, Pernambuco.

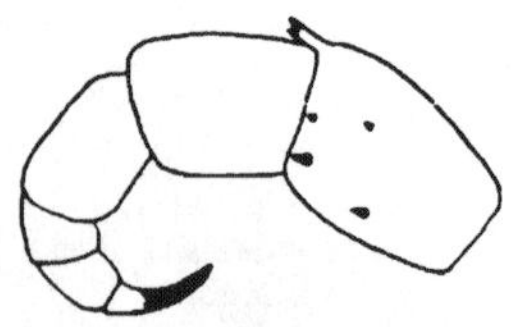

Fig. 155.
Rhoda calcarata (Poc.) Endbein.

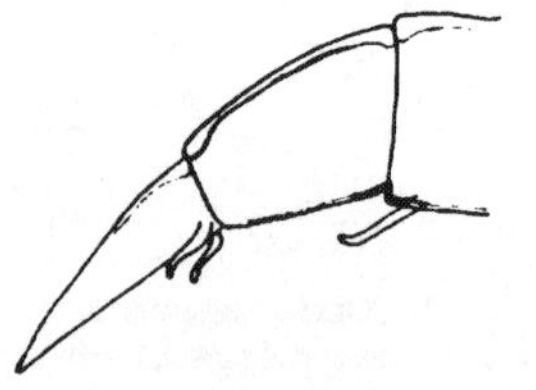

Fig. 156.
Rhoda calcarata (Poc.) 17. Bein.

2. **R. thayeri** Mein. 1886 *R. t.*, Meinert in: P. Amer. phil. Soc., *v.* 23 p. 188 | 1891 *Pithopus t.*, Pocock in: Ann. nat. Hist., ser. 6 *v.* 7 p. 225 | 1891 *P. inermis*, Pocock, ibid., p. 223 t. 5 f. 2 | 1903 *P. i.*, Kraepelin in: Mt. Mus. Hamburg, *v.* 20 p. 171 | 1914 *Scolopendropsis bahiensis*, Chamberlin in: Bull. Mus. Harvard, *v.* 58 p. 182.

Gleicht der *R. calcarata* sonst völlig, und unterscheidet sich nur durch das Fehlen der Tarsalsporne an allen Beinen.

Brasilien: Santarem, Iguarassu.

7. Gen. **Scolopendropsis** Brandt

1841 *S.*, J. F. Brandt in: Bull. Ac. St.-Pétersb., *v.* 8 p. 24 | 1841 *S.*, J. F. Brandt, Recu. Mém., p. 77 | 1881 *S.*, Kohlrausch in: Arch. Naturg., *v.* 47 I p. 53 | 1903 *S.*, Kraepelin in: Mt. Mus. Hamburg, *v.* 20 p. 171 | 1907 *S.*, C. Verhoeff in: Bronn, Kl. Ordn., *v.* 5 II p. 258.

23 Beinpaare. Kopf vom 1. Tergit überlagert. 4 Ocellen. Antennen mit mehreren kahlen Grundgliedern. Kieferfußhüften mit Querfurche und von ihr nach vorn abgehender Medianfurche. Zahnplatten normal. 2. Tergit ein wenig länger als das 1., vom 3. an sind die Tergite ungefähr gleich lang, vom 2. an längsgefurcht, nur das 21. berandet, letzteres mit Medianfurche. 2.—20. Sternit mit 2 Längsfurchen. Coxopleuren ohne Fortsatz mit 1 oder 2 Dörnchen am Hinterrande, mit Porenfeld. Endbeinpräfemur bedornt, mit Eckfortsatz. Alle Beine ohne Tarsalsporn, 1.—20. Paar mit 2 Klauenspornen. Stigmen länglich schlitzförmig.

Brasilien.

Eine Art.

1. **S. bahiensis** Brandt 1841 *Scolopendra (Scolopendropsis) b.*, J. F. Brandt in: Bull. Ac. St.-Pétersb., *v.* 8 p. 24 | 1841 *S. (S.) b.*, J. F. Brandt, Recu. Mém., p. 75 | 1845 *Scolopendropsis b.*, Newport in: Tr. Linn. Soc. London, *v.* 19 p. 419 | 1847 *S. b.*, P. Gervais in: Walckenaer, Hist. Apt., *v.* 4 p. 296 | 1897 *S. b.*, Brölemann in: Bull. Soc. zool. France, *v.* 22 p. 142 | 1903 *S. b.*, Kraepelin in: Mt. Mus. Hamburg, *v.* 20 p. 172.

Länge 60 mm. Kopf fein punktiert, in der hinteren Hälfte mit einer Medianfurche, vom 1. Tergit überlagert. Antennen mit 6 kahlen Grundgliedern. Kieferfußhüften mit einer Querfurche, von deren Mitte nach vorn eine Medianfurche abgeht, die sich vorn gabelt, die Gabeläste nehmen die tiefe, runde Mittelkerbe zwischen den Zahnplatten zwischen sich. 3 + 3 Zähne, die 2 medialen jeder Seite verschmolzen. 2. Tergit ein wenig länger als das 1., vom 3. an sind die Tergite nicht merklich verschieden. 2. Tergit mit sehr feinen, die folgenden mit scharfen Längsfurchen; vordere Schrägfurchen sind vorhanden. Nur das 21. Tergit seitlich berandet, mit Medianfurche, hinten schwach convex. 2.—20. Sternit mit 2 Längsfurchen, die sich vorne gabeln; ganz hinten eine Querfurche. Letztes Sternit viel schmäler als das 20., kaum verjüngt, hinten gestutzt-gerundet. Coxopleuren abgestutzt, ganz ohne Fortsatz mit 2—3 kleinen Dornen am Hinterrande. Präfemur und Femur der Endbeine medial abgeflacht; ersteres mit 3 Dornen auf der unteren Medialkante, 4—5 Dornen auf der Medialfläche und 2 Dornen auf der oberen Kante. Eckdorn 2spitzig. Femur ventral vor dem Ende mit buckelförmiger Vorwölbung. Endkralle fein gesägt, ohne Sporne. Tarsalsporne fehlen; 1. bis 20. Beinpaar mit 2 Klauenspornen.

Brasilien: Bahia.

Diese Art ähnelt, die Segmentzahl ausgenommen, so sehr der *Rhoda thayeri*, daß die Ansicht ausgesprochen wurde, beide gehörten einer in bezug auf die Segmentzahl dimorphen Art an.

2. Tribus **Asanadini**

1907 *Asanadidae*, C. Verhoeff in: Bronn, Kl. Ordn., *v.* 5 II p. 263 | 1914 *Asanadini*, Attems in: Arch. Naturg., *v.* 80 A. 4 p. 102 | 1926 *A.*, Attems in: Kükenthal & Krumbach, Handb. Zool., *v.* 4 p. 373.

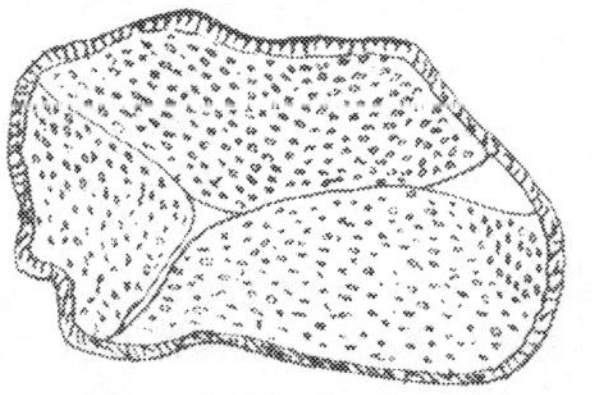

Fig. 157. **Asanada socotrana** Poc. Stigma des 5. Segments.

Coxopleuren ohne Porenfeld und ohne Fortsatz (Fig. 162). Antennen sehr kurz, das 1. Tergit nicht überragend, 2. Tergit so lang wie das 1. Die Prätergite manchmal deutlich sichtbar (Fig. 165). Die 2 unteren Ocellen zuweilen kleiner als die 2 oberen. Endkralle der 2. Maxille bei *Asanada* ohne Nebenkralle, das 2. Telopoditglied ohne Dorn. *(Pseudocryptops?)*. Stigmen mit 3lippigen Klappen, die Lippenränder ungeteilt (Fig. 157). Beine ohne Tarsalsporn.

Übersicht über die Gattungen:

Kopf frei an das 1. Tergit anstoßend. Alle 4 Ocellen gleich groß	8. Gen. **Asanada**
Kopf in einen Falz des 1. Tergits eingesenkt. Die 2 unteren Ocellen kleiner und undeutlich . . .	9. Gen. **Pseudocryptops**

8. Gen. **Asanada** Mein.

1886 *A.*, Meinert in: P. Amer. phil. Soc., *v.* 23 p. 189 | 1903 *A.*, Kraepelin in: Mt. Mus. Hamburg, *v.* 20 p. 172 | 1907 *A.*, C. Verhoeff in: Bronn, Kl. Ordn., *v.* 5 II p. 264.

21 Beinpaare. Kopf frei an das 1. Tergit stoßend, ohne gegenseitige Überlagerung, ohne Furchen, ohne Basalplatten. 4 Ocellen ungefähr gleich groß. Antennen sehr kurz, bis zum Ende des 1. Tergits reichend, 17gliedrig, ohne Quirle längerer Borsten. Clypeus sehr zerstreut beborstet, die Borsten sehr klein, mit einem Furchen-Dreieck, dessen Seitenschenkel von den Lateralenden des kommandibularen Gerüstes ausgehen. Labrum am Hinterrande nicht beborstet; auf der dem Körperinnern zugekehrten Seite eine Gruppe medialwärtsgerichteter Borsten. 2. Telopoditglied der 2. Maxille ohne Dorn, 3. Glied relativ reichlich beborstet, Endkralle ohne Nebenkralle, schlank, etwas hakig, die Putzbürste überragend. Kieferfüße von der Dorsalseite nur sehr wenig sichtbar. Hüften mit vorn gegabelter, hinten abgekürzter Medianfurche, Grundfurchen der Zahnplatten ungefähr eine gerade Linie bildend, Zahnplatten gestreckt mit je 3—4 Zähnen, ohne Borste; Präfemur mit großem Medialzahn. 1. und 2. Tergit ungefähr gleich lang, beide kürzer als die folgenden, zwischen denen in der Länge kein merklicher Unterschied ist.

Fig. 158.
Asanada socotrana Poc.
Stigma des 5. Segments und davon abgehende Tracheenstämme.

Tergite mit 2 Längsfurchen, die auf den vorderen 1—9 Tergiten abgekürzt oder unterbrochen sind, im übrigen glatt. 21. Tergit ± verkürzt, manchmal nur $^1/_3$ so lang wie das 20., ohne Medianfurche, nach hinten verbreitert und der Hinterrand bogig vorgewölbt; nur das 21. Tergit berandet. Sternite mit 2 Längsfurchen. Coxopleuren sehr klein, ohne Porenfeld und ohne Fortsatz. Endbeine kurz, sehr dick, unbedornt, auch ohne Eckdorn; Präfemur und Femur oder nur eines dieser Glieder dorsal gefurcht; keine Klauensporne. Beine ohne Tarsalsporn, der 1. Tarsus länger als der 2., auf den hintersten Beinen beide manchmal gleich lang; 1.—20. Beinpaar mit Klauenspornen. Stigmen dreilippig; die von ihm ausgehenden Tracheen zum Teil mit sehr weitem Volumen (Fig. 158).

Indien (Burma, Himalaya usw.), Andamanen, Neuguinea, Philippinen, Sokotra, Palästina, Sudan, Französisch Guinea, Südafrika.

Typus: *A. brevicornis* Mein.

4 Arten.

Übersicht über die Arten:

1 { 4 + 4 Kieferfußhüftzähne. Endbeinklaue länger als der 2. Tarsus. Endbeine dorsal nur auf dem Femur mit vorn abgekürzter Furche . . . . 4. **A. philippina**
3 + 3 Kieferfußhüftzähne. Endbeinklaue so lang wie oder kürzer als der 2. Tarsus — 2

2 Präfemur und Femur der Endbeine dorsal mit tiefer, grubenartiger, vorn abgekürzter Furche, der eine kurze Grube am Grunde von Femur und Tibia entspricht (Fig. 160). 21. Sternit so lang wie breit, hinten abgerundet, den Hinterrand der Coxopleuren etwas überragend (Fig. 162) — 3

Präfemur der Endbeine ohne Furche, Femur mit durchlaufender oder vorn abgekürzter dorsaler Furche (Fig. 166). Femur und Tibia am Grunde ohne kurze tiefe Grube. 21. Sternit breiter als lang, hinten gerade, die Coxopleuren nicht überragend (Fig. 167) . . . . 3. **A. socotrana**

3 1. und 2. Tarsus der Endbeine fast gleich lang, die Klaue so lang wie der 2. Tarsus (Fig. 163) . . . . 1. **A. brevicornis**

1. Tarsus viel länger als der 2. Die Endklaue weniger als halb so lang wie der 2. Tarsus . . . . 2. **A. sinaitica**

1. **A. brevicornis** Mein. 1886 *A. b.*, Meinert in: P. Amer. phil. Soc., *v.* 23 p. 189 | 1887 *A. b.*, E. Haase in: Abh. Mus. Dresden, nr. 5 p. 66 | 1891 *A. b.*, Pocock in: Ann. Mus. Genova, *v.* 30 p. 412 | 1894 *A. b.*, Silvestri in: Ann. Mus. Genova, *v.* 34 p. 627.

Länge bis 38 mm. Grünlichgelb. Kopf glatt, ungefurcht, hinten frei an das 1. Tergit stoßend. Antennen kurz, 17gliedrig, an der Basis dick, endwärts stark verjüngt, das Endglied ungefähr so lang wie das 16. Glied,

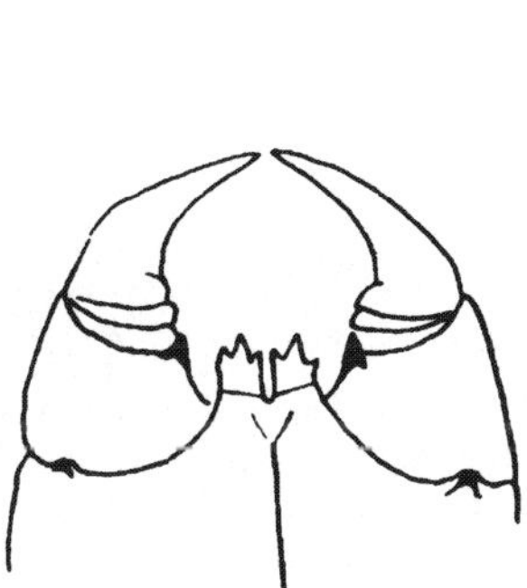

Fig. 159. Asanada brevicornis Mein.

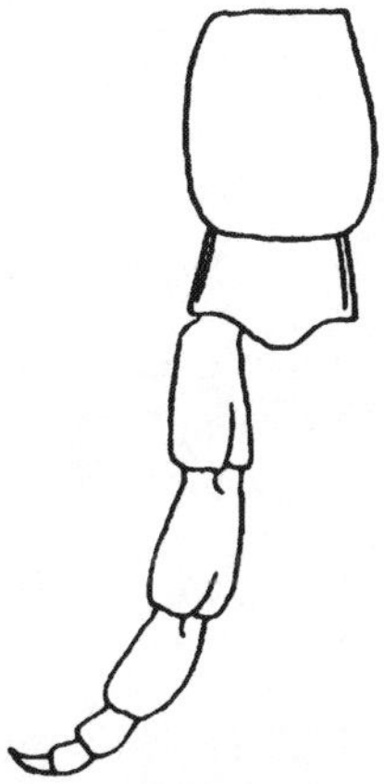

Fig. 160. Asanada brevicornis Mein. Dorsalseite.

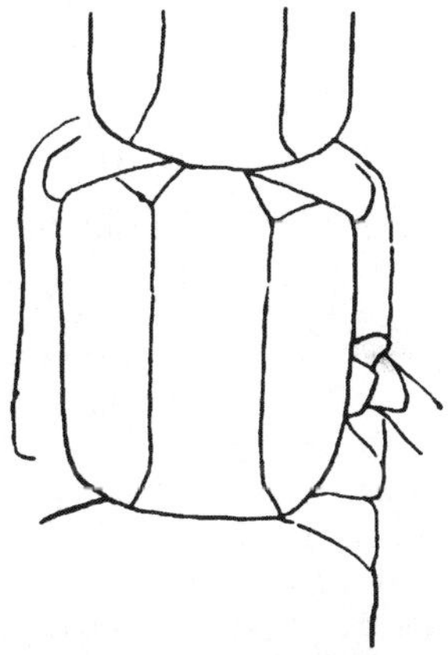

Fig. 161. Asanada brevicornis Mein. 14. Sternit.

alle Glieder sehr spärlich behaart. Kieferfußhüften mit scharfer, vorn sich gabelnder, hinten abgekürzter Medianfurche. Grundfurchen der Zahnplatten sehr schwach, eine gerade Linie oder fast einen vorn offenen, sehr stumpfen Winkel bildend; Zahnplatten schlank, mit je 3 Zähnen, der mittlere am weitesten vorragend (Fig. 159). 1.—3. Tergit mit 2 ganz kurzen Strichen vorn, 4. und 5. mit in der Mitte unterbrochenen, vom 6. an mit 2 vollständigen Längsfurchen. 21. Tergit (Fig. 160) berandet, ohne Medianfurche, kurz, nicht ganz halb so lang wie das 20. Tergit. 2.—20. Sternit mit 2 durchgehenden Längsfurchen, die sich von der Körpermitte an vorn gabeln (Fig. 161), 21. Sternit so lang wie breit, wenig verschmälert, hinten abgerundet und den Hinterrand der Coxopleuren ein wenig überragend. Coxopleuren sehr klein, hinten gestutzt, ohne Fortsatz und ohne Porenfeld (Fig. 162). Endbeine zwar dick, aber länger und schlanker als bei *A. socotrana* (♀?). Präfemur dorsal in der Endhälfte mit tiefer, grubenartiger Furche, der eine kurze Grube an der Basis des Femur entspricht; Femur so lang wie das Präfemur, im Enddrittel mit einer ähnlichen Furche wie das Präfemur, Tibia am Grunde mit einer kurzen Grube. Endklaue so lang wie der 2. Tarsus, unten schneidig zusammengedrückt, fein scharf gesägt, im gesägten Teil gerade, die glatte Spitze leicht abwärts gebogen (Fig. 163). 1. Tarsus nur wenig länger als der 2.

Himalaya (Koolloo), Oberburma, Minhla, Reef Island, Andamanen. Neuguinea (Moroka, Hughibagu).

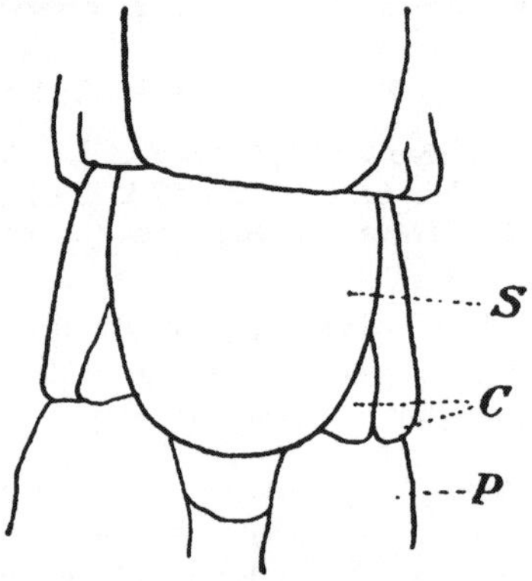

Fig. 162.
Asanada brevicornis Mein.
S = Endsternit, *C* = Coxopleuren,
P = Endbeinpräfemur.

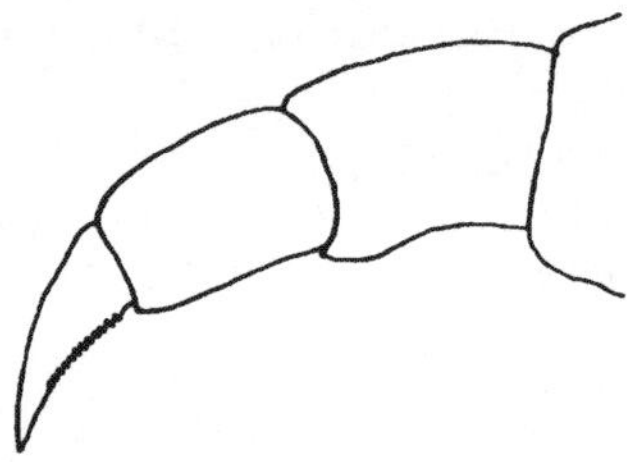

Fig. 163.
Asanada brevicornis Mein.
Endbeintarsus und -prätarsus.

2. **A. sinaitica** Chamb. 1921 *A. s.*, Chamberlin in: Ann. nat. Hist., ser. 9 *v.* 7 p. 52.

Länge 25 mm. Die 2 Längsfurchen beginnen in Spuren auf dem 3. Tergit und sind vollständig vom 4. an. 21. Tergit nach hinten stärker verbreitert als bei *A. brevicornis* und der Hinterrandwinkel spitzer. Kopf relativ breiter als bei *A. brevicornis* und vorn stärker dreieckig zugespitzt. Endbeine schlanker als beim ♀ von *A. brevicornis*, 1. Tarsus viel länger als der 2. Endklaue weniger als halb so lang wie der 2. Tarsus, dorsal gleichmäßig gekrümmt, unten teilweise gesägt.

Palästina: Sinai.

3. **A. socotrana** Poc. 1899 *A. s.*, Pocock in: Bull. Liverp. Mus., *v.* 2 p. 9 | 1903 *A. s.*, Pocock in: H. O. Forbes, Nat. Hist. Sokotra, p. 433 | 1903 *A. brevicornis*, Kraepelin in: Mt. Mus. Hamburg, *v.* 20 p. 173 f. 113, 114 | 1918 *A. b.* var. *afra*, Silvestri in: Boll. Laborat. Zool. Portici, *v.* 12 p. 311 | 1928 *A. b.*, Attems in: Ann. S. Afr. Mus., *v.* 26 p. 105.

Länge bis 35 mm. Grünlichgelb, Kopf rötlichbraun. Kopf glatt, ungefurcht. Antennen sehr kurz, 17gliedrig, alle Glieder, auch die ersten, zerstreut kurz behaart (Fig. 164), auch dorsal. Kieferfüße genau wie bei *A. brevicornis*, mit Medianfurche, 3 + 3 Zähnen usw. 1., 2., 3. oder auch 4. und 5. Tergit mit kurzen Furchenstrichen vorn, 4. oder 6.—20. mit 2 durchlaufenden Furchen. Prätergit vom 3. Segment an deutlich sichtbar (Fig. 165). 21. Tergit sehr kurz, $^1/_3$ so lang wie das 20. Tergit, seitlich berandet, die Seitenränder nach hinten divergierend, hinten bogig vorgezogen (Fig. 166). 2.—19. oder 20. Sternit mit 2 durchlaufenden Längsfurchen, die sich vorn gabeln. 21. Sternit sehr kurz, breiter als lang (Fig. 167), hinten gerade mit stark abgerundeten Ecken, den Hinterrand der Coxopleuren nicht ganz erreichend. Coxopleuren wie bei

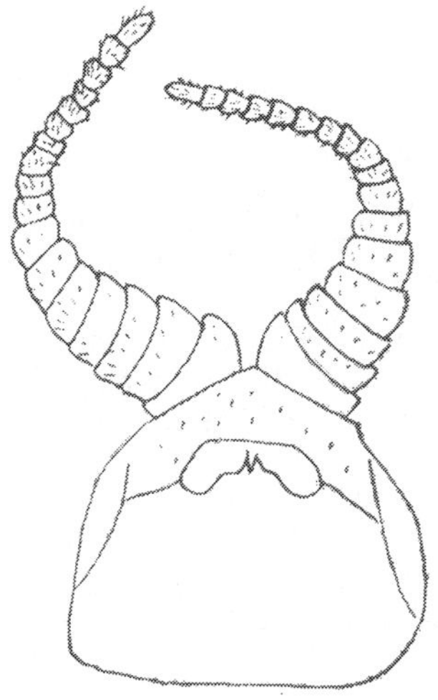

Fig. 164.
Asanada socotrana Poc.

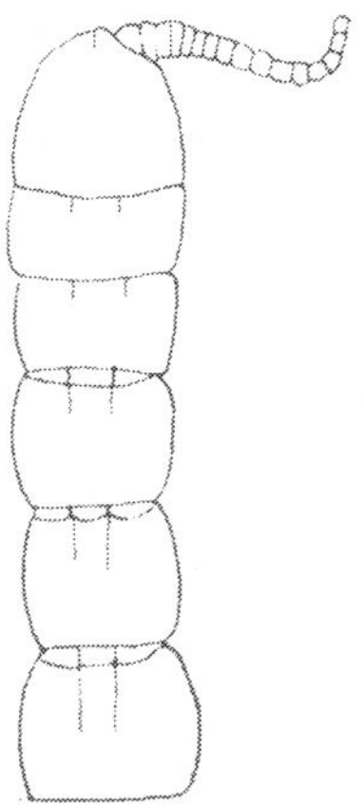

Fig. 165.
Asanada socotrana Poc.

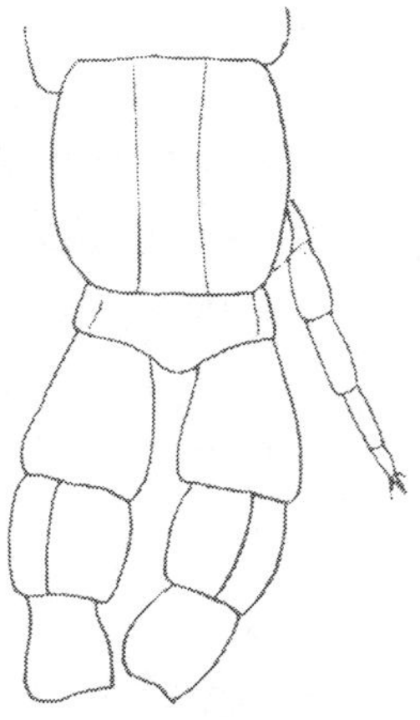

Fig. 166.
Asanada socotrana Poc.
Hinterende, Dorsalseite.

A. brevicornis. Endbeine sehr dick, kurz. Präfemur kaum länger als breit, ohne dorsale Furche; Femur mit durchlaufender Furche dorsal oder nur in den letzten 2 Dritteln mit solcher, dann ohne Grube am Grunde. Tibia ungefurcht, ohne Grube am Grunde. Endbeine zerstreut sehr kurz behaart. Endklaue merklich kürzer als der 2. Tarsus. 2. Maxille ohne Nebenkralle und das 2. Telopoditglied ohne Dorn (Fig. 168).

Sokotra, Sudan (Gebel, Gulfan), Südafrika (Rhodesia, Transvaal), Französisch Guinea.

Fig. 167.
Asanada socotrana Poc.
Hinterende, Ventralseite.

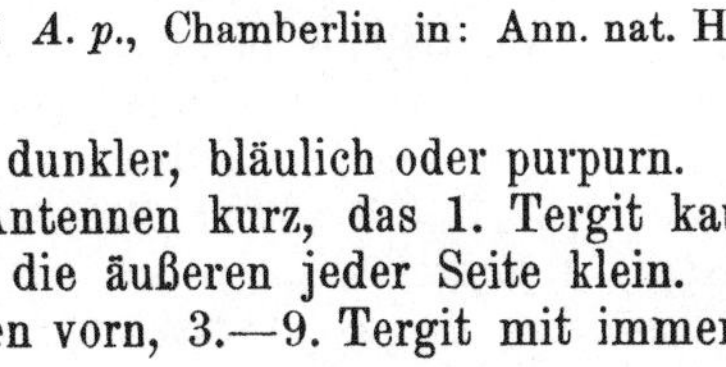

Fig. 168.
Asanada socotrana Poc.
Endglieder der 2. Maxille.

4. **A. philippina** Chamb. 1921 *A. p.*, Chamberlin in: Ann. nat. Hist., ser. 9 v. 7 p. 53.

Länge 31 mm. Braun; Kopf dunkler, bläulich oder purpurn. Endbeine ebenso, die anderen Beine gelb. Antennen kurz, das 1. Tergit kaum überragend. 4 + 4 Kieferfußhüftzähne, die äußeren jeder Seite klein. 2. Tergit nur mit ganz kurzen Furchenstrichen vorn, 3.—9. Tergit mit immer weniger abgekürzten oder unterbrochenen Längsfurchen, vom 10. an sind die Längsfurchen vollständig. Sternite mit durchlaufenden Längsfurchen. 21. Sternit hinten gerade, die Ecken abgerundet; eine deutliche Medianfurche erreicht nicht den Hinterrand. Endbeine sehr dick. Präfemur und Tibia ungefurcht, Femur mit tiefer, vorn abgekürzter Längsfurche dorsal. Endklaue länger als der 2. Tarsus.

Philippinen: Mt. Makiling.

9. Gen. **Pseudocryptops** Poc.

1891 *P.*, Pocock in: Ann. nat. Hist., ser. 6 *v.* 7 p. 225 | 1903 *P.*, Kraepelin in: Mt. Mus. Hamburg, *v.* 20 p. 173 | 1907 *P.*, C. Verhoeff in: Bronn, Kl. Ordn., *v.* 5 II p. 264 | 1926 *P.*, Attems in: Kükenthal & Krumbach, Handb. Zool., *v.* 4 p. 373.

21 Beinpaare. Kopf in einen Falz des 1. Tergits eingesenkt. Basalplatten deutlich. 4 Ocellen, die 2 oberen groß, die 2 unteren undeutlich. Antennen 17—18gliedrig, äußerst kurz, nicht oder nicht viel länger als der Kopf. 2. Maxille ohne Endkralle. Kieferfußhüften mit Medianfurche und 2 Zahnplatten; Präfemur der Kieferfüße mit Medialzahn. Tergite und Sternite mit 2 Längsfurchen; 2. Tergit so lang wie das erste. Coxopleuren ohne Poren, hinten gerade abgestutzt, ohne Fortsatz. Endbeine sehr dick, unbedornt. Proximaler Tarsus der Beine länger als der distale, ohne Sporn. Stigmen gestreckt dreieckig.

Nordostafrika, Indien.

Typus: *P. walkeri* Poc.

2 Arten.

Übersicht über die Arten:

Kopf vorn spitz vorgezogen. Antennen den Hinterrand des Kopfes nicht erreichend; Nordostafrika	1. **P. walkeri**
Kopf vorn abgerundet und nicht vorgezogen. Antennen bis zum Hinterrand des 1. Tergits reichend; Indien	2. **P. agharkari**

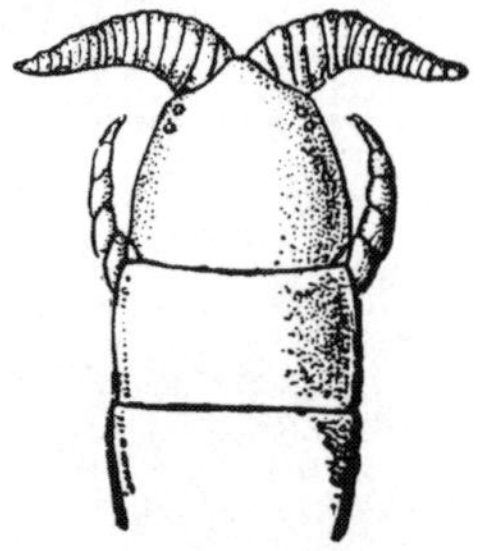

Fig. 169.
Pseudocryptops walkeri Poc.

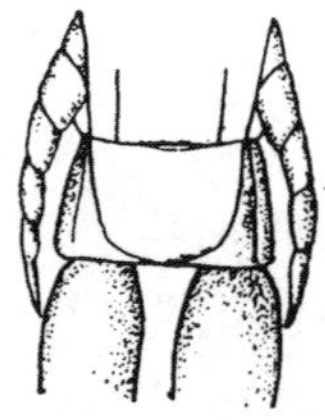

Fig. 170.
Pseudocryptops walkeri Poc.

1. **P. walkeri** Poc. 1891 *P. w.*, Pocock in: Ann. nat. Hist., ser. 6 *v.* 7 p. 226 t. 5 f. 3 | 1903 *P. w.*, Kraepelin in: Mt. Mus. Hamburg, *v.* 20 p. 176 f. 115.

Länge 35 mm. Gelb, Kopf etwas dunkler. Kopf die Kieferfüße bedeckend, glatt, vorn in der Mitte spitz vorgezogen, ungefurcht. Antennen 17gliedrig, sehr kurz, den Kopf nicht überragend, an der Basis sehr dick, pfriemenförmig zugespitzt. 3 + 3 starke, kegelige Kieferfußzähne. 1. Tergit breiter als der Kopf, ungefurcht, 2. Tergit so breit und (nach der Zeichnung) so lang wie das erste, 4.—20. Tergit doppelfurchig. Nur das letzte Tergit berandet, hinten winklig vorgezogen und etwas eingedrückt, ohne Medianfurche. Sternite glatt, mit 2 tiefen Längsfurchen. Coxopleuren ohne Poren und ohne Fortsatz, nicht bedornt. Endsternit breit, hinten fast halbkreisförmig gerundet. Endbeine dick, unbedornt. Femur am Ende oben mit Längsfurche; keine Klauensporne. 1.—20. Beinpaar mit 2 Klauenspornen.

Insel Perim an der Abessynischen Küste; Somaliland.

2. **P. agharkari** Grav. 1912 *P. a.*, Gravely in: Rec. Ind. Mus., *v.* 7 p. 416.

Länge 29 mm. Im Leben dunkel purpurrot. Kopf vorn abgerundet, nicht vorgezogen, mehr oder weniger grubig. Antennen 17—18gliedrig, bis zum Hinterrand des 1. Tergits reichend. 3 + 3 Kieferfußzähne. Hüften mit kräftiger Medianfurche. 2.—4. Tergit mit ± unvollständigen, 5.—20. Tergit mit vollständigen, tiefen Längsfurchen. Nur das 21. Tergit berandet, hinten gerundet. 2.—20. Sternit mit 2 Längsfurchen, 21. Sternit fast halbkreisförmig, mit seichtem Medianeindruck. 1.—20. Beinpaar mit 2 Klauenspornen. Endbeine unbedornt.

Bombay, Satara Distrikt, Koyna Valley bei Taloshi und Helvak.

2a. **P. a. var. singhbhumensis** Grav. 1912 *P. a. s.*, Gravely in: Rec. Ind. Mus., *v.* 7 p. 417.

Grau mit einem dunklen Längsband zwischen den Längsfurchen. Sonst wie die Hauptform.

Singhbhum-Distrikt bei Chakardharpur.

B. Subfam. **Otostigminae**

1903 *O.*, Kraepelin in: Mt. Mus. Hamburg, *v.* 20 p. 29, 94 | 1906 *O.* + *Ethmostigminae*, C. Verhoeff in: N. Acta Ac. Leop., *v.* 86 p. 484 | 1907 *O.* + *E.* + *Anodontostominae*, C. Verhoeff in: Bronn, Kl. Ordn., *v.* 5 II p. 254 | 1914 *O.*, Attems in: Arch. Naturg., *v.* 80 A. 4 p. 102 | 1926 *Otostigmini*, Attems in: Kükenthal & Krumbach, Handb. Zool., *v.* 4 p. 374.

Stigmen groß, besonders das erste, gerundet, fast kreisförmig oder oval, in letzterem Falle mit Ausnahme des längsovalen ersten schräg bis senkrecht zur Längsachse des Körpers; Kelch ± vertieft bis sehr flach, so daß der Kelchboden fast im Niveau der Umgebung liegt, stets ohne Klappe, also nicht in Vestibulum und Innenkelch geteilt. Kopf hinten fast stets vom 1. Tergit überlagert. Basalplatten fehlen. 21 Beinpaare. Stigmen auf den beintragenden Segmenten 3, 5, (7), 8, 10, 12, 14, 16, 18, 20. Präfemur der Kieferfüße mit oder ohne Medialzahn. Ein ventraler Tarsalsporn fast stets vorhanden (fehlt nur bei einigen *Otostigmus*-Arten und bei *Arrhabdotus*), dazu in der vorderen Körperhälfte oft noch ein vorderer seitlicher. 1. Tarsus stets länger als der 2. 2. Telopoditglied der 2. Maxille fast stets mit Dorn, Endkralle mit 1 oder 2, sehr selten ohne Nebenkralle. Labrum gefranst und beborstet.

2 Tribus, 7 Gattungen, 107 Arten, 30 Unterarten, 4 Varietäten, 8 fragliche Arten.

Übersicht über die Tribus:

Sternite ungefurcht oder mit 2 parallelen Längsfurchen, nie mit unpaarer Medianfurche. Kieferfüße mit gut entwickelten mehrzähnigen Zahnplatten	1. Trib. **Otostigmini**
Sternite mit einer unpaaren Medianfurche. Kieferfüße ohne Zahnplatten	2. Trib. **Arrhabdotini**

1. Tribus **Otostigmini**

Sternite ungefurcht oder mit 2 parallelen Furchen, nie mit unpaarer Medianfurche. Kieferfüße mit gut entwickelten mehrzähnigen Zahnplatten. Endbeine lang und schlank, Präfemur meist bedornt, beim ♂ öfter mit Fortsätzen an einzelnen Gliedern. Tarsalsporne fast stets vorhanden (fehlen nur bei einzelnen *Otostigmus*-Arten). 2—4 Grundglieder der Antennen kahl. Letztes Tergit hinten nur wenig vorspringend. 9—10 Paar Stigmen auf den beintragenden Segmenten 3, 5, (7), 8, 10, 12, 14, 16, 18, 20.

Übersicht über die Gattungen:

1	9 Paar Stigmen auf den beintragenden Segmenten 3, 5, 8, 10, 12, 14, 16, 18, 20 — **2**	
	10 Paar Stigmen auf den beintragenden Segmenten 3, 5, 7, 8, 10, 12, 14, 16, 18, 20 — **4**	
2	Endglieder der Endbeine von normaler Gestalt — **3**	
	Tibia und Tarsen der Endbeine blatt- oder raketartig verbreitert (Fig. 211)	12. Gen. **Alipes**
3	Femur der Endbeine des ♂ am Ende mit zylindrischem Fortsatz (Fig. 206). Endkralle der 2. Maxille ohne Nebenkralle, 2. Glied des Telopodit der 2. Maxille ohne stärkeren Dorn	11. Gen. **Digitipes**
	Femur der Endbeine des ♂ ohne besonderen Fortsatz. Endkralle der 2. Maxille mit Nebenkralle, 2. Telopoditglied der 2. Maxille mit Dorn . . .	10. Gen. **Otostigmus**
4	Präfemur der Kieferfüße ohne Innenzahn (Fig. 222). Meist 4, selten 3 Grundglieder der Antennen kahl. 2. Maxille meist mit 2, selten nur mit 1 (hinteren) Nebenkralle	13. Gen. **Ethmostigmus**
	Präfemur der Kieferfüße mit Innenzahn (Fig. 240). Meist 3, sehr selten 4 Grundglieder der Antennen kahl. 2. Maxille mit 1 (hinteren) Nebenkralle — **5**	
5	1. Tarsus der Endbeine normal, ohne Vorsprung, Präfemur mit oder ohne Eckdorn	14. Gen. **Rhysida**
	1. Tarsus der Endbeine über den Ansatz des sehr kleinen 2. Tarsus vorragend (Fig. 251). Präfemur mit kleinbedorntem dickem Zapfen an Stelle des Eckdorns	15. Gen. **Alluropus**

10. Gen. **Otostigmus** Por.

1876 *O.*, Porat in: Bih. Svenska Ak., *v.* 4 nr. 7 p. 18 | 1878 *Branchiotrema*, Kohlrausch, Beitr. Scolopendr., p. 22 | 1881 *B.*, Kohlrausch in: Arch. Naturg., *v.* 47 I p. 70 | 1886 *Otostigma*, Meinert in: Vidensk. Meddel., *v.* 36—38 p. 118 | 1896 *Otostigmus*, Pocock in: Biol. Centr.-Amer., Chilop. p. 25 | 1903 *O.*, Kraepelin in: Mt. Mus. Hamburg, *v.* 20 p. 97 | 1907 *O.*, C. Verhoeff in: Bronn. Kl. Ordn., *v.* 5 II p. 256 | 1928 *O.*, Attems in: Zool. Anz., *v.* 78 p. 301.

21 Beinpaare. Kopf selten mit Furchen, ohne Basalplatten, der Hinterrand vom 1. Tergit überlagert. Antennen 17—34gliedrig (jedoch selten über 21gliedrig), 2, 3, selten 4 Grundglieder kahl, das 3. häufig nur im ersten $^1/_3$ oder $^1/_2$ oder nur dorsal kahl, die übrigen Glieder sehr kurz filzig behaart, ohne Quirle längerer Borsten; solche höchstens auf einigen Gliedern am Anfang schwach angedeutet. 4 Ocellen normal. Clypeus einheitlich, in der Nähe des Labrum median einige winzige Börstchen. Labrum-Seiten in der Mitte des Hinterrandes fein gefranst und auf der Fläche medial beborstet. 2. Telopoditglied der 2. Maxille mit Dorn, Endkralle mit einer hinteren Neben-

kralle; die Putzbürste überragt noch die Endkralle, ihre Borsten sind am Ende löffelartig, schwach verbreitert und etwas eingebogen; das ganze Endglied relativ reichlich beborstet. Kieferfußhüften ohne besondere Furchen, mit gut ausgebildeten Zahnplatten, jede mit 3—5, selten bis zu 7 Zähnen, von denen manchmal einige verschmelzen, hinter den Zähnen eine Borste; Präfemur mit großem Medialzahn, der oft 1—2 Höcker hat. 1. Tergit groß, ungefurcht, 2. Tergit $^1/_3$—$^1/_2$ so lang wie das 1., die Tergite 4, 6, 9, 11, 13, 15, 17, 19 etwas kürzer als die anderen, kaudalwärts wird der Unterschied immer unmerklicher. Tergite fast stets mit 2 Längsfurchen, außerdem zuweilen mit Längskielen und in der hinteren Körperhälfte mit Dornstrichelung; die Längsfurchen beginnen meist erst auf dem 5. Tergit oder weiter hinten, selten auf dem 4. oder 3. 21. Tergit stets, außerdem meist noch eine Anzahl weiterer Tergite berandet. Letztes Tergit hinten stumpfwinklig oder rund gewölbt, bei einer Art mit einem langen Fortsatz; oft mit einer flachen Grube im hinteren Teil. Sternite oft mit 2 scharfen, durchgehenden oder hinten abgekürzten Längsfurchen, die manchmal auf ganz kurze Striche am Vorderrande reduziert sind; außerdem oft flache Gruben in verschiedener Anordnung; bei Arten ohne scharfe Längsfurchen an ihrer Stelle oft kurze Längsgruben; letztes Sternit meist hinten verjüngt, gestutzt oder eingebuchtet, selten quadratisch oder sogar hinten ein wenig verbreitert, manchmal mit Medianfurche. Coxopleuren mit konischem, ± langem und schlankem, ein- oder mehrspitzigem Fortsatz oder mehr abgerundet bis ganz ohne Fortsatz und zugleich unbedornt. Porenarea groß, mit zahlreichen Poren. Endbeinpräfemur entweder ± stark bedornt und meist mit Eckdorn versehen (Subgen. *Otostigmus*) oder ganz unbedornt (Subgen. *Parotostigmus*); bei letzteren haben die ♂ einer Anzahl von Arten am Präfemur dorsal medial nahe der Basis einen eigentümlichen langen zylindrischen oder kurz-knospenförmigen Anhang. Endkralle normal. Tarsus des 1.—18. Beinpaars mit 1—2, des 19. Beinpaars mit 1, des 20. und 21. Beinpaars mit 1 oder ohne Sporn; 2 Klauensporne. 9 Paar Stigmen, auf den beintragenden Segmenten 3, 5, 8, 10, 12, 14, 16, 18, 20.

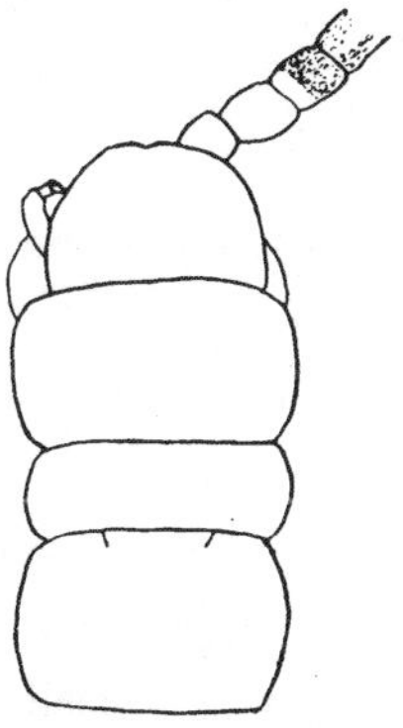

Fig. 171.
Otostigmus rex Chamb.

In allen tropischen und subtropischen Ländern; in der Mediterranregion in Nordafrika.

Typus: *O. orientalis* Por.

2 Untergattungen, 70 Arten, von denen 5 in 11 Unterarten geteilt sind, 2 Varietäten und 2 fragliche Arten.

Übersicht über die Arten:

1 { Präfemur der Endbeine mit Dornen. Coxopleuren am Ende stets dornspitzig: a) Subgen. *Otostigmus* — **2**
Präfemur der Endbeine unbedornt, beim ♂ manchmal mit einem keuligen oder zylindrischen Anhängsel nahe der Basis. Coxopleuren meist gestutzt oder wenig vorgezogen und meist ohne Dornspitzen; b) Subgen. *Parotostigmus* — **46**

a) Subgen. *Otostigmus*

2	Nur das 21. Tergit berandet — 3	
	Tergite mindestens vom 17. an berandet — 4	
3	Endbeinpräfemur dorsal-medial im Grunddrittel mit starkem kegelförmigem Dorn (Fig. 176). Coxopleuren 3spitzig. Längsfurchen der Sternite durchgehend (Nordafrika)	24. O. spinicaudus
	Endbeinpräfemur dorsal-medial ganz unbedornt. Coxopleuren 2spitzig. Längsfurchen der Sternite abgekürzt (Ostafrika)	25. O. reichardti
4	3 Grundglieder der Antennen kahl, wenigstens dorsal — 5	
	Nur $2^{1}/_{3}$—$2^{1}/_{2}$ Grundglieder der Antennen kahl — 17	
5	Sternite mit 2 ganz oder fast ganz durchgehenden Längsfurchen. Coxopleuren oft mit Seitendorn — 6	
	Sternite ohne durchgehende scharfe Furchen, nur mit flachen Gruben. Coxopleuren mit oder ohne Seitendorn — 12	
6	Endbeinpräfemur ventral-lateral mit 2 Reihen von je 5 oder 6 Dornen. Coxopleuren 5- bis 7spitzig (Java, Ostasien)	26. O. aculeatus
	Endbeinpräfemur ventral-lateral nur mit einer Reihe von 3—5 Dornen. Coxopleuren 2- bis 3spitzig — 7	
7	Alle Beinpaare ohne Tarsalsporne — 8	
	Wenigstens 1.—19. Beinpaar mit Tarsalspornen — 9	
8	3 Grundglieder der Antennen kahl. Endbeinpräfemur mit Eckdorn. Kopf braunrot, Tergite ockergelb bis oliv. Seiten der Tergite runzelig (Madras)	27. O. nudus
	4 Grundglieder der Antennen kahl. Endbeinpräfemur ohne Eckdorn. Kopf und Tergite bleich olivgelb, letztere mit 4 grünen Längsstreifen. Seiten der Tergite glatt (Ost- und Westafrika)	28. O. taeniatus
9	3 Grundglieder der Antennen kahl. Poren der Coxopleuren zahlreich, nicht gereiht, Seiten- und Dorsaldorn vorhanden oder fehlend. Letztes Sternit hinten gestutzt oder ausgerandet (Indoaustral. Region, Ostasien) .	29. O. politus: 10
	4 Grundglieder der Antennen kahl. Coxopleuren mit schmaler Porenarea von zirka 40, fast gereihten Poren, immer ohne lateralen und dorsalen Dorn. Letztes Sternit meist halbkreisförmig gerundet, seltener fast gestutzt (Java, Timor)	30. O. geophilinus
10	Coxopleurenfortsatz kurz. Tergite vom 11. bis 19. an berandet — 11	
	Coxopleurenfortsatz sehr lang und schlank (Fig. 180) mit einem Lateraldorn. Tergite vom 9. an berandet, alle mit reichlichem schwärzlichem Pigment in kleinen runden Körnchen. Endsternit verjüngt, hinten eingebuchtet	29b. O. politus pigmentatus.

11 Coxopleuren mit einem Lateraldorn. Tergite vom 11. berandet, ohne Körnchen-Pigment. Endsternit verjüngt . . . . **29a. O. politus politus**

— Coxopleuren ohne Lateraldorn. Tergite vom 17. oder 19. an berandet. Endsternit fast quadratisch . . . . **29c. O. politus australianus**

12 (5) Tarsalsporne fehlend oder winzig klein, kaum sichtbar. Endsternit parallelseitig, hinten abgerundet oder verjüngt und seicht eingebuchtet (Ostafrika) . . . . **31. O. cuneiventris**

— Tarsalsporne deutlich ausgebildet. Endsternit stets verjüngt (Indoaustral. Region) — **13**

13 Endbeine mit einem Tarsalsporn — **14**

— Endbeine ohne Tarsalsporn — **15**

14 Höchstens die ersten 5 Beinpaare mit 2 Tarsalspornen, Antennen 20—21gliedrig; Sternite mit ganz kurzen Furchenstrichen vorn, ohne deutliche Gruben; Coxopleuren mit einem Lateraldorn; Präfemur des 20. Beinpaars dorsal am Ende mit einem Dorn (Fig. 182) (Indoaustralien) . . . . **33. O. spinosus**

— 1.—20. Beinpaar mit 2 Tarsalspornen. Antennen 17gliedrig. Sternite mit 2 parallelen Längsgruben, ohne scharfe Furchen. Coxopleuren ohne Lateraldorn. Präfemur des 20. Beinpaars unbedornt (Neuseeland) . . . . . . **32. O. chiltoni**

15 Endbeinpräfemur ohne Eckdorn, medial und oben unbedornt. Coxopleurenfortsatz 1—2-spitzig, seitlich und dorsal unbedornt. Antennen 17gliedrig. Sternite mit 2 medianen Längsgruben (Indien) . . . . **35. O. ceylonicus**

— Endbeinpräfemur mit Eckdorn, dorsal-medial 1—2 Dornen; Coxopleurenfortsatz 3spitzig, seitlich 1, dorsal 0—1 Dorn; Antennen 18—21gliedrig — **16**

16 Kopf schwach punktiert. Sternite mit ganz kurzen Furchen am Vorderrand, ohne deutliche Gruben in der Mitte. Endbeinpräfemur ventral-medial mit 5 Dornen in 2 Reihen. Coxopleuren mit 1 Dorsaldorn (Indien) . . **34. O. oweni**

— Kopf fein und dicht punktiert. Sternite mit 2 parallelen Längsgruben in der Mitte. Endbeinpräfemur ventral-medial mit 3 Dornen in einer Reihe. Coxopleuren ohne Dorsaldorn (Indien) . . . . **36. O. simplex**

17 (4) Tergite spätestens vom 7. an mit 7—9 scharfen, auf der Schneide meist feingesägten Kielstreifen, die Fläche zwischen den Streifen dicht und fein dornstrichelig — **18**

— Tergite entweder ganz ohne Längskiele, abgesehen vom Mediankiel, oder nur in den Endsegmenten mit flachgewölbten Kielstreifen, die Fläche dazwischen glatt oder etwas dornstrichelig — **20**

18	1.—18. Beinpaar mit 2 Tarsalspornen, Kopf und 1. Tergit kastanienbraun, der übrige Rücken bläulichgrün scharf kontrastierend (Ceylon, Seychellen)	39. O. insularis 40. O. malayanus
	Höchstens die ersten 7 Beinpaare mit 2 Tarsalspornen, Kopf und 1. Tergit in der Farbe nicht oder nur wenig verschieden vom übrigen Rücken — 19	
19	21 Antennenglieder. Die Sternitfurchen nur im vorderen $^1/_3$ oder $^1/_2$ des Sternits entwickelt. 20. Beinpaar meist ohne Tarsalsporn (Indoaustralien, Ostasien)	37. O. scaber
	17 Antennenglieder. Sternitfurchen durchlaufend. 20. Beinpaar mit einem Tarsalsporn (Indien)	38. O. amballae
20	Antennen 24—34gliedrig — 21	
	Antennen 17—22gliedrig — 22	
21	Endbeinpräfemur ventral-medial mit 2—4, medial mit 3 Dornen. Sternite nur am Vorderrand mit ganz kurzen Furchen. Tergite glatt (Borneo)	18. O. longicornis
	Endbeinpräfemur ventral-medial mit etwa 12 Dornen in 2 Reihen, medial mit 5 bis 6 Dornen. Auf einigen hinteren Sterniten reichen die Längsfurchen bis zur Mitte oder laufen ganz durch. Tergite teilweise rauh (Salomoninsel)	19. O. pamuanus
22	Sternite einer Anzahl hinterer Segmente mit runden, blasigen Pusteln ± dicht besetzt — 23	
	Sternite glatt, höchstens zerstreut dornstrichelig — 26	
23	Tergite vom etwa 13. in den Seiten zerstreut fein dornhöckerig. Berandung vom 6. Tergit, Antennen 20- oder 21gliedrig (Philippinen) .	20. O. asper
	Tergite ohne Dornhöckerchen. Berandung erst vom 9. oder 10. Tergit — 24	
24	Antennen 22gliedrig, 2 Grundglieder kahl. 1.—7. Beinpaar mit 2 Tarsalspornen, 20. Beinpaar mit 1 Tarsalsporn. Längsfurchen der Sternite fehlend oder nur ganz kurz am Vorderrand (Salomoninsel)	21. O. proponens
	Antennen 17—18gliedrig, $2^1/_3$—$2^1/_2$ Grundglieder kahl — 25	
25	Längsfurchen der Sternite abgekürzt, nur am Vorderrand oder bis zur Mitte reichend; hinten eine undeutliche Mediangrube . . .	22. O. tuberculatus: 26
	Längsfurchen der Sternite durchlaufend; eine vordere längere und eine runde hintere Mediangrube. 20. Beinpaar ohne Tarsalsporn	23. O. sumatranus: 27

26 Endbeinpräfemur ventral-lateral mit 6, ventral-medial und medial mit 5—6, dorsal-medial mit 4 Dornen. Eckdorn 2spitzig. 20. Beinpaar mit Tarsalsporn. Die ersten 3—4 Beinpaare mit 2 Tarsalspornen (Australien) . . . 22a. **O. tuberculatus tuberculatus**

Endbeinpräfemur ventral-lateral mit 3, ventral-medial mit 3—6, dorsal-medial mit 2 Dornen; Eckdorn 1—2spitzig. 20. Beinpaar mit oder ohne Tarsalsporn. Die ersten 8—16 Beinpaare mit 2 Tarsalspornen (Neuguinea) . . . 22b. **O. tuberculatus pauperatus**

27 Endbeinpräfemur ventral-medial und medial mit je 1 Dorn. Coxopleuren dorsal mit 1 Dorn. Sternite vom 12. mit Pusteln. Tergite vom 5. gefurcht (Sumatra) . . . . 23a. **O. sumatranus sumatranus**

Endbeinpräfemur ventral-medial und medial mit 5—6 Dornen. Coxopleuren ohne Dorsaldorn. Nur 19. und 20. Sternit mit Pusteln. Tergite vom 3. gefurcht (Kaschmir) . . 23b. **O. sumatranus kraepelini**

28 Coxopleuren mit 1 Dorsaldorn — **29**

Coxopleuren ohne Dorsaldorn, 0—2 laterale Dornen — **37**

29 Letztes Sternit endwärts verbreitert (Fig. 174) oder kaum verschmälert — **30**

Letztes Sternit deutlich verjüngt — **31**

30 Tergite der letzten Segmente seitlich fein dornstrichelig oder höckerig runzelig. Meist nur 1—2 (selten 6) Beinpaare mit 2 Tarsalspornen (Indoaustralien) . . . . 11. **O. punctiventer** **O. moluccanus**

Tergite ohne Dornstrichelung oder Körnelung. 4—12(—17) Beinpaare mit 2 Tarsalspornen (Indoaustralien) . . . . 12. **O. astenus**

31 Längsfurchen der Sternite bis zur Mitte reichend, wenigstens auf den hinteren Segmenten — **32**

Sternitfurchen fehlend oder nur ganz kurz am Vorderrand — **34**

32 Tergite glatt. Antennen 18gliedrig. Coxopleurenfortsatz 2spitzig. 20. Beinpaar mit einem Tarsalsporn (Inseln des Stillen Ozeans) 13. **O. glaber**

Wenigstens die mittleren u. hinteren Tergite kielstreifig oder runzelig und dornstrichelig — **33**

33 Antennen 18gliedrig. Mittlere und hintere Tergite seitlich schwach längsrunzelig und zerstreut feinhöckerig. Coxopleurenfortsatz 2spitzig mit 1—2 dorsalen und 3 lateralen Dornen. 1.—7. Beinpaar mit 2 Tarsalspornen. Die 4 Zähne jeder Kieferfußhüfte durch einen tiefen Einschnitt in 2 Paare geteilt (Fig. 175) (Neuguinea) . . . . 14. **O. barbouri**

Antennen 20—21gliedrig. Tergite vom 5. oder 6. kielstreifig, vom 16. dornstrichelig. Coxopleurenfortsatz 3—4spitzig, mit 1 dorsalen und 1 lateralen Dorn. Die ersten 14 bis 18 Beinpaare mit 2 Tarsalspornen . . . . 15. **O. rugulosus**

34	Präfemur des 20. Beinpaars mit einem winzigen Enddörnchen dorsal. Antennen 20- bis 21gliedrig. Sternite ohne Gruben (Indoaustralien)	33. O. spinosus
	Präfemur des 20. Beinpaars ohne Enddörnchen — 35	
35	Hintere Tergite mit Dornstrichelung. Antennen 19—22gliedrig, $2^1/_2$ Grundglieder kahl. Sternite mit Gruben	11. O. punctiventer
	Hintere Tergite ohne Dornstrichelung. Antennen 17—18gliedrig, 2 Grundglieder kahl. Sternite ohne Gruben — 36	
36	Coxopleuren mit 2 lateralen und 1 dorsalen Dorn. Endbeinpräfemur ventral-lateral mit 5, ventral-medial mit 6 (3 + 3) Dornen. 3 + 3 Kieferfußhüftzähne. Tergite vom 11. oder 12. berandet (Burma)	16. O. feae
	Coxopleuren mit 1 dorsalen, ohne lateralen Dorn. Endbeinpräfemur ventral-lateral mit 3, ventral-medial mit 2 Dornen. 4 + 4 Kieferfußhüftzähne. Tergite vom 8. berandet (Indien)	17. O. splendens
37 (28)	Tergite vom etwa 11.—13. an seitlich deutlich dornstrichelig — 38	
	Alle Tergite glatt, ohne Dornstrichelung — 41	
38	1.—17. oder 18. Beinpaar mit 2 Tarsalspornen. 6 + 6 Kieferfußhüftzähne. 12.—20. Tergit mit flacher Kielstreifung. Berandung frühestens vom 9. an (Neuguinea)	4. O. loriae
	1.—4. oder 5. Beinpaar mit 2 Tarsalspornen. 3 + 3 oder 4 + 4 Kieferfußhüftzähne. Tergite ohne Kielstreifung, vom 5.—8. an berandet — 39	
39	Endbeine mit Tarsalsporn. Endsternit quadratisch, nach hinten nicht oder kaum verjüngt, hinten tief ausgerandet (Borneo) . .	5. O. sucki
	Endbeine ohne Tarsalsporn. Endsternit deutlich verjüngt, hinten gestutzt oder schwach ausgerandet — 40	
40	Coxopleuren ohne lateralen Dorn, 2—3spitzig. Endbeinpräfemur ventral-lateral mit 4, dorsal-medial mit 1 Dorn und Eckdorn. Sternite ohne deutliche Gruben (Insel Nias) . . .	6. O. niasensis
	Coxopleuren mit 1 lateralen Dorn, 2spitzig. Präfemur der Endbeine ventral-lateral mit 2—3 Dornen, dorsal-medial unbedornt und ohne Eckdorn. Sternite mit 3 Gruben (Indien)	7. O. morsitans
41	1—4(—7) Beinpaare mit 2 Tarsalspornen. 3 bis 4 Kieferfußhüftzähne jederseits. Tergite und Kopf meist gleichfarbig. Coxopleuren 1- bis 2spitzig — 42	
	14—20 Beinpaare mit 2 Tarsalspornen. 6 bis 10 Kieferfußhüftzähne jederseits (Fig. 172) oder die Zähne undeutlich. Kopf und 1. Tergit meist kastanienbraun, die übrigen Tergite blaugrün. Coxopleuren 3spitzig (Indoaustralien)	8. O. multidens

42 Zahnplatte der Kieferfüße auf der Fläche vertieft, die Vertiefung hinten und seitlich durch einen deutlichen Grat abgegrenzt. Kopf und 1. Tergit braun, die übrigen Tergite grün (Indien) . . . . 9. O. ruficeps
Zahnplatte der Kieferfüße nicht mit vertiefter Fläche — **43**

43 Endbeine mit Tarsalsporn. Endsternit fast quadratisch, nach hinten kaum verjüngt. Endbeinpräfemur ventral-lateral mit 4 Dornen (Sunda-Inseln) . . . . 10. O. nemorensis
Endbeine ohne Tarsalsporn. Endsternit deutlich trapezförmig. Endbeinpräfemur ventral-lateral mit 1—3 Dornen — **44**

44 Antennen 17gliedrig. Präfemur der Endbeine ohne Eckdorn. Tergite vom 7.—9. an berandet — **45**
Antennen 20—21gliedrig. Präfemur der Endbeine mit Eckdorn. Tergite stark punktiert, vom 9.—11. an berandet (Indien) . . . . 3. O. metallicus

45 Coxopleuren 2spitzig mit lateralem Dorn. Präfemur der Endbeine ventral-lateral mit 3, ventral-medial mit 2—3 Dornen. Sternite mit 3 schwachen Gruben (2 paramedianen, einer am Hinterrand), Endsternit mit fast rechtwinkligen Hinterecken (Indien, Seychellen) . . . . 1. O. orientalis
Coxopleuren 1spitzig, ohne Seitendorn. Präfemur der Endbeine ventral-lateral mit 1 bis 2 Dornen, ventral-medial mit kaum wahrnehmbarem Höckerchen, sonst dornenlos. Sternite mit 2 in der Mediane liegenden Gruben. Hinterecken des Endsternits gerundet (Burma) . . . . 2. O. oatesi

b) Subgen. *Parotostigmus*

46 (1) Coxopleuren mit 1—2spitzigem Fortsatz — **47**
Coxopleuren hinten abgerundet oder in einen ganz kurzen, stumpfen, unbewehrten Fortsatz ausgezogen — **49**

47 Antennen 20—21gliedrig. Die ersten 17 bis 19 Beinpaare mit 2 Tarsalspornen, 20. Beinpaar mit 1 Tarsalsporn. Tergite vom 7. oder 8. berandet — **48**
Antennen 17gliedrig. 1.—19. Beinpaar mit 1, 20. und 21. Paar ohne Tarsalsporn. Tergite erst vom 18. berandet. Sternite mit durchgehenden Längsfurchen. 4 Grundglieder der Antennen kahl (Westafrika) . . . . . 43. O. productus

48 4 + 4 Kieferfußhüftzähne. Sternite ohne Furchen. Coxopleuren ohne lateralen Dorn. Tergite ohne Kiele (Kolumbien) . . . . . 41. O. bürgeri
6—7 Kieferfußhüftzähne jederseits. Sternite mit 2 kurzen Furchen am Vorderrand. Coxopleuren mit 3 lateralen Dornen. Tergite mit 5 Kielen (Philippinen) . . . . 42. O. bakeri

49	Längsfurchen der Tergite in der Mitte jedes Tergits unterbrochen, nur vorn und hinten als kurze Striche entwickelt	44. **O. gymnopus: 50**
	Längsfurchen der Tergite durchlaufend — **51**	
50	Die Berandung beginnt auf dem 13.—16. Tergit. 1.—19. Beinpaar mit 2 Tarsalspornen (Nordostafrika)	44a. **O. gymnopus gymnopus**
	Die Berandung beginnt auf dem 7. oder 8. Tergit. Die ersten 6—9 Beinpaare mit 2 Tarsalspornen (Ostafrika)	44b. **O. gymnopus aethiopicus**
51	Die Tarsalsporne fehlen oder sind kaum sichtbar — **52**	
	Tarsalsporne deutlich ausgebildet — **53**	
52	4 Grundglieder der Antennen kahl. Nur 21. Tergit berandet. Sternite mit durchlaufenden Längsfurchen. Coxopleuren kaum vorgezogen (Südamerika)	45. **O. limbatus**
	$2\frac{1}{3}$ Grundglieder der Antennen kahl. Tergite vom 6. berandet. Sternite ohne Längsfurchen. Coxopleuren ziemlich stark spitz vorgezogen (Fig. 185) (Kamerun)	46. **O. inermipes**
53	Die Tergite, wenigstens der hinteren Segmente, kielstreifig oder dornstrichelig — **54**	
	Tergite glatt, ohne Dornstrichelung, höchstens in den Seiten runzelig — **61**	
54	Nur das 1. oder 1. und 2. Beinpaar mit 2 Tarsalspornen (Südamerika) — **55**	
	Die 4—18 ersten Beinpaare mit 2 Tarsalspornen — **58**	
55	11.—20. Tergit mit 5 scharfen, feinkörnig rauhen Längskielen. ♂ Anhang keulig, kaum halb so lang wie das Präfemur (Fig. 186) . . .	47. **O. pococki**
	Tergite ohne mehrere scharfe Längskiele, höchstens mit Andeutung von Kielen auf den hinteren Segmenten und mit ± deutlichem Mediankiel — **56**	
56	Hüfte des 20. Beinpaars des ♂ mit langem, bogig gekrümmtem Horn (Fig. 187)	48. **O. insignis**
	Hüfte des 20. Beinpaars des ♂ ohne Horn — **57**	
57	Kopf und Tergite gleichmäßig olivengrünlich. 20. Beinpaar mit einem Tarsalsporn . . .	50. **O. scabricauda**[1]
	Kopf und erstes Tergit kastanienbraun, die übrigen Tergite dunkel oliv, beide scharf kontrastierend. 20. Beinpaar ohne Tarsalsporn	51. **O. rex**
58 (54)	Tergite mit Kielstreifen und Dornspitzen. Letztes Sternit ohne Medianfurche. Coxopleuren gar nicht vorgezogen — **59**	
	Tergite mit flachen runden Kielstreifen, ohne Dornspitzen. Endsternit mit Medianfurche. Coxopleuren in eine stumpfe Spitze vorgezogen (Ostafrika)	55. **O. fülleborni**
59	Antennen ziemlich kurz. Sternite vorn mit kurzen Furchen (Südamerika)	54. **O. inermis**
	Antennen lang. Sternite ganz ohne Furchen .	56. **O. troglodytes: 60**

[1] Hierher auch 52. *O. spiculifer* Poc., 53. *O. denticulatus* (Poc.).

60
- 2 Antennenglieder kahl. Die ersten 18 Beinpaare mit 2 Tarsalspornen. Farbe lila (Ostafrika) . . . . **56a. O. troglodytes troglodytes**
- $2^{1}/_{3}$ Antennenglieder kahl. Die ersten 18 Beinpaare mit 2 Tarsalspornen. Farbe olivbraun (Congo) . . . . **56b. O. troglodytes intercessor**

61 (53)
- Letztes Tergit des ♂ mit langem, fingerförmigem Fortsatz von der Länge des Tergits (Fig. 192) (Brasilien) . . . . **57. O. caudatus**
- Letztes Tergit bei ♂ und ♀ hinten stumpfwinklig oder gerundet — 62

62
- 8.—19. Sternit mit 2 durchlaufenden Längsfurchen (Uruguay) . . . . **58. O. sulcatus**
- Sternite mit abgekürzten oder ohne Furchen — 63

63
- Sternite mit abgekürzten Furchen — 64
- Sternite ganz ohne Furchen — 71

64
- 2 Antennenglieder kahl — 65
- $2^{1}/_{3}$—3 Antennenglieder kahl — 67

65
- Die Längsfurchen der Sternite reichen bis $^{2}/_{3}$ oder $^{3}/_{4}$ der Sternitlänge. 20. Beinpaar ohne Tarsalsporn (Südamerika) . . . . **59. O. amazonae**
- Sternite mit nur ganz kurzen Furchen am Vorderrand (Brasilien) — 66

66
- 1.—18. Beinpaar mit 2 Tarsalspornen. Sternite ohne Gruben. Tergite mit medianer Längsfurche und 2 Längskielen jederseits, zwischen denen die Längsfurche verläuft . . . . . **61. O. tidius**
- Nur das 1. Beinpaar mit 2 Tarsalspornen. Sternite mit 3 Gruben. Tergite mit 3 Längskielen zwischen den Furchen. Die Kiele und Seiten der Tergite rauh . . . . **60. O. casus**

67
- 1.—16. Beinpaar mit 2 Tarsalspornen (St. Thomas) . . . . **62. O. caraibicus**
- Nur die ersten 2—5 Beinpaare mit 2 Tarsalspornen — 68

68
- 1. und 2. Beinpaar mit 2 Tarsalspornen. Nur das 21. Tergit berandet — 69
- Die ersten 4—5 Beinpaare mit 2 Tarsalspornen. Tergite vom 7. oder 9. an berandet — 70

69
- Coxopleuren stumpfwinklig vorgezogen. Die Sternitfurchen reichen bis $^{2}/_{3}$ der Sternitlänge (Peru) . . . . **63. O. muticus**
- Coxopleuren gar nicht vorgezogen (Fig. 195). Sternitfurchen ganz kurz, nur am Vorderrand (Kamerun) . . . . **64. O. gemmifer**

70
- Die Furchen der hinteren Sternite reichen bis über die Mitte. Sternite ohne Gruben. Endtergit hinten stark winklig (Fig. 197). $2^{1}/_{2}$ Antennenglieder kahl. Tibia der Endbeine des ♂ ohne Fortsatz (Paraguay) . . **65. O. dolosus**
- Sternitfurchen sehr kurz, nur vorn. Sternite mit Gruben. Endtergit hinten sehr stumpfwinklig. 3 Antennenglieder kahl. Tibia der Endbeine des ♂ am Ende innen mit zapfenartigem Fortsatz (Fig. 199) (Südamerika) . **66. O. tibialis**

71 (63) Sternite mit Gruben — 72
Sternite ohne Gruben — 73

72 Hüfte des 20. Beinpaars des ♂ mit langem Horn (Fig. 189). Präfemur mit langem, keuligem Fortsatz von $^{3}/_{4}$ der Länge des Präfemur mit gelbem Haarfleck (Fig. 190) (Ecuador) . . . . 49. O. silvestrii
Hüfte des 20. Beinpaars des ♂ ohne Hornfortsatz. Präfemurfortsatz der Endbeine des ♂ kurz, knospenförmig (Fig. 200) (Costa Rica) 67. O. fossulatus

73 Fortsatz des Endbeinpräfemur kurz, knospenförmig. Nur das 1. Beinpaar mit 2 Tarsalspornen (Südamerika) . . . . 68. O. goeldii
Präfemurfortsatz lang, $^{2}/_{3}$ oder ganz so lang wie das Präfemur (Fig. 201), die ersten 3 oder 4 Beinpaare mit 2 Tarsalspornen (Britisch Guayana) — 74

74 Anhang so lang wie das Präfemur der Endbeine des ♂; ziemlich dick (Fig. 201) . . 69. O. clavifer
Präfemuranhang nur $^{2}/_{3}$ so lang wie das Präfemur, schlank (Fig. 202) . . . . 70. O. brunneus

Übersicht über die Arten der Untergattung *Parotostigmus*, deren ♂ einen Anhang auf dem Endbeinpräfemur haben:

1 Hüften des 20. Beinpaars in ein nach hinten gerichtetes Horn ausgezogen — 2
Hüften des 20. Beinpaars normal, ohne Hornfortsatz — 3

2 Der Hüftfortsatz des 20. Beinpaars überragt weit das Endsternit. Der Anhang des Endbeinpräfemur ist kaum halb so lang wie das Präfemur. Hintere Tergite fein dornstrichelig . . . . 48. O. insignis
Der Hüftfortsatz des 20. Beinpaars reicht höchstens bis zum Ende des Endsternits. Der Anhang des Endbeinpräfemur ist $^{3}/_{4}$ so lang wie das Präfemur. Hintere Tergite glatt oder höchstens in den Seiten runzelig . 49. O. silvestrii

3 Anhang des Endbeinpräfemur endwärts keulig verdickt, mit goldgelbem Haarfleck am Ende (letzterer nur bei *pococki* schwach) — 4
Anhang des Präfemur kurz, knospenförmig oder etwas länger und schlank, zylindrisch; ohne Haarfleck am Ende — 7

4 Tergite, wenigstens die der hinteren Körperhälfte kielstreifig oder dornstrichelig — 5
Tergite glatt — 6

5 Tergite 11—20 mit 5 scharfen, auf der Schneide fein dornigen Kielstreifen, Anhang des Endbeinpräfemur kaum halb so lang wie das Präfemur . . . . 47. O. pococki
Hintere Tergite fein dornstrichelig, höchstens mit Mediankiel und schwacher Andeutung von Seitenkielen. Anhang des Präfemur fast so lang wie das Präfemur . 50. O. scabricauda

6 Präfemuranhang ziemlich dick, so lang wie das Präfemur . . . . 69. O. clavifer
Präfemuranhang schlank, nur $^{2}/_{3}$ so lang wie das Präfemur . . . . 70. O. brunneus

7 Längsfurchen der Tergite nur vorn und hinten entwickelt, in der Mitte des Tergits unterbrochen. Anhang des Präfemur länger, zylindrisch, gekrümmt . . . . **44. O. gymnopus**
— Längsfurchen der Tergite durchlaufend. Präfemuranhang kurz, knospenförmig — 8

8 2 Grundglieder der Antennen kahl. Sternite bis zum 16. mit 4 Grübchen, alle ohne Längsfurchen; nur das 21. Tergit berandet . . . . **67. O. fossulatus**
— $2^{1}/_{3}$—$2^{1}/_{2}$ Grundglieder der Antennen kahl. Sternite ohne Grübchen — 9

9 Nur das 1. Beinpaar mit 2 Tarsalspornen. Sternite ohne Längsfurchen; nur das 21. Tergit berandet. Die Längsfurchen beginnen auf dem 3. oder 4. Tergit (Südamerika) . . . . **68. O. goeldii**
— 1. bis 4. oder 5. Beinpaar mit 2 Tarsalspornen. Sternite mit 2 ganz kurzen Furchen vorn. Die seitliche Berandung und die Furchung beginnt auf dem 7. Tergit (Kamerun) . . . . **64. O. gemmifer**

a) Subgen. **Otostigmus** Att.

1928 Subgen. *O.*, Attems in: Zool. Anz., *v.* 78 p. 302.

Präfemur der Endbeine mit Dornen. Coxopleuren am Ende stets dornspitzig.

nr. 1—40.

1. **O. (O.) orientalis** Por. 1876 *O. o.*, Porat in: Bih. Svenska Ak., *v.* 4 nr. 7 p. 19 | 1908 *O. o.*, Kraepelin in: Mt. Mus. Hamburg, *v.* 20 p. 120 f. 56.

Lehmgelb bis oliv. Länge bis 70 mm. Breite 5 mm. Länge der Antenne 16 mm. Länge der Endbeine 15 mm. Kopf kaum oder sehr spärlich, grob punktiert. Antennen 17—19gliedrig, $2^{1}/_{3}$ Grundglieder kahl. 4 + 4 große Kieferfußhüftzähne, von denen jederseits 2 + 2 einander genähert sind und die mittleren jeder Seite größer sind. Tergite zerstreut und fein punktiert, vom 5. an doppelfurchig, vom 7. an berandet; ohne Kielstreifen und ohne Dornstrichelung, der Mediankiel undeutlich. Sternite punktiert, mit 2 ganz kurzen Längsfurchen vorn und mit 2 flachen Gruben nebeneinander in der Mitte und einer kleinen Mediangrube hinten. Letztes Sternit $1^{1}/_{2}$ mal so lang wie breit, nach hinten stark verjüngt, hinten gestutzt oder ausgerandet. Coxopleurenfortsatz ziemlich lang, am Ende 2spitzig, dorsal ohne Dorn, ein lateraler Dorn am Hinterrand der Coxopleuren vorhanden. Endbeinpräfemur ventral-lateral mit 3, ventral-medial mit 2—3, medial mit 0—1 Dorn, oben ohne oder mit 1 winzigen Dorn in der Mitte. Kein Eckdorn. 1. und 2. Beinpaar mit 2, 3.—20. Beinpaar mit 1 Tarsalsporn.

Bombay, Seychellen.

2. **O. (O.) oatesi** Krpln. 1908 *O. o.*, Kraepelin in: Mt. Mus. Hamburg, *v.* 20 p. 120 f. 57.

Gelblich oliv. Kopf dunkler. Länge bis 42 mm. Kopf zerstreut punktiert. Antennen 17gliedrig. $2^{1}/_{2}$ Grundglieder kahl. Jederseits 3 oder 4 Kieferfußhüftzähne. Tergite glatt, vom 7. gefurcht, vom 8. oder 9. berandet. 1. Tergit auffallend breit. Sternite nur mit kurzen Furchen am Vorderrand, mit flacher vorderer und tiefer hinterer Mediangrube. Coxopleurenfortsatz mäßig lang,

1 spitzig, lateral und dorsal ohne Dorn. Endbeinpräfemur fast dornenlos, nur ventral-lateral 1—2 Dörnchen, ventral-medial ein undeutliches Höckerchen. Die ersten 1—3 Beinpaare mit 2, die folgenden bis zum 20. mit 1 Tarsalsporn.

Britisch Burma.

3. **O. (O.) metallicus** Haase 1887 *Otostigma metallicum*, E. Haase in: Abh. Mus. Dresden, nr. 5 p. 70 | 1903 *Otostigmus metallicus*, Kraepelin in: Mt. Mus. Hamburg, *v.* 20 p. 121 f. 58.

Olivgrün bis olivschwarz, Kopf rotbraun, oft mit Metallglanz. Länge 37 mm. Antennen 20—21gliedrig, 2 Grundglieder kahl. 3 + 3 Kieferfußhüftzähne. Tergite mit undeutlichen Furchen, vom 9. oder 10. berandet, ohne Kielstreifen und Dornstrichelung. Sternite ohne Längsfurchen, glatt. Letztes Sternit verjüngt, hinten schwach ausgerandet. Coxopleurenfortsatz kurz, 1—2spitzig, mit winzigen lateralen, ohne dorsalen Dorn. Endbeinpräfemur ventral-lateral mit 3, ventral-medial mit 2, medial mit 2—3, dorsal 1 Dorn und Eckdorn. 1.—4. Beinpaar mit 2, 20. und oft auch 21. Beinpaar mit 1 Tarsalsporn.

Sangir-Inseln, Ceylon.

4. **O. (O.) loriae** Silv. 1894 *Otostigma l.*, Silvestri in: Ann. Mus. Genova, *v.* 34 p. 627 | 1903 *Otostigmus l.*, Kraepelin in: Mt. Mus. Hamburg, *v.* 20 p. 117.

Olivgrün bis olivbraun. Länge 48 mm. Kopf schwach punktiert. Antennen 21- oder 22gliedrig, $2^1/_4$ Grundglieder kahl. Jederseits 6 oder 7 Kieferfußhüftzähne, hinter den Zähnen eine Borste in einem Grübchen; Hüften vorn mit kurzer Medianfurche, die Grundfurchen bilden einen stumpfen Winkel. Tergite vom 5. an gefurcht; vom 9. an oder noch weiter hinten beginnt die anfangs sehr schwache, undeutliche Berandung; von der Körpermitte an sind die Tergite kielstreifig, ganz allmählich beginnend, die Seiten vom 5. oder 6. an mit sehr feinen zerstreuten Dornstricheln, die kaudalwärts dichter und gröber werden. Sternite zerstreut fein punktiert, nur ganz vorn mit 2 kurzen Längsfurchen, ohne Gruben. Letztes Sternit etwas verjüngt, hinten seicht ausgerandet. Coxopleurenfortsatz kurz, 3spitzig, lateral 1, dorsal kein Dorn. Endbeinpräfemur ventral-lateral mit 3, ventral-medial mit 3, dorsal-medial mit 2 Dornen und Eckdorn. 1.—17. oder 18. Beinpaar mit 2, 18. und 19. oder nur das 19. Beinpaar mit 1 Tarsalsporn.

Neuguinea: Moroka. Aru-Inseln: Doboe.

5. **O. (O.) sucki** Krpln. 1903 *O. s.*, Kraepelin in: Mt. Mus. Hamburg, *v.* 20 p. 118 f. 54.

Olivgrünlich. Länge bis 55 mm. Kopf kaum punktiert. Antennen 21gliedrig, $2^1/_3$ Grundglieder kahl. 3 + 3 Kieferfußhüftzähne. Tergite vom 5., 6. oder 7. gefurcht, vom 9. berandet; Seiten vom 10. mit Längsgruben, vom 12.—20. mit Dornstrichelung. Sternite 3—18 mit abgekürzten Furchen und undeutlicher bis fehlender Endgrube. Letztes Sternit quadratisch, hinten fast winkelig ausgerandet. Coxopleurenfortsatz kurz, 2—3spitzig, lateral 1, dorsal 0 Dorn. Endbeinpräfemur ventral-lateral mit 4—5, ventral-medial mit 2, medial mit 2, dorsal-medial 0—1 Dornen und Eckdorn. 1.—5. Beinpaar mit 2, 6.—21. Beinpaar mit 1 Tarsalsporn.

Borneo.

6. **O. (O.) niasensis** Silv. 1895 *Otostigma niasense*, Silvestri in: Ann. Mus. Genova, *v.* 34 p. 715 | 1903 *Otostigmus niasensis*, Kraepelin in: Mt. Mus. Hamburg, *v.* 20 p. 118.

Olivgrün bis olivgelb, zum Teil mit Metallglanz. Länge 42 mm. Kopf punktiert. Antennen 16—19gliedrig, 2$^1/_3$ Grundglieder kahl. 3 + 3 Kieferfußhüftzähne. Tergite vom 6.—18. gefurcht, vom 7. berandet; vom 12. in den Seiten runzelig und mit feiner Dornstrichelung; keine Kielstreifen. Sternite glatt, mit nur ganz kurzen Furchen am Vorderrand, ohne Gruben. Letztes Sternit etwas verjüngt, hinten gestutzt. Coxopleurenfortsatz mäßig lang, 3spitzig, dorsal und lateral ohne Dorn. Endbeinpräfemur ventral-lateral mit 4, ventral-medial mit 2, medial mit 1, dorsal-medial mit 1 Dorn und Eckdorn. 1.—4. oder 5. Beinpaar mit 2, die weiteren bis 20. Paar mit 1 Tarsalsporn.

Insel Nias.

7. **O. (O.) morsitans** Poc. 1890 *Otostigma m.*, Pocock in: Ann. nat. Hist., ser. 6 *v.* 5 p. 246 | 1892 *O. m.*, Pocock in: J. Bombay Soc., *v.* 7 nr. 2 p. 140 | 1903 *Otostigmus m.*, Kraepelin in: Mt. Mus. Hamburg, *v.* 20 p. 119.

Oliv- bis ockergelb. Länge bis 62 mm. Kopf etwas punktiert. Antennen 17gliedrig, 2$^1/_3$ Grundglieder kahl. 4 + 4 undeutliche Kieferfußhüftzähne. Tergite vom 6. gefurcht, vom 8. berandet; vom 5. runzelig, in den hinteren Segmenten deutlich dornstrichelig; keine Kielstreifen. Sternite mit 2 Längsgruben nebeneinander in der Mitte und einer hinteren Mediangrube. Letztes Sternit verjüngt, hinten seicht ausgerandet. Coxopleurenfortsatz kurz 2spitzig, 1 lateraler, 0 dorsaler Dorn. Endbeinpräfemur ventral-lateral mit 2, ventral-medial mit 3, dorsal-medial kein Dorn, kein Eckdorn. Beinpaare bis 20. mit Tarsalsporn, an einigen 2.

Madras, Burma, Ceylon.

8. **O. (O.) multidens** Haase 1887 *Otostigma m.*, E. Haase in: Abh. Mus. Dresden, nr. 5 p. 75 | 1894 *Otostigmus latidens*, Pocock in: Weber, Ergeb. Reise Niederl. O.-Ind., *v.* 3 p. 313 t. 19 f. 5 | 1895 *Otostigma modiglianii*, Silvestri in: Ann. Mus. Genova, *v.* 34 p. 715 | 1903 *Otostigmus multidens*, Kraepelin in: Mt. Mus. Hamburg, *v.* 20 p. 121 f. 59.

Hellolív- bis blaugrün, Kopf und die 2—4 ersten Segmente kastanienbraun. Länge bis 52 mm. Kopf zerstreut punktiert. Antennen 20- bis 22gliedrig, 2$^1/_3$ Grundglieder kahl. Zahnplatten der Kieferfüße viel breiter als lang, mit 5—10 Zähnen (Fig. 172). Tergite vom 6. oder 7. gefurcht, vom 8.—11. an berandet, ohne Kielstreifen und Dornstrichelung. Sternite vorn mit kurzen, höchstens bis zum Drittel reichenden Furchen, glatt, meist ohne Gruben. Letztes Sternit breit, wenig verjüngt, hinten gestutzt oder schwach ausgerandet. Coxopleurenfortsatz mäßig lang, 2—3spitzig, lateral 0—1, dorsal 0 Dorn. Endbeinpräfemur ventral-lateral mit 3—5, ventral-medial mit 2—4, medial mit 0—2, dorsal-medial mit 0—1 Dorn, Eckdorn winzig. 1.—14. (oder 20.) Beinpaar mit 2, die folgenden bis zum 20. mit 1 Tarsalsporn.

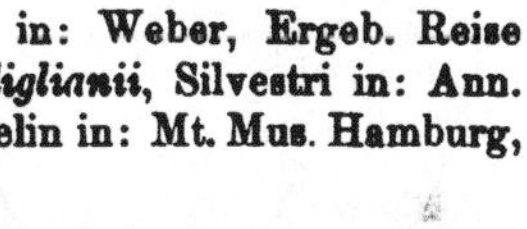

Fig. 172.
Otostigmus multidens Haase.

Celebes, Java, Sumatra, Mentaway-Inseln, Neuguinea, Insel Tawarin.

9. **O. (O.) ruficeps** Poc. 1890 *Otostigma r.*, Pocock in: Ann. nat. Hist., ser. 6 *v.* 5 p. 247.

Grasgrün, Kopf und 1. Tergit kastanienbraun. Länge 41 mm. Antennen 21gliedrig, 2 Grundglieder kahl. 4 + 4 Kieferfußhüftzähne. Tergite vom 7. gefurcht, vom 10. berandet. Sternite ohne Längsfurchen; letztes Tergit verjüngt, hinten tief ausgerandet. Coxopleurenfortsatz kurz, 1—2spitzig, dorsal und lateral kein Dorn. Femur des 1. Beinpaars und Tibia der 7 ersten Beinpaare ventral am Ende mit Sporn.

Madras.

10. **O. (O.) nemorensis** Silv. 1895 *Otostigma nemorense*, Silvestri in: Ann. Mus. Genova, *v.* 34 p. 716 | 1903 *Otostigmus nemorensis*, Kraepelin in: Mt. Mus. Hamburg, *v.* 20 p. 119 f. 55.

Olivgrün. Länge 44 mm. Antennen 21—23gliedrig. $2^1/_3$ Grundglieder kahl. Jederseits 3 oder 4 Kieferfußhüftzähne. Tergite vom 5. gefurcht, vom 8. berandet, dornstrichelig aber nicht kielstreifig. Vorderes $^1/_3$ oder $^1/_2$ der Sternite mit kurzen Furchen; keine deutlichen Gruben. Letztes Sternit fast quadratisch, hinten gerade-gestutzt. Coxopleuren kurz, aufgeblasen, 2spitzig, nahe der Spitze ein kleiner Seitendorn, kein Dorsaldorn. Endbeinpräfemur ventral-lateral mit 4, ventral-medial mit 2, medial mit 2—3, dorsal-medial mit 1—2 Dornen und Eckdorn. 1.—4. Beinpaar mit 2, 5.—21. Beinpaar mit 1 Tarsalsporn.

Sumatra, Java.

11. **O. (O.) punctiventer** (Töm.) 1885 *Branchiotrema punctiventre*, Tömösváry in: Termész. Füzetek, *v.* 9 p. 66 | 1887 *Otostigma p.*, E. Haase in: Abh. Mus. Dresden, nr. 5 p. 72 | 1898 *Otostigmus punctiventer*, Pocock in: Willey, Zool. Results, part 1 p. 61 | 1903 *O. p.*, Kraepelin in: Mt. Mus. Hamburg, *v.* 20 p. 114.

Olivfarben. Beine gelb. Länge bis 72 mm. Kopf sehr zerstreut punktiert. Antennen 19—22gliedrig, $2^1/_3$ Grundglieder kahl. 3 + 3 Kieferfußhüftzähne, der mediale und mittlere jeder Seite etwas verwachsen. Tergite vom 5. oder 6. an gefurcht und berandet; vom 3. sehr dicht und fein punktiert, Seiten vom 10. an längsgrubig runzelig, vom 12.—20. mit Dornstrichelung. Sternite glatt oder mit zerstreuten Dornstricheln. 3.—18. mit kurzen Furchen vorn, die mittleren Sternite oft mit großer, seichter Mediangrube und 3 kleinen Hinterrandsgrübchen. Endsternit fast quadratisch, hinten ± tief eingebuchtet (Fig. 173) oder deutlich verjüngt, beides bei Exemplaren vom selben Fundort (Geschlechtsverschiedenheit?). Coxopleurenfortsatz ziemlich lang, 2—3spitzig, dorsal meist 1, lateral 1—2 Dornen. Endbeinpräfemur ventral-lateral mit 4—6, ventral-medial mit 2—3, medial mit 2, 3—8, dorsal-medial mit 0—2 Dornen und einfachem Eckdorn. 1. und 2. (—6.) Beinpaar mit 2, die folgenden bis zum 19. mit einem, 20. und 21. Paar mit oder ohne 1 Tarsalsporn.

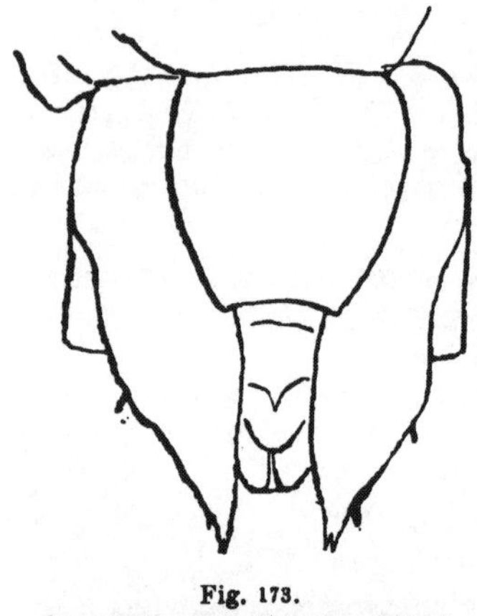

Fig. 173.
Otostigmus punctiventer (Töm.)

Borneo, Neubritannien, Neuguinea, Neupommern.

Die folgende Art ist mit Sicherheit von *punctiventer* nicht zu unterscheiden.

ad 11. **O. (O.) moluccanus** Chamb. 1914 *O. m.*, Chamberlin in: Ent. News Philad., *v.* 25 p. 388 t. 17 f. 6, 7.

Olivfarben, Kopf und einige der folgenden Tergite etwas blasser. Länge 20 mm. Kopf und 1. Tergit fein punktiert. Antennen 18gliedrig, 2 oder $2^1/_4$ Grundglieder kahl. 3 + 3 Kieferfußhüftzähne, der laterale jeder Seite etwas isoliert. Die Berandung der Tergite beginnt auf dem 3.—5. Mediankiel undeutlich. Seiten der hinteren Tergite schwach längsrunzelig und schwach rauh. Sternite mit 2 Längsfurchen, die bis zu $^2/_3$ der Länge reichen und mit medianer Längsgrube im vorderen Teil, punktiert. Letztes Sternit stark verjüngt, hinten etwas winkelig eingebuchtet, mit schwacher Medianfurche. Coxopleurenfortsatz lang, zylindrisch, 2spitzig, 3 laterale, 1 dorsaler Dorn. Nur die ersten 5 Beinpaare mit 2 Tarsalspornen.

Molukken: Ternate.

12. **O. (O.) astenus** (Kohlr.) 1881 *Branchiotrema astenon*, Kohlrausch in: Arch. Naturg., *v.* 47 I p. 72 | 1881 *B. calcitrans* und *luzonicum*, Kohlrausch, ibid., p. 73 | 1887 *Otostigma orientale*, E. Haase in: Abh. Mus. Dresden, nr. 5 p. 73 | 1894 *O. discretum*, Silvestri in: Ann. Mus. Genova, *v.* 34 p. 628 | 1895 *Otostigmus orientalis*, Brölemann in: Mém. Soc. zool. France, *v.* 8 p. 527 | 1903 *O. astenus*, Kraepelin in: Mt. Mus. Hamburg, *v.* 20 p. 114 f. 51 | 1920 *O. completus*, Chamberlin in: Bull. Mus. Harvard, *v.* 64 p. 15.

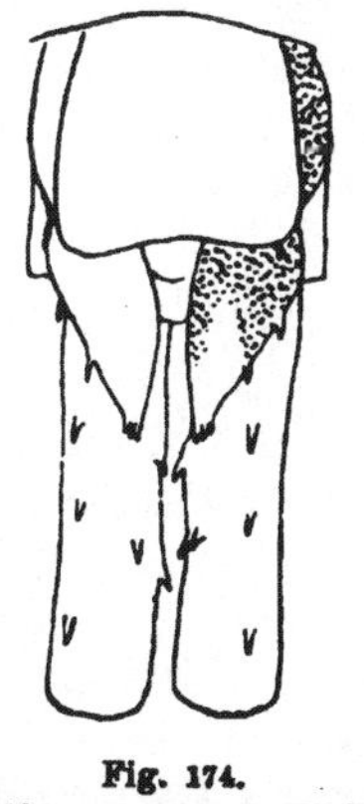
Fig. 174. Otostigmus astenus (Kohlr.)

Olivgelb bis olivbraun. Kopf und 1. Tergit oft braun. Länge bis 42 mm. Kopf ± punktiert. Antennen 18—20gliedrig, $2^1/_5$—$2^1/_3$ Grundglieder kahl. Jederseits 3—4 Kieferfußhüftzähne, die medialen jeder Seite ± verwachsen, hinter den Zähnen eine Borste in einem Grübchen, die Grundfurchen einen sehr stumpfen Winkel bildend. Hüften zerstreut punktiert, ohne Medianfurche. Tergite vom 5.—7. an gefurcht, vom 6.—8. an berandet, glatt oder mit einzelnen Dornpünktchen seitlich. Längsfurchen der Sternite abgekürzt oder bis zur Mitte reichend, meist ohne Gruben, glatt. Letztes Sternit quadratisch oder nach hinten sogar verbreitert, hinten eingebuchtet (Fig. 174). Coxopleurenfortsatz lang, das Sternit mindestens um dessen Länge überragend, 3kantig, 2spitzig, dorsal 1, lateral 2—3 Dornen. Endbeinpräfemur ventral-lateral mit 3—4, ventral-medial mit 1(2) + 2, medial mit 2, dorsal-medial mit 1—2 Dornen und kleinem Eckdorn. Die ersten 4—12(17) Beinpaare mit 2, 20. Beinpaar mit 1, Endbeine meist ohne Tarsalsporn.

Australien, Neuguinea, Solomon-Inseln, Samoa-Inseln, Karolinen, Marianen, Philippinen, Seychellen, Ambon, Teoeen, Banda-See.

13. **O. (O.) glaber** Chamb. 1920 *O. g.*, Chamberlin in: Bull. Mus. Harvard, *v.* 64 p. 12.

Grün. Länge 35 mm. Kopf sehr dicht und fein punktiert. Antennen 18gliedrig, $2^1/_2$ Grundglieder kahl. Jederseits 3—4 Kieferfußhüftzähne, von denen die 2—3 medialen ± miteinander verwachsen. Tergite glatt, ohne Kiele oder Tuberkeln, vom 5. gefurcht, vom 11. berandet, die Berandung ± unvollständig. Längsfurchen der vorderen Sternite sehr kurz, nur ganz vorn, die der mittleren und hinteren Segmente bis zur Mitte reichend. Letztes Sternit verjüngt, seicht eingebuchtet. Coxopleurenfortsatz lang, das Sternit um weit mehr als dessen Länge überragend, 2spitzig, seitlich 2—3, dorsal 1—2 Dornen. Endbeinpräfemur ventral-lateral mit 5—8, ventral-medial mit 3—6, medial mit 2—4, dorsal-medial mit 2—3 Dornen und Eckdorn. Die ersten 8—11 Beinpaare mit 2, die folgenden bis zum 20. Paar mit 1 Tarsalsporn.

Lakeba Lau, Nansori, Nadarivatu, Lomati, Vanua Ava.

14. **O. (O.) barbouri** Chamb. 1914 *O. b.*, Chamberlin in: Ent. News Philad., *v.* 25 p. 386 t. 17 f. 1—3.

Rücken olivengrün, Kopf mehr braun, Bauch blasser. Länge 43 mm. Kopf und 1. Tergit punktiert. Antennen 20gliedrig, $2^1/_3$ Grundglieder kahl. 4 + 4 Kieferfußhüftzähne, die 2 Paare jeder Seite durch einen tiefen Einschnitt getrennt (Fig. 175). Tergite vom 4. gefurcht, vom 9. berandet, mit flachem, manchmal undeutlichem Mediankiel; die mittleren und hinteren Tergite seitlich schwach längsrunzelig und zerstreut feinhöckerig; die winzigen Dornspitzen werden kaudalwärts deutlicher. Sternite ziemlich dicht punktiert, die vorderen nur vorn mit kurzen Längsfurchen; auf den mittleren und hinteren Sterniten reichen die Furchen bis zur Mitte, alle ohne Gruben.

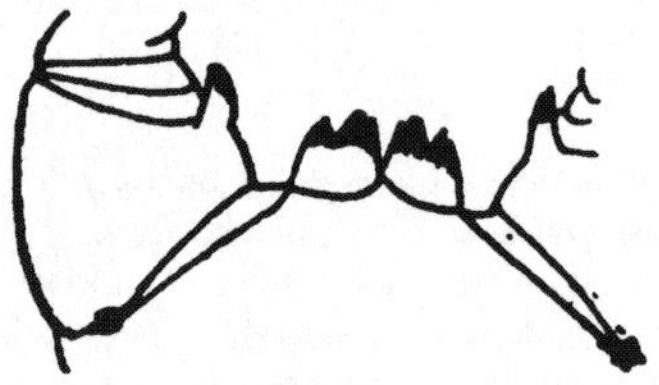

Fig. 175.
Otostigmus barbouri Chamb.

Letztes Sternit stark verjüngt, hinten tief, fast winkelig eingebuchtet. Coxopleurenfortsatz mäßig lang, 2spitzig, 1—2 dorsale und 3 laterale Dornen. Endbeinpräfemur ventral-lateral mit 4, ventral-medial mit 3, medial(?) mit 5, oben-medial mit 2 Dornen und Eckdorn. 1.—7. Beinpaar mit 2, 8.—20. Paar mit 1 Tarsalsporn.

Deutsch-Neuguinea, Sorong.

15. **O. (O.) rugulosus** Por. 1876 *O. r.*, Porat in: Bih. Svenska Ak., *v.* 4 nr. 7 p. 21 | 1891 *Otostigma rugulosum* und *carinatum*, Pocock in: Ann. Mus. Genova, *v.* 30 p. 412 | 1903 *Otostigmus rugulosus*, Kraepelin in: Mt. Mus. Hamburg, *v.* 20 p. 115 f. 52.

Olivgrün. Länge 35 mm. Kopf kaum punktiert. Antennen 20 oder 21gliedrig, $2^1/_3$ Grundglieder kahl. Jederseits 3—4 Kieferfußhüftzähne. Tergite vom 6. oder 7. gefurcht, vom 7. berandet; vom 5. oder 6. beginnt eine Kielstreifung, die anfangs noch schwach ist, vom 16. Tergit an zuweilen auch sparsame Dornstichel. Vorderhälfte der Sternite mit 2 Längsfurchen. Letztes Sternit verjüngt und hinten eingebuchtet. Coxopleurenfortsatz nicht sehr lang, 3—4spitzig, dorsal und seitlich je ein Dorn. Endbeinpräfemur ventral-lateral mit 4—5, ventral-medial mit 2,2 oder 2,1, dorsal-medial mit 1—2 Dornen und Eckdorn. Die ersten 14—18 Beinpaare mit 2, die folgenden bis zum 19. mit 1 Tarsalsporn.

Mauritius, Seychellen, Burma, Siam.

1 Varietät:

15a. **O. (O.) r. var. mertoni** Rib. 1912 *O. r.* var. *m.*, Ribaut in: Abh. Senckenb. Ges., *v.* 34 p. 283.

Unterscheidet sich von der Stammform in folgenden Punkten: 1. die Tergite haben weder Granula noch Dörnchen; 2. 3 + 3 Kieferfußhüftzähne, von denen der mittlere und mediale jeder Seite fast ganz verwachsen sind; 3. Tergite nur mit Mediankiel, der kaum merklich ist; 4. 19 Antennenglieder; 5. Coxopleuren mit 2 Seitendornen; 6. Endbeinpräfemur ventral-lateral mit 3, ventral-medial mit 2 + 1, oben mit 2 Dornen und Eckdorn.

Insel Wammer, Aru-Archipel.

16. **O. (O.) feae** Poc. 1891 *Otostigma f.*, Pocock in: Ann. Mus. Genova, *v.* 30 p. 416 | 1903 *Otostigmus f.*, Kraepelin in: Mt. Mus. Hamburg, *v.* 20 p. 116.

Bleich olivenfarben, oft mit Metallglanz. Länge 24 mm. Antennen 18gliedrig, 2 Grundglieder kahl. 3 + 3 Kieferfußhüftzähne. Tergite vom 4.

gefurcht, vom 11.—12. berandet. Sternite ohne Längsfurchen mit deutlicher Endgrube, die mittleren auch mit 3 schwachen in Querreihe stehenden Gruben in der Mitte. Letztes Sternit verjüngt, hinten seicht eingebuchtet. Coxopleurenfortsatz 2spitzig, dorsal 1, lateral 2 Dornen. Endbeinpräfemur ventral-lateral mit 5, ventral-medial mit 3,3, dorsal-medial mit 2 Dornen und Eckdorn. 1. Beinpaar mit 2, 2.—20. Paar mit 1 Tarsalsporn.

Burma.

17. **O. (O.) splendens** Poc. 1890 *O. s.*, Pocock in: Ann. nat. Hist., ser. 6 *v.* 5 p. 245 | 1892 *O. s.*, Pocock in: J. Bombay Soc., *v.* 7 nr. 2 p. 140 | 1903 *O. s.*, Kraepelin in: Mt. Mus. Hamburg, *v.* 20 p. 116.

Ockerfarbig mit Metallglanz. Antennen 17gliedrig, 2 Grundglieder kahl. 4 + 4 Kieferfußhüftzähne. Sternite vom 5. gefurcht, vom 8. berandet, vom 6. in den Seiten etwas runzelig. Sternite mit 2 abgekürzten Furchen vorn und 2 Gruben in der Mediane. Letztes Sternit verjüngt und hinten leicht ausgerandet. Coxopleurenfortsatz kurz, 2spitzig, 1 Dorsaldorn, kein Lateraldorn. Endbeinpräfemur ventral-lateral mit 3, ventral-medial mit 2, dorsal in der Mitte mit 1 Dorn, kein Eckdorn. 1.—19. Beinpaar mit 1 Tarsalsporn.

Vorderindien, Madras.

18. **O. (O.) longicornis** (Töm.) 1885 *Branchiotrema longicorne*, Tömösváry in: Termész. Füzetek, *v.* 9 p. 66 | 1887 *Otostigma l.*, E. Haase in: Abh. Mus. Dresden, nr. 5 p. 74 | 1903 *Otostigmus longicornis*, Kraepelin in: Mt. Mus. Hamburg, *v.* 20 p. 112.

Bleicholivgrün, Kopf und Seiten der Segmente oft rostfarben. Länge 45 mm. Kopf zerstreut grob punktiert, ohne Längsfurchen. Antennen sehr lang, bis zum 9. Tergit reichend, 25—34gliedrig, $2^1/_2$ Grundglieder kahl. 3 + 3 Kieferfußhüftzähne, dazu meist jederseits ein 4. medialer, der winzig klein und mit dem nächsten fast ganz verwachsen ist. Präfemurzahn medial mit 2 Höckern. Tergite vom 6. gefurcht, vom 9. berandet, glatt, glänzend, metallisch. Sternite nur am Vorderrand mit kurzen Furchen, glatt, ohne Gruben. Endsternit breit, wenig verjüngt, hinten eingebuchtet. Coxopleuren mit kegeligem, 2spitzigem Fortsatz, der unter der Spitze noch ein 3. Dörnchen trägt. Lateral 0—1 Dorn, kein Dorsaldorn. Endbeinpräfemur ventral-lateral mit 4—6, ventral-medial mit 2—4, medial mit 3, dorsal-medial mit 2 starken Dornen und winziger Eckdorn. Vordere Beinpaare, zuweilen bis zum 16., mit 2, die folgenden bis zum 21. mit 1 Tarsalsporn.

Borneo.

19. **O. (O.) pamuanus** Chamb. 1920 *O. p.*, Chamberlin in: Bull. Mus. Harvard, *v.* 64 p. 16.

Dunkel olivenfarben, die Beine mehr grünlich. Länge 39 mm. Antennen 24gliedrig, $2^1/_3$ Grundglieder kahl. 3 + 3 große Kieferfußhüftzähne, von denen der mediale und laterale jeder Seite ± eingeschnitten resp. untergeteilt sind. Tergite vom 5. gefurcht, vom 9. berandet, mit niedrigem Mediankiel und zuweilen mit 1 oder 2 ± deutlichen seitlichen Kielen, die Fläche teilweise spärlich rauh. Die meisten Sternite ohne Längsfurchen oder mit nur ganz kurzen Furchen vorn; auf einigen Sterniten der hinteren Körperregion reichen die Furchen bis zur Mitte oder laufen ganz durch. Letztes Sternit kaum verjüngt, fast quadratisch, hinten und seitlich seicht eingebuchtet. Coxopleurenfortsatz kurz, 2spitzig, 2 laterale, 1 dorsaler Dorn. Endbeinpräfemur ventral-lateral mit 7 Dornen in einer Reihe und mehreren ungeordneten; ventral-medial mit etwa 12 Dornen in 2 unregelmäßigen Reihen, medial mit 5 oder 6 Dornen. Eckdorn vorhanden. 1.—3. Beinpaar mit 2, 4.—20. Paar mit 1 Tarsalsporn.

Salomon-Inseln: Pamua.

20. **O. (O.) asper** Haase 1887 *Otostigma orientale asperum*, E. Haase in: Abh. Mus. Dresden, nr. 5 p. 74 | 1903 *Otostigmus asper*, Kraepelin in: Mt. Mus. Hamburg, *v.* 20 p. 112.

Olivgelb, vorn und hinten oft rostfarben. Länge bis 62 mm. Körper nach vorn auffallend verschmälert. Antennen 19—20gliedrig, $2^1/_2$ Grundglieder kahl. 3 + 3 Kieferfußhüftzähne. Tergite vom 5. gefurcht, vom 6. berandet, vom 13. seitlich fein dornhöckerig. Sternite 2—18 in der Vorderhälfte mit Längsfurchen. 15.—20. Sternit mit zerstreuten blasigen Pusteln; Endsternit verjüngt, hinten seicht eingebuchtet. Coxopleurenfortsatz lang, dreikantig, das Endsternit um dessen Länge überragend, 4spitzig, dorsal und lateral je 2 Dornen. Endbeinpräfemur ventral-lateral mit 3, ventral-medial mit 2, medial mit 1—2, dorsal-medial mit 1—2 Dornen; Eckdorn winzig. Beine bis etwa 12. Paar mit 2 Tarsalspornen, bis zum 20. Paar ein Tarsalsporn.

Philippinen.

21. **O. (O.) proponens** Chamb. 1920 *O. p.*, Chamberlin in: Bull. Mus. Harvard, *v.* 64 p. 15.

Dunkel olivfarben, die ersten Segmente rötlich. Länge 65 mm. Antennen lang, 22gliedrig, die ersten 2 Glieder kahl. 3 + 3 große Kieferfußhüftzähne, der mediale jeder Seite trägt medial einen winzigen vierten Zahn. Tergite fein punktiert, vom 6. gefurcht, vom 11. berandet. Sternite ganz ohne Längsfurchen oder diese sehr kurz nur am Vorderrand oder bis zur Mitte reichend; Sternite mit zerstreuten Tuberkeln. Endsternit verjüngt, hinten eingebuchtet. Coxopleurenfortsatz 2spitzig, 1 dorsaler und 2 laterale Dornen. Endbeinpräfemur ventral-lateral mit 4, ventral-medial mit 3, medial mit 7—8 Dornen; ein kleiner Eckdorn. 1.—7. Beinpaar mit 2, 8.—20. Paar mit 1 Tarsalsporn.

Salomon-Inseln: Fulakora, Wainoni Bay.

22. **O. (O.) tuberculatus** (Kohlr.) 1878 *Branchiotrema tuberculatum*, Kohlrausch, Beitr. Scolopendr., p. 23 | 1881 *B. t.*, Kohlrausch in: Arch. Naturg., *v.* 47ı p. 74 t. 5 f. 11 | 1887 *Otostigma t.*, E. Haase in: Abh. Mus. Dresden, nr. 5 p. 76 | 1903 *Otostigmus tuberculatus*, Kraepelin in: Mt. Mus. Hamburg, *v.* 20 p. 113 | 1916 *O. t.*, Kraepelin in: Ark. Zool., *v.* 10 nr. 2 p. 4.

Oliv oder grün. Länge bis 40 mm. Antennen 18gliedrig. $2^1/_3$ bis $2^1/_2$ Grundglieder kahl. 3 + 3 Kieferfußhüftzähne. Tergite glatt, vom 5. gefurcht, vom 9. an berandet. Letztes Tergit mit Endeindruck. 2.—19. Sternit am Vorderrand mit abgekürzten Längsfurchen, hinten mit undeutlicher Mediangrube, vom 7. oder 14. an mit blasigen Pusteln. Endsternit verjüngt, hinten eingebuchtet. Coxopleurenfortsatz 2—3spitzig, dorsal 1, lateral 2 Dornen. Endbeinpräfemur ventral-lateral mit 6 oder 3, ventral-medial und medial mit 3—6, dorsal-medial mit 4 oder 2 Dornen. Eckdorn 1- oder 2spitzig. Die ersten 3—16 Beinpaare mit 2 Tarsalspornen, 20. Beinpaar mit oder ohne Tarsalsporn.

Australien, Neuguinea.

2 Unterarten:

22a. **O. (O.) t. tuberculatus** (Kohlr.) 1878 *Branchiotrema tuberculatum*, Kohlrausch, Beitr. Scolopendr., p. 23 | 1881 *B. t.*, Kohlrausch in: Arch. Naturg., *v.* 47ı p. 74

t. 5 f. 11 | 1887 *Otostigma t.*, E. Haase in: Abh. Mus. Dresden, nr. 5 p. 76 t. 4 f. 79 | 1903 *Otostigmus tuberculatus*, Kraepelin in: Mt. Mus. Hamburg, *v.* 20 p. 113 | 1916 *O. t.*, Kraepelin in: Ark. Zool., *v.* 10 nr. 2 p. 4.

Olivfarben. Länge 40 mm. Antennen 18gliedrig, $2^1/_2$ Grundglieder kahl. 3 + 3 Kieferfußhüftzähne. Tergite glatt, vom 5. gefurcht, vom 9. berandet. Letztes Tergit mit Endeindruck. Sternite 2—19 am Vorderrande mit abgekürzten Längsfurchen, hinten mit undeutlicher Mediangrube; (7) 9. bis 20. Sternit mit blasigen Pusteln; Endsternit verjüngt, hinten ausgerandet. Coxopleurenfortsatz 2—3spitzig, dorsal 1, lateral 2 Dornen. Endbeinpräfemur ventral-lateral mit 6, ventral-medial und medial mit 5—6, dorsal-medial mit 4 Dornen und 2spitzigem Eckdorn. Die ersten 3—4 Beinpaare mit 2, die anderen bis zum 20. mit einem Tarsalsporn.

Australien: Rockhampton; Nordqueensland, Atherton.

22b. O. (O.) t. pauperatus Att. 1915 *O. t. p.*, Attems in: Bijdr. Dierk., *v.* 20 p. 4 | 1921 *O. philippinus*, Chamberlin in: Ann. nat. Hist., ser. 9 *v.* 7 p. 51.

Dunkelgrün, Antennen vom 3. Glied an bräunlich. Antennen 18gliedrig, die ersten $2^1/_3$ Glieder kahl. 3 + 3 Kieferfußhüftzähne. 14.—20. Sternit mit blasigen Pusteln; im übrigen sind die Sternite und Tergite wie bei *O. tuberculatus*. Die ersten 8—16 Beinpaare mit 2 Tarsalspornen; 20. Beinpaar mit oder ohne Tarsalsporn. Endbeinpräfemur ventral-lateral mit 3, ventral-medial mit 1—2, medial mit 2, dorsal-medial mit 2 Dornen. Eckdorn 1—2spitzig.

Neuguinea, Saonek.

23. O. (O.) sumatranus Haase

Olivfarben. Länge bis 46 mm. Antennen 15—17gliedrig, $2^1/_3$ Grundglieder kahl; 3—4 Kieferfußzähne jederseits. Tergite glatt, vom 3. oder 5. an gefurcht, vom 5.—10. an gerandet. Sternite mit 2 durchgehenden Längsfurchen, vom 12. oder erst vom 19. an mit flachen, blasigen Pusteln. Coxopleurenfortsatz lang, 3—4spitzig, dorsal mit oder ohne Dorn. Endbeinpräfemur ventral-lateral mit 3—5, ventral-medial und medial mit 2—6, oben-medial mit 2 Dornen. Eckfortsatz vorhanden oder an seiner Stelle 1—3 kleine Dörnchen.

Sumatra, Nordwestkaschmir.

2 Unterarten:

23a. O. (O.) s. sumatranus Haase 1887 *Otostigma tuberculatum* var. *sumatranum* E. Haase in: Abh. Mus. Dresden, nr. 5 p. 77 | 1903 *Otostigmus sumatranus*, Kraepelin in: Mt. Mus. Hamburg, *v.* 20 p. 113.

Olivbraun, Beine blaugrün bespritzt. Länge 46 mm. Antennen 15gliedrig, 2 Grundglieder kahl, das 3. und 4. Glied teilweise kahl. 3 + 3 undeutliche Kieferfußhüftzähne. Tergite vom 5. gefurcht, vom 10. berandet. Sternite mit 2 durchgehenden Längsfurchen, medianer Längsgrube und rundlichem Grübchen hinten, vom 12. mit blasigen Pusteln. Coxopleurenfortsatz lang, 3spitzig, dorsal 1, lateral 2 Dornen. Endbeinpräfemur ventral-lateral mit 3, ventral-medial mit 1, medial mit 1, dorsal mit 2 Dornen und Eckdorn. 20. Beinpaar ohne Tarsalsporn.

Sumatra.

23b. O. (O.) s. kraepelini Att.

Blaß olivengrünlich. Länge 40 mm. Kopfplatte recht kräftig punktiert. $2^1/_3$ Grundglieder der Antennen kahl. 4 + 4 kräftige Kieferfußhüftzähne, der laterale jeder Seite kleiner als die anderen. 1. Tergit punktiert wie der Kopf, die folgenden nicht merklich punktiert, glatt, vom 3. gefurcht, vom 5. gerandet. Letztes Tergit mit länglichem Endgrübchen. Sternite mit 2 durchgehenden Längsfurchen und rundem Mediangrübchen hinten. 19. und 20. Sternit mit sehr undeutlichen, flachen, blasigen Pusteln. Endsternit verjüngt, seicht eingebuchtet. Coxopleurenfortsatz ziemlich lang, 3—4spitzig, am Hinterrand ein Dorn, dorsal kein Dorn. Endbeinpräfemur ventral-lateral mit 3—5, ventral-medial und medial 5—6, oben-medial 2 Dornen; an Stelle des Eckdorns 1—3 kleine Dörnchen. 1. und 2. Beinpaar mit 2, 4.—19. Beinpaar mit 1 Tarsalsporn.

Chitral-Insel, Nordwestkaschmir.

24. **O. (O.) spinicaudus** (Newp.) 1844 *Scolopendra spinicauda*, Newport in: Ann. nat. Hist., *v.* 13 p. 98 | 1845 *Branchiostoma s.*, Newport in: Tr. Linn. Soc. London, *v.* 19 p. 412 | 1847 *B. s.*, P. Gervais in: Walckenaer, Hist. Apt., *v.* 4 p. 250 | 1886 *Otostigma deserti*, Meinert in: Vidensk. Meddel., *v.* 36—38 p. 121 | 1901 *O. tunetanum*, C. Verhoeff in: N. Acta Ac. Leop., *v.* 77 p. 433 | 1903 *Otostigmus spinicaudus*, Kraepelin in: Mt. Mus. Hamburg, *v.* 20 p. 107.

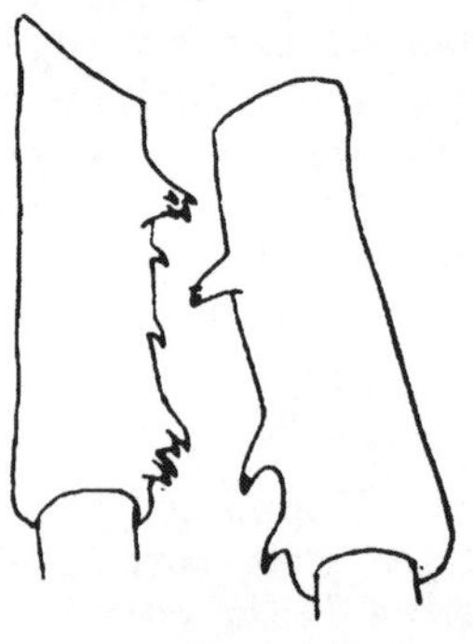

Fig. 176.
Otostigmus spinicaudus (Newp.)
Präfemora der Endbeine.

Ockergelb. Länge bis 52 mm. Antennen 17gliedrig, 3 Grundglieder kahl. Kieferfußhüften mit 4 + 4 Zähnen, Präfemurzahn mit 1—2 Höckern. Tergite vom 4. oder 5. an gefurcht; nur das 21. berandet. Sternite mit 2 durchgehenden Längsfurchen und meist schwacher Median- und Endgrube; letztes Sternit ziemlich breit, wenig verjüngt, hinten gerundet oder seicht ausgerandet. Coxopleuren mit langem, 3spitzigem Fortsatz, lateral 1, dorsal oft 1 Dorn. 1.—4. Beinpaar mit 2, 5.—19. mit 1 Tarsalsporn. Präfemur der Endbeine ventral-lateral mit 3, medial 3 Dornen, dorsal ein sehr großer Dorn (Fig. 176). Eckdorn vorhanden oder fehlend.

Nordafrika von Marokko bis Tripolis.

25. **O. (O.) reichardti** Krpln. 1903 *O. r.*, Kraepelin in: Mt. Mus. Hamburg, *v.* 20 p. 107.

Lehmgelb bis rötlichbraun, Kopf meist grünlich. Länge bis 60 mm. Antennen 17gliedrig, 3 Grundglieder kahl. 4 + 4 kleine Kieferfußhüftzähne. Die Grundfurchen bilden einen stumpfen Winkel und setzen sich in feine Furchen parallel dem Endrande der Hüfte fort. Tergite vom 5. oder 6. gefurcht, nur das 21. berandet, letztes ohne Endgrube. 4.—19. Sternit mit hinten abgekürzten Längsfurchen, bis zu $^2/_3$ der Länge. Endsternit gestutzt, verjüngt, ohne Mediangrube. Coxopleuren mit mäßig langem, kegeligem, 2spitzigem Fortsatz, lateral 0—1 Dörnchen. Höchstens die ersten 3 Beinpaare mit 2 Tarsalspornen, die weiteren bis zum 19. mit 1 Sporn. Endbeinpräfemur ventral-lateral mit 2—3, ventral-medial mit 1—2 Dornen, dorsal ohne Dorn.

Kawende am Tanganyka.

26. **O. (O.) aculeatus** Haase 1887 *Otostigma aculeatum*, E. Haase in: Abh. Mus. Dresden, nr. 5 p. 71 | 1903 *Otostigmus aculeatus*, Kraepelin in: Mt. Mus. Hamburg, *v.* 20 p. 108.

Olivgelb bis olivgrün, Beine heller. Länge bis 45 mm. Kopf nicht punktiert. Antennen 17gliedrig, 3 Grundglieder kahl und glänzend. 3 + 3 Kieferfußhüftzähne. Tergite vom 4. oder 5. gefurcht, vom 13. berandet, ohne Mediankiel. Sternite bis zum 19. mit 2 fast durchgehenden Längsfurchen, Endsternit verjüngt, hinten seicht ausgerandet. Coxopleurenfortsatz lang, 5—7spitzig, lateral 2, dorsal kein Dorn. Endbeinpräfemur ventral-lateral mit 2 Reihen von 2—6 Dörnchen, medial 6—7, dorsal 3—4 Dörnchen, Eckdorn vorhanden. 1. und 2. Beinpaar mit 2, 3.—19. Beinpaar mit 1 Tarsalsporn.

Java, Tonkin, Hongkong.

27. O. (O.) **nudus** Poc. 1890 *Otostigma nudum*, Pocock in: Ann. nat. Hist., ser. 6 *v.* 5 p. 247 t. 12 f. 3 | 1903 *Otostigmus nudus*, Kraepelin in: Mt. Mus. Hamburg, *v.* 20 p. 108.

Ockergelb bis grünlich, Kopf braunrot. Länge bis 52 mm. Antennen 17gliedrig, 3 Grundglieder kahl. 4 + 4 Kieferfußhüftzähne. Tergite vom 5. gefurcht, vom 8. berandet, in der Endhälfte des Körpers lateral runzelig. Sternite mit 2 durchgehenden Längsfurchen und kurzer Medianfurche. Endsternit verjüngt, leicht ausgerandet. Coxopleurenfortsatz kurz, 2spitzig; lateral und dorsal kein Dorn. Endbeinpräfemur ventral-lateral mit 3, ventral-medial mit 2, dorsal mit 1—2 Dornen; Eckdorn vorhanden. Alle Beine ohne Tarsalsporne.

Madras.

28. O. (O.) **taeniatus** Poc. 1896 *O. t.*, Pocock in: Ann. nat. Hist., ser. 6 *v.* 17 p. 435 | 1903 *O. t.*, Kraepelin in: Mt. Mus. Hamburg, *v.* 20 p. 108.

Ockergelb, die Tergite mit 4 grünen Streifen an den Seitenrändern und längs der Längsfurchen. Länge bis 55 mm. 4 Grundglieder der Antennen kahl. Tergite vom 5. oder 6. gefurcht, vom 7. oder 8. berandet, in den Seiten ganz glatt; 1. Tergit auffallend groß. Endbeinpräfemur dorsal-medial nahe der Mitte mit einem starken Dorn. Eckdorn fehlt. Alle Beine ohne Tarsalsporne.

Deutsch- und Britisch-Ostafrika, Sansibar, Mombasa, Westafrika.

29. O. (O.) **politus** Karsch 1881 *Otostigma politum*, F. Karsch in: Berlin. ent. Z., *v.* 25 p. 219 | 1887 *O. p.*, E. Haase in: Abh. Mus. Dresden, nr. 5 p. 75 | ?1898 *Otostigmus angusticeps*, Pocock in: Willey, Zool. Results, part 1 p. 62 | 1903 *O. politus*, Kraepelin in: Mt. Mus. Hamburg, *v.* 20 p. 109.

Länge bis 65 mm. Kopf fein punktiert. Antennen 17—18(19)gliedrig, die ersten 3 Glieder dorsal kahl und glänzend, ventral ist das 3. meist teilweise beborstet. 4—5 Kieferfußhüftzähne; Präfemurzahn ohne Höcker. Tergite vom 4. oder 5. gefurcht, vom 9. oder 11. oder 17.—19. berandet, glatt. Sternite vom 3.—19. oder 20. mit vollständigen Längsfurchen, meist mit seitlicher Mediangrube und Endgrübchen. Endsternit meist verjüngt, hinten seicht ausgerandet. Coxopleurenfortsatz kurz oder lang, 2—3spitzig, nahe den Endspitzen 1—2 Dörnchen, dorsal mit oder ohne, lateral mit 0—1 Dorn, Poren zahlreich, dorsal auch auf dem Fortsatz. Endbeinpräfemur ventral-lateral mit 3—4, ventral-medial mit 2—3, medial mit 0—2, dorsal mit 1 bis 3 Dornen, Eckdorn vorhanden. Beine bis 5. oder 6. mit 2, die weiteren bis zum 19. Paar mit 1 Tarsalsporn.

China, Indoaustralien. (Sumatra, Burma, Neuguinea, Australien.)

3 Unterarten:

29a. O. (O.) p. politus Karsch

Blaß olivenbraun. Zahnplatten der Kieferfüße kurz und breit, am Ende quer abgeschnitten. Fortsatz der Coxopleuren kurz, lateral ein Dörnchen. Tergite vom 11. berandet. Endsternit verjüngt.

China (Tientsin, Tsingtau).

29b. O. (O.) p. pigmentatus Att.

Ockergelb, Rücken und Beine mit reichlichem, schwarzgrünem Pigment in runden Körnchen; auf dem Rücken bildet dieses Pigment 4—5 unregelmäßige, mehr oder weniger ineinanderfließende oder besonders hinten deutlicher

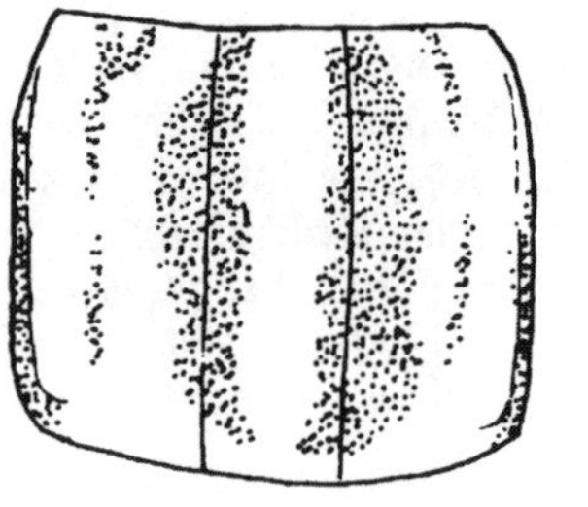

Fig. 177.
Otostigmus politus pigmentatus Att.
12. Tergit.

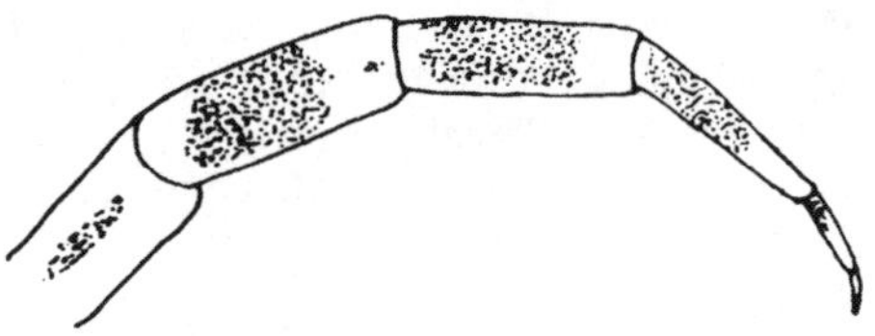

Fig. 178.
Otostigmus politus pigmentatus Att.
20. Bein.

gesonderte Längsbänder; auf dem Kopf ist das Pigment unregelmäßig verteilt (Fig. 177). Beine entweder gelb oder auch mit reichlichem Körnchen-Pigment, das Anfang und Ende der Glieder frei läßt (Fig. 178). Antennen bis zum 7. Glied gelb, die folgenden grünlich ohne Körnchen. Bauch gelb. Zahnplatten der Kieferfüße relativ lang und schmal mit je einer deutlichen Borste (Fig. 179). Coxopleurenfortsatz lang und schlank, am Ende dreispitzig, dorsal ein Dörnchen, am Hinterrand der Coxopleuren ein Seitendörnchen (Fig. 180). Tergite vom 9. an berandet. Endsternit nach hinten

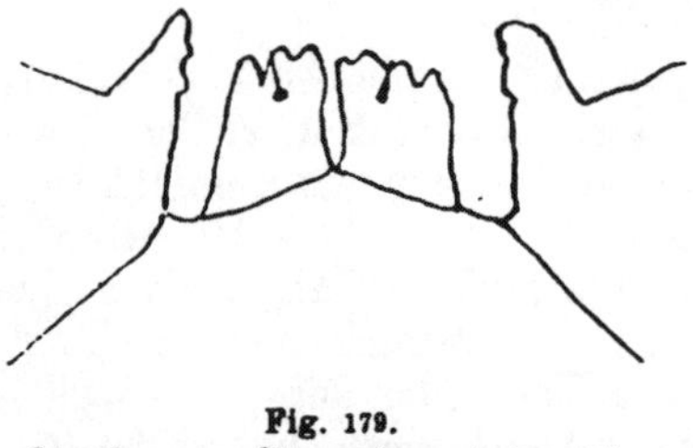

Fig. 179.
Otostigmus politus pigmentatus Att.

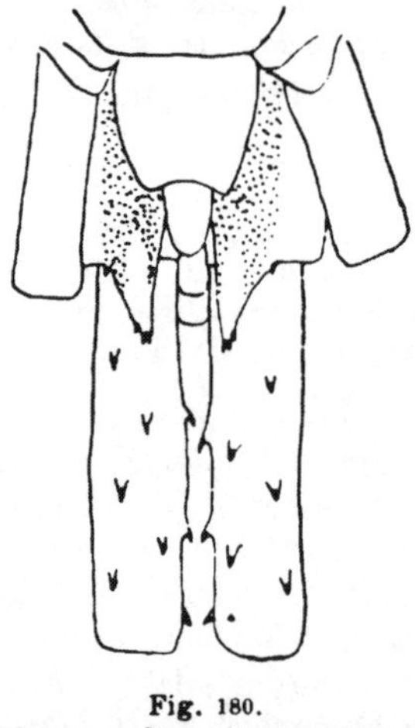

Fig. 180.
Otostigmus politus pigmentatus Att.

verjüngt und hinten deutlich eingebuchtet. 3. Antennenglied ventral sehr spärlich beborstet.

Australien: Kaiserin-Augusta-Fluß, Merauke. [Vielleicht gehört die von Kraepelin in seiner kleinen Tabelle p. 109 für Sumatra angegebene Form auch hierher].

29c. **O. (O.) p. australianus** Att. 1916 *Otostigmus* cfr. *politus*, Kraepelin in: Ark. Zool., *v.* 10 nr. 2 p. 5.

Blaß grünlichbläulich (juv.). Antennen 15—17gliedrig, die ersten 3 Glieder völlig glatt und glänzend. Coxopleurenfortsatz kurz dreieckig, 2spitzig, weder dorsal noch seitlich bedornt. Tergite erst vom 17. oder 19. deutlich berandet. Endsternit fast quadratisch, hinten ziemlich stark eingebuchtet.

Australien, Nordqueensland, Herberton, Malanda, Bellenden Ker.

30. **O. (O.) geophilinus** Haase 1887 *Otostigma geophilinum*, E. Haase in: Abh. Mus. Dresden, nr. 5 p. 77 | 1903 *Otostigmus geophilinus*, Kraepelin in: Mt. Mus. Hamburg, *v.* 20 p. 110.

Hell gelbbraun, die letzten Segmente dunkler. Länge 45 mm. Antennen 17—18gliedrig, 4 Grundglieder glatt und glänzend. 4 + 4 Kieferfußhüftzähne. Tergite vom 5. oder 6. gefurcht, vom 17. gerandet. Sternite mit durchgehenden Längsfurchen und medianer Längsgrube. Endsternit hinten fast halbkreisförmig gerundet, seltener fast gestutzt, kaum verjüngt. Coxopleurenfortsatz kurz, 2spitzig, ohne laterale und dorsale Dörnchen. Endbeinpräfemur wie bei *O. politus*.

Java, Timor.

Otostigma geophilinum Poc. 1891 *O. g.*, Pocock in: Ann. Mus. Genova, *v.* 30 p. 414.

2 Grundglieder der Antennen kahl. Tergite vom 3. gefurcht, vom 7. oder 9. gerandet. Endsternit verjüngt, hinten seicht eingebuchtet.

Burma (Mt. Mooleyit, Pegu, Rangoon).

Es ist fraglich, ob diese Tiere identisch sind mit den von Haase beschriebenen.

31. **O. (O.) cuneiventris** Por. 1893 *O. c.*, Porat in: Bih. Svenska Ak., *v.* 18 nr. 7 p. 10 | 1894 *O. c.*, Porat, ibid., *v.* 20 nr. 5 p. 14 | 1903 *O. c.*, Kraepelin in: Mt. Mus. Hamburg, *v.* 20 p. 110 f. 50 | 1909 *O. c.*, Attems in: Ergeb. Schwed. Exp. Kilimandjaro, *v.* 19 p. 4.

Olivenbräunlich bis olivengrünlich, Kopf und erstes Tergit dunkelbraun. Länge bis 56 mm. Kopf seicht und fein punktiert. Antennen 17gliedrig, 3 Grundglieder dorsal kahl und glänzend, das 3. ventral teilweise beborstet. 4 + 4 Kieferfußhüftzähne. Längsfurchen der Tergite auf dem 5. in der Mitte unterbrochen, auf dem 6.—20. vollständig, Randung vom 8. an. Tergite sonst glatt. Sternite ohne durchlaufende feine Längsfurchen; an ihrer Stelle kurze breitere Längsgruben, außerdem in der Mediane 2 Längsgrübchen und jederseits am Rande hintereinander 2 oft ganz fehlende, sehr flache undeutliche Grübchen. Endsternit fast parallelrandig (Kamerun) oder deutlich verjüngt (Kilimandjaro) (Fig. 180). Coxopleurenfortsatz kurz, kegelig, meist 1- selten 2spitzig; oben und seitlich kein Dorn. Endbeine lang und dünn, Präfemur ventral-lateral mit 3—4, ventral-medial mit 2—3, dorsal 1 Dorn, Eckdorn vorhanden. Tarsalsporne aller Beine ganz fehlend oder äußerst winzig, kaum sichtbar.

Kamerun, Kilimandjaro.

32. **O. (O.) chiltoni** Archey 1921 *O. c.*, Archey in: Tr. N. Zealand Inst., *v.* 53 p. 191 f. 13—15.

Gelb. Länge 20 mm. 17 Antennenglieder, 3 Grundglieder dorsal kahl, ventral etwas beborstet. Kopf nicht punktiert. 4 + 4 Kieferfußhüftzähne, der laterale jeder Seite etwas abgesondert. Präfemurzahn ohne Höcker. 2. bis 20. Tergit längsgefurcht und mit Mediankiel. Berandung deutlich vom 12. Tergit.

3.—19. Sternit mit 2 parallelen Längsgruben. Endsternit verjüngt, hinten abgerundet. Coxopleurenfortsatz lang, schlank, 2spitzig. Endbeinpräfemur ventral-lateral mit 3, medial mit 5, dorsal-medial mit 2 Dornen. Eckdorn 2spitzig. 1.—20. Beinpaar mit 2, Endbeine mit 1 Tarsalsporn.

Neuseeland, Three Kings Island.

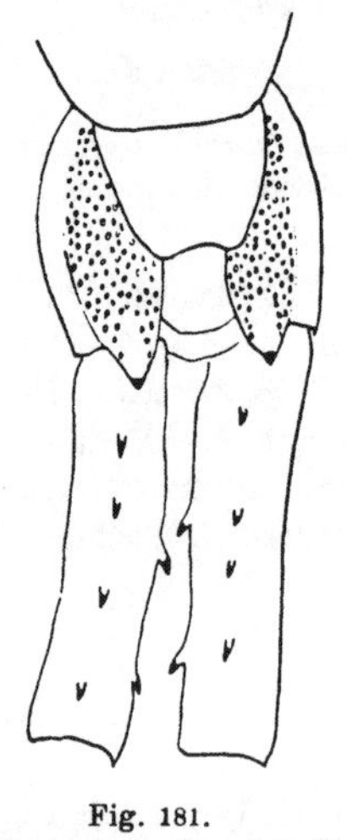

Fig. 181.
Otostigmus cuneiventris Por.

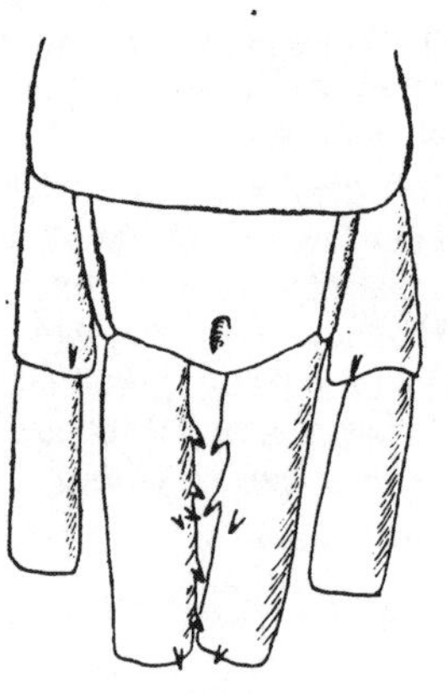

Fig. 182.
Otostigmus spinosus Por. Dorsalseite.

33. **O. (O.) spinosus** Por. 1876 *O. s.*, Porat in: Bih. Svenska Ak., *v.* 4 nr. 7 p. 22 | 1885 *Branchiotrema nitidulum*, Tömösváry in: Termész. Füzetek, *v.* 9 p. 66 | 1887 *Otostigma spinosum*, E. Haase in: Abh. Mus. Dresden, nr. 5 p. 71 | 1891 *O. s.*, Pocock in: Ann. Mus. Genova, *v.* 30 p. 414 | 1903 *Otostigmus spinosus*, Kraepelin in: Mt. Mus. Hamburg, *v.* 20 p. 116 f. 53.

Olivgrün mit purpurnem Metallglanz. Länge 44 mm. Kopf zerstreut punktiert. Antennen 20—21gliedrig, $2^2/_3$—3 Grundglieder kahl. 4 + 4 Kieferfußhüftzähne. Tergite vom 5. gefurcht, vom 9. oder 10. berandet, in den Seiten bis zum 18. Tergit 1—2 Längsgruben. Sternite ohne Längsfurchen oder nur ganz kurze Striche vorn, ohne deutliche Gruben. Letztes Sternit verjüngt, hinten bogig ausgerandet. Coxopleurenfortsatz kurz, 3spitzig, 1 Dorsaldorn nahe der Spitze, 1 Lateraldorn. Endbeinpräfemur ventral-lateral mit 4—6, ventral-medial und medial mit je 3—4, dorsal-medial mit 3 Dornen. Beine höchstens bis zum 5. Paar mit 2, alle folgenden inkl. Endbeine mit 1 Tarsalsporn, Präfemur des 20. Beinpaars dorsal am Ende mit einem Dörnchen.

Java, Sumatra, Borneo, Burma, Neu-Guinea.

34. **O. (O.) oweni** Poc. 1892 *Otostigma o.*, Pocock in: J. Linn. Soc. London *v.* 24 p. 319 | 1903 *Otostigmus o.*, Kraepelin in: Mt. Mus. Hamburg, *v.* 20 p. 116.

Bleich olivfarben. Länge 38 mm. Kopf schwach punktiert. Antennen 18—21gliedrig, dorsal 3 Grundglieder kahl. 4 + 4 Kieferfußhüftzähne. Tergite vom 6. gefurcht, vom 15. berandet, glatt, ohne Dornstrichelung. Sternite am Vorderrand mit kurzen Furchen, nur mit undeutlichen Gruben. Letztes Sternit verjüngt, hinten ausgerandet. Coxopleurenfortsatz kurz, 3spitzig, lateral und dorsal je ein Dorn. Endbeinpräfemur ventral-lateral mit 4, ventral-medial mit 5 Dornen in 2 Reihen, dorsal-medial 1 Dorn und 2spitziger Eckdorn. 1. bis 18. Beinpaar mit 2, 19. Paar mit 1 Tarsalsporn, 20. und 21. Paar ohne solche.

Owens Island, Mergui-Archipel.

35. O. (O.) **ceylonicus** Haase 1887 *Otostigma ceylonicum*, E. Haase in: Abh. Mus. Dresden, nr. 5 p. 69 | 1891 *O. c.*, Pocock in: Ann. Mus. Genova, *v.* 30 p. 415 | 1903 *Otostigmus ceylonicus*, Kraepelin in: Mt. Mus. Hamburg, *v.* 20 p. 110.

Olivgrün. Beine gelblich. Länge bis 40 mm. Kopf kaum punktiert. Antennen 17gliedrig, 3 Grundglieder glatt und glänzend, das 3. ventral etwas beborstet. Tergite vom 6. oder 7. gefurcht, vom 9. oder 10. berandet. Sternite ohne Längsfurchen, mit 2 Mediangruben und 2 flachen randständigen Seitengrübchen. Endsternit verjüngt, gestutzt. Jederseits 3—5 Kieferfußhüftzähne. Coxopleurenfortsatz kurz, 1—2spitzig, seitlich und dorsal ohne Dorn. Endbeinpräfemur ventral-lateral mit 2, ventral-medial mit 1 Dorn, medial und dorsal unbedornt. Beinpaare 1—3, selten bis zum 8., mit 2 Tarsalspornen, 20. meist mit einem Tarsalsporn.

Ceylon, Burma: Palon, Moulmein, Reef Island.

36. O. (O.) **simplex** Chamb. 1913 *O. s.*, Chamberlin in: Ent. News Philad., *v.* 24 p. 75.

Länge bis 55 mm. Kopf fein und ziemlich dicht punktiert. Antennen 18gliedrig, die ersten 3 Glieder kahl. Tergite glatt, vom 4. gefurcht, vom 7. oder 8. berandet. Sternite ohne scharfe Längsfurchen, an ihrer Stelle breite Eindrücke oder Gruben, die weder den Vorder- noch den Hinterrand erreichen, außerdem ein kleines Mediangrübchen hinten. Endsternit verjüngt, hinten eingebuchtet. 5 + 5 Kieferfußhüftzähne; der Präfemurzahn medial mit 2 Höckern. Coxopleurenfortsatz 3spitzig, mit einem lateralen Dörnchen. Endbeinpräfemur ventral-lateral mit 3, ventral-medial mit 3, dorsal-medial mit 2 Dornen. Eckdorn vorhanden. Beinpaare bis 7. oder 12. mit 2, die folgenden bis zum 19. mit 1 Tarsalsporn.

Indien (?) ohne näheren Fundort.

37. O. (O.) **scaber** Por. 1876 *O. s.*, Porat in: Bih. Svenska Ak., *v.* 4 nr. 7 p. 10 | 1876 *O. carinatus*, Porat, ibid., p. 20 | 1881 *Branchiotrema multicarinatum*, Kohlrausch in: Arch. Naturg., *v.* 47 I p. 71 t. 5 f. 12 | 1886 *Otostigma carinatum*, Meinert in: P. Amer. phil. Soc., *v.* 23 p. 185 | 1887 *O. c.* + *scabrum*, E. Haase in: Abh. Mus. Dresden, nr. 5 p. 68, 69 | 1903 *Otostigmus scaber*, Kraepelin in: Mt. Mus. Hamburg, *v.* 20 p. 111.

Ockergelb bis olivgelb, vorn und hinten rostfarbig. Länge bis 86 mm. Kopf und 1. Tergit grob punktiert. Antennen 21gliedrig, $2^1/_2$ Grundglieder glatt und glänzend. Jederseits 4—5 Kieferfußhüftzähne. Tergite vom 5. mit 7—9 Kielen mit schneidendem, feingesägtem Grat; die Fläche und Randleisten dicht mit feinen Dörnchen oder spitzen Höckerchen besetzt. Längsfurchen undeutlich. Berandung vom 5. oder 6. Tergit. Endtergit dornhöckerig mit medianer Längsgrube hinten. Längsfurchen der Sternite schwach, nur im vorderen $^1/_3$ oder $^1/_2$ dicht punktiert, ohne Gruben. Endsternit verjüngt, tief eingebuchtet. Coxopleurenfortsatz lang, das Endsternit um dessen ganze Länge überragend, die 3 Spitzen winzig; dorsal 1, lateral 2 Dörnchen. Endbeinpräfemur ventral-lateral mit 4, ventral-medial mit 2,2, medial mit 1, dorsal-medial mit 2—3 Dornen, Eckdorn vorhanden. Beine bis zum 6. oder 7. Paar mit 2 Tarsalspornen; 20. Paar meist ohne Tarsalsporn.

China, Japan, Nicobaren, Siam, Burma, Sumatra.

38. O. (O.) **amballae** Chamb. 1913 *O. a.*, Chamberlin in: Ent. News Philad., *v.* 24 p. 74.

Braun, der Hinterrand und einige unterbrochene Längsstreifen olivenfarbig. Kopf und 1. Tergit heller. Länge 38 mm. Kopf mit zahlreichen feinen und einigen gröberen Punkten. Antennen 17gliedrig, die ersten 2 und ein Teil des 3. Gliedes kahl. 4 + 4 Kieferfußhüftzähne. Tergite punktiert, 1. und 2. glatt, 3.—20. mit tiefen vollständigen Längsfurchen, niedrigem Mediankiel und 2 Kielen zwischen Längsfurchen und Seitenrand, letztere mit undeutlichen Tuberkeln auf der Kante. Endtergit mit Mediankiel in der vorderen Hälfte und Furche in der hinteren Hälfte. Längsfurchen der Sternite durchlaufend tief; außerdem ein seichtes medianes Längsgrübchen; Sternite fein punktiert und in der hinteren Körperhälfte granuliert, je weiter kaudalwärts um so deutlicher. Endsternit verjüngt, hinten seicht eingebuchtet. Coxopleurenfortsatz lang, das Endsternit um $^2/_3$ von dessen Länge überragend, 4spitzig, seitlich ein Dörnchen. Endbeinpräfemur ventral-lateral mit 3, ventral-medial mit 2, medial mit 3, dorsal-medial mit 2 Dornen und Eckdorn. Die ersten 3 (oder einige mehr) Beinpaare mit 2, die anderen bis 20. Paar mit 1 Tarsalsporn.

Indien, Amballa.

39. **O. (O.) insularis** Haase 1887 *Otostigma carinatum* var. *insulare*, E. Haase in: Abh. Mus. Dresden, nr. 5 p. 69 | 1900 *O. seychellarum*, Attems in: Zool. Jahrb., Syst. *v.* 13 p. 136 | 1903 *Otostigmus insularis*, Kraepelin in: Mt. Mus. Hamburg, *v.* 20 p. 112.

Kopf und 1. Tergit dunkel rotbraun oder kastanienbraun, stark gegen die übrigen blaugrünen Tergite kontrastierend. Länge bis 50 mm. Antennen 17—21gliedrig, $2^1/_2$ Grundglieder kahl. Jederseits 4—5 Kieferfußhüftzähne. Tergite vom 5. oder 6. berandet, vom 7. mit 9 Längsrippen, deren Kante sägeartig rauh ist, die Fläche zwischen den Rippen gekörnt und fein und kurz behaart. Endtergit ohne Kiele, dornhöckerig mit Endgrube. Sternite mit seichtem Mediangrübchen und 2 schwachen, abgekürzten Längsfurchen. Coxopleurenfortsatz 1—3spitzig, seitlich 1, dorsal kein Dorn. Endbeinpräfemur ventral-lateral mit 3—5 Dornen, im übrigen wie bei *scaber*. 1.—18. Beinpaar mit 2, 19. und 20. mit 1 Tarsalsporn.

Ceylon, Seychellen.

40. **O. (O.) malayanus** Chamb. 1914 *O. m.*, Chamberlin in: Ent. News Philad., *v.* 25 p. 387 t. 17 f. 4, 5.

Rücken braun mit bläulich grün, Kopf und 1. Tergit blasser. Länge 27 mm. Kopf und 1. Tergit ziemlich dicht punktiert. 21 Antennenglieder, $2—2^1/_3$ Grundglieder kahl. 5 + 5 Kieferfußhüftzähne, der mediale jeder Seite nur winzig klein, Präfemurzahn mit 2 Höckern. Tergite vom 5. mit 7 ± deutlichen fein rauhen Längskielen, vom 3. scharf berandet. Letztes Tergit ohne Kiele, mit Längsgrube hinten. Längsfurchen der vorderen Sternite durchlaufend, die der hinteren Sternite nur bis zur Mitte oder zu $^3/_4$ reichend; keine Gruben. Endsternit stark verjüngt; hinten eingebuchtet. Coxopleurenfortsatz (Fig. 183) kurz, fast dreieckig, 4spitzig, 1 lateraler, kein dorsaler Dorn. 1.—15. Beinpaar mit 2, 16.—19. Beinpaar mit 1 Tarsalsporn.

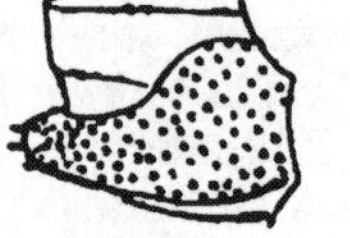

Fig. 183. **Otostigmus malayanus** Chamb.

Malayische Halbinsel: Johore State.

Ist von *O. insularis* kaum zu unterscheiden. Das Fehlen des Tarsalsporns auf dem 20. Beinpaar und daß nur die ersten 15 Beinpaare 2 Tarsalsporne haben, sind keine genügenden Unterschiede zur artlichen Trennung.

b) Subgen. **Parotostigmus** Poc.

1896 *P.*, Pocock in: Biol. Centr.-Amer., Chilop. p. 25 | 1928 Subgen. *P.*, Attems in: Zool. Anz., *v.* 78 p. 302.

Präfemur der Endbeine unbedornt, beim ♂ öfters mit einem keuligen oder zylindrischen Anhängsel nahe der Basis. Coxopleuren meist gestutzt oder wenig vorgezogen und meist ohne Dornspitzen.

nr. 41—70.

41. **O. (P.) bürgeri** Att. 1903 *Otostigma b.*, Attems in: Zool. Jahrb., Syst. *v.* 18 p. 98 | 1903 *Otostigmus b.*, Kraepelin in: Mt. Mus. Hamburg, *v.* 20 p. 122.

Kopf fein punktiert. Antennen 21gliedrig. 4 + 4 deutliche Kieferfußhüftzähne. Tergite fein punktiert, vom 5.—19. gefurcht, vom 7. berandet, im übrigen glatt. Sternite fein punktiert, ungefurcht. Letztes Sternit sehr schmal, verjüngt, hinten eingebuchtet. Coxopleurenfortsatz 2spitzig. Endbeinpräfemur unbedornt. 1.—17. Beinpaar mit 2, 20. Beinpaar mit 1 Tarsalsporn.

Kolumbien, Villavicencio.

42. **O. (P.) bakeri** Chamb. 1921 *O. b.*, Chamberlin in: Ann. nat. Hist., ser. 9 *v.* 7 p. 51.

Rücken grünlich braun, Kopf und 1. Tergit rostrot, Beine grünlich. Länge 39 mm. Antennen 20gliedrig. Tergite vom 5. gefurcht, vom 8. berandet; auf den meisten Tergiten ein schwacher Mediankiel und jederseits 2 Kiele. Sternite mit 2 Furchen am Vorderrand. Letztes Sternit stark verjüngt, hinten tief eingebuchtet; 3 Längsfurchen. 6 oder 7 Kieferfußhüftzähne jederseits. Coxopleurenfortsatz 2spitzig, 3 Lateraldornen, kein Dorsaldorn. Endbeinpräfemur unbedornt. 1.—19. Beinpaar mit 2, 20. Paar mit 1, 21. Paar mit Andeutung eines Tarsalsporns.

Philippinen, Mt. Makiling.

43. **O. (P.) productus** Karsch 1884 *Otostigma inerme*, F. Karsch (non Porat) in: SB. Ges. Marburg, *v.* 2 p. 55 | 1888 *O. productum*, F. Karsch in: Berlin. ent. Z., *v.* 32 p. 29 | 1903 *Otostigmus productus*, Kraepelin in: Mt. Mus. Hamburg, *v.* 20 p. 122 f. 60.

Bleich olivfarben. Länge bis 75 mm. Kopf zerstreut punktiert. Antennen 17gliedrig, 4 Grundglieder kahl. 4 + 4 Kieferfußhüftzähne. Tergite vom 3. oder 4. an gefurcht, vom 16. berandet; Andeutung der Berandung schon im 14. oder 15. Tergit. Sternite 4—19 mit durchgehenden Längsfurchen und 2 schwachen Mediangruben. Letztes Sternit verjüngt, hinten gestutzt mit durchgehender Medianfurche. Coxopleurenfortsatz kurz, 2spitzig, ohne laterale und dorsale Dornen. Endbeinpräfemur unbedornt. 1.—19. Beinpaar mit 1 Tarsalsporn, 20. und 21. Paar ohne solchen.

Westafrika, St. Thomé, Rolas.

44. **O. (P.) gymnopus** Silv.

Grün. Länge 50 mm. Antennen 17- oder 18gliedrig, mit $2^1/_3$ kahlen Grundgliedern. 4 + 4 Kieferfußhüftzähne. Längsfurchen der Tergite unterbrochen, nur vorn und hinten auf jedem Tergit kurze Striche; flache Längskiele können vorhanden sein. Berandung vom 7.—16. Tergit beginnend; hintere Tergite zuweilen mit feinen Dornpünktchen. Sternite glatt, nur am Vorderrand kurze Furchen, mit oder ohne flache Gruben. Letztes Sternit verjüngt, hinten gestutzt oder eingebuchtet. Coxopleuren hinten kurz stumpfkegelig, ohne Dornspitzen. Endbeinpräfemur unbedornt, beim ♂ mit einem schlanken zylindrischen Fortsatz ohne Haarfleck. Die ersten 6—19 Beinpaare mit 2 Tarsalspornen, die folgenden bis zum 20. mit 1 Tarsalsporn.

Nordost- und Ostafrika.

2 Unterarten:

44a. **O. (P.) g. gymnopus** Silv. 1898 *Otostigma g.*, Silvestri in: Ann. Mus. Genova, *v.* 39 p. 135 | 1903 *Otostigmus g.*, Kraepelin in: Mt. Mus. Hamburg, *v.* 20 p. 127 f. 69.

Olivgrün. Länge 50 mm. Kopf deutlich punktiert. Antennen 18gliedrig, $2^1/_3$ Grundglieder kahl. 4 + 4 Kieferfußhüftzähne. Längsfurchen der Tergite nicht durchgehend, sondern nur kurze Striche am Vorder- und Hinterrand. Die Berandung beginnt im 13. bis 16. Tergit. Keine Kielstreifen. 12.—18. Tergit mancher Exemplare (♂?) mit zerstreuten feinen Dornpünktchen. Sternite glatt, nur am Vorderrand mit ganz kurzen Furchen, ohne Gruben. Letztes Sternit etwas verjüngt, hinten gestutzt, mit kurzer Mediangrube. Coxopleuren wenig vorgezogen, etwas spitz, unbewehrt. Endbeinpräfemur (Fig. 184) unbedornt, beim ♂ dorsal am Ende des ersten Viertels mit einem schlanken, zylindrischen, etwas gekrümmten, am Ende kaum verdickten Fortsatz, der etwa $^1/_3$ so lang ist wie das Präfemur, am Ende kein Haarfleck. 1. Tarsus der Endbeine des ♂ verbreitert und dorsal schneidenartig zusammengedrückt. 1.—19. Beinpaar mit 2, 20. Paar mit 1, Endbeine ohne Tarsalsporn.

Fig. 184. **Otostigmus gymnopus** Silv. Endbeinpräfemur.

Nordostafrika, Dimi.

44b. **O. (P.) g. aethiopicus** Rib. 1907 *O. fülleborni a.*, Ribaut in: Ann. Soc. ent. France, *v.* 76 p. 502.

Grün, Kopf rötlich. Kopf zerstreut punktiert. Antennen 17gliedrig, $2^1/_3$ Grundglieder kahl. 4 + 4 Kieferfußhüftzähne. Längsfurchen der Tergite unterbrochen, vorn eine Furche von $^1/_3$ der Tergitlänge, hinten ein sehr kurzer Strich; zwischen den Furchen 3 flache, manchmal undeutliche Längskiele. Berandung vom 7. oder 8. Tergit. Sternite und Tergite zerstreut punktiert, erstere mit kurzen Furchen am Vorderrand, hinten 0, 2 oder 3 flache Gruben. Letztes Sternit verjüngt, hinten gestutzt oder eingebuchtet. Coxopleuren kurz stumpfkegelig, unbewehrt. Endbeinpräfemur unbedornt. Die 6—9 ersten Beinpaare mit 2, die folgenden bis zum 20. mit 1 Tarsalsporn.

Bourka, Ostafrika.

45. **O. (P.) limbatus** Mein. 1886 *Otostigma limbatum*, Meinert in: Vidensk. Meddel., *v.* 36—38 p. 120 | 1903 *Otostigmus limbatus*, Kraepelin in: Mt. Mus. Hamburg, *v.* 20 p. 130.

Ockerfarben bis blaugrün. Länge 48 mm. Kopf zerstreut punktiert. Antennen 17gliedrig, 4 Grundglieder kahl. Jederseits 3 oder 4, oft undeutliche Kieferfußhüftzähne. Tergite vom 5. gefurcht, nur das 21. berandet, ohne Mediankiel. 2.—20. Sternit mit durchgehenden Längsfurchen und 2 Mediangruben. Letztes Sternit verjüngt, hinten schwach ausgerandet. Coxopleuren kaum vorgezogen, gestutzt gerundet, am Ende breit weiß berandet, unbewehrt. Endbeinpräfemur unbedornt. 1. Beinpaar mit kaum sichtbarem Tarsalsporn, die anderen Beine meist ganz ohne, selten einige mit winzigem Tarsalsporn.

Brasilien (Santos, Alto de Serra), Argentinien, Paraguay.

46. **O. (P.) inermipes** Por. 1893 *O. i.*, Porat in: Bih. Svenska Ak., *v.* 18 nr. 7 p. 11 | 1903 *O. i.*, Kraepelin in: Mt. Mus. Hamburg, *v.* 20 p. 131 f. 70.

Glänzend oliv. Länge bis 58 mm. Kopf spärlich punktiert. Antennen 17gliedrig, $2^1/_3$ Grundglieder kahl. 4 + 4 Kieferfußhüftzähne. 7. und 8. Tergit nur am Hinterrand gefurcht, vom 9. durchgehende Furchen, vom 6. berandet, glatt. Mediankiel kaum angedeutet. Sternite ohne Längsfurchen, mit 3 Grübchen am Hinterrand und einer Mediangrube. Letztes Sternit verjüngt, hinten schwach ausgerandet. Coxopleuren (Fig. 185) ziemlich stark vorgezogen, spitz, aber unbewehrt. Endbeinpräfemur unbedornt. 1. Beinpaar mit 2 winzigen Tarsalspornen, 2.—18. Paar mit 1 äußerst winzigen Tarsalsporn.

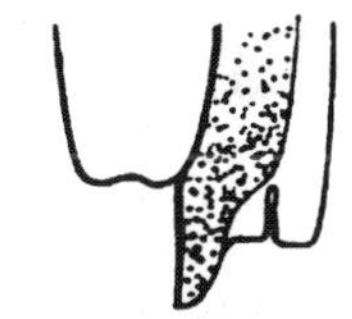

Fig. 185. **Otostigmus inermipes** Por. Coxopleure.

Kamerun: Mapanja, Bonge, Bibundi.

47. **O. (P.) pococki** Krpln. 1903 *O. p.*, Kraepelin in: Mt. Mus. Hamburg, *v.* 20 p. 124 f. 62, 63.

Blaugrün, Kopf und 1. Tergit gelbgrün. Länge 70 mm. Kopf und 1. Tergit kaum punktiert. Antennen 17gliedrig, $2^1/_4$ Grundglieder kahl. Zahnplatten der Kieferfüße breiter als lang, jede mit 4 oder 5 Zähnen. Tergite vom 5. gefurcht und berandet. Mediankiel vom 5. Tergit, dazu vom 7. Tergit an jederseits 2 schwache Seitenleisten, die allmählich stärker werden, so daß die Tergite 11—20 5 starke, feinkörnig rauhe, geschärfte Längskiele haben; auf dem letzten Tergit die 3 mittleren dieser Kiele noch vorhanden; Fläche zwischen den Kielen körnig. Sternite der vorderen Segmente mit 3 länglichen Gruben vorn und 3 runden Grübchen vor dem Hinterrand; auf den hinteren Segmenten fließen die vorderen Gruben zusammen. Letztes Sternit länger als breit, stark verjüngt, hinten schwach ausgerandet. Coxopleuren mit stumpfem, unbedorntem Fortsatz. Endbeinpräfemur unbedornt, beim ♂ dorsal am Ende des 1. Viertels mit einem schlanken Anhang von halber Länge des Präfemur, der am kolbigen Ende ein kaum sichtbares gelbes Haarfleckchen hat (Fig. 186). 1. Beinpaar mit 2, 2.—19. Paar mit 1 Tarsalsporn.

Fig. 186. **Otostigmus pococki** Krpln. Endbeinpräfemur.

Brasilianisch-Guyana, Haut Carsevenne.

48. **O. (P.) insignis** Krpln. 1903 *O. i.*, Kraepelin in: Mt. Mus. Hamburg, *v.* 20 p. 125 f. 64, 65.

Olivgrün, Beine gelb. Länge 60 mm. Kopf zerstreut punktiert. Antennen 17gliedrig, $2^1/_3$ Grundglieder kahl. Jederseits 4—5 große Kieferfußhüftzähne. Tergite vom 6. gefurcht, vom 3. durch seitliche Depression scheinberandet, nur

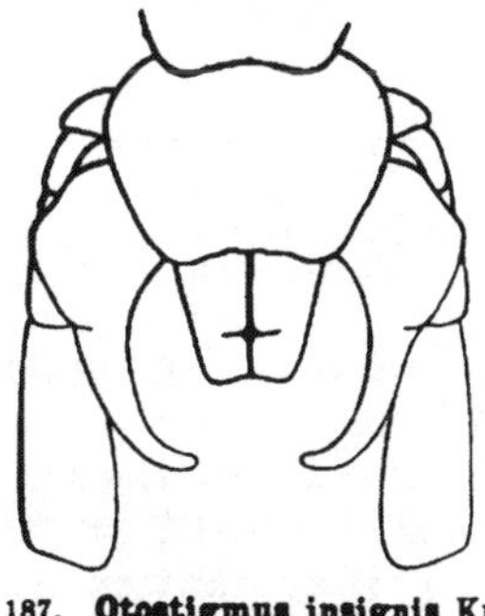

Fig. 187. **Otostigmus insignis** Krpln. Hinterende, Ventralseite.

Fig. 188. **Otostigmus insignis** Krpln. Endbeinpräfemur.

das 21. scharf berandet; Mediankiel deutlich. Die letzten Segmente fast kielstreifig, Seiten vom 18.—21. ± deutlich fein dornspitzig. Sternite ohne Längsfurchen, mit großer Mediangrube, 2 seichten Seiteneindrücken und 3 Hinterrandgruben. Letztes Sternit verjüngt, hinten schwach ausgerandet. Coxopleuren kaum vorgezogen, wehrlos, weiß berandet, beim ♂ von den Hüftfortsätzen des 20. Beinpaares bedeckt. Endbeinpräfemur unbedornt, beim ♂ mit großem, am Grunde gelenkig eingefügten Anhang, der am Ende keulig verdickt und halbkugelförmig gerundet ist und dorsal einen goldgelben Haarfleck trägt (Fig. 188). 1. oder 1. und 2. Beinpaar mit 2 Tarsalspornen, 20. Beinpaar mit oder ohne Tarsalsporn, 21. Paar ohne solchen; Hüfte des 20. Beinpaares des ♂ in ein langes, medianwärts gekrümmtes, das Endsternit weit überragendes Horn ausgezogen (Fig. 187).

Ekuador, Loja.

49. O. (P.) **silvestrii** Krpln.

Oliv- oder bläulichgrün. Länge bis 50 mm. Kopf zerstreut punktiert. Antennen 17gliedrig, 2 oder $2^1/_2$ Grundglieder kahl. 4 + 4 Kieferfußhüftzähne. Tergite vom 7. oder 8. an durchgehend gefurcht, nur das 21. scharf berandet, die Seiten der Tergite stark gerunzelt oder glatt, ein schwacher Mediankiel nur auf den letzten Segmenten. Sternite ohne Furchen mit 3 vorderen Längsgruben und 3 rundlichen Gruben vor dem Hinterrand. Letztes Sternit verjüngt, hinten gestutzt-gerundet oder eingebuchtet. Coxopleuren kaum vorgezogen, ohne Dornspitzen. Hüften des 20. Beinpaares des ♂ mit großen, schräg nach medial und hinten gerichteten zapfenartigen Fortsätzen, die bis zur Mitte oder zum Hinterrand des Sternits reichen. Präfemur der Endbeine unbedornt; beim ♂ mit großem, keuligem und einen Haarfleck tragenden Fortsatz von $^3/_4$ der Gliedlänge. 1. oder 1. und 2. Beinpaar mit 2 Tarsalspornen, 20. Paar mit oder ohne Tarsalsporn.

Ekuador.

2 Unterarten:

49a. O. (P.) s. **silvestrii** Krpln. 1903 *O. s.*, Kraepelin in: Mt. Mus. Hamburg, *v.* 20 p. 126 f. 66, 67.

Oliv- bis bläulichgrün. Länge bis 50 mm. Kopf zerstreut punktiert. Antennen 17gliedrig, 2—$2^1/_2$ Grundglieder kahl. 4 + 4 Kieferfußhüftzähne. Tergite vom 7. oder 8. durchgehend gefurcht, nur das 21. scharf berandet,

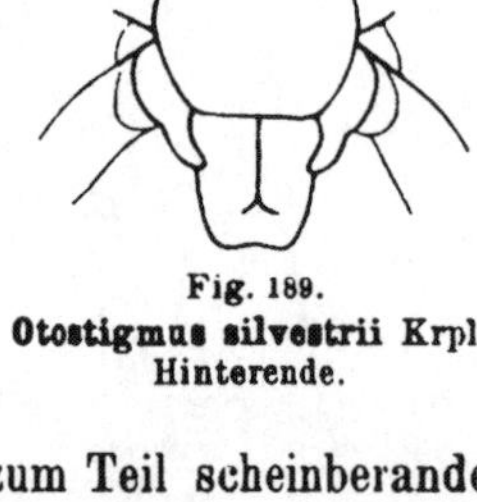

Fig. 189. Otostigmus silvestrii Krpln. Hinterende.

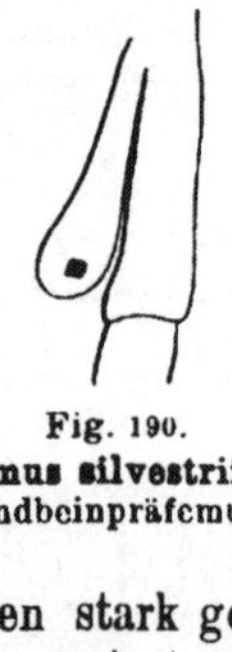

Fig. 190. Otostigmus silvestrii Krpln. Endbeinpräfemur.

die anderen zum Teil scheinberandet, in den Seiten stark gerunzelt; Mediankiel nur auf den letzten Segmenten schwach hervortretend. Sternite ohne Furchen, mit 3 vorderen Längsgruben und 3 rundlichen Hinterrandsgruben. Letztes Sternit verjüngt, mit Medianfurche, hinten gestutzt-gerundet. Coxopleuren kaum vorgezogen, unbewehrt, von den Hüftfortsätzen des 20. Beinpaars überdeckt, die bis zur Mitte des Endsternits reichen (Fig. 189). Präfemur der Endbeine unbedornt, beim ♂ mit großem, am Grunde gelenkig eingefügten, am Ende keuligen und einen Haarfleck tragenden Fortsatz von $^3/_4$ der Präfemurlänge (Fig. 190). 1. oder 1. und 2. Beinpaar mit 2, 20. mit oder ohne Tarsalsporn.

Ekuador, Pifo.

49b. **O. (P.) s. intermedius** Krpln. ?1888 *O. kervillei*, F. Karsch in: Berlin. ent. Z., *v.* 32 p. 29 | 1903 *O. silvestrii* var. *intermedius*, Kraepelin in: Mt. Mus. Hamburg, *v.* 20 p. 127 f. 68.

Tergite in den Seiten glatt, die Hüftzapfen des 20. Beinpaars des ♂ reichen bis an das Ende des Endsternits. Endsternit hinten ausgerandet. Im übrigen wie *O. silvestrii.*

Ekuador.

50. **O. (P.) scabricauda** (Humb. & Sauss.) 1870 *Branchiostoma s.*, Humbert & Saussure in: Rev. Mag. Zool., ser. 2 *v.* 22 p. 203 | 1872 *B. s.*, Saussure & Humbert in: Miss. Mex., Part 6 Sect. 2 p. 121 t. 6 f. 15 | 1876 *Otostigmus appendiculatus*, Porat in: Bih. Svenska Ak., *v.* 4 nr. 7 p. 23 | 1881 *Branchiotrema scabricauda*, Kohlrausch in: Arch. Naturg., *v.* 47 I p. 75 | 1886 *Otostigma brasiliense*, Meinert in: Vidensk. Meddel., *v.* 36—38 p. 119 | 1903 *Otostigmus scabricaudus*, Kraepelin in: Mt. Mus. Hamburg, *v.* 20 p. 123 f. 61.

Olivgrünlich, Beine gelb. Länge bis 70 mm. Kopf zerstreut punktiert. Antennen 17gliedrig, $2^1/_4$ Grundglieder kahl. 4 + 4 große Kieferfußhüftzähne. Tergite vom 6. oder 7. zart gefurcht, vom 3. durch seitliche Depression scheinberandet; Mediankiel vom 4. oder 5. Tergit schwach hervortretend, in den Endsegmenten auch Andeutung von Seitenkielen, alle diese Kiele ± stark dornstrichelig oder dornspitzig, seitliche Depressionen runzelig oder höckerig. Sternite ohne Längsfurchen, 2.—20. mit großer Mediangrube, schwächeren seitlichen Gruben und 3 ± deutlichen runden Gruben vor dem Hinterrand. Letztes Sternit verjüngt, hinten gestutzt, mit durchgehender Medianfurche. Coxopleuren mit stumpfem, unbedorntem Fortsatz. Endbeinpräfemur unbedornt, beim ♂ dorsal mit großem am Grunde gelenkig eingefügtem keuligem Anhang, der fast so lang wie das Präfemur ist, am Ende gerade abgestutzt ist und hier einen goldgelben Haarfleck trägt (Fig. 191). 1. und 2. Beinpaar mit 2, 2.—20. Paar mit 1 Tarsalsporn. (Vgl. auch Fig. 11).

Fig. 191.
Otostigmus scabricauda (Humb. & Sauss.) Endbeinpräfemur.

Brasilien, Kolumbien, Guatemala.

51. **O. (P.) rex** Chamb. 1914 *O. r.*, Chamberlin in: Bull. Mus. Harvard, *v.* 58 p. 158.

Kopf und 1. Tergit dunkelkastanienbraun, scharf vom übrigen dunkelgrünen Rücken abstechend, Beine gelblich, die hintersten sowie die Antennen mehr rötlichbräunlich. Länge bis 80 mm. Kopf sehr fein punktiert. Antennen 17gliedrig, die ersten $2^1/_4$—$2^1/_2$ Glieder kahl. 4 + 4 Kieferfußhüftzähne, die entweder alle getrennt sind oder mit Ausnahme des lateralen jeder Seite jederseits verwachsen; Zahnplatte breiter als lang. Tergite vom 6. gefurcht, die Furchen vollständig, nur das 21. Tergit scharf berandet; die Tergite mit Ausnahme einiger vorderer durch eine leichte Depression der Seiten scheinberandet. Hintere Tergite mit gleichmäßig verteilten Dornspitzchen, im übrigen glatt oder in den Seiten etwas runzelig. Der Mediankiel nur auf den hinteren Segmenten und auch da nur sehr schwach hervortretend. Letztes Tergit mit runder Endgrube, davor der Mediankiel. Sternite ohne scharfe Längsfurchen, mit 3 vorderen Gruben, die mediane etwas weiter vorn, und 3 runden Grübchen vor dem Hinterrand. Coxopleuren gar nicht vorgezogen, unbewehrt, das Porenfeld reicht bis an den Hinterrand. Endbeinpräfemur unbedornt. 1. oder 1. und 2. Beinpaar mit 2, die folgenden bis zum 19. Beinpaar mit 1 Tarsalsporn (Fig. 171).

Brasilien, Matto Grosso, Madeira-Mamore; Taperinha bei Santarem.

Die folgenden 2 Arten gehören in die Nähe von *O. scabricauda*, lassen sich aber in eine Tabelle nicht einreihen.

52. O. (P.) **spiculifer** Poc. 1893 *Otostigma spiculiferum*, Pocock in: J. Linn. Soc. London, v. 24 p. 461.

Tiefgrün. Länge 40 mm. Kopf fein punktiert. Antennen 17gliedrig 2 Grundglieder glatt. Tergite vom 6. gefurcht, vom 9. berandet; Mediankiel vom 6. Tergit hervortretend; die Seiten der hinteren Tergite runzelig, die Mitte dornstrichelig. Letztes Tergit dornstrichelig mit flacher Endgrube. Sternite ohne Längsfurchen, vorn runzelig, mit Gruben wie bei *scabricauda*, aber die mittleren auffallend tief. Letztes Tergit verjüngt. Coxopleuren mit kurzem, abgerundetem Fortsatz. 1.—19. Beinpaar mit Tarsalspornen. Endbeinpräfemur unbedornt.

St. Vincent.

53. O. (P.) **denticulatus** Poc. 1896 *P. d.*, Pocock in: Biol. Centr.-Amer., Chilop. p. 25 | 1903 *Otostigmus d.*, Kraepelin in: Mt. Mus. Hamburg, v. 20 p. 124.

Ockerfarbig, oft mit Metallglanz. Länge 56 mm. Kopf fein punktiert. Antennen 17gliedrig, 2 Grundglieder kahl. Jederseits 3—4 Kieferfußhüftzähne. Tergite vom 6. gefurcht, nur das 21. berandet, aber vom 5. durch seitliche Depressionen scheinberandet. Mediankiel vom 5. an schwach entwickelt, mit Andeutung von 2 Seitenkielen, die Kiele kaum merklich dornstrichelig, die Seiten vom 12.—20. runzelig und körnig. Letztes Tergit mit Endgrube. Sternite ohne Längsfurchen, mit Gruben wie bei *scabricauda*, aber undeutlicher. Letztes Sternit verjüngt, gestutzt, mit Medianfurche. Coxopleuren mit kurzem, gerundetem Fortsatz. Endbeinpräfemur unbedornt. 1.Beinpaar mit 2, 2.—20. Beinpaar mit 1 Tarsalsporn.

Mexiko, Amula, Omilteme.

54. O. (P.) **inermis** Por. 1876 *O. i.*, Porat in: Bih. Svenska Ak., v. 4 nr. 7 p. 23 | 1898 *O. i.*, Brölemann in: Ann. Soc. ent. France, v. 67 p. 247 | 1903 *O. i.*, Kraepelin in: Mt. Mus. Hamburg, v. 20 p. 129 | 1914 *O. i.*, Ribaut in: Mém. Soc. Neuchâtel, v. 5 II p. 75 (? Sep. 1912).

Einfarbig bläulichgrün bis oliv, oft mit weißlicher Dorsallinie, Beine bleichgelb. Länge 36 mm. Kopf zerstreut punktiert. Antennen 17gliedrig, kurz, $2^1/_3$ Grundglieder kahl. Jederseits 4 oder 5 Kieferfußhüftzähne. Tergite meist vom 4. oder 5. gefurcht, manchmal ungefurcht, vom 7. schwach, vom 11. deutlich berandet. Mediankiel vom 5. Tergit, dazu mit feinen Höckerchen besetzte Kielstreifen, die Seiten runzelig-granuliert. Letztes Tergit ohne Endgrube, mit einzelnen Höckerchen. Sternite nur mit ganz kurzen Furchen am Vorderrand, ohne oder mit 3 schwachen Längsgruben. Letztes Sternit verjüngt, ohne Medianfurche, hinten gerundet. Coxopleuren kaum vorgezogen, unbewehrt. Endbeinpräfemur unbedornt. Die ersten 4—18 Beinpaare mit 2, die folgenden bis zum 19. Beinpaar mit 1 Tarsalsporn.

Argentinien (Buenos Aires), Venezuela (Tovar), Kolumbien (Zentral- und Ostkordilleren).

55. **O. (P.) fülleborni** Krpln. 1903 *O. f.*, Kraepelin in: Mt. Mus. Hamburg, *v.* 20 p. 129.

Bläulichgrün bis oliv, Kopf und 1. Tergit rotbraun, Beine gelb. Länge? Kopf zerstreut punktiert. Antennen 17gliedrig, $2^1/_3$ Grundglieder kahl. 4+4 bis 5 + 5 Kieferfußhüftzähne. Tergite vom 8. oder 9. gefurcht, vom 4. an undeutlich, vom 7. deutlich berandet. Mediankiel vom 4. Tergit, dazu seitlich flache, glatte, nicht mit Dornspitzen besetzte Kielstreifen. Letztes Tergit glatt, ohne Endgrube. Sternite mit ganz kurzen Furchen am Vorderrand, ohne Gruben. Letztes Sternit verjüngt, gestutzt, mit Medianfurche. Coxopleuren in eine stumpfe Spitze vorgezogen, unbewehrt. Endbeinpräfemur unbedornt. 1.—17. Beinpaar mit 2, 20. Beinpaar mit 1, 21. Beinpaar ohne Tarsalsporn.

Deutsch-Ostafrika.

56. **O. (P.) troglodytes** Rib. 1914 *O. t.*, Ribaut in: Alluaud & Jeannel, Voy. Afr. Or., Chilop. p. 15.

Lilafarben oder braun. Kopf und 1. Tergit braunrot. Länge 57 mm. Kopf zerstreut punktiert. Antennen 17- oder 18gliedrig, lang, bis zum 6. oder 7. Tergit reichend. 2—$2^1/_3$ Grundglieder kahl, das 3. ganz beborstet. 4 + 4 Kieferfußhüftzähne. Tergite vom 6. gefurcht, vom 8. berandet, Mediankiel vom 5. an. Vom 8. an 5 Längskiele und Dornspitzen. Letztes Tergit mit schwachem Mediankiel und 2 seichten Grübchen, ohne Tuberkeln. Sternite ganz ungefurcht und ohne Gruben. Letztes Sternit trapezisch, ohne Medianfurche. Coxopleuren hinten fast geradlinig, unbewehrt. Endbeinpräfemur unbedornt. 1.—13. oder 18. Beinpaar mit 2, die anderen Beinpaare mit 1 Tarsalsporn.

Deutsch-Ostafrika und Congo.

2 Unterarten:

56 a. **O. (P.) t. troglodytes** Rib.

Lilafarben. Antennen 18gliedrig mit 2 kahlen Grundgliedern. Die ersten 13 Beinpaare mit 2 Tarsalspornen.

Deutsch-Ostafrika. Grotte von Kulumuzi.

56 b. **O. (P.) t. intercessor** Att.

Antennen 17gliedrig, bis zum 6. Tergit reichend, $2^1/_3$ Grundglieder kahl. Die ersten 18 Beinpaare mit 2 Tarsalspornen. Farbe olivbraun. In allen übrigen Punkten mit *troglodytes* übereinstimmend.

Belg.-Congo: Provinz Katanga, Kamba.

57. **O. (P.) caudatus** Bröl. 1902 *O. c.*, Brölemann in: Revista Mus. Paul., *v.* 5 p. 37 | 1908 *O. c.*, Kraepelin in: Mt. Mus. Hamburg, *v.* 20 p. 132 f. 71, 72.

Olivbraun bis blaugrün. Kopf und die 1—2 folgenden Tergite rotbraun. Länge bis 46 mm. Kopf schwach punktiert. Antennen lang, den Hinterrand des 4. oder 5. Tergits überragend, 18gliedrig, 2 Grundglieder ganz, das 3. dorsal kahl. 4 + 4—5 + 5 Kieferfußhüftzähne. Tergite glatt, vom 7. oder 8. gefurcht, nur das 21. berandet. Letztes Tergit des ♂ mit einem fast zylindrischen, fingerförmigen Fortsatz von der Länge des Tergits (Fig. 192); beim ♀ ist der Hinterrand stumpfwinklig. Sternite punktiert, ohne Furchen und Gruben; letztes Sternit schwach verjüngt, gestutzt. Coxopleuren kaum vorgezogen, stark abgerundet, unbewehrt. Endbeinpräfemur unbedornt.

Fig. 192. Otostigmus caudatus Bröl. ♂ 21. Tergit.

Brasilien: Sao Paulo, Belem, Itapetininga, Alto da Serra.

58. **O. (P.) sulcatus** Mein. 1886 *Otostigma sulcatum*, Meinert in: Vidensk. Meddel., *v.* 36—38 p. 121 | 1903 *Otostigmus sulcatus*, Kraepelin in: Mt. Mus. Hamburg, *v.* 20 p. 128.

Ockergelb. Länge 35 mm. Kopf kaum punktiert. Antennen 17gliedrig, $2^1/_3$ Grundglieder kahl, 3 + 3 — 4 + 4 undeutliche Kieferfußhüftzähne. Tergite vom 6. gefurcht, vom 8. berandet, Mediankiel vom 15., 17. oder 18.—19. Tergit mit schwachen Seitenkielen und einzelnen Punkthöckerchen. 20. und 21. Tergit fast glatt. 8.—19. Sternit mit 2 durchgehenden schwachen Längsfurchen und schwacher Medianfurche. Letztes Sternit verjüngt, gestutzt-gerundet ohne Medianfurche. Coxopleuren deutlich kurz vorgezogen, unbewehrt. Endbeinpräfemur unbedornt. 1.—18. Beinpaar mit 2, 19.—21. Beinpaar ohne Tarsalsporn.

Montevideo.

59. **O. (P.) amazonae** Chamb. 1914 *O. a.*, Chamberlin in: Bull. Mus. Harvard, *v.* 58 p. 172 t. 3 f. 1, 2.

Bläulichgrün bis olivbraun mit feiner blasser Medianlinie, Kopf dunkler grün. Länge bis 32 mm. Kopf zerstreut punktiert. Antennen 17gliedrig, 2 Grundglieder kahl. 4 + 4 Kieferfußhüftzähne, der laterale etwas isoliert (Fig. 193). Tergite vom 4. gefurcht; nur 21. Tergit scharf berandet, die Tergite der hinteren Körperhälfte durch Depressionen scheinberandet, alle glatt, ohne Mediankiel. Letztes Tergit ohne Furche oder Grube. 2.—20. Sternit mit abgekürzten Längsfurchen,

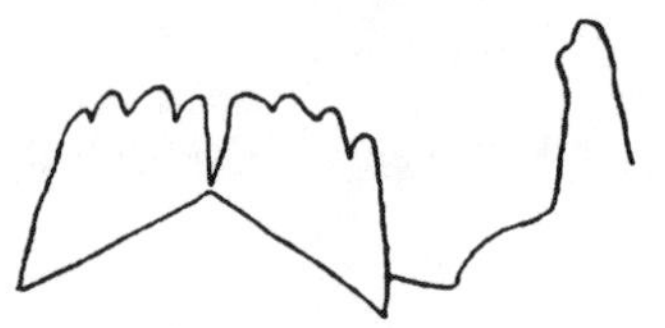

Fig. 193.
Otostigmus amazonae Chamb.

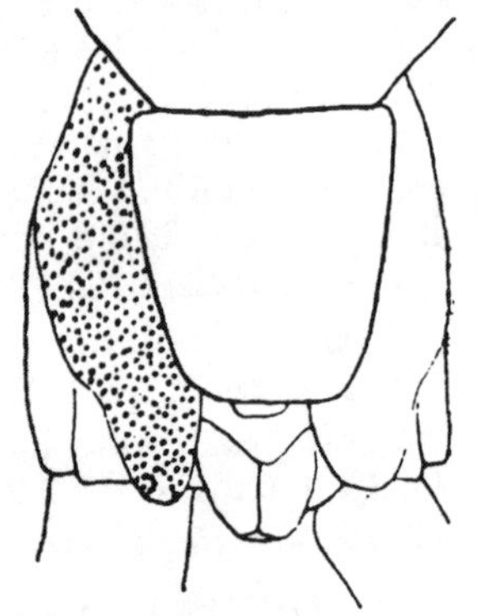

Fig. 194.
Otostigmus amazonae Chamb.

die bis zu $^2/_3$ oder $^3/_4$ der Länge reichen, in der Mediane 2 Längsgrübchen. Letztes Sternit stark verjüngt, mit seichter Medianfurche, hinten eingebuchtet. Coxopleuren nicht vorgezogen, unbewehrt (Fig. 194). Endbeinpräfemur unbedornt. 1.—6. Beinpaar mit 2, 7.—19. Beinpaar mit 1 Tarsalsporn.

Amazonas: Manaos. Peru: Paias Mayo.

60. **O. (P.) casus** Chamb. 1914 *O. c.*, Chamberlin in: Bull. Mus. Harvard, *v.* 58 p. 177.

Rücken olivengrün, Kopf braun. Länge 57 mm. Kopf ziemlich dicht punktiert. Antennen 17gliedrig, 2 Grundglieder kahl. 5.—20. Tergit durchlaufend gefurcht; nur das 21. scharf berandet, die Seiten längsrunzelig, die ganze Fläche, besonders seitlich mit zahlreichen kleinen Dornspitzen; zwischen den Längsfurchen vom 5. oder 6. Tergit 3 Längskiele, Endtergit mit 3 Längskielen in den vorderen $^2/_3$, hinten mit seichter Grube. Längsfurchen der Sternite nur ganz kurz am Vorderrand; 3 im Dreieck gestellte Gruben vorn und 3 Grübchen vor dem Hinterrand. Endsternit deutlich verjüngt, hinten winkelig eingebuchtet, ohne Medianfurche. Coxopleuren schwach vorgezogen, abgerundet, unbewehrt. Nur das 1. Beinpaar mit 2 Tarsalspornen. 2. bis 18. Beinpaar mit 1 Tarsalsporn (19.—21. Beinpaar unbekannt).

Brasilien: Matto Grosso, Madeira-Mamore.

61. O. (P.) **tidius** Chamb. 1914 *O. t.*, Chamberlin in: Bull. Mus. Harvard, *v.* 58 p. 175.

Braun, Hinterende ± rostrot, Kopf dunkler. Länge 14,5 mm. Kopf fein dicht punktiert, ohne Furchen. Antennen 17gliedrig, 2 Grundglieder kahl. 4 + 4 Kieferfußhüftzähne, der laterale in der Mitte des Seitenrandes der Zahnplatte. Tergite vom 4. oder 5. gefurcht, alle mit medianer Längsfurche und jederseits von dieser die meisten Tergite mit 2 Längskielen, zwischen denen die Längsfurche verläuft. Nur 21. Tergit berandet. Sternite mit abgekürzten Längsfurchen, vorn ohne deutliche Gruben. Letztes Sternit stark verjüngt, mit feiner Längsfurche, hinten abgerundet. Coxopleuren ein wenig abgerundet vorgezogen. 1.—18. Beinpaar mit 2, 19. und 20. Beinpaar mit 1 Tarsalsporn.

Amazonas: Manaos.

62. O. (P.) **caraibicus** Krpln. 1903 *O. c.*, Kraepelin in: Mt. Mus. Hamburg, *v.* 20 p. 130.

Bleich oliv mit weißlicher Medianlinie. Länge 35 mm. Kopf zerstreut punktiert. Antennen 19—21gliedrig, $2^1/_3$ Grundglieder kahl. 4 + 4 undeutliche Kieferfußhüftzähne. Tergite vom 5. gefurcht; nur das 21. berandet, glatt, ohne Endgrube. Sternite im vorderen $^1/_3$ oder $^1/_2$ mit 2 Längsfurchen, ohne Gruben. Letztes Sternit kurz, etwas verjüngt, gestutzt. Coxopleuren nicht vorgezogen, unbewehrt, breit weiß berandet. Endbeinpräfemur unbedornt, nur ganz am Grunde medial ein winziges rückwärts gerichtetes Dörnchen. 1. bis 16. Beinpaar mit 2, 20. und 21. Beinpaar ohne Tarsalsporn.

St. Thomas.

63. O. (P.) **muticus** Karsch 1884 *Otostigma inerme*, F. Karsch (non Porat) in: SB. Ges. Marburg, *v.* 2 p. 55 | 1888 *O. muticum*, F. Karsch in: Berlin. ent. Z., *v.* 32 p. 31 | 1903 *Otostigmus muticus*, Kraepelin in: Mt. Mus. Hamburg, *v.* 20 p. 131.

Olivenbräunlich. Länge bis 50 mm. Kopf fein punktiert. Antennen 17gliedrig, $2^1/_3$ Grundglieder kahl. 4 + 4 kräftige Kieferfußhüftzähne. Basalfurchen der Zahnplatten sehr seicht, einen stumpfen Winkel bildend. Tergite vom 4. durchgehend gefurcht, glatt, ohne Mediankiel, fein punktiert, in den Seiten keine besondere Skulptur. Letztes Tergit ohne Medianfurche und ohne Grube. Die Berandung beginnt auf dem 9.—14. Tergit. Sternite reichlich punktiert wie die Tergite; vom 10. mit 2 bis zum Enddrittel reichenden Längsfurchen; letztes Sternit länger als breit, wenig verjüngt, ohne Medianfurche, gestutzt-gerundet. Coxopleuren ohne Fortsatz, unbewehrt. Endbeine lang und schlank, Präfemur unbedornt. Die ersten 5—6 Beinpaare mit 2, die folgenden bis zum 19. mit 1 Tarsalsporn.

Peru.

64. O. (P.) **gemmifer** Att. 1928 *O. g.*, Attems in: Zool. Anz., *v.* 78 p. 304 f. 18, 19.

Rücken olivgrün, Vorderende bis inkl. 4. Tergit rötlichbraun, Endbeinsegment, Beine und Antennen gelblich. Länge bis 55 mm; Kopf punktiert. Antennen 16—17gliedrig, $2^1/_3$ Grundglieder kahl oder fast kahl. 4 + 4 sehr kurze, kegelige Kieferfußhüftzähne; Zahnplatten breiter als lang. 7. bis 20. Tergit durchlaufend gefurcht; Berandung vom 7. Sternite mit 2 ganz kurzen Furchen am Vorderrand, so wie die Tergite fein punktiert, sonst glatt. Letztes Sternit länger als breit, verjüngt, hinten eingebuchtet. Coxopleuren ohne Fortsatz, unbewehrt (Fig. 195). Endbeine lang und schlank, Präfemur unbedornt. Das ♂ hat dorsal nahe der Basis einen kurzen, knospenförmigen Zapfen, der lateral spärliche, winzige Härchen trägt (Fig. 196); distal vom Zapfen ist die Oberseite flachmuldig eingedrückt. Erstes Tarsalglied stielrund. Die ersten 4—5 Beinpaare mit 2, die folgenden bis zum 19. mit 1 Tarsalsporn.

Kamerun: Muconjefarm, Mungofluß.

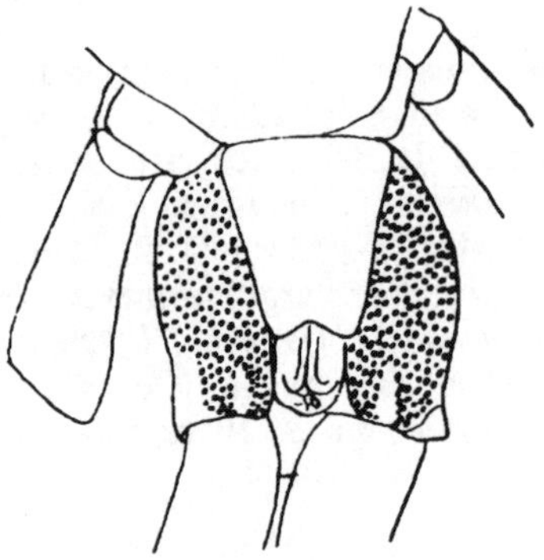

Fig. 195. **Otostigmus gemmifer** Att.

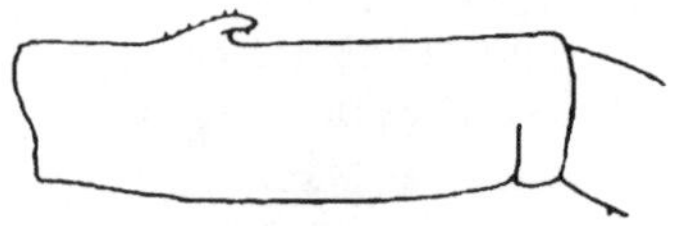

Fig. 196. **Otostigmus gemmifer** Att. Endbeinpräfemur.

65. **O. (P.) dolosus** Att. 1928 *O. d.*, Attems in: Zool. Anz., *v.* 78 p. 306 f. 20, 21.

Olivfarben, Beine gelblich. Länge bis 35 mm. Kopf sehr fein und zerstreut punktiert. Antennen 17gliedrig, $2^1/_2$ Grundglieder kahl. 4+4 Kieferfußhüftzähne, jede Zahnplatte mit rundem Mittelgrübchen. Tergite fein zerstreut punktiert; 2.—4. mit abgekürzten Längsfurchen, bis zum 1. Drittel reichend, 5. bis 20. durchlaufend gefurcht; nur 21. Tergit berandet (Fig. 197). Tergite glatt. 3. bis 19. Sternit mit abgekürzten Längsfurchen, die bis zum 9. Sternit sehr kurz sind und vom 10. bis zur Mitte reichen, keine Gruben. Letztes Sternit trapezisch, gestutzt. Coxopleuren ohne Vorsprung, unbewehrt (Fig. 198). Endbeinpräfemur unbewehrt. 1. und 2. Beinpaar mit 1 oder 2, die folgenden bis zum 20. mit 1 Tarsalsporn.

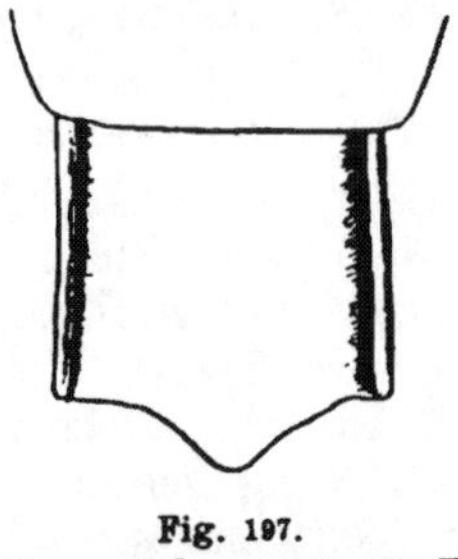

Fig. 197. **Otostigmus dolosus** Att. 21. Tergit.

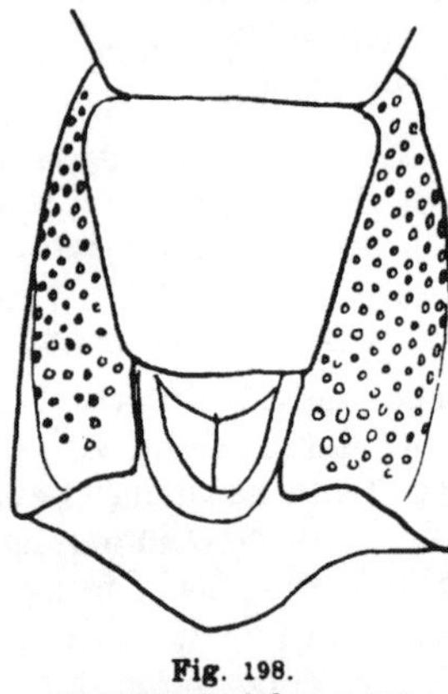

Fig. 198. **Otostigmus dolosus** Att.

Paraguay.

66. **O. (P.) tibialis** Bröl. 1902 *O. t.*, Brölemann in: Revista Mus. Paul., *v.* 5 p. 39 | 1903 *O. t.*, Kraepelin in: Mt. Mus. Hamburg, *v.* 20 p. 132 f. 73, 74.

Olivgrün, Kopf und 1. Tergit bräunlich bis kastanienbraun. Länge bis 80 mm. Kopf kaum punktiert. Antennen 17gliedrig, $2^2/_3$—3 Grundglieder kahl, 4 + 4—5 + 5 Kieferfußhüftzähne. Die Furchung der Tergite beginnt auf dem 5.—12. Tergit, nur das 21. ist scharf berandet, 16.—19. scheinberandet. Letztes Tergit mit oder ohne Endgrübchen. Die Längsfurchen der Sternite äußerst kurz, am Vorderrand und meist nur auf den hinteren Segmenten deutlich sichtbar; dazu 4 Grübchen, 2 in der Mediane und 2 seitliche, manchmal auch 2 undeutliche vor dem Hinterrand. Letztes Sternit etwas verjüngt, schwach ausgerandet, meist mit schwacher Medianfurche. Coxopleuren gestutzt-gerundet, unbewehrt. Endbeinpräfemur unbedornt, Tibia beim ♂ am Ende medial mit starkem, dornspitzigem Fortsatz (Fig. 199). 1. oder 1. und 2. Beinpaar mit 2, die folgenden bis zum 19. mit 1 Tarsalsporn.

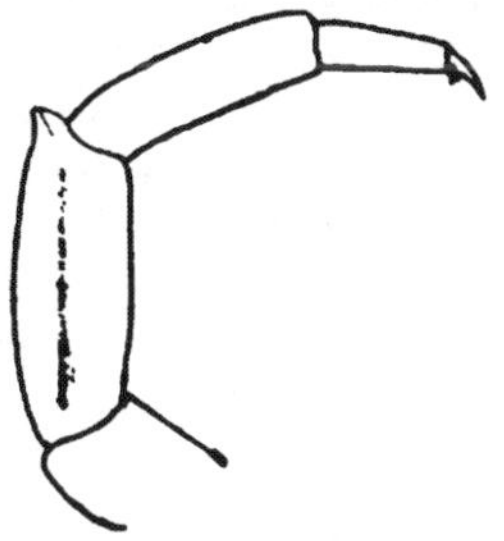

Fig. 199. **Otostigmus tibialis** Bröl. Rechtes Endbein von innen.

Brasilien: Sao Paulo, Santos, Parana, Amazonas. Bolivien?

67. **O. (P.) fossulatus** Att. 1928 *O. f.*, Attems in: Zool. Anz., *v.* 78 p. 307.

Olivengrün, Beine bräunlichgelb. Länge 21 mm. Kopf dicht und fein punktiert, mit 2 kurzen hinteren Längsfurchen. Antennen 17gliedrig, 2 Grundglieder kahl. 4 + 4 Kieferfußhüftzähne. Tergite glatt, vom 6. durchgehend gefurcht, nur das 21. berandet. Endtergit ohne Medianfurche und Grube. Sternite ohne Längsfurchen, 2.—16. mit 4 Grübchen, 2 in der Mediane und 2 seitlichen. Endsternit schmal, sehr verjüngt, abgestutzt. Coxopleuren ohne Fortsatz, hinten quer, unbewehrt. Endbeinpräfemur unbedornt; beim ♂ mit kurzem, knospenartigem Fortsatz dorsal-medial nahe der Basis; er ist nicht abgegliedert und hat kein Haarbüschel (Fig. 200). 1.—3. Beinpaar mit 2, 4.—20. mit 1 Tarsalsporn.

Costa Rica, Finca La Caya bei S. José.

68. **O. (P.) goeldii** Bröl. 1898 *O. g.*, Brölemann in: Ann. Soc. ent. France, *v.* 67 p. 249 t. 20 f. 2 | 1903 *O. g.*, Kraepelin in: Mt. Mus. Hamburg, *v.* 20 p. 128.

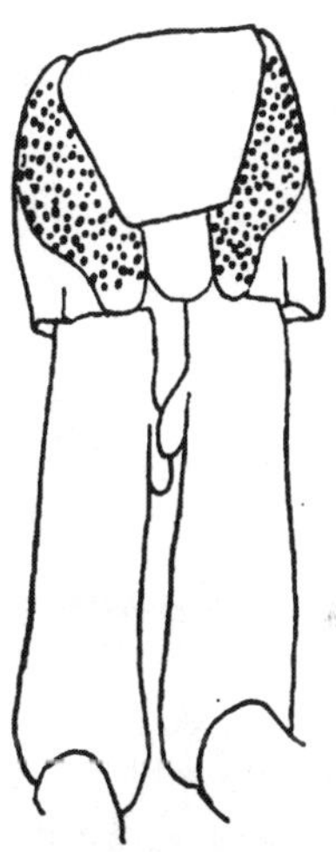

Fig. 200. **Otostigmus fossulatus** Att.

Bleich olivgrün. Länge 24 mm. Kopf zerstreut fein punktiert. $2^1/_2$ Grundglieder der Antennen kahl. 4 + 4 Kieferfußhüftzähne, die 4 jeder Seite paarweise getrennt. Tergite glatt, glänzend, sehr kurz behaart, vom 3. oder 4. gefurcht; nur das 21. scharf berandet, vom 2. scheinberandet. Letztes Tergit ohne Medianfurche. Sternite glatt, ohne Furchen und Gruben; letztes Sternit verjüngt, schwach ausgerandet. Coxopleuren abgerundet, unbewehrt. Endbeinpräfemur unbedornt, beim ♂ mit kurzem, knospenförmigem, abgerundetem Fortsatz dorsal am Ende des 1. Viertels; er ist nicht abgegliedert. 1. Beinpaar mit 2, 2.—19. Beinpaar mit 1 Tarsalsporn.

Venezuela, San Esteban; Brasilien, Pará.

69. **O. (P.) clavifer** Chamb. 1921 *O. c.*, Chamberlin in: Occas. Papers Mus. Zool. Michigan, *v.* 4 nr. 97 p. 13 t. 1 f. 3.

Hell olivfarben, Kopf und 1. Tergit ± rostrot. Länge 52 mm. Kopf spärlich punktiert. Antennen lang, 20gliedrig, $2^1/_4$ Grundglieder kahl.

4 + 4 Kieferfußhüftzähne, der laterale und mediale jeder Seite kleiner als die zwei mittleren. Tergite vom 5. gefurcht, nur das 21. berandet. Alle glatt und glänzend, ohne Mediankiel. Letztes Tergit ohne Endgrube. Sternite ungefurcht, mit einem Netzwerk von Strichen am Vorder- und Hinterrand. Letztes Sternit verjüngt, hinten leicht eingebuchtet, mit Medianfurche. Coxopleuren ohne Fortsatz, abgerundet; Endbeinpräfemur unbedornt, beim ♂ mit einem langen Fortsatz (Fig. 201), der an der Basis entspringt und bis zum Ende des Präfemur reicht; er ist leicht gekrümmt, am Ende verdickt-gerundet und trägt hier einen goldgelben Haarfleck. 1.—4. Beinpaar mit 2, 5.—20. mit 1 Tarsalsporn.

Britisch-Guayana, Dunoon.

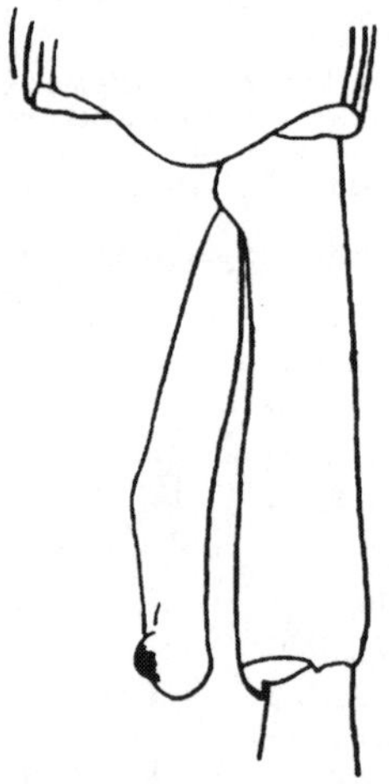

Fig. 201.
Otostigmus clavifer Chamb.
Endbeinpräfemur.

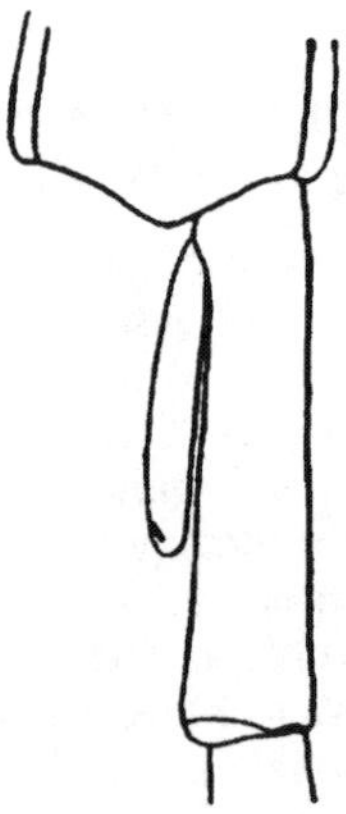

Fig. 202.
Otostigmus brunneus Chamb.
Endbeinpräfemur.

70. **O. (P.) brunneus** Chamb. 1921 *O. b.*, Chamberlin in: Occas. Papers Mus. Zool. Michigan, *v.* 4 nr. 97 p. 15 t. 1 f. 4.

Braun, der Kopf nicht anders gefärbt. Länge 32 mm. Kopf mit 2 Längsfurchen hinten. Antennen 20gliedrig, 2 Grundglieder kahl. 4 + 4 Kieferfußhüftzähne, der mediale jeder Seite mit dem lateral daneben stehenden fast völlig verschmolzen. Tergite glatt, vom 4. gefurcht, nur das 21. gerandet. Sternite nicht gefurcht. Endsternit stark verjüngt, hinten eingebuchtet. Coxopleuren nicht vorgezogen, abgerundet. Endbeinpräfemur unbedornt, beim ♂ medial an der Basis mit einem schlanken, zylindrischen, am Ende leicht keuligen und abgerundeten Fortsatz (Fig. 202), der bis etwa $^2/_3$ der Länge des Präfemur reicht und am Ende einen kleinen goldgelben Haarfleck trägt. 1.—3. Beinpaar mit 2, 4.—20. mit 1 Tarsalsporn.

Britisch-Guayana, Dunoon.

Folgende 2 Arten lassen sich wegen unvollständiger Beschreibung nicht unterbringen:

O. occidentalis Mein. 1886 *Otostigma occidentale*, Meinert in: P. Amer. phil. Soc., *v.* 23 p. 185.

Ockerfarbig, vorn und hinten ± grünlich, mit blasser Dorsallinie. Länge 45 mm. Antennen 21gliedrig, 2—3 Grundglieder kahl. 3 + 3—4 + 4 Kieferfußhüftzähne, Präfemurzahn ohne Höcker. Tergite vom 13. oder 14. berandet; die vorderen glatt, die hinteren rauhhaarig, in den Seiten runzelig. Coxopleuren ohne Fortsatz. Endbeinpräfemur unbedornt.

O. suitus Chamb. 1914 *O. s.*, Chamberlin in: Bull. Mus. Harvard, *v.* 58 p. 174.

Olivengrün. Länge 55 mm. Kopf punktiert. Antennen 17gliedrig, 2 oder $2^1/_2$ Grundglieder kahl (nicht sicher festgestellt wie das 3. ist). 4 + 4 Kieferfußhüftzähne. Tergite vom 4. gefurcht, nur das 21. berandet, Mediankiel vom 3. an, die Fläche ganz glatt; Endtergit mit abgekürztem Mediankiel und Endgrube. Sternite ganz ungefurcht, mit 3 Längsgruben vorn und 3 Grübchen vor dem Hinterrand. Endsternit stark verjüngt, abgestutzt mit deutlicher Medianfurche. Coxopleuren ohne Fortsatz, gerundet, unbewehrt. [Endbeine? Tarsalsporn?]

Brasilien, Matto Grosso, Madeira-Mamore.

11. Gen. **Digitipes** Att.

21 Beinpaare. Kopf hinten vom Vorderrande des 1. Tergits überlagert, ohne Furchen und ohne Basalplatten. 4 Ocellen. 3 Grundglieder der Antennen dorsal kahl. Labrum am Hinterrande gefranst. 2. Telopoditglied der 2. Maxille ohne größeren Dorn, die Endkralle ohne Nebenkrallen. Kieferfußhüften ohne Furchen, die Zahnplatten mit mehreren schwachen Borsten hinter den Zähnen, Präfemur mit kräftigem Innenzahn. 1. Tergit etwas kürzer als das 3., das 2. über halb so lang wie das 1., das 4., 6., 9., 11. und 13. etwas kürzer als die anderen (Fig. 203), weiterhin ist ein Unterschied kaum merklich. Tergite doppelfurchig, sonst glatt, nur das letzte berandet. Sternite mit 2 vollständigen Längsfurchen. Coxopleuren mit kegeligem, mehrspitzigem Fortsatz und großer Porenarea. Präfemur der Endbeine bedornt, Femur beim ♂ am Ende mit zylindrischem, stumpfem Fortsatz. 1. Tarsus bedeutend länger als der 2., Tarsalsporne vorhanden. Alle Beine mit 2 Klauenspornen. 1. Stigma längsoval, die anderen rundlich auf einer kraterförmigen Erhebung gelegen, auf den beintragenden Segmenten 3, 5, 8, 10, 12, 14, 16, 18, 20.

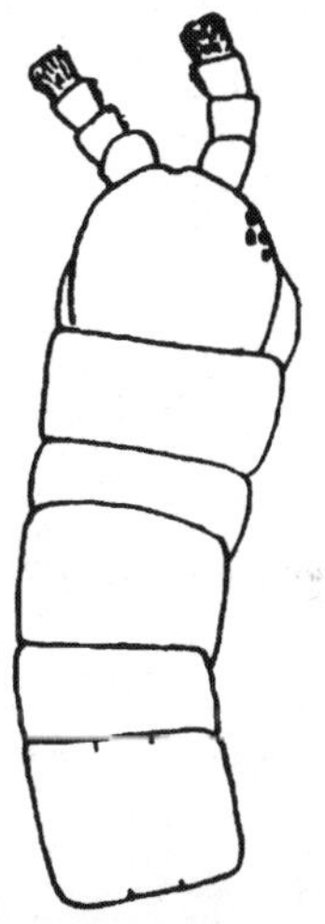

Fig. 203.
Digitipes verdascens Att.

Kongo.

1 Art.

1. **D. verdascens** Att.

Länge 32 mm. Olivgrünlich. Antennen abgebrochen, von den 16 Gliedern 3 Grundglieder dorsal kahl, das 3. ventral schon beborstet. Die Seitenteile des Labrum sind am Hinterrande fein gefranst und anschließend daran medial auf der Fläche nahe dem Hinterrande fein beborstet. Hüften der 2. Maxille ohne Mediannaht, am Vorderrande so wie die ersten 2 Telopoditglieder zerstreut beborstet; 2. Telopoditglied drehrund, ohne Kante, an Stelle des Dornes vorn nur eine kleine Borste, die nicht größer ist als die anderen; Endkralle kurz und stumpf, ohne Nebenkrallen, von der Putzbürste weit überragt, die Borsten der letzteren am Ende kurz gebogen und zum Teil mit einem Seitenspitzchen vor der Biegung. Kieferfußhüften ohne Furchen, die Grundfurchen bilden einen sehr stumpfen Winkel miteinander; Zahnplatten mit je 4 Zähnen in ungefähr gleichen Abständen, der laterale tiefer sitzend als die anderen,

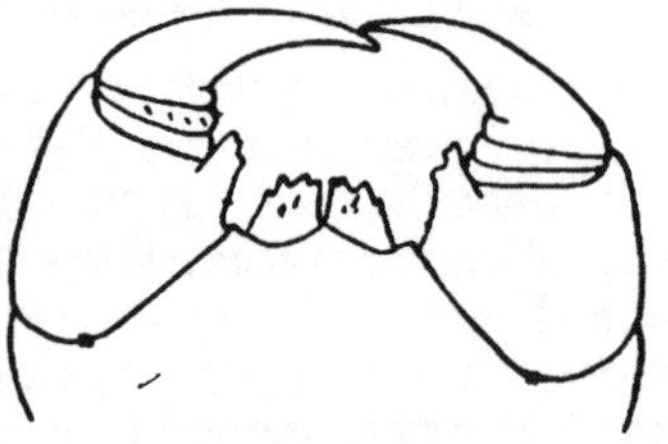

Fig. 204.
Digitipes verdascens Att.

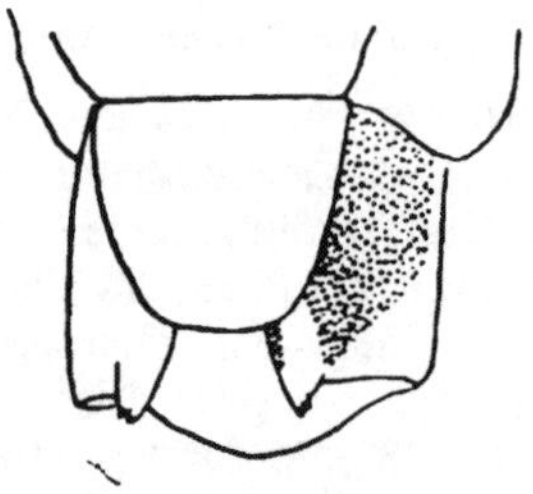

Fig. 205.
Digitipes verdascens Att.

Fig. 206.
Digitipes verdascens Att.
Grundglieder der Endbeine.

hinter denselben in der Mitte einige, etwa 3, kleine Börstchen (Fig. 204). Kopf und Tergite so fein punktiert, daß sie bei schwächerer Vergrößerung glatt erscheinen; 6.—20. Tergit mit vollständigen Längsfurchen, das 5. mit kurzen Strichen vorn und hinten; 21. Tergit ohne Medianfurche, hinten rundbogig, nur das 21. berandet. Letztes Sternit verjüngt, hinten fast gerade, die Ecken abgerundet, ohne Furche. Coxopleuren mit schlankkegeligem, 2spitzigem Fortsatz; am Hinterrande kein Seitendorn (Fig. 205). Das Porenfeld ist groß, reicht vorn bis an den Umschlagsrand und läßt von der Mitte an zwischen sich und dem Rande ein Dreieck frei. Präfemur der Endbeine ventral-lateral mit 2, medial mit 1 starken Dorn, ohne Eckdorn. Das Femur hat beim ♂ am Ende median einen dicken, zylindrischen stumpfen, gerade distal vorragenden Fortsatz (Fig. 206). 1.—3. Beinpaar mit 2, 4.—18. Beinpaar mit 1 Tarsalsporn. 19.—21. Paar ohne solchen.

Kongo: Kinda.

12. Gen. **Alipes** Imhoff

1854 *A.*, Imhoff in: Verh. Ges. Basel, *v.* 1 p. 120 | 1854 *Eucorybas*, Gerstaecker in: Ent. Zeit. Stettin, *v.* 15 p. 310 | 1881 *Alipes*, Kohlrausch in: Arch. Naturg., *v.* 47 I p. 76 | 1896 *A.*, Pocock in: Ann. nat. Hist., ser. 6 *v.* 18 p. 97 | 1903 *A.*, Kraepelin in: Mt. Mus. Hamburg, *v.* 20 p. 133 | 1907 *A.*, C. Verhoeff in: Bronn. Kl. Ordn., *v.* 5 II p. 258.

21 Beinpaare. Kopf ohne Furchen, ohne Basalplatten, hinten vom 1. Tergit überlagert. Antennen 17-bis 21-, selten nur 15gliedrig mit 2—3 kahlen Grundgliedern. Clypeus einheitlich, unbeborstet. Labrumseiten am Hinterrande gefranst und auf der Fläche medial beborstet. 2. Telopoditglied der 2. Maxille drehrund, ohne Kante, mit schwachem Dorn; Endkralle von der großen Putzbürste von vorn verdeckt, mit nur einer hinteren Nebenkralle. Zahnplatten der Kieferfüße normal entwickelt, mit einer Borste, Präfemur mit kräftigem Medialzahn. 2. Tergit ungefähr halb so lang wie das 1., das 4., 6., 9., 11., 13., 15., 17. und 19. etwas kürzer als die benachbarten. Tergite mit 3—5 mehr oder weniger deutlichen Kielstreifen, ± körnig oder dornstrichelig; vom 4. oder 5. an berandet. 21. Tergit hinten nur schwach

vorgezogen. Sternite ohne Längsfurchen. Coxopleuren mit ganz kurzem, gerundetem, dornenlosem Fortsatz, mit großer Porenarea. Endbeine lang, Präfemur unbedornt, beim ♂ zuweilen mit kegeligem oder zylindrischem Fortsatz am Grunde, Femur unbedornt, Tibia und Tarsus blattartig oder raketförmig verbreitert; Prätarsus meist als winziges, entweder abgegliedertes oder starr mit dem Tarsus verwachsenes Spitzchen vorhanden, selten ganz fehlend. Vordere Beine mit 2, die weiteren bis zum 20. mit 1 Tarsalsporn; 1.–20. Beinpaar mit Klauenspornen; 1. Tarsus bedeutend länger als der 2., Endkralle kürzer als der 2. Tarsus. 9 Paar Stigmen auf den beintragenden Segmenten 3, 5, 8, 10, 12, 14, 16, 18, 20; Stigmen groß, der Kelch sehr flach, das 1. längsoval; bei den folgenden liegt die Längsachse immer schräger, schließlich ganz dorsoventral.

Mittleres und südliches Afrika.

Typus: *A. multicostis* Imhoff

5 Arten.

Übersicht über die Arten:

1	Endbeinpräfemur am Grunde ohne Fortsatz — 2	
	Endbeinpräfemur am Grunde beim ♂ mit einem längeren, zylindrischen, beim ♀ mit einem kleinen, zahnähnlichen Fortsatz (Fig. 214) — 5	
2	Endbeinpräfemur dorsal glatt, ohne Körnelung; Tergite im ganzen mehr glatt, zwischen den Längskielen zerstreut fein dornstrichelig, nur die hinteren dichter fein höckerig	1. **A. multicostis**: 3
	Endbeinpräfemur dorsal fein körnelig; Tergite zwischen den Längskielen und seitlich dicht fein höckerig und dornstrichelig — 4	
3	Tibia der Endbeine in der Mitte so lang wie am Hinterrande breit. Die mittlere Stützrippe des 1. Tarsus fast in gleicher Stärke bis an das Ende durchgehend. Letztes Tergit ohne Mediankiel	1a. **A. multicostis multicostis**
	Tibia der Endbeine ungefähr $1^{1}/_{2}$mal so lang wie breit. Die mittlere Stützrippe des 1. Tarsus in der Grundhälfte viel stärker als in der Endhälfte. Letztes Tergit mit deutlichem Mediankiel	1b. **A. multicostis intermedius**
4	Tibia der Endbeine nur wenig länger als hinten breit. 1. Tarsus nur $1^{1}/_{3}$mal so lang wie breit. Hinterrand der Porenarea der Coxopleuren nur rechtwinklig oder stumpfwinklig gekniet (Fig. 209)	2. **A. crotalus**
	Tibia der Endbeine fast doppelt so lang wie hinten breit. 1. Tarsus fast doppelt so lang wie breit. Hinterrand der Porenarea tief schlitzförmig eingeschnitten . .	3. **A. grandidieri**
	3. Antennenglied fast oder ganz kahl. Tergite vom 3. (oder 5.) an mit 3 breiten flachen, dicht dornstricheligen Längsleisten, 4.–18. Tergit außerdem mit 2 lateralen ebenso stark entwickelten und dornstricheligen Kielen; die 4 Kiele mit Ausnahme des medianen vom 12. Tergit an scharf abgesetzt, wulstig, endigend. Die Fläche der Tergite dicht fein spitz-	

5 körnig oder dornstrichelig. Präfemur der Endbeine dorsal grobkörnig. Hinterrand der Porenarea rechtwinklig gekniet . . . . 4. **A. appendiculatus**

3. Antennenglied nur im Grunddrittel kahl. Tergite vom 6. oder 7. an mit 3 schwachen, fast glatten Längskanten, nur in den Endsegmenten sind sie scharfkieliger und mehr dornstrichelig, die Seitenkiele nur auf dem 9.—17. Tergit schwach angedeutet, alle Kiele hinten allmählich verschwindend. Die Fläche runzelig, in den hinteren Segmenten etwas höckerig. Präfemur der Endbeine nur etwas gänsehautartig runzelig. Hinterrand der Porenarea spitzwinklig eingebuchtet . 5. **A. calcipes**

1. **A. multicostis** Imhoff 1854 *A. m.*, Imhoff in: Verh. Ges. Basel, *v.* 1 p. 120 | 1881 *A. m.*, Kohlrausch in: Arch. Naturg., *v.* 47 I p. 77 | 1896 *A. m.*, Pocock in: Ann. nat. Hist., ser. 6 *v.* 18 p. 92 f. a | 1903 *A. m.*, Kraepelin in: Mt. Mus. Hamburg, *v.* 20 p. 137 f. 77.

Länge bis 120 mm. Kopf zerstreut fein punktiert. Antennen 18gliedrig, $2^1/_5$—$2^1/_3$ Grundglieder kahl. Kieferfußhüften kräftig punktiert, die Grundfurchen der Zahnplatten bilden zusammen einen stumpfen Winkel und setzen sich seitlich in feine Furchen fort, vorn eine sehr schwache kurze Medianfurche; Zahnplatten breiter als lang, jede mit 4 Zähnen, die durch eine größere Lücke in 2 + 2 geteilt sind; hinter dem Zahnrande eine kräftige Borste. Vordere Tergite glatt; vom 5.—7. Tergit an beginnen 3 schwache Längskiele, die erst auf den hinteren Segmenten schärfer werden, 5.—13. oder 15. Tergit außerdem mit je einem ± deutlichen Seitenkiel. Auf den vorderen Segmenten ist die ganze Tergitfläche zerstreut dornstrichelig, vom 16. Tergit an dicht dornstrichelig, die Kiele ebenso wie die Fläche zwischen ihnen. 21. Tergit zerstreut dornspitzig, ohne deutlichen Mediankiel oder mit einem solchen. Berandung vom 5. Tergit an. Auf den Tergiten 5—10 zieht eine schräge Kante vom vorderen Drittel des Randwulstes zum Vorderende der medialen Längskante. Sternite mit 5 sehr seichten, undeutlichen Gruben. Coxopleuren hinten medial abgerundet ein wenig vorspringend, die Poren bis zum Ende dieses kurzen Vorsprungs reichend. Hinterrand der Porenarea ungefähr rechtwinklig eingekerbt. Präfemur der Endbeine dorsal glatt, am Grunde ohne Fortsatz.

Westafrika bis Zentralafrika.

2 Unterarten:

1a. **A. m. multicostis** Imhoff 1911 *A. m. m.*, Attems in: Rev. Suisse Zool., *v.* 19 p. 273.

Farbe meist gelbrot mit grünen Hinterrändern, Kopf und die 3 ersten Segmente oft rotbraun oder tief schwarzgrün, selten ebenfalls gelb (im Alkohol ausbleichend). 21. Tergit ohne deutlichen Mediankiel. Tibia der Endbeine an der Mittelrippe gemessen so lang wie am Hinterrande breit, Tarsus nicht breiter als die Tibia am Hinterrande, oder breiter als dieser, seine mittlere Stützrippe fast in gleicher Stärke bis ans Ende durchgehend. 1.—3. Beinpaar mit 2 Tarsalspornen, 4.—20. mit 1 Tarsalsporn. 1.—20. Beinpaar mit 2 Klauenspornen.

Westafrika: Kamerun, Mundave, Elephantensee, Sierra Leone, Goldküste.

1b. **A. m. intermedius** Att. 1911 *A. m. i.*, Attems in: Rev. Suisse Zool., *v.* 19 p. 272 | 1927 *A. congoensis*, Chamberlin in: Bull. Amer. Mus., *v.* 57 p. 185 f. 1—3.

Länge 95 mm. Kopf, zuweilen auch das 1. Tergit, rotbraun. Tergite olivengrün oder grünlichbraun, Antennen und Endbeine weinrötlich. Letztes

Tergit mit deutlichem, fast bis zum Hinterrand reichenden Mediankiel. Tibia der Endbeine (Fig. 207) fast $1^1/_2$ mal so lang wie breit; 1. Tarsus merklich breiter als die Tibia an ihrem Hinterrande, seine mittlere Stützrippe in der Grundhälfte viel stärker als in der Endhälfte. Prätarsus ein kleiner ± deutlich gelenkig abgesetzter Kegel (Fig. 208).

Zentralafrikanisches Seengebiet: Lager von Mabira, Maruccu bei Bukoba, Niabure; Belgischer Kongo: Niangara, Avakubi; Kamerun.

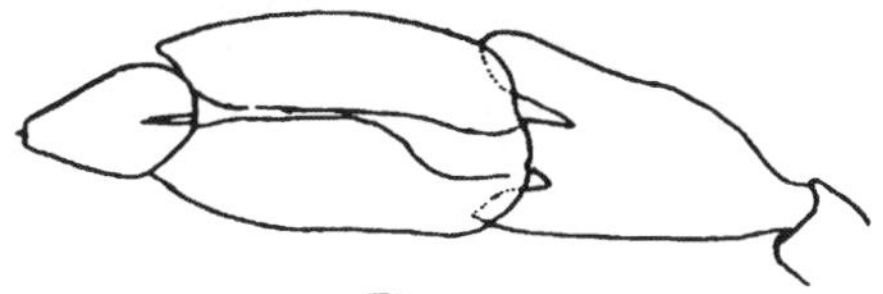

Fig. 207.
Alipes multicostis intermedius Att.
Endbein.

Fig. 208.
Alipes multicostis intermedius Att.
Spitze des Endbeins.

2. **A. crotalus** (Gerst.) 1854 *Eucorybas c.*, Gerstaecker in: Ent. Zeit. Stettin, *v.* 15 p. 312 t. 2 f. 1 | 1896 *Alipes c.*, Pocock in: Ann. nat. Hist., ser. 6 *v.* 18 p. 93 | 1903 *A. c.*, Kraepelin in: Mt. Mus. Hamburg, *v.* 20 p. 138 f. 78, 79.

Länge 64, Breite 5 mm, gedrungener als *A. multicostis*. Gelbbraun bis rötlichbraun, der Kopf oft mehr rötlich. Kopf sehr zerstreut und fein punktiert. Antennen 17gliedrig, $2^1/_3$ Grundglieder kahl. Kieferfußhüften ohne Furchen. Die Grundfurchen der Zahnplatten stehen in stumpfem Winkel zueinander, 4 kräftige, gleich große Zähne; hinter der Zahnreihe keine größere Borste (immer ?). Vom 3. Tergit an 3 breite flache Längsleisten, die ebenso wie die Fläche zwischen und neben ihnen dicht mit Spitzhöckerchen besetzt sind, die seitlichen Kiele nur hier und da angedeutet. Berandung vom 4. oder 5. Tergit an. Letztes Tergit dicht feinkörnig, mit deutlichem, hinten

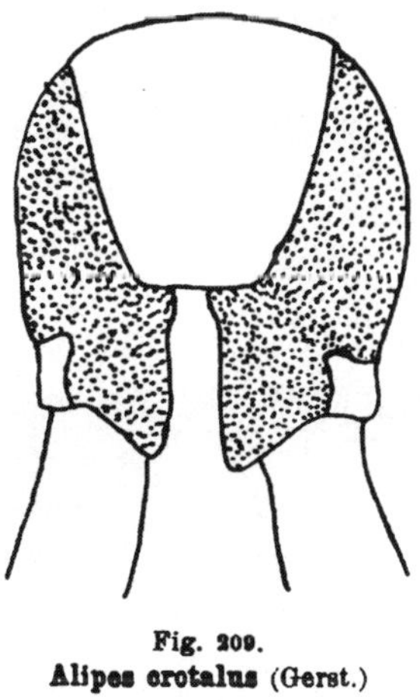

Fig. 209.
Alipes crotalus (Gerst.)

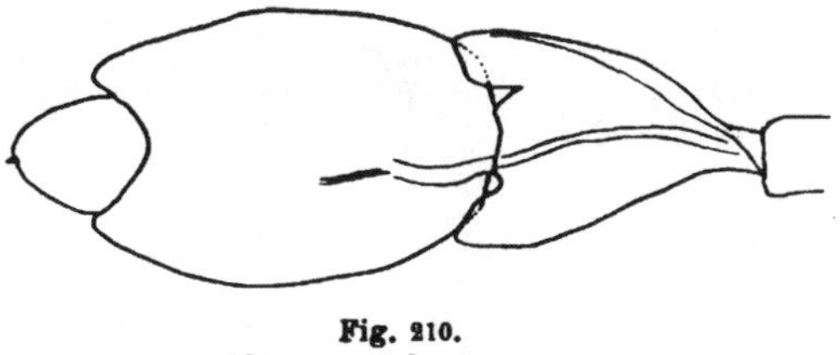

Fig. 210.
Alipes crotalus (Gerst.)

gekürztem Mediankiel. Coxopleuren medial am Ende ein wenig abgerundet vorgezogen. Hinterrand der Porenarea ungefähr rechtwinklig gekniet (Fig. 209). Präfemur der Endbeine dorsal dicht feinkörnig ohne Fortsatz am Grunde. Tibia etwas länger als am Hinterrande breit. 1. Tarsus etwas breiter als der Hinterrand der Tibia, $1^1/_3$ mal so lang wie breit, dicht mit ovalen flachen Buckeln besetzt; die mittlere Stützrippe nach dem Grunddrittel plötzlich sehr verblassend und undeutlicher werdend. Prätarsus ein kleines Kegelchen.

Südafrika: Natal (Durban, Malvern); Zululand (Mfongosi); Uganda.

3. **A. grandidieri** (H. Luc.) 1864 *Eucorybas g.*, H. Lucas in: Ann. Soc. ent. France, ser. 4 *v.* 4 p. 420 | 1871 *E. g.*, H. Lucas in: Ann. Soc. ent. France, ser. 5 *v.* 1 p. 448 t. 7 f. 1—7 | 1872 *E. g.*, Porath in: Öfv. Ak. Förh., *v.* 28 p. 1162 | 1896 *Alipes g.*, Pocock in: Ann. nat. Hist., ser. 6 *v.* 18 p. 94 | 1903 *A. g.*, Kraepelin in: Mt. Mus. Hamburg, *v.* 20 p. 138 f. 80.

Länge bis 65 mm. Breite 6 mm. Braungrün oder schmutzig grünlich lehmgelb mit dunkleren Hinterrändern. Skulptur der Tergite wie bei *A. crotalus*. 2 Grundglieder der Antennen kahl. Hinterrand der Porenarea der Coxopleuren tief spitzwinklig eingeschlitzt. Tibia der Endbeine fast doppelt so lang wie am Hinterrand breit; 1. Tarsus breiter als der Hinterrand der Tibia, fast doppelt so lang wie breit, die Mittelrippe nach dem Grunddrittel auffallend verblassend (Fig. 211). An Stelle des Prätarsus ein winziges, nicht abgegliedertes Spitzchen (Fig. 212).

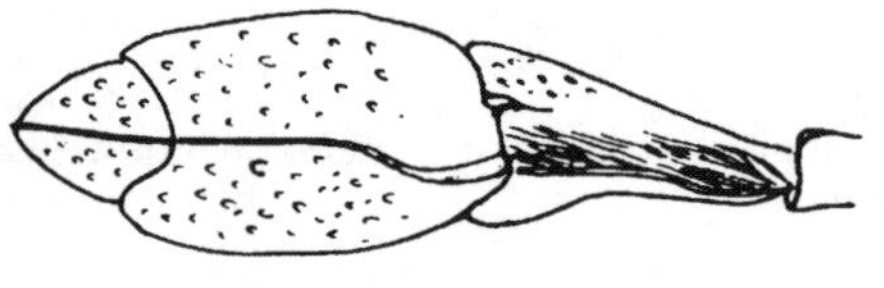

Fig. 211. **Alipes grandidieri** (H. Luc.)

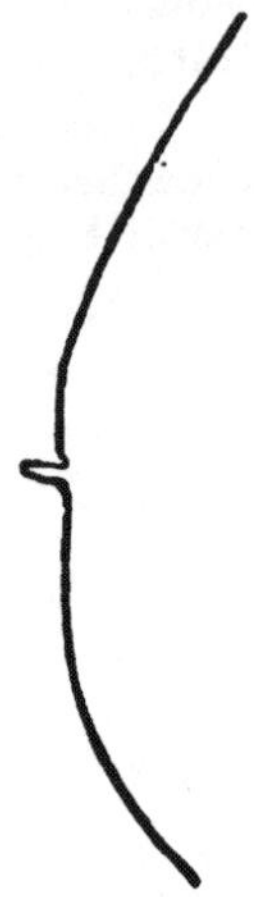

Fig. 212. **Alipes grandidieri** (H. Luc.) Spitze des Endbeins.

Ostafrika: Deutsch-Ostafrika, Sansibar, Daressalam, Britisch-Ostafrika, Uganda.

2 Unterarten:

3a. **A. g. grandidieri** (H. Luc.)

Der ventrale Endlappen der Endbeintibia ist durch einen spitzwinkligen Einschnitt abgetrennt.

Ostafrika wie oben angegeben.

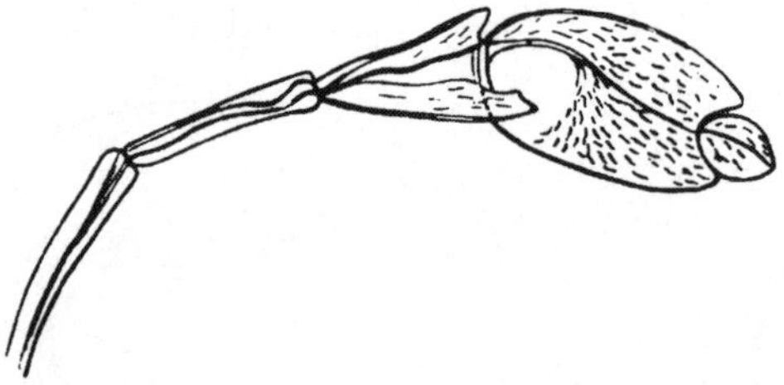

Fig. 213. **Alipes grandidieri integer** Cook. Endbein.

3b. **A. g. integer** Cook 1897 *A. i.*, Cook, Brandtia, nr. 17 p. 70 | 1903 *A. grandidieri*, Kraepelin in: Mt. Mus. Hamburg, *v.* 20 p. 138 f. 81.

Am Hinterrand der Endbeintibia kein Einschnitt, so daß der ventrale Endlappen nicht abgetrennt ist.

Daressalam.

4. **A. appendiculatus** Poc. 1896 *A. grandidieri*, Attems (nec Lucas) in: Mt. Mus. Hamburg, *v.* 13 p. 24 | 1896 *A. appendiculatus*, Pocock in: Ann. nat. Hist., ser. 6 *v.* 18 p. 95 | 1903 *A. a.*, Kraepelin in: Mt. Mus. Hamburg, *v.* 20 p. 135 f. 75, 76.

Länge bis 95 mm. Bräunlichgrün, Kopf und 1. Segment rötlichbraun. Kopf spärlich punktiert. Antennen 17—18gliedrig, 3 Grundglieder kahl. Kieferfußhüften spärlich punktiert, vorn mit kurzer Medianfurche, Zahnplatten so lang wie breit, mit 4 Zähnen. 1. und 2. Tergit glatt, spärlich punktiert, 3.—18. Tergit mit anfangs 3, vom 4. oder 5. Tergit an 5 dicht dornstricheligen Längskielen, die mit Ausnahme des Mediankiels vom 12. Tergit an mit scharf abgesetztem, gerundetem Endwulst endigen, die Flächen zwischen den Kielen auch dicht dornstrichelig bis spitzkörnig, ebenso das letzte Tergit. Berandung vom 4. oder 5. Tergit an. Sternite glatt, oft mit 3 flachen Gruben, letztes nach hinten stark verjüngt, gestutzt-gerundet. Coxopleuren hinten schwach vorgezogen, gerundet; Hinterrand der Porenarea nur rechtwinklig gekniet. Präfemur der Endbeine dorsal ziemlich grob gekörnt, beim ♂ am Grunde mit zylindrischem, etwas gebogenem Fortsatz von halber Präfemurlänge, beim ♀ mit kurzem, zahnartigem Vorsprung (Fig. 214). Tibia fast doppelt so lang wie hinten breit. 1. Tarsus nicht ganz doppelt so lang wie breit, dicht mit flachen Buckeln besetzt. 2. Tarsus am Ende mit oder ohne kleines Spitzchen.

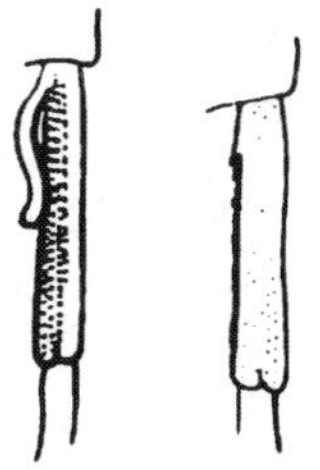

♂ Fig. 214. ♀
Alipes appendiculatus Poc. Endbeinpräfemur von ♂ & ♀.

Nyassaland (Zomba, Milangi); Zambesi (Quilimane).

5. **A. calcipes** Cook 1897 *A. c.*, Cook, Brandtia, nr. 17 p. 70 | 1897 *A. spinatus*, Cook, ibid., p. 70 | 1903 *A. calcipes*, Kraepelin in: Mt. Mus. Hamburg, *v.* 20 p. 136.

Länge bis 90 mm. Lehmgelb bis lehmbraun. Antennen 15—17gliedrig, $2^1/_3$ Grundglieder kahl. Vom 6. oder 7. Tergit an 3 schwache glatte Längskanten, die kaudalwärts allmählich scharfkieliger und stärker dornstrichelig werden; vom 9.—17. Tergit dazu jederseits ein schwacher, unregelmäßiger Längswulst; alle Kiele hinten allmählich ohne scharfe Grenze verschwindend; die Fläche zwischen den Kielen auf den vorderen und mittleren Segmenten nur etwas runzelig, auf den hinteren deutlich dornstrichelig; Berandung vom 4. oder 5. Tergit an; letztes mit Medianfurche, sparsam körnig. Sternite wie bei *A. appendiculatus*. Coxopleuren hinten schwach vorgezogen, unbedornt. Porenarea hinten tief spitzwinklig eingekerbt. Präfemur der Endbeine dorsal nur schwach runzelig ohne scharf ausgeprägte Körnelung, beim ♂ mit einem längeren, endwärts verjüngten und hier fein behaarten Fortsatz am Grunde, beim ♀ nur mit kurzem Zahn. Tibia nur wenig länger als am Hinterrand breit (8:6,5); 1. Tarsus $1^1/_2$ mal so lang wie breit, mit spärlichen flachen Buckeln.

Südwestafrika (Quango, Angola), Rhodesia.

A. madegassus Sauss. & Zhnt. 1902 *A. m.*, Saussure & Zehntner in: Hist. Madag., *v.* 27 (Myr.) p. 324.

Nach einem endbeinlosen Exemplar beschrieben. Die gemachten Angaben, Coxopleuren am Ende 2dornig und mit 1—2 Hinterranddornen, lassen vermuten, daß die Art nicht in die Gattung *Alipes* gehört.

Madagaskar.

13. Gen. **Ethmostigmus** Poc.

1844 *Heterostoma* (non Hartmann, 1843), Newport in: Tr. Linn. Soc. London, *v.* 19 p. 275 | 1847 *H.*, P. Gervais in: Walckenaer, Hist. Apt., *v.* 4 p. 244 | 1847 *Dacetum* (non L. Agassiz, 1846), C. L. Koch in: Koch-Panzer, Krit. Revis., *v.* 3 p. 156 | 1865 *Heterostoma*, Humbert in: Mém. Soc. Genève, *v.* 18 p. 13 | 1880 *H.*, Latzel, Myr. Österr.-

Ung., *v.* 1 p. 17 | 1886 *H.*, Meinert in: Vidensk. Meddel., *v.* 36—38 p. 114 | 1891 *H.*, Pocock in: Ann. nat. Hist., ser. 6 *v.* 7 p. 230 | 1898 *Ethmostigmus*, Pocock in: Ann. nat. Hist., ser. 7 *v.* 1 p. 327 | 1903 *E.*, Kraepelin in: Mt. Mus. Hamburg, *v.* 20 p. 155 | 1907 *E.*, C. Verhoeff in: Bronn, Kl. Ordn., *v.* 5 II p. 257.

21 Beinpaare. Kopf ohne Furchen, ohne Basalplatten, hinten vom 1. Tergit überlagert. Antennen 20—21gliedrig, meist 4, selten 3 Grundglieder kahl. Der vor dem Labrum gelegene Teil des Clypeus deutlich aufgewulstet; durch 2 braune, von den Außenecken des Labrum ausgehende Linien ist ein Dreieck abgegrenzt; außerdem zieht in einer ziemlich tiefen Einsenkung jederseits eine schräge braune Linie zur Spitze des Dreiecks. (So bei *E. trigonopodus*). Labrum am Hinterrande und auf der Fläche beborstet. 2. Telopoditglied der 2. Maxille mit kräftigem Dorn, die Putzbürste ragt nicht bis zum Ende der Kralle vor, letztere meist mit 2, selten mit 1 Nebenkralle. Kieferfüße mit 2 großen Zahnplatten, jede mit 3 bis 4 Zähnen, ohne Borste; die Grundfurchen stehen ungefähr im rechten Winkel zueinander; Hüften vorn mit medialer Längsfurche; Präfemur ohne Medialzahn. 1. Tergit sehr groß, bedeutend länger als das 2., das 4., 6., 9., 11., 13., 15., 17. und 19. kürzer als die anderen. Tergite vom 2.—4. an mit 2 deutlichen Längsfurchen im übrigen meist glatt, selten körnig; seitliche Berandung vom 4.—7. an beginnend. Letztes Tergit ohne Medianfurche, hinten rundlappig vorgezogen. Sternite meist mit nicht bis an den Hinterrand reichenden oder nur als schwache Gruben entwickelten Längsfurchen, die auch ganz fehlen können, letztes hinten ± tief eingebuchtet. Coxopleuren mit sehr großem, 1—4spitzigem Fortsatz, der meist auch dorsal und lateral Dörnchen trägt, und fast ganz von Poren durchbohrt ist, die nur einen kleinen von der Spitze herablaufenden Grat frei lassen. Präfemur der Endbeine bedornt, die Dornen meist sehr stark, ventral-lateral 2—3, ventral-medial und medial meist 3, oben-medial 4 Dornen in 2 Reihen, Eckdorn meist einfach, selten 2—3spitzig. Beine bis höchstens zum 5. Paar mit 2, bis zum 19. oder 20. Paar mit 1 Tarsalsporn. Alle Beine mit 2 Klauenspornen. 10 Paar Stigmen, auf den beintragenden Segmenten 3, 5, 7, 8, 10, 12, 14, 16, 18, 20. Stigmen sehr groß mit sehr flachem Kelch, so daß sein Boden fast im Niveau der Umgebung liegt.

Indoaustralische und äthiopische Region.

Typus: *E. trigonopodus* (Leach)

11 Arten mit 3 Unterarten, 4 unsichere Arten.

Übersicht über die Arten:

1	4 + 4 Kieferfußhüftzähne (Fig. 218) — **2**	
	3 + 3 Kieferfußhüftzähne durch teilweises Verschmelzen der 2 inneren Zähne jeder Seite — **5**	
2	3 Grundglieder der Antennen kahl. Tergite vom 6. an gefurcht. Coxopleurenfortsatz lateral mit 3, dorsal mit 4—6 Dornen. Körperlänge 33 mm .	4. **E. australianus**
	4 Grundglieder der Antennen kahl. Tergite vom 3. oder 4. an gefurcht. Coxopleurenfortsatz lateral mit 1—2, dorsal mit 0—3 Dornen. Körperlänge 56—130 mm — **3**	
3	Präfemur der Endbeine ventral im ganzen nur mit 2 + 1, dorsal mit 2 Dornen und Eckdorn . . .	3. **E. albidus**
	Präfemur der Endbeine ventral-lateral mit 3 oder 2, ventral-medial mit 2 oder 3, dorsal-medial mit 2 + 2 Dornen und Eckdorn — **4**	

4 Die Coxopleurenfortsätze überragen das Sternit höchstens um dessen Länge (Fig. 216); die 2 Endspitzen eines jeden sind einander genähert, dorsal mit 2—3 (sehr selten 1), lateral 1 oder 2 Dornen (Fig. 217). Die Kieferfußhüftzähne sind gefurcht und buckelig (Fig. 215). 2. Maxille mit einer einzigen, hinteren Nebenkralle . . . . 1. **E. trigonopodus**

Die Coxopleurenfortsätze überragen das Sternit um mehr als dessen Länge, mit einfacher Endspitze und 1 oder 2 nahe der Endspitze stehenden Subapikaldornen; dorsal und lateral je 1 Dorn (Fig. 219). Die Kieferfußhüftzähne sind einfach glatt (Fig. 218). 2. Maxille mit 2 Nebenkrallen . 2. **E. pygomegas**

5 Tergite, z. T. wenigstens, dornstrichelig und gekörnt — **6**

Tergite glatt — **7**

6 5.—21. Tergit dornstrichelig und in den Seiten auch fein spitzkörnig. Coxopleurenfortsatz 1spitzig, dorsal 5—7 Dörnchen. 20. Beinpaar ohne Tarsalsporn . . . . 5. **E. venenosus**

Tergite der hinteren Körperhälfte in den Seiten feinkörnig. Coxopleurenfortsatz 2spitzig, dorsal 1 oder 2 Dörnchen. 20. Beinpaar mit Tarsalsporn . . . . 6. **E. granulosus**

7 3 Grundglieder der Antennen kahl . . . . 7. **E. coonooranus**

4 Grundglieder der Antennen kahl — **8**

8 Antennen äußerst kurz, das 2. Tergit nicht überragend (Fig. 221), die meisten Glieder breiter als lang . . . . 8. **E. bisulcatus**

Antennen länger, das 4. Tergit überragend, ihre Glieder länger als breit — **9**

9 Coxopleurenfortsätze relativ kurz, das Sternit nicht um dessen Länge überragend, von der Ventralseite gesehen beide zusammen nicht lyraförmig, dorsal mit 3—5 selten nur 2 Dornen; der Dorsalrand stark ausgebaucht (Fig. 224) . . . . . . 9. **E. rubripes**

Coxopleurenfortsatz länger, das Sternit um mehr als dessen Länge überragend (Fig. 227), dorsal mit 0—3 Dornen, der Dorsalrand nur wenig gewölbt (Fig. 226) — **10**

10 1. Beinpaar und die folgenden höchstens mit 1 Tarsalsporn. 2.—20. Sternit mit 2 scharfen Längsfurchen; letztes Sternit tief eingebuchtet. Die 3 + 3 Kieferfußhüftzähne sind glatt . . . . . 10. **E. waiainus**

1. oder 1.—4. Beinpaar mit 2 Tarsalspornen. Die Längsfurchen der Sternite sind meist nur sehr schwach, letztes Sternit seicht eingebuchtet. Die Kieferfußhüftzähne sind, wenigstens z. T. gefurcht und höckerig . . . . 11. **E. platycephalus: 11**

11 Eckdorn des Endbeinpräfemur riesig groß. Endbeinpräfemur ventral-lateral meist mit 2 Dornen . 11b. **E. p. spinosus**

Eckdorn von normaler Größe; Endbeinpräfemur ventral-lateral meist mit 3 Dornen — **12**

12 Coxopleurenfortsatz am Ende 2—4spitzig, dorsal mit 0—1 Dorn (Fig. 226) . . . . 11a. **E. p. platycephalus**

Coxopleurenfortsatz am Ende 1spitzig, dorsal mit 2—3 Dornen (Fig. 230) . . . . 11c. **E. p. cribrifer**

1. **E. trigonopodus** (Leach) 1817 *Scolopendra trigonopoda*, Leach, Zool. Misc., *v.* 3 p. 36 | 1836/38 *S. Eydouxiana*, P. Gervais in: Voy. Favorite, Zool. *v.* 5 II p. 180 | 1845 *Heterostoma trigonopoda*, Newport in: Tr. Linn. Soc. London, *v.* 19 p. 413 | 1847 *H. t.*, P. Gervais in: Walckenaer, Hist. Apt., *v.* 4 p. 245 | 1847 *Scolopendra Eydouxianá*, P. Gervais in: Walckenaer, Hist. Apt., *v.* 4 p. 261 | 1847 *Dacetum capense*, C. L. Koch in: Koch-Panzer, Krit. Revis., *v.* 3 p. 156 | 1858 *Heterostoma Newporti*, H. Lucas in: Arch. ent., *v.* 2 p. 444 | 1863 *Dacetum capense*, C. L. Koch, Myr., *v.* 1 p. 103 f. 93 | 1886 *Heterostoma trigonopoda*, Meinert in: P. Amer. phil. Soc., *v.* 23 p. 181 | 1896 *Dacetum trigonopodum*, Pocock in: Ann. nat. Hist., ser. 6 *v.* 17 p. 435 | 1903 *Ethmostigmus trigonopodus*, Kraepelin in: Mt. Mus. Hamburg, *v.* 20 p. 157 f. 102, 103.

Länge bis 130 mm. Farbe sehr variabel, einfarbig rotbraun, dunkelgrün, olivgrün, olivgelb oder olivbräunlich mit breiten dunkelgrünen Hinterrändern der Tergite, Beine gelbbräunlich. Kopf und Tergite zerstreut fein punktiert. Antennen 20gliedrig, 4 Grundglieder kahl, punktiert, die anderen Glieder dicht, fein, sehr kurz behaart, zurückgelegt reichen die Antennen bis in das 5. Segment. Endkralle der 2. Maxille nur mit einer hinteren Nebenkralle. Kieferfüße mit 4 + 4 fast gleich großen

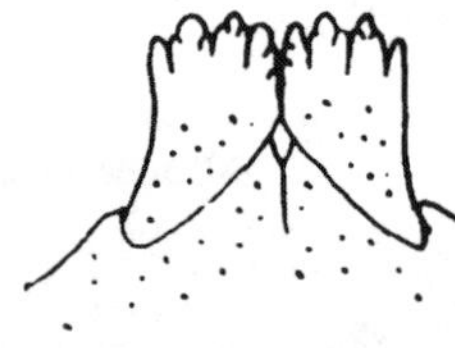

Fig. 215.
Ethmostigmus trigonopodus (Leach).

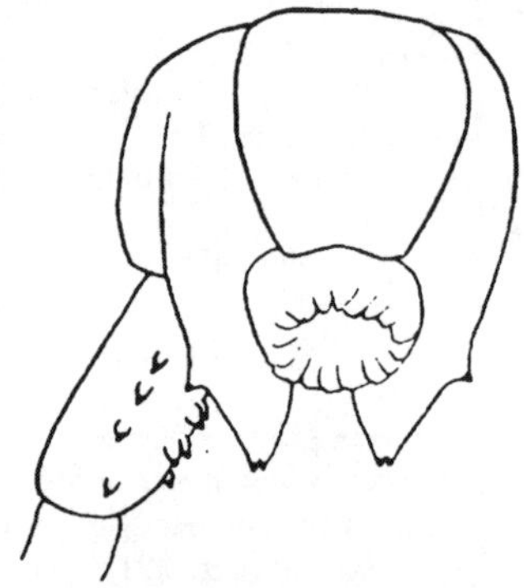

Fig. 216.
Ethmostigmus trigonopodus (Leach).

Zähnen (Fig. 215), die mit Ausnahme der lateralen schwach buckelig untergeteilt sind; die Grundfurchen der Zahnplatten bilden einen rechten Winkel. Tergite vom 3. oder 4. an gefurcht, vom 4. oder 5. an berandet; im übrigen glatt. Sternite 2—19 oder 20 meist mit 2 scharfen, durchgehenden oder hinten stark abgekürzten Längsfurchen; letztes stark verjüngt, hinten tief rundbogig oder fast rechtwinklig eingebuchtet. 1. Beinpaar mit 2, höchst selten mit 1, die folgenden mit 1 Tarsalsporn, 20. Beinpaar mit oder ohne Tarsalsporn. Coxopleurenfortsatz nicht lang, das Endsternit nicht ganz um dessen Länge überragend (Fig. 216), am Ende 2spitzig, beide Spitzen nahe nebeneinander (Fig. 217), der Dorsalrand rund vorgewölbt mit 2—3, zuweilen nur 1 Dorn, lateral 1—2 Dornen; die Coxopleuren sind mit Ausnahme eines kurzen von der Spitze herabziehenden Streifens dicht mit winzig kleinen Poren bedeckt. Präfemur der Endbeine ventral-lateral mit 3, ventral-medial mit 2 oder 3, oben-medial mit 4 in 2 Reihen stehenden Dornen; Eckdorn mäßig groß, einfach. Alle Beinpaare mit 2 Klauenspornen (vgl. auch Fig. 18, 19, 28).

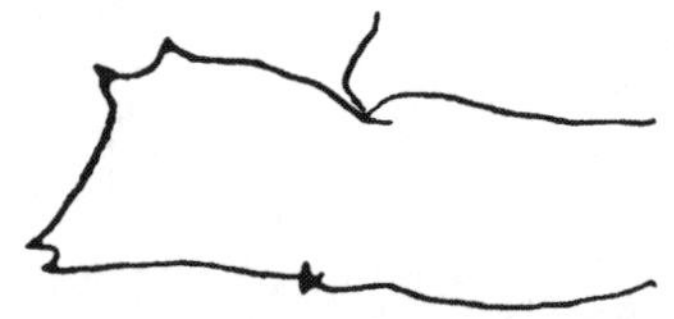

Fig. 217.
Ethmostigmus trigonopodus (Leach).
Coxopleurenfortsatz.

Ganze äthiopische Region, nördlich bis Abessinien; angeblich auch in Algier. Sehr häufig.

2. **E. pygomegas** (Kohlr.) 1881 *Heterostoma pygomega*, Kohlrausch in: Arch. Naturg., *v.* 47 I p. 63 t. 4 f. 8 | 1887 *H. rapax* + var. *silhetense* + var. *triste*, E. Haase in:

Abh. Mus. Dresden, nr. 5 p. 91, 92 t. 5 f. 97 | 1903 *Ethmostigmus pygomegas*, Kraepelin in: Mt. Mus. Hamburg, v. 20 p. 158.

Länge bis 110 mm. Oliv-braungrün, Beine gelblich. Kopf reichlich und fein punktiert. Antennen lang, fast bis zum Hinterrand des 5. Tergits reichend, die 4 kahlen Grundglieder punktiert. 4 + 4 Kieferfußhüftzähne (Fig. 218), die medialen oder die lateralen jeder Seite etwas kleiner als die 2 mittleren, alle ohne Höckerbildung. 2. Maxille mit 2 kräftigen Nebenkrallen. Tergite sehr fein zerstreut punktiert, vom 3. an gefurcht, das 4. undeutlich, vom 5. an deutlich berandet, im übrigen glatt. Sternite mit

Fig. 218. Ethmostigmus pygomegas (Kohlr.)

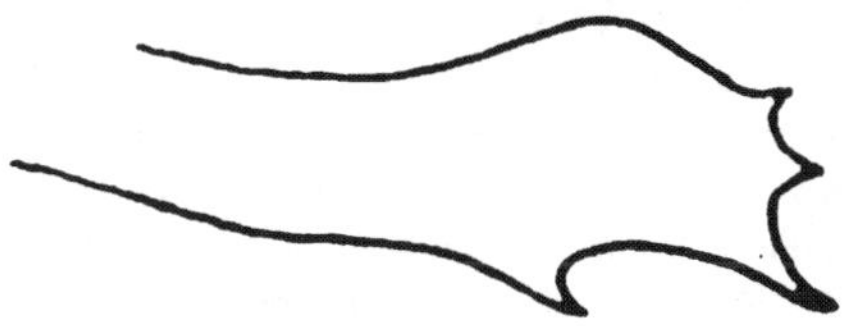

Fig. 219. Ethmostigmus pygomegas (Kohlr.) Coxopleurenfortsatz.

2 deutlichen, hinten abgekürzten Längsfurchen, das letzte verjüngt, hinten tief eingebuchtet. Coxopleurenfortsatz sehr lang, beide zusammen lyraförmig, das Sternit um mehr als dessen Länge überragend, am Ende 2—3spitzig, d. h. mit einfacher Endspitze und 1—2 nahe der Endspitze stehenden Subapikalspitzen, dorsal rund vorgewölbt, ohne oder mit 1 Dorn, lateral 1 Dorn (Fig. 219). 1. Beinpaar mit 2, 2.—20. Beinpaar mit 1 Tarsalsporn, alle Beinpaare mit 2 Klauenspornen. Endbeinpräfemur wie bei *E. trigonopodus* bedornt oder auch ventral-lateral 2, ventral-medial 2, dorsal-medial 3 Dornen, abnormerweise auch ventral-lateral 1, ventral-medial 2 nebeneinander stehende, obenmedial 1 Dorn, Eckdorn einfach.

Himalaya, Silhet, Bhutan.

3. **E. albidus** (Töm.) 1885 *Heterostoma albidum*, Tömösváry in: Termész. Füzetek, v. 9 p. 65 | 1903 *Ethmostigmus albidus*, Kraepelin in: Mt. Mus. Hamburg, v. 20 p. 159.

Länge 56 mm. Gelbgrau. Antennen 20gliedrig. 4 + 4 Kieferfußhüftzähne. Tergite mit 2 zarten Furchen. Sternite ohne deutliche Furchen, letztes mit Medianfurche. Präfemur der Endbeine ventral mit im ganzen 3 Dornen in 2 Reihen, dorsal mit 2 Dornen und Eckdorn.

Singapore.

Ungenügende Beschreibung (Coxopleuren? usw.), welche eine sichere Einreihung der Art nicht ermöglicht.

4. **E. australianus** Chamb. 1920 *E. a.*, Chamberlin in: Bull. Mus. Harvard, v. 64 p. 20.

Länge 33 mm. Kopf undeutlich fein punktiert. Antennen 20gliedrig, nur 3 Grundglieder glatt und glänzend, das 4. nur am Ende und auf einer Seite behaart. 4 + 4 Kieferfußhüftzähne, die seitlichen etwas kleiner. Tergite vom 6. an gefurcht, vom 6. oder 7. an berandet. Sternite mit 2 hinten abgekürzten Furchen, letztes verjüngt, hinten stumpfwinklig eingebuchtet. Coxopleurenfortsatz das Sternit um mehr als dessen Länge überragend, am Ende 2spitzig, die Spitzen genähert, lateral 3, dorsal 4—6 Dornen. 20. Beinpaar mit 1 Tarsalsporn. Präfemur der Endbeine ventral-lateral mit 3, ventral-medial mit 3, oben-medial mit 2 + 2 Dornen, Eckdorn einfach.

Australien: Neusüdwales, Southerland.

5. **E. venenosus** (Att.) 1897 *Heterostoma venenosum*, Attems in: Abh. Senckenb. Ges., *v.* 23 p. 478 | 1903 *Ethmostigmus venenosus*, Kraepelin in: Mt. Mus. Hamburg, *v.* 20 p. 159.

Länge 100 mm. Dunkel kastanienbraun oder dunkel olivengrün, Beine gelb. Antennen 20gliedrig, 4 Grundglieder kahl. 3 + 3 Kieferfußhüftzähne. Kopf und die ersten 4 Tergite fein punktiert; die folgenden Tergite mit kurzen Längstuberkeln und feiner Dornstrichelung, vom 3. oder 4. an gefurcht, vom 7. an berandet. Vordere Sternite mit sehr undeutlichen, vom etwa 11. an mit etwas deutlicheren Längsfurchen, letztes mit seichtem, medianem Eindruck, hinten seicht eingebuchtet. Coxopleurenfortsatz sehr lang, das Sternit fast um das Doppelte seiner Länge überragend, 1spitzig, dorsal mit einer Reihe von 5—7 Dornen, lateral 2 Dornen. 1.—3. Beinpaar mit 2, 4. bis 19. Beinpaar mit 1 Tarsalsporn. Präfemur der Endbeine ventral-lateral mit 3, ventral-medial mit 2 + 1, oben-medial mit 2 + 2 oder 1 + 1 Dornen; Eckdorn einfach. Alle Dornen lang und spitz.

Halmaheira, Celebes.

6. **E. granulosus** Poc. 1898 *E. g.*, Pocock in: Willey, Zool. Results, part I p. 62 | 1903 *E. g.*, Kraepelin in: Mt. Mus. Hamburg, *v.* 20 p. 160.

Länge bis 85 mm. Dunkel olivbraun mit metallischem Schimmer, Bauch olivgelb, Beine olivgrünlich oder gelblich. Kopf und Tergite fein punktiert, Antennen 20gliedrig, alle Glieder sehr gestreckt, über doppelt so lang wie breit. 3 + 3 Kieferfußhüftzähne. Tergite vom 3.—5. an gefurcht, vom 6. berandet, von der Körpermitte an auf den Seiten fein gänsehautartig körnig, auf der Mitte mit Gruppen von 3—4 feinsten Punkten, die ± in Reihen geordnet sind. Sternite undeutlich gefurcht, letzte verjüngt, mit Medianfurche, hinten eingebuchtet. 1.—3. Beinpaar mit 2, 4.—20. Beinpaar mit 1 Tarsalsporn. Coxopleurenfortsatz sehr lang, fast bis an das Ende des Präfemur reichend, kegelförmig, am Ende kurz 2spitzig, lateral 1, dorsal 1 oder 2 Dornen. Präfemur der Endbeine ventral-lateral mit 2 oder 1, ventral-medial mit 1, dorsal-medial mit 2 + 1 oder 2 + 2 Dornen und Eckdorn.

Neubritannien, Salomon-Inseln, Duke of York-Inseln, Neuguinea.

7. **E. coonooranus** Chamb. 1920 *E. c.*, Chamberlin in: Univ. Calif. Publ., *v.* 19 p. 392 f. 19—20.

Länge 57 mm. Olivbraun. Antennen 20gliedrig, alle Glieder länger als breit, 3 Grundglieder kahl. 3 + 3 Kieferfußhüftzähne. Tergite vom 3. an gefurcht, vom 7. berandet, alle glatt. Sternite vom 6. oder 7. an mit 2 abgekürzten, nach hinten die Mitte nicht überragenden Längsfurchen; letztes mit deutlicher Medianfurche, hinten winklig eingebuchtet, verjüngt. Coxopleurenfortsätze lang, das Sternit um mehr als dessen Länge überragend, beide fast parallel oder nur wenig zusammengeneigt, am Ende 1spitzig, mit einem Subapikaldorn nahe der Endspitze und einem kleinen dorsalen und 1 lateralen Dorn; dorsal gewölbt, ähnlich wie bei *E. rubripes* (Fig. 224). 1. und 2. Beinpaar mit 2, 3.—20. Beinpaar mit 1 Tarsalsporn. Präfemur der Endbeine ventral-lateral mit 2, ventral-medial mit 1, medial mit 2, oben-medial 2 Dornen. Eckdorn mäßig groß.

Indien, Coonoor.

8. **E. bisulcatus** (Töm.) 1885 *Heterostoma bisulcatum*, Tömösváry in: Termész. Füzetek, *v.* 9 p. 65 | 1887 *H. b.*, E. Haase in: Abh. Mus. Dresden, nr. 5 p. 92 t. 5 f. 98 | 1903 *Ethmostigmus bisulcatus*, Kraepelin in: Mt. Mus. Hamburg, *v.* 20 p. 160.

Länge bis 105 mm. Dorsal dunkelgrün oder olivgelb, ventral und Beine heller grün, Endbeine dunkel lauchgrün. Kopf, Kieferfußhüften, Tergite und Sternite gleichmäßig ziemlich dicht und fein punktiert. Antennen 18- bis 20gliedrig, auffallend kurz, das 2. Tergit kaum überragend (Fig. 221), die Glieder zum Teil kürzer als breit, 4 Grundglieder kahl. 3 + 3 Kieferfußhüftzähne. 2. Maxille mit 2 Nebenkrallen auf der Endkralle. Tergite vom 3. an gefurcht, vom 7. oder 10. an berandet, glatt. Sternite im vorderen, abschüssigen Teil mit 2 scharfen Furchen, die weiterhin höchstens in Spuren sich fortsetzen; letztes ohne Medianfurche, hinten tief eingebuchtet. Coxopleuren das Sternit kaum um dessen Länge überragend, 2spitzig, dorsal fast halbkreisförmig gebogen mit 2, selten 3 Dornen, lateral 1 Dorn. 1. bis 3. (selten 5.) Beinpaar mit 2, die folgenden bis zum 19. mit 1 Tarsalsporn. Präfemur der Endbeine ventral-lateral mit 3 oder 2, ventral-medial mit 2 oder 2 + 1, oben-medial mit 2 + 2 oder 1 + 1 Dornen und Eckdorn.

Borneo, Java, Siam.

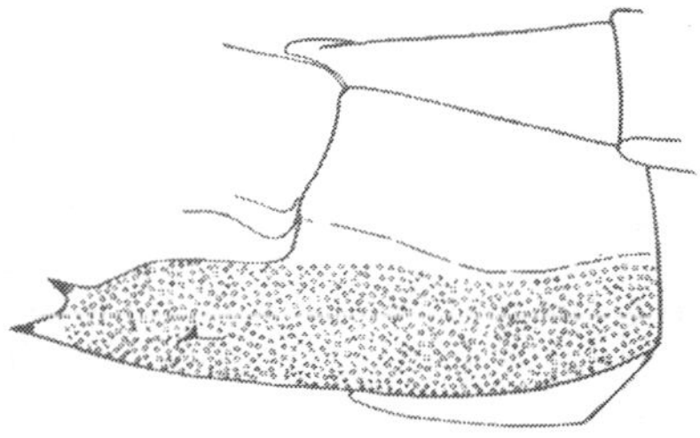

Fig. 220.
Ethmostigmus coonooranus Chamb.

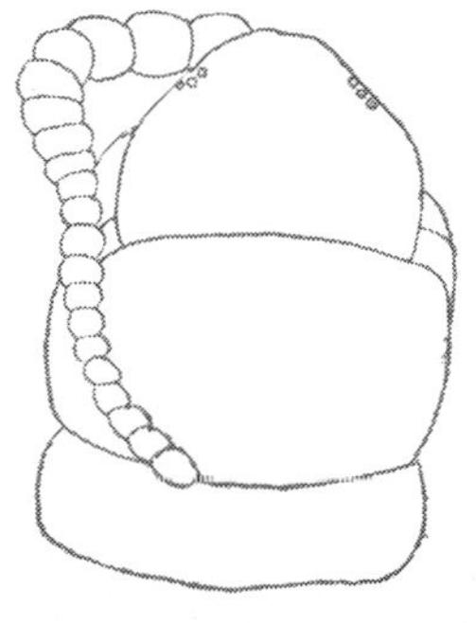

Fig. 221.
Ethmostigmus bisulcatus (Töm.)

9. **E. rubripes** (Brandt) 1840 *Scolopendra r.* + *spinulosa*, J. F. Brandt in: Bull. Ac. St.-Pétersb., *v.* 7 p. 156 | 1841 *S. r.*, J. F. Brandt, Recu. Mém., p. 65 | 1844 *S. sulcidens* + *squalidens* + *scabriventris* + *megacephala* + *sulcicornis*, Newport in: Ann. nat. Hist., *v.* 13 p. 99 | 1845 *Heterostoma sulcidens* + *sulcicornis* + *flava* + *m.* + *fasciata*, Newport in: Tr. Linn. Soc. London, *v.* 19 p. 415—417 | 1847 *Scolopendra rapax* + *rubripes* + *spinulosa* + *squalidens*, P. Gervais in: Walckenaer, Hist. Apt., *v.* 4 p. 248, 260, 288, 289 | 1847 *Heterostoma fasciatum* + *sulcidens* + *sulcicorne* + *flava* + *megacephala*, P. Gervais in: Walckenaer, Hist. Apt., *v.* 4 p. 246, 247 | 1886 *H. fasciatum*, Meinert in: Vidensk. Meddel., *v.* 36—38 p. 116 | 1887 *H. rubripes*, E. Haase in: Abh. Mus. Dresden, nr. 5 p. 89 t. 5 f. 93 | 1891 *H. r.* var. *grossipes*, Pocock in: Ann. nat. Hist., ser. 6 *v.* 7 p. 58 | 1894 *H. r.* + *crassipes*, Silvestri in: Ann. Mus. Genova, *v.* 34 p. 630, 632 | 1901 *Ethmostigmus r.*, Pocock in: Ann. nat. Hist., ser. 7 *v.* 8 p. 459 | 1903 *E. r.*, Kraepelin in: Mt. Mus. Hamburg, *v.* 20 p. 161 f. 105 | 1908 *E. r.*, Kraepelin in: Fauna S. W.-Austral., *v.* 2 p. 108 | 1912 *E. r.*, Brölemann in: Rec. Austral. Mus., *v.* 9 p. 44 | 1916 *E. r.*, Kraepelin in: Ark. Zool., *v.* 10 nr. 2 p. 8 | 1921 *E. r.*, Archey in: Tr. N. Zealand Inst., *v.* 53 p. 192.

Länge 115 mm. Farbe sehr variabel, dunkel braungrün bis orangegelb oder ockergelb, oft mit grünen Hinterrändern der Tergite, Beine gelb. Kopf und Tergite dichter, Sternite zerstreuter fein punktiert. Antennen 20gliedrig, Glieder länger als breit, 4 Grundglieder kahl, deutlich punktiert. 3 + 3 Kieferfußhüftzähne, der mittlere und innere Zahn jeder Seite durch Kerben mehrhöckerig. Kralle der 2. Maxille mit 2 Nebenkrallen (Fig. 222). Tergite vom 2. oder 3. an gefurcht, vom 6. oder 7. an berandet, glatt. Sternite nur mit

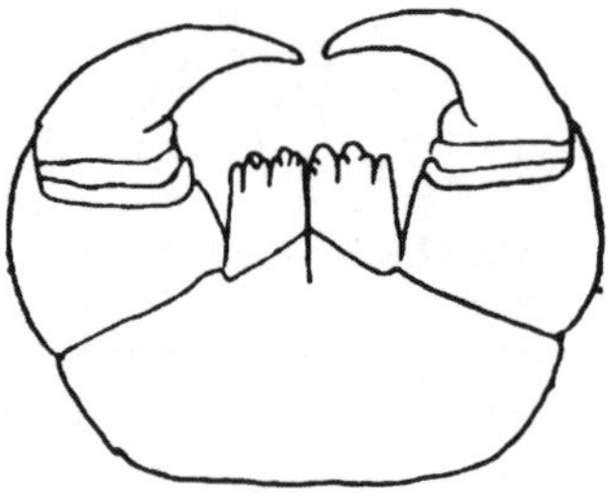

Fig. 222.
Ethmostigmus rubripes (Brandt).

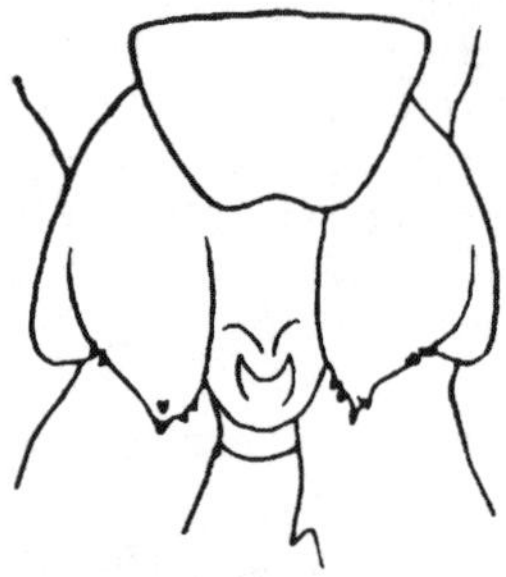

Fig. 223.
Ethmostigmus rubripes (Brandt).

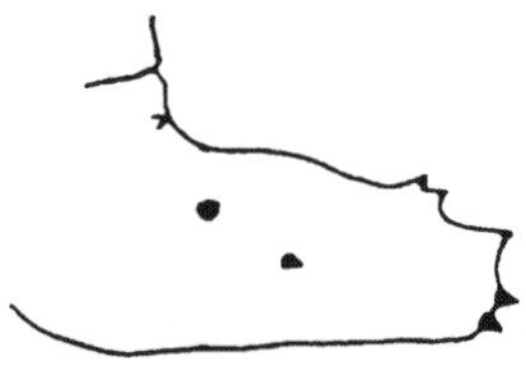

Fig. 224.
Ethmostigmus rubripes (Brandt).
Linker Coxopleurenfortsatz von außen.

schwachen Andeutungen von Längsfurchen, letztes mit Medianfurche, hinten tief, fast rechtwinkelig eingeschnitten. Coxopleurenfortsatz relativ kurz (Fig. 223), das Sternit nicht um dessen Länge überragend, dorsal bogig gewölbt, am Ende 2spitzig, dorsal 2—6, meist 3 bis 5 Dornen, seitlich 1 oder 2 Dornen (Fig. 224). Die ersten 3, manchmal 4 Beinpaare mit 2 Tarsalspornen, 20. Beinpaar meist mit 1 Tarsalsporn. Präfemur der Endbeine ventral-lateral mit 2 bis 5, meist 3, ventral-medial mit 1—3, meist 2, medial und oben-medial mit 3—6, meist 4 Dornen. Eckdorn meist einfach, selten 2spitzig.

Australien, Neuguinea, Salomon-Inseln, Sunday-Insel, Banda, Timor, Java. Einmal nach Neuseeland eingeschleppt.

10. **E. waiainus** Chamb. 1920 *E. w.*, Chamberlin in: Bull. Mus. Harvard, *v.* 64 p. 20.

Länge 125 mm. Dunkel braungrün, Kopf und 1. Tergit dunkler. Antennen 20gliedrig, die Glieder länger als breit. (Zahl der kahlen Grundglieder?) 3 + 3 Kieferfußhüftzähne, manchmal ein rudimentärer 4. Zahn medial jederseits, die einzelnen Zähne einfach, d. h. nicht durch Kerben höckerig. Tergite vom 3. an gefurcht. 2.—20. Sternit mit 2 scharfen Längsfurchen, letztes hinten tief ausgeschnitten. Coxopleurenfortsatz das Sternit um dessen Länge oder etwas mehr überragend, am Ende 2spitzig, mit 1 lateralen und 1 dorsalen Dorn. 1.—18. Beinpaar mit 1 Tarsalsporn, 19. und 20. Paar ohne solchen. Präfemur der Endbeine mit 2 Dornen ventral-lateral, 2 ventral-medial, 2 medial und 2 am oberen Medialrand. Eckdorn einfach.

Salomon-Inseln: Wai-ai, Auki, Fulakora.

11. **E. platycephalus** (Newp.) Syn.: *E. p.* + *spinosus* + *cribrifer* Aut.

Länge bis 145 mm. Färbung verschieden, olivgelb, kastanienbraun, oft mit grünen Hinterrändern der Tergite usw., oder olivgrün. Kopf meist sehr fein, selten kräftig punktiert, die Tergite spärlich und sehr fein punktiert. Antennen meist 20-, selten 19- oder 18gliedrig, bis über das 4. Tergit reichend, die Glieder länger als breit, 4 Grundglieder kahl. 3 + 3 Kieferfußhüftzähne, der mediale aus 2 Zähnen verschmolzen; dieser und der mittlere Zahn jeder Seite oft durch seichte Furchen höckerig. Kralle der 2. Maxille mit 2 Nebenkrallen. Tergite vom 3. oder 4. an gefurcht, vom 5. oder 6. an berandet. Sternite mit 2 ± deutlichen Längsfurchen, das letzte mit oder ohne Medianfurche, hinten seicht eingebuchtet. Coxopleurenfortsätze sehr lang, das Sternit um mehr als dessen Länge bis um das Doppelte derselben überragend, am Ende 1—3spitzig, dorsal nur wenig gewölbt, mit 0—3, lateral mit 1 oder 2 Dornen. Präfemur der Endbeine ventral-lateral mit 2 oder 3, ventral-medial mit 1—3, oben-medial meist mit 4, selten 3 Dornen. 1. oder 1. bis 4. Beinpaar mit 2 Tarsalspornen, 20. Beinpaar mit oder ohne Tarsalsporn.

3 Unterarten:

11a. **E. p. platycephalus** (Newp.) 1845 *Heterostoma platycephala*, Newport in: Tr. Linn. Soc. London, *v.* 19 p. 415 | 1847 *H. p.*, P. Gervais in: Walckenaer, Hist. Apt., *v.* 4 p. 246 | 1877 *H. Brownii*, A. G. Butler in: P. zool. Soc. London, p. 282 | 1887 *H. platycephalum* + var. *lugubre*, E. Haase in: Abh. Mus. Dresden, nr. 5 p. 92 t. 5 f. 99 | 1887 *H. Brownii* + var. *gracile*, E. Haase in: ibid., p. 94 t. 5 f. 102 | 1891 *H. viridipes*, Pocock in: Ann. nat. Hist., ser. 6 *v.* 7 p. 56 | 1893 *H. platycephalum*, Daday in: Termész. Füzetek, *v.* 16 p. 107 t. 5 f. 5, 6 | 1894 *H. Loriae*, Silvestri in: Ann. Mus. Genova, *v.* 34 p. 631 | 1898 *H. platycephalum*, Attems in: Denk. Ges. Jena, *v.* 8 p. 509 | 1898 *Ethmostigmus platycephalus*, Pocock in: Willey, Zool. Results, part 1 p. 62 | 1903 *E. p.*, Kraepelin in: Mt. Mus. Hamburg, *v.* 20 p. 162 f. 106, 107.

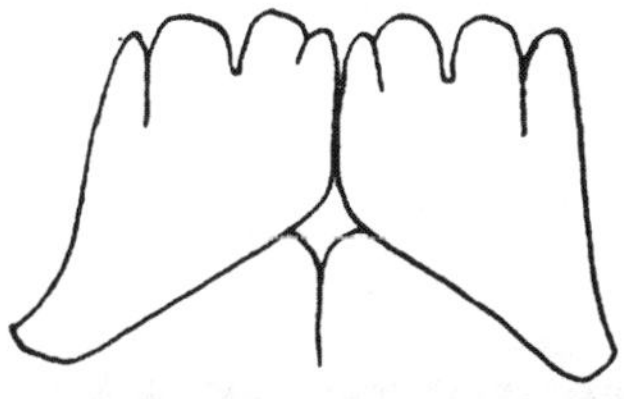

Fig. 225.
Ethmostigmus platycephalus platycephalus (Newp.)

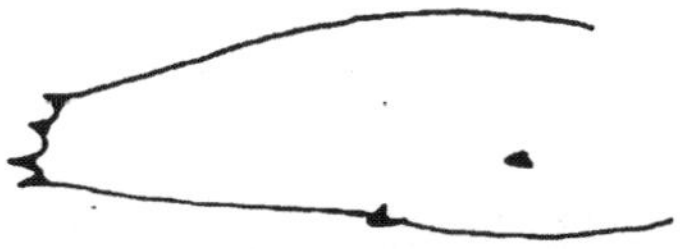

Fig. 226.
Ethmostigmus platycephalus platycephalus (Newp.)
Rechter Coxopleurenfortsatz von außen.

Coxopleurenfortsatz 2—3, manchmal 4spitzig, indem 1—2 Subapicaldornen ganz nahe an die 2 normalen Endspitzen heranrücken, dorsal von den Endspitzen entfernt 0—1 Dorn, lateral 1 Dorn, selten das Rudiment eines 2. Dorns (Fig. 226). Endbeinpräfemur ventral-lateral meist mit 3, selten mit 2 oder 1, ventral-medial und medial mit 1—3, oben-medial meist mit 4, selten nur 2 Dornen. Eckdorn meist einfach, selten 2spitzig, von mittlerer Größe. 1. oder 1.—4. Beinpaar mit 2 Tarsalspornen. 21. Sternit mit sehr deutlicher oder ohne Medianfurche. Die Punktierung von Kopf und Tergiten ist sehr verschieden stark, Sternite mit abgekürzten, aber deutlichen Längsfurchen.

Neuguinea und Archipel, Kei-Inseln, Neupommern, Duke of York Island, Salomon-Inseln, Tahiti, Ternate, New Britain, Molukken, Java, Indien, Malabarküste.

11b. **E. p. spinosus** (Newp.) 1845 *Heterostoma spinosa*, Newport in: Tr. Linn. Soc. London, *v.* 19 p. 414 | 1847 *H. spinosum*, P. Gervais in: Walckenaer, Hist. Apt. *v.* 4 p. 246 | 1865 *H. spinosa*, Humbert in: Mém. Soc. Genève, *v.* 18 p. 14 t. 1 f. 3a, b, t. 2 f. 3 | 1887 *H. spinosum* + var. *paucispinosum*, E. Haase in: Abh. Mus. Dresden, nr. 5 p. 90 t. 5 f. 94, 95 | 1891 *H. longicauda*, Pocock in: Ann. nat. Hist., ser. 6 *v.* 7

p. 55 | ? 1891 *H. parviceps*, Pocock in: Ann. Mus. Genova, *v.* 30 p. 418 | 1903 *Ethmostigmus spinosus*, Kraepelin in: Mt. Mus. Hamburg, *v.* 20 p. 103 f. 108.

Fig. 227.
Ethmostigmus platycephalus spinosus (Newp.)

Coxopleurenfortsatz (Fig. 227, 228) am Ende 1spitzig, mit einem Subapicaldorn oder 2spitzig, die 2 Spitzen etwas voneinander entfernt, dorsal von den Endspitzen entfernt 0 bis 1 Dorn; lateral 1 Dorn, manchmal dazu noch ein 2. winziges Spitzchen. Endbeinpräfemur (Fig. 229) ventral-lateral mit 2, sehr selten 3, ventral-medial und medial mit 1—2, oben-medial meist mit 4, selten 3 Dornen. Eckdorn riesig groß, beim ♂ ein gestreckt-kegelförmiger oder gedunsen-eiförmiger Fortsatz von der Länge der Präfemurdicke, der den eigentlichen Dorn an seiner Spitze trägt. Nur das 1. Beinpaar mit 2 Tarsalspornen.

Ceylon, Burma.

Fig. 228.
Ethmostigmus platycephalus spinosus (Newp.)
Rechter Coxopleurenfortsatz von innen.

Fig. 229.
Ethmostigmus platycephalus spinosus (Newp.) Endbeinpräfemur.

11c. **E. p. cribrifer** (Gerv.) 1847 *Scolopendra cribrifera*, P. Gervais in: Walckenaer, Hist. Apt., *v.* 4 p. 248 | 1887 *Heterostoma cribriferum* + var. *robustum*, E. Haase in: Abh. Mus. Dresden, nr. 5 p. 93 t. 5 f. 100, 101 | 1894 *H. c.*, Silvestri in: Ann. Mus. Genova, *v.* 34 p. 631 | 1903 *Ethmostigmus cribrifer*, Kraepelin in: Mt. Mus. Hamburg, *v.* 20 p. 159 f. 104.

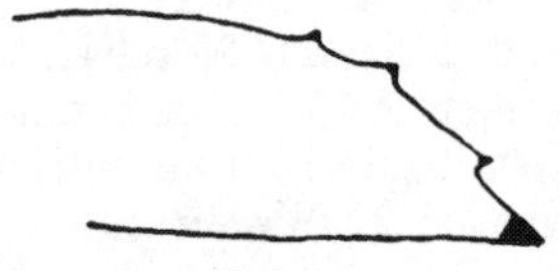

Fig. 230.
Ethmostigmus platycephalus cribrifer (Gerv.) Coxopleurenfortsatz.

Coxopleurenfortsatz das Sternit um mehr als dessen Länge überragend, am Ende 1spitzig, dorsal 2—3 Dornen, lateral 2 Dornen (Fig. 230). Endbeinpräfemur ventral-lateral mit 3, ventral-medial mit 2 oder 3, oben-medial mit 4 Dornen. Eckdorn einfach, von normaler Größe. 1. bis 3. Beinpaar mit 2 Tarsalspornen.

Halmaheira, Ternate, Ceram, Sumatra, Palau-Inseln: Amboina, Neuguinea, Kei-Inseln: I. Mafoor, Jobie; Vorderindien: Mysore.

Ungenügende Beschreibungen:

E. rugosus (Haase) 1887 *Heterostoma rugosum*, E. Haase in: Abh. Mus. Dresden, nr. 5 p. 91 t. 5 f. 96.

4 Grundglieder der Antennen kahl, 3 + 3 gefurchte und gekerbte Kieferfußhüftzähne. Kopf und 1. Tergit unregelmäßig grubig vertieft. 2.—14. Tergit undeutlich quer und gröber längsrunzelig eingedrückt. Coxopleurenfortsatz mit 2 einander ge-

näherten Endspitzen, dorsal 1, lateral 2 Dornen. 20. Beinpaar mit Tarsalsporn. Präfemur der Endbeine mit 11 Dornen zu 3, 2, 3, 3.

Halmaheira.

E. spinulosus (Brandt) 1840 *Scolopendra spinulosa*, J. F. Brandt in: Bull. Ac. St.-Pétersb., *v.* 7 p. 156 | 1841 *S. s.*, J. F. Brandt, Recu. Mém., p. 65 | 1845 *Heterostoma s.*, Newport in: Tr. Linn. Soc. London, *v.* 19 p. 418.

Patria ignota.

E. sulcideus (Kohlr.) 1881 *Heterostoma s.*, Kohlrausch in: Arch. Naturg., *v.* 47 I p. 59.

Australien, Amerika, Afrika, China usw.

Ist eine Vermischung mehrerer Arten.

E. tristis (Mein.) 1886 *Heterostoma triste*, Meinert in: Vidensk. Meddel., *v.* 36 bis 38 p. 114.

Madras.

14. Gen. Rhysida H. C. Wood

1845 *Branchiostoma* (non O. Costa 1834), Newport in: Tr. Linn. Soc. London, *v.* 19 p. 411 | 1855 *Ptychotrema*, Peters in: Monber. Ak. Berlin, p. 82 | 1862 *Branchiostoma* + *Trematoptychus*, Peters, Reise Mossamb., *v.* 5 p. 529 | 1862 *Rhysida*, H. C. Wood in: J. Ac. Philad., ser. 2 *v.* 5 p. 40 | 1886 *Branchiostoma*, Meinert in: Vidensk. Meddel., *v.* 36—38 p. 116 | 1891 *Rhysida* + *Ethmophorus*, Pocock in: Ann. nat. Hist., ser. 6 *v.* 7 p. 230, 58 | 1903 *R.*, Kraepelin in: Mt. Mus. Hamburg, *v.* 20 p. 139 | 1907 *R.*, C. Verhoeff in: Bronn, Kl. Ordn., *v.* 5 II p. 257.

21 Beinpaare. Kopf ungefurcht, ohne Basalplatten, hinten fast stets vom 1. Tergit überlagert (Fig. 231), nur bei *R. celeris* manchmal beide frei aneinander stoßend. Antennen 17—21 gliedrig, mit 3—4 kahlen Grundgliedern, das 3. öfters ventral am Ende behaart. Clypeus nicht beborstet. Labrum am Hinterrande und auf der Fläche beborstet. 2. Telopoditglied der 2. Maxille mit 1 Dorn; Endkralle mit hinterer, schlanker, eng anliegender Nebenkralle, ohne vordere Nebenkralle. (Bei *R. longipes, nuda.*) Kieferfüße mit normalen Zahnplatten, jede mit 3—5 oder 6 Zähnen und einer Borste. Präfemur mit großem Innenzahn. 1. Tergit ungefurcht, 2., 4., 6., 9., 11., 13., 15., 17., 19. Tergit kürzer als die dazwischen liegenden; kaudalwärts wird dieser Unterschied sehr gering. Tergite meist erst vom 5. an oder noch später mit 2 Längsfurchen, die durchgehen oder auf ganz kurze Striche hinten reduziert sind. Manchmal haben die Tergite 5 flache Längskiele; gewöhnlich sind sie glatt, manchmal feinkörnig. Seitliche Berandung entweder nur auf dem letzten Tergit oder auch auf einer Anzahl Tergite davor. Sternite meist nur mit ganz kurzen Furchen vorn, selten mit bis zur Mitte oder fast ganz durchlaufenden Längsfurchen, manchmal auch mit Gruben. Coxopleuren stets mit gut ausgebildetem Fortsatz, der am Ende 1—4, meist 2- oder 3 spitzig ist und oft auch lateral und dorsal 1 oder 2 Dörnchen trägt. Die Poren lassen

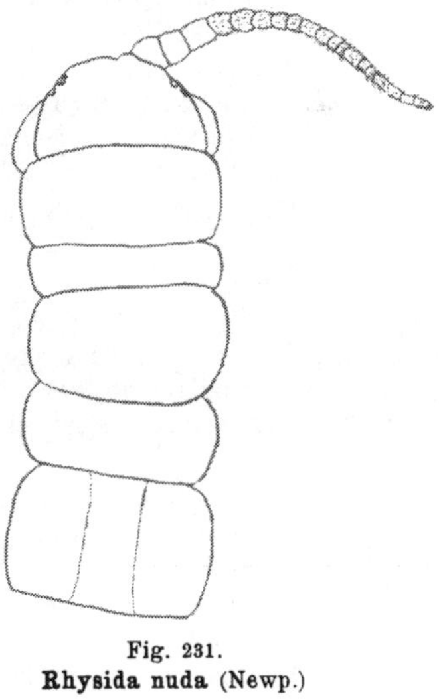

Fig. 231.
Rhysida nuda (Newp.)

nur einen schmalen, an der Spitze des Fortsatzes beginnenden Streif frei. Endbeine ± lang und schlank, Präfemur bedornt oder unbedornt, die Dornen in Zahl und Anordnung recht variabel, nicht nur bei den Individuen einer Art, sondern auch auf beiden Beinen eines Individuums. Endkralle normal, mit 2 Klauenspornen. 1.—18. Beinpaar immer mit Tarsalspornen, und zwar eine Anzahl der vorderen Beine meist mit 2, die folgenden mit 1 Sporn; 19. Beinpaar meist mit 1, 20. Beinpaar mit oder ohne Tarsalsporn. 1. Beinpaar manchmal auch mit 1 Tibialsporn. 10 Stigmenpaare auf den beintragenden Segmenten 3, 5, 7, 8, 10, 12, 14, 16, 18, 20. Kelch viel tiefer als bei *Ethmostigmus*, weit offen, seine Medialwand mit schmalen Septen versehen. 1. Stigma schräg, fast längsoval, manchmal S-förmig, die folgenden mit dorsoventraler Längsachse.

Indo-australische, äthiopische, neotropische Region.

Typus: *R. lithobioides* (Newp.)

18 Arten mit 12 Unterarten und 2 Varietäten.

Übersicht über die Arten:

1	Tergite, ausgenommen die vorderen, mit durchgehenden Paramedianfurchen — 2	
	Alle Tergite ohne durchgehende Paramedianfurchen, höchstens mit kurzen Furchen hinten — 20	
2	Nur das 21. Tergit seitlich berandet	4. **R. nuda**: 3
	Berandung auch auf einer Anzahl Tergite vor dem letzten — 5	
3	Antennen kurz, bis zum Anfang des 5. Tergits reichend; nur die ersten 7—12 Beinpaare mit 2 Tarsalspornen. Endsternit nach hinten kaum verjüngt (Fig. 238). Coxopleurenfortsatz 2spitzig. Westafrika	4c. **R. nuda togoensis**
	Antennen bis zum Ende des 6. Tergits reichend; die vorderen 16—18 Beinpaare mit 2 Tarsalspornen. 21. Sternit nach hinten deutlich verschmälert (Fig. 237) — 4	
4	Coxopleurenfortsatz 2spitzig. 20. Beinpaar mit 1 Tarsalsporn	4a. **R. nuda nuda**
	Coxopleurenfortsatz 3spitzig. 20. Beinpaar meist ohne Tarsalsporn	4b. **R. nuda immarginata**
5	Coxopleurenfortsatz kurz, am Ende 1- oder 2-, selten 3spitzig, lateral und dorsal ohne Dorn — 6	
	Coxopleurenfortsatz meist lang, am Ende 3- oder 4-, selten 2spitzig, lateral mit 1—2 Dornen — 10	
6	4.—21. Tergit dicht fein-grieselig gekörnt; Präfemur der Endbeine unbedornt. Zentral- und Südamerika	3. **R. celeris**
	Tergite glatt; Präfemur der Endbeine bedornt; alte Welt — 7	
7	5.—19. Sternit mit 2 durchgehenden Paramedianfurchen. Nur das 1. Beinpaar mit 2 Tarsalspornen; Präfemur der Endbeine mit 6 Dornen, von denen 4 groß, zapfenartig sind, und ebenfalls zapfenartigem Eckdorn	2. **R. crassispina**
	Sternite höchstens mit kurzen Furchen vorn. 8 oder mehr Beinpaare mit 2 Tarsalspornen. Alle Dornen des Präfemur gewöhnlich, klein . . .	1. **R. lithobioides**: 8

8 { Einfarbig olivgrün oder olivbraun. 1.—18. Beinpaar mit 2 Tarsalspornen. Antennen 19- oder 20gliedrig. Jederseits 4 oder 5 Kieferfußhüftzähne. 21. Sternit nach hinten kaum verjüngt (Fig. 234). Endbeinpräfemur ohne Eckdorn . . 1c. **R. l. paucidens**
Kopf und 1. Tergit rotgelb, von der olivgrünlichen Rückenfarbe abstechend. 21. Sternit nach hinten deutlich verjüngt (Fig. 232) — **9**

9 { Nur die ersten 8 oder 9 Beinpaare mit 2 Tarsalspornen. Antennen 16- oder 17gliedrig. Jederseits 3 oder 4 Kieferfußhüftzähne. Präfemur der Endbeine mit Eckdorn . . . . 1a. **R. l. lithobioides**
Die vorderen 15—16 Beinpaare mit 2 Tarsalspornen. 18 oder 19 Antennenglieder. 5 + 5 Kieferfußhüftzähne, die inneren und äußeren jeder Seite winzig (Fig. 233). Präfemur der Endbeine ohne Eckdorn . . . . 1b. **R. l. abessynica**

10 (5) { Tergite vom 14. an mit 5 Längskielen . . . . . 5. **R. carinulata**
Tergite ohne Längskiele — **11**

11 { Sternite mit 2 bis zur oder über die Mitte reichenden oder ganz durchlaufenden Längsfurchen, wenigstens in der hinteren Körperhälfte — **12**
Sternite mit 2 nur ganz kurzen Furchen vorn — **14**

12 { Coxalfortsatz dorsal ohne Dorn. 4 + 4 Kieferfußzähne. Die Sternitfurchen reichen über die Mitte oder laufen ganz durch — **13**
Coxalfortsatz dorsal mit 1 Dorn. 3 + 3 Kieferfußzähne. Die Sternitfurchen der vorderen Segmente ganz kurz, die der anderen reichen bis zur Mitte. Eckdorn des Endbeinpräfemur einspitzig . . . . 8. **R. suvana**

13 { Coxopleurenfortsatz 4spitzig. Eckdorn 5—10spitzig. 1.—16. Beinpaar mit 2 Tarsalspornen. (Hinterindien) . . . . 6. **R. calcarata**
Coxopleurenfortsatz 2spitzig. Eckdorn einfach. Nur das 1. Beinpaar mit 2 Tarsalspornen. (Congo) . 7. **R. ventrisulcus**

14 { Coxopleurenfortsatz sehr lang, 3mal so lang wie das Sternit (Fig. 241), bis zum Ende des Präfemur reichend, 2spitzig. 1.—19. Beinpaar mit 1 Tarsalsporn. Körper bis 200 mm lang . . . 9. **R. monticola**
Coxopleurenfortsatz kürzer, höchstens doppelt so lang wie das Sternit und nicht bis zum Ende des Präfemur reichend. Die vorderen 7 bis 19 Beinpaare mit 2 Tarsalspornen. Körper bis 80 mm lang — **15**

15 { Coxopleuren auch dorsal mit 1 oder 2 Dornen — **16**
Coxopleuren dorsal ohne Dorn — **17**

16 { Coxopleurenfortsatz mäßig lang (Fig. 242). Tergite vom 5. an gefurcht, vom 10. oder 11. an berandet. Sokotra . . . . 10. **R. longicornis**
Coxopleurenfortsatz das Sternit um mehr als dessen Länge überragend. Tergite vom 3. an gefurcht, vom 7. an berandet. Australien . . . . 11. **R. defecta**

17 Antennen meist 21-, selten nur 19- oder 18gliedrig. Präfemur der Endbeine ventral-lateral mit 0—1, medial und oben mit 5 winzigen Dornen und winzigem Eckdorn. Grundfurchen der Zahnplatten fast eine gerade Linie bildend . . . . 12. **R. subinermis**
Antennen 17- oder 18gliedrig. Präfemur der Endbeine ventral-lateral mit 3—4, ventral-medial mit 2—4, dorsal-medial mit 1—4 kräftigen Dornen. Grundfurchen der Zahnplatten in stumpfem oder fast rechtem Winkel zueinander (Fig. 243) . . . . 13. **R. longipes**: 18

18 Präfemur der Endbeine ohne Eckdorn . . . . . 13b. **R. l. simplicior**
Präfemur der Endbeine mit Eckdorn — **19**

19 Antennen lang, bis zum Ende des 6. Tergits reichend. Coxopleurenfortsatz lang, 3spitzig. Grundfurchen der Zahnplatten im rechten Winkel zueinander . . . . 13a. **R. l. longipes**
Antennen nur bis zum Ende des 4. Tergits reichend. Coxopleurenfortsatz kürzer, 2spitzig. Grundfurchen der Zahnplatten einen stumpfen Winkel bildend . . . . 13c. **R. l. kurandana**

20 (1) Nur das 21. Tergit seitlich berandet. Präfemur der Endbeine meist mit mehreren Dornen. Grundfurchen der Zahnplatten in stumpfem Winkel zusammenstoßend — **21**
Tergite vom 6.—9. an berandet. Präfemur der Endbeine ganz unbedornt oder mit winzigen Dörnchen — **25**

21 Äußere Begrenzung der Porenarea der Coxopleuren ziemlich geradlinig. 19. Beinpaar mit 2 Tarsalspornen . . . . 14. **R. stuhlmanni**
Äußere Begrenzung der Porenarea tief eingebuchtet. 19. Beinpaar mit 1 Tarsalsporn — **22**

22 Coxopleuren 3spitzig. Vordere Stigmen oval . . 15. **R. intermedia**
Coxopleuren zweispitzig. 1. Stigma geschlossen, ~förmig oder oval . . . . 16. **R. afra**: 23

23 Coxopleuren mit 2 kräftigen Endspitzen (Fig. 247). Präfemur der Endbeine ventral-lateral mit 1—2, ventral-medial und dorsal mit je 1 Dorn. Südafrika . . . . 16a. **R. a. afra**
Coxopleuren mit 2 winzigen Endspitzen. Präfemur der Endbeine unbedornt oder mit 1 Dorn medial und 1 kleinen Höcker ventral — **24**

24 Die Behaarung der Antennen ist ebenso bleichgelb wie die Glieder selbst. Antennen bis zum Ende des 3. Tergits reichend. 1. Stigma geschlossen, meist ~förmig. Südafrika . . . . 16b. **R. a. petersi**
Die gelbe Behaarung der Antennen hebt sich vom grünen Grund der Glieder scharf ab. Antennen bis zum Hinterrand des 5. Tergits reichend. 1. Stigma oval. Indien . . . . 16c. **R. a. cuprea**

25 (20) Grundfurchen der Zahnplatten fast eine gerade Linie bildend. Brasilien . . . . 17. **R. brasiliensis**
Grundfurchen der Zahnplatten stumpfwinklig (120°) zueinander. Ceylon . . . . 18. **R. ceylonica**

1. **R. lithobioides** (Newp.) 1845 *Branchiostoma l.*, Newport in: Tr. Linn. Soc. London, *v.* 19 p. 411 | 1847 *B. l.*, P. Gervais in: Walckenaer, Hist. Apt., *v.* 4 p. 249 | 1887 *B. l.*, E. Haase in: Abh. Mus. Dresden, nr. 5 p. 84 | 1903 *Rhysida l.* + *paucidens*, Kraepelin in: Mt. Mus. Hamburg, *v.* 20 p. 150, 151 f. 92, 93.

Tergite vom 4. oder 5. an mit durchgehenden Paramedianfurchen; wenigstens das 20., meist aber auch einige weitere Tergite bis zum 13. seitlich berandet. Tergite glatt, ohne Kiele oder Granulierung. Sternite nur vorn mit ganz kurzen Furchen. Coxopleurenfortsatz mäßig lang, am Ende 2spitzig, ohne lateralen und dorsalen Dorn. 8—18 Beinpaare mit 2 Tarsalspornen, die folgenden bis inkl. 20. mit 1 Tarsalsporn. Endbeinpräfemur bedornt in sehr variabler Weise.

China, Indien, Somaliland, Abessynien.

3 Unterarten:

1a. **R. l. lithobioides** (Newp.) 1845 *Branchiostoma l.*, Newport in: Tr. Linn. Soc. London, *v.* 19 p. 411 | 1881 *B. l.*, Kohlrausch in: Arch. Naturg., *v.* 47 I p. 67 | 1887 *B. l.*, E. Haase in: Abh. Mus. Dresden, nr. 5 p. 84 | 1903 *Rhysida l.*, Kraepelin in: Mt. Mus. Hamburg, *v.* 20 p. 150 f. 93.

Fig. 232. **Rhysida lithobioides lithobioides** (Newp.) Endbeinsternit.

Länge 40 mm. Grünlich oliv, mit dunkleren Hinterrandsbinden, Kopf und Endsegmente gelb. Antennen 16- oder 17gliedrig. 3 + 3 oder 4 + 4 Kieferfußhüftzähne. Tergite vom 5. an gefurcht, vom 13. an berandet. Sternite ohne Furchen und Gruben, letztes verjüngt, hinten seicht ausgerandet, ohne Medianfurche (Fig. 232). Coxopleurenfortsatz kurz dreieckig, 2spitzig, ohne seitliche und dorsale Dornen. Die ersten 8 oder 9 Beinpaare mit 2, die folgenden mit 1 Tarsalsporn. Präfemur der Endbeine ventral-lateral mit 3—4, ventral-medial mit 2—3, medial und dorsal mit 6—8 Dornen; Eckdorn spitzig.

China, ?Burma.

1b. **R. l. abessynica** Att.

Länge 48 mm. Kopf samt Antennen und 1. Tergit rotgelb (Fig. 233), von der olivgrünlichen Rückenfarbe verschieden, Beine gelb. Kopf sehr fein punktiert, hinten vom 1. Tergit überlagert. Antennen 18- oder 19gliedrig,

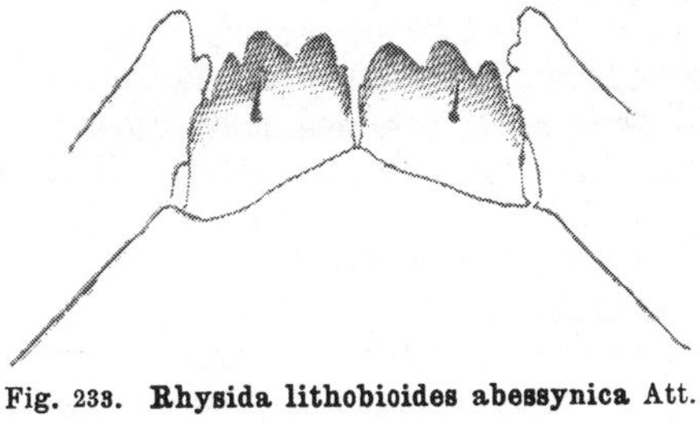

Fig. 233. **Rhysida lithobioides abessynica** Att.

das 3. Glied dorsal ganz kahl, ventral nur am Ende mit schmalem querem Haarfeld. 5 + 5 Kieferfußhüftzähne, von denen die inneren und äußeren jeder Seite winzig klein sind; die Grundfurchen im etwas stumpfen Winkel zueinander (Fig. 233). Hüften fein punktiert, vorn ohne Medianfurche. Tergite vom 4. oder 5. an gefurcht; seitliche Berandung schwach, vom 13.—17. an, manchmal nur auf dem 20. halbwegs deutlich. Tergite im übrigen glatt. Sternite nur vorn mit ganz kurzen Furchen, glatt; letztes deutlich verjüngt, ohne Medianfurche, hinten seicht eingebuchtet. Coxopleurenfortsatz schlankkegelig, mit 2 kräftigen Endspitzen, ohne lateralen und dorsalen Dorn. Die ersten 15 oder 16 Beinpaare mit 2, die folgenden bis inkl. 20. mit 1 Tarsalsporn. Bedornung des Endbeinpräfemur sehr variabel: ventral-lateral 1—3, ventral-medial und medial 1—3, oben 1—3 Dornen; alle Dornen in der basalen Hälfte; kein Eckdorn. Die Bedornung kann auf beiden Beinen eines Tieres verschieden sein.

Abessynien.

1c. **R. l. paucidens** Poc. 1897 *R. p.*, Pocock in: D. Smith, Unknown Afr. Countries, app. C p. 403 | 1903 *R. p.*, Kraepelin in: Mt. Mus. Hamburg, *v.* 20 p. 150 f. 92.

Länge 52 mm. Olivgrün oder grünbraun. Kopf zerstreut punktiert. Antennen 19—20gliedrig. 4 + 4 bis 5 + 5 Kieferfußhüftzähne, Hüften zerstreut punktiert. Tergite fast glatt, vom 4. an gefurcht, vom 13.—18. an berandet. Sternite höchstens am Vorderrande mit ganz kurzen Furchen, fein zerstreut punktiert; letztes quadratisch, nach hinten kaum verjüngt, mit deutlicher Medianfurche, hinten bogig ausgerandet (Fig. 234). Coxopleurenfortsatz kurz kegelig, 2-, selten 1spitzig, ohne lateralen und dorsalen Dorn. 1.—18. Beinpaar mit 2, 20. mit 1 Tarsalsporn. Präfemur der Endbeine ventrallateral mit 1, ventral-medial mit 1, dorsal-medial mit 1 bis 2 genäherten Dornen, alle Dornen nur in der Grundhälfte; kein Eckdorn.

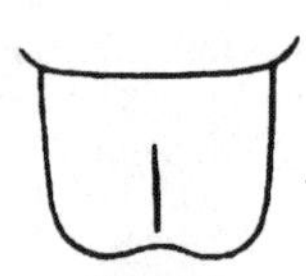
Fig. 234. **Rhysida lithobioides paucidens** Poc. Endbeinsternit.

Somaliland; Vorderindien: Pondichery.

2. **R. crassispina** Krpln. 1903 *R. c.*, Kraepelin in: Mt. Mus. Hamburg, *v.* 20 p. 151 f. 94.

Länge 66 mm. Olivgelblich, mit dunkelgrünen Hinterrändern, Kopf und 1. Tergit gelbrot. Kopf länger als breit, ziemlich grob zerstreut punktiert. Antennen 18gliedrig, $4^1/_2$ Grundglieder kahl und glänzend. 4 + 4 Kieferfußhüftzähne; Zahnplatten fast doppelt so lang wie breit, Grundfurchen fast im rechten Winkel zusammenstoßend; Hüften ziemlich grob punktiert, vorn mit kurzer Medianfurche. Tergite vom 4. an mit vollständigen Paramedianfurchen, vom 5. oder 6. an berandet. Die ersten 4 Sternite mit 2 kurzen Furchen vorn und 2 länglichen paramedianen Längsgruben in der Mitte; 5.—19. mit 2 durchgehenden paramedianen Furchen, schwacher Mediandepression und 3 rundlichen Hinterrandsgruben, letztes $1^1/_3$ mal so lang wie breit, schwach verjüngt, hinten eingebuchtet. Coxopleurenfortsatz kegelförmig, 2spitzig, ohne laterale und dorsale Dornen. 1. Beinpaar mit 2, 2.—17. oder 18. Paar mit 1 Tarsalsporn. Präfemur der Endbeine ventral mit 4 Dornen in 2 Reihen, die medialen groß, zapfenförmig, dorsal-medial auch 2 große zapfenförmige Dornen und 1 großer einspitziger Eckdorn (Fig. 235).

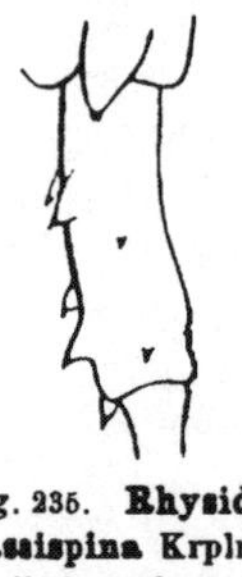
Fig. 235. **Rhysida crassispina** Krpln. Endbeinpräfemur.

Vorderindien: Matheran bei Bombay.

3. **R. celeris** (Humb. & Sauss.) 1870 *Branchiostoma celer*, Humbert & Saussure in: Rev. Mag. Zool., ser. 2 *v.* 22 p. 202 | 1872 *B. c.*, Saussure & Humbert in: Miss. Mex., part 6 sect. 2 p. 122 t. 6 f. 16 | 1881 *B. c.*, Kohlrausch in: Arch. Naturg., *v.* 47 i p. 69 | 1886 *B. c.*, Meinert in: P. Amer. phil. Soc., *v.* 23 p. 183 | 1896 *Rhysida celeris*, Pocock in: Biol. Centr.-Amer., Chilop. p. 27 | 1903 *R. c.* + *R. aspera*, Kraepelin in: Mt. Mus. Hamburg, *v.* 20 p. 149 | 1904 *R. c.*, Brölemann in: Revista Mus. Paul., *v.* 6 p. 66.

Länge 70 mm. Blaugrün bis olivgrün. Beine gelbgrün. Kopf fein punktiert, frei an das 1. Tergit anstoßend oder hinten ein wenig von letzterem überlagert. Antennen 18—21gliedrig, das 3. Glied dorsal kahl, ventral im Enddrittel behaart. 4 + 4 oder 5 + 5 Kieferfußhüftzähne; Zahnplatten breiter als lang, stark gerundet; die Grenzfurchen einen sehr stumpfen Winkel bildend; die Fläche der Hüften reichlich punktiert, vorn keine Medianfurche. Die Paramedianfurchen beginnen auf dem 3.—6. Tergit, die seitliche Berandung beginnt auf dem 5.—15. Tergit. 4.—21. Tergit auf der ganzen Fläche dicht fein grieselig bekörnt. Sternite sehr fein und seicht punktiert, vorn mit 2 kurzen, aber immerhin bis fast zu $^1/_4$ der Länge reichenden Längsfurchen; letztes länger als vorn breit, verschmälert, hinten eingebuchtet. Coxopleurenfortsatz kurz, dick-konisch mit 2 winzigen, knapp hintereinander stehenden Endspitzen, ohne lateralen oder dorsalen Dorn. 1.—18. Beinpaar mit 2, 19. Paar mit 1 Tarsalsporn, 20. mit oder ohne Tarsalsporn. Präfemur der Endbeine unbedornt.

Von Georgia und Mexiko durch Zentralamerika und Antillen bis Venezuela, Bolivia, Brasilien, Argentinien.

4. **R. nuda** (Newp.) 1845 *Branchiostoma nudum*, Newport in: Tr. Linn. Soc. London, *v.* 19 p. 412 | 1903 *Rhysida nuda + immarginata + togoensis*, Kraepelin in: Mt. Mus. Hamburg, *v.* 20 p. 143—145 f. 84, 85.

Antennen 17—21gliedrig. Tergite vom 3.—8. an mit vollständigen Paramedianfurchen. Nur das 21. Tergit seitlich berandet. Coxopleurenfortsatz am Ende 2- oder 3spitzig, ohne dorsale und laterale Dornen. Die vorderen 10—18 Beinpaare mit 2 Tarsalspornen.

Indoaustralische Region, Amerika von Mexiko bis Paraguay, Westafrika.

3 Unterarten:

4a. **R. n. nuda** (Newp.) 1845 *Branchiostoma nudum*, Newport in: Tr. Linn. Soc. London, *v.* 19 p. 412 | 1847 *B. n.*, P. Gervais in: Walckenaer, Hist. Apt., *v.* 4 p. 249 | 1881 *B. gymnopus*, Kohlrausch in: Arch. Naturg., *v.* 47 I p. 67 | 1887 *B. g.* + var. *ceylonicum*, E. Haase in: Abh. Mus. Dresden, nr. 5 p. 86 | 1896 *Rhysida immarginata*, Pocock in: Biol. Centr.-Amer., Chilop. p. 26 | 1903 *R. nuda*, Kraepelin in: Mt. Mus. Hamburg, *v.* 20 p. 144.

Länge 55 mm. Rücken olivengrünlich, Bauch und Beine gelblich, Kopf deutlich punktiert, ungefurcht; Antennen 18—21, meist 20gliedrig, bis zum Ende des 6. Tergits reichend, die ersten 2 Glieder und der größte Teil des 3. Gliedes kahl, letzteres dorsal nur ganz schmal am Endrande, ventral bis fast zur

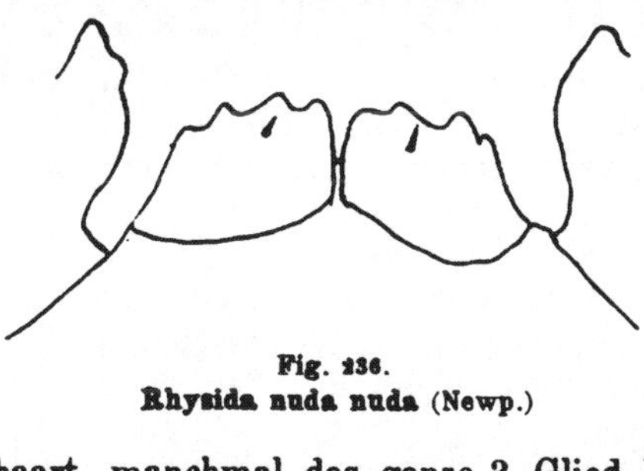

Fig. 236.
Rhysida nuda nuda (Newp.)

Fig. 237.
Rhysida nuda nuda (Newp.)

Mitte behaart, manchmal das ganze 3. Glied kahl. 4 + 4 Kieferfußhüftzähne, die Zahnplatten breiter als lang, die Grundfurchen einen sehr stumpfen Winkel bildend (Fig. 236). Tergite kaum merklich punktiert; die vollständigen

Paramedianfurchen beginnen auf dem 3.—8. Tergit, vorher meist einige Tergite mit vorn abgekürzten Furchen. Nur das 21. Tergit seitlich berandet. Sternite glatt, nur ganz vorn sehr kurze Furchen, letztes verjüngt, hinten sehr seicht eingebuchtet. Coxopleurenfortsatz ziemlich kurz konisch, am Ende 2spitzig; Seitenrand des Porenfeldes stark gestutzt, das Feld vorn viel breiter als hinten. 1. Beinpaar mit 1 vorderen Tibial- und 1 vorderen Tarsalsporn, 2.—18. Paar mit 2 Tarsalspornen, 19. und 20. Paar mit 1 Tarsalsporn; 2 Klauensporne. Präfemur der Endbeine ganz unbedornt oder ventral-lateral mit 2—3, ventral-medial mit 1, medial mit 0—1 Dorn. Kein Eckdorn (Fig. 237).

Burma, Ceylon, Inseln der Bandasee, Australien, Amerika von Mexiko bis Paraguay.

4b. **R. n. immarginata** (Por.) 1876 *Branchiostoma immarginatum*, Porat in: Bih. Svenska Ak., *v.* 4 nr. 7 p. 24 | 1881 *B. indicum*, Kohlrausch in: Arch. Naturg., *v.* 47 I p. 67 | 1885 *B. subspinosum*, Tömösváry in: Termész. Füzetek, *v.* 9 p. 65 | 1886 *B. immarginatum*, Meinert in: Vidensk. Meddel., *v.* 36—38 p. 118 | 1887 *B. i.* + var. *celebense*, E. Haase in: Abh. Mus. Dresden, nr. 5 p. 85 t. 5 f. 89, 90 | 1903 *Rhysida immarginata*, Kraepelin in: Mt. Mus. Hamburg, *v.* 20 p. 143.

Antennen (19—)20gliedrig, bis zur Mitte des 6. Tergits reichend. Coxopleurenfortsatz am Ende 3spitzig. Präfemur der Endbeine ventral-lateral mit 2—3, ventral-medial mit 1, medial mit 0—1 Dornen. Die ersten 16 bis 18 Beinpaare mit 2, 19. Beinpaar mit 1 Tarsalsporn, 20. meist ohne Tarsalsporn. Sonst ganz wie *R. nuda*.

Sundainseln, Indien, Burma, Philippinen, Venezuela, Guatemala.

4c. **R. n. togoensis** Krpln. 1903 *R. t.*, Kraepelin in: Mt. Mus. Hamburg, *v.* 20 p. 145 f. 84, 85 | 1906 *R. t.*, Brölemann in: Mém. Soc. zool. France, *v.* 18 p. 201.

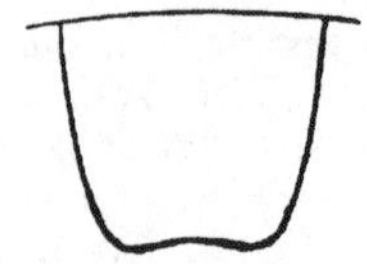

Fig. 238. **Rhysida nuda togoensis** Krpln. Endbeinsternit.

Antennen kurz bis Anfang des 5. Tergits reichend, 18 seltener 17gliedrig. Coxopleurenfortsatz 2spitzig. 21. Sternit nach hinten wenig verschmälert, hinten flachbogig ausgerandet. (Fig. 238). Die ersten 10—12 Beinpaare mit 2, die folgenden bis zum 19. mit 1, 20. Paar ohne Tarsalsporn. Präfemur der Endbeine ventral-lateral mit 2, ventral-medial mit 1, medial und oben je 1 Dorn. Kein Eckdorn.

Westafrika: Sierra Leone, Togo, Kamerun, Senegambien.

5. **R. carinulata** (Haase) 1887 *Branchiostoma carinulatum* + var. *australicum*, E. Haase in: Abh. Mus. Dresden, nr. 5 p. 82 t. 5 f. 85 | 1894 *Rhysida rugulosa*, Pocock in: Weber, Ergeb. Reise Niederl. O.-Ind., *v.* 3 p. 314 | 1894 *R. carinulata*, Silvestri in: Ann. Mus. Genova, *v.* 34 p. 629 | 1903 *R. c.*, Kraepelin in: Mt. Mus. Hamburg, *v.* 20 p. 145.

Länge 75 mm. Blaugrün oder pechbraun mit Stich ins Olive, Beine heller. Kopf ziemlich dicht punktiert; Antennen 17—21gliedrig, mit 3 kahlen Grundgliedern. 4 + 4 bis 6 + 6 Kieferfußhüftzähne. Tergite vom 3.—5. an mit durchgehenden Paramedianfurchen, vom 6.—8. an berandet, vom 5. an mit schwachem Mediankiel und jederseits 2 flache Seitenkiele; vom etwa 14. an das ganze Tergit ± dicht mit Dornstrichelchen besetzt. Sternite nur vorn mit kurzen Furchen, oft mit Medianeindruck, letztes verjüngt, hinten schwach ausgerandet. Coxopleurenfortsatz lang, meist 3 selten 2spitzig, mit 1—2 Seitendörnchen. 1.—18. Beinpaar mit 2, 19. und 20. mit 1 Tarsalsporn. Präfemur der Endbeine ventral-lateral mit 1—2, ventral-medial und medial mit je 2—3, dorsal-medial 1—3 Dornen und Eckdorn.

Sumatra, Celebes, Neuguinea, Australien, Thursdayinseln.

1. Varietät:

R. c. var. **efflata** (Haase) 1887 *Branchiostoma c.* var. *e.*, E. Haase in: Abh. Mus. Dresden, nr. 5 p. 83.

Tergite nur grob längs eingedrückt, ohne Dörnchen.

Thursdayinsel in der Torresstraße.

6. **R. calcarata** Poc. 1891 *R. c.*, Pocock in: Ann. nat. Hist., ser. 6 *v.* 7 p. 61 | 1903 *R. c.*, Kraepelin in: Mt. Mus. Hamburg, *v.* 20 p. 146.

Länge 57 mm. Oliv bis ockerfarben, Beine gelb. Kopf spärlich punktiert; Antennen 17—21 gliedrig, bis zum Ende des 6. Tergits reichend. 4 + 4 Kieferfußhüftzähne. Tergite vom 4. an mit durchgehenden Paramedianfurchen, vom 11. oder 12. an berandet. Sternite mit 2 bis weit über die Mitte reichenden Längsfurchen; letztes verjüngt, hinten gestutzt oder seicht ausgerandet. Coxopleurenfortsatz lang, 4spitzig, mit 1 Lateraldorn, ohne Dorsaldorn. 1.—16. Beinpaar mit 2, 17.—19. mit 1, 20. ohne Tarsalsporn. Präfemur der Endbeine ventral-lateral mit 3—5, ventral-medial mit 2—4, dorsal-medial mit 6 bis 7 Dornen in 2 Reihen, Eckfortsatz mit 5—10 Spitzen.

Hinterindien: Cambodja.

7. **R. ventrisulcus** Att.

Länge 40 mm. Olivgrünlich, der Hinterrand der Segmente dunkler grün, Antennen grün, Kieferfüße und Beine bräunlichgelb. Kopf ungefurcht, sehr schwach punktiert, Antennen 20gliedrig, dorsal sind 4, ventral 3 Grundglieder kahl. 4 + 4 sehr kräftige, gar nicht verwachsene Kieferfußzähne, die kräftigen Grundfurchen der Zahnplatten bilden ungefähr einen rechten Winkel miteinander; vorn eine undeutliche kurze Medianfurche, sonst keine Furchen auf den Hüften. Vom 3. an haben die Tergite hinten 2 kurze scharfe Längsfurchen, auf dem 6.—20. setzen sie sich viel feiner und manchmal streckenweise etwas undeutlich werdend bis an den Vorderrand fort; 21. Tergit ohne Medianfurche, hinten rundbogig, die Berandung beginnt auf dem 7. Tergit, ist anfangs noch etwas schwach; Tergite sehr glatt, ohne merkliche Punktierung. 3.—20. Sternit mit 2 sehr kräftigen ganz oder fast ganz durchlaufenden Längsfurchen, 21. Sternit verjüngt, hinten deutlich eingebuchtet, mit seichter Medianfurche. Coxopleurenfortsatz ziemlich lang, am Ende 2spitzig, lateral 1 Dorn, dorsal kein Dorn; Porenfeld einen vom Fortsatz herabziehenden breiten Streifen freilassend. Endbeinpräfemur ventral-lateral mit 2 oder 3, ventral-medial mit 2, medial mit 2, obenmedial mit 2 Dornen. Eckdorn kräftig, einspitzig. 1. Beinpaar mit 2, 2.—20. Beinpaar mit 1 Tarsalsporn. 1.—21. Beinpaar mit 2 Krallenspornen.

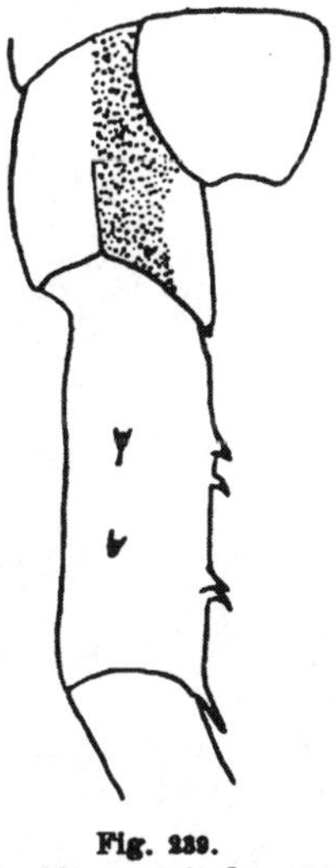

Fig. 239.
Rhysida ventrisulcus Att.

Kongo: Kasai, Ipamu.

8. **R. suvana** Chamb. 1920 *R. s.*, Chamberlin in: Bull. Mus. Harvard, *v.* 64 p. 18.

Länge 40 mm. Kopf spärlich punktiert besonders vorn. Antennen 20gliedrig, bis zum 5. Tergit reichend. 3 + 3 Kieferfußhüftzähne, die 2 medialen jeder Seite fast völlig verschmolzen; Zahnplatten breiter als lang, ihre Grundfurche stumpfwinklig, in der Mitte spitz nach vorn gezogen. Tergite vom 5. zweifurchig, vom 8. berandet. Vordere Sternite mit sehr kurzen Längsfurchen vorn, die anderen bis etwa zur Mitte gefurcht. 21. Sternit verjüngt, hinten breit eingebuchtet. Coxopleurenfortsatz mäßig lang, am Ende dreispitzig, seitlich 2, dorsal 1 Dorn. Präfemur der Endbeine ventral-lateral mit einer Reihe von 3 Dornen; nahe dem Medialrand 1 Dorn, medial eine Längsreihe von 3 Dornen, oben-medial 1 Dorn; Eckdorn einfach.

Fijiinsel Suva.

9. **R. monticola** (Poc.) 1891 *Ethmophorus m.*, Pocock in: Ann. nat. Hist., ser. 6 *v.* 7 p. 59 | 1903 *Rhysida m.*, Kraepelin in: Mt. Mus. Hamburg, *v.* 20 p. 147 f. 86—88.

Länge 200 mm. Pechbraun mit violettem Schimmer oder grünlich, Kopf und letztes Tergit oft kastanienbraun. Kopf sehr fein punktiert, ungefurcht; Antennen lang, bis zur Mitte des 7. Tergits reichend, 18—21 gliedrig, 4 Grundglieder kahl. 5 + 5 bis 6 + 6 Kieferfußhüftzähne (Fig. 240); Zahnplatten lang, die Grundfurchen in sehr stumpfem Winkel zusammenstoßend fast in einer Linie liegend; im vorderen Drittel der Hüften eine kräftige Medianfurche. Tergite vom 3. oder 4. bis 13. mit sehr feinen, durchlaufenden Paramedianfurchen, die auf den Tergiten 14—19 zu ganz kurzen scharfen, am Vorderrand beginnenden Strichen werden. Seitliche Berandung vom 3.—7. Tergit an. Tergite äußerst fein punktiert. Sternite ungefurcht, glatt; letztes an der Basis etwas breiter als lang, nach hinten verschmälert,

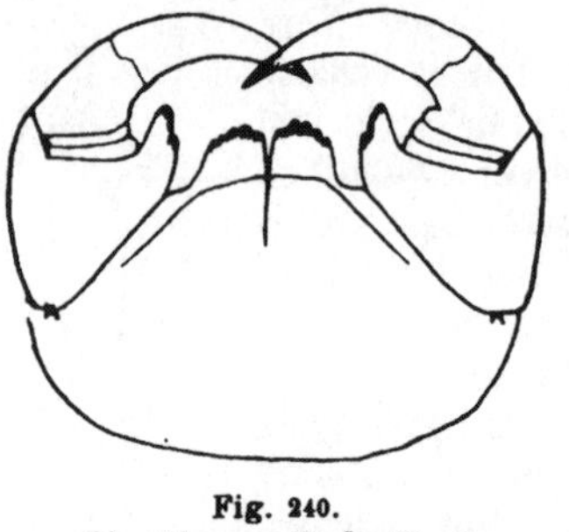

Fig. 240.
Rhysida monticola (Poc.)

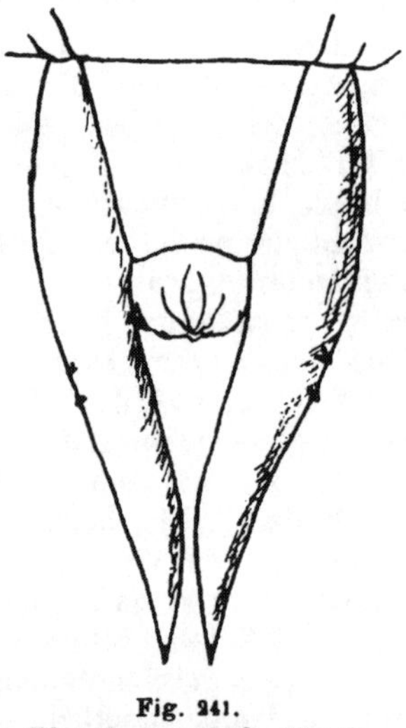

Fig. 241.
Rhysida monticola (Poc.)

hinten eingebuchtet. Coxopleurenfortsatz sehr lang und schlank, das Sternit um das Doppelte seiner Länge überragend (Fig. 241), am Ende 2 spitzig, dorsal 0 bis 1, seitlich und ventral 1—2 Dornen. Nur ein schmaler, von der Spitze bis zur Mitte des Fortsatzes ziehender Streif porenfrei. 1.—19. Beinpaar mit 1, 20. mit oder ohne 1 Tarsalsporn. Alle Beinpaare mit 2 Klauenspornen. Endbeine lang und schlank. Präfemur ventral-lateral mit 3, ventral-medial 1—2, medial 1,2—2,2 Dornen; Eckdorn 1 spitzig, meist viel größer als der ventrale Medialdorn. Stigmen sehr groß, besonders das erste, das längsoval ist; die folgenden rundlich oder senkrecht oval.

Borneo.

10. **R. longicornis** Poc. 1891 *R. l.*, Pocock in: Ann. nat. Hist., ser. 6 *v.* 7 p. 60 | 1903 *R. l.*, Kraepelin in: Mt. Mus. Hamburg, *v.* 20 p. 147 f. 89, 90.

Länge 43 mm. Ockerfarben. Kopf spärlich punktiert. Antennen 21gliedrig, sehr lang, bis an das Ende des 8. Tergits reichend. 4 + 4 Kieferfußhüftzähne. Tergite vom 5. an gefurcht, vom 10. oder 11. an berandet. Sternite nur mit ganz kurzen Furchen vorn, glatt; letztes verjüngt, hinten ausgerandet. Coxopleurenfortsatz (Fig. 242) mäßig lang, 3spitzig, dorsal 1—2, lateral 1 Dorn. 1.—16. Beinpaar mit 2, 17.—20. Beinpaar mit 1 Tarsalsporn. Präfemur der Endbeine ventral-lateral mit 3, ventral-medial mit 3—4, dorsal-medial mit 4—6 Dornen. Kein Eckdorn.

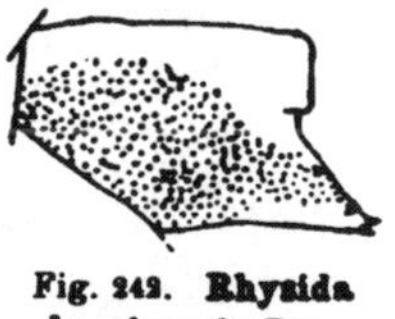

Fig. 242. **Rhysida longicornis** Poc. Coxopleuren.

Sokotra.

11. **R. defecta** Chamb. 1920 *R. d.*, Chamberlin in: Bull. Mus. Harvard, *v.* 64 p. 17.

Länge 45 mm. Braun, Kopf, die 2 ersten Tergite und hinteren Beine grünlich. Kopf beinahe glatt, unpunktiert. Antennen 21gliedrig, die ersten 3 Glieder kahl, bis zum 7. Tergit reichend, 4 + 5 oder 6 Kieferfußhüftzähne. Zahnplatten breiter als lang; ihre Grundfurchen stumpfwinklig, seitlich gegabelt. Tergite glatt, vom 3. zweifurchig, vom 7. gerandet. Sternite nur mit kurzen Furchenspuren am Vorderrande; letztes verjüngt, besonders im hinteren Drittel stark verschmälert, hinten eingebuchtet. Der Coxopleurenfortsatz überragt das Sternit um mehr als dessen Länge, ist etwas abgestumpft, am Ende 3spitzig; seitlich 1, dorsal 1 Dorn; das Porenfeld ist viel breiter als der porenlose Rand. 1.—16. Beinpaar mit 2 Tarsalspornen, 20. mit 1 Tarsalsporn. Endbeine fehlen.

Australien: New South Wales, Southerland.

12. **R. subinermis** (Mein.) 1881 *Branchiostoma nudum* (nec Newport), Kohlrausch in: Arch. Naturg., *v.* 47 I p. 67 | 1886 *B. subinerme*, Meinert in: Vidensk. Meddel., *v.* 36—38 p. 117 | 1887 *B. nudum*, E. Haase in: Abh. Mus. Dresden, nr. 5 p. 84 t. 5 f. 88 | 1903 *Rhysida subinermis*, Kraepelin in: Mt. Mus. Hamburg, *v.* 20 p. 148.

Länge 70 mm. Dunkel olivbläulich, Beine olivgrün, Kopf reichlich fein punktiert. Antennen meist 21, selten 19gliedrig, bis zum Ende des 6. Tergits reichend, 3 Grundglieder kahl. 4 + 4 gleich große, kleine Kieferfußhüftzähne, die Zahnplatten breiter als lang, ihre Grundfurchen fast eine gerade Linie bildend; Hüften vorn ohne Medianfurche. Tergite vom 3. an zweifurchig, vom 7.—9. an berandet. Sternite glatt, nur vorn 2 ganz kurze Furchen. Coxopleurenfortsatz lang, 2spitzig, lateral 1 Dorn, dorsal keiner. 1.—18. oder 19. Beinpaar mit 2 Tarsalspornen. 20. Paar mit oder ohne 1 Tarsalsporn. Dornen des Präfemur winzig klein, ventral-lateral 0—1, medial und dorsal einige Dornen in wechselnder Zahl, manchmal das Femur fast unbedornt.

Australien: Queensland, New South Wales, Kimberley District.

13. **R. longipes** (Newp.) 1845 *Branchiostoma l.*, Newport in: Tr. Linn. Soc. London, *v.* 19 p. 411 | 1847 *B. l.*, P. Gervais in: Walckenaer, Hist. Apt., *v.* 4 p. 249.

Antennen meist 18-, selten 17gliedrig. Tergite vom 3.—7. an zweifurchig, vom 6.—16. an seitlich berandet, glatt ohne Kielstreifen und Körnelung. Sternite nur vorn mit ganz kurzen Furchen. Die vorderen 5—17 Beinpaare mit 2 Tarsalspornen. Coxopleurenfortsatz 2—3spitzig, lateral mit 1—2 Dornen, dorsal ohne Dorn. Präfemur der Endbeine bedornt, ventral-lateral 3 Dornen und andere Dornen. Grundfurchen der Zahnplatten einen stumpfen bis rechten Winkel bildend.

Alle Tropen.

3 Unterarten, 1 Varietät:

13a. **R. l. longipes** (Newp.) 1845 *Branchiostoma l.*, Newport in: Tr. Linn. Soc. London, *v.* 19 p. 411 | 1876 *B. obsoletum*, Porat in: Bih. Svenska Ak., *v.* 4 nr. 7 p. 25 | 1881 *B. gracile* + *affine*, Kohlrausch in: Arch. Naturg., *v.* 47 I p. 66, 69 | 1886 *B. a.*, Meinert in: P. Amer. phil. Soc., *v.* 23 p. 182 | 1887 *B. longipes* + var. *rotundatum*, E. Haase in: Abh. Mus. Dresden, nr. 5 p. 83 t. 5 f. 86 | 1891 *Rhysida l.*, Pocock in: Ann. Mus. Genova, *v.* 30 p. 418 | 1895 & 96 *R. l.*, Pocock in: Biol. Centr.-Amer., Chilop. p. 27 t. 2 f. 11 | 1903 *R. l.*, Kraepelin in: Mt. Mus. Hamburg, *v.* 20 p. 148 f. 91.

Länge 80 mm. Rostgelb bis olivbraun. Kopf zerstreut punktiert. Antennen 18gliedrig, bis zum Ende des 6. Tergits reichend. 3 Grundglieder dorsal kahl, das 3. nur ventral am Ende behaart (cfr. unten var. *sinhalana*). 4 + 4 Kieferfußhüftzähne (Fig. 243), die Grundfurchen der Zahnplatten fast im rechten Winkel zueinander, Hüften vorn mit kurzer Medianfurche. Tergite vom 5. an zweifurchig, meist vom 6. oder 7., selten erst vom 15. an seitlich berandet. Sternite glatt, nur vorn 2 ganz kurze Furchen, letztes verjüngt, hinten eingebuchtet. Die ersten 7—12 Beinpaare mit 2, die folgenden bis zum 18. mit 1, 19. meist mit, selten ohne, 20. ohne oder mit 1 Tarsalsporn. Coxopleurenfortsatz lang, etwa doppelt so lang wie das Sternit, 3spitzig, lateral 1, dorsal kein Dorn. Endbeinpräfemur ventral-lateral mit 3 oder 4, ventral-medial mit 1—3, dorsal mit 2—3 Dornen und Eckdorn.

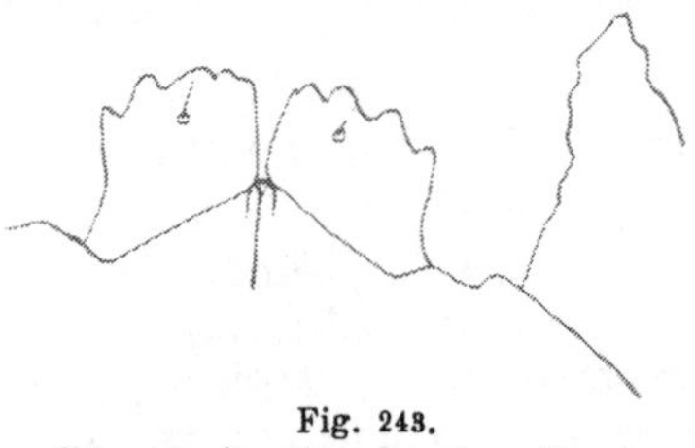

Fig. 243.
Rhysida longipes longipes (Newp.)

Ganze Tropenzone: Australien, Indien, Ost- und Westafrika, Madagaskar, Seychellen, Mexiko, Zentral- und Südamerika.

13a. α. **R. l. l. var. sinhalana** Att.

Das 4. Antennenglied ist dorsal ganz kahl, ventral nur ganz am Ende schmal behaart. Antennen 18gliedrig. Tergite manchmal schon auf dem 4. oder 3. mit sehr feinen Paramedianfurchen. Präfemur der Endbeine ventral-lateral mit 3—4, ventral-medial mit 1—3, dorsal mit 2 Dornen; Eckdorn manchmal auf einer Seite fehlend, manchmal 2 gleiche Dornen nebeneinander. 19. und 20. Beinpaar mit oder ohne Tarsalsporn.

Ceylon.

13b. **R. l. simplicior** Chamb. 1920 *R. s.*, Chamberlin in: Univ. Calif. Publ., *v.* 19 p. 391 t. 27 f. 13—16; t. 28 f. 21.

Länge 44 mm. Olivbraun, ein schmaler Saum am Hinterrand jedes Tergits blasser, Pleuren, Beine und Antennen blasser. Kopf breiter als lang, sehr schwach punktiert. Antennen 17gliedrig, kurz, bis zum 3. Tergit reichend. 4 + 4 Kieferfußhüftzähne (Fig. 244), die 2 medialen jeder Seite etwas verwachsen, Grundfurchen fast im rechten Winkel zueinander. Tergite vom 7. an gefurcht, 16. bis 20. schwach, 21. scharf berandet. Sternite mit kurzen vorderen Furchen. 21. Sternit stark verschmälert, hinten ausgerandet. Coxopleurenfortsatz von mittlerer Länge, 2spitzig, seitlich an der Basis 1 Dorn. 1.—5. Beinpaar mit 2, 6.—20. Paar mit 1 Tarsalsporn. Präfemur der Endbeine ventral-lateral mit 3, ventral-medial mit 2 Dornen, medial 1 Dorn, kein Eckdorn.

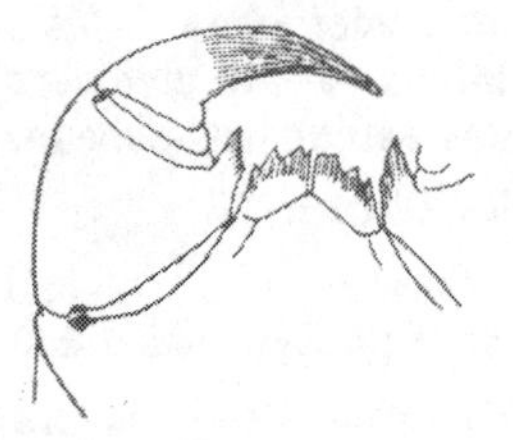

Fig. 244.
Rhysida longipes simplicior Chamb.

Indien: Coonoor.

13c. **R. l. kurandana** Chamb. 1920 *R. k.*, Chamberlin in: Bull. Mus. Harvard *v.* 64 p. 17.

Länge 48 mm. Kopf spärlich punktiert, Antennen 18gliedrig, kurz, bis zum 4. Tergit reichend. 5 + 6 Kieferfußhüftzähne, die 2 medialen jeder Seite fast völlig verschmolzen; Zahnplatten breiter als lang, ihre Grundfurche in der Mitte stumpfwinklig. Tergite glatt, vom 3. zweifurchig, vom 6. gerandet. Sternite nur mit ganz kurzen Furchen vorn. 21. verjüngt, seitlich gerandet, hinten seicht eingebuchtet. Coxopleurenfortsatz kurz, dreieckig, zweispitzig, ventral mit 2 Randdornen, der eine nahe dem Ende. 1. bis 17. Beinpaar mit 2, 20. Paar mit 1 Tarsalsporn. Präfemur der Endbeine ventral mit 3 Dornen in einer Reihe und 1 Dorn in der Mitte; medial 6 Dornen und 1 Eckdorn.

Australien: Queensland, Kuranda.

14. **R. stuhlmanni** Krpln. 1903 *R. s.*, Kraepelin in: Mt. Mus. Hamburg, *v.* 20 p. 152 f. 97 | 1928 *R. s.*, Attems in: Ann. S. Afr. Mus., *v.* 26 p. 106.

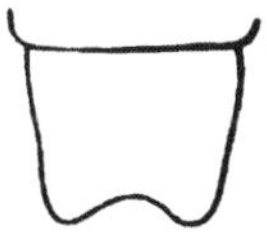

Fig. 245. **Rhysida stuhlmanni** Krpln. Endbeinsternit.

Länge 50 mm. Bläulichgrün bis olivbräunlich. Antennen kurz, 17—18gliedrig. 4 + 4 Kieferfußhüftzähne. Tergite glatt, glänzend, nur mit kurzen Furchen am Hinterrande des 4.—20. Nur das 21. Tergit seitlich berandet. Sternite glatt, nur vorn mit kurzen Furchen, ohne Gruben; letztes kaum verjüngt, hinten tief, fast halbkreisförmig ausgerandet (Fig. 245). Coxopleurenfortsatz kurz, 3spitzig, selten 2spitzig, ohne Seiten- und Dorsaldorn. Laterale Begrenzung der Porenarea nur seicht geschweift, fast gerade. 1.—18. Beinpaar mit 2, 20. mit 1 Tarsalsporn. Präfemur der Endbeine fast oder ganz dornenlos, ventral-lateral höchstens 1, medial 1—2 Dornen, dorsal keiner.

Deutsch-Ostafrika: Bagamoyo, Rio Quaqua, Zambesi; Kapland: Engcobo, Dunbrody.

15. **R. intermedia** Att. 1910 *R. i.*, Attems in: Voeltzkow, Reise O.-Afr., *v.* 3 p. 83.

Länge 45 mm. Olivengrünlich. Kopf und Tergite nicht deutlich punktiert, Kopf ungefurcht. Antennen 19gliedrig mit 3 kahlen Grundgliedern. 4 + 4 Kieferfußhüftzähne, die 2 medialen jeder Seite einander mehr genähert. 4.—20. Tergit am Hinterrande, 8.—20. dazu auch am Vorderrande mit 2 ganz kurzen Furchen, nur das 21. Tergit seitlich berandet. Sternite mit je 2 ganz kurzen Furchen vorn und hinten, letztes hinten seicht eingebuchtet. Coxopleurenfortsatz mäßig lang, am Ende dreispitzig, die seitliche Begrenzung des Porenfeldes tief eingebuchtet oder abgerundet-gestuft, das Porenfeld vorn fast doppelt so breit wie hinten. 1.—15. Beinpaar mit 2 Tarsalspornen, 16. bis 19. Beinpaar mit einem, 20. Paar ohne Tarsalsporn. Präfemur der Endbeine ventral-lateral mit 2, ventral-medial mit 1 Dorn. Vordere Stigmen oval, hintere rundlich.

Nordpemba.

16. **R. afra** (Ptrs.) 1855 *Ptychotrema afrum*, Peters in: Monber. Ak. Berlin, p. 82 | 1903 *Rhysida afra* + *petersi* + *cuprea*, Kraepelin in: Mt. Mus. Hamburg, *v.* 20 p. 153, 154.

Antennen 17—21gliedrig. Alle Tergite ohne durchgehende Paramedianfurchen, nur einige hinten mit 2 kurzen Furchen, nur das 21. Tergit seitlich berandet. Sternite nur mit kurzen Furchen am Vorderrande. Coxopleurenfortsatz ziemlich lang, 2spitzig, mit oder ohne lateralen Dorn. Die vorderen 5—18 Beinpaare mit 2 Tarsalspornen. Präfemur der Endbeine bedornt oder unbedornt.

Südafrika bis Mossambique, Himalaya.

3 Unterarten:

16a. **R. a. afra** (Ptrs.) 1855 *Ptychotrema afrum*, Peters in: Monber. Ak. Berlin, p. 82 | 1862 *Trematoptychus afer*, Peters, Reise Mossamb., *v.* 5 p. 529 | 1881 *T. a.*, Kohlrausch in: Arch. Naturg., *v.* 47 I p. 70 | 1903 *Rhysida afra*, Kraepelin in: Mt. Mus. Hamburg, *v.* 20 p. 153 f. 98, 99 | 1921 *R. a.*, Grobbelaar in: Ann. Transvaal Mus., *v.* 7 p. 250 f. 7 | 1928 *R. a.*, Attems in: Ann. S. Afr. Mus., *v.* 26 p. 107.

Länge 65 mm. Blaugrün, Seitenränder und Beine gelb. Kopf und Tergite zerstreut punktiert. Antennen 17—18(—21)gliedrig, 3 Grundglieder kahl und glänzend. 4 + 4 Kieferfußhüftzähne, die Zahnplatten meist breiter als lang (Fig. 246). Tergite glatt, nur einige hinten mit 2 kurzen Paramedianfurchen. 5.—21. Tergit mit kurzer Medianfurche; nur das 21. Tergit seitlich berandet, hinten in der Mitte fast halbkreisförmig vorgezogen. Sternite nur mit 2 kurzen Furchen vorn, oft mit 3 flachen Beulen; 21. Sternit kaum verjüngt, hinten winkelig eingeschnitten. Coxopleurenfortsatz ziemlich lang, am Ende 2spitzig, die Spitzen kräftig, lateral mit oder ohne 1 Dörnchen (Fig. 247). Die ersten 9—18 Beinpaare mit 2 Tarsalspornen, 19. Paar mit 1, 20. Paar ohne Tarsalsporn. Am 1. Beinpaar auch Femur und Tibia mit lateralem Sporn. Präfemur der Endbeine ventral-lateral mit 1—2, ventral-medial und dorsal mit je 1 Dorn.

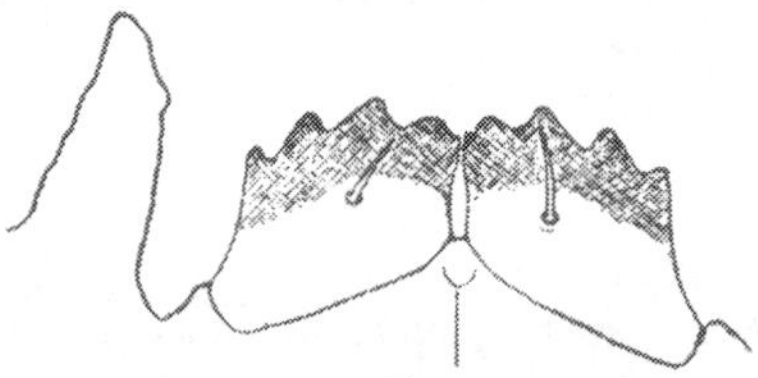

Fig. 246.
Rhysida afra afra (Ptrs.)

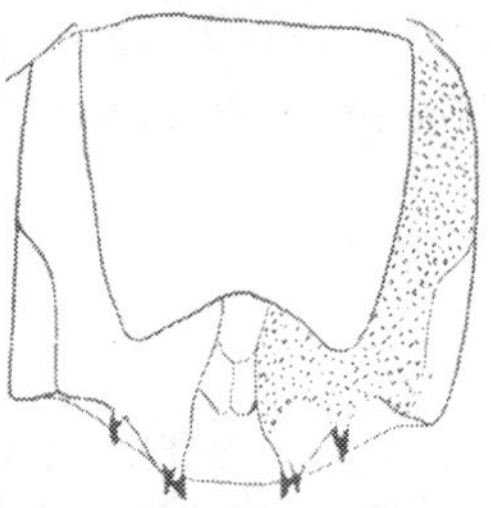

Fig. 247.
Rhysida afra afra (Ptrs.)

Mossambique, Transvaal, Prätoria, Kapland, Natal.

16b. **R. a. petersi** (Por.) 1872 *Trematoptychus p.*, Porath in: Öfv. Ak. Förh., *v.* 28 p. 1166 | 1903 *Rhysida p.*, Kraepelin in: Mt. Mus. Hamburg, *v.* 20 p. 153 f. 100.

Länge 60 mm. Dunkelgrün oder dunkelviolett, Beine gelb. Die flaumige Behaarung der Antennen ist ebenso bleichgelb wie die Glieder selbst. Antennen bis zum Ende des 3. Tergits reichend. Zahnplatten der Kieferfüße meist länger als breit, mit 4 Zähnen (Fig. 248). 21. Sternit schwach bogig oder winklig ausgerandet. Endspitzen des Coxopleurenfortsatzes winzig, seitlich meist ohne, selten mit einem winzigen Dörnchen. Präfemur der Endbeine entweder ganz unbedornt oder medial 1 Dorn und ventral ein kleiner Höcker. Die ersten 5—18 Beinpaare mit 2 Tarsalspornen.

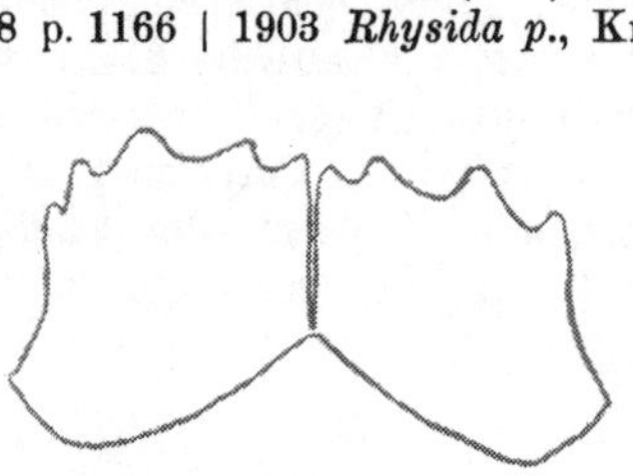

Fig. 248.
Rhysida afra petersi (Por.)

Kapland, Natal, Transvaal, Oranjefreistaat.

16c. **R. a. cuprea** Krpln. 1903 *R. c.*, Kraepelin in: Mt. Mus. Hamburg, *v.* 20 p. 154.

Länge 40 mm. Einfarbig tief dunkelviolett mit Metallschimmer, fast kupferfarbig; die grobe gelbe Beborstung der Antennen vom 4. Glied an hebt sich vom grünen Grund der Antennen scharf ab. Antennenglieder vom 4. an deutlich länger als breit, Antennen bis zum Ende des 5. Tergits reichend. 1. Stigma oval. Im übrigen gleich *R. a. petersi.*

Bhutan am Südabhange des Himalaya.

17. **R. brasiliensis** Krpln. 1903 *R. b.*, Kraepelin in: Mt. Mus. Hamburg, *v.* 20 p. 152 f. 95, 96.

Länge 70 mm. Blaugrünlich-braun bis bronzefarben, Vorder- und Hinterende sowie Endbeine fast blau. Antennen meist 21-, selten 18gliedrig, bis an das Ende des 6. Tergits reichend. 4 + 4 Kieferfußhüftzähne, Grundfurchen der Zahnplatten fast eine gerade Linie bildend. Tergite glatt, glänzend, fast ganz ungefurcht, höchstens kurze Furchen am Hinterrand des 5.—19. Tergits; seitliche Berandung vom 9., zuweilen erst vom 17. an. Sternite glatt, nur vorn mit kurzen Furchen; letztes etwas verjüngt, hinten gestutzt (Fig. 249). Coxopleurenfortsatz kurz konisch, 2spitzig, ohne laterale und dorsale Dornen; laterale Begrenzung der Porenarea tiefbuchtig. 1.—19. Beinpaar mit 2, 20. Paar mit 1 Tarsalsporn. Präfemur der Endbeine ganz unbedornt.

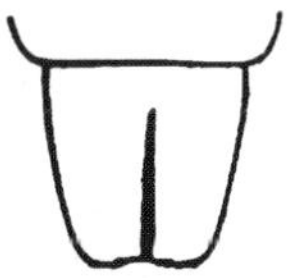
Fig. 249. **Rhysida brasiliensis** Krpln. Endbeinsternit.

Brasilien: Minas Geraes, Espirito Santo; Argentinien: Neufreiburg; Paraguay.

18. **R. ceylonica** Grav. 1912 *R. ceylonicus*, Gravely in: Rec. Ind. Mus., *v.* 7 p. 415.

Länge 57 mm. Antennen 20gliedrig, die ersten 2 Glieder glatt und ganz kahl, das 3. ventral am Ende mit einem Haarfleck, die anderen ringsum behaart. 5 + 5 Kieferfußhüftzähne, die 3 inneren jeder Seite einander mehr genähert, die Grundfurchen der Zahnplatten bilden einen Winkel von 120°. Tergite mit nur ganz kurzen Furchen vorn, vom 6. oder 7. an seitlich berandet. 1.—20. Sternit ungefurcht, 21. vorn so breit wie lang, nach hinten verschmälert, hinten winkelig eingebogen, mit seichtem Medianeindruck hinten. Coxopleurenfortsatz stumpf-konisch, am Ende 2spitzig, beim einzigen bekannten Exemplar nur auf einer Seite mit einem winzigen Dörnchen. 1. Beinpaar mit 1 vorderen Tarsalsporn und 1 Klauensporn, 2.—4. Paar mit 1 vorderen Tibialsporn, 2 Tarsal- und 2 Klauenspornen, 5.—18. Paar mit 2 Tarsalspornen und 2 Klauenspornen, 19. Paar mit 1 Tarsal- und 2 Klauenspornen, 20. und 21. Paar nur mit 2 Klauenspornen, Präfemur der Endbeine mit einem einzigen winzigen Dörnchen.

Ceylon: Paradeniya.

15. Gen. **Alluropus** Silv.

1912 *A.*, Silvestri in: Boll. Laborat. Zool. Portici, *v.* 6 p. 43.

21 Beinpaare. Kopf hinten vom 1. Tergit überlagert, jederseits 4 Ocellen. Antennen 19—21gliedrig, mit mehreren kahlen Grundgliedern. Präfemur der Kieferfüße mit kräftigem Innenzahn, die Zahnplatten normal. Tergite glatt, mit 2 Längsfurchen. Sternite mit 2 Längsfurchen. Coxopleuren mit ziemlich langem, kleinbedorntem Fortsatz und großem Porenfeld. Alle Beinpaare mit

2 Klauenspornen, ohne Tibialsporne; Tarsalsporne vorhanden. Endbeine lang und schlank, Präfemur am Ende medial-oben mit kleinbedorntem, dickem Zapfen, unten und medial mit kleinen Dörnchen; 1. Tarsus oberhalb des kleinen, schlanken 2. Tarsus vorspringend. 10 Paar Stigmen, auf den beintragenden Segmenten: 3, 5, 7, 8, 10, 12, 14, 16, 18, 20, das erste oval, die anderen rund.

Tonkin.

1 Art:

1. **A. demangei** Silv. 1912 *A. d.*, Silvestri in: Boll. Laborat. Zool. Portici, *v.* 6 p. 44 f. 1.

Länge 36 mm. Rücken schiefergrün, Bauch und Beine grünlich. Kopf ungefurcht. Antennen 19—21gliedrig, mit 3 kahlen Grundgliedern. 4+4 Kieferfußzähne, der Zahn des Präfemur dreiteilig. 1. Tergit ungefurcht, 3.—20. mit 2 Längsfurchen, Berandung vom 9. an. 21. Tergit ungefurcht, hinten wenig vorgezogen und hier leicht eingedrückt. 7.—19. Sternit mit 2 Längsfurchen.

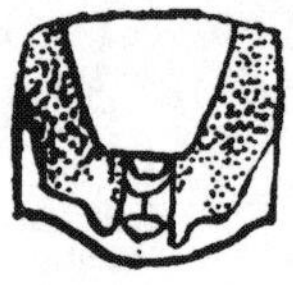

Fig. 250.
Alluropus demangei Silv.

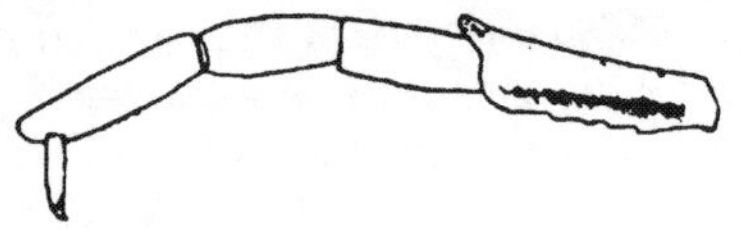

Fig. 251.
Alluropus demangei Silv. Endbein.

1.—15. Beinpaar mit 2 (1 ventralen und 1 vorderen), 16.—20. mit 1 Tarsalsporn. Coxopleuren am Ende 2spitzig, seitlich nahe dem Ende 1 und am Hinterrand 1 Seitendorn. Das Porenfeld überragt weit das Sternit und läßt nur einen schmalen, von der Spitze ausgehenden Streif frei. Präfemur der Endbeine ventral-lateral mit 4—6, ventral-medial mit 2 + 2 oder 2 + 3, medial mit 3—5 Dornen; Eckfortsatz dick, mit 5 bis zahlreichen kleinen Dörnchen. 1. Tarsus etwas länger und dicker als die Tibia, dorsal über den Ansatz des 2. Tarsus vorspringend; 2. Tarsus kurz und viel schlanker als der 1. (Fig. 250, 251).

Tonkin: Phu-Ly.

2. Tribus **Arrhabdotini**

1906 *Anodontostominae*, C. Verhoeff in: N. Acta Ac. Leop., *v.* 86 p. 433 | 1907 *A.*, C. Verhoeff in: Bronn, Kl. Ordn., *v.* 5II p. 254.

Sternite mit einer unpaaren Medianfurche und innerer Medianleiste. Kieferfüße ohne Zahnplatten. Endbeine kurz und dick. Präfemur unbedornt. Tarsalsporne fehlen. 5 Grundglieder der Antennen kahl. Letztes Tergit hinten dreieckig weit vorspringend, bis über die Mitte des Endbeinpräfemur hinausreichend. 10 Paar Stigmen auf den beintragenden Segmenten 3, 5, 7, 8, 10, 12, 14, 16, 18, 20.

1 Gattung, 1 Art.

16. Gen. **Arrhabdotus** Att. nom. nov.

1882 *Edentistoma*, Tömösváry in: Termész. Füzetek, *v.* 5 p. 229 | 1883 *Anodontastoma*, Tömösváry in: Termész. Füzetek, *v.* 6 p. 162 | 1887 *Anodontostoma*, E. Haase in: Abh. Mus. Dresden, nr. 5 p. 95 | 1903 *A.*, Kraepelin in: Mt. Mus. Hamburg, *v.* 20 p. 164 | 1907 *A.*, C. Verhoeff in: Bronn, Kl. Ordn., *v.* 5II p. 256.

21 Beinpaare. 4 Ocellen. Antennen 17gliedrig. Kieferfußhüften ohne Zahnplatten und Zähne nur mit schmalem, scharfem Vorderrandsaum; Präfemur ohne Medialzahn. Tergite außer den 2—3 ersten mit 7 glatten Längskielen und breiten Randwülsten. Sternite mit einer unpaaren Medianfurche. (Die ersten 7—8 mit 2 dicht nebeneinander liegenden Längsfurchen, die sich dann vereinigen). Coxopleuren mit langem, unbedorntem Fortsatz und Porenfeld. Alle Beine ohne Tarsalsporne aber mit 2 Klauenspornen. Endbeine kurz, dick, Präfemur unbedornt, Endklaue groß. 10 Paar Stigmen, auf den beintragenden Segmenten 3, 5, 7, 8, 10, 12, 14, 16, 18, 20; die Stigmen ovalrundlich mit flachem Kelch.

Borneo.

1 Art:

1. **A. octosulcatus** (Töm.) 1882 *Edentistoma octosulcatum*, Tömösváry in Termész. Füzetek, *v.* 5 p. 229 t. 2 f. 1—10 | 1883 *Anodontastoma o.*, Tömösváry in: Termész. Füzetek, *v.* 6 p. 162 | 1887 *Anodontostoma o.*, E. Haase in: Abh. Mus. Dresden, nr. 5 p. 95 t. 6 f. 104 | 1903 *A. o.*, Kraepelin in: Mt. Mus. Hamburg, *v.* 20 p. 164 f. 109, 110.

Länge 90 mm. Dunkel kastanienbraun, am Hinterrande, besonders der ersten Tergite, etwas heller, Sternite, Antennen und Beine dunkel olivbraun. Kopf und 1. Tergit fein punktiert. Antennen 17gliedrig, bis zum 3. Tergit reichend, 5 Grundglieder kahl. Kieferfußhüften vorn mit 2 scharfen, fast in einer Linie liegenden Leisten, ohne Zahnplatten und Zähne, parallel mit dem Endrande eine Querfurche (Fig. 252). 1. und 2. Tergit glatt, 3. mit Andeutung der Kannelierung und berandet; 4.—20. Tergit mit 7 am Vorderrande zusammenhängenden, am Hinterrande getrennt endigenden, parallelen, breiten, flachgewölbten, glänzenden Kielen und breiten Randwülsten, zwischen denen 8 ebenso breite, flache, matte oder gerunzelte Längsrinnen verlaufen; außerdem die 2 gewöhnlichen Längsfurchen erkennbar. 21. Tergit nur mit 5 Kielen, von denen die 3 mittleren abgekürzt sind und Randwülsten,

Fig. 252.
Arrhabdotus octosulcatus (Töm.)
Kieferfußhüfte.

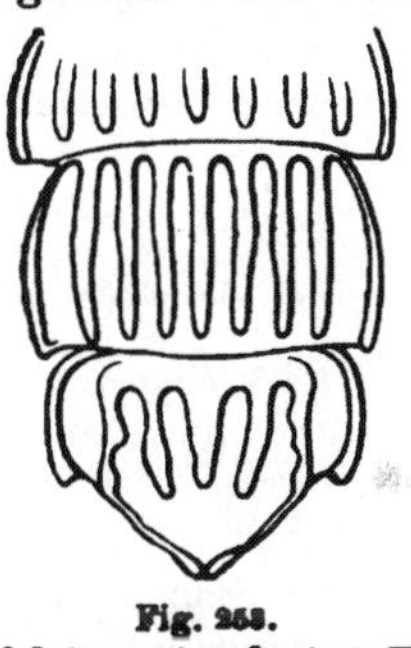

Fig. 253.
Arrhabdotus octosulcatus (Töm.)
Hinterende.

hinten spitzwinklig vorgezogen (Fig. 253). 2.—20. Sternit mit einer in der Mitte und am Hinterrande oft grubig erweiterten Medianfurche, glatt, fein punktiert; letztes Sternit verjüngt, mit flacher Medianfurche, hinten gestutzt-gerundet. Coxopleuren mit langem, das Sternit weit überragendem, bis zur Spitze von Poren durchbohrtem, unbedorntem Fortsatz. Alle Beine mit Klauenspornen. Femur und Tibia namentlich der hinteren Beine dorsal mit 2 seichten Längsfurchen. Endbeine kurz, gedrungen, Präfemur kaum doppelt so lang wie breit, dornenlos, aber am Ende medial mit 2 oder 3 stumpfen Höckern; Präfemur, Femur und Tibia dorsal mit 2 tiefen durchgehenden Längsfurchen.

Südostborneo: Matang, Bendjermasin.

2. Fam. **Cryptopidae**

1881 *Cryptopsii*, Kohlrausch in: Arch. Naturg., *v.* 47 I p. 53 | 1893 *Cryptopinae* + *Plutoniinae*, Bollman in: Bull. U. S. Mus., *v.* 46 p. 165 | 1903 *C.*, Kraepelin in: Mt. Mus. Hamburg, *v.* 20 p. 29 | 1906 Superfam. *Cryptopina* + *Theatopsina* + Fam. *Scolopocryptidae*, C. Verhoeff in: N. Acta Ac. Leop., *v.* 86 p. 430 | 1907 Superfam. *C.* + *T.*

+ Fam. *S.*, C. Verhoeff in: Bronn, Kl. Ordn., *v.* 5 II p. 246 | 1914 *Cryptopidae*, Attems in: Arch. Naturg., *v.* 80 A. 4 p. 100 | 1926 *C.*, Attems in: Kükenthal & Krumbach, Handb. Zool., *v.* 4 p. 375 | 1928 *C.*, Attems in: Ann. S. Afr. Mus., *v.* 26 p. 82.

Keine Ocellen, manchmal in der Augengegend unscharf begrenzte helle Flecken. Antennen meist 17 gliedrig, nie wesentlich mehr Glieder, selten nur 13 oder 11; Grundglieder beborstet, meist schütterer als die folgenden. Kieferfüße meist ohne, selten mit Zahnplatten. Tarsen der ersten 19—21 Beinpaare (letzteres bei Gattungen mit 23 Beinpaaren) meist eingliedrig, zuweilen ± deutlich zweigliedrig. Sternite nur bei *Mimops* mit 2 parallelen Längsfurchen, sonst mit Medianfurche, die selten fehlt, oft auch mit Querfurche, so daß ein Furchenkreuz entsteht. Stigmenkelch klein, rund oder oval, ohne Klappe. Basalplatten fehlen. Coxopleuren mit Porenfeld, mit oder ohne Fortsatz. Prätergite oft deutlich sichtbar, auch im natürlichen Kontraktionszustand.

3 Unterfamilien.

Übersicht über die Subfamilien:

1 { 23 Beinpaare. Coxopleuren mit langem, schlankem, einspitzigem Fortsatz . . . . C. Subfam. **Scolopocryptopinae**
21 Beinpaare. Coxopleuren meist ohne Fortsatz — 2

2 { Endbeinsegment normal groß; meist keine Augenflecken (nur bei *Mimops* vorhanden), Kieferfußhüften ohne Zahnplatten, einfach abgerundet oder mit zahnlosen runden Plättchen . . . . A. Subfam. **Cryptopinae**
Endbeinsegment sehr vergrößert. Augenflecken vorhanden. Kieferfußhüften mit langen gezähnten Platten . . . . B. Subfam. **Theatopsinae**

A. Subfam. Cryptopinae

1906 *Cryptopidae*, C. Verhoeff in: N. Acta Ac. Leop., *v.* 86 p. 432 | 1907 *C.*, C. Verhoeff in: Bronn, Kl. Ordn., *v.* 5 II p. 247 | 1914 *Cryptopinae* ex p., Attems in: Arch. Naturg., *v.* 80 A. 4 p. 100 | 1926 *Cryptopini*, Attems in: Kükenthal & Krumbach, Handb. Zool., *v.* 4 p. 375.

21 Beinpaare. Meist ohne helle Augenflecken (solche nur bei *Mimops* vorhanden). Antennen fast stets 17 gliedrig. Kieferfußhüften vorn geradlinig oder schwach zweilappig, oder mit 2 abgerundeten, zahnlosen Plättchen; Präfemur der Kieferfüße nur bei *Anethops* mit kleinem Innenzahn, sonst ohne solchen. Endbeinsegment nicht vergrößert. Endosternite meist gut ausgebildet; Sternite meist mit Furchenkreuz, nur bei *Mimops* mit 2 parallelen Längsfurchen. Coxopleuren meist gestutzt, nur bei *Anethops* und *Mimops* mit Fortsatz. Endbeine lang und eher schlank; so wie die vorangehenden Beinpaare oft mit zahlreichen Dornborsten besetzt, das Präfemur meist ohne einzelne starke Dornen; nur bei *Anethops* einzelne starke Dornen; Tibia und 1. Tarsus der Endbeine ventral meist mit mehreren in einer Reihe gestellten Sägezähnen. Peritrema des Stigma aus kleinen Bogen zusammengesetzt. 9 Stigmenpaare auf den beintragenden Segmenten 3, 5, 8, 10, 12, 14, 16, 18, 20.

4 Gattungen.

Übersicht über die Gattungen:

1 { Sternite mit 2 parallelen Längsfurchen. Helle Augenflecke vorhanden. Coxopleuren mit langem, schlankem Fortsatz . . . . 4. Gen. **Mimops**
Sternite mit Furchenkreuz oder nur mit Querfurche; helle Augenflecke fehlen — 2

2 Coxopleuren mit starkem, eindornigem Fortsatz; Präfemur der Endbeine mit einzelnen starken Dornen, Tibia und 1. Tarsus ohne Sägezähne. Präfemur der Kieferfüße mit kleinem Medialzahn . . . . 3. Gen. **Anethops**
Coxopleuren gestutzt, ohne Fortsatz; Präfemur der Endbeine mit zahlreichen Dornborsten ohne einzelne starke Dornen, Tibia und Tarsus fast immer mit Sägezähnen — 3

3 Telopodite der Kieferfüße lang, übereinander greifend, Vorderrand der Hüften geradlinig oder seicht zweibogig weder mit Platten noch mit starken Vorsprüngen . . . . 1. Gen. **Cryptops**
Telopodite der Kieferfüße sehr kurz, nicht übereinander greifend, Vorderrand der Hüften mit 2 runden Plättchen oder im spitzen Winkel vorgezogen . . . 2. Gen. **Paracryptops**

1. Gen. **Cryptops** Leach

1815 *C.*, Leach in: Tr. Linn. Soc. London, *v.* 11 p. 384 | 1817 *C.*, Leach, Zool. Misc., *v.* 3 p. 42 | 1844 & 1845 *C.*, Newport in: Tr. Linn. Soc. London, *v.* 19 p. 276, 407 | 1847 *C.*, P. Gervais in: Walckenaer, Hist. Apt., *v.* 4 p. 291 | 1847 *C.*, C. L. Koch in: Koch-Panzer, Krit. Revis., *v.* 3 p. 78, 172 | 1856 *C.*, Newport, Cat. Brit. Mus. Myr. p. 3, 58 | 1868 *C.*, Meinert in: Naturh. Tidsskr., ser. 3 *v.* 5 p. 242 | 1880 *C.*, Latzel, Myr. Österr.-Ung., *v.* 1 p. 149 | 1886 *C.*, Meinert in: Vidensk. Meddel., *v.* 36—38 p. 135 | 1888 *C.*, Ant. Berlese, A. M. S., fasc. 47 nr. 6 | 1903 *C.*, Kraepelin in: Mt. Mus. Hamburg, *v.* 20 p. 32 | 1928 *C.*, Attems in: Ann. S. Afr. Mus., *v.* 26 p. 82.

21 Beinpaare. Keine Augen. Kopf oft mit 2 Längsfurchen, die vollständig oder abgekürzt sein können; in letzterem Falle nur hinten oder hinten und vorn kurze Furchen, die vorderen oft sehr schräg. Der Kopf überlagert den Vorderrand des 1. Tergits oder sein Hinterrand wird vom 1. Tergit überlagert; manchmal kommt beides bei derselben Art vor. Antennen fast stets 17gliedrig, Beborstung der ersten 2—4 Glieder meist länger aber lockerer als die der folgenden Glieder, die sehr dicht und kurz behaart sind mit einem Quirl längerer Borsten am Grunde. Auf dem Clypeus ist manchmal vor dem Labrum durch Furchen ein Feld abgegrenzt, das prälabiale Dreieck, und vor diesem schon nahe den Antennen das postantennale Dreieck, in dem mehrere starke Borsten stehen. Clypeus vor dem Labrum mit einer Querreihe stärkerer Borsten. Die den Mittelzahn flankierenden Seiten des Labrum im allgemeinen ganzrandig wie bei den *Scolopendromorpha* überhaupt; nur bei *C. parisi* eingeschnitten, so daß die Mitte des Labrum dreizähnig erscheint. 2. Telopoditglied der 2. Maxille ohne Dorn, Endkralle ohne Nebenkrallen. Vorderrand der Kieferfußhüften stets ohne abgesetzte Plättchen oder dergleichen, entweder gerade abgestutzt oder mehr vorgewölbt; in beiden Fällen kann die Mitte ± deutlich eingekerbt sein, wodurch der Rand zweibogig wird; auf dem Rande selbst oder in einiger Entfernung von ihm eine Anzahl Borsten. 2. Tergit kürzer als das 1. und 3., die Tergite 4 und 6 sind nicht auffallend kürzer als die anderen. 1. Tergit mit oder ohne Ringfurche und mit oder ohne paramediane Längsfurchen; bei den Arten mit Ringfurche verlaufen die Längsfurchen entweder parallel, und zwar entweder nur vom Hinterrand bis zur Ringfurche oder über diese hinaus bis zum Vorderrand, oder sie konvergieren nach vorn ±, gabeln sich manchmal vorn, eine W-Zeichnung bildend oder überkreuzen sich, so daß ein schiefes Kreuz entsteht; die Ringfurche bildet einen gleichmäßigen Bogen oder ist in der Mitte winklig nach hinten gezogen; von der Spitze kann dann eine kurze Medianfurche ausgehen, die sich in die

2 Längsfurchen gabelt. Das 1. Tergit heißt ungefurcht, wenn sowohl Ringfurche als Längsfurchen fehlen. Tergite meist mit 2 feinen paramedianen Furchen, die auf den vorderen Segmenten ± abgekürzt sein oder ganz fehlen können; außerdem 2 breitere, mehr grubenartige seichte, gebogene „Lateralfurchen" und ganz nahe dem Rande jederseits eine „Randfurche"; auf einer Anzahl der vorderen Segmente können auch vordere „Schrägfurchen" vorkommen. 21. Tergit hinten winklig vorgezogen, auf der Fläche oft ein Eindruck, selten eine Medianfurche; nur das 21. Tergit berandet. Sternite äußerlich meist mit Furchenkreuz, dessen Längsbalken verschieden ausgebildet sein kann, entweder der vordere oder der hintere Teil fehlt oder es ist nur die Querfurche vorhanden. Medial zwischen den Hüften meist mit gebogener Querleiste, oft auch mit medialer Längsleiste. Endosternite verschieden ausgebildet, sowohl nach den Arten als nach den Körperregionen. Coxopleuren hinten meist abgestutzt, selten ein wenig rundlich vorgezogen, am Rande oft mit Dornen besetzt; das Porenfeld verschieden groß, ein schmales, vom Hinterrand weit entfernt bleibendes Oval bis groß, den Hinterrand fast erreichend; zwischen den Poren häufig Borsten. Die Beborstung der Endbeine ist oft von der der Laufbeine verschieden, aber die Details, die gute Merkmale geben könnten, sind noch von den wenigsten Arten genau bekannt; Präfemur mit zahlreichen verstärkten kurzen Borsten aber ohne einzelne große Dornen; die Borsten lassen auf Präfemur und Femur oft eine mittlere Area frei. Am Ende von Tibia, Femur und Präfemur oder nur einzelner dieser Glieder finden sich öfters dorsal, medial oder lateral oder auf beiden Seiten zahnartige Vorragungen, „Endzähne" genannt. Auf der Ventralseite haben Tibia, 1. Tarsus und oft auch das Femur eine Anzahl von „Sägezähnchen", die meist in einer Reihe stehen; nur bei *C. polyodontus* steht auf der Tibia eine größere Anzahl ungeordnet-mehrreihig; bei *C. inermipes* fehlen die Sägezähnchen ganz. 2. Tarsus ventral messerklingenartig zugeschärft; beide Tarsen gegen die Tibia stark einklappbar. Tarsen des 1.—19. Beinpaars 1- oder 2gliedrig, die des 20. stets 2gliedrig. Die hinteren Beine, besonders das 20. Paar, sind oft durch besonders dichte Behaarung ausgezeichnet (♂ Sexualcharakter?). Stigmen rund oder oval.

3 Untergattungen, 61 Arten, 4 Unterarten, 7 Varietäten und 9 unsichere Arten.

Übersicht über die 3 Subgenera:

1	Sternite ohne mediale quere Verdickungsleiste .	c) Subgen. **Chromatanops**
	Sternite mit querer Verdickungsleiste — 2	
2	Endosternit nicht durch Furchen abgegrenzt, daher auch keine Dreiecke vorhanden. Tarsen der Beinpaare 1—19 meist ungegliedert	a) Subgen. **Cryptops**
	Endosternit wenigstens auf einer Anzahl der vorderen Segmente scharf abgegrenzt, meist durch ein schräges Kreuz; oft ist auch eine Querleiste vorhanden, die mit den hinteren Kreuzarmen ein Dreieck bildet. Tarsen der Beine meist 2gliedrig	b) Subgen. **Trigonocryptops**

a) Subgen. **Cryptops** Leach

1906 *C.*, C. Verhoeff in: N. Acta Ac. Leop., *v.* 86 p. 390 | 1907 *C.*, C. Verhoeff in: Bronn, Kl. Ordn., *v.* 5 II p. 248 | 1926 *C.*, Attems in: Kükenthal & Krumbach, Handb. Zool., *v.* 4 p. 375 | 1928 *C.*, Attems in: Ann. S. Afr. Mus., *v.* 26 p. 82.

Sternite mit innerer bogiger Querleiste zwischen den Hüften. Das Endosternit nicht scharf abgesetzt, kein schräges Kreuz und keine Dreiecke vor dem Endosternit. Tarsen der Beine 1—19 meist ungegliedert, selten (so bei *C. pictus, hispanus*) 2gliedrig. Kopf das 1. Tergit überlagernd oder umgekehrt, vom 1. Tergit überlagert, 1. Tergit mit oder ohne Ringfurche. Katopleuren einfach. Körper meist einfarbig gelb oder braun, selten (so bei *C. australis, pictus, niuensis, bayoni, crassipes*) mit dunklem Pigment.

Typus: *C. hortensis* Leach

52 Arten, 6 Varietäten, 9 unsichere Arten.

Übersicht über die Arten des Subgen. *Cryptops:*

1	1. Tergit ohne Ringfurche — 2	
	1. Tergit mit Ringfurche (Fig. 280) — 23	
2	Tergite, manchmal die vordersten ausgenommen mit 2 vollständigen Paramedianfurchen[1]) — 3	
	Tergite entweder ganz ohne Paramedianfurchen oder diese stark abgekürzt — 20	
3	Tibia und 1. Tarsus der Endbeine ohne Sägezähne. (Christmas Island)	5. C. (C.) inermipes
	Tibia und 1. Tarsus der Endbeine mit Sägezähnen — 4	
4	1. Tergit mit 2 Längsfurchen. Kopf mit 2 kurzen Längsfurchen. (Gesellschaftsinseln)	6. C. (C.) mirus
	1. Tergit ohne Längsfurchen — 5	
5	Sägezähne der Endbeintibia ungeordnet-mehrreihig (Fig. 265). (Chathaminsel)	7. C. (C.) polyodontus
	Sägezähne der Endbeintibia einreihig — 6	
6	Rumpf einfarbig gelb bis olivbraun — 7	
	Es ist reichliches grünes bis schwarzes Pigment vorhanden (vordere Tergite ohne oder nur mit abgekürzten Paramedianfurchen). Femur der Endbeine mit 1—2 Sägezähnchen — 18	
7	Kopf mit 2 feinen durchgehenden Längsfurchen (Fig. 299). (Argentinien)	46. C. (C.) galatheae
	Kopf ungefurcht oder nur hinten mit 2 ganz kurzen Furchen — 8	
8	Der Kopf überlagert das 1. Tergit — 9	
	Der Kopf wird hinten vom 1. Tergit überlagert — 10	
9	Kopf ungefurcht. Vorderrand der Kieferfußhüften gerade, ohne längere Borsten. Paramedianfurchen erst vom 6. Tergit an vollständig. (Kapland)	8. C. (C.) stupendus
	Kopf hinten mit 2 kurzen Furchen. Vorderrand der Kieferfußhüften zweibogig mit 3 oder 4 Borsten jederseits. Paramedianfurchen vom 2. Tergit an. (Neuseeland)	9. C. (C.) zelandicus
10	Präfemur, Femur und Tibia der Endbeine mit Endzähnchen. (Indoaustralische Region) . .	10. C. (C.) doriae
	Präfemur, Femur und Tibia der Endbeine ohne Endzähnchen — 11	
11	Femur der Endbeine ventral ohne Sägezähnchen — 12	
	Femur der Endbeine ventral mit 1—3 Sägezähnchen. Vordere Sternite ohne oder mit stark abgekürzten Paramedianfurchen — 15	

[1]) Hierher *C. ruficeps.*

12	Coxopleuren mit ziemlich breitem porenfreiem Endrande. (Tahiti)	11. **C. (C.) tahitianus**
	Das Porenfeld reicht bis nahe an den Hinterrand der Coxopleuren — **13**	
13	Stigmen längsoval. Paramedianfurchen erst vom 5. Tergit an vollständig. (Südafrika)	12. **C. (C.) philammus**
	Stigmen rund. Paramedianfurchen vom 3. Tergit an vollständig. (Palaearktische Region) — **14**	
14	Labrum einzähnig, d. h. die Seitenteile sind nicht eingeschnitten (Fig. 255)	1. **C. (C.) hortensis**
	Labrum dreizähnig, dadurch daß die Seiten unmittelbar neben dem Mittelzahn eingekerbt sind [2]) (Fig. 260)	2. **C. (C.) parisi**
15	Femur der Endbeine mit 3 Sägezähnchen (Fig. 268), lateral und medial, sowie die Tibia mit oder ohne Endzähnchen. (Chile) . . .	13. **C. (C.) triserratus**
	Femur der Endbeine mit 1 oder 2 Sägezähnchen, ohne Endzähnchen, ebenso die Tibia — **16**	
16	Vorderrand der Kieferfußhüften zweibogig. (Neuseeland)	14. **C. (C.) lamprethus** 15. **C. (C.) dilagus**
	Vorderrand der Kieferfußhüften gerade oder kaum merklich eingebuchtet — **17**	
17	Kopf ungefurcht. Vorderrand der Kieferfußhüften fast geradlinig, unbeborstet. Das Suprasternit des 4. Segments bildet hinten unten keinen Vorsprung (Fig. 275)	17. **C. (C.) australis**
	Kopf hinten mit 2 kurzen Furchen. Vorderrand der Kieferfußhüften seicht eingebuchtet, mit 5—6 Borsten jederseits auf dem Rande selbst. Suprasternit des 4. Segments unten zipfelig nach hinten vorragend (Fig. 272). (Britisch-Ostafrika)	16. **C. (C.) omissus**
18 (6)	Tarsen zweigliedrig. (Loyaltyinseln)	19. **C. (C.) pictus**
	Tarsen ungegliedert — **19**	
19	Das Porenfeld reicht fast bis zum Hinterrand der Coxopleuren. Vorderrand der Kieferfußhüften gerade	17. **C. (C.) australis**
	Das Porenfeld bleibt weit vom Hinterrande der Coxopleuren entfernt. Vorderrand der Kieferfußhüften leicht konvex. (Polynesien) . . .	18. **C. (C.) niuensis**
20 (2)	21. Tergit mit durchgehender Medianfurche. Längsfurche der Sternite fast verschwunden. Coxopleuren am Medialeck bogig vorgezogen. Kopf fast kahl. (Sumatra)	20. **C. (C.) modiglianii**
	21. Tergit ohne Längsfurche, höchstens mit seichter Grube. Sternite mit Furchenkreuz. Coxopleuren medial nicht vorgezogen. Kopf reichlich punktiert und beborstet — **21**	
21	1. Tergit mit y förmiger Furche (Fig. 279). Letztes Sternit trapezförmig, hinten gestutzt-gerundet — **22**	
	1. Tergit ohne y-Furche. Letztes Sternit hinten fast halbkreisförmig abgerundet	21. **C. (C.) audax** 22. **C. (C.) patagonicus**

---

[2]) Hierher auch ? 3. *C. (C.) medius*, 4. *C. (C.) corcyraeus*.

22 Gelbbraun. (Chile) . . . . 23. **C. (C.) monilis**
Kopf und Hinterende rotbraun, der Rest dunkelbraun mit dunklerer Medianbinde. (Neuseeland) . . . . 24. **C. (C.) arapuni**

23 (1) 1. Tergit außer der Ringfurche auch mit Längsfurchen oder einem Furchenkreuz (Fig. 280) — **24**
1. Tergit ohne Längsfurchen, nur mit der Ringfurche (Fig. 300)[3]) — **42**

24 Kopf mit vollständigen oder abgekürzten Längsfurchen[4]) — **25**
Kopf ungefurcht[5]) — **38**

25 Tibia der Endbeine ohne Endzähnchen — **26**
Tibia und eventuell auch Präfemur und Femur der Endbeine mit Endzähnchen — **30**

26 Kopf vom 1. Tergit überlagert. (Guatemala) . 25. **C. (C.) micrus**
Kopf das 1. Tergit überlagernd[6]) — **27**

27 Die Längsfurchen des 1. Tergit bilden ein schräges Kreuz (Fig. 280). Das Porenfeld erreicht fast den Hinterrand der Coxopleuren. Kopf mit 2 vollständigen Längsfurchen. (Europa) . . 26. **C. (C.) anomalans**
1. Tergit hinter der Mitte der Ringfurche mit flacher, rinnenartiger Längsfurche, aus der 2 kurze Furchen divergierend nach hinten ziehen (Fig. 287). Das Porenfeld erreicht bei weitem nicht den Hinterrand der Coxopleuren. Kopffurchen abgekürzt. (Amerika, Fijiinseln) — **28**

28 Vorderrand der Kieferfußhüften zweibogig. 21. Sternit gestutzt-gerundet. (Fijiinseln) . . 27. **C. (C.) ethophor**
Vorderrand der Kieferfußhüften gerade. 21. Sternit abgerundet — **29**

29 Endbeinglieder dorsal ungefurcht. Die Längsfurchen des 1. Tergit vorn nicht gegabelt (Fig. 287). (Nordamerika) . . . . 28. **C. (C.) hyalinus**
Präfemur, Femur und ein wenig auch die Tibia der Endbeine dorsal längsgefurcht. Die Längsfurchen des 1. Tergit vorn gegabelt, eine W-Zeichnung bildend (Fig. 288). (Brasilien) . 29. **C. (C.) heathii**

30 Die Längsfurchen des 1. Tergit stoßen vorn zusammen (Fig. 291) — **31**
Die Längsfurchen des 1. Tergit sind fast oder ganz parallel (Fig. 293) — **32**

31 Der Kopf überlagert das 1. Tergit. Vorderrand der Kieferfußhüften eingebuchtet. Präfemur und Femur der Endbeine dorsal ungefurcht; Femur der Endbeine lateral, Tibia medial und lateral mit Endzahn. (Mediterranregion) . . . . 30. **C. (C.) trisulcatus**
Kopf vom 1. Tergit überlagert. Vorderrand der Kieferfußhüften gerade. Präfemur und Femur der Endbeine dorsal in der Endhälfte gefurcht. Femur medial und lateral, Tibia lateral mit Endzahn. (Burma) . . . . 31. **C. (C.) feae**

---

[3]) Hierher *C. fur.*
[4]) Hierher *C. relictus*, *C. brunneus.*
[5]) Hierher *C. beebei.*
[6]) Hierher *C. socotrensis.*

32 Nur die Tibia der Endbeine lateral und medial mit Endzahn. Präfemur und Femur der Endbeine dorsal am Ende gefurcht. Kopffurchen vollständig. (Südafrika) . . . . 32. **C. (C.) rhodesianus**
Außer der Tibia auch Femur oder Femur und Präfemur der Endbeine einseitig oder beiderseits mit Endzahn — **33**

33 Tarsen mit Ausnahme einiger vorderer Beine zweigliedrig. Präfemur der Endbeine dorsal gefurcht. Kopffurchen vollständig. (Honduras) 33. **C. (C.) pugnans**
Tarsen ungegliedert — **34**

34 Sternite mit Querfurche. 21. Tergit am Ende mit Längsfurche. Präfemur und Femur der Endbeine dorsal mit kurzer Grube am Ende. Kopffurchen vollständig. (Australien) . . . 34. **C. (C.) haasei**
Sternite auch mit Längsfurche. 21. Tergit ohne Längsfurche. Präfemur und Femur der Endbeine ohne dorsale Furchen — **35**

35 Kopffurchen vollständig. (Kuba) . . . . 35. **C. (C.) cornifer**
Kopffurchen in der Mitte unterbrochen oder sehr abgekürzt, nur hinten vorhanden — **36**

36 Kopffurchen nur in der Mitte unterbrochen. 21. Sternit nach hinten kaum verschmälert, die Ecken kaum abgerundet. (Assam) . . . 36. **C. (C.) kempi**
Kopffurchen nur ganz hinten vorhanden. 21. Sternit trapezförmig. (Afrika) — **37**

37 Präfemur, Femur und Tibia der Endbeine mit lateralem und medialem Endzahn. Sternite mit Querfurche und von ihr nach hinten abgehender Längsfurche . . . . 37. **C. (C.) sternalis**
Präfemur mit medialem, Tibia mit lateralem Endzahn. Sternite mit Furchenkreuz . . . . . 38. **C. (C.) aloysii sabaudiae**

38 Präfemur der Endbeine dorsal ungefurcht. (Kapland) . . . . 39. **C. (C.) peringueyi**
Präfemur, eventuell auch Femur der Endbeine dorsal gefurcht — **39**

39 Rücken mit dunklem Pigment. Vorderrand der Kieferfußhüften gerade — **40**
Einfarbig ockergelb — **41**

40 Der Kopf überlagert das 1. Tergit (Fig. 298). Rücken dunkel gefleckt. 2.—19. Sternit mit Furchenkreuz. Femur der Endbeine mit medialem Endzahn. (Uganda) . . . . . . 40. **C. (C.) bayoni**
Kopf vom 1. Tergit überlagert. Rücken mit 2 grünen Medianstreifen und jederseits einem grünen Randstreifen. Sternite mit schwacher Querfurche. Endbeine ohne (?) Endzähne . . 41. **C. (C.) crassipes**

41 Vorderrand der Kieferfußhüften zweibogig. Kopf vom 1. Tergit überlagert. Die Längsfurchen des 1. Tergit gabeln sich vorn. Präfemur der Endbeine mit kahler Area. (Britisch-Guiana) . 42. **C. (C.) furciferens**
Vorderrand der Kieferfußhüften gerade. Kopf das 1. Tergit überlagernd. Längsfurchen des 1. Tergit nicht gegabelt. Präfemur der Endbeine ventral ohne kahle Area. (Chile) . . 43. **C. (C.) detectus**

42 (23) Tibia, eventuell auch Femur und Präfemur der Endbeine mit Endzähnchen — 43
— Endbeine an allen Gliedern ohne Endzähnchen lateral und mit Ausnahme von *C. hispanus* auch medial — 46

43 21. Tergit mit vollständiger oder vorn abgekürzter Medianfurche. Kopf ungefurcht — 44
— 21. Tergit ohne Medianfurche. Kopf meist mit 2 vollständigen Längsfurchen. Präfemur der Endbeine ventral mit kahler Area — 45

44 21. Tergit mit vollständiger Längsfurche. Präfemur der Endbeine ohne kahle Area. (Kanaren) . . . . 44. **C. (C.) canariensis**
— 21. Tergit nur hinten mit kurzer Längsfurche. Präfemur der Endbeine ventral mit kahler Area. (Haiti) . . . . 45. **C. (C.) manni**

45 Nur die Tibia der Endbeine mit lateralem und medialem Endzahn. (Argentinien) . . . . . 46. **C. (C.) galatheae**
— Außer der Tibia auch Femur und Präfemur der Endbeine mit 1—2 Seitenzähnen . . . . . 47. **C. (C.) spinipes**

46 Die vorderen Tergite mit unpaarer medianer Längsfurche. Kopf ungefurcht. Tarsen ungegliedert. Vorderrand der Kieferfußhüften konvex, in der Mitte leicht eingekerbt. (Galapagosinseln) . . . . 48. **C. (C.) navigans**
— Alle vorderen Tergite ohne unpaare Medianfurche — 47

47 Kopf mit 2 vollständigen Längsfurchen — 48
— Kopf mit 2 sehr kurzen oder ganz ohne Längsfurchen — 49

48 Vorderrand der Kieferfußhüften fast gerade, mit 3 + 3 zarten Borsten. 2.—18. Sternit mit Furchenkreuz. Das Porenfeld erreicht fast den Hinterrand der Coxopleuren. (Europa) . 26. **C. (C.) anomalans**
— Vorderrand der Kieferfußhüften flach zweibogig, mit 5 + 5 Borsten. Vom 6. Sternit erlischt der hintere Arm der Längsfurche. Das Porenfeld erreicht bei weitem nicht den Hinterrand der Coxopleuren. (Fijiinseln) . . . . 49. **C. (C.) sulciceps**

49 Tarsen zweigliedrig. (Spanien) . . . . 50. **C. (C.) hispanus**
— Tarsen 1—19 ungegliedert. (Auckland, Neukaledonien) . . . . 51. **C. (C.) megaloporus**; 52. **C. (C.) neocaledonicus**

1. **C. (C.) hortensis** Leach 1815 *C. h.*, Leach in: Edinb. Enc., *v.* 3 p. 408 | 1817 *C. h.*, Leach, Zool. Misc., *v.* 3 p. 42 t. 139 | 1817 *C. Savignyi*, Leach, ibid., p. 42 | 1915 *C. hortensis*, Ribaut in: Arch. Zool. expér., *v.* 55 p. 331 f. 15—17 | 1925 *C. h.*, Brölemann in: Bull. Soc. Toulouse, *v.* 53 p. 194.

Ockergelb bis gelbrot. Länge 30 mm. Kopf und Tergite unpunktiert oder punktiert, reichlich beborstet, ebenso die Sternite. Kopf länglich-rundlich mit 2 kurzen schrägen Furchen vorn, lateral von jeder Antennenbasis je eine; ohne Furchen hinten. Labrum einzähnig (Fig. 255), auf dem Clypeus vor dem Labrum kein Dreieck abgegrenzt und keine postantennale Borstenarea; am Rande des Clypeus vor dem Labrum eine Querreihe stärkerer Borsten, davor in der Mediane eine Anzahl Borsten in wechselnder Zahl und Anordnung; vorn zwischen den Antennen eine dunkel gefärbte Mediannaht.

Vorderrand der Kieferfußhüften wenig vorragend, fast gerade abgestutzt mit 4—5 Borsten jederseits, die auf dem Rande selbst stehen (Fig. 256). 1. Tergit ungefurcht, meist mit rundem Mediangrübchen; es überlagert fast stets den Hinterrand des Kopfschildes, selten ist es umgekehrt. Die Paramedianfurchen

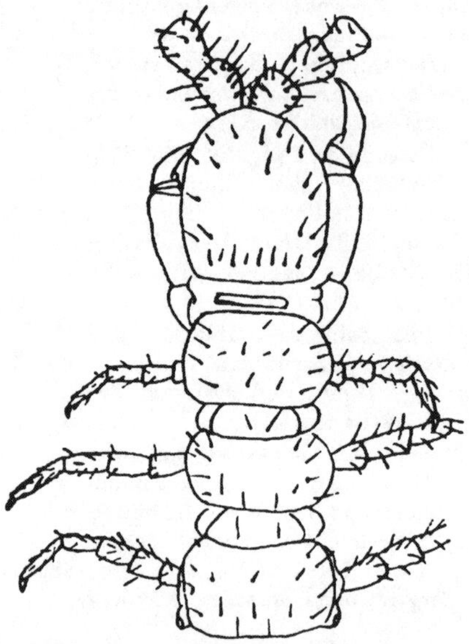

Fig. 254.
Cryptops hortensis Leach-Bröl.

beginnen auf dem 2., 3., 4. oder 5. Tergit und sind vom 3.—7. an vollständig. Gebogene Lateralfurchen auf den Tergiten 3—18 oder 19, Schrägfurchen auf den Tergiten 2 oder 3 bis 7 oder 12. Letztes Tergit mit seichtem hinterem Eindruck. Sternite bis zum 19. mit Furchenkreuz, Querleiste bis

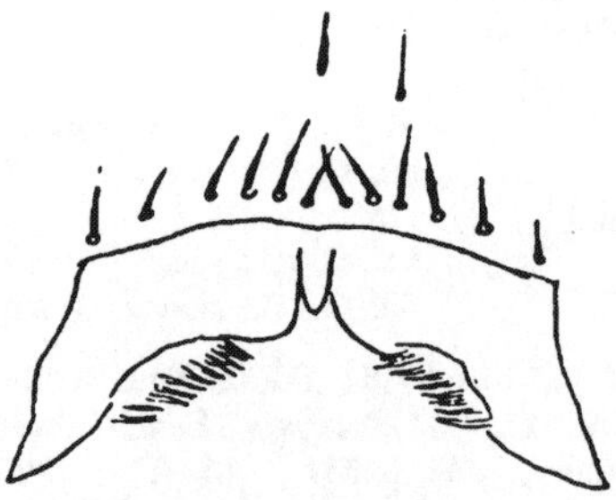

Fig. 255.
Cryptops hortensis Leach-Bröl.
Labrum (Ragusa).

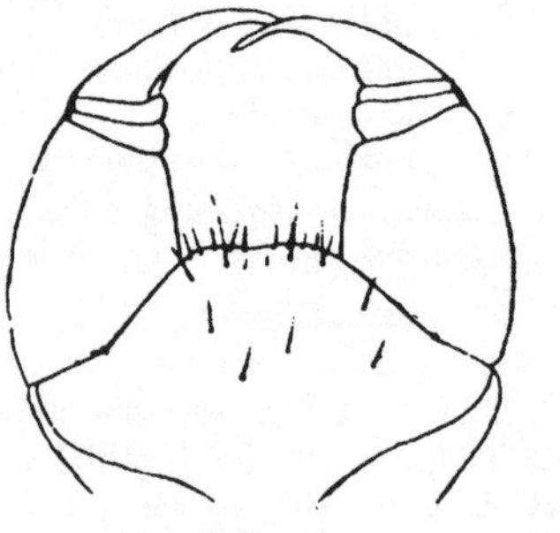

Fig. 256.
Cryptops hortensis Leach-Bröl.
Kieferfüße (Ragusa).

zum 18. gut entwickelt. Coxopleuren hinten medial gerundet, am Hinterrand einige Dornborsten, im Porenfeld eine Dornborste (Fig. 257). 1.—20. Beinpaar fein langborstig, Präfemur und Femur ventral, medial und lateral zuweilen mit stärkeren Dornborsten. Präfemur und Femur der Endbeine ventral, medial und lateral mit kurzen kräftigen Dörnchen ohne lange feine Borsten, meist mit kahler Längsarea, dorsal ungefurcht; alle Glieder ohne Endzähne.

Tibia mit 5–15, 1. Tarsus mit 2—6 Sägezähnchen. Tarsen des 1. bis 19. Beinpaars ungeteilt. Hintere Stigmen kreisrund. Sternit, Suprasternit und Metacoxa des 1. beintragenden Segments verwachsen (Fig. 258), vom 2. Segment an ist die Metacoxa, vom 3.—5. Segment an das Suprasternit vom Sternit getrennt. Endosternit nur in den ersten 3 beintragenden Segmenten gut ausgebildet.

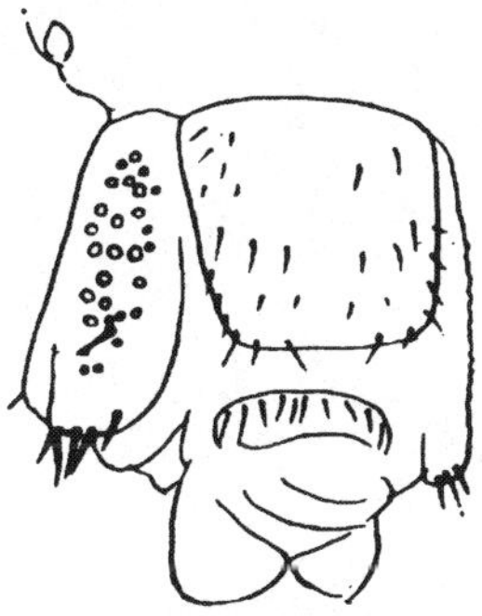

Fig. 257.
Cryptops hortensis Leach-Bröl.
(Aspromonte.)

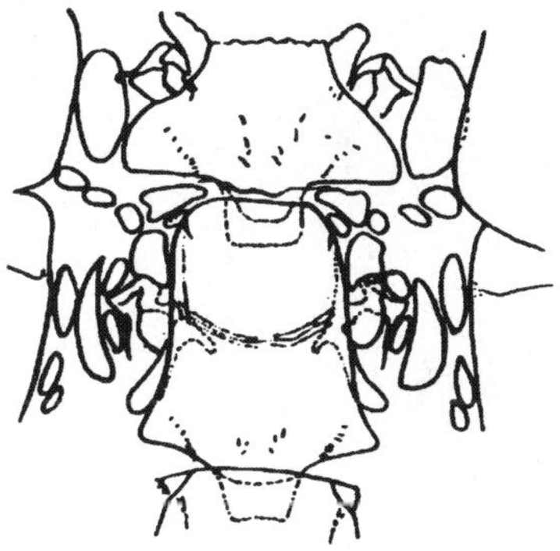

Fig. 258.
Cryptops hortensis Leach-Bröl.
1. & 2. Sternit.

3 Varietäten:

1a. **C. (C.) h. var. hortensis** Leach

Kopf und Tergite nicht oder sehr undeutlich punktiert. Tibia mit 5 bis 9, 1. Tarsus mit 2—3 Sägezähnchen.

Europa, Azoren, St. Helena, Madeira.

Anm.: Eine var. *paucidens*, Latz. [1884 *C. h.* var. *paucidens*, Latzel in: Bull. Soc. Rouen, ser. 2 *v.* 19 p. 267 | 1884 *C. bidenticulatus*, Selivanoff in: Horae Soc. ent. Ross., *v.* 18 p. 109] läßt sich nicht aufrecht erhalten, da sie nur durch einen ganz geringfügigen Unterschied in der Zahl der Endbeinsägezähnchen (Tibia 5—6 gegen 6—9 bei var. *hortensis*, 1. Tarsus 2—3 gegen 3—4) gekennzeichnet wurde.

Normandie, Bourbonnais, Hamburg, Kaukasus, St. Helena.

1b. **C. (C.) h. var. atlantis** Poc. 1891 *C. a.*, Pocock in: Ann. nat. Hist., ser. 6 *v.* 8 p. 155 t. 12 f. 12 | 1900 *C. a.*, Brölemann in: Mém. Soc. zool. France, *v.* 13 p. 436 | 1903 *C. hortensis* var. *a.*, Kraepelin in: Mt. Mus. Hamburg, *v.* 20 p. 57.

Tibia mit 15, 1. Tarsus mit 6 Sägezähnchen.

Madeira, Azoren, Kanaria, Tenerifa. [Auf S. Miguel, Azoren, auch die var. *hortensis* mit 5 + 3 Sägezähnchen.]

1c. **C. (C.) h. var. pseudopunctatus** Verh. 1901 *C. h.* var. *p.*, C. Verhoeff in: N. Acta Ac. Leop., *v.* 77 p. 431.

Kopf und Tergite deutlich punktiert.

Bosnien.

Es ist noch unbekannt, ob die Var. *pseudopunctatus* und *atlantis* wirklich zu *C. hortensis* Leach-Brölemann gehören.

2. **C. (C.) parisi** Bröl. 1880 *C. hortensis*, Latzel (nec Leach) p. p., Myr. Österr.-Ung., *v.* 1 t. 6 f. 47, 48 | 1920 *C. parisi*, Brölemann in: Bull. Soc. Toulouse, *v.* 48 p. 9 f. 1—5 | 1925 *C. p.*, Brölemann in: Bull. Soc. Toulouse, *v.* 53 p. 192.

Orangefarben. Größe wie bei *C. hortensis*. Kopf (Fig. 259) etwas länger als breit (7 : 6) mit 2 parallelen Längsfurchen im hinteren Drittel und 2 kurzen schrägen Furchen vorn lateral von den Antennenbasen; sein Hinterrand meist vom 1. Tergit überlagert, selten umgekehrt. Beborstung von Kopf und Rumpf reichlich wie bei *C. hortensis*. Labrum dreizähnig, indem die Lappen zu den Seiten des Mittelzahnes durch einen Einschnitt je einen

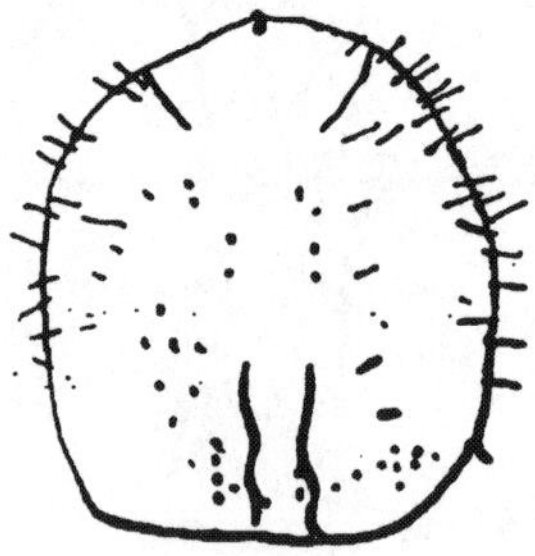

Fig. 259.
Cryptops parisi Bröl.

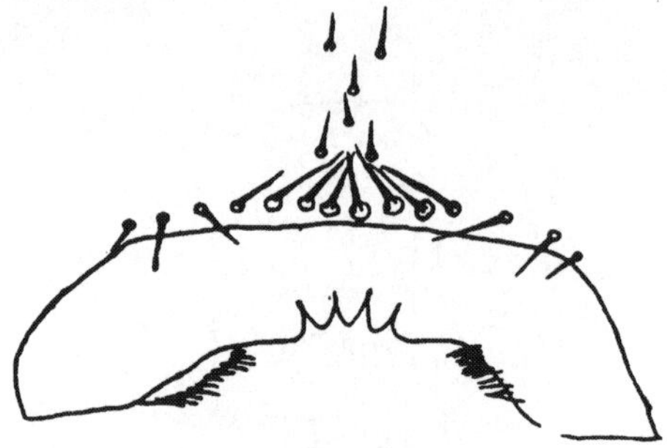

Fig. 260.
Cryptops parisi Bröl. Labrum.

Zahn bilden (Fig. 260). Clypeus wie bei *C. hortensis* ohne Dreieck und ohne postantennale Borstenarea. Vorderrand der Kieferfußhüften weiter vorragend als bei *C. hortensis*, seicht zweibogig, mit 4—6 auf dem Rande stehenden Borsten jederseits (Fig. 261). 1. Tergit ungefurcht, zuweilen mit kleinem, rundem Mediangrübchen. 2. Tergit mit 2 kurzen Furchen hinten, 3. und 4. Tergit entweder ebenso, oder die Paramedianfurchen vollständig vom 3.

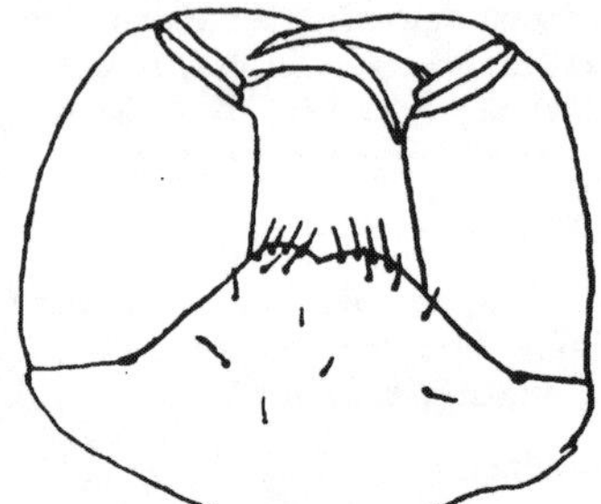

Fig. 261.
Cryptops parisi Bröl. Kieferfüße (Graz).

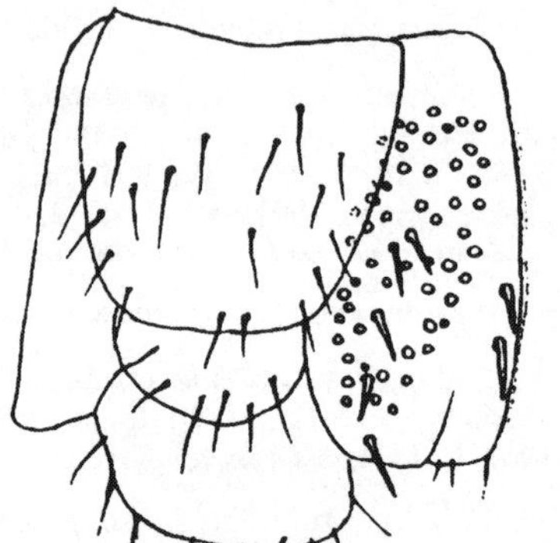

Fig. 262.
Cryptops parisi Bröl. (Graz).

oder 4. an. Sternite mit Querfurche, die Querleiste bis zum 19. gut ausgebildet; 14.—16. Sternit auch mit Spuren einer Längsfurche vor der Querfurche. Die Seitenränder der hinteren Sternithälfte konvergieren vom etwa 5. Sternit an. Letztes Sternit nach hinten mäßig verschmälert, hinten seicht eingebuchtet bis gerade. Das Porenfeld erreicht nicht den Hinterrand der Coxopleuren; zwischen den Poren eine Anzahl, etwa 6—12 teilweise gereihte Dornborsten. Beborstung der Beine wie bei *C. hortensis*. Endbeine ohne Endzähnchen auf allen Gliedern, die Grundglieder dorsal nicht gefurcht; Tibia mit 4—12, 1. Tarsus mit 2—6 Sägezähnchen. Endsternit auf den ersten 5 beintragenden Segmenten gut ausgebildet.

Frankreich (Côte d'Or), Österreich (Steiermark, Niederösterreich), Kroatien, Bosnien, Montenegro, Südtirol, Oberitalien, Siebenbürgen, Elba. [Die sonstige, wohl viel weitere Verbreitung in Europa noch festzustellen.]

C. (C.) p. var. **cristata** Rib. (in litt.). 1925 *C. p.* var. *c.*, Brölemann in: Bull. Soc. Toulouse, *v.* 53 p. 194.

Tibia der Endbeine mit 9, 1. Tarsus mit 7—8 stark verschmolzenen, eine Art Kamm bildenden Sägezähnchen.

Südfrankreich: Banyuls-sur-Mer.

Die folgenden Zitate beziehen sich entweder auf *C. hortensis* oder *C. parisi*; auf welche der beiden Arten ist ohne Nachuntersuchung der den Autoren vorgelegenen Exemplare nicht möglich zu entscheiden.

1837 *Scolopendra germanica*, C. L. Koch in: C. L. Koch, C. M. A., Heft 9 t. 2 | 1844 *Cryptops sylvaticus* u. *ochraceus*, C. L. Koch in: C. L. Koch, C. M. A., Heft 40 t. 2, 18 | 1847 *C. hortensis* u. *C. Savignyi*, P. Gervais in: Walckenaer, Hist. Apt., *v.* 4 p. 291, 292 | 1856 *C. h.* und *C. S.*, Newport, Cat. Brit. Mus. Myr., p. 59 | 1863 *C. ochraceus*, C. L. Koch, Myr., *v.* 1 p. 21 f. 19 | 1863 *C. sylvaticus*, C. L. Koch, Myr., *v.* 1 p. 79 f. 68 | 1863 *C. pallens*, C. L. Koch, Myr., *v.* 1 p. 80 f. 69 | 1863 *C. Savignyi*, C. L. Koch, Myr., *v.* 2 p. 35 f. 157 | 1868 *C. agilis*, Meinert in: Naturh. Tidsskr., ser. 3. *v.* 5 p. 244 | 1871 *C. a.*, Stuxberg in: Öfv. Ak. Förh., *v.* 28 p. 504 | 1872 *C. hortensis*, *Savignyi*, *a.*, Plateau in: Bull. Ac. Belgique, ser. 2. *v.* 33 p. 412—414 | 1880 *C. h.*, Latzel, Myr. Österr.-Ung., *v.* 1 p. 154 | 1881 *C. h.*, E. Haase in: Z. Ent. Breslau, ser. 2 *v.* 8 p. 69 | 1884 *C. h.*, Selivanoff in: Horae Soc. ent. Ross., *v.* 18 p. 108 | 1886 *C. h.*, Meinert in: Vidensk. Meddel., *v.* 36—38 p. 136 | 1887 *C. h.*, Ant. Berlese, A. M. S., fasc. 42 nr. 6 | 1889 *C. h.*, Porat in: Ent. Tidskr., *v.* 10 p. 43 | 1889 *C. h.*, Daday, Myr. Regni Hungar., p. 91 | 1890 *C. h.*, Pocock in: Ann. Mus. Genova, *v.* 29 p. 68 | 1903 *C. h.*, Kraepelin in: Mt. Mus. Hamburg, *v.* 20 p. 56 f. 16, 17.

3. C. (C.) **medius** Verh. 1901 *C. m.*, C. Verhoeff in: N. Acta Ac. Leop., *v.* 77 p. 430 | 1903 *C. anomalans*, Kraepelin in: Mt. Mus. Hamburg, *v.* 20 p. 45.

Blaßgelb. Größe und Habitus wie bei *C. hortensis*. Kopf deutlich punktiert, überlagert das 1. Tergit, ohne Längsfurchen. Seiten des Labrum eingeschnitten. Vorderrand der Kieferfußhüften in der Mitte kräftig beborstet, auch die übrigen Glieder reichlich beborstet. (1. Tergit?). Tergite zerstreut punktiert, Paramedianfurchen andeutungsweise vorhanden. Tibia der Endbeine mit 6—7, 1. Tarsus mit 4—6 Zähnen, letzterer neben der Säge mit kleinem Haarpolster, 2. Tarsus ohne Zahn am Grunde.

Nauplia (Palamidhi); Burg Larisa.

4. C. (C.) **corcyraeus** Verh. 1901 *C. c.*, C. Verhoeff in: N. Acta Ac. Leop., *v.* 77 p. 431 | 1903 *C. anomalans* var. *c.*, Kraepelin in: Mt. Mus. Hamburg, *v.* 20 p. 46.

Dem *C. medius* in Größe, Habitus, Farbe, Gestalt der Kieferfüße sehr ähnlich. Kopf nicht oder nur sehr schwach punktiert, ohne Längsfurchen. Seiten des Labrum eingeschnitten. Tergite nur hier und da mit Spuren von Punktierung. Tibia mit 7, 1. Tarsus mit 4 Sägezähnen ohne Haarpolster. 2. Tarsus ventral am Grunde mit deutlichem Zahn.

Korfu.

C. medius und *corcyraeus* werden von Kraepelin zu *C. anomalans* gezogen; gegen diese Annahme spricht jedoch, daß das Labrum seitlich eingeschnitten ist (wie bei *C. parisi*).

5. **C. (C.) inermipes** Poc. 1888 *C. i.*, Pocock in: P. zool. Soc. London, p. 556 | 1903 *C. i.*, Kraepelin in: Mt. Mus. Hamburg, *v.* 20 p. 52.

Ockergelb, Kopf und Hinterende dunkler. Länge 27 mm. Kopf ungefurcht, behaart, hinten vom 1. Tergit überlagert. Vorderrand der Kieferfußhüften seicht eingebuchtet, beborstet. 1. Tergit ganz ungefurcht. 2. Tergit mit 2 seichten Längsfurchen, 2.—20. Tergit mit vollständigen Paramedianfurchen und gebogenen, auf den vorderen Segmenten den Hinterrand nicht erreichenden Lateralfurchen. Sternite mit Furchenkreuz; der quere Arm verschwindet ± auf den hinteren Segmenten; letztes mit hinten abgekürzter

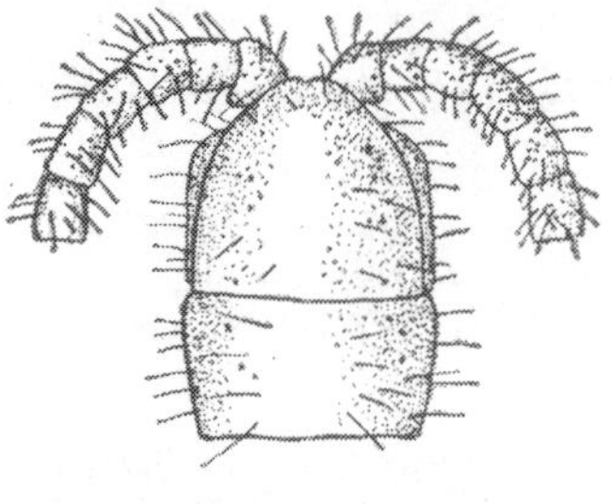

Fig. 263.
Cryptops inermipes Poc.

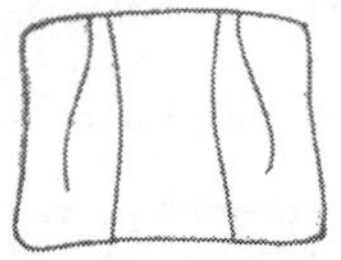

Fig. 264.
Cryptops inermipes Poc. Tergit.

Medianfurche, leicht gebogenen Seitenrändern und konvexem Hinterrand. Vorderer Teil der Coxopleuren mit wenigen großen Poren, hinterer Teil porenlos, leicht vorgewölbt und beborstet. Beine beborstet, ohne Dornen. Endbeintibia und 1. Tarsus ohne Sägezähnchen.

Christmas Island.

6. **C. (C.) mirus** Chamb. 1920 *C. m.*, Chamberlin in: Bull. Mus. Harvard, *v.* 64 p. 5.

Rostbraun. Länge 19 mm. Kopf hinten mit 2 kurzen Längsfurchen, vom 1. Tergit überlagert. Antennen nur aus 7 ungewöhnlich langen Gliedern bestehend. Vorderrand der Kieferfußhüften fast gerade, in der Mitte leicht eingekerbt. 1. Tergit mit 2 vorn etwas abgekürzten Längsfurchen; vom 2. an mit 2 Paramedianfurchen und meist auch mit tiefer Medianfurche und 2 gebogenen Lateralfurchen. 2. Tergit kürzer als das 1. Letztes Tergit hinten dreieckig zugespitzt, vorn breit eingedrückt. Sternite zerstreut grob punktiert, mit Furchenkreuz, der Längsarm der tiefere; letztes Sternit verschmälert, hinten abgestutzt-gerundet. Coxopleuren hinten abgerundet, bedornt, die Poren zahlreich, den Hinterrand bei weitem nicht erreichend. Endbeine fehlen.

Gesellschaftsinseln: Tahiti, Tipaeni Valley.

7. **C. (C.) polyodontus** Att. 1903 *C. p.*, Attems in: Zool. Jahrb., Syst. *v.* 18 p. 106 | 1903 *C. p.*, Kraepelin in: Mt. Mus. Hamburg, *v.* 20 p. 53 | 1921 *C. p.*, Archey in: Tr. N. Zealand Inst., *v.* 53 p. 185 | 1924 *C. p.*, Archey in: Rec. Canterbury Mus., *v.* 2 p. 214 t. 35 f. 1—5 | 1924 *C. lamprethus* p. p., Archey, ibid., *v.* 2 t. 36 f. 2.

Dunkel olivenbraun, Kopf und Hinterende rostrot. Länge 25—30 mm. Kopf ungefurcht, fein behaart, hinten vom 1. Tergit überlagert. Antennen perlschnurartig, die basalen 4 Glieder langborstig, die anderen dicht und kurz behaart. Vorderrand der Kieferfußhüften ganz gerade und unbeborstet. 1. Tergit mit y-förmigem Eindruck. Die Paramedianfurchen beginnen auf dem 5. Tergit und sind auf den Tergiten 5—7 vorn abgekürzt, nur bis etwa zur Mitte reichend; vom 8. an vollständig. Lateralfurchen vom 3. Tergit an, kurz, bogig. 21. Tergit lateral berandet. Alle Tergite sehr fein behaart und schwach punktiert. Sternite reichlich behaart, unpunktiert, mit Furchenkreuz, das auf den 2—3 letzten fehlt. Letztes Sternit trapezförmig, Hinterecken gerundet. Coxopleuren (Fig. 265) hinten fast geradlinig abgestutzt, das Porenfeld läßt nur einen schmalen, beborsteten Saum frei. Präfemur und Femur mit feinen, kurzen Borsten und dicken Stacheln, ventral gekielt, Femur außerdem mit einem kurzen dicken Zähnchen in der distalen Hälfte. Tibia mit zahlreichen in mehreren, hinten bis zu 4, etwas unregelmäßigen Reihen stehenden Sägezähnchen. 1. Tarsus mit 6 auf einem kurzen, hohen Kiel stehenden Sägezähnchen (Fig. 266).

Chatham Island, Stephen Island.

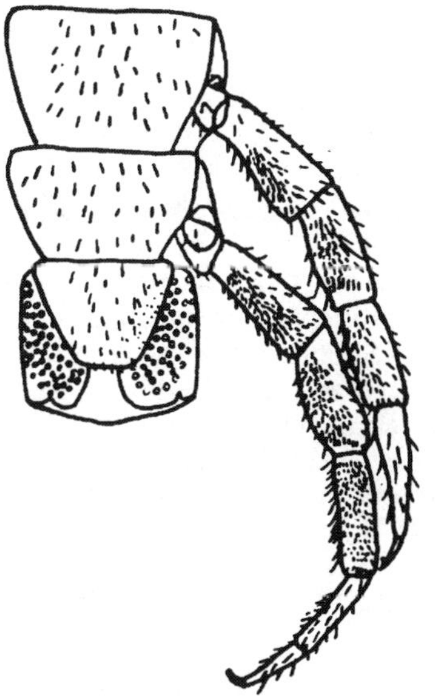

Fig. 265.
Cryptops polyodontus Att.

Fig. 266.
Cryptops polyodontus Att. Endbein.

8. C. (C.) **stupendus** Att. 1928 *C. s.*, Attems in: Ann. S. Afr. Mus., *v.* 26 p. 87.

Einfarbig strohgelb. Länge 26 mm. Kopf fein punktiert, ungefurcht, bedeckt den Vorderrand des 1. Tergits. Basalglieder der Antennen dicht und lang beborstet, die anderen Glieder kurz, pelzig behaart, mit einem basalen Quirl längerer Borsten. Vorderrand der Kieferfußhüften gerade, ohne längere Borsten. 1. Tergit ganz ungefurcht. Die Paramedianfurchen beginnen auf dem 4. Tergit; auf dem 4. und 5. abgekürzt, nur in der hinteren Hälfte, vom 6. an vollständig. Lateralfurchen vom 2. oder 3.—18. Tergit. 21. Tergit ungefurcht, vorn mit seichtem Eindruck. 2.—19. Sternit mit Kreuzfurche, der Querbalken viel länger als der Längsbalken. 21. Sternit nach hinten verschmälert, zungenförmig abgerundet. Coxopleuren hinten gerade abgestutzt, zerstreut beborstet; die Porenarea läßt einen ziemlich breiten Streifen frei. Tarsus des 1.—19. Beinpaars 1gliedrig, des 20. und 21. Paars 2gliedrig. 1.—19. Beinpaar fast unbeborstet, Femur und Tibia des 20. Paars ventral dicht pelzig behaart. Endbeine dorsal ungefurcht, Präfemur ventral dicht besetzt mit kurzen dunklen Dörnchen ohne kahle Area, Femur mit einigen Borsten und 1 kleinem Dorn ventral; Tibia mit 8, 1. Tarsus mit 2 Sägezähnchen.

Kapland: Tafelberg.

9. **C. (C.) zelandicus** Chamb. 1920 *C. Z.*, Chamberlin in: Bull. Mus. Harvard, *v.* 64 p. 9 | 1921 *C. Z.*, Archey in: Tr. N. Zealand Inst., *v.* 53 p. 184.

Rotbraun. Länge 13 mm. Kopf mit 2 kurzen Längsfurchen hinten und einer kurzen Medianfurche vorn, das 1. Tergit überlagernd. Vorderrand der Kieferfußhüften zweibogig, mit 3 oder 4 Borsten jederseits. 1. Tergit ganz ungefurcht. 2. Tergit viel kürzer als das 1., mit 2 Paramedianfurchen. 21. Sternit hinten abgestutzt. Coxopleuren kurz, hinten gerundet mit einigen Dornborsten; Poren wenig zahlreich, etwa 20, den Hinterrand nicht erreichend. 20. Beinpaar ventral reichlich bedornt. Endbeine ähnlich bedornt. Tibia mit 6, 1. Tarsus mit 2 Sägezähnchen.

Neuseeland: Wellington.

10. **C. (C.) doriae** Poc. 1891 *C. d.*, Pocock in: Ann. Mus. Genova, *v.* 30 p. 421 | 1894 *C. loriae*, Silvestri in: Ann. Mus. Genova, *v.* 34 p. 628 | 1903 *C. doriae* + *l.*, Kraepelin in: Mt. Mus. Hamburg, *v.* 20 p. 58 & 55 f. 15 | 1907 *C. d.*, Attems in: Mt. Mus. Hamburg, *v.* 24 p. 90.

Schmutziggelb, Kopf, 1. Tergit und Hinterende rotgelb. Länge 15 mm. Kopf ungefurcht, kaum punktiert, hinten vom 1. Tergit überlagert. Vorderrand der Kieferfußhüften fast gerade, mit 4 + 4 Randborsten. 1. Tergit ganz ungefurcht. Die paramedianen und Lateralfurchen beginnen auf dem 4. Tergit. Ein undeutlicher Mediankiel vorhanden. Sternite nicht punktiert, mit Kreuzfurche, der Längsast so stark wie der Querast. 21. Sternit hinten halbkreisförmig abgerundet. Coxopleuren hinten etwas vorgezogen, bogig abgerundet; Porenarea mit etwa 25 Poren, läßt das Enddrittel frei. 20. Beinpaar der erwachsenen ♂ ventral dicht weiß beborstet. Endbeine dorsal ungefurcht, Präfemur dorsal fast nackt, ventral reichlich beborstet ohne kahle Area; Femur am Ende dorsal mit oder ohne Zahn. Tibia am Ende medial und lateral mit oder ohne je einem kleinen Zähnchen. Tibia mit 7 oder 8, 1. Tarsus mit 4 oder 5 Sägezähnchen.

Java, Burma, Neuguinea.

11. **C. (C.) tahitianus** Chamb. 1920 *C. t.*, Chamberlin in: Bull. Mus. Harvard, *v.* 64 p. 8.

Länge 15 mm. Antennen 15 gliedrig; jede Kieferfußhüfte vorn leicht konvex mit 4 Borsten. 1. Tergit ungefurcht, überlagert den Hinterrand des Kopfes. Die Paramedianfurchen beginnen auf dem 3. Tergit. Sternite bis zum 19. mit Kreuzfurche, der Längsarm so stark wie der Querarm. 21. Sternit nach hinten verschmälert, hinten fast gerade. Coxopleuren hinten schwach gerundet, mit einigen dornartigen Borsten, das letzte Drittel porenfrei. Präfemur und Femur der Endbeine ventral mit zahlreichen dünnen Dornen. Tibia mit 9—10, 1. Tarsus mit 4 Sägezähnchen. 20. Beinpaar ventral dicht fein behaart.

Gesellschaftsinseln: Tahiti.

12. **C. (C.) philammus** Att. 1928 *C. p.*, Attems in: Ann. S. Afr. Mus., *v.* 26 p. 89.

Kopf reichlich punktiert und beborstet, ungefurcht, vom 1. Tergit überlagert. 1. Antennenglied langborstig, vom 2. an sind die Glieder dicht und kurz behaart mit einem Quirl längerer Borsten. Vorderrand der Kieferfußhüften gerade, unbeborstet, die übrige Fläche zerstreut beborstet. 1. und 2. Tergit ungefurcht, auf dem 3. und 4. Tergit hinten ganz kurze Paramedianfurchen, 5.—19. Tergit mit vollständigen Paramedianfurchen. Gebogene Lateralfurchen vom 3. oder 4. bis zum 17. oder 18. Tergit. 21. Tergit ohne Medianfurche mit seichter Mulde hinten. Alle Tergite punktiert. 2.—18. Sternit mit Furchenkreuz, die Querfurche ist bedeutend länger als die tiefe, scharfe, vorn abgekürzte Längsfurche. 19. Sternit nur mit Querfurche. 21. Sternit verschmälert und abgerundet. Alle Sternite reichlich punktiert. Coxopleuren mit relativ wenigen Poren, deren hinterste aber bis nahe an den Hinterrand reichen, zwischen den Poren kurze Dornborsten. 1.—19. Beinpaar spärlich und fein behaart; das Femur des 20. Beinpaars ventral dicht filzig behaart, die anderen Glieder reichlich aber nicht so dicht behaart. Endbeine dorsal nur spärlich behaart, alle Glieder ohne Endzähne; Präfemur und Femur ventral stumpf-keilig zusammengedrückt und gleichmäßig mit kurzen, schütter stehenden Borsten besetzt; Femur ohne, Tibia mit 6, 1. Tarsus mit 3 Sägezähnchen. Stigmen längsoval.

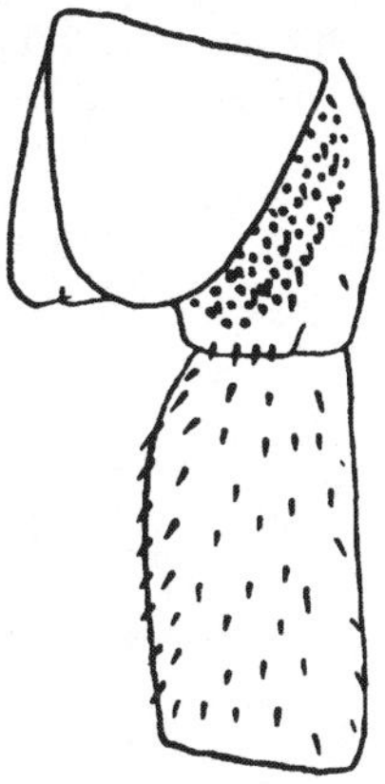

Fig. 267.
Cryptops philammus Att.

Kapland: Tafelberg, Gr. Winterhoek, Kalkbay.

13. **C. (C.) triserratus** Att. 1903 *C. t.*, Attems in: Zool. Jahrb., Syst. *v.* 18 p. 107 | 1903 *C. t.*, Kraepelin in: Mt. Mus. Hamburg, *v.* 20 p. 53 f. 13.

Braungelb. Länge 34 mm. Der ganze Körper reichlich behaart, besonders die Ventralseite der hinteren Körperhälfte. Kopf ungefurcht, vom 1. Tergit überlagert. 1. Tergit ungefurcht. Paramediane Furchen erst vom 6. Tergit an deutlich, bis 18. Tergit reichend. Lateralfurchen vom 3. Tergit an, etwas undeutlich. 21. Tergit mit medianer Enddepression. Sternite bis

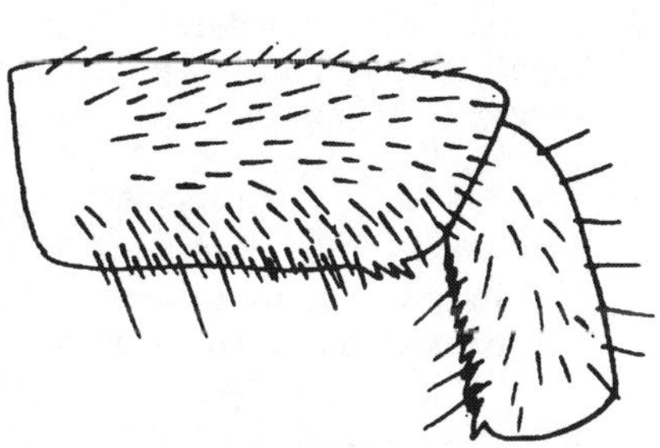

Fig. 268.
Cryptops triserratus Att.
Femur und Tibia des Endbeins.

zum 19. mit Furchenkreuz; 21. Sternit nach hinten verjüngt, hinten etwas gerundet. Vorderrand der Kieferfußhüften gerade, beborstet. Coxopleuren gestutzt-gerundet, ohne Borsten, die Poren zahlreich, fast bis zum Hinterrand reichend. Beine ringsum beborstet. Präfemur und Femur dorsal ungefurcht, ventral-medial und teilweise dorsal gleichmäßig und reichlich beborstet ohne kahle Area. Femur und Tibia dorsal beiderseits mit oder ohne stumpfen, schwarzen Zahnhöcker. Femur mit 3, Tibia mit 12—16, 1. Tarsus mit 3 bis 5 Sägezähnchen (Fig. 268).

Chile: Valdivia.

14. **C. (C.) lamprethus** Chamb. 1920 *C. l.*, Chamberlin in: Bull. Mus. Harvard, *v.* 64 p. 4 | 1921 *C. l.*, Archey in: Tr. N. Zealand Inst., *v.* 53 p. 190 | 1921 *C. pelorus*, Archey in: Tr. N. Zealand Inst., *v.* 53 p. 190 | 1922 *C. tokatea*, Archey in: Rec. Canterbury

Mus., v. 2 p. 74 t. 13 f. 3 | 1924 *C. lamprethus* p. p., Archey in: Rec. Canterbury Mus., v. 2 p. 215 t. 36 f. 1—3.

Olivenbraun, Kopf und Hinterende rostrot. Länge 28 mm. Kopf ungefurcht, hinten vom 1. Tergit überlagert. Vorderrand der Kieferfußhüften leicht eingekerbt, jede Hälfte schwach konvex mit einigen Borsten. 1. Tergit ungefurcht. Paramedianfurchen vollständig vom 8. Tergit an, Lateralfurchen auf dem 3.—19. Tergit. 2.—17. oder 18. Sternit mit Furchenkreuz; 21. Sternit nach hinten verschmälert, Hinterrand gerade oder seicht eingebuchtet. Coxopleuren kurz, hinten abgestutzt, die Poren zahlreich, große und kleine, den Hinterrand nicht erreichend. 20. Beinpaar des reifen ♂, in geringerem Grade auch einige vorangehende Beinpaare ventral sehr dicht und fein behaart, lateral und dorsal viel länger und gröber beborstet. Präfemur und Femur der Endbeine ventral dicht dornig beborstet. Femur mit 1—2 Sägezähnchen; Tibia mit 6—8 Sägezähnchen, 1. Tarsus mit 4—7 Sägezähnen auf einem hohen Kiel (Fig. 269).

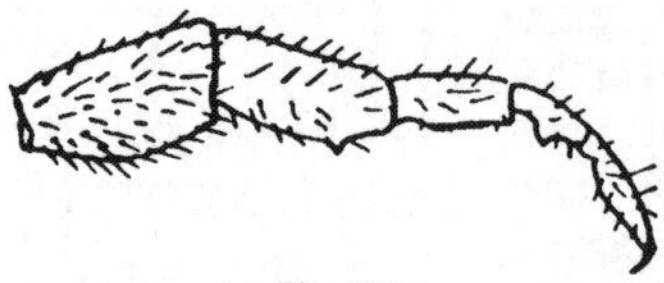

Fig. 269.
Cryptops lamprethus Chamb.
Endbein.

Neuseeland: Nordinsel und Südinsel, Stephen Island.

15. **C. (C.) dilagus** Archey 1921 *C. d.* + *akaroa* + *ignivia* + *algidus*, Archey in: Tr. N. Zealand Inst., v. 53 p. 187—189 f. 6—12 | 1924 *C. d.*, Archey in: Rec. Canterbury Mus., v. 2 p. 216.

Olivenbraun, Kopf und Hinterende dunkler; bei längerem Liegen in Alkohol blaß strohgelb. Länge 33 mm. Kopf ungefurcht, hinten vom 1. Tergit überlagert. Vorderrand jeder Kieferfußhüfte gerandet, mit einigen Randborsten. Die paramedianen Furchen sind auf den Tergiten 3—4 oder 5 unvollständig, auf den Tergiten 6—19 vollständig; Lateralfurchen auf den Tergiten 3—19. Endtergit hinten dreieckig. 2. bis 19. Sternit mit Kreuzfurche, der Längsarm erreicht den Hinterrand nicht, Querarm gebogen. Endsternit etwas variabel, hinten gerade, konvex oder leicht eingebuchtet (Fig. 270). Coxopleuren hinten abgerundet, das Porenfeld mit 50—80 Poren, der porenfreie Rand mäßig breit. Beim ♂ sind Präfemur, Femur und Tibia des 20. und in geringerem Grade auch einiger vorangehenden Paare ventral dicht behaart. Präfemur und Femur der Endbeine lang und mäßig dicht beborstet. Femur mit 1, Tibia mit 8—12, 1. Tarsus mit 4—10 Sägezähnchen.

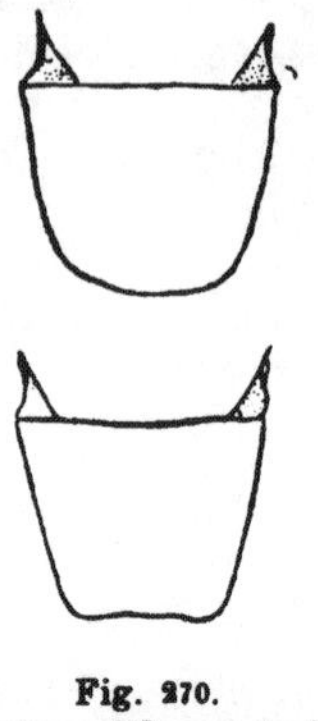

Fig. 270.
Cryptops dilagus Archey
2 Endsternite
von verschiedener Form.

Neuseeland.

16. **C. (C.) omissus** Rib. 1915 *C. o.*, Ribaut in: Arch. Zool. expér., v. 55 p. 334 f. 18—22.

Gelb ohne grünes Pigment. Länge 9 mm, Breite 0,7 mm. Kopf mit 2 sehr kurzen Furchen hinten, vom 1. Tergit überlagert (Fig. 271). Vorderrand der Kieferfußhüften in der Mitte sehr seicht eingebuchtet, ein wenig wulstig verdickt, hinter dem Randwulst 5 + 6 Borsten. 1. Tergit ungefurcht. Die Paramedianfurchen beginnen auf dem 5. Tergit und sind auf den Tergiten 7—19 vollständig. Lateralfurchen auf den Tergiten 4—20. Endtergit mit einer Längsgrube fast in seiner ganzen Länge. Keine Mediankiele. Sternite mit Furchenkreuz. Tarsen des 1.—19. Beinpaars eingliedrig. Porenfeld der Coxopleuren, mit etwa 10 Poren, erreicht nicht den Hinterrand des Sternits. Endbeine fehlen. Sternit, Metacoxa und Suprasternit des 1. beintragenden Segments verschmolzen. Am Hinterrand der folgenden Sternite keine Verdickung; das ventrale Ende des Suprasternits springt als selbständiger Zipfel ziemlich weit neben der Sternitmitte vor.

Britisch-Ostafrika: Provinz Seyidié, Grotte von Shimoni.

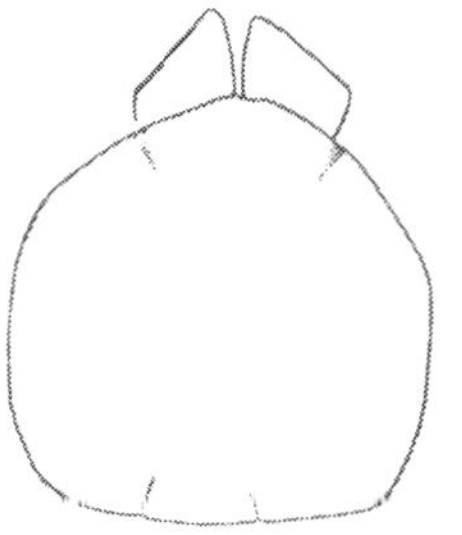

Fig. 271.
Cryptops omissus Rib.

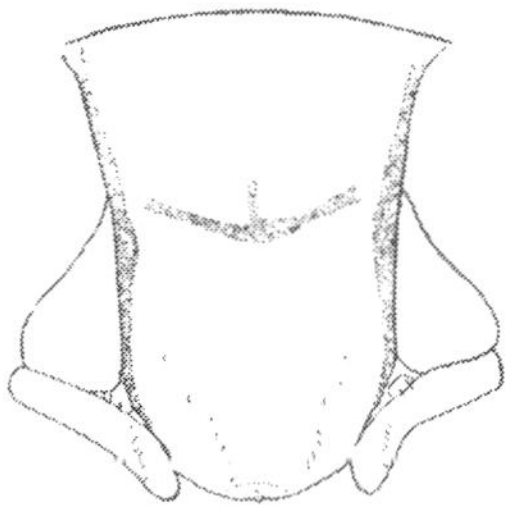

Fig. 272.
Cryptops omissus Rib. 4. Sternit.

17. **C. (C.) australis** Newp. 1844 & 1845 *C. a.*, Newport in: Tr. Linn. Soc. London, *v.* 19 p. 293, 408 | 1903 *C. a.*, Kraepelin in: Mt. Mus. Hamburg, *v.* 20 p. 58 | 1908 *C. a.*, Kraepelin in: Fauna S. W.-Austral., *v.* 2 p. 106 | 1915 *C. a.*, Ribaut in: Arch. Zool. expér., *v.* 55 p. 336 f. 23—25 | 1921 *C. a.* + *galidus*, Archey in: Tr. N. Zealand Inst., *v.* 53 p. 186 | 1923 *C. a.*, Ribaut in: N. Caledonia, *v.* 3I p. 35 f. 74—77 | 1928 *C. a.*, Attems in: Ann. S. Afr. Mus., *v.* 26 p. 89.

Dunkel braungelb mit oder ohne grünliche Flecken in der Mitte und den Seiten der Tergite. Länge 30 mm und darüber, Breite 3 mm. Kopf ungefurcht, punktiert, hinten vom 1. Tergit überlagert, 1. Antennenglied zer-

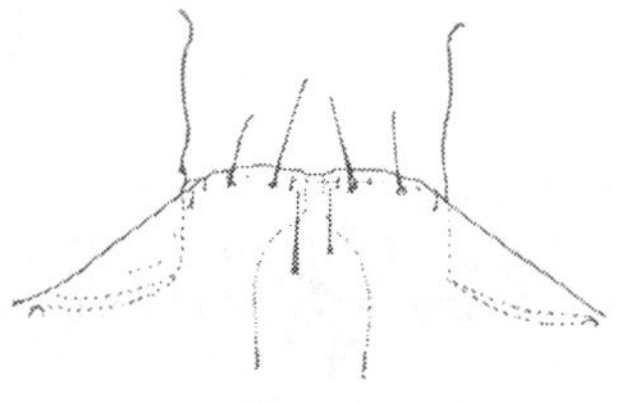

Fig. 273.
Cryptops australis Newp.
Vorderrand der Kieferfußhüfte.

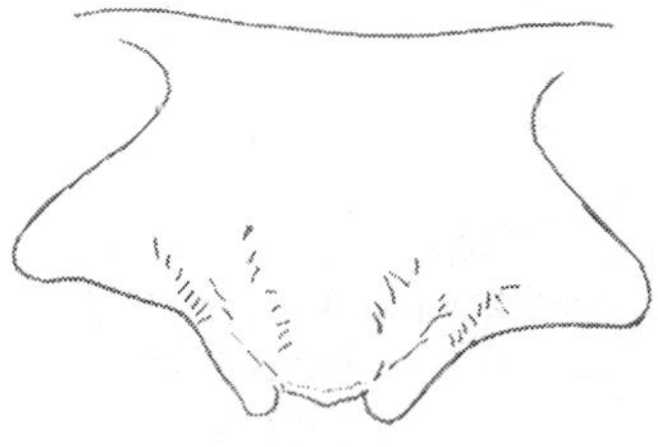

Fig. 274.
Cryptops australis Newp.
1. Sternit.

streut beborstet, die anderen Glieder dicht kurz behaart. Vorderrand der Kieferfußhüften fast geradlinig, unbeborstet; in einiger Entfernung vom Rand 2 + 2 lange und 3 + 3 winzige Borsten (Fig. 273). Tergite dicht und fein punktiert, 1.—3. Tergit ungefurcht. Die paramedianen Furchen sind auf den Tergiten 4—6 manchmal auf kurze Striche hinten (4.) oder hinten und vorn (5., 6. Tergit) reduziert, vom 7. oder schon vom 4. an vollständig. 4. bis 19. Tergit mit Lateralfurchen. 2.—18. oder 20. Sternit mit Furchenkreuz. 21. Sternit nach hinten verschmälert, gerade abgestutzt, dicht behaart. Coxopleuren abgestutzt, mit einigen Dornborsten; die Porenarea erreicht fast den

Hinterrand. Beine 1—20 spärlich beborstet. Tarsen der Beine 1—19 eingliedrig. Endbeine dorsal nicht gefurcht, Präfemur, Femur und Tibia ventral dicht behaart, Präfemur ohne kahle Area. Femur mit 1—2, Tibia mit 8—11, 1. Tarsus mit 4—6 Sägezähnchen. — Sternit, Metacoxa und Suprasternit des 1. beintragenden Segments verschmolzen (Fig. 274), der Hinterrand des Ganzen dreilappig; Endosternit rudimentär, auch auf den folgenden Segmenten. Das Suprasternit des 4. Segments bildet hinten-unten keinen merklichen Vorsprung (Fig. 275).

Neuseeland, Australien, Loyaltyinseln, Neue Hebriden, Ostafrika, Kapland.

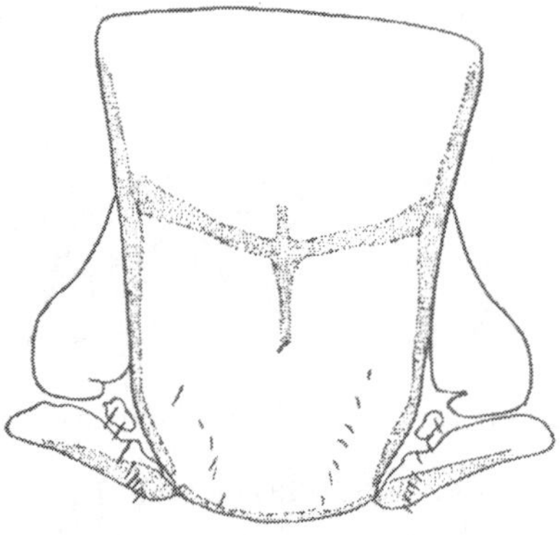

Fig. 275.
Cryptops australis Newp. 4. Sternit.

18. **C. (C.) niuensis** Chamb. 1920 *C. n.*, Chamberlin in: Bull. Mus. Harvard, *v.* 64 p. 5.

Kopf und Hinterende licht rostrot, die Mitte braun; die meisten Tergite am Hinterrand schwärzlich und mit 2 dunklen Längsbinden; Pleuren auch dunkel pigmentiert. Länge 20 mm. Kopf nicht gefurcht, hinten vom 1. Tergit überlagert. Antennen 17gliedrig, Vorderrand jeder Kieferfußhüfte leicht konvex mit 3—4 Borsten. 1. Tergit ungefurcht. Paramediane und Lateralfurchen vom 3. Tergit an, außerdem ein Mediankiel. Sternite mit Furchenkreuz, der gebogene Querarm ist der feinere. Endsternit hinten etwas abgerundet. Coxopleuren hinten fast abgestutzt oder schwach gerundet vorspringend. Porenfeld, mit etwa 30 Poren, erreicht lange nicht den Hinterrand. 20. Beinpaar mit zahlreichen langen braunen Borsten ohne dünne weiße Behaarung. Endbeine dorsal ungefurcht und ohne Zähne am Ende der Glieder; Präfemur oben und unten reichlich mit kräftigen Borsten besetzt. Femur mit 1, Tibia mit 8 oder 9, 1. Tarsus mit 3 oder 4 Sägezähnchen.

Niue Island, Fijiinseln, Salomoninseln, Herveyinseln.

19. **C. (C.) pictus** Rib. 1923 *C. p.*, Ribaut in: N. Caledonia, *v.* 3ɪ p. 32 f. 57—65.

Reichliches grünliches Pigment in den Seiten und 2 dorsalen Längsbinden. Länge 29 mm. Kopf und Tergite zerstreut punktiert, schwach beborstet. Kopf mit 2 vollständigen Längsfurchen, hinten vom 1. Tergit überlagert (Fig. 276). Vorderrand jeder Kieferfußhüfte leicht gerundet, mit 6 Borsten unmittelbar auf dem Rande und einer Anzahl Borsten dahinter (Fig. 277). 1. Tergit mit 2 ganz kurzen Furchen am Hinterrand und einem kreisrunden Grübchen in der Mitte. Paramediane Furchen vollständig vom

4.—7. Tergit an, auf den Segmenten davor nur kurze Striche hinten. Lateralfurchen vom 4. Tergit an. Kein Mediankiel. 2.—19. Sternit mit Furchenkreuz. Coxopleuren gerade abgestutzt, mit einigen Dornborsten; die Porenarea, mit etwa 20 Poren, erreicht lange nicht den Hinterrand. Tarsen aller Beine 2gliedrig; jedoch scheinen die beiden Glieder des 1.—19. Beinpaars gegeneinander nicht beweglich zu sein. Präfemur und Femur des 1.—4. und 18.—21. Beinpaars mit schwarzbraunen Dörnchen. Endbeine dorsal ohne Zähne am Ende der Glieder. Femur mit 1, Tibia mit 6—12, 1. Tarsus mit 2—3 Sägezähnchen. Metacoxa und Suprasternit des 1. beintragenden Segments völlig verwachsen aber getrennt vom Sternit (Fig. 278). Endosternit der vorderen Segmente stark entwickelt.

Loyaltyinseln: Maré, Ouvéa.

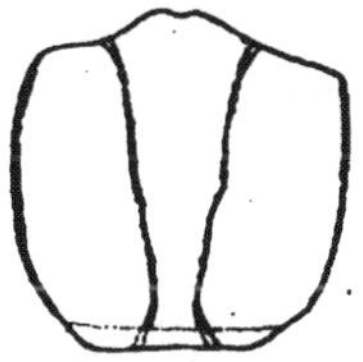

Fig. 276.
Cryptops pictus Rib.

Fig. 277.
Cryptops pictus Rib.
Kieferfußhüfte.

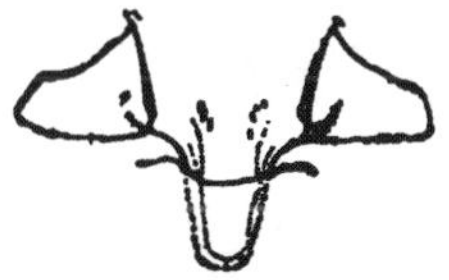

Fig. 278.
Cryptops pictus Rib.
Sternit des 1. Laufbeinsegments.

20. C. (C.) **modiglianii** Silv. 1895 *C. m.*, Silvestri in: Ann. Mus. Genova, *v.* 34 p. 717 | 1908 *C. m.*, Kraepelin in: Mt. Mus. Hamburg, *v.* 20 p. 51.

Ockergelb, Länge 16 mm. Kopf ungefurcht, kaum punktiert, etwas runzelig, kahl, hinten vom 1. Tergit überlagert. Vorderrand der Kieferfußhüften gerade, mit 6 + 6 Borsten. 1. Tergit ungefurcht. Die Paramedianfurchen fehlen bis auf einzelne kurze Andeutungen am Vorder- und Hinterrande völlig, Lateralfurchen vom 3. Tergit an gut entwickelt. 21. Tergit mit durchgehender Medianfurche. Vordere Sternite mit Furchenkreuz, auf dem 12.—18. Sternit fast nur die Querfurche deutlich; 21. Sternit fast halbkreisförmig gerundet, am Rande feinborstig. Coxopleuren hinten bogig vorgezogen, unbedornt; Poren groß, fast bis zum Hinterrand reichend. Beine beborstet, nicht bedornt. Präfemur der Endbeine lateral und ventral zerstreut fein beborstet, ohne kahle Area; Femur mit 1, Tibia mit 6, 1. Tarsus mit 2 Sägezähnen.

Sumatra.

21. C. (C.) **audax** Att. 1928 *C. a.*, Attems in: Ann. S. Afr. Mus., *v.* 26 p. 88.

Einfarbig gelb bis rötlich-braun. Länge 25 mm. Kopf ungefurcht, reichlich punktiert und behaart, hinten vom 1. Tergit überlagert. Vorderrand der Kieferfußhüften gerade, jederseits mit 1 oder 2 Borsten. 1. Tergit ganz ungefurcht. Die Paramedianfurchen beginnen auf dem 7.—11. Tergit und enden auf dem 19. oder 20.; sie sind vorn abgekürzt, am Hinterrand beginnend; auf den hinteren Segmenten erreichen sie nur $^1/_3$ der Tergitlänge. 3.—19. Tergit mit Lateralfurchen. 2.—18. oder 19. Sternit mit Furchenkreuz, die Längsfurche tief, die Querfurche seicht und bogig. Sternite kräftig punktiert und beborstet; das letzte nach hinten verschmälert, hinten fast halbkreisförmig abgerundet. Coxopleuren hinten gerade abgestutzt, lateral zerstreut beborstet, das Porenfeld den Hinterrand nicht erreichend, der porenlose Streif schmal, die Poren von mittlerer Größe. Beine fein beborstet, ohne stärkere Stifte, die Paare vor den Endbeinen ringsum dicht beborstet. Endbeine dorsal ungefurcht, Präfemur ventral dicht und gleichmäßig beborstet, Femur ohne kahle Area; am Ende der Glieder keine Zähne. Femur ventral mit 1, Tibia mit 6—8, 1. Tarsus mit 3 Sägezähnen.

Kapprovinz: Tafelberg, Newlands Slope, Kalk Bay, Houw Hoek, St. James, Simonstown, River Zonder Ende, Mossel Bay, Kaledon.

22. **C. (C.) patagonicus** Mein. 1886 *C. p.*, Meinert in: P. Amer. phil. Soc., *v.* 23 p. 211 | 1903 *C. p.*, Kraepelin in: Mt. Mus. Hamburg, *v.* 20 p. 52.

Rotbraun, die Beine lichter. Länge 18 mm. Antennen 17gliedrig. Vorderrand der Kieferfußhüften unbeborstet. 2.—18. Tergit mit gebogenen Lateralfurchen (über Paramedianfurchen nichts gesagt). Sternite bis zum 18. mit Furchenkreuz; letztes kurz und breit, seitlich gerundet, nach hinten stark verschmälert, hinten breit abgerundet. Coxopleuren schmal, mit wenigen Dornen und wenigen großen Poren, hinten gerade abgestutzt, mit wenigen feinen Dornen.

Patagonien: Puerto Bueno.

23. **C. (C.) monilis** Gerv. ?1849 *C. m.*, P. Gervais in: Gay, Hist. Chile, *v.* 4 p. 69 | 1899 *C. m.*, Silvestri in: Revista Chilena, *v.* 3 p. 146 | 1903 *C. abbreviatus*, Attems in: Zool. Jahrb., Syst. *v.* 18 p. 107 | 1903 *C. monilis*, Kraepelin in: Mt. Mus. Hamburg, *v.* 20 p. 51 f. 12.

Gelbbraun. Länge 34 mm, Breite 3 mm. Kopf zerstreut punktiert, ungefurcht, hinten vom 1. Tergit überlagert. Vorderrand der Kieferfußhüften eine gerade Linie bildend, ohne Mittelkerbe, ohne oder mit 6 + 6 zarten Borsten. 1. Tergit ohne Ringfurche, meist mit y-förmiger Medianfurche (Fig. 279). Paramediane Furchen erst vom 4. Tergit an und auf ganz kurze Striche, am Hinterrand beginnend, beschränkt. 4. bis 18. Tergit mit breiten, bogigen Lateralfurchen. 19. bis 21. Tergit ungefurcht, 21. Tergit seitlich berandet und etwas höckerig. Sternite glatt und glänzend, mehr oder weniger deutlich punktiert, bis zum 18. mit Kreuzfurche, letztes trapezförmig, mit geradem oder etwas eingebuchtetem Hinterrand. Coxopleuren gerundet, ziemlich dicht beborstet, Poren zahlreich, den Hinterrand nicht völlig erreichend. Beine ventral langborstig. Endbeine dorsal fein behaart, ohne Furchen, ventral mit langen dünnen Borsten ohne dicke Stifte und ohne kahle Area. Femur ventral und lateral mit einem kleinen spitzen schwarzen Zähnchen am Endrand. Tibia am Ende jederseits mit einem schwarzen stumpfen Höcker, ventral mit 6—12 Sägezähnen; 1. Tarsus mit 3—5 Sägezähnen.

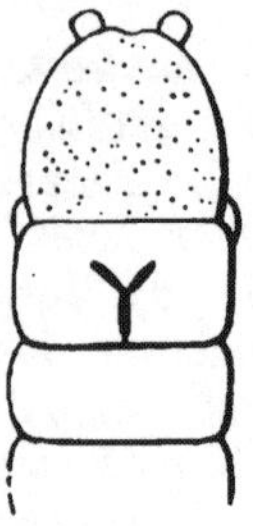

Fig. 279.
Cryptops monilis Gerv.
Vorderende.

Chile: Valdivia, Corral, Coipué, Villa Rica, Temuco, San Vincente, Viña del mar, Estancilla, Insel Tega.

24. **C. (C.) arapuni** Archey 1922 *C. a.*, Archey in: Rec. Canterbury Mus., *v.* 2 p. 75 | 1924 *C. a*, Archey, ibid., *v.* 2 p. 210.

Farbe: Kopf, 1. und 17.—21. Tergit rostbraun, der Rest dunkelbraun, mit dunkler Medianbinde. Länge 42 mm. Kopf vom 1. Tergit überlagert, schwach punktiert, fein behaart. Antennen 17gliedrig. 1. Tergit mit y-förmigem Eindruck. Paramediane Furchen höchstens als ganz kurze Striche am Hinterrand. 3.—18. Tergit mit Lateralfurchen. Sternite bis zum 19. mit Furchenkreuz, letztes so breit wie lang, trapezförmig, hinten abgerundet. Kieferfußhüften vorn schwach gerundet, mit einigen dünnen Borsten am Rande. Das Porenfeld der Coxopleuren reicht fast bis zum Hinterrand. Beine mäßig fein beborstet. Endbeine fehlen.

Neuseeland: Arapuni, Aucklanddistrict.

25. C. (C.) **micrus** Chamb. 1922 *C. m.*, Chamberlin in: P. U. S. Mus., *v.* 60 nr. 7 p. 3 t. 1 f. 2.

Länge 10 mm. Kopf mit 2 Längsfurchen, hinten vom 1. Tergit überlagert. Vorderrand der Kieferfußhüften zweilappig. 1. Tergit mit Ringfurche und 2 Längsfurchen (Verlauf derselben?), Furchen der vorderen Tergite vollständig. 21. Sternit nach hinten verschmälert. Coxopleuren nicht vorgezogen, mit nur etwa 4 Poren (wohl juvenis). Präfemur der Endbeine ohne Zähne und Dornen, Femur mit einem einzigen Zahn am Ende unten, beide ventral mit zahlreichen starken Borsten, dorsal mit feinen Haaren. Tibia mit 4, 1. Tarsus mit 2 Sägezähnchen. Femur und 1. Tarsus dorsal am Ende gefurcht.

Guatemala: Trece Aguas.

26. C. (C.) **anomalans** Newp. 1844 *C. a.*, Newport in: Ann. nat. Hist., *v.* 13 p. 100 | 1845 *C. anomolans*, Newport in: Tr. Linn. Soc. London, *v.* 19 p. 409 t. 23 f. 25, 26 | 1847 *C. anomalus*, P. Gervais in: Walckenaer, Hist. Apt., *v.* 4 p. 293 | 1847 *C. punctatus*, C. L. Koch in: Koch-Panzer, Krit. Revis., *v.* 3 p. 173 | 1863 *C. p.*, C. L. Koch, Myr., *v.* 2 p. 98 f. 220 | ?1863 *C. cultratus*, C. L. Koch, Myr., *v.* 1 p. 19 f. 18 | 1876 *C. caucasicus*, Kessler in: Trudy Russ. ent. Obschtsch. St.-Peterb., *v.* 8 p. 36 | 1880 *C. punctatus* und *cultratus*, Latzel, Myr. Österr.-Ung., *v.* 1 p. 151, 157 | 1882 *C. breviunguis*, A. Costa in: Atti Acc. Napoli, *v.* 9 nr. 11 p. 40 | 1884 *C. punctatus*, Selivanoff in: Horae Soc. ent. Ross., *v.* 18 p. 110 | 1886 *C. numidicus*, Meinert (nec Lucas) in: Vidensk. Meddel., *v.* 36–38 p. 138 | 1887 *C. punctatus*, Ant. Berlese, A. M. S., fasc. 42 nr. 7 | 1889 *C. p.*, Daday, Myr. Regni Hungar., p. 91 | 1890 *C. anomolans*, Pocock in: Ann. Mus. Genova, *v.* 29 p. 68 | 1895 *C. punctatus* + var. *levigata*, Attems in: SB. Ak. Wien, *v.* 104 p. 161 | 1896 *C. p. lusitanus*, C. Verhoeff in: Zool. Anz., *v.* 19 p. 81 | 1896 *C. anomalans* + var. *punicus*, Silvestri in: Natural. Sicil., ser. 2 *v.* 1 p. 151 | 1902 *C. punctatus*, Attems in: SB. Ak. Wien, *v.* 111 I p. 571 | 1903 *C. anomalans*, Kraepelin in: Mt. Mus. Hamburg, *v.* 20 p. 45 f. 5—7.

Fig. 280.
Cryptops anomalans Newp. (Velebitgebirge.)

Gelbrot bis braunrot. Länge bis 40 mm. Kopf meist kräftig und ziemlich dicht punktiert, meist mit 2 feinen, durchlaufenden, vorn und hinten etwas divergierenden Längsfurchen, zerstreut beborstet, den Vorderrand des 1. Tergits überlagernd (Fig. 280). Auf dem unregelmäßig-dreieckig abgegrenzten Clypeus vorn eine postantennale Borstenarea, vor dem Labrum eine Querreihe von Borsten, dazwischen einige Borsten (Fig. 281). Labrum einzähnig, die Seitenteile nicht eingeschnitten. 1. Tergit mit Ringfurche, die in der Mitte oft etwas nach hinten vorgezogen ist, mit Mediangrube dahinter; zwei sehr feine, sich kreuzende Furchen hinter der Ringfurche fast immer vorhanden, fehlen zuweilen, manchmal bei Exemplaren vom nämlichen Fundort wie die Normalform. Am Hinterrand des 1. Tergits, lateral von den Furchenenden jederseits ein kurzes Plättchen abgegrenzt. 2. Tergit mit vollständigen oder vorn abgekürzten, 3.—20. Tergit mit vollständigen Para-

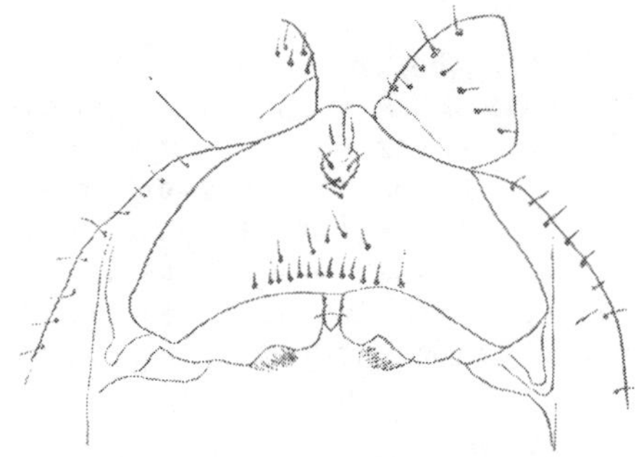

Fig. 281.
Cryptops anomalans Newp.
Clypeus & Labrum.

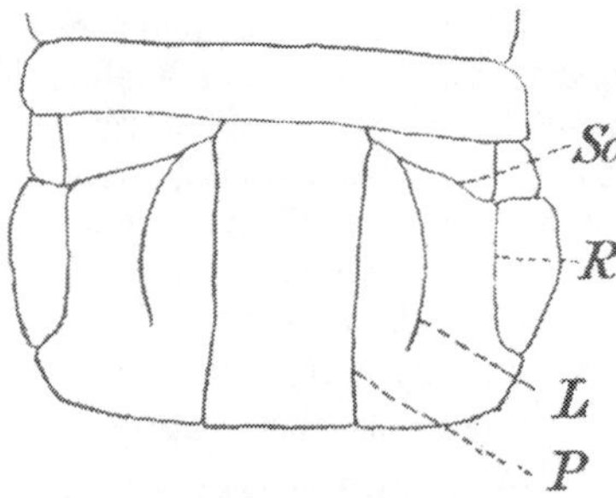

Fig. 282.
Cryptops anomalans Newp.
5. Tergit.

medianfurchen (P Fig. 282); 3.—19. Tergit mit Lateralfurchen (L); 2.—5. oder 6. Tergit mit vorderen Schrägfurchen (Sch); vom 3. Tergit an ist ein durch eine Querfurche wieder geteilter Saum durch die Randfurche (R) abgesetzt. Letztes Tergit mit oder ohne Mediangrube. Vorderrand der Kieferfußhüften fast gerade, fein wulstig braun gesäumt, ohne größere, höchstens mit wenigen zarten Randborsten. Sternite meist kräftig punktiert, bis zum 19. mit Furchen-

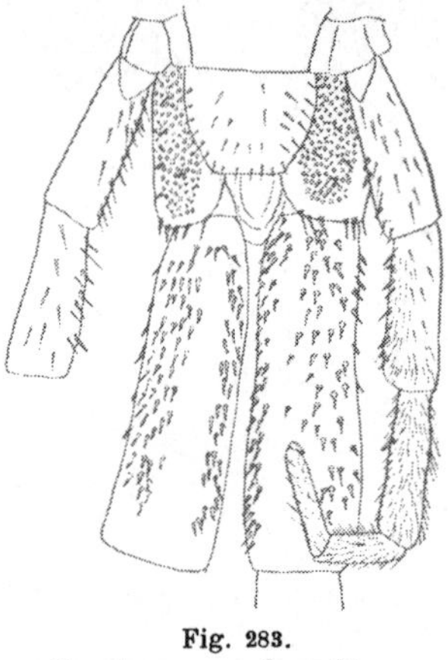

Fig. 283.
Cryptops anomalans Newp.

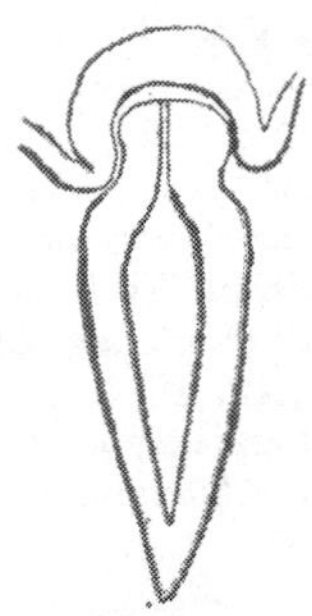

Fig. 284.
Cryptops anomalans Newp.
Dornborste vom Präfemur des Endbeins.

kreuz, letztes hinten zungenförmig abgerundet oder gestutzt. Coxopleuren hinten gerundet, am Hinterrande einige starke Dornborsten (Fig. 283); Poren sehr zahlreich, klein, den Hinterrand nicht erreichend, zwischen ihnen einzelne Dörnchen. Tarsen des 1.—19. Beinpaars nicht gegliedert; die Borsten der Beine teils fein, teils dick, dornartig, letzteres besonders ventral; 20. Beinpaar vom Femur an dicht und fein behaart. Präfemur und Femur der Endbeine ventral mit dicken, kurzen Dornen (Fig. 284), die eine Längsarea freilassen.

Tibia mit 7—10, 1. Tarsus mit 3—5 Sägezähnen; beim ♂ dicht und kurz behaart. Borsten der Putzbürste der 2. Maxille am Ende hakig, vor dem Häkchen mit feinen Seitenspitzen (Fig. 285, 286).

Östlicher Teil des Mediterrangebietes, Niederösterreich, Ungarn, Italien, Schweiz, Frankreich, Spanien, Belgien, Sizilien, Sardinien, Tunis, Krim.

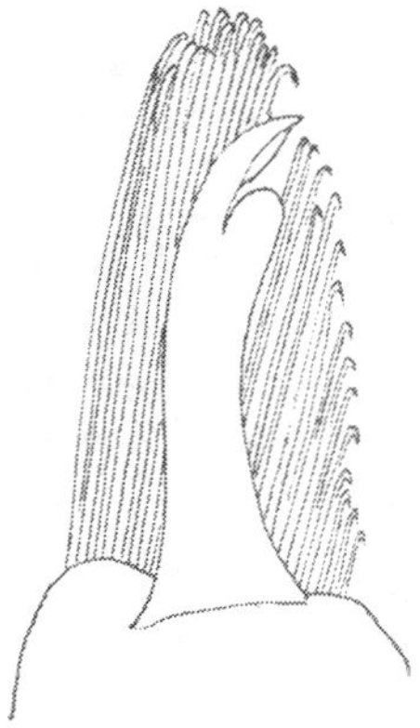

Fig. 285.
Cryptops anomalans Newp.
Endklaue der 2. Maxille.

Fig. 286.
Cryptops anomalans Newp.
Eine Borste der Putzbürste der 2. Maxille.

2 Varietäten:

26a. **C. (C.) a. var. anomalans** Newp. 1844 *C. a.*, Newport in: Ann. nat. Hist., *v.* 13 p. 100 | 1903 *C. a.*, Kraepelin in: Mt. Mus. Hamburg, *v.* 20 p. 45.

Antennen 17gliedrig, bis zum 4. Tergit reichend, die ersten 3 Glieder langborstig, das 4. außerdem mit wenigen, vom 5. Glied an mit dichten kurzen Haaren, die basalen Quirle längerer Borsten nur wenig hervortretend. Kopf mit 2 feinen durchlaufenden Längsfurchen. Kopf, Tergite und Sternite meist deutlich, oft kräftig punktiert.

Verbreitung wie oben angegeben.

26b. **C. (C.) a. var. labyrinthiacus** Att. 1902 *C. punctatus* var. *labyrinthiaca*, Attems in: SB. Ak. Wien, *v.* 111 I p. 571.

Antennen 17gliedrig, sehr lang und dünn, das 8. Tergit überragend, besonders die mittleren und Endglieder sind lang walzig. Kopf ohne Längsfurchen. 1. Tergit nur mit Ringfurche, ohne gekreuzte Furchen. Tergite und Sternite nicht punktiert.

Kreta: Labyrinth.

27. **C. (C.) ethophor** Chamb. 1920 *C. e.*, Chamberlin in: Bull. Mus. Harvard, *v.* 64 p. 7.

Rotbraun oder licht rostgelb. Länge 8—9 mm. Kopf hinten mit 2 kurzen Furchen. Antennen kurz, 17gliedrig. Vorderrand der Kieferfußhüften seicht eingebuchtet, schwach zweilappig mit 1 oder 2 kleinen Börstchen jederseits. 1. Tergit mit Ringfurche und 2 nach vorn konvergierenden aber nicht zusammenstoßenden Längsfurchen. 21. Sternit nach hinten verschmälert, gestutzt-gerundet. 1.—19. Tarsus eingliedrig. Präfemur und Femur der Endbeine mit zahlreichen langen Dornborsten und schmaler kahler Area. Tibia mit 3, 1. Tarsus mit 2 Sägezähnchen.

Fijiinsel Lasema.

28. **C. (C.) hyalinus** Say 1821 *C. hyalina*, Say in: J. Ac. Philad., *v.* 2 p. 104 | ?1847 *C. milberti*, P. Gervais in: Walckenaer, Hist. Apt., *v.* 4 p. 592 | 1867 *C. asperipes*, H. C. Wood in: P. Ac. Philad., p. 129 | 1886 *C. sulcatus*, Meinert in: P. Amer. phil. Soc., *v.* 23 p. 211 | 1903 *C. hyalinus*, Kraepelin in: Mt. Mus. Hamburg, *v.* 20 p. 47 f. 8.

Gelbrot. Länge 20 mm. Kopf kaum punktiert, mit oder ohne Andeutung zweier abgekürzter Längsfurchen, das 1. Tergit überlagernd. Antennen 17gliedrig, 2 Grundglieder langborstig; Vorderrand der Kieferfußhüften gerade, mit 6—8 feinen Haaren. 1. Tergit mit median etwas vorgezogener Ringfurche und flacher rinnenartiger Längsgrube, aus der 2 kurze Furchen divergierend zum Hinterrand ziehen (Fig. 287). 2.—20. Tergit mit Paramedianfurchen, 3.—19. Tergit mit Lateralfurchen, 4.—18. (19.) Tergit mit Mediankiel. 2.—17. Sternit mit Furchenkreuz, 18. mit Querfurche. 21. Sternit breit, hinten fast halbkreisförmig. Coxopleuren gestutzt mit etwa 17 großen, den Hinterrand bei weitem nicht erreichenden Poren, hinten mit vereinzelten Borsten. Präfemur der Endbeine mit zahlreichen Dornborsten, meist ohne, selten mit kahler Area, dorsal ungefurcht; keine Endzähne; Tibia mit 7—8, 1. Tarsus mit 4 Sägezähnchen.

Vereinigte Staaten von Nordamerika, südlich bis Florida.

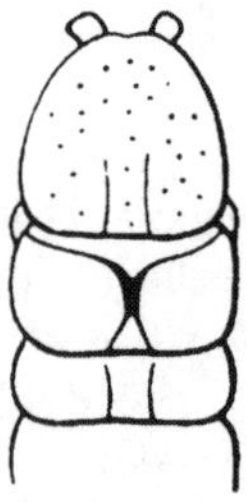

Fig. 287.
Cryptops hyalinus Say. Vorderende.

Fig. 288.
Cryptops heathii Chamb.

29. **C. (C.) heathii** Chamb. 1914 *C. h.*, Chamberlin in: Bull. Mus. Harvard, *v.* 58 p. 157 t. 1 f. 1—3.

Gelblich, Kopf etwas dunkler. Länge 10 mm. Kopf kaum punktiert, mit etwas undeutlichen Längsfurchen hinten, frei an das 1. Tergit stoßend oder dieses ein wenig überlagernd. Vorderrand der Kieferfußhüften fast gerade, median gar nicht eingebuchtet, mit 3 + 3 Borsten auf dem Rande selbst. 1. Tergit mit Ringfurche, die in der Mitte in einem Grübchen winklig nach hinten gezogen ist; die 2 Längsfurchen gabeln sich vorn, so daß die Figur eines W entsteht. 2.—20. Tergit mit Paramedianfurchen; 21. Tergit mit seichter medianer Längsgrube. Sternite nicht punktiert, 21. hinten breit halbkreisförmig abgerundet. Coxopleuren gestutzt, mit wenigen kleinen Poren, die den Hinterrand bei weitem nicht erreichen. Tarsus der vorderen Beine nicht deutlich 2gliedrig. Präfemur, Femur und weniger deutlich die Tibia der Endbeine dorsal längsgefurcht, Präfemur unten und medial mit zahlreichen Dörnchen, im übrigen beborstet ohne kahle Area, Femur ähnlich, außerdem mit einem Sägezähnchen, Tibia mit etwa 4 (nach der Zeichnung), 1. Tarsus mit 2 Sägezähnchen.

Brasilien: Staat von Parahyba, Independencia.

30. C. (C.) **trisulcatus** Bröl. 1902 *C. biscarensis t.*, Brölemann in: Feuille Natural., ser. 4 *v.* 32 p. 73 | 1903 *C. t.*, Kraepelin in: Mt. Mus. Hamburg, *v.* 20 p. 44 | 1903 *C. unguiculatus*, Attems in: Zool. Jahrb., Syst. *v.* 18 p. 108 t. 7 f. 20 | ??1903 *C. socotrensis*, Pocock in: H. O. Forbes, Nat. Hist. Sokotra, p. 433 | 1915 *C. trisulcatus*, Ribaut in: Arch. Zool. expér., *v.* 55 p. 328 f. 8—14.

Blaßgelb, Kopf und Kieferfüße braungelb. Länge bis 35 mm. Kopf (Fig. 289) etwas länger als breit, dicht punktiert, teils feiner teils gröber, hinten mit 2 kurzen $^1/_{10}$—$^1/_5$ der Kopflänge betragenden etwas konvergierenden oder parallelen Längsfurchen, vorn mit 2 kurzen sehr schräg gestellten Furchen.

Fig. 289.
Cryptops trisulcatus Bröl.

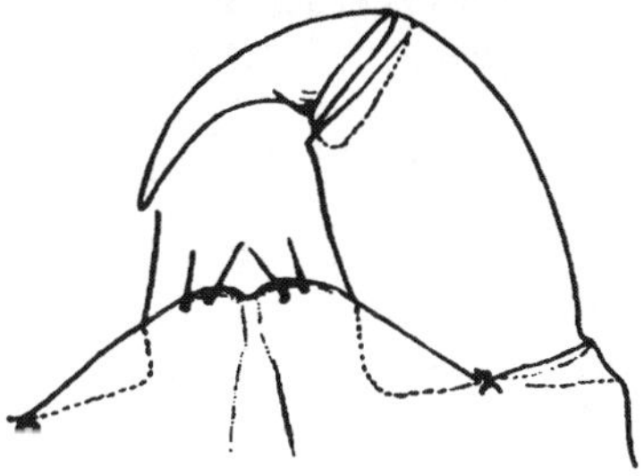

Fig. 290.
Cryptops trisulcatus Bröl. Kieferfußhüfte.

Antennen 17gliedrig, die ersten 4 Glieder mit wenigen langen Borsten, die anderen Glieder dicht und fein behaart und mit einem basalen Quirl längerer Borsten. Vorderrand der Kieferfußhüften eingebuchtet, mit 2 + 2 etwas vom Rande abgerückten Borsten (Fig. 290). 1. Tergit (Fig. 291) vorn vom Kopf überlagert, mit bogiger Ringfurche und 2 Längsfurchen, die in der Mitte der Ringfurche zusammenstoßen und manchmal vorn gegabelt sind. 2.—20. Tergit mit Paramedianfurchen, die auf dem 2. manchmal undeutlich sind; 3.—20. Tergit mit gebogenen Lateralfurchen; ein schwacher Mediankiel meist deutlich. 21. Tergit ohne Medianfurche, nach hinten verschmälert;

Fig. 291.
Cryptops trisulcatus Bröl.
1. Tergit.

Fig. 292.
Cryptops trisulcatus Bröl.
1. Sternit.

der von den Coxopleuren gebildete Randwulst ist hinten merklich breiter als vorn. 2.—20. Sternit mit Furchenkreuz; 21. Sternit hinten verschmälert, gestutzt oder gerundet. Coxopleuren gestutzt-gerundet, die Poren den Hinterrand nicht erreichend. Beine dornborstig; Tarsus des 1.—19. Paars ungegliedert, des 20. Paars 2gliedrig, die Glieder gelenkig. Präfemur und Femur der Endbeine ventral außer den Dornborsten mit kräftigen Stacheln, ohne kahle Area, dorsal ohne Furchen; Femur lateral, Tibia medial und lateral mit Endzahn. Tibia mit 6 bis 13, 1. Tarsus mit 3—5 Sägezähnchen. Metacoxa und Suprasternit der ersten beiden Laufbeinsegmente verschmolzen und vom Sternit getrennt (Fig. 292).

Südfrankreich, Monaco, Corsica, Kanaren, Gomera, Korfu, Algier.

31. **C. (C.) feae** Poc. 1891 *C. f.*, Pocock in: Ann. Mus. Genova, *v.* 30 p. 420 | 1903 *C. f.*, Kraepelin in: Mt. Mus. Hamburg, *v.* 20 p. 47.

Ockergelb. Länge 14 mm. Kopf sparsam punktiert, in der Hinterhälfte mit 2 deutlichen, sich dann zarter nach vorn fortsetzenden Längsfurchen, hinten vom 1. Tergit überlagert. Vorderrand der Kieferfußhüften fast gerade mit 4 + 4 Borsten. 1. Tergit mit nach hinten vorgezogener Ringfurche und Mediangrube, aus der 2 divergierende Längsfurchen nach hinten ziehen. Paramedianfurchen vom 2., gebogene Lateralfurchen vom 3. Tergit. Sternite bis zum 20. mit Furchenkreuz; 21. Sternit parallelseitig, gestutztgerundet. Coxopleuren mit höchstens 25 den Hinterrand nicht erreichenden Poren. Beine mit stärkeren und schwächeren Dornborsten. Präfemur und Femur der Endbeine ventral mit mäßig dicht gestellten Dornborsten ohne kahle Area, dorsal in der Endhälfte mit Längsfurche; Femur und Tibia mit lateralem, starkem, spitzem Endzahn, Femur auch medial mit stumpfem Höcker; Tibia mit 5—6, 1. Tarsus mit 3—4 Sägezähnchen.

Burma: Palon.

32. **C. (C.) rhodesianus** Att. 1928 *C. r.*, Attems in: Ann. S. Afr. Mus., *v.* 26 p. 85.

Strohgelb. Länge 25 mm. Kopf fein punktiert und behaart, mit 2 feinen, vollständigen Längsfurchen, bedeckt den Vorderrand des 1. Tergits. 1.—3. Glied der Antennen langborstig, die restlichen Glieder kurz pelzig behaart und mit 2 Quirlen langer Borsten. Vorderrand der Kieferfußhüften eingekerbt, kurzborstig. 1. Tergit mit Ringfurche, von der 2 parallele Längsfurchen bis zum Hinterrand ziehen. Paramediane Furchen des 2. Tergits vorn etwas konvergierend, die der anderen Tergite parallel; 3.—18. Tergit mit gebogenen Lateralfurchen. Tergite und Sternite fein punktiert und behaart. 2.—19. Sternit mit Furchenkreuz, der Längsarm schärfer und kürzer als der Querarm. 21. Sternit nach hinten verschmälert, abgerundet. Beine zerstreut beborstet. Präfemur und Femur des 17.—20. Paars ventral dicht dornborstig, Tarsen des 1.—19. Paars 1gliedrig, des 20. Paars 2gliedrig, dicht behaart. Die Porenarea erreicht nicht den Hinterrand der Coxopleuren, der porenfreie Rand beborstet. Präfemur und Femur der Endbeine dorsal am Ende mit kurzer Längsgrube, ventral und lateral dicht bestachelt, dazwischen dünnere Borsten, Präfemur mit schmaler kahler Area; Tibia dorsal lateral und medial mit Endzahn, ventral mit 8, 1. Tarsus mit 4 Sägezähnchen.

Rhodesia.

33. **C. (C.) pugnans** Chamb. 1922 *C. p.*, Chamberlin in: P. U. S. Mus., *v.* 60 nr. 7 p. 3.

Länge 15,5 mm. Kopf mit 2 vollständigen Längsfurchen (Überlagerung?). Vorderrand der Kieferfußhüften zweibogig, mit 7 + 7 Borsten. 1. Tergit mit gleichmäßig gebogener Ringfurche und 2 parallelen Längsfurchen von der Ringfurche bis zum Hinterrand. (Furchen der Tergite?) 21. Sternit verjüngt, hinten breit eingebuchtet. Coxopleuren gestutzt, Poren mäßig zahlreich. Tarsen mit Ausnahme einiger der vordersten 2gliedrig. Präfemur der Endbeine unten und seitlich bedornt, mit kahler Area, oben am Ende gefurcht mit einem kräftigen hakigen Endzähnchen medial. Femur ventral mit schlanken Dornen, am Ende jederseits mit Zähnchen, Tibia auch mit 2 oberen Endzähnchen und mit 7, 1. Tarsus mit 3 Sägezähnchen. Die Grundglieder des 20. und 19. Beinpaars ventral mit zahlreichen Dörnchen, Femur und Tibia des 20. Beinpaars unten dicht behaart.

Honduras: Progreso.

34. C. (C.) **haasei** Att. 1881 *C. australis*, Kohlrausch (nec Newport) in: Arch. Naturg., *v.* 47 I p. 127 | 1887 *C. sulcata*, E. Haase (nec Meinert 1886) in: Abh. Mus. Dresden, nr. 5 p. 80 t. 5 f. 83 | 1903 *C. haasei*, Attems in: Zool. Jahrb., Syst. *v.* 18 p. 105 | 1903 *C. h.*, Kraepelin in: Mt. Mus. Hamburg, *v.* 20 p. 42 f. 3 | 1908 *C. h.*, Kraepelin in: Fauna S. W.-Austral., *v.* 2 p. 106.

Ockergelb. Länge 26 mm. Kopf zerstreut punktiert, mit 2 vollständigen Längsfurchen, das 1. Tergit überlagernd. Vorderrand der Kieferfußhüften flach zweibogig mit 4 + 4 zarten Borsten. 1. Tergit mit bogiger, vom Kopf fast völlig verdeckter Ringfurche, von der 2 parallele Längsfurchen nach hinten abgehen. 2.—20. Tergit mit vollständigen Paramedianfurchen, die nur selten auf den beiden ersten Tergiten undeutlich sind. (3.)4.—19. Tergit mit hinten abgekürzten Lateralfurchen. 21. Tergit mit Endfurche. Sternite punktiert, mit bogiger Querfurche, die letzten nicht granuliert und ohne Spicula. 21. Sternit fast quadratisch, hinten gestutzt. Coxopleuren hinten gestutzt-gerundet, kurz dornborstig, mit zahlreichen bis zum Hinterrand reichenden Poren. Tarsen des 1.–19. Beinpaars 1gliedrig oder nur sehr undeutlich 2gliedrig, Präfemur, Femur und Tibia mit starken Dornborsten. Präfemur der Endbeine ventral kurz dornborstig, meist mit kahler Area, am Ende dorsal sowie das Femur mit kurzer Grube. Femur und Tibia dorsallateral mit kleinem Zahn; Tibia mit 9, 1. Tarsus mit 3 Sägezähnchen.

Australien: Queensland, Nordwest- und Südwestaustralien.

35. C. (C.) **cornifer** Chamb. 1918 *C. c.*, Chamberlin in: Bull. Mus. Harvard, *v.* 62 p. 151.

Länge 23 mm. Kopf mit 2 vollständigen Längsfurchen. Vorderrand der Kieferfußhüften zweibogig mit 6 + 6 oder 7 + 7 Borsten. 1. Tergit mit gleichmäßig gebogener Ringfurche und 2 parallelen Längsfurchen zwischen Ringfurche und Hinterrand (Tergitfurchen?). Sternite mit Furchenkreuz, der Querarm kräftiger, letztes verjüngt, hinten leicht eingebuchtet. Coxopleuren gestutzt mit zahlreichen Poren. Vordere Tarsen nicht deutlich geteilt. Präfemur der Endbeine unten und seitlich mit zahlreichen schlanken Dornborsten, die eine kahle Area freilassen. Präfemur medial, Femur lateral, Tibia beiderseits mit dorsalem Endzähnchen. Tibia mit 10, 1. Tarsus mit 3 Sägezähnchen.

Kuba: Trinidad, Loma del Marin.

36. C. (C.) **kempi** Silv. 1924 *C. k.*, Silvestri in: Rec. Ind. Mus., *v.* 26 p. 73 f. II, 1—9.

Ockergelb. Länge 15 mm. Kopf etwas länger als breit, spärlich beborstet, mit 2 in der Mitte unter-

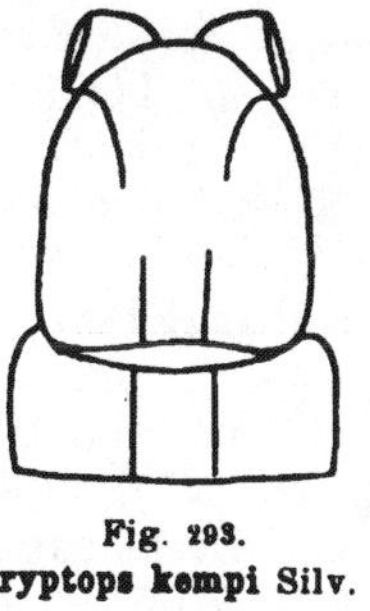

Fig. 293.
Cryptops kempi Silv.

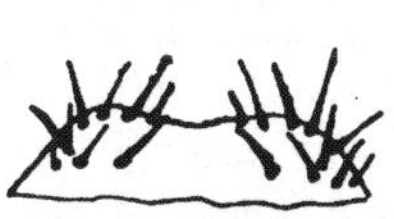

Fig. 294.
Cryptops kempi Silv. Kieferfußhüfte.

Fig. 295.
Cryptops kempi Silv.

brochenen Längsfurchen (Fig. 293), den Vorderrand des 1. Tergits überlagernd. Antennen 17gliedrig. Vorderrand der Kieferfußhüften (Fig. 294) seicht eingebuchtet mit 5 + 5 Randborsten. 1. Tergit mit gleichmäßig gebogener Ringfurche, von der 2 parallele Längsfurchen bis zum Hinterrand ziehen. 2.—19. Tergit mit vollständigen Paramedianfurchen, 3.—19. Tergit mit gebogenen Lateralfurchen. 2.—20. Sternit mit Furchenkreuz. 21. Sternit nach hinten wenig verschmälert, die Ecken kaum abgerundet. Coxopleuren (Fig. 295) hinten gerade abgestutzt, das Porenfeld erreicht den Hinterrand nicht. Präfemur der Endbeine unten und seitlich mit zahlreichen Dornborsten, am Ende oben-medial mit 1 Zahn, Femur oben seitlich mit Endzahn, Tibia median und lateral mit Endzahn und mit 8, 1. Tarsus mit 3 Sägezähnchen.

Assam: Siju Cave, Garo Hills.

37. **C. (C.) sternalis** Bröl. 1926 *C. s.*, Brölemann in: Arch. Zool. expér., *v.* 65 p. 156 f. 181—184.

Junge Exemplare unpigmentiert, weißlich oder licht gelblich. Länge 8 mm. Kopf ein wenig länger als breit, mit 2 Paramedianfurchen im hinteren Drittel. Vorderrand der Kieferfußhüften schwach eingebuchtet, mit 2 + 2 Borsten. 1. Tergit mit schwach gebogener Ringfurche, von der 2 ganz parallele Längsfurchen nach hinten abgehen. Vom 3. an haben die Tergite Paramedianfurchen, schräge und Lateralfurchen. 2. Sternit mit Querfurche, vom 3. an mit Querfurche und hinterer Längsfurche. Die Endosternite sind völlig mit dem Sternit verschmolzen durch das Fehlen der ✕-Furchen. Suprasternite schon auf dem 1. Segment vom Sternit getrennt (Fig. 296). 21. Sternit trapezförmig, hinten abgestutzt-gerundet. Coxopleuren spärlich beborstet. Porenfeld mit nur 7 relativ großen Poren (Juvenis!). Tarsen des 1.—19. Beinpaars 1gliedrig. Präfemur und Femur der Endbeine ventral bestachelt; Präfemur, Femur und Tibia dorsal-lateral und medial mit je einem hakigen Zahn. Tibia mit 5, 1. Tarsus mit 3 Sägezähnchen.

Dahomey: Athiémé.

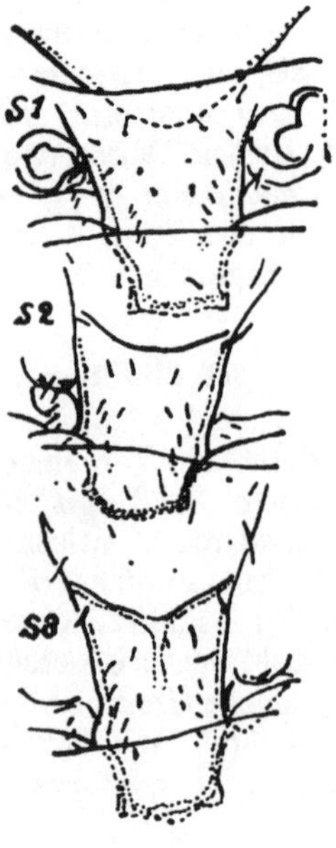

Fig. 296. Cryptops sternalis Bröl. 1.—8. Sternit.

38. **C. (C.) aloysii sabaudiae** Silv. 1907 *C. a. s.*, Silvestri in: Boll. Mus. Torino, *v.* 22 nr. 549 p. 1 | 1909 *C. a. s.*, Silvestri in: Spediz. Ruwenzori, *v.* 1 p. 322 f. 1—3.

Ockergelb. Länge 12 mm. Kopf fein und zerstreut punktiert, mit 2 hinteren, abgekürzten nach vorn divergierenden Längsfurchen. Antennen kurz, 17gliedrig. Vorderrand der Kieferfußhüften sehr seicht eingebuchtet mit 3 + 3 Borsten. 1. Tergit vorn vom Kopf überlagert, mit Ringfurche und 2 parallelen Längsfurchen. Die folgenden Tergite mit Paramedianfurchen und vom 3. an auch mit Lateralfurchen. Sternite mit Furchenkreuz. 21. Sternit nach hinten verschmälert, abgerundet. Coxopleuren mit wenigen (11—12) Poren, die vom Hinterrand weit entfernt bleiben (Fig. 297). Präfemur und Femur medial mit zahlreichen Dornborsten, ersterer mit medialem Endzahn; Tibia mit lateralem Endzahn und 5, 1. Tarsus mit 2 Sägezähnchen.

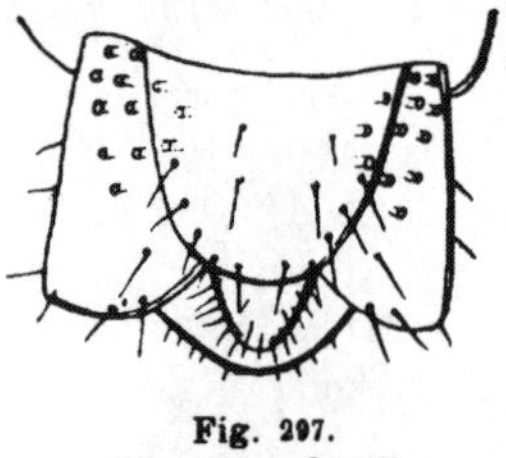
Fig. 297. Cryptops aloysii sabaudiae Silv.

Butiti im Ruwenzorigebiet, Ostafrika.

39. C. (C.) **peringueyi** Att. 1928 *C. p.*, Attems in: Ann. S. Afr. Mus., *v.* 26 p. 86.

Blaßgelb. Länge 23 mm. Kopf nicht gefurcht, den Vorderrand des 1. Tergits überlagernd. Die ersten 3 Antennenglieder langborstig, die übrigen dicht kurz behaart mit einem Quirl längerer Borsten. Vorderrand der Kieferfußhüften gerade, unbeborstet. 1. Tergit mit Ringfurche, von deren Mitte eine kurze Medianfurche nach hinten abgeht, die sich in 2 divergierende Furchen gabelt. Paramedianfurchen des 2. Tergits nach vorn konvergierend, vom 3. an parallel. 3.—19. Tergit mit gebogenen Lateralfurchen. Kein Mediankiel. 21. Tergit flach eingedrückt. 2.—19.(20.) Sternit mit Furchenkreuz. 21. Sternit stark verjüngt und abgerundet. Coxopleuren gerade abgestutzt, mit wenigen, etwa 20, Poren, die $^1/_4$—$^1/_3$ der Coxopleuren freilassen, dazwischen einige dunkle Stacheln. Präfemur und Femur der Endbeine ventral dicht und gleichmäßig bedornt, dorsal fein behaart; Tibia mit kleinem lateralem Endzahn; Femur mit 1, Tibia mit 6, 1. Tarsus mit 2 Sägezähnchen.

Kapland: Tafelberg, Hanover, Kaledon usw.

40. C. (C.) **bayoni** Silv. 1910 *C. b.*, Silvestri in: Ann. Mus. Genova, *v.* 44 p. 458 f. 1.

Ockergelb, auf dem Rücken dunkel gefleckt. Länge 16 mm. Der ganze Körper sehr kurz beborstet. Kopf nicht punktiert und nicht gefurcht, hinten nicht überlagert (Fig. 298). Vorderrand der Kieferfußhüften gerade, mit 4 + 4 kurzen, sehr feinen Borsten. 1. Tergit vom Kopf überlagert, mit Ringfurche, von deren Mitte eine kurze Medianfurche ausgeht, die sich dann in 2 divergierende Furchen gabelt. Paramedianfurchen des 2. Tergits abgekürzt, nur hinten, vom 3. Tergit an vollständig. 2.—19. Sternit mit Furchenkreuz. 21. Sternit nach hinten verschmälert, gestutzt-gerundet. Tarsen des 1.—19. Beinpaars eingliedrig. Coxopleuren mit wenigen, etwa 10, den Hinterrand bei weitem nicht erreichenden Poren und kurz beborstet. Präfemur der Endbeine dorsal am Ende längsgefurcht, medial und unten kurz dornborstig, Femur dorsal an der Basis und am Ende längsgefurcht, medial mit Endzahn. Tibia mit 5—6, 1. Tarsus mit 2 Sägezähnchen. Endbeine im ganzen kurz und dick.

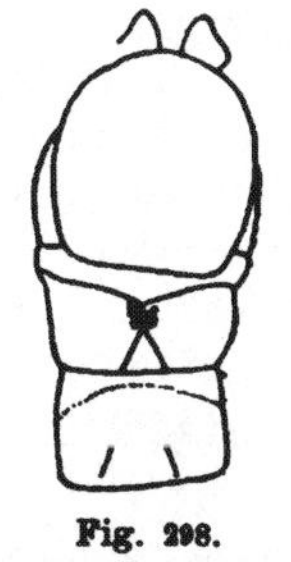
Fig. 298. Cryptops bayoni Silv.

Uganda: Bussu-Busoga, Kome...

41. C. (C.) **crassipes** Silv. 1895 *C. c.*, Silvestri in: Ann. Mus. Genova, *v.* 34 p. 767 | 1903 *C. c.*, Kraepelin in: Mt. Mus. Hamburg, *v.* 20 p. 46.

In der Mediane 2 grüne Streifen und jederseits ein grüner Randstreif. Länge 17 mm. Kopf kaum punktiert, ohne Längsfurchen, hinten ein wenig vom 1. Tergit überlagert. Vorderrand der Kieferfußhüften gerade mit 4 + 4 zarten Borsten. 1. Tergit mit großer, nach hinten fast spitzwinklig bis zur Mitte vorgezogener Ringfurche; an der Spitze eine Vertiefung, aus der 2 spitzwinklig divergierende Furchen zum Hinterrand ziehen. 2. Tergit ohne Furchen. Die paramedianen Furchen beginnen auf dem 3., die Lateralfurchen auf dem 4. oder 5. Tergit. Ein schwacher Mediankiel. Sternite nicht punktiert, mit schwacher Querfurche. 21. Sternit kurz, hinten gerundet. Coxopleuren gestutzt, am Hinterrande mit einzelnen feinen Borsten, mit 7—9 Poren, die den Hinterrand bei weitem nicht erreichen. Beine zart beborstet, Tarsus 1—19 eingliedrig. Präfemur der Endbeine ventral sparsam dornborstig, ohne kahle Area, dorsal mit fast durchgehender Längsfurche, ähnlich das Femur. Tibia mit 6, 1. Tarsus mit 2 Sägezähnchen.

Argentinien: Resistencia.

42. **C. (C.) furciferens** Chamb. 1921 *C. f.*, Chamberlin in: Occas. Papers Mus. Zool. Michigan, *v.* 4 nr. 97 p. 2.

Länge 13,5 mm. Kopf ohne Längsfurchen, hinten vom 1. Tergit überlagert. Vorderrand der Kieferfußhüften zweilappig, mit 3 + 3 Borsten. 1. Tergit mit median nach hinten gezogener Ringfurche, kleinem Mediangrübchen und hinter der Ringfurche mit 2 vorn sich gabelnden Längsfurchen, deren mediale Äste zusammenstoßen. 2.—20. Tergit mit 2 Furchen. 21. Sternit mit breitem, fast geradem Hinterrand. Tarsen der vorderen Beine eingliedrig. Präfemur der Endbeine dorsal gefurcht, Präfemur, Femur und Tibia medial abgeflacht bis leicht eingedrückt, Präfemur und Femur medial und unten mit zahlreichen Dörnchen und kahler Area. Tibia mit 4, 1. Tarsus mit 2 Sägezähnchen.

Britisch-Guayana: Demerara River.

43. **C. (C.) detectus** Silv. 1899 *C. d.*, Silvestri in: Revista Chilena, *v.* 3 p. 146 | 1903 *C. d.*, Kraepelin in: Mt. Mus. Hamburg, *v.* 20 p. 48.

Ockergelb. Länge 16 mm. Kopf ohne Furchen, den Vorderrand des 1. Tergits überlagernd. 3 Grundglieder der Antennen langborstig. Vorderrand der Kieferfußhüften fast gerade. 1. Tergit mit Ringfurche, dahinter Mediangrube, aus der 2 divergierende Längsfurchen zum Hinterrand ziehen. Paramediane Furchen vom 2., gebogene Lateralfurchen vom 4. Tergit an. 2.—17. Sternit mit Kreuzfurche, 18. mit Querfurche; 21. Sternit trapezförmig, gestutzt-gerundet. Coxopleuren mit höchstens 25, den Hinterrand nicht erreichenden Poren. Präfemur und Femur der Endbeine dorsal nur ganz am Ende mit kurzer Längsgrube, ventral mit Dornborsten, ohne kahle Area. Tibia höchstens lateral mit kleinem Endhöckerchen. Femur mit 1, Tibia mit 6, 1. Tarsus mit 2 Sägezähnchen.

Chile: Temuco.

44. **C. (C.) canariensis** Latz. 1895 *C. c.*, Latzel in: Mt. Mus. Hamburg, *v.* 12 p. 119 | 1903 *C. c.*, Kraepelin, ibid., *v.* 20 p. 56.

Ockergelb. Länge 30 mm. Kopf deutlich punktiert, ungefurcht, vom 1. Tergit überlagert. Vorderrand der Kieferfußhüften zweibogig, mit einigen zarten Borsten. 1. Tergit mit Ringfurche, in der Mitte oft mit kleinem Grübchen, ohne Längsfurchen. Paramedianfurchen meist schon vom 2. Tergit an deutlich, Lateralfurchen auf dem 3.—20. Tergit. 21. Tergit mit tiefer Medianfurche. Mediankiel vom 3. oder 4. Tergit an. Sternite mit Furchenkreuz, letztes hinten gerundet, behaart. Coxopleuren hinten gerundet, kaum beborstet, Poren zahlreich, fast bis an den Hinterrand reichend. Beine ventral beborstet. Präfemur dorsal ungefurcht, ventral gleichmäßig beborstet. Femur und Tibia dorsal ungefurcht, mit Endzähnchen jederseits. Tibia mit 12, 1. Tarsus mit 4—6 Sägezähnchen.

Kanaren: Teneriffa, Fuertaventura.

45. **C. (C.) manni** Chamb. 1915 *C. m.*, Chamberlin in: Bull. Mus. Harvard, *v.* 59 p. 501.

Gelb, Kopf und Hinterende etwas dunkler. Länge 9,5 mm. Kopf herzförmig, länger als breit, ungefurcht. Vorderrand der Kieferfußhüften fast gerade, mit seichter Mediankerbe, 4 + 4 Borsten. 1. Tergit vorn vom Kopf überlagert, mit Ringfurche und schwachen Längsfurchen. Paramedianfurchen vom 2. Tergit an vollständig. 21. Tergit hinten mit Längsfurche. 21. Sternit nach hinten verschmälert, Hinterrand eingebuchtet. Coxopleuren abgestutzt.

Tarsus der vorderen Beinpaare ungeteilt, die weiteren immer deutlicher zweiteilig. Auf dem Präfemur der Endbeine medial und unten mäßig starke Dörnchen, vermischt mit längeren Borsten, mit kahler Area; dorsal am Ende längsgefurcht und mit medialem Endzahn; Femur und Tibia mit 2 Endzähnen. Tibia mit 5, 1. Tarsus mit 3—5 Sägezähnchen.

Haiti: Milot.

46. **C. (C.) galatheae** Mein. 1886 *C. g.*, Meinert in: Vidensk. Meddel., *v.* 36—38 p. 140 | 1891 *C. capivarae*, Pocock in: Ann. nat. Hist., ser. 6 *v.* 8 p. 158 | 1901 *C. brasiliensis*, Attems in: Mt. Mus. Hamburg, *v.* 18 p. 112 | 1903 *C. galatheae*, Kraepelin, ibid., *v.* 20 p. 54 f. 14.

Kopf und erste Segmente gelbrot, die übrigen Tergite heller gelblichgrün bis oliv. Länge 24 mm. Kopf meist mit 2 sehr feinen, durchgehenden Längsfurchen (Fig. 299), meist vom 1. Tergit überlagert, seltener dieses überlagernd. 1. Tergit mit oder ohne zarte, nach hinten vorgezogene Ringfurche, ohne Längsfurchen. Paramedianfurchen vom 3.—5. an bis zum 20. Tergit, gebogene Lateralfurchen vom 4. oder 5. bis 19. Tergit. Sternite bis zum 18. mit Furchenkreuz, der hintere Teil der Längsfurche in den hinteren Segmenten oft verschwindend. 21. Sternit gestutztgerundet, fast quadratisch. Coxopleuren hinten gerundet, nicht dornig, mit 20—30 den Hinterrand nicht erreichenden Poren. 1.—19. Tarsus ungegliedert. Präfemur und Femur der Endbeine dorsal nur am Ende gefurcht, unten und medial sparsam bedornt, mit kahler Area; Femur meist mit 1, Tibia mit 7—8, 1. Tarsus mit 3 Sägezähnchen, Tibia am Ende mit 2 Zähnen. Vorderrand der Kieferfußhüften zweibogig, mit 6 + 6 Borsten. Vordere Stigmen schlitzförmig, hintere oval.

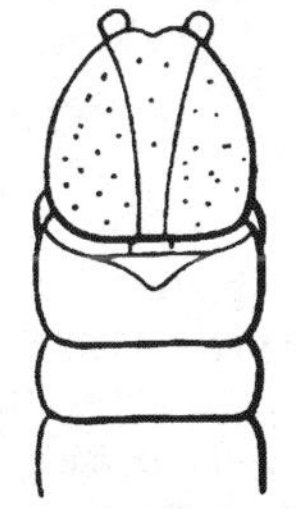

Fig. 299. Cryptops galatheae Mein. Vorderende.

Argentinien: Montevideo; Brasilien: Matto Grosso, Rio Capivari und Rio Grande do Sul.

47. **C. (C.) spinipes** Poc. 1891 *C. s.*, Pocock in: Ann. nat. Hist., ser. 6 *v.* 8 p. 156 | 1891 *C. setosus*, Pocock, ibid., p. 157 | 1903 *C. spinipes*, Kraepelin in: Mt. Mus. Hamburg, *v.* 20 p. 49 f. 9 | 1921 *C. s.*, Archey in: Tr. N. Zealand Inst., *v.* 53 p. 184 | 1924 *C. s.*, Archey in: Rec. Canterbury Mus., *v.* 2 p. 211 t. 34 f. 1—3.

Ockergelb bis rotbraun. Länge 35 mm. Kopf hinten vom 1. Tergit überlagert oder umgekehrt dieses vorn überlagernd, ± deutlich punktiert, meist mit 2 vorn divergierenden Längsfurchen (Fig. 300); manchmal geht vom Vorderende jeder Furche eine kurze schräge Furche nach hinten-lateral ab. Vorderrand der Kieferfußhüften flach zweibogig, jede Hälfte mit 3—8 Borsten. 1. Tergit mit bogiger Ringfurche, dicht hinter der Mitte oft mit kleinem Mediangrübchen, ohne Längsfurchen. Paramedianfurchen vom (2.) 3. oder 4. bis 20.; laterale Furchen vom 3.—20. Tergit; vordere Schrägfurchen vom 1.—8. bis 10. Tergit. Alle Tergite und Sternite punktiert. 2.—18. oder 20. Sternit mit Furchenkreuz. Coxopleuren hinten bogig gestutzt, mit einzelnen Dornborsten oder Borsten; Poren zahlreich, den Hinterrand erreichend oder einen ± breiten Streifen freilassend. Präfemur, Femur und Tibia des 1. bis 20. Beinpaars lateral beborstet, medial und unten stumpf bedornt. Präfemur und Femur der Endbeine dorsal ungefurcht, ventral mit kahler Area, Tibia

Fig. 300. Cryptops spinipes Poc. Vorderende.

dorsal jederseits mit Endzähnchen, Femur mit 1, Tibia mit 8—10, 1. Tarsus mit 3—4 Sägezähnchen.

Neuseeland, Australien, Deutsch-Neuguinea.

48. **C. (C.) navigans** Chamb. 1913 *C. n.*, Chamberlin in: Ent. News Philad., *v.* 24 p. 123.

Gelb bis rostrot. Länge 11 mm. Kopf ungefurcht, in der Mitte am breitesten (Überlagerung?). 1. Tergit mit Ringfurche und einer unpaaren medianen Längsfurche; letztere auch auf den folgenden Tergiten. Paramedianfurchen vom 3. Tergit an. Sternite nicht deutlich punktiert. 21. Sternit hinten gerade oder schwach gerundet. Coxopleuren gestutzt, hinten mit einigen Dornen. Kieferfußhüften mit konvexem, in der Mitte leicht eingekerbtem Rand; 2 + 2 Borsten in einiger Entfernung vom Rande. Vordere Tarsen ungegliedert. Präfemur der Endbeine mit zahlreichen Dornen; medial eine kahle Area, Femur ähnlich bedornt und mit 1, Tibia mit 4, 1. Tarsus mit 2 Sägezähnchen.

Clipperton Island, Galapagosinseln.

49. **C. (C.) sulciceps** Chamb. 1920 *C. s.*, Chamberlin in: Bull. Mus. Harvard, *v.* 64 p. 6.

Rotbraun. Länge 18 mm. Kopf mit 2 feinen, vollständigen, vorn divergierenden Längsfurchen, das 1. Tergit überlagernd, selten umgekehrt, von letzterem überlagert. Vorderrand der Kieferfußhüften zweilappig, mit 5 + 5 Borsten. 1. Tergit mit Ringfurche, ohne Längsfurchen. Paramedianfurchen vom 3. Tergit an. Vordere Sternite mit Furchenkreuz; vom 6. an verschwindet der hintere Teil des Längsarmes und weiterhin auch ± der vordere. 21. Sternit hinten seicht eingebuchtet, die Ecken stark gerundet. Coxopleuren gestutzt, mit zahlreichen kleinen, den Hinterrand bei weitem nicht erreichenden Poren. Präfemur und Femur der Endbeine ventral und lateral mit zahlreichen kräftigen Dornen, dorsal beborstet. Femur mit 1, Tibia 8—11, 1. Tarsus mit 2 Sägezähnchen.

Fijiinseln: Nadarivatu, Munia, Inbivatu.

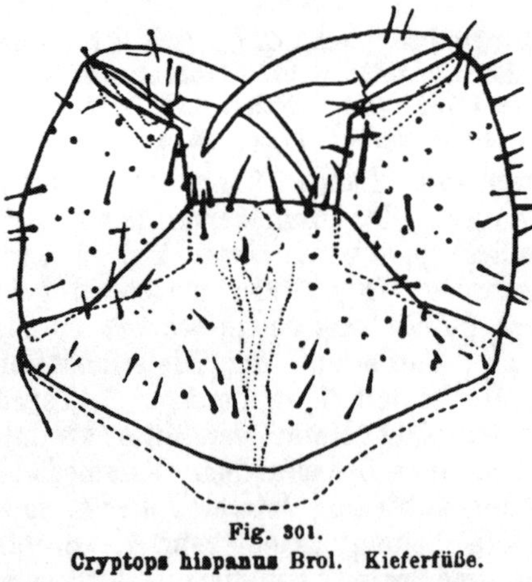

Fig. 301.
Cryptops hispanus Brol. Kieferfüße.

50. **C. (C.) hispanus** Brol. 1920 *C. h.*, Brolemann in: Mem. Soc. Hist. nat. Madrid, *v.* 11 p. 144 f. 19—21.

Farbe und Größe wie bei *C. (C.) hortensis* (nr. 1). Kopf kaum länger als breit, ganz ungefurcht, hinten nicht überlagert, so wie die Tergite zerstreut beborstet. Clypeus mit einer Reihe von Borsten am Labralrand, Labrum einzähnig. Vorderrand der Kieferfußhüften gerade, jederseits 2 Borsten auf dem Rande und etwas hinter dem Rande 2 + 2 Borsten (Fig. 301). 1. Tergit mit nicht winkeliger Ringfurche, ohne Längsfurchen. 2. Tergit mit Spuren von Längsfurchen. Sternite mit Querfurche und Spuren der Längsfurche vor der Querfurche; letztes Sternit abgerundet. Tarsen 2gliedrig. Coxopleuren mit etwa 25 Poren, dazwischen und am Hinterrand Borsten. Endbeine ohne dorsale Endzähnchen auf der Lateralseite, Präfemur mit Dornborsten und kahler Area, Femur und Tibia am Endrand medial mit 4 Dörnchen, Tibia mit 8, 1. Tarsus mit 4 Sägezähnchen.

Spanien, Provinz Ciudad Real, Pozuelo de Calatrava.

51. **C. (C.) megaloporus** Haase 1887 *C. megalopora*, E. Haase in: Abh. Mus. Dresden, nr. 5 p. 80 | 1903 *C. m.*, Kraepelin in: Mt. Mus. Hamburg, *v.* 20 p. 50 | 1921 *C. m.*, Archey in: Tr. N. Zealand Inst., *v.* 53 p. 185 | 1924 *C. m.*, Archey in: Rec. Canterbury Mus., *v.* 2 p. 213 t. 34 f. 4, 5.

Rostgelb bis Orange. Länge 27 mm. Kopf meist ungefurcht, sehr selten mit je 2 kurzen Furchen hinten und vorn. Antennen 17gliedrig, die ersten 4 Glieder langborstig. Vorderrand der Kieferfußhüften in der Mitte seicht ausgerandet, unbeborstet. 1. Tergit vom Kopf überlagert, mit Ringfurche, ohne Längsfurchen. 2. Tergit ungefurcht oder mit kurzen Furchen vorn und hinten. Paramedianfurchen vollständig vom 3.—20., gebogene Lateralfurchen vom 3.—19. Tergit. Vordere Schrägfurchen auf den Tergiten 2.—8. Alle Tergite spärlich langborstig. 2.—19. Sternit mit Furchenkreuz, der Querarm stärker und gebogen. 21. Sternit nach hinten verschmälert, hinten gestutzt-gerundet oder leicht eingebuchtet. Coxopleuren hinten beborstet, lateral mit einigen Dörnchen; bis zu 50 teils große teils kleine Poren, die nur einen schmalen Rand freilassen. Präfemur des 20. Beinpaars des ♂ mit einem dreieckigen Feld von Borsten, Femur und Tibia der ganzen Länge nach beborstet. Präfemur und Femur der Endbeine unterseits zerstreut beborstet ohne kahle Area, medial sind die Borsten mehr kurz, dornartig. Femur mit 1, Tibia mit 5—6, 1. Tarsus mit 3 Sägezähnchen.

Aucklandinseln.

52. **C. (C.) neocaledonicus** Rib. 1923 *C. n.*, Ribaut in: N. Caledonia, *v.* 3ı p. 33 f. 66—73.

Grünliche Pigmentflecken meist vorhanden. Länge 16 mm. Kopf und vordere Tergite fast unpunktiert; Kopf so lang wie breit, mit 2 kurzen

Fig. 302.
Cryptops neocaledonicus Rib.

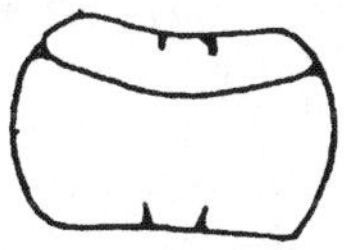

Fig. 303.
Cryptops neocaledonicus Rib.
1. Tergit.

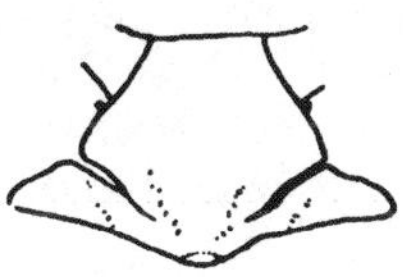

Fig. 304.
Cryptops neocaledonicus Rib.
1. Sternit.

geraden Furchen am Hinterrande und 2 kurzen schrägen Furchen vorn (Fig. 302). Vorderrand der Kieferfußhüften fast gerade, schwach chitinisiert; etwas vom Rande entfernt 2 + 2 Borsten. 1. Tergit (Fig. 303) mit gleichmäßig gebogener Ringfurche und undeutlich-dreieckigem Mediangrübchen. Paramedianfurchen des 2. Tergites nur in der hinteren Hälfte, vom 3. bis

20. Tergit vollständig oder in der Mitte kurz unterbrochen. 4.—19. oder 20. Tergit mit gebogenen Lateralfurchen. 2.—7. Tergit mit vorderen Schrägfurchen. Hintere Hälfte der Tergite bis zum 19. mit niedrigem Mediankiel. 2.—19. Sternit mit Furchenkreuz. Coxopleuren gestutzt, am Hinterrande mit Stachelborsten; Poren zahlreich, fast den Hinterrand erreichend. Tarsen 1—19 eingliedrig. Präfemur, Femur und Tibia des 20. Beinpaars des ♂ dicht bürstig beborstet. Endbeine mit zahlreichen Dornborsten, ohne Endzähne; Femur mit 1, Tibia mit 8, 1. Tarsus mit 3 Sägezähnchen. Suprasternit nur mit dem Medialeck mit dem 1. Sternit verwachsen; keine Metacoxa sichtbar; Sternite ohne ⨯-Furche. Intercoxalleiste vom 2. Sternit an deutlich. Endosternit überall, auch auf dem 1. Segment, sehr klein (Fig. 304).

Neukaledonien: Mont Ignambi, Mont Panié, Mont Canala, Mont Humboldt, Nouméa.

Unsichere Arten:

C. (C.) **ruficeps** Poc. 1894 *C. r.*, Pocock in: Weber, Ergeb. Reise Niederl. O.-Ind., *v.* 3 p. 315 t. 19 f. 7 | 1903 *C. r.*, Kraepelin in: Mt. Mus. Hamburg, *v.* 20 p. 55.

Olivbraun, Kopf, Antennen und Endbeinsegment blaß kastanienbraun. Länge 12 mm. Kopf ungefurcht, vom 1. Tergit überlagert. Vorderrand der Kieferfußhüften gerade, jederseits mit einer einzigen Borste. 1. Tergit ungefurcht. Tergite vom 3. an mit 4 Furchen und in der hinteren Körperhälfte mit einer Furche auf jeder Seite der Mittellinie. Die ersten 4 Sternite nur mit einer Längsfurche, 5.—20. mit Furchenkreuz. 21. Sternit breit, die Ecken gerundet. Die Poren der Coxopleuren, große und kleine, erreichen den Hinterrand nicht. Endbeine fehlen.

Sumatra: Sing-Karah.

C. (C.) **fur** Mein. 1886 *C. f.*, Meinert in: Vidensk. Meddel., *v.* 36—38 p. 139.

Rotbraun, Beine gelb. Länge 32 mm. Kopf herzförmig, das 1. Tergit überlagernd. 1. Tergit mit winkeliger Ringfurche. Tergite vom 3. oder 4. bis 19. sechsfurchig (2 Paramedian-, 2 gebogene Lateral- und 2 Randfurchen). Sternite bis zum 19. mit Furchenkreuz. Vorderrand der Kieferfußhüften gebogen mit 14 Borsten. Coxopleuren abgerundet-gestutzt mit einigen Dörnchen besetzt. Endsternit breit, nach hinten verschmälert, abgerundet. Hintere Stigmen schlitzförmig.

Riacho del Oro.

C. (C.) **relictus** Chamb. 1920 *C. r.*, Chamberlin in: Bull. Mus. Harvard, *v.* 64 p. 7.

Orange bis rostgelb. Länge 21 mm. Hinterrand des Kopfes ein wenig das 1. Tergit überlagernd. Vorderrand der Kieferfußhüften median seicht eingekerbt, die Seiten schwach gewölbt mit je 4 Borsten. 1. Tergit mit in der Mitte winklig nach hinten gezogener Ringfurche und 2 Längsfurchen, die vorn gegabelt sind. Sternite mit Furchenkreuz. 21. nach hinten verschmälert und abgerundet. Coxopleuren abgestutzt, mit Dornbörstchen; die Poren wenig zahlreich, außerordentlich klein. Präfemur und Femur der Endbeine oben am Ende gefurcht, medial und unten mit Dornborsten ohne kahle Area, Femur mit 1, Tibia mit 4—5, 1. Tarsus mit 1 Sägezähnchen.

Fijiinsel Nagasu.

C. (C.) **brunneus** Chamb. 1921 *C. b.*, Chamberlin in: Ann. nat. Hist., ser. 9 *v.* 7 p. 50.

Braun, Kopf heller, rostrot. Länge 16,5 mm. Kopf mit 2 Längsfurchen, den Vorderrand des 1. Tergits überlagernd. Vorderrand der Kieferfußhüften zweilappig, mit 5 + 5 Borsten. 1. Tergit mit Ringfurche und 2 parallelen Längsfurchen. Sternite mit Furchenkreuz, der Querarm stärker, 21. Sternit mäßig verjüngt, hinten gerade oder leicht gerundet. Coxopleuren gestutzt, mit feinen Borsten; die Poren erreichen den Hinterrand bei weitem nicht. Alle Stigmen groß, länglich-elliptisch.

Philippinen: Luzon, Mt. Makiling.

C. (C.) **beebei** Chamb. 1924 *C. b.*, Chamberlin in: Zool. N. York, *v.* 5 p. 137.

Gelblich. Länge 16 mm. Kopf ohne Längsfurchen (Überlagerung?). Vorderrand der Kieferfußhüften konvex mit 4 + 4 Borsten. 1. Tergit mit winkeliger Ringfurche und 2 vorn gegabelten Längsfurchen. 21. Sternit trapezförmig, hinten etwas abgerundet. Coxopleuren gestutzt. Tarsen der vorderen Beine eingliedrig. Präfemur der Endbeine ventral und lateral mit zahlreichen Dornen und Dornborsten und kahler Area, Femur ähnlich, Tibia mit 4, 1. Tarsus mit 2 Sägezähnchen.

Galapagosinseln: Tower Id.

C. (C.) **socotrensis** Poc. 1903 *C. s.*, Pocock in: H. O. Forbes, Nat. Hist. Sokotra, p. 433.

Einfarbig blaßgelb. Länge 16 mm. Kopf mit 2 abgekürzten Furchen hinten, das 1. Tergit überlagernd (Kieferfüße?). 1. Tergit mit tiefer, leicht nach hinten vorgezogener Ringfurche und 2 Längsfurchen (Verlauf derselben?). 2. Tergit mit Paramedianfurchen; die übrigen Tergite und Sternite „normal" gefurcht. Beine mit starken Dornborsten. Präfemur der Endbeine mit einem medialen, Femur mit einem lateralen, Tibia mit lateralem und medialem Endzähnchen. Tibia mit 6, 1. Tarsus mit 2 Sägezähnchen.

Sokotra: Adho Dimellus.

Ist wahrscheinlich identisch mit *C. (C.) trisulcatus* Bröl. (nr. 30).

C. (C.) **armatus** Silv. 1899 *C. a.*, Silvestri in: Revista Chilena, *v.* 3 p. 147 | 1903 *C. a.*, Kraepelin in: Mt. Mus. Hamburg, *v.* 20 p. 49.

Nur 1 Juvenis bekannt: Blaßgelb, Länge 7 mm. Kopf das 1. Tergit überlagernd. Vorderrand der Kieferfußhüften gestutzt. Coxopleuren mit 4 großen Poren. Präfemur und Femur der Endbeine bedornt, besonders ventral, Tibia mit 11, 1. Tarsus mit 9 Sägezähnchen.

Chile: Santiago.

C. (C.) **hirsutulus** Verh. 1906 *C. h.*, C. Verhoeff in: N. Acta Ac. Leop., *v.* 86 p. 369 f. 3; p. 372 f. 5.

Nomen nudum.

C. (C.) **balticus** Verh. 1906 *C. b.*, C. Verhoeff in: N. Acta Ac. Leop., *v.* 86 p. 370 f. 4; p. 446 f. 33.

Nomen nudum.

b) Subgen. **Trigonocryptops** Verh.

1906 *T.*, C. Verhoeff in: N. Acta Ac. Leop., *v.* 86 p. 390 | 1907 *T.*, C. Verhoeff in: Bronn, Kl. Ordn., *v.* 5 II p. 249.

Sternite mit querer bogiger Leiste zwischen den Hüften. Vor dem Endosternit auf dem Sternit einiger der vorderen Segmente ein schräges Kreuz, das das Endosternit scharf abgrenzt; manchmal auch eine Querleiste vorhanden, die zusammen mit den hinteren Armen des Kreuzes ein Dreieck bildet, so daß dann 3 Dreiecke vorhanden sind, das eben erwähnte unpaare und 2 paarige, die von den Kreuzarmen und dem Seitenrande des Sternits gebildet werden; andererseits sind manchmal nur die hinteren Kreuzarme vorhanden. Tarsen der Beine, meist mit Ausnahme der vordersten, meist ± deutlich 2gliedrig, manchmal 1gliedrig, manchmal bei derselben Art bald so, bald so. Kopf das 1. Tergit überlagernd, fast stets mit Ringfurche. Katopleuren zweiteilig. Meist einfarbig gelb bis braun.

Spanien, Nordafrika, Westafrika, Ostafrika, Brasilien, Neukaledonien.

Typus: *C. (T.) gigas* Krpln.

8 Arten (nr. 53—60), von denen 2 in 4 Unterarten geteilt sind und 1 Varietät.

Übersicht über die Arten:

1	1. Tergit entweder ohne Längsfurchen oder mit solchen, aber nur zwischen Ringfurche und Hinterrand — 2	
	1. Tergit mit Längsfurchen, die vom Vorder- bis zum Hinterrand reichen also auch vor der Ringfurche vorhanden sind — 9	
2	Tergite und Sternite dicht gekörnt. Körperlänge 80 mm	53. C. (T.) **gigas**
	Tergite glatt, Sternite höchstens vom 13. bis 20. gekörnt — 3	
3	Sternite 13—20 körnig	54. C. (T.) **bottegii**: 4
	Sternite glatt — 5	
4	Präfemur der Endbeine nur medial mit Endzahn	54a. C. (T.) **bottegii bottegii**
	Präfemur der Endbeine medial und lateral mit Endzahn	54b. C. (T.) **bottegii kenyae**
5	Antennen ungewöhnlich lang, $^1/_3$ der Körperlänge	58. C. (T.) **longicornis**
	Antennen von normaler Länge — 6	
6	Präfemur der Endbeine ventral ohne kahle Area, Tarsen eingliedrig	55. C. (T.) **numidicus**: 7
	Präfemur der Endbeine ventral mit kahler Area, Tarsen wenigstens der hinteren Beine ± deutlich zweigliedrig — 8	
7	1. Tergit mit Ringfurche und 2 Längsfurchen; Tibia der Endbeine mit 13, 1. Tarsus mit 6—7 Sägezähnchen	55a. C. (T.) **numidicus numidicus**
	1. Tergit mit Ringfurche, ohne Längsfurchen; Tibia der Endbeine mit 7, 1. Tarsus mit 3 Sägezähnchen	55b. C. (T.) **numidicus tropicus**
8	Körperlänge 33 mm; Präfemur der Endbeine medial, Tibia medial und lateral mit Endzahn. (Ostafrika)	56. C. (T.) **danhomenou**
	Körperlänge 72 mm. Präfemur und Tibia der Endbeine am Ende ungezähnt. (Brasilien) .	57. C. (T.) **iheringii**
9	Der Abschnitt der Längsfurchen des 1. Tergits vor der Ringfurche endet etwas median vom Beginne des Abschnittes hinter der Ringfurche; hinter der Mitte der Ringfurche ein Grübchen. Labrum mit prälabialem Dreieck	59. C. (T.) **sarasini**
	Die Längsfurchen des 1. Tergits ziehen vom Vorder- bis zum Hinterrand gerade durch; hinter der Mitte der Ringfurche kein Grübchen. Labrum ohne prälabiales Dreieck	60. C. (T.) **rouxi**

53. **C. (T.) gigas** Krpln. 1903 *C. g.*, Kraepelin in: Mt. Mus. Hamburg, *v.* 20 p. 40.

Gelbrot. Länge 80 mm. Breite 6 mm. Kopf ziemlich dicht punktiert, mit 2 feinen Längsfurchen, das 1. Tergit überlagernd. Antennen 17gliedrig, die Grundglieder stark punktiert und etwas weniger beborstet als die übrigen; die distalen sehr gestreckt. Vorderrand der Kieferfußhüften fast gerade, in der Mitte kaum merklich gekerbt, mit 10 + 10 Borsten; die Fläche punktiert, in der Mediane eine Längsnaht. 1. Tergit mit vom Kopf verdeckter Ringfurche, in der Mediane mit glattem, nicht punktiertem Streif, im übrigen punktiert. 2. Tergit punktiert mit 2 feinen Paramedianfurchen. 3.—21. Tergit dicht körnig, 3.—20. mit feinen Paramedianfurchen, 21. mit großer tiefer Mediandepression. Sternite dicht körnig, die letzten 4 dazu mit zerstreuten dunklen Dörnchen; der hintere Längsast der Kreuzfurche verschwindet vom 12. an. 21. Sternit seitlich gerundet, hinten eingebuchtet, die Ecken gerundet, vorn eine kurze Medianfurche. Coxopleuren medial bogig vorgezogen, die Poren bis zum Hinterrand reichend, am glatten Rand 3—5 Dörnchen. Tarsen 2—21 zweigliedrig, borstig, unten mit kahler Area; Präfemur, Femur und Tibia der Gehbeine ventral mit kurzen schwarzen Dörnchen und dicht kurzborstig. Stigmen schlitzförmig. (Endbeine fehlen).

Deutsch-Westafrika.

54. **C. (T.) bottegii** Silv. ?1886 *C. validus*, Meinert in: P. Amer. phil. Soc., *v.* 23 p. 210 | 1897 *C. bottegii*, Silvestri in: Ann. Mus. Genova, *v.* 37 p. 302 | 1903 *C. b.*, Kraepelin in: Mt. Mus. Hamburg, *v.* 20 p. 41 | 1904 *C. b.*, Brölemann in: Bull. Soc. ent. Ital., *v.* 35 p. 114 | 1909 *Trigonocryptops b.*, Attems in: Zool. Jahrb., Syst. *v.* 27 p. 398 | 1909 *T. b.*, Attems in: Ergeb. Schwed. Exp. Kilimandjaro, *v.* 19 p. 3.

Ockergelb. Länge 38 mm. Kopf mit 2 Längsfurchen, deutlich punktiert, meist das 1. Tergit überlagernd, aber auch das umgekehrte Verhältnis beobachtet. Vorderrand der Kieferfußhüften flach zweibogig, mit etwa 6 + 6 oder 14 + 14 Borsten. 1. Tergit mit bogiger Ringfurche und 2 parallelen Paramedianfurchen; letztere auf allen Tergiten bis zum 20. Letztes Tergit mit großem, ovalem Längseindruck; Lateralfurchen auf dem (4.) 5.—19. Tergit. Sternite der vorderen Segmente glatt, dann punktiert, 13.—20. dicht feinkörnig, 19.—21. dazu mit feinen braunen Dörnchen. Die ersten 3 Sternite mit feiner gerader Nahtlinie vor der nach hinten bogigen Querfurche; vom 12.—14. Sternit an eine ähnliche Nahtlinie vor dem Hinterrande. 21. Sternit verjüngt, hinten gestutzt. Coxopleuren gestutzt, hinten bedornt, die Poren fast bis zum Hinterrand reichend. Präfemur, Femur und Tibia der Beine kurz bedornt, besonders ventral, Tarsus, mit Ausnahme der vordersten, mehr oder weniger deutlich zweigliedrig. Präfemur und Femur der Endbeine mit schwarzbraunen Dornen und feinen Borsten, mit kahler Area, ersteres medial oder medial und lateral, letzteres lateral mit hakigem Endzahn, Tibia medial und lateral mit Endzahn, mit etwa 15—16, 1. Tarsus mit 3—5—6 Sägezähnchen.

Ostafrika: Somaliland, Schoa, Kaffa, Kilimandjaro, Erythraea, Deutsch-Ostafrika, Britisch-Ostafrika.

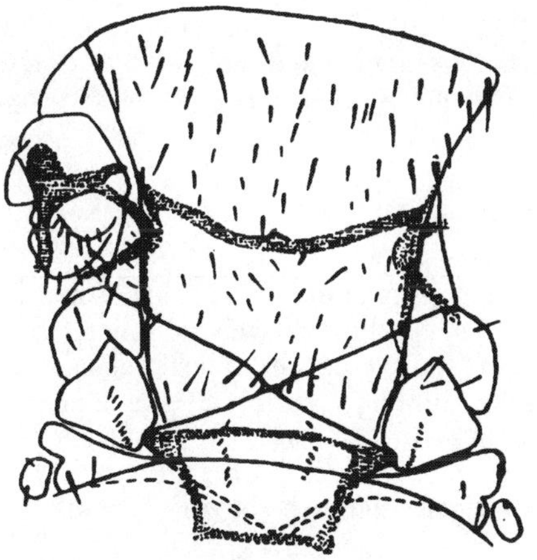

Fig. 305.
Cryptops bottegii kenyae Rib. 4. Sternit.

2 Unterarten:

54a. **C. (T.) b. bottegii** Silv.

Präfemur der Endbeine nur medial mit hakigem Endzahn. Vorderrand der Kieferfußhüften mit 14 + 14 Borsten. 1. Tarsus der Endbeine mit 5 oder 6 Sägezähnchen.

Ostafrika: Somaliland, Schoa, Kaffa, Kilimandjaro, Erythraea, Deutsch-Ostafrika.

54b. **C. (T.) b. kenyae** Rib. 1914 *T. B. k.*, Ribaut in: Alluaud & Jeannel, Voy. Afr. Or., Chilop. p. 14.

Präfemur der Endbeine medial und lateral mit hakigem Endzahn. Vorderrand der Kieferfußhüften mit 6 + 6 Borsten. 1. Tarsus mit 3 oder 4 Sägezähnchen; vielleicht juvenis, 27 mm lang.

Britisch-Ostafrika: Kenia.

55. **C. (T.) numidicus** H. Luc. 1846 *C. n.*, H. Lucas in: Rev. zool., *v.* 9 p. 288 | 1849 *C. n.*, H. Lucas in: Expl. Algérie, Zool. *v.* 1 p. 345 t. 2 f. 8 | 1881 *C. n.*, Kohlrausch in: Arch. Naturg., *v.* 47 I p. 128 | ?1886 *C. biscarensis*, Meinert in: Vidensk. Meddel., *v.* 36—38 p. 137 | 1903 *C. numidicus*, Kraepelin in: Mt. Mus. Hamburg, *v.* 20 p. 43 | 1906 *Trigonocryptops n.*, C. Verhoeff in: N. Acta Ac. Leop., *v.* 86 p. 390.

Lehmgelb. Länge 25 mm. Kopf das 1. Tergit überlagernd mit meist etwas undeutlichen Längsfurchen. Vorderrand der Kieferfußhüften zweibogig mit 5 – 8 Borsten jederseits. 1. Tergit mit Ringfurche und 2 nahezu parallelen Längsfurchen oder ohne Längsfurchen. Sternite kaum punktiert. Coxopleuren gestutzt-gerundet, mit wenigen, den Hinterrand bei weitem nicht erreichenden Poren. Präfemur der Endbeine am Ende medial mit Zähnchen, dorsal ungefurcht, ventral dicht beborstet, ohne kahle Area; Femur am Ende lateral mit Zähnchen, dorsal ungefurcht, ventral beborstet, Tibia am Ende medial und lateral mit Zähnchen, mit 7—13, 1. Tarsus mit 3 – 7 Sägezähnchen.

Algier, Marokko, Ostafrika.

2 Unterarten:

55a. **C. (T.) n. numidicus** H. Luc.

1. Tergit außer der Ringfurche mit 2 Längsfurchen. Tibia der Endbeine mit 13, 1. Tarsus mit 6—7 Sägezähnchen. Stigmen schlitzförmig. Endbeine, besonders Femur und Tibia außer den Borsten oft mit dichter, feiner, bürstenartiger Behaarung (bei ♂?).

Algier, Marokko.

55b. **C. (T.) n. tropicus** Att. 1909 *C. n. t.*, Attems in: Ergeb. Schwed. Exp. Kilimandjaro, *v.* 19 p. 2.

1. Tergit nur mit Ringfurche ohne Längsfurchen. Tibia mit 7, 1. Tarsus mit 3 Sägezähnchen. Kopf sehr schwach punktiert, reichlich beborstet, die feinen Längsfurchen nur in der Mitte unterbrochen. 2. und 3. Tergit mit kurzen Paramedianfurchen hinten, vom 4.—20. an sind die Paramedianfurchen vollständig; Lateralfurchen vom 4.—19. Tergit. Kein Mediankiel. 2. Sternit mit Querfurche, 3.—8. Sternit mit Furchenkreuz. Präfemur und Femur der Endbeine mit kräftigen ziemlich langen Borsten einer Qualität ohne kahle Area.

Ostafrika: Meru, Kilimandjaro.

56. **C. (T.) danhomenou** Bröl. 1926 *T. d.*, Brölemann in: Arch. Zool. expér., *v.* 65 p. 153.

Olivengelb. Länge 33 mm. Breite 2,10 mm. Kopf fast rund, hinten mit 2 kurzen Längsfurchen. Antennen lang. Labrum einzähnig; auf dem Clypeus vorn ein längliches Feld mit 3 starken Borsten (Fig. 306). Längs der Seitenränder des Clypeus ein mit feinen Härchen besetzter Streif, vor dem Labrum eine Querreihe von 6—8 und davor 3 Paar Borsten; Vorderrand der Kieferfußhüften seicht eingekerbt, flach zweibogig mit 7 + 7 Borsten. 1. Tergit vom Kopf überlagert, mit gleichmäßig gebogener Ringfurche, mit Randfurchen wie alle folgenden Tergite, aber ohne Paramedianfurchen; letztere

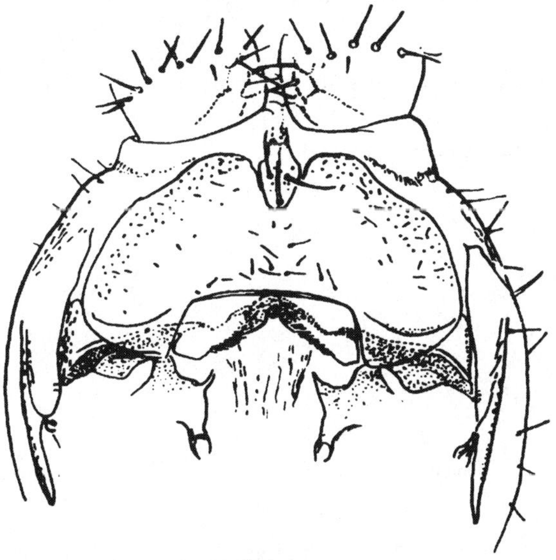

Fig. 306.
Cryptops danhomenou Bröl.

beginnen auf dem 3. Tergit, die gebogenen Lateralfurchen auf dem 3. oder 4. Letztes Tergit mit medianem Längseindruck. 3.—19. Sternit mit stark gebogener Querverdickung. Vom 4. Sternit treten die das hintere und die 2 seitlichen Dreiecke abgrenzenden gekreuzten Furchen auf. Suprasternit und Metacoxa der vorderen Segmente verschmolzen. Coxopleuren mit einigen wenigen Dörnchen am Hinterrand und in der Umgebung des Porenfeldes, das den Hinterrand nicht erreicht. Eine undeutliche Gliederung des Tarsus nur auf den hinteren Beinpaaren. Präfemur und Femur der Endbeine ventral und medial mit zahlreichen, kräftigen, braunen Dörnchen und dünnen Borsten; eine Längsarea bleibt kahl. Präfemur am Ende medial mit Zahn. Tibia und Tarsen ringsum dicht abstehend weiß behaart ohne stärkere Dörnchen: Tibia am Ende medial und lateral mit Zahn. Tibia mit 18 ganz kleinen und am Ende noch 4 etwas größeren, 1. Tarsus mit 4—5 Sägezähnchen.

Britisch-Ostafrika: Kenia 1800—2000 m. Kamerun: Mucongefarm am Mungofluß.

57. **C. (T.) iheringi** Bröl. 1902 *C. I.*, Brölemann in: Revista Mus. Paul., *v.* 5 p. 42 t. 1 f. 6, 7 | 1903 *C. j.*, Kraepelin in: Mt. Mus. Hamburg, *v.* 20 p. 42 | 1914 *Trigonocryptops I.*, Ribaut in: Mém. Soc. Neuchâtel, *v.* 5II p. 70 (? Sep. 1912).

Rotgelb. Länge 72 mm, Breite 5 mm. Der ganze Körper fein punktiert. Kopf so breit wie lang, ungefurcht oder mit Andeutung von Furchen, den

Vorderrand des 1. Tergits überlagernd. Vorderrand der Kieferfußhüften zweibogig, mit 6 + 6 Dörnchen, die Fläche mit Dornbörstchen und jederseits einer Reihe von 7 Dörnchen. Fühler 17gliedrig, die ersten 2 Glieder zerstreut borstig, die anderen sehr dicht und fein behaart. 1. Tergit mit Ringfurche (nach Kraepelin). Paramedianfurchen vom 1. oder 2. bis 20., laterale Furchen vom 3.—19. Tergit; 21. Tergit mit Medianeindruck, jederseits mit einer Reihe kleiner Höckerchen. Sternite mit Furchenkreuz, einige der letzten mit zerstreuten kurzen Dornen. Coxopleuren hinten abgerundet, mit zahlreichen, fast bis zum Hinterrand reichenden Poren und dazwischen sowie am Hinterrand mit kleinen schwarzen Dörnchen. Präfemur und Femur der Endbeine mit zahlreichen kleinen Dörnchen, die die ganze Oberseite und eine schmale ventrale Area freilassen, dorsal mit sehr kurzer Furche am Ende. Tibia mit 13—18 ± verschmolzenen, 1. Tarsus mit 4—5 Sägezähnchen. Gehbeine ventral mit kleinen schwarzen Dörnchen. Stigmen schlitzförmig. Tarsus der Beine 2gliedrig.

Brasilien: Alto da Serra, Petropolis.

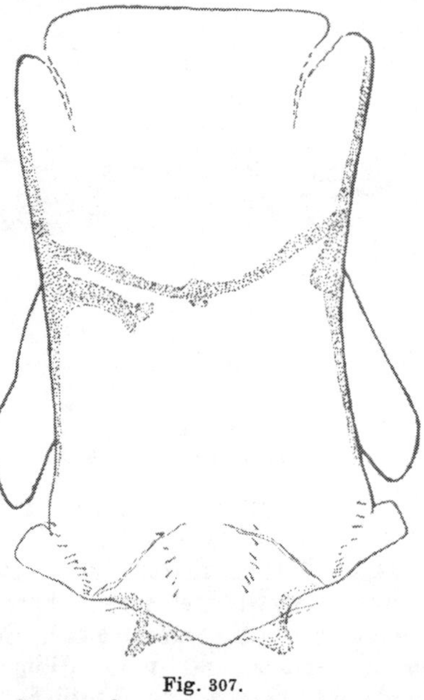

Fig. 307.
Cryptops longicornis Rib. 4. Sternit.

58. **C. (T.) longicornis** Rib. 1915 *C. l.*, Ribaut in: Arch. Zool. expér., *v.* 55 p. 325 f. 1—7.

Blaßgelb, ohne grünes Pigment. 38 mm lang, 2 mm breit. Beborstung mittelmäßig. Kopf und Tergite fast glatt. Kopf so lang wie breit, mit 2 kurzen Längsfurchen im hinteren Drittel und 2 kurzen schrägen Furchen vorn. Antennen 17gliedrig, außerordentlich lang, $^1/_3$ der Körperlänge. Vorderrand der Kieferfußhüften fast gerade, unbeborstet; in einiger Entfernung vom Rande 2 + 2 Borsten. 1. Tergit mit regelmäßig gebogener Ringfurche und einer Querfurche jederseits nahe dem Hinterrande; keine Längsfurchen; vorn vom Kopf überlagert. Paramedianfurchen des 2. Tergits nur im hinteren Drittel, vollständig vom 4.—20. Die lateralen Furchen vom 3.—19. Tergit.

Die Schrägfurchen vom 2., die Randfurchen vom 4. Tergit an. 5.—19. Tergit mit Mediankiel. 21. Tergit mit länglichem Mediangrübchen. Sternite bis zum 19. mit Furchenkreuz, letztes breit abgerundet. Coxopleuren gestutzt, mit etwa 60 Poren, die den Hinterrand erreichen. Beine sehr lang, mit zahlreichen, teils schwächeren, teils stärkeren, aber nicht dornartigen Borsten; Tarsen 2gliedrig. Endbeine fehlen. Clypeus ohne postantennales und prälabiales Dreieck. Endosternite stark entwickelt in den ersten 5 Segmenten (Fig. 307). Suprasternit dieser Segmente mit dem Sternit verschmolzen, Metacoxa auf den ersten beiden Segmenten ebenfalls, dann getrennt. Vom 3. Segment ist ein Dreieck vor dem Endosternit unvollkommen abgegrenzt, die Naht median unterbrochen.

Spanien, Provinz Malaga, Cuevo del Cerro de la Pileta.

59. **C. (T.) sarasini** Rib. 1923 *C. s.*, Ribaut in: N. Caledonia, v. 3I p. 27 f. 35—44.

Meist ohne grünliches Pigment, manchmal einige undeutliche Flecke in der Mitte des Rückens. Länge 35 mm. Kopf und Tergite zerstreut punktiert. Kopf so breit wie lang, mit 2 vollständigen paramedianen Längsfurchen und jederseits lateral von der Paramedianfurche einer kurzen, am Vorderrand beginnenden Furche (Fig. 308); der Kopf überdeckt das 1. Drittel des 1. Tergits;

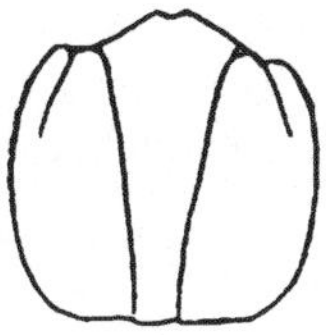

Fig. 308.
Cryptops sarasini Rib.

Fig. 309.
Cryptops sarasini Rib.

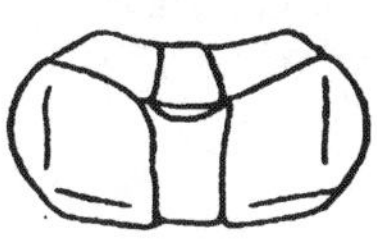

Fig. 310.
Cryptops sarasini Rib.
1. Tergit.

bei einzelnen Individuen wird er vom 1. Tergit überlagert. Clypeus mit prälabialem und postantennalem Dreieck. Vorderrand der Kieferfußhüften relativ weit vorragend und tief zweilappig, kräftig chitinisiert; jederseits 4 vom Rande entfernte Borsten (Fig. 309). 1. Tergit mit einer vollständigen Ringfurche, von der nach vorn bis zum Vorderrand 2 nach vorn konvergierende Längsfurchen und nach hinten bis zum Hinterrand 2 Längsfurchen ziehen (Fig. 310); lateral jederseits eine kurze Längsfurche und eine Querfurche nahe dem Hinterrande; hinter der Mitte der Ringfurche ein undeutlich dreieckiger Eindruck. 2. bis 20. Tergit mit Paramedianfurchen, 3.—19. mit Lateralfurchen, außerdem 2.—19. Tergit mit Randfurchen und 3.—7. Tergit mit Schrägfurchen. 2. bis 19. Sternit mit dem gewöhnlichen Furchenkreuz. Vor dem Endosternit des 3.—5. beintragenden Segments das schräge Furchenkreuz, aber keine Querfurche. Coxopleuren geradlinig abgestutzt mit einigen Dornborsten, Poren sehr zahlreich, fast den Hinterrand erreichend. Tarsen aller Beine 2gliedrig. Präfemur, Femur und Tibia der 4—5 ersten und der Beine der hinteren Körperhälfte mit Dornborsten. Tibia der Endbeine lateral und medial mit Endzahn, am Femur manchmal Rudimente von solchen. Präfemur und Femur tragen ventral mehrere, die Tibia medial meist eine Dornborste. Femur mit 1, Tibia mit etwa 10, 1. Tarsus mit 3 Sägezähnchen. — Metacoxa und Suprasternit des 1. beintragenden Segments verschmolzen und vom Sternit getrennt (Fig. 311); Endosternit stark entwickelt, hinten abgerundet; auf den folgenden Segmenten wird es durch Einbuchtung zweizipflig.

Neukaledonien; Loyaltyinseln: Maré, Lifou.

1 Varietät:

59a. C. (T.) s. var. furcata Rib. 1923 *C. s.* var. *f.*, Ribaut in: N. Caledonia, *v.* 3 I p. 30 f. 45, 46.

Die lateralen Kopffurchen sind hinten gegabelt, der laterale Ast reicht fast bis zum Hinterrand (Fig. 313). Die Ringfurche des 1. Tergits ist in der Mitte deutlicher gewinkelt, die paramedianen Längsfurchen hinter der Ringfurche sind vorn gegabelt, so daß die Figur eines W entsteht (Fig. 314); die lateralen Furchen des 1. Tergits reichen von der Ringfurche bis zu den hinteren Querfurchen.

Neukaledonien: Koné, Canala, Monte Canala.

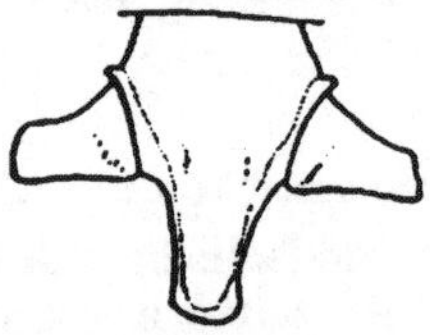

Fig. 311. Cryptops sarasini Rib. 1. Sternit.

Fig. 312. Cryptops sarasini Rib. Labrum.

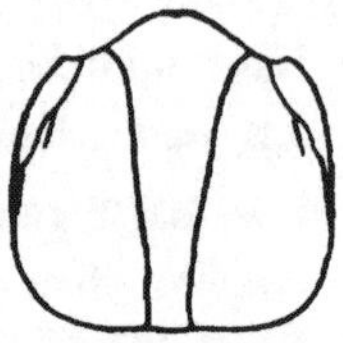

Fig. 313. Cryptops sarasini var. furcata Rib.

60. C. (T.) rouxi Rib. 1923 *C. r.*, Ribaut in: N. Caledonia, *v.* 3 I p. 30 f. 47—56.

Ohne grünes Pigment. Länge 16 mm. Kopf (Fig. 315) etwas länger als breit, hinten vom 1. Tergit überlagert, mit 2 vom Vorder- bis zum Hinterrand reichenden Längsfurchen, die manchmal in der Mitte unterbrochen sind.

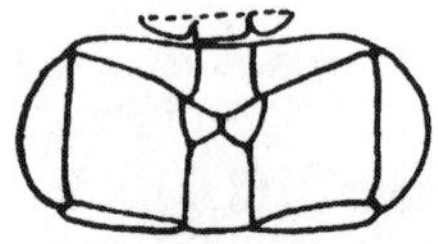

Fig. 314. Cryptops sarasini var. furcata Rib. 1. Tergit.

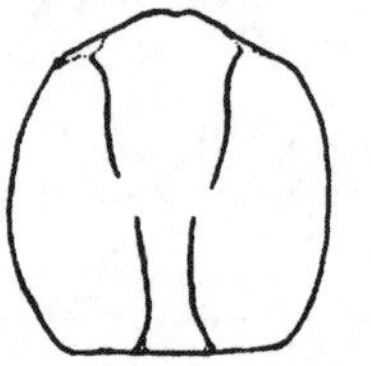

Fig. 315. Cryptops rouxi Rib.

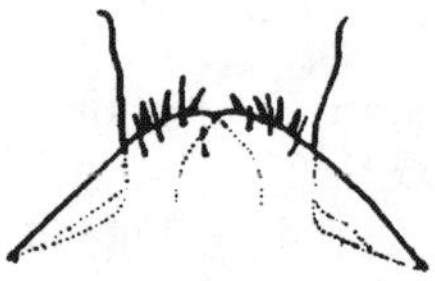

Fig. 316. Cryptops rouxi Rib.

Clypeus ohne prälabiales Dreieck aber mit postantennalem Dreieck. 1. Tergit mit gleichmäßig gebogener Ringfurche und 2 vom Vorder- bis zum Hinterrand reichenden, ungefähr parallelen Längsfurchen (Fig. 317). Hinter der

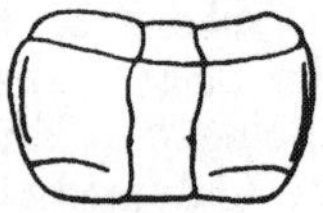

Fig. 317. Cryptops rouxi Rib. 1. Tergit.

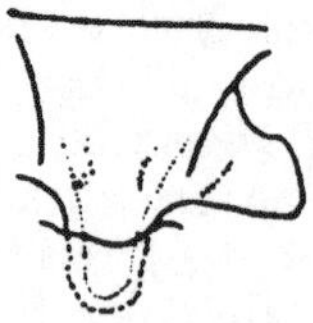

Fig. 318. Cryptops rouxi Rib. 1. Sternit.

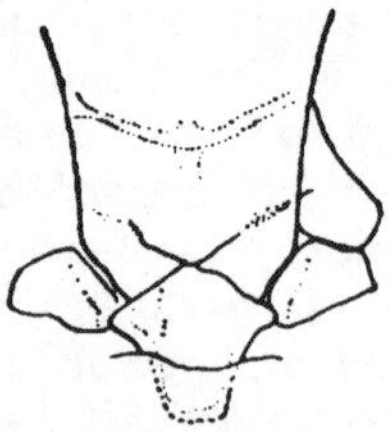

Fig. 319. Cryptops rouxi Rib. 3. Sternit.

Mitte der Ringfurche kein Grübchen. Vorderrand der Kieferfußhüften ziemlich weit vorragend, nicht eingebuchtet, mit 6—7 Dornborsten auf dem Rande selbst (Fig. 316). Gebogene Lateralfurchen der Tergite bis zum 20. vorhanden. Das 3.—5. Endosternit ist vorn stumpfwinklig von den hinteren

Ästen des schrägen Kreuzes begrenzt; die Querfurche fehlt; die vorderen Kreuzäste sind nur auf dem 3. Sternit entwickelt (Fig. 319). Tarsen des 1.—19. Beinpaars 1- oder 2gliedrig. Die Endzähne der Tibia lateral und medial länger und stärker gekrümmt als bei *C. sarasini*. Tibia mit 7, 1. Tarsus mit 2 Sägezähnchen. 1. Sternit mit dem Suprasternit verschmolzen. Endosternit gedrungener und hinten nirgends ausgeschnitten-zweizipflig (Fig. 318).

Neukaledonien: Pam, Koné, Yaté.

c) Subgen. **Chromatanops** Verh.

1906 *C.*, C. Verhoeff in: N. Acta Ac. Leop., *v.* 86 p. 389 | 1907 *C.*, C. Verhoeff in: Bronn, Kl. Ordn., *v.* 5 II p. 249.

Sternite ohne innere Verdickungsleisten. Endosternite nicht scharf abgegrenzt, auch keine Sternitdreiecke. Körper mit schwarzem, in Längsstreifen angeordnetem Pigment. 1. Tergit mit Ringfurche. Tarsus der Beine 1gliedrig.

Antillen, Südamerika.

1 Art (nr. 61).

61. **C. (Chromatanops) bivittatus** Poc. 1893 *Cryptops b.*, Pocock in: J. Linn. Soc. London, *v.* 24 p. 462 | 1903 *C. b.*, Kraepelin in: Mt. Mus. Hamburg, *v.* 20 p. 50 f. 10, 11 | 1906 *Chromatanops b.*, C. Verhoeff in: N. Acta Ac. Leop., *v.* 86 p. 389 | 1907 *C. b.*, C. Verhoeff in: Bronn, Kl. Ordn., *v.* 5 II p. 249.

Bleichgelb, mit 2 grünen Längsstreifen in der Mediane, oft auch jederseits ein grüner Randstreif. Länge 20 mm. Kopf nicht punktiert, ungefurcht, das 1. Tergit überlagernd. Seiten des Labrum parallel der Körperachse, seine Vorderecken rechtwinklig. 1. Tergit mit Ringfurche, dahinter ein medianes Grübchen, keine Längsfurchen. 2.—20. Tergit mit vollständigen Paramedianfurchen, 3.—19. Tergit mit gebogenen Lateralfurchen. 21. Tergit hinten mit flacher Mediandepression. Sternite nicht punktiert, mit Furchenkreuz, ohne innere Verdickungsleisten, Endosternite nicht scharf abgegrenzt. 21. Sternit hinten gestutzt-gerundet. Vorderrand der Kieferfußhüften fast gerade, mit 2 + 2 zarten Borsten. Coxopleuren gestutzt, die Poren weniger zahlreich, winzig klein, den Hinterrand bei weitem nicht erreichend. 1.—19. Tarsus eingliedrig. Präfemur der Endbeine dorsal ohne Furche, ventral gleichmäßig beborstet, Femur dorsal mit fast durchgehender Längsfurche, ventral mit kahler Area. Tibia mit 5, 1. Tarsus mit 2 Sägezähnchen. Stigmen rund.

St. Vincent in den Antillen; Costa Rica; Kolumbien, Sierra de Santa Martha.

Übersicht über die palaearktischen Arten der Gattung *Cryptops*:

1	1. Tergit ohne Ringfurche — 2	
	1. Tergit mit Ringfurche — 3	
2	Labrum einzähnig	1. **C. hortensis**
	Labrum dreizähnig, dadurch daß die Seiten neben dem Mittelzahn eingeschnitten sind	2. **C. parisi**
3	Femur und Tibia der Endbeine ohne Endzähne. Kopf das 1. Tergit überlagernd mit 2 durchlaufenden Längsfurchen	26. **C. anomalans**
	Femur und Tibia der Endbeine mit Endzähnen — 4	
4	Femur und Tibia der Endbeine nur medial mit einer Reihe von 4 Dornen am medialen Endrand, lateral keine Zähne. Kopf nicht vom 1. Tergit überlagert, ungefurcht	50. **C. hispanus**
	Tibia der Endbeine medial und lateral mit je einem Endzahn — 5	

5	Kopf vom 1. Tergit überlagert, ungefurcht. 21. Tergit mit tiefer Medianfurche	44. **C. canariensis**
	Kopf nicht vom 1. Tergit überlagert, mit 2 abgekürzten oder unterbrochenen Längsfurchen — 6	
6	Endosternite nicht durch Nähte abgegrenzt. Tarsen der Beinpaare 1—19 ungegliedert. 21. Tergit ohne Medianfurche	30. **C. trisulcatus**
	Endosternite durch Nähte abgegrenzt. Tarsen 2gliedrig; [Subgen. *Trigonocryptops*] — 7	
7	Antennen ungewöhnlich lang, von $^1/_3$ der Körperlänge .	58. **C. longicornis**
	Antennen von normaler Länge	55. **C. numidicus**

2. Gen. **Paracryptops** Poc.

1891 *P.*, Pocock in: Ann. nat. Hist., ser. 6 *v.* 7 p. 227 | 1903 *P.*, Kraepelin in: Mt. Mus. Hamburg, *v.* 20 p. 59 | 1907 *P.*, C. Verhoeff in: Bronn, Kl. Ordn., *v.* 5 II p. 250.

21 Beinpaare, Kopf ungefurcht, ohne Augenflecke, hinten vom 1. Tergit überlagert. Antennen 17gliedrig. Kieferfußhüften vorn stark vorgezogen und durch eine Kerbe 2bogig, oder es sind rundliche Plättchen abgesetzt; Telopodite sehr klein, so daß sie sich median kaum berühren, jedenfalls nicht überkreuzen, Präfemur ohne Medialzahn. 1. Tergit ohne Ringfurche; Tergite mit 2 paramedianen Längsfurchen und 2 Seitenfurchen. Sternite mit Furchenkreuz oder nur mit mittlerer Querfurche. Coxopleuren gestutzt, ohne Fortsatz, mit Porenfeld. Präfemur und Femur der Endbeine beborstet, Tibia und 1. Tarsus mit Sägezähnen. Tarsus des 1.—19. Beinpaars eingliedrig. 9 Paar Stigmen auf den beintragenden Segmenten 3, 5, 8, 10, 12, 14, 16, 18, 20.

Indien, Neuguinea, Britisch-Guayana.

Typus: *P. weberi* Poc.

4 Arten.

Übersicht über die Arten:

1	Kieferfußhüften ohne Medianfurche. Sternite mit abgekürzter Kreuzfurche — 2	
	Kieferfußhüften mit Medianfurche oder -depression. Sternite nur mit Querfurche, ohne Längsfurche — 3	
2	Am Vorderrande der Kieferfußhüften sind 2 runde Plättchen abgesetzt. Tarsungulum der Kieferfüße sehr klein. Tibia der Endbeine mit 4, 1. Tarsus mit 1 Sägezahn. 21. Tergit hinten rechtwinklig	1. **P. weberi**
	Die beiden Hälften der Kieferfußhüften sind vorn rund vorgewölbt, ohne daß Plättchen abgesetzt sind. Tarsungulum der Kieferfüße etwas größer. Tibia der Endbeine mit 9, 1. Tarsus mit 3 Sägezähnen; 21. Tergit hinten abgerundet	2. **P. indicus**
3	Vorderrand der Kieferfußhüften weiter vorgezogen. Tergite vom 4. an doppelfurchig. 21. Sternit hinten gerade abgestutzt. 1. Tarsus der Endbeine mit 3 Sägezähnchen .	3. **P. breviunguis**
	Vorderrand der Kieferfußhüften etwas weniger vorgezogen. Tergite vom 2. an doppelfurchig. 21. Sternit hinten halbkreisförmig gerundet. 1. Tarsus der Endbeine mit 1 Sägezahn	4. **P. inexpectus**

1. **P. weberi** Poc. 1891 *P. W.*, Pocock in: Ann. nat. Hist., ser. 6 *v.* 7 p. 227 | 1894 *P. W.*, Pocock in: Weber, Ergeb. Reise Niederl. O.-Ind., *v.* 3 p. 316 t. 19 f. 8 | 1903 *P. w.*, Kraepelin in: Mt. Mus. Hamburg, *v.* 20 p. 60 f. 18.

Länge 18 mm. Scherbengelb, Kopf und Kieferfüße ockergelb. Kopf unpunktiert, ungefurcht oder hinten mit Andeutung zweier kurzer Furchen. Antennen kurz, dick, 17- oder weniger-gliedrig. Kieferfußhüften ohne tiefe Medianfurche, vom queren, welligen Vorderrand sind 2 kleine, runde, median fast sich berührende Plättchen abgesetzt; Tarsungulum winzig, so daß sich die beiden nicht überkreuzen (Fig. 320). 1. Tergit ohne Ringfurche und ohne Längsfurchen, 2. Tergit oft schon mit abgekürzten, 3.—20. Tergit mit vollständigen paramedianen Längsfurchen und Seitenfurchen. 21. Tergit mit Mediandepression in der Endhälfte, hinten rechtwinklig vorgezogen. Sternite kaum nadelstichig, in der Mitte mit abgekürzter Kreuzfurche; letztes Sternit halbkreisförmig gerundet. Coxopleuren gestutzt oder etwas winklig, mit etwa 20 Poren, die den Hinterrand nicht ganz erreichen. Beine langborstig. Präfemur der Endbeine ventral und medial mit wenig zahlreichen Dornborsten, ohne kahle Area. Tibia mit 4, 1. Tarsus mit 1 größeren Sägezahn.

Flores, Java.

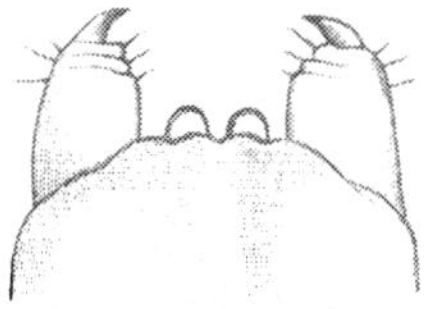

Fig. 320.
Paracryptops weberi Poc.
Kieferfüße.

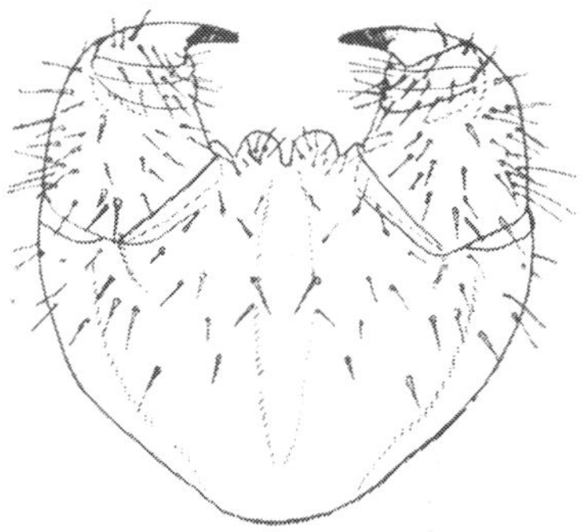

Fig. 321.
Paracryptops indicus Silv.
Kieferfüße.

2. **P. indicus** Silv. 1924 *P. i.*, Silvestri in: Rec. Ind. Mus., *v.* 26 p. 74 f. 3.

Länge 20 mm. Ockergelb, Kopf rostfarben. Kopf punktiert und beborstet, ungefurcht, hinten vom 1. Tergit überlagert. Antennen 17gliedrig, vom 4. Glied an dicht und kurz beborstet. Vorderrand der Kieferfußhüften mit 2 runden, durch eine tiefe Kerbe getrennten Vorsprüngen; jede mit 6—7 Borsten auf der Fläche etwas vom Rande entfernt. Tarsungulum klein, aber doch etwas größer als bei *P. Weberi*, Ungulum gerade, im rechten Winkel zum basalen Teil (Tarsus) stehend (Fig. 321). 3.—20. Tergit mit 2 paramedianen Längsfurchen und 2 gebogenen Seitenfurchen; 21. Tergit hinten abgerundet, mit länglicher Mediangrube. 2.—20. Sternit mit Furchenkreuz; letztes wenig verjüngt, mit abgerundeten Ecken. Beine reichlich beborstet, die Borsten lang und dornartig. Tarsus des 1.—19. Beinpaars ungegliedert, des 20. 2gliedrig. Porenfeld der Coxopleuren mit etwa 40 Poren und dazwischen einzelnen Borsten (Fig. 322). Präfemur der Endbeine ventral mit kurzen Dornborsten; Tibia mit 9, 1. Tarsus mit 3 Sägezähnen.

Sijuhöhle.

3. **P. breviunguis** Silv. 1894 *P. b.*, Silvestri in: Ann. Mus. Genova, *v.* 34 p. 629 | 1903 *P. b.*, Kraepelin in: Mt. Mus. Hamburg, *v.* 20 p. 60 f. 19.

Länge 22 mm. Ockergelb. Kopf, 1. und 2. Tergit wie bei *P. Weberi.* 4.—20. Tergit mit 2 paramedianen und 2 Seitenfurchen. 21. Tergit mit Medianfurche, hinten rechtwinklig vorgezogen. Kieferfußhüften mit tiefer, grubenartiger Mediandepression, vorn in 2 stark vorgezogene, fast spitze, in der Mediane durch eine tiefe Kerbe getrennte Bogen auslaufend (Fig. 323). Sternite dicht punktiert, mit Querfurche von Rand zu Rand und fast ohne Längsfurche; letztes Sternit verjüngt, hinten gerade abgestutzt. Coxopleuren gestutzt, kurzborstig, mit etwa 20 Poren. Beine beborstet, Tarsen 1—19 ungegliedert. Präfemur der Endbeine beborstet wie bei *P. Weberi.* Tibia mit 5—6, 1. Tarsus mit 3 Sägezähnen.

Neuguinea: Astrolabebay, Gerekanumu.

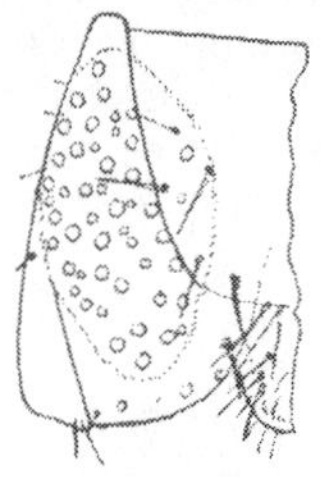

Fig. 322.
Paracryptops indicus Silv.
Coxopleuren.

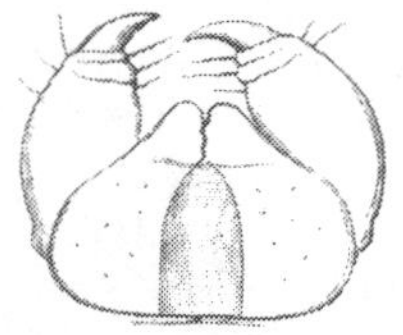

Fig. 323.
Paracryptops breviunguis Silv.
Kieferfüße.

4. **P. inexpectus** Chamb. 1914 *P. i.*, Chamberlin in: Bull. Mus. Harvard, *v.* 58 p. 158.

Länge 16 mm. Licht zitronengelb, Kopf dunkler orangegelb. Kopf vom 1. Tergit überlagert, vorn dreieckig mit medianem Eindruck, hinten mit 2 kurzen parallelen Furchen, nicht punktiert, spärlich beborstet. Kieferfußhüften mit seichtem Medianeindruck, vorn mäßig vorgezogen, weniger als bei *P. breviunguis,* die gerundeten Hälften durch eine schmale Kerbe getrennt, ohne abgegliederte runde Plättchen. 1. Tergit lang, glatt, ohne oder mit sehr schwachen kurzen Furchen vorn. 2.—20. Tergit mit 2 paramedianen und 2 Seitenfurchen. 21. Tergit mit tiefer Medianfurche, hinten dreieckig vorgezogen. Sternite mit einer gebogenen Querfurche vor den Beinen und einem 2. Quereindruck etwas hinter den Beinen, ohne Kreuzfurche. 21. Sternit mit fast geraden, zum halbkreisförmig gerundeten Hinterrand konvergierenden Seiten. Beine spärlich steif beborstet, die hinteren dornborstig. Präfemur der Endbeine mit zahlreichen langen Dornen, die dorsal und in der Mitte der Lateralfläche durch feine Haare ersetzt sind, Femur ventral bedornt. Tibia unbedornt, mit 4 Sägezähnchen, 1. Tarsus mit 1 Sägezahn. Stigmen länglich-elliptisch.

Britisch-Guayana.

3. Gen. **Anethops** Chamb.

1902 *A.*, Chamberlin in: P. Ac. Philad., *v.* 54 p. 39 | 1903 *A.*, Kraepelin in: Mt. Mus. Hamburg, *v.* 20 p. 61 | 1907 *A.*, C. Verhoeff in: Bronn, Kl. Ordn., *v.* 5II p. 251.

21 Beinpaare, keine Augenflecke. Antennen 17gliedrig. Kieferfußhüften vorn gestutzt, ohne Zahnplatten und Zähne; Präfemur der Kieferfüße mit Innenzahn. 4.—18. Sternit mit Furchenkreuz. Tergite mit tiefen Randfurchen und 6 Längsfurchen dazwischen. Endbeine kaum verdickt. Coxopleuren mit starkem, eindornigem Fortsatz. Präfemur ventral bedornt, Tibia und 1. Tarsus ohne Kammzähne, Kralle mit Spornen. Tarsus des 1.—20. Beinpaars eingliedrig, mit 1 Sporn, Tibia mit 2 dorsalen und 1 ventralen Sporn. Tergit der Genitalregion sichtbar.

Kalifornien.

1 Art.

1. **A. occidentalis** Chamb. 1902 *A. o.*, Chamberlin in: P. Ac. Philad., *v.* 54 p. 40 | 1903 *A. o.*, Kraepelin in: Mt. Mus. Hamburg, *v.* 20 p. 61 f. 20.

Länge 33,5 mm. Braun oder gelbbraun, Beine heller. Kopf ziemlich fein punktiert. Antennen lang, 17gliedrig, dicht kurzborstig. Präfemur der Kieferfüße mit kleinem, spitzem, schwarzem Zahn. Tergite schwach punktiert, mit 2 tiefen Randfurchen und dazwischen 6 Längsfurchen, von denen die äußersten und mittleren undeutlich, die dazwischen liegenden tief sind. Sternite dicht fein punktiert. 4.—18. mit Furchenkreuz, die Längsfurche viel stärker. 21. Sternit breit, die Coxopleuren zum großen Teil bedeckend, fast parallelseitig, hinten sehr seicht ausgerandet. Coxopleuren schmal, mit langem, schlankkegeligem, einspitzigem Fortsatz (Fig. 324). Endbeine schlank, Präfemur am Ende ventral mit 1 größeren und 2 kleineren Dornen, dorsal mit 2spitzigem Eckdorn, Tibia und 1. Tarsus ohne Dornen oder Sägezähne. Tibia des 1.—20. Beinpaars mit 2 dorsalen und 1 ventralen Sporn und 1 Tarsalsporn. Alle Beine mit 2 Klauenspornen.

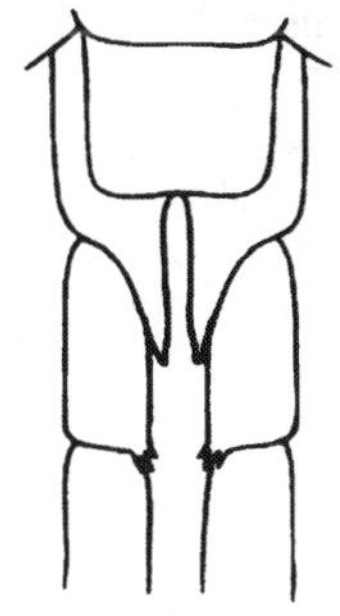

Fig. 324.
Anethops occidentalis Chamb.
Hinterende.

Kalifornien: Los Angeles, San Gabriel Canyon.

4. Gen. **Mimops** Krpln.

1903 *M.*, Kraepelin in: Mt. Mus. Hamburg, *v.* 20 p. 31, 62 | 1907 *M.*, C. Verhoeff in: Bronn, Kl. Ordn., *v.* 5 II p. 251.

21 Beinpaare. In der Augengegend ein scharf umgrenzter weißer Fleck. Antennen 17—18gliedrig. Am Vorderrand der Kieferfußhüften 2 runde Plättchen, Präfemur ohne Medialzahn. 1. Tergit vom Kopf vorn überlagert, mit Ringfurche, mit oder ohne Längsfurchen. Tergite mit Paramedianfurchen und lateralen Bogenfurchen, letztes Tergit hinten bogig vorgezogen, nur das 21. berandet. Sternite mit 2 parallelen Längsfurchen, ohne Querfurche (Endosternite?). Coxopleuren mit Fortsatz und Porenfeld; Präfemur und Femur der Endbeine dicht mit Dornkörnchen besetzt, die übrigen Glieder ohne Zähne, Endklaue viel kürzer als der 2. Tarsus. Tarsen aller Beine 2gliedrig, Tibia mit 2 Spornen, 1. Tarsus mit 1—2 Spornen. 9 Paar kreisrunder Stigmen.

China, Brasilien.

Typus: *M. orientalis* Krpln.

2 Arten.

Übersicht über die Arten:

1. Tergit nur mit Ringfurche. Paramedianfurchen des 3. Tergits vorn abgekürzt. Endtergit hinten dreieckig vorragend und in diesem Teil mit kurzer unpaarer Medianfurche. Coxopleurenfortsatz länger, schlanker, zylindrisch, dicht mit Dornkörnchen besetzt. Körperlänge 45 mm . . . . 1. **M. orientalis**

1. Tergit außer der Ringfurche mit 2 vom Hinterrand ausgehenden und vorn zu einer unpaaren in die Ringfurche mündenden Furche sich vereinigenden Längsfurchen. Paramedianfurchen des 3. Tergits durchgehend. Endtergit hinten in der Mitte breit abgestutzt, mit 2 vom Vorderrand ausgehenden, abgekürzten Längsfurchen. Coxopleurenfortsatz kürzer und stumpfer ohne Dornkörnchen. Körperlänge 10,5 mm . . . . 2. **M. occidentalis**

1. **M. orientalis** Krpln. 1903 *M. o.*, Kraepelin in: Mt. Mus. Hamburg, *v.* 20 p. 62 f. 21—24.

Lehmgelb, Kopf gelbrot. Länge 45 mm. Kopf zerstreut punktiert. Die 7 Grundglieder der 17gliedrigen Antennen kahl, die folgenden nur an den beiden Seiten rauhhaarig, die Endglieder ringsum behaart. Kieferfußhüften zerstreut nadelstichig, der Vorderrand flachbogig eingebuchtet und mit 2 kleinen abgerundeten Plättchen besetzt (Fig. 325). 1. Tergit mit Ringfurche, ohne Längsfurchen. 2.—19. Tergit mit 2, auf dem 3. Tergit vorn abgekürzten Paramedianfurchen, und bis zum 20. mit 2 lateralen kurzen Furchen. Nur das 21. Tergit berandet; dieses etwas länger als breit, mit

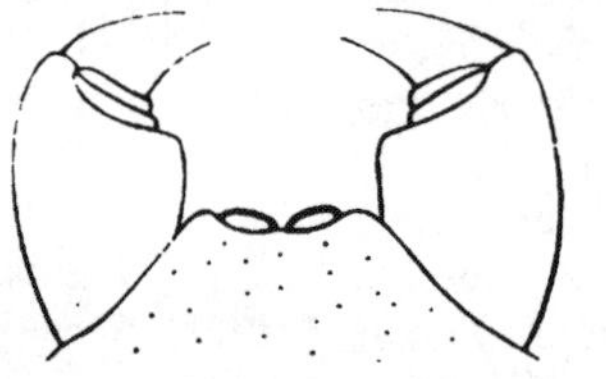

Fig. 325. **Mimops orientalis** Krpln. Kieferfüße.

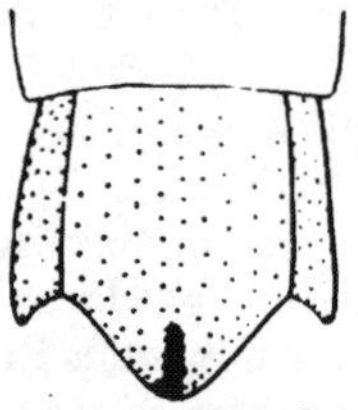

Fig. 326. **Mimops orientalis** Krpln. 21. Tergit.

feinen Dornkörnchen besetzt, hinten abgerundet, dreieckig vorspringend mit kurzer Medianfurche (Fig. 326). 3.—19. Sternit mit 2 durchgehenden Längsfurchen; letztes Sternit stark verjüngt, fast dreieckig, hinten gestutzt-gerundet, die Seitenränder fein gekörnelt. Coxopleuren mit zahlreichen Poren und langem, fast zylindrischem, dicht mit feinen Körnchen besetztem Fortsatz (Fig. 327). Präfemur der Endbeine etwa 4 mal so lang wie breit, so wie das Femur dicht mit feinen Dornkörnchen besetzt, nur ventral mit schmaler, etwas vertiefter glatter Längsarea. Tibia und Tarsen ohne Körnelung. Endklaue ohne Sporne. Tibia der Gehbeine mit 2 Spornen, 1. Tarsus mit 1 bis 2 Spornen. Präfemur, Femur, Tibia und 1. Tarsus des 19. und 20. Beinpaars dicht feinkörnig.

China, Provinz Schensi.

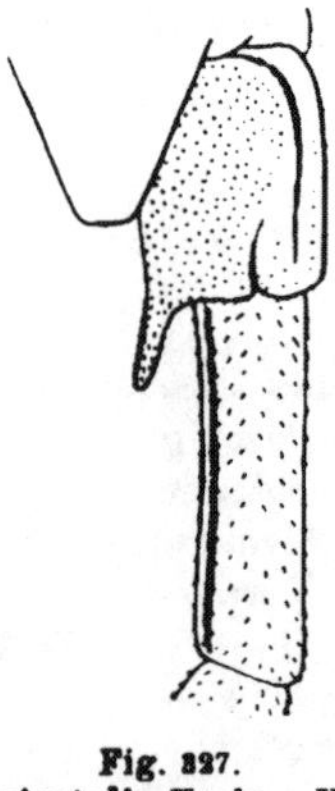

Fig. 327. **Mimops orientalis** Krpln. Hinterende.

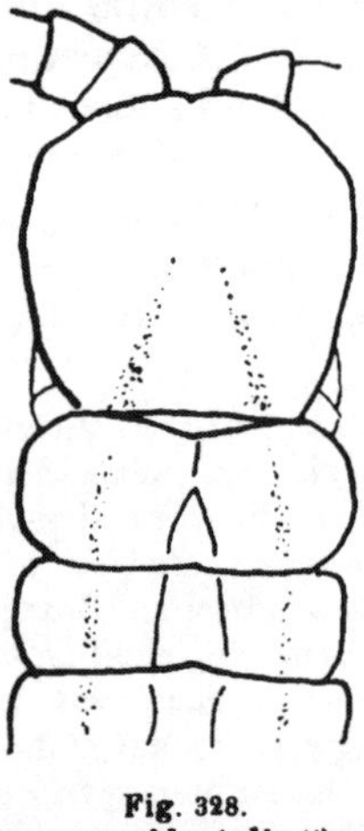

Fig. 328. **Mimops occidentalis** Chamb.

2. **M. occidentalis** Chamb. 1914 *M. o.*, Chamberlin in: Bull. Mus. Harvard, *v.* 58 p. 160 t. 1 f. 4—7.

Länge 10,5 mm. Kopf etwas breiter als lang, mit 2 nach vorn konvergierenden Längseindrücken in der hinteren Hälfte (Fig. 328). Antennen 17-

oder 18gliedrig. Vorderrand der Kieferfußhüften mit 2 abgerundeten, etwas weiter als bei *M. orientalis* getrennten Plättchen (Fig. 329). 1. Tergit mit Ringfurche und 2 am Hinterrand beginnenden Längsfurchen, die sich dann zu einer unpaaren, in die Ringfurche mündenden Furche vereinigen. Paramedianfurchen der Tergite 2—20 durchlaufend. Ein Mediankiel vorhanden.

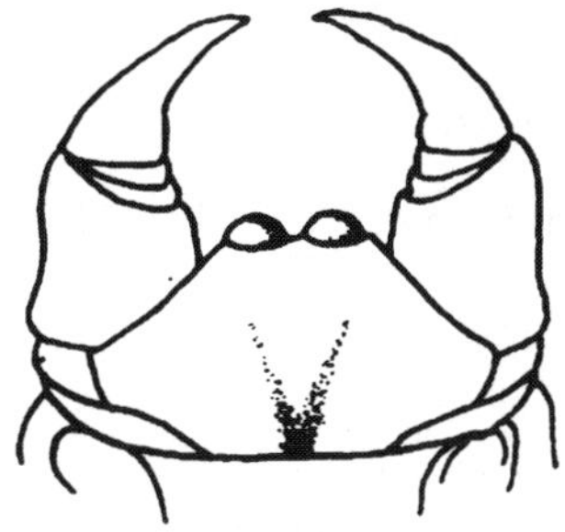

Fig. 329.
Mimops occidentalis Chamb.
Kieferfüße.

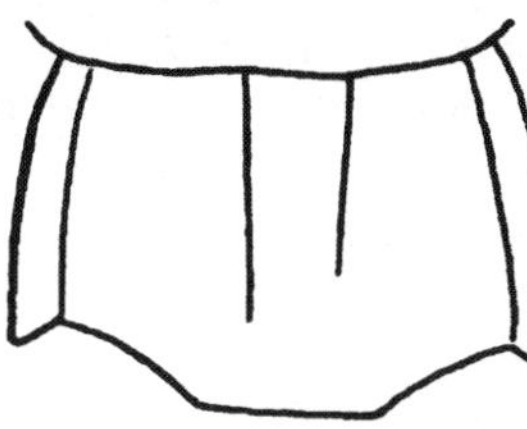

Fig. 330.
Mimops occidentalis Chamb.
21. Tergit.

Letztes Tergit berandet, die Paramedianfurchen hinten abgekürzt, der Hinterrand in der Mitte vorspringend und breit abgestutzt, die Seiten leicht konkav (Fig. 330). 2.—19. Sternit mit 2 Längsfurchen; das letzte etwas weniger verjüngt als bei *M. orientalis*, hinten gestutzt-gerundet oder leicht eingebuchtet. Coxopleurenfortsatz dicker und weniger zylindrisch als bei *M. orientalis*. Endbeine ähnlich wie bei *M. orientalis*. Präfemur am Ende oben mit einer niedrigen Erhebung.

Rio de Janeiro.

B. Subfam. **Theatopsinae**

1906 Superfam. *Theatopsina*, C. Verhoeff in: N. Acta Ac. Leop., *v.* 86 p. 431 | 1907 Superfam. *T.*, C. Verhoeff in: Bronn, Kl. Ordn., *v.* 5II p. 246 | 1926 *Theatopsini*, Attems in: Kükenthal & Krumbach, Handb. Zool., *v.* 4 p. 376.

21 Beinpaare. Helle Augenflecken vorhanden. Antennen 17gliedrig. Kieferfüße mit langen, mehrzähnigen Zahnplatten (Fig. 331); Präfemur mit

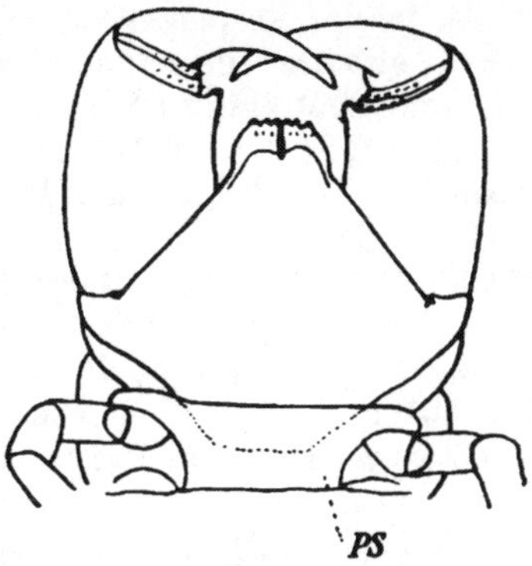

Fig. 331.
Theatops erythrocephala (C. L. Koch).
PS = verschmolzene Procoxen und Sternit des 1. Laufbeinsegments.

Fig. 332.
Theatops erythrocephala (C. L. Koch).
Dorsalseite.

kleinem Medialzahn. Endbeinsegment stark vergrößert (Fig. 332). Endosternite nicht ausgebildet. Sternite mit medianer Längsfurche ohne Querfurche. Coxopleuren ohne Fortsatz. Endbeine sehr kurz und dick, die Glieder so breit wie lang oder noch breiter, unbedornt oder mit 1—2 Dörnchen; Tibia und Tarsus ohne Sägezähne. Peritrema der Stigmen aus kleinen Bögen zusammengesetzt (Fig. 333).

Übersicht über die Gattungen:

9 Paar Stigmen auf den beintragenden Segmenten 3, 5, 8, 10, 12, 14, 16, 18, 20	5. Gen. **Theatops**
19 Paar Stigmen auf den beintragenden Segmenten 2—20	6. Gen. **Plutonium**

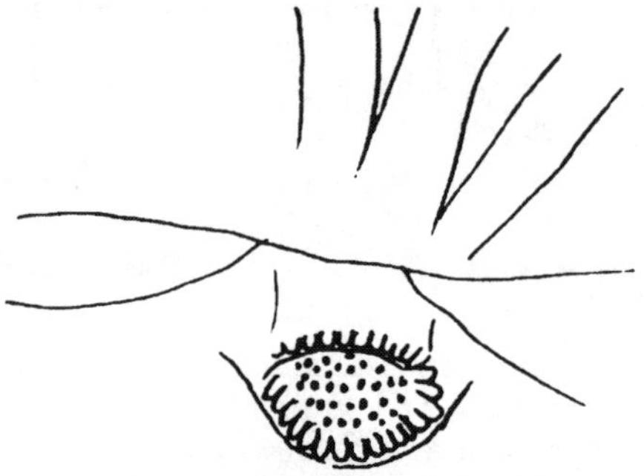

Fig. 333.
Theatops erythrocephala (C. L. Koch).
Stigma des 3. Segments.

5. Gen. **Theatops** Newp.

1844 & 1845 *T.*, Newport in: Tr. Linn. Soc. London, *v.* 19 p. 275, 410 | 1862 *Opisthemega*, H. C. Wood in: J. Ac. Philad., ser. 2 *v.* 5 p. 35 | 1865 *O.*, H. C. Wood in: Tr. Amer. phil. Soc., ser. 2 *v.* 13 p. 169 | 1880 *O.*, Latzel, Myr. Österr.-Ung., *v.* 1 p. 145 | 1881 *Theatops*, Kohlrausch in: Arch. Naturg., *v.* 47 I p. 93 | 1881 *Opisthemega*, Kohlrausch, ibid., p. 130 | 1886 *O.*, Meinert in: Vidensk. Meddel., *v.* 36—38 p. 134 | 1888 *Theatops*, Pocock in: Ann. nat. Hist., ser. 6 *v.* 1 p. 287 | 1891 *T.*, Pocock in: Ann. nat. Hist., ser. 6 *v.* 7 p. 228 | 1903 *T.*, Kraepelin in: Mt. Mus. Hamburg, *v.* 20 p. 64 | 1907 *T.*, C. Verhoeff in: Bronn, Kl. Ordn., *v.* 5 II p. 253.

21 Beinpaare. Kopf mit oder ohne Furchen, überlagert den Vorderrand des 1. Tergit. Keine deutlichen Ocellen, in der Augengegend ein ± deutlich abgesetzter weißer Fleck. Antennen 17gliedrig, die ersten Glieder sehr spärlich, kurz und fein beborstet. Clypeus zerstreut kurz beborstet; Labrumseiten am Hinterrande und auf dem lateralen Teil der Fläche beborstet. 2. Telopoditglied der 2. Maxille mit schwachem Dorn, Endkralle ohne Nebenkralle, Hüften ohne Mediannaht. Kieferfußhüften mit langen 3—4 zähnigen Zahnplatten, Präfemur mit kleinem Medialzahn. 1. Tergit mit Ringfurche, 2., 4., 6., 9., 11., 13. Tergit kürzer als die anderen; der Unterschied wird je weiter kaudalwärts um so geringer. Letztes Tergit fast doppelt so lang wie das vorletzte. Tergite mit 2 paramedianen Längsfurchen, ohne gebogene Seitenfurchen. Nur das letzte berandet. Sternite mit medianer Längsfurche, ohne Querfurche; die Sternite überlagern mit ihrem Hinterrand ein wenig das nachfolgende. Coxopleuren abgestutzt, ohne Fortsatz, mit Porenfeld. Endbeine sehr verdickt, Präfemur und Femur unbedornt oder mit je 1 bis 2 Dörnchen. Endkralle so lang wie beide Tarsen zusammen, ohne Klauensporne. Tarsus des 1.—20. Beinpaars eingliedrig, 1.—19. Beinpaar mit

1—2 Tibialspornen, 1 Tarsalsporn, 2 Klauenspornen. 9 Paar Stigmen auf den beintragenden Segmenten 3., 5., 8., 10., 12., 14., 16., 18., 20. Procoxa des 1. Segments mit dem Sternit verschmolzen.

Nordamerika, Mexiko, Mediterranregion, Sandwichinseln.

Typus: *T. postica* (Say)

3 Arten.

Übersicht über die Arten:

1	Präfemur der Endbeine mit kleinem, eindornigem Eckfortsatz. Letztes Tergit ohne Medianfurche. Mediale Ober- und Unterkante von Präfemur und Femur und Oberkante von Tibia und Tarsen der Endbeine geschärft und fein gesägt	3. **T. spinicauda**
	Präfemur der Endbeine ohne Eckdorn. Letztes Tergit mit deutlicher Medianfurche. Ober- und Unterkante der Endbeinglieder höchstens zugeschärft aber nicht gesägt — 2	
2	Coxopleuren an der Medialkante kaum aufgewulstet, an der medialen Endecke ohne Dörnchen. Präfemur und Femur der Endbeine ganz ohne Dörnchen. Tibia des 1.—19. Beinpaars nur mit einem ventralen Sporn .	1. **T. postica**
	Coxopleuren an der Medialkante mit scharf abgesetztem, aufgewulstetem Rande, an der medialen Endecke mit schwarzem Dörnchen. Präfemur und oft auch Femur der Endbeine unten mit je 1 Dörnchen. Tibia des 1.—19. Beinpaars oder ein Teil dieser Beine außer dem ventralen einen seitlichen Sporn tragend . . .	2. **T. erythrocephala**

1. **T. postica** (Say) 1821 *Cryptops p.*, Say in: J. Ac. Philad., *v.* 2 p. 112 | 1837 *C. p.*, P. Gervais in: Ann. Sci. nat., ser. 2 *v.* 7 p. 51 | 1844 *C. p.*, Newport in: Ann. nat. Hist., *v.* 13 p. 100 | 1845 *Theatops p.*, Newport in: Tr. Linn. Soc. London, *v.* 19 p. 410 | 1847 *Cryptops p.*, P. Gervais in: Walckenaer, Hist. Apt., *v.* 4 p. 294 | 1862 *Opisthemega p.*, H. C. Wood in: J. Ac. Philad., ser. 2 *v.* 5 p. 35 | 1865 *O. p.*, H. C. Wood in: Tr. Amer. phil. Soc., ser. 2 *v.* 13 p. 169 | 1886 *O. crassipes*, Meinert in: P. Amer. phil. Soc., *v.* 23 p. 209 | 1888 *Theatops postica*, Pocock in: Ann. nat. Hist., ser. 6 *v.* 1 p. 289 | 1903 *T. posticus*, Kraepelin in: Mt. Mus. Hamburg, *v.* 20 p. 65.

Länge bis 36 mm. Orangegelb. Kopf punktiert, hinten mit oder ohne 2 zarte, parallele Längsfurchen. 2. oder 3.—20. Tergit mit 2 Längsfurchen, unberandet, punktiert. 21. Tergit mit Medianfurche, berandet, grob punktiert. Sternite vom 2. an mit in der Mitte grubig erweiterter Medianfurche, punktiert. Letztes Sternit schmal, stark verjüngt, mit medianer Depression. Zahnplatten der Kieferfüße gestreckt, mit je 3 kleinen Zähnchen. Coxopleuren medial kaum gewulstet, am Ende ohne Dörnchen. Präfemur, Femur und Tibia der Endbeine medial abgeflacht, der obere und untere Rand scharfkantig aber nicht gesägt. Präfemur ohne Eckdorn und ohne ventrale Dornen, Femur auch ganz unbedornt. Endklaue so lang wie beide Tarsen, ohne Sporne. 1.—19. Beinpaar mit einem ventralen Tibialsporn, 1 Tarsalsporn und 2 Klauenspornen. 20. Beinpaar mit 2 Klauenspornen.

Nordamerika: Karolina, Florida, Georgia, Louisiana.

2. **T. erythrocephala** (C. L. Koch) 1847 *Cryptops e.*, C. L. Koch in: Koch-Panzer, Krit. Revis., *v.* 3 p. 173 | 1863 *C. e.*, C. L. Koch, Myr., *v.* 2 p. 99 f. 221 | 1880 *Opisthemega erythrocephalum*, Latzel, Myr. Österr.-Ung., *v.* 1 p. 147 | 1881 *O. e.*, Kohlrausch in: Arch. Naturg., *v.* 47 I p. 131 | 1886 *O. e.*, Meinert in: Vidensk. Meddel., *v.* 36—38 p. 135 | 1888 *O. e.*, Ant. Berlese, A. M. S., fasc. 46 nr. 8 | 1889 *O. e.*, Daday, Myr.

Regni Hungar., p. 92 | 1896 *O. lusitanum*, C. Verhoeff in: Zool. Anz., *v.* 19 p. 78 | ?1902 *Theatops californiensis*, Chamberlin in: P. Ac. Philad., *v.* 54 p. 41 | 1903 *T. erythrocephalus*, Kraepelin in: Mt. Mus. Hamburg, *v.* 20 p. 66 f. 26.

Länge bis 42 mm. Schmutziggelb bis rostgelb, Vorderende gelbrot. Kopf fein punktiert, ohne Furchen. Die ersten 4 Antennenglieder sind fast kahl, nur sehr spärlich, kurz und fein beborstet, die Beborstung nimmt ganz allmählich zu. Kieferfußhüften weit vorgestreckt, mit 3 + 3 kleinen Zähnchen, ohne Furchen. Tergite fein punktiert, 1. Tergit mit Ringfurche; in der Mediane eine Furche, die nach vorn etwas über die Ringfurche hinausgeht und sich hinten gabelt (Fig. 334). 2.—20. Tergit mit 2 vollständigen Längsfurchen. 21. Tergit mit Medianfurche, die zuweilen sehr schwach ist; nur 21. Sternit berandet. Sternite punktiert, 2.—20. mit vorn und hinten abgekürzter Medianfurche; letztes nach hinten stark verjüngt, hinten gerundet,

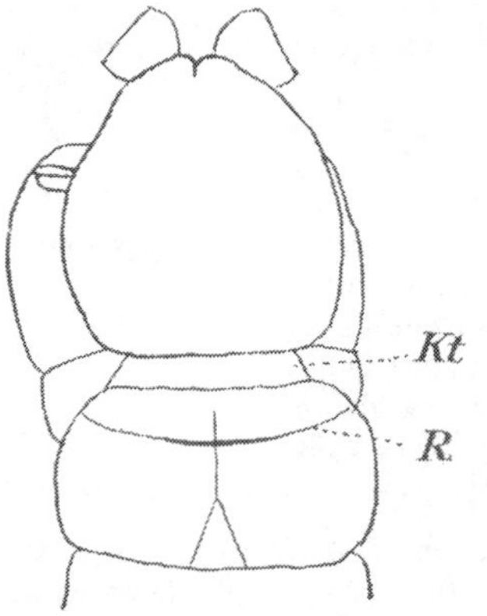

Fig. 334.
Theatops erythrocephala (C. L. Koch).
Kt = Tergit des Kieferfußsegments,
R = Ringfurche.

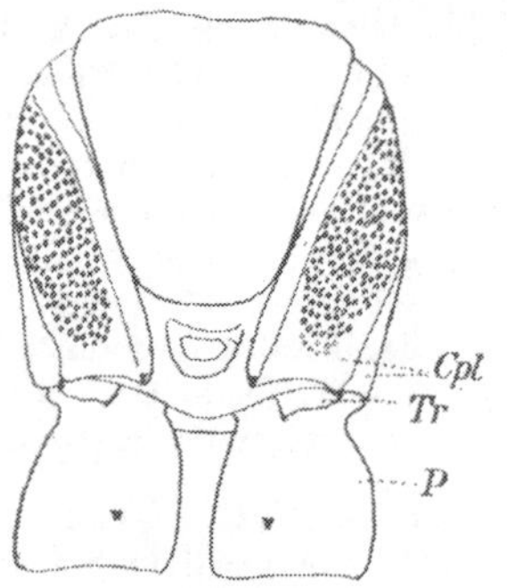

Fig. 335.
Theatops erythrocephala (C. L. Koch).
Cpl = Coxopleuren, *Tr* = Trochanter,
P = Präfemur.

von den Coxopleuren weit überragt. 1.—19. Beinpaar mit 1 Tarsalsporn, 20. Beinpaar mit 2gliedrigem Tarsus ohne Sporn. 1.—18. Beinpaar mit 2 Tibialspornen, einem ventralen und einem vorderen, 19. Beinpaar nur mit 1 ventralen Tibialsporn. Auf den Coxopleuren ist am Medialrand ein glatter Streif durch feine dunkle Linien scharf abgegrenzt; am hinteren Ende dieses Streifens steht ein Dörnchen. Das Porenfeld reicht ungefähr so weit nach hinten wie das Sternit. Poren zahlreich, klein, alle so ziemlich von gleicher Größe. Die Coxopleuren sind hinten gestutzt, ohne deutlichen Fortsatz (Fig. 335). Endbeine sehr dick, Präfemur so dick wie lang, ventral in der Mitte ein Dörnchen, ein gleiches Dörnchen an derselben Stelle des Femur. Endklaue fast so lang wie beide Tarsen zusammen, ohne Sporne. In den Hüften der 2. Maxille keine Mediannaht; 1. Telopoditglied lang, gebogen, mit deutlicher Trochanterkerbe wie gewöhnlich, vor der Kerbe unten beborstet, 2. und 3. Glied sehr spärlich und kurz beborstet, 2. Glied mit Dornstachel; die Putzbürste überragt die Endkralle noch ein wenig, ihre Borsten sind am Ende hakig eingebogen und auf der Hohlseite der Biegung mit einer Reihe sehr feiner Härchen besetzt. Endkralle ohne Nebenkrallen.

Dalmatien, Montenegro, kroatisches Litorale, Istrien, Italien, Südungarn, Portugal, Nordamerika (Oregon, Kalifornien).

3. **T. spinicauda** (H. C. Wood) 1862 *Opisthemega s.*, H. C. Wood in: J. Ac. Philad., ser. 2 *v.* 5 p. 36 | 1865 *O. s.*, H. C. Wood in: Tr. Amer. phil. Soc., ser. 2 *v.* 13 p. 170 f. 8–11 | 1886 *O. s.* + *insulare*, Meinert in: P. Amer. phil. Soc., *v.* 23 p. 208, 209 | 1887 *O. i.*, E. Haase in: Abh. Mus. Dresden, nr. 5 p. 79 | 1903 *Theatops spinicaudus*, Kraepelin in: Mt. Mus. Hamburg, *v.* 20 p. 65.

Länge 35 mm. Orangegelb, vorn und hinten dunkler. Kopf schwach punktiert, ohne Furchen. Zahnplatte mit 2—4 kleinen, undeutlichen Zähnchen. 3.—20. Tergit mit 2 deutlichen Längsfurchen, unberandet, 21. Tergit ohne Medianfurche, berandet, punktiert, ungefähr doppelt so groß wie die anderen, hinten schwach bogenförmig, fast gerade abgestutzt. Sternite vom 2. an mit in der Mitte grubig erweiterter Medianfurche, letztes gestreckt, punktiert, mit seichter Mediangrube. Coxopleuren gestutzt, an der medialen Endecke mit oder ohne kleines Dörnchen. Endbeine grob punktiert, alle Glieder an der oberen Medialkante geschärft und oft (besonders bei jüngeren Exemplaren) fein gesägt, ebenso Präfemur und Femur an der medialen Unterkante. Präfemur mit ziemlich starkem einspitzigem Eckdorn, unten und auf der Medialfläche 1—2 Dörnchen. Endklaue kürzer als beide Tarsen zusammen, ohne Sporne. 1.—19. Beinpaar mit 2 Tibialspornen. 1.—20. Beinpaar mit Klauenspornen.

Nordamerika: Südillinois, Nordkarolina; Mexiko: Acapulco; Sandwichinseln.

6. Gen. Plutonium Cav.

1881 *P.*, Cavanna in: Bull. Soc. ent. Ital., *v.* 13 p. 169 | 1884 *P.*, Ant. Berlese, A. M. S., fasc. 16 nr. 9 | 1903 *P.*, Kraepelin in: Mt. Mus. Hamburg, *v.* 20 p. 67 | 1907 *P.*, C. Verhoeff in: Bronn, Kl. Ordn., *v.* 5 II p. 258.

21 Beinpaare. Kopf mit 2 Längsfurchen, in der Augengegend ein heller Fleck. Antennen 17gliedrig. Kieferfußhüften mit langen, 3zähnigen Zahnplatten. 1. Tergit vom Kopf vorn überlagert, mit Ringfurche. 2. bis 20. Tergit mit 2 paramedianen Furchen, unberandet; letztes Tergit etwas länger als breit, bedeutend länger als die vorangehenden. Sternite mit medianer Längsfurche, ohne Querfurche. Pleuren reichlich beborstet. Coxopleuren an der Medialecke ganz schwach vorgezogen, ohne Dorn, mit Porenfeld. Endbeine sehr kurz und dick, ganz unbedornt, ohne Klauensporne, Endkralle so lang wie Tibia und Tarsen zusammen. Tarsus des 1.—20. Beinpaars eingliedrig; 1.—18. Beinpaar mit 2 Tibialspornen, 1 Tarsalsporn und 2 Klauenspornen. 19 Stigmenpaare auf den beintragenden Segmenten 2—20, Stigmen groß, gerundet, flachgrubig.

Sizilien, Sardinien, Calabrien.

1 Art.

1. **P. zwierleinii** Cav. 1881 *P. Z.*, Cavanna in: Bull. Soc. ent. Ital., *v.* 13 p. 169 | 1884 *P. Z.*, Ant. Berlese, A. M. S., fasc. 16 nr. 9 | 1903 *P. Z.*, Kraepelin in: Mt. Mus. Hamburg, *v.* 20 p. 67 f. 27 | 1906 *P. Z.*, C. Verhoeff in: N. Acta Ac. Leop., *v.* 86 p. 387.

Länge bis 140 mm. Gelbrot oder oliv-braungelb. Kopf so lang wie breit, vorn hinter den Antennen mit hellem oblongem Fleck, kaum punktiert, in der Hinterhälfte mit 2 feinen parallelen Längsfurchen. Antennen 17gliedrig, die 2 Grundglieder zerstreut, die übrigen dicht kurzborstig. Kieferfußhüften nicht punktiert, Zahnplatten $1^1/_2$mal so lang wie breit mit je 3 isolierten Zähnchen (Fig. 336). Präfemur nicht punktiert, mit winzigem Medialzahn. 1. Tergit mit Ringfurche und schmetterlingsförmiger Mediangrube, von der

2 divergierende Furchen zum Hinterrand ziehen (Fig. 337). Tergite nicht punktiert, 2.—20. mit 2 Längsfurchen. 21. Tergit etwas länger als breit, hinten gerade abgeschnitten, mit tiefer Medianfurche, die vorn einen kleinen erhabenen Dreieckswulst durchzieht. Nur das 21. Tergit berandet. Sternite nicht punktiert, mit Medianfurche, von der oft nur die Mittelgrube deutlich ist; letztes Sternit gestreckt, verjüngt, hinten gestutzt. Pleuren und Rand der Tergite dicht und fein beborstet. Coxopleuren am Medialrande gewulstet berandet, medial ganz schwach vorgezogen, ohne Dorn. Porenfeld fast bis zum Hinterrand reichend. Endbeine wie bei *Theatops*; Präfemur kaum so lang wie breit, die folgenden Glieder kürzer als breit, innen abgeflacht, alle unbedornt; Endklaue ohne Sporne (Fig. 338). 1.—18. Beinpaar mit 2 Tibialspornen, 1 Tarsalsporn und 2 Klauenspornen, 19. Beinpaar nur mit 1 (ventralen) Tibialsporn, mit 1 Tarsalsporn und 2 Klauenspornen, 20. Paar mit 2 Klauenspornen.

Sizilien (Taormina, Ficuzza), Sardinien, Süditalien (Cava de Tirreni, Calabrien).

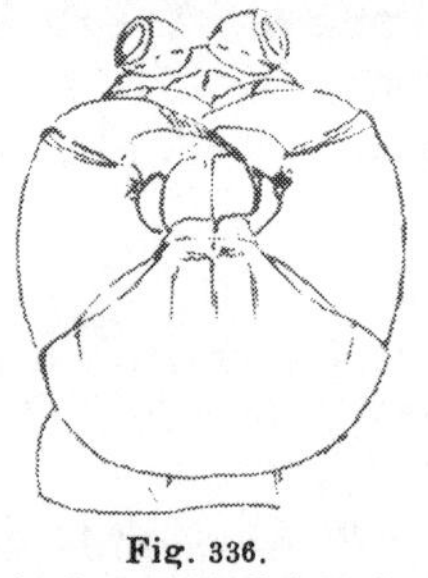

Fig. 336. **Plutonium zwierleinii** Cav. Kieferfüße.

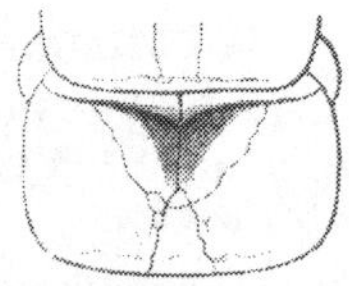

Fig. 337. **Plutonium zwierleinii** Cav. 1. Tergit.

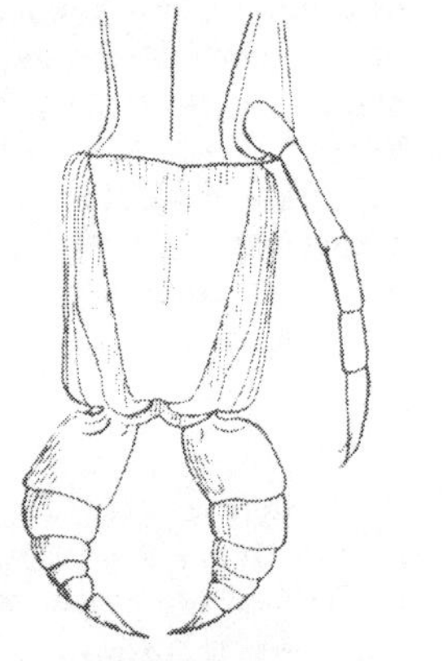

Fig. 338. **Plutonium zwierleinii** Cav. Hinterende, Ventralseite.

C. Subfam. **Scolopocryptopinae**

1896 *Scolopocryptopidae* + *Newportiidae*, Pocock in: Biol. Centr.-Amer., Chilop. p. 28, 29 | 1906 Subfam. *Scolopocryptinae* + Fam. *N.*, C. Verhoeff in: N. Acta Ac. Leop., *v.* 86 p. 433, 432 | 1907 *S.* + *N.*, C. Verhoeff in: Bronn, Kl. Ordn., *v.* 5II p. 253, 247 | 1914 *Scolopocryptopinae*, Attems in: Arch. Naturg., *v.* 80 A. 4 p. 101 | 1926 *S.*, Attems in: Kükenthal & Krumbach, Handb. Zool., *v.* 4 p. 376.

23 Beinpaare. Keine Ocellen und keine hellen Augenflecke. Antennen meist 17-, selten nur 13- oder 11gliedrig. Vorderrand der Kieferfußhüften ganz ohne Platten oder mit kurzen, abgerundeten zahnlosen Platten oder mit 2 langen kegeligen Fortsätzen; Präfemur mit oder ohne Medialzahn. Endbeinsegment nicht vergrößert. Sternite mit oder ohne Medianfurche, mit oder ohne Querfurche, nie mit 2 parallelen Furchen; Endosternite meist fehlend, seltener (*Newportia*, *Kartops*) vorhanden. Coxopleuren mit langem, schlankem, einspitzigem Fortsatz und Porenfeld. Präfemur der Endbeine bedornt, Femur öfters auch bedornt; Tibia nur selten bedornt; Tibia und Tarsus ventral ohne Sägezähne; Tarsus der Endbeine 2gliedrig mit Endkralle oder das 2. Glied in eine Anzahl (bis über 25) sekundäre Gliederchen aufgelöst und dann meist ohne Endkralle. Tarsen der Beinpaare 1—21 1- oder 2gliedrig. 10 oder 11 Paar Stigmen auf den beintragenden Segmenten 3, 5, (7), 8, 10, 12, 14, 16, 18, 20, 22. 1. Tergit mit Ringfurche; Tergite mit 2 paramedianen Längsfurchen und Lateralfurchen. Kopf den Vorderrand des 1. Tergits überlagernd.

6 Gattungen (nr. 7—12).

Übersicht über die Gattungen:

1	2. Tarsus der Endbeine in eine größere Anzahl sekundärer Gliedchen geteilt — 2	
	Endbeintarsus 2gliedrig — 3	
2	Kieferfußhüften vorn ohne abgesetzte Platten oder mit 2 kleinen abgerundeten Plättchen; Endkralle der Kieferfüße von normaler Größe .	11. Gen. **Newportia**
	Kieferfußhüften vorn mit 2 kegelförmigen oder breiten plattigen Zähnen, die Endkralle winzig klein	12. Gen. **Tidops**
3	7. beintragendes Segment mit Stigmen	7. Gen. **Scolopocryptops**
	7. beintragendes Segment ohne Stigmen — 4	
4	Antennen 11gliedrig. Vorderrand der Kieferfußhüften mit 2 kurzen beborsteten Fortsätzen und darunter einem hammerförmigen Fortsatz . .	10. Gen. **Kartops**
	Antennen 17gliedrig. Vorderrand der Kieferfußhüften ohne diesen hammerförmigen Fortsatz — 5	
5	Präfemur der Endbeine mit 1—2 starken Dornen, die übrigen Glieder unbedornt. Kopf ohne Längsfurchen	8. Gen. **Otocryptops**
	Präfemur, Femur und Tibia der Endbeine mit zahlreichen kleinen Dörnchen. Kopf mit 2 Längsfurchen	9. Gen. **Kethops**

7. Gen. **Scolopocryptops** Newp.

1844 & 1845 *S.*, Newport in: Tr. Linn. Soc. London, *v.* 19 p. 275, 405 | 1903 *S.*, Kraepelin in: Mt. Mus. Hamburg, *v.* 20 p. 76 | 1907 *S.*, C. Verhoeff in: Bronn, Kl. Ordn., *v.* 5 II p. 255.

23 Beinpaare. Kopf ungefurcht, überlagert das 1. Tergit. Antennen 17gliedrig, schon die Grundglieder beborstet, schütterer als die weiteren; die Borsten der mittleren und Endglieder sitzen auf relativ hohen, an ihrer Basis jedoch nicht deutlich abgegliederten Sockeln. Keine Augen. Hinterrand der Labrumseiten und des commandibularen Gerüstes fein gefranst; Clypeus vor dem Labrum mit einer Zone kleiner Borsten, davor in der Mediane zerstreut beborstet (so bei *S. miersii*). 2. Telopoditglied der 2. Maxille mit einem schlanken Dorn am Ende einer wenig ausgesprochenen Kante, Putzbürste groß, die Endkralle von vorn ganz verdeckend, Endkralle ohne Nebenkrallen. Vorderrand der Kieferfußhüften zugeschärft, fein schwarz-wulstig gesäumt, ohne Zahnplatten, Präfemur mit Medialzahn. 2. Tergit nicht einmal halb so lang wie das erste; das 4., 6., 9., 11., 13., 15. usw. Tergit nur wenig kürzer als die benachbarten. 1. Tergit mit Ringfurche; Tergite mit Ausnahme der vorderen mit 2 Längsfurchen, die meisten berandet, das letzte berandet oder nicht berandet. Sternite mit oder ohne schwache Querfurche, ohne Längsfurche. Coxopleuren mit schlankem, einspitzigem Fortsatz; Porenfeld groß, die Dorsalkante erreichend, die Poren sehr klein und zahlreich. Endbeine lang, Präfemur ventral mit 1 starken, oben mit einem schwächeren, manchmal fehlenden Dorn, Tarsus 2gliedrig, mit Endkralle. Tarsus des 1.—22. Beinpaars eingliedrig, mit 1 Tarsalsporn, mit oder ohne Klauensporne; Tibia des 1.—19. oder 21. Beinpaars mit 2 Spornen. 11 Paar Stigmen, auf den beintragenden Segmenten 3, 5, 7, 8, 10, 12, 14, 16, 18, 20, 22.

Wärmeres Nordamerika, Zentralamerika, Südamerika, China.

Typus: *S. miersii* Newp.

2 Arten, 1 Unterart, 3 unsichere Arten.

31. **C. (C.) feae** Poc. 1891 *C. f.*, Pocock in: Ann. Mus. Genova, *v.* 30 p. 420 | 1903 *C. f.*, Kraepelin in: Mt. Mus. Hamburg, *v.* 20 p. 47.

Ockergelb. Länge 14 mm. Kopf sparsam punktiert, in der Hinterhälfte mit 2 deutlichen, sich dann zarter nach vorn fortsetzenden Längsfurchen, hinten vom 1. Tergit überlagert. Vorderrand der Kieferfußhüften fast gerade mit 4 + 4 Borsten. 1. Tergit mit nach hinten vorgezogener Ringfurche und Mediangrube, aus der 2 divergierende Längsfurchen nach hinten ziehen. Paramedianfurchen vom 2., gebogene Lateralfurchen vom 3. Tergit. Sternite bis zum 20. mit Furchenkreuz; 21. Sternit parallelseitig, gestutztgerundet. Coxopleuren mit höchstens 25 den Hinterrand nicht erreichenden Poren. Beine mit stärkeren und schwächeren Dornborsten. Präfemur und Femur der Endbeine ventral mit mäßig dicht gestellten Dornborsten ohne kahle Area, dorsal in der Endhälfte mit Längsfurche; Femur und Tibia mit lateralem, starkem, spitzem Endzahn, Femur auch medial mit stumpfem Höcker; Tibia mit 5—6, 1. Tarsus mit 3—4 Sägezähnchen.

Burma: Palon.

32. **C. (C.) rhodesianus** Att. 1928 *C. r.*, Attems in: Ann. S. Afr. Mus., *v.* 26 p. 85.

Strohgelb. Länge 25 mm. Kopf fein punktiert und behaart, mit 2 feinen, vollständigen Längsfurchen, bedeckt den Vorderrand des 1. Tergits. 1.—3. Glied der Antennen langborstig, die restlichen Glieder kurz pelzig behaart und mit 2 Quirlen langer Borsten. Vorderrand der Kieferfußhüften eingekerbt, kurzborstig. 1. Tergit mit Ringfurche, von der 2 parallele Längsfurchen bis zum Hinterrand ziehen. Paramediane Furchen des 2. Tergits vorn etwas konvergierend, die der anderen Tergite parallel; 3.—18. Tergit mit gebogenen Lateralfurchen. Tergite und Sternite fein punktiert und behaart. 2.—19. Sternit mit Furchenkreuz, der Längsarm schärfer und kürzer als der Querarm. 21. Sternit nach hinten verschmälert, abgerundet. Beine zerstreut beborstet. Präfemur und Femur des 17.—20. Paars ventral dicht dornborstig, Tarsen des 1.—19. Paars 1gliedrig, des 20. Paars 2gliedrig, dicht behaart. Die Porenarea erreicht nicht den Hinterrand der Coxopleuren, der porenfreie Rand beborstet. Präfemur und Femur der Endbeine dorsal am Ende mit kurzer Längsgrube, ventral und lateral dicht bestachelt, dazwischen dünnere Borsten, Präfemur mit schmaler kahler Area; Tibia dorsal lateral und medial mit Endzahn, ventral mit 8, 1. Tarsus mit 4 Sägezähnchen.

Rhodesia.

33. **C. (C.) pugnans** Chamb. 1922 *C. p.*, Chamberlin in: P. U. S. Mus., *v.* 60 nr. 7 p. 3.

Länge 15,5 mm. Kopf mit 2 vollständigen Längsfurchen (Überlagerung?). Vorderrand der Kieferfußhüften zweibogig, mit 7 + 7 Borsten. 1. Tergit mit gleichmäßig gebogener Ringfurche und 2 parallelen Längsfurchen von der Ringfurche bis zum Hinterrand. (Furchen der Tergite?) 21. Sternit verjüngt, hinten breit eingebuchtet. Coxopleuren gestutzt, Poren mäßig zahlreich. Tarsen mit Ausnahme einiger der vordersten 2gliedrig. Präfemur der Endbeine unten und seitlich bedornt, mit kahler Area, oben am Ende gefurcht mit einem kräftigen hakigen Endzähnchen medial. Femur ventral mit schlanken Dornen, am Ende jederseits mit Zähnchen, Tibia auch mit 2 oberen Endzähnchen und mit 7, 1. Tarsus mit 3 Sägezähnchen. Die Grundglieder des 20. und 19. Beinpaars ventral mit zahlreichen Dörnchen, Femur und Tibia des 20. Beinpaars unten dicht behaart.

Honduras: Progreso.

furche. Antennen 17gliedrig, bis zum Hinterrand des 6. Tergits reichend, auch die Grundglieder dicht und fein behaart. Kieferfußhüften reichlich punktiert, ungefurcht, Vorderrand zugeschärft, leicht konvex; Präfemur mit kleinem Medialzahn. Punktierung des 1. und 2. Tergits gut ausgeprägt, weiterhin merklich schwächer werdend; Längsfurchen vom 6., Berandung vom 5. Tergit an; 1. Tergit angeblich ohne Ringfurche (diese wahrscheinlich vom Kopfschild verdeckt; 21. Tergit halb so breit wie das vorangehende, mit Medianfurche, seitlich wulstig berandet, mit einem Dörnchen in jeder Hinterecke. Sternite schwach punktiert, mit seichtem Quereindruck in der Mitte, letztes hinten gestutzt oder leicht eingebuchtet. 1.—21. Beinpaar mit 2 Tibial- und 1 Tarsalsporn. Präfemur der Endbeine ventral mit 1 großen, oben-medial mit 1 kleinen Dorn.

China: Chou-San.

Unkenntliche Arten:

S. aurantiaca Gerv. 1847 *S. a.*, P. Gervais in: Walckenaer, Hist. Apt., *v.* 4 p. 593.

Rio de Janeiro.

S. viridis Gerv. 1847 *S. v.*, P. Gervais in: Walckenaer, Hist. Apt., *v.* 4 p. 594.

Brasilien.

S. quadrisulcatus Daday 1891 *S. q.*, Daday in: Termész. Füzetek, *v.* 14 p. 182.

Venezuela: Caracas.

8. Gen. **Otocryptops** Haase

1886 *Scolopocryptops*, Meinert (nec Newport) in: Vidensk. Meddel., *v.* 36—38 p. 112 | 1887 *Otocryptops*, E. Haase in: Abh. Mus. Dresden, nr. 5 p. 96 | 1891 *O.*, Pocock in: Ann. nat. Hist., ser. 6 *v.* 7 p. 228 | 1903 *O.*, Kraepelin in: Mt. Mus. Hamburg, *v.* 20 p. 68 | 1907 *O.*, C. Verhoeff in: Bronn, Kl. Ordn., *v.* 5II p. 255.

23 Beinpaare, Kopf ohne Furchen, an den Seiten berandet oder nicht, überlagert den Vorderrand des 1. Tergits. Keine Augen. Antennen 17gliedrig, schon die ersten Glieder ziemlich reichlich beborstet, die Dichte der Beborstung nimmt allmählich zu, alle Borsten kurz, ohne Quirle längerer Borsten; die ersten 2 Glieder haben einfache Borsten, vom 3. Glied an ist der ziemlich hohe Sockel, auf dem die Borsten sitzen, an seiner Basis abgegliedert, so daß die Borsten 2gliedrig sind (Fig. 339). Seiten des Labrum mit breitem, hyalinem, dicht mit feinen Haaren besetztem Rand. Clypeus geteilt in einen vorderen kürzeren und längeren hinteren Abschnitt, der vordere fein gepflastert, ohne Borsten, der hintere glatt, mit einer Querreihe von Borsten vor dem Labrum und zerstreuten Borsten auf der Fläche. In den Hüften der 2. Maxille noch ziemlich deutliche Reste der Mediannaht, 2. Glied ohne Dornborste (bei *O. rubiginosus* so, die anderen Arten?). Endkralle ohne Nebenkrallen. Kieferfußhüften vorn mit feinem, ungezähntem Randwulst oder mit ± deutlichen Zähnen (Fig. 340). 1. Tergit mit Ringfurche, die manchmal vom Kopfschild verdeckt wird, 2. Tergit ungefähr $^1/_3$ so lang wie das 1., das 4., 6., 9., 11., 13., 15. usw. etwas kürzer als die benachbarten; je weiter kaudalwärts um so weniger merklich ist es. Prätergite kurz aber deutlich abgegrenzt. Tergite meist vom 2.—8. an mit 2 Längsfurchen, selten ungefurcht, die meisten

Fig. 339.
Otocryptops rubiginosus (L. Koch).
Antennenborsten.

berandet, das 23. berandet oder nicht, ohne Medianfurche, sein Randwulst hinten spitzdornig, der Hinterrand rundbogig. Sternite selten mit, meist ohne Medianfurche, ohne Querleiste und ohne deutliche Endosternite. Coxopleuren mit langem, einspitzigem Fortsatz und mit großem, die Dorsalkante oft erreichendem Porenfeld (Fig. 341). Endbeine lang und schlank, Präfemur mit 2 starken Dornen in der Mitte, 1 ventral, 1 innen, Tarsus 2gliedrig, mit Endkralle. Tarsus des 1.—22. Beinpaars eingliedrig, meist bis zum 21., seltener nur bis zum 19. Paar mit 1 Tarsalsporn, meist die ersten 17—20, selten nur das 1. und 2. Beinpaar mit 2 Tibialspornen. Klauensporne vorhanden oder fehlend. 10 Paar senkrecht-ovale Stigmen auf den beintragenden Segmenten 3, 5, 8, 10, 12, 14, 16, 18, 20, 22.

Nord-, Zentral- und Südamerika, Ostasien (China, Japan, Korea), Philippinen, Sundainseln, Neuguinea, Westafrika.

Typus: *O. rubiginosus* (L. Koch)

5 Arten, 3 Unterarten, 4 Varietäten und 3 unsichere Arten.

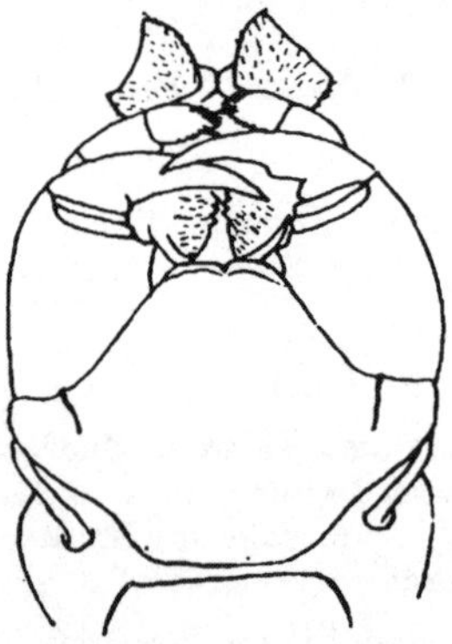

Fig. 340.
Otocryptops rubiginosus (L. Koch).

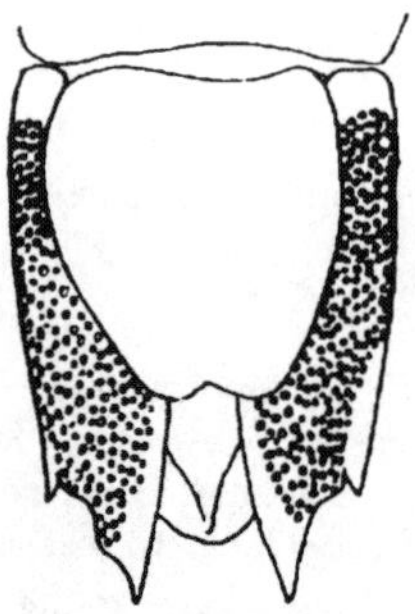

Fig. 341.
Otocryptops rubiginosus (L. Koch).

Übersicht über die Arten:

1 { Sternite bis zum 20. mit deutlicher, in der Mitte grubig erweiterter Medianfurche. Präfemur der Endbeine nur mit ventralem Dorn, medial höchstens ein winziges Höckerchen. 23. Tergit seitlich berandet, Kopf nur in den Hinterecken mit kurzer Andeutung einer Berandung . . . . **5. O. gracilis**
Sternite ohne Medianfurche. Präfemur mit großem ventralem und kleinerem medialem Dorn — **2**

2 { Kopf seitlich berandet (Fig. 342), ebenso das 21. bis 23. Tergit. Der Medialzahn des Kieferfußpräfemur winzig klein. 2—2$^1/_2$ Grundglieder der Antennen dorsal $\pm$ kahl. Coxopleuren hinten dorsal mit einer Dornspitze (Fig. 344) — **3**
Kopf seitlich nicht berandet. 23. Tergit höchstens mit feiner Nahtlinie aber ohne Wulst am Rande. 22. Tergit nicht oder nur vorn berandet. Coxopleuren hinten dorsal ohne Dornspitze (Fig. 347) — **4**

3 { Tergite vom 6.—20. mit deutlichen paramedianen Längsfurchen . . . . **1. O. rubiginosus**
Alle Tergite ohne Längsfurchen, höchstens mit 2 etwas hervortretenden Längskanten . . . . **2. O. sexspinosus**

4 Kieferfußhüften mit 2–4 Zahnhöckern (Fig. 345); Präfemurzahn der Kieferfüße meist klein bis mittelgroß. Meist 2–3, selten kein Grundglied der Antennen dorsal kahl und glänzend. Coxopleuren das Endsternit meist nicht um dessen Länge überragend, die Poren die Dorsalkante oft nicht erreichend. Klauensporne deutlich . . . . 3. **O. ferrugineus**: 5

Kieferfußhüfte ohne Zahnhöcker (Fig. 349); Präfemurzahn groß. 4—9, selten nur 2 Grundglieder der Antennen kahl und glänzend. Coxopleuren das Endsternit meist um dessen ganze Länge überragend, die Poren fast in ganzer Länge die Dorsalkante erreichend. Klauensporne winzig oder fehlend . . . 4. **O. melanostomus**

5 Endbeine so lang wie die letzten 6 Tergite. Antennen bis zum Hinterrand des 6. Tergits reichend. Poren der Coxopleuren klein, die Oberfläche runzelig, Fortsatz $1^1/_2$ mal so lang wie am Grunde breit, dornartig. Punktierung der Tergite feiner als die der Sternite . 3a. **O. f. ferrugineus**

Endbeine so lang wie die 4 letzten Tergite. Antennen bis in die Mitte des 4. Tergits reichend. Coxopleuren mit großen Poren, die Oberfläche granuliert, Fortsatz dreieckig, so lang wie am Grunde breit. Punktierung der Tergite ebenso grob wie die der Sternite . . . . 3b. **O. f. riveti**

1. **O. rubiginosus** (L. Koch) ?1876 *Scolopocryptops sexspinosus*, Porat (nec Say) in: Bih. Svenska Ak., v. 4 nr. 7 p. 26 | 1878 *S. rubiginosa*, L. Koch in: Verh. Ges. Wien, v. 27 p. 792 | 1884 *S. confucii*, F. Karsch in: Abh. Ver. Bremen, v. 9 p. 65 | 1887 *Otocryptops rubiginosa*, E. Haase in: Abh. Mus. Dresden, nr. 5 p. 97 t. 6 f. 105 | 1903 *O. rubiginosus*, Kraepelin in: Mt. Mus. Hamburg, v. 20 p. 71 f. 28—30.

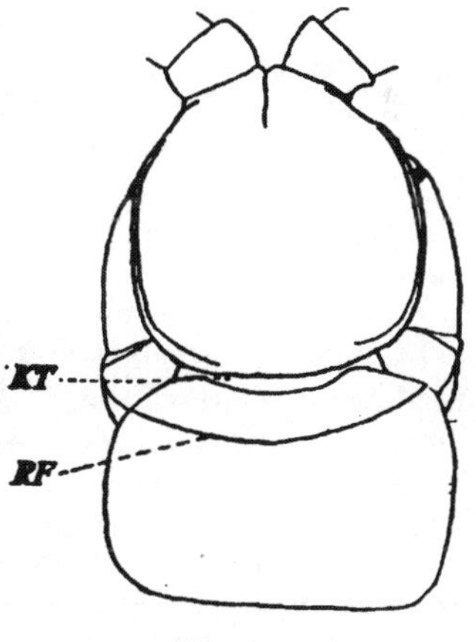

Fig. 342. **Otocryptops rubiginosus** (L. Koch). KT = Kieferfußtergit, RF = Ringfurche.

Länge 50 mm. Oliv bis ockerfarben, vorn und hinten rostrot. Kopf grob punktiert, an den Seiten bis etwas über die abgerundeten Hinterecken hinaus schmal berandet (Fig. 342), vorn zwischen den Antennen eine dunkle Längsnaht, die sich als Furche noch ein Stück auf der Dorsalseite fortsetzt. Clypeus ohne Dreieck, postantennale Borstenarea und ohne deutlichen Mediankiel. Labrum einzähnig, die Borsten am Rande des Clypeus vor dem Labrum sehr klein. Die ersten 2 Glieder der Antennen dorsal fast kahl, ventral gerade so dicht behaart wie die folgenden Glieder. Kieferfußhüften grob punktiert, der Vorderrand in der Mitte mit kleiner Kerbe, jede Seitenhälfte sehr schwach gewölbt, der Rand etwas abgesetzt, ganz ohne Zahnbildung; der Präfemurzahn sehr klein. Tergite vom 6., seltener 5. an bis zum 20. gefurcht, vom 5., seltener 4. an bis inkl. 23. berandet; der von den Coxopleuren gebildete Randwulst des Endbeinsegments hinten in eine Spitze ausgezogen, der Hinterrand rundlappig. Sternite grob punktiert; nahe dem Hinterrande eine feine, etwas wellige Querfurche und vorn ein Netzwerk von queren Furchen; alle diese Furchen werden erst nach Mazeration deutlich. Längsfurchen fehlen. Letztes Sternit verjüngt, hinten eingebuchtet. Coxopleurenfortsatz mäßig lang, unbeborstet; das Porenfeld reicht im größten Teil seiner Länge bis zur Dorsalkante, nur hinten nicht. 1.—20. Beinpaar mit 2 Tibialspornen (Fig. 343), 21. mit 1 Tibialsporn. 1.—21. Beinpaar mit 1 Tarsaldorn, alle Beine mit Klauenspornen. Präfemur der Endbeine mit großem ventralem und kleinerem medialem Dorn (Fig. 344). Femur, Tibia und Tarsus kahl.

China, Japan, Korea, Nordamerika (Minnesota, Indiana). — ?Brasilien (*S. sexspinosus* Porat).

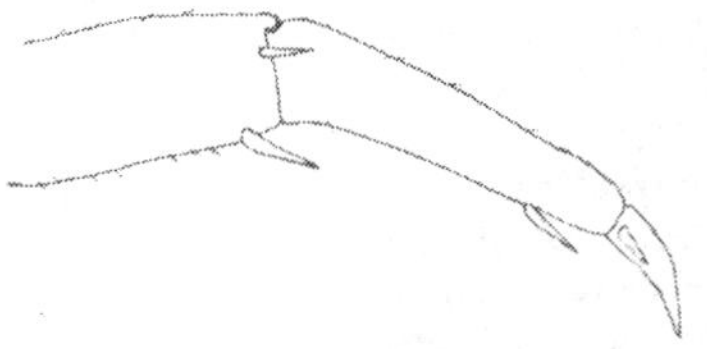

Fig. 343.
Otocryptops rubiginosus (L. Koch).
3. Bein von vorn.

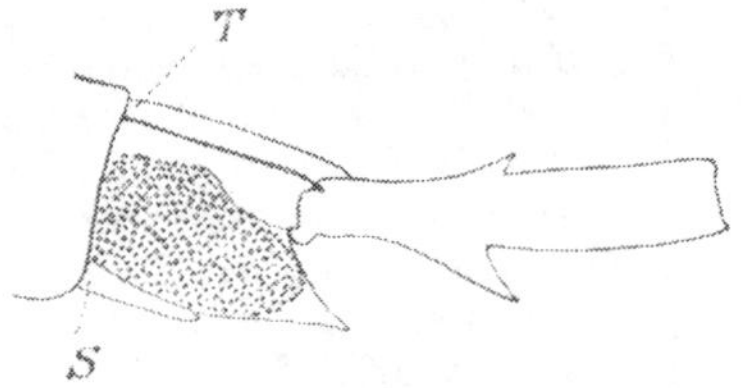

Fig. 344.
Otocryptops rubiginosus (L. Koch).
Hinterende von der Seite.
T = Tergit, *S* = Sternit

2. **O. sexspinosus** (Say) 1821 *Cryptops s.*, Say in: J. Ac. Philad., *v.* 2 p. 112 | 1845 *Scolopocryptops sexspinosa,* Newport in: Tr. Linn. Soc. London, *v.* 19 p. 407 | 1847 *S. s.*, P. Gervais in: Walckenaer, Hist. Apt., *v.* 4 p. 297 | 1862 *S. s.* + *spinicauda*, H. C. Wood in: J. Ac. Philad., ser. 2 *v.* 5 p. 37, 39 | 1863 *Scolopendropsis helvola*, C. L. Koch, Myr., *v.* 2 p. 34 f. 156 | 1865 *Scolopocryptops sexspinosus* + *spinicauda*. H. C. Wood in: Tr. Amer. phil. Soc., ser. 2 *v.* 13 p. 172, 174 | 1881 *S. sexspinosus*, Kohlrausch in: Arch. Naturg., *v.* 47 I p. 54 | 1886 *S. s.* + *georgicus*, Meinert in: P. Amer. phil. Soc., *v.* 23 p. 179, 180 | 1887 *S. nigridius*, Mc Neill in: P. U. S. Mus., *v.* 10 p. 333 | 1891 *Otocryptops punctatus*, Pocock in: Ann. nat. Hist., ser. 6 *v.* 8 p. 159 | 1895 *O. sexspinosa*, Pocock in: Ann. nat. Hist., ser. 6 *v.* 15 p. 351 | 1903 *O. s.*, Kraepelin in: Mt. Mus. Hamburg, *v.* 20 p. 72.

Länge 58 mm. Farbe dunkel rotbraun. Kopf kräftig und dicht punktiert, seitlich und an den gerundeten Hinterecken gerandet. Antennen 17 gliedrig, schon das 1. Glied fein behaart. Kieferfußhüften grob punktiert, Vorderrand in der Mitte seicht eingekerbt, schmal dunkel wulstig berandet, ganz ohne Zähne; Präfemur mit sehr kleinem Zahn. Clypeus mit rundlichem, punktiertem Längskiel. Alle Tergite dicht und ziemlich grob punktiert, ohne Längsfurchen; vom 5. an berandet, die Randfurche ist auf dem 5.—22. hinten abgekürzt; nur auf dem 23. Segment ist der von den Coxopleuren gebildete Randwulst vollständig und endigt hinten mit einer kleinen Dornspitze. 23. Tergit hinten rundlappig vortretend mit einer seichten Längsfurche im hinteren Teil. Sternite dicht und grob punktiert, mit einer feinen Querkante nahe dem Hinterrande, ganz ohne Längsfurche; letztes verjüngt und hinten sehr seicht eingebuchtet. Coxopleurenfortsatz mäßig lang, einspitzig, ohne Seitendorn; das Porenfeld reicht fast bis zum Hinterrand und vorn bis zum Umschlagrand. 1.—19. oder 20. Beinpaar mit 2 Tibialspornen, 21. Paar mit oder ohne, 22. Paar ohne Tibialsporn. 1.—21. Beinpaar mit 1 Tarsalsporn; alle Beine mit Klauenspornen. Präfemur der Endbeine unten mit einem großen, lateral mit einem kleineren Dorn, beide in der proximalen Hälfte.

Vereinigte Staaten von Nordamerika (Karolina, Georgia, Florida), Mexiko, Kalifornien, Britisch Kolumbien, Alaska, Korea, Japan, China.

3. **O. ferrugineus** Bröl. 1919 *O. f.*, Brölemann in: Miss. Arc Mérid., *v.* 10 II p. 238.

Endbeine so lang wie die letzten 6 Tergite. Antennen bis zum Hinterrand des 6. Tergits reichend. Poren der Coxopleuren klein, die Oberfläche der letzteren runzelig, der Fortsatz wenigstens $1^1/_2$ mal so lang wie an der Basis breit, schlank zugespitzt. Tergite feiner punktiert als die Sternite, glatt.

Westafrika, Zentral- und Südamerika.

3 Unterarten, 3 Varietäten:

3a. **O. f. ferrugineus** (L.) 1767 *Scolopendra ferruginea*, Linné, Syst. Nat., ed. 12 p. 1063 | 1778 *S. f.*, De Geer, Mém. Hist. Ins., *v.* 7 p. 568 | 1845 *Scolopocryptops f.*, Newport in: Tr. Linn. Soc. London, *v.* 19 p. 406 | 1847 *S. rufa*, P. Gervais in: Walckenaer, Hist. Apt., *v.* 4 p. 297 | 1856 *S. ferruginea*, Newport, Cat. Brit. Mus. Myr., p. 56 | 1869 *S. mexicana*. Humbert & Saussure (nec Saussure 1860) in: Rev. Mag. Zool., ser. 2 *v.* 21 p. 158 | 1872 *S. m.*, Saussure & Humbert in: Miss. Mex., Part 6 Sect. 2 p. 134 t. 6 f. 18 | 1876 *S. sexspinosa*, Porat in: Bih. Svenska Ak., *v.* 4 nr. 7 p. 26 | 1878 *S. antillarum*, Marshall in: Tr. ent. Soc. London, P. p. 37 | 1881 *S. ferruginea*, Kohlrausch in: Arch. Naturg., *v.* 47 I p. 57 | 1884 *S. bisulca* + *strigilis*, F. Karsch in: Abh. Ver. Bremen, *v.* 9 p. 66 | 1886 *S. miersii*, Meinert (nec Newport) in: P. Amer. phil. Soc., *v.* 23 p. 181 | 1888 *S. meinerti*, Pocock in: Ann. nat. Hist., ser. 6 *v.* 2 p. 474 | 1890 *S. mexicanus*, Pocock in: Ann. nat. Hist., ser. 6 *v.* 6 p. 143 | 1893 *Otocryptops ferrugineus*, Pocock in: J. Linn. Soc. London, *v.* 24 p. 463 | 1893 *O. f.*, Porat in: Bih. Svenska Ak., *v.* 18 nr. 7 p. 12 | 1896 *O. f.*, Pocock in: Biol. Centr.-Amer., Chilop. p. 29 t. 3 f. 2 | 1903 *O. f.*, Kraepelin in: Mt. Mus. Hamburg, *v.* 20 p. 72 f. 31 | 1919 *O. f.*, Brölemann in: Miss. Arc Mérid., *v.* 10 II p. 236.

Länge 56 mm. Rostfarben bis dunkel rotbraun, Beine gelb. Kopf punktiert, seitlich nicht berandet. Antennen 17gliedrig, meist 2—3, selten 0 Grundglieder dorsal zerstreut beborstet bis fast kahl und glänzend. Vorderrand der Kieferfußhüften gerade oder etwas vorgezogen mit 4 Zahnhöckern. Innenzahn des Präfemur meist klein, selten groß. Längskiel des Clypeus schwach ausgeprägt. Längsfurchen der Tergite vom 4.—6. an bis zum 19. oder 21., zuweilen fast fehlend. Berandung vom 6. oder 9. bis 21. Tergit; das 22. nur in der vorderen Hälfte, das 23. nicht berandet; der Hinterrand des 23. rundlappig vortretend. Sternite schwach punktiert, ohne Furchen; letztes hinten gestutzt oder eingebuchtet. 1.—19. Beinpaar mit 2, 20. und meist auch 21. Paar mit 1 Tibialsporn. 1.—21. Paar mit 1 Tarsalsporn, alle Beine mit 2 Klauenspornen. Coxopleuren dorsal ohne Dornspitze (Fig. 347). Coxopleurenfortsatz relativ kurz; das Porenfeld erreicht in der basalen Hälfte den Umschlagrand. Präfemur der Endbeine mit

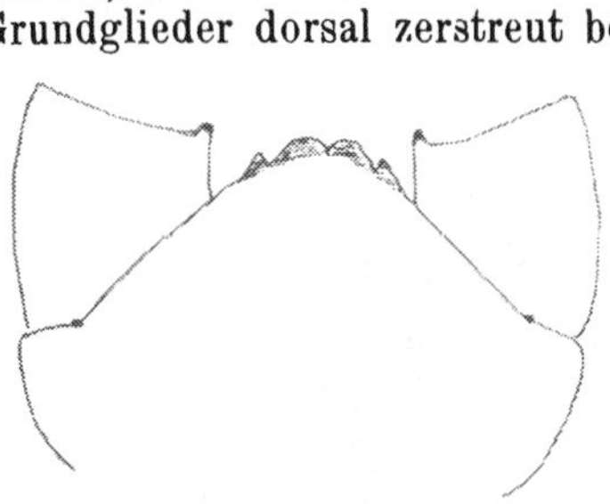

Fig. 345.
Otocryptops ferrugineus ferrugineus (L.)-Bröl.
Kieferfußhüften.

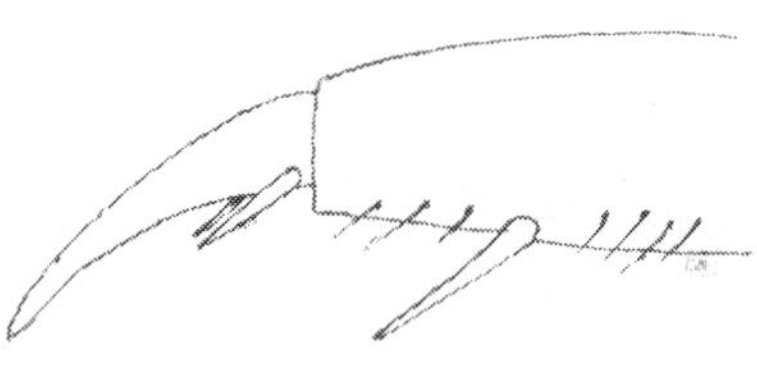

Fig. 346.
Otocryptops ferrugineus ferrugineus (L.)-Bröl.
5. Bein.

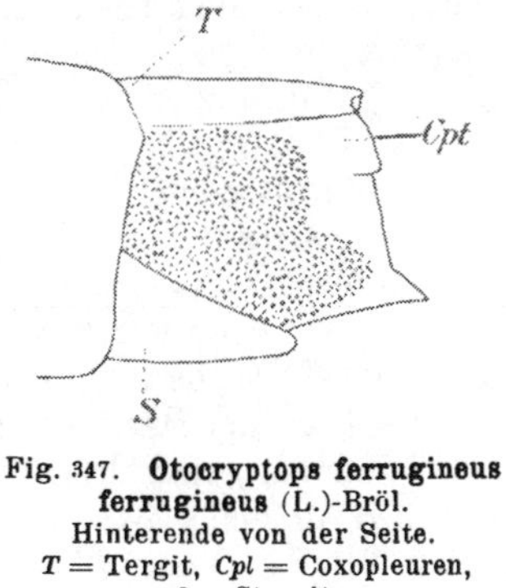

Fig. 347. **Otocryptops ferrugineus ferrugineus** (L.)-Bröl.
Hinterende von der Seite.
T = Tergit, *Cpl* = Coxopleuren,
S = Sternit.

2 nicht sehr großen Dornen. Endglieder dicht flaumig behaart oder fast kahl (sexueller Unterschied).

Westafrika (Kamerun usw.); Amerika von Mexiko über die Antillen und Zentralamerika bis Ekuador, Peru und Brasilien.

3a. α. O. f. f. var. **ferrugineus** Att.

2—3 Grundglieder der Antennen sind dorsal kahl oder nur sehr wenig beborstet. Die Poren der Coxopleuren reichen in den vorderen $^2/_3$ des Porenfeldes bis ganz nahe an die Kante heran. Der Innendorn auf dem Präfemur der Endbeine ist mäßig groß. Der Medialzahn auf dem Präfemur der Kieferfüße ist klein bis höchstens mäßig groß.

Westafrika, Zentral- und Südamerika.

3a. β. O. f. f. var. **parcespinosus** Krpln. 1903 *O. f.* var. *p.*, Kraepelin in: Mt. Mus. Hamburg, *v.* 20 p. 74 f. 32 | 1919 *O. f. p.*, Brölemann in: Miss. Arc Mérid., *v.* 10 II p. 236.

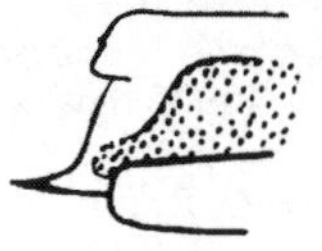

Fig. 348. Otocryptops ferrugineus ferrugineus var. parcespinosus Krpln. Coxopleuren.

Die Grundglieder der Antennen sind dicht rotbraun beborstet. Die Poren der Coxopleuren erreichen die Dorsalkante bei weitem nicht (Fig. 348). Der Medialdorn auf dem Präfemur der Endbeine ist verschwindend klein. 1. und 2. oder 1.—19. Beinpaar mit 2 Tibialspornen. 3.—21. oder 20. Paar mit 1 Tibialsporn. Tergite vom 7. an gefurcht.

Peru, Ekuador.

3a. γ. O. f. f. var. **macrodon** Krpln. 1903 *O. f.* var. *m.*, Kraepelin in: Mt. Mus. Hamburg, *v.* 20 p. 74.

Medialzahn des Kieferfußpräfemur groß, wie bei *O. melanostomus;* Vorderrand der Hüften ziemlich undeutlich gezähnt. Coxopleurenfortsatz kurz; die Poren erreichen die Dorsalkante nicht völlig. 21. Beinpaar mit 1 Tibialsporn. Ventraler Dorn am Präfemur der Endbeine kurz.

Parana.

3b. **O. f. riveti** Bröl. 1919 *O. R.*, Brölemann in: Miss. Arc Mérid., *v.* 10 II p. 237.

Länge 48 mm. Kopf seitlich nicht berandet mit 2 undeutlichen Eindrücken in der hinteren Hälfte. Antennen 17gliedrig, kurz, 3 Grundglieder zwar glänzend, aber ebenso lang und fast so dicht beborstet wie die folgenden. Kieferfüße wie bei *O. ferrugineus.* Tergite etwas uneben, 4.—6. Tergit mit kurzen Längsfurchen am Hinterrande, 7.—21. mit durchlaufenden Längsfurchen. 7.—21. Tergit in der ganzen Länge, das 22. nur vorn berandet; 23. Tergit mit feiner Randfurche ohne Randwulst, schwächer punktiert als das vorangehende. Sternite ungefurcht, ebenso grob punktiert wie die Tergite; letztes Sternit so lang wie vorn breit, hinten gestutzt, mit deutlicher Medianfurche. 2.—18. Beinpaar mit 2 Tibialspornen, 19. und 20. Paar mit 1 Tibialsporn, die folgenden ohne solche. Der Coxopleurenfortsatz dreieckig, nicht länger als an der Basis breit, überragt das Sternit um dessen Hälfte; Poren größer und weniger zahlreich als bei *O. ferrugineus;* sie erreichen den Umschlagsrand fast in der ganzen Länge. Endbeine relativ kurz, so lang wie die 4 letzten Tergite; Ventraldorn des Präfemur mäßig groß, Medialdorn sehr klein.

Ekuador: Narihuina.

3c. **O. f. inversus** Chamb. 1921 *O. f. i.*, Chamberlin in: Occas. Papers Mus. Zool. Michigan, *v.* 4 nr. 97 p. 4 t. 1 f. 1, 2.

Es wird nur der Vorderrand der Kieferfußhüften beschrieben und abgebildet, der danach ganz mit dem von *O. melanostomus* übereinstimmt. Da die Gestalt desselben jedoch einer der Hauptunterschiede zwischen *ferrugineus* und *melanostomus* ist, wären weitere Angaben notwendig.

Britisch-Guayana, Dunoon.

4. **O. melanostomus** (Newp.) 1845 *Scolopocryptops melanostoma*, Newport in: Tr. Linn. Soc. London, *v.* 19 p. 406 | 1847 *S. melanosoma*, P. Gervais in: Walckenaer, Hist. Apt., *v.* 4 p. 298 | 1856 *S. melanostoma*, Newport, Cat. Brit. Mus. Myr., p. 56 | 1881 *S. megacephalus* + *luzonicus* + *boholiensis*, Kohlrausch in: Arch. Naturg., *v.* 47 I p. 57, 58 t. 4 f. 4 | 1885 *S. geophilicornis*, Tömösváry in: Termész. Füzetek, *v.* 9 p. 65 | 1886 *S. luzonicus*, Meinert in: Vidensk. Meddel., *v.* 36—38 p. 113 | 1887 *Otocryptops l.* + var. *australis*, E. Haase in: Abh. Mus. Dresden, nr. 5 p. 98 t. 6 f. 106 | 1891 *O. longiceps*, Pocock in: Ann. nat. Hist., ser. 6 *v.* 8 p. 160 | 1893 *O. melanostoma*, Pocock in: J. Linn. Soc. London, *v.* 24 p. 464 | 1894 *O. luzonicus*, Pocock in: Weber, Ergeb. Reise Niederl. O.-Ind., *v.* 3 p. 315 | 1894 *O. l.*, Silvestri in: Ann. Mus. Genova, *v.* 34 p. 633 | 1896 *O. melanostoma*, Pocock in: Biol. Centr.-Amer., Chilop. p. 29 t. 3 f. 3 | 1897 *O. aculeatus*, Attems in: Abh. Senckenb. Ges., *v.* 23 p. 478 | 1903 *O. melanostomus*, Kraepelin in: Mt. Mus. Hamburg, *v.* 20 p. 74 f. 33, 34 | 1903 *O. m.*, Brölemann in: Ann. Soc. ent. France, *v.* 72 p. 130 | 1914 *O. m.*, Ribaut in: Mém. Soc. Neuchâtel, *v.* 5 II p. 75 (? Sep. 1912).

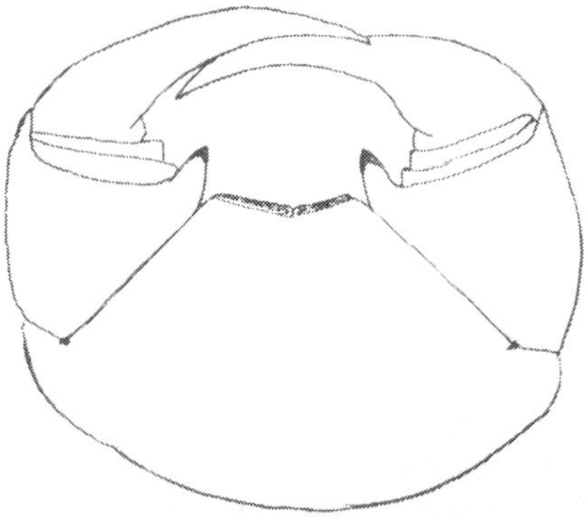

Fig. 349.
Otocryptops melanostomus (Newp.)
Kieferfüße.

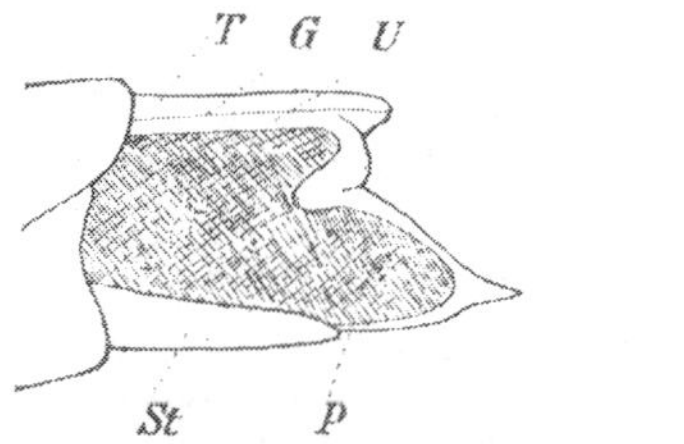

Fig. 350.
Otocryptops melanostomus (Newp.)
Hinterende von der Seite.
T = Tergit, *G* = Grenze zwischen Tergit und Coxopleuren, *U* = Umschlagsrand der Coxopleuren, *P* = Porenfeld (schematisch schraffiert), *St* = Sternit.

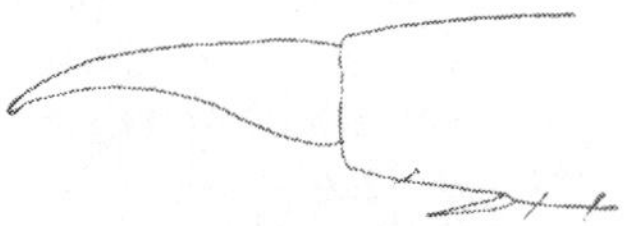

Fig. 351.
Otocryptops melanostomus (Newp.)
Ende des 5. Beines.

Länge 60 mm. Ockerfarbig bis kastanienbraun. Kopf seitlich nicht berandet, ± dicht punktiert wie die Tergite. Antennen 17gliedrig, 4—9 (selten nur 2) Grundglieder fast kahl, glänzend. Vorderrand der Kieferfußhüften fast gerade mit schmalem Randwulst ohne Zahnhöcker (Fig. 349); Medialzahn des Präfemur relativ sehr kräftig. Tergite vom 3. selten erst 5.—8. bis 20. oder 22. mit durchgehenden Längsfurchen; seitliche Berandung vom 6. oder 7. bis zum 20. Tergit. Das 21. schwach, das 22. nicht oder nur vorn, das 23. nicht berandet. Sternite ungefurcht. Coxopleurenfortsatz lang, das Sternit um mehr als deren Länge überragend; das Porenfeld erreicht fast in seiner ganzen Länge den Umschlagsrand; am Hinterende der Coxopleuren oben keine Dornspitze (Fig. 350). 1.—18. Beinpaar mit 2, 19. Paar mit 1, 20. Paar mit 0—1 Tibialsporn. 1.—19. oder 21. Beinpaar mit 1 Tarsalsporn. Klauensporne winzig oder fehlend (Fig. 351). Präfemur der Endbeine mit 2 großen Dornen.

Philippinen, Sundainseln, Halmaheira, Nicobaren, Neuguinea. Von Zentralamerika durch Venezuela, Brasilien, Kolumbien bis Argentinien.

1 Varietät:

4a. **O. m. var. celebensis** Haase 1887 *O. luzonicus* var. *c.*, E. Haase in: Abh. Mus. Dresden, nr. 5 p. 98 t. 6 f. 106c | 1903 *O. melanostomus* var. *c.*, Kraepelin in: Mt. Mus. Hamburg, *v.* 20 p. 76 f. 35 | 1921 *O. m. valens*, Chamberlin in: Ann. nat. Hist., ser. 9 *v.* 7 p. 50.

Fig. 352.
Otocryptops melanostomus var. **celebensis** Haase.
Endbeinpräfemur.

Ventraldorn des Präfemur der Endbeine auffallend groß; so lang wie der proximal und $^2/_3$ so lang wie der distal von seinem Ansatz gelegene Teil des Präfemur (Fig. 352). Längsfurchen der Tergite recht zart, meist vom 8., zuweilen vom 6. durchgehend. Coxopleurenfortsatz sehr lang und gebogen. 19. Beinpaar mit 1 Tibial- und 1 Tarsalsporn, 20. Beinpaar mit 0—1 Tibial-, und mit 1 Tarsalsporn, 21. mit 1 Tarsalsporn, 22. ohne Tibial- und Tarsalsporn.

Nordcelebes; Philippinen: Luzon.

5. **O. gracilis** (H. C. Wood) 1862 *Scolopocryptops g.*, H. C. Wood in: J. Ac. Philad., ser. 2 *v.* 5 p. 38 | 1862 *S. lanatipes*, H. C. Wood, ibid., p. 39 | 1865 *S. gracilis* + *l.*, H. C. Wood in: Tr. Amer. phil. Soc., ser. 2 *v.* 13 p. 173, 175 | 1870 *S. californica*, Humbert & Saussure in: Rev. Mag. Zool., ser. 2 *v.* 22 p. 204 | 1872 *S. c.*, Saussure & Humbert in: Miss. Mex., Part 6 Sect. 2 p. 134 t. 6 f. 19 | 1881 *S. lanatipes*, Kohlrausch in: Arch. Naturg., *v.* 47 I p. 56 | 1903 *Otocryptops gracilis*, Kraepelin in: Mt. Mus. Hamburg, *v.* 20 p. 70.

Länge 55 mm. Ockergelb bis bleich gelbrot. Kopf fein und dicht punktiert, nur vor den Hinterecken mit Andeutung einer kurzen Randfurche. Antennen vom 1. Glied an dicht behaart, oder das 1. Glied dorsal ± kahl. Vorderrand der Kieferfußhüften in der Mitte deutlich eingebuchtet, zweibogig, ohne (z. B. Originalexemplar von *S. californica*) oder mit 2 kleinen Zähnchen; Innenzahn des Präfemur sehr klein. Clypeus mit rundem, glattem Längswulst. Tergite 2—22 gefurcht. Die Furchen des 2., 4., 6., 9., 11., 13., 15., 17., 19., 21. Tergits nach vorn konvergierend. 5.—23. Tergit seitlich berandet, das 23. schmalwulstig (z. B. Originalexemplar von *S. californica*) oder dickwulstig berandet, hinten in eine kleine Dornspitze endigend. Hinterrand des 23. Tergits rundlappig vortretend. Sternite bis zum 20. mit Medianfurche, die in der Mitte grubig verbreitert und vertieft ist; letztes Sternit verjüngt, hinten gestutzt-gerundet. Coxopleurenfortsatz relativ kurz, ohne Seitendorn; das Porenfeld reicht vorn bis zum Umschlagsrand. 1.—20. Beinpaar mit 2, 21. Paar mit 1 Tibialsporn, 1.—21. Beinpaar mit 1 Tarsalsporn, alle mit deutlichen Klauenspornen. Präfemur der Endbeine nahe der Basis mit kräftigem ventralem Dorn, medial kein Dorn, höchstens ein winziges Höckerchen. Femur und Tibia medial dicht kurz behaart, Tarsen ringsum spärlicher behaart.

Kalifornien.

Ungenügende Beschreibungen:

O. nigridius (McNeill) 1887 *Scolopocryptops n.*, McNeill in: P. U. S. Mus., *v.* 10 p. 333 | 1893 *S. n.*, Bollman in: Bull. U. S. Mus., *v.* 46 p. 179.

Nordkarolina, Washington.

Wird als ? Synonym von *O. sexspinosus* gehalten.

O. aberrans Chamb. 1920 *O. a.*, Chamberlin in: Bull. Mus. Harvard, *v.* 64 p. 11.

Fidjiinseln: Nansori, Vesari.

Gehört in die Nähe von *O. ferrugineus*, ist aber unkenntlich.

O. verdescens Chamb. 1920 *O. v.*, Chamberlin in: Bull. Mus. Harvard, *v.* 64 p. 10.

Fidjiinsel: Nasoqo.

Verwandt mit *O. melanostomus*, im übrigen unkenntlich.

9. Gen. **Kethops** Chamb.

1912 *K.*, Chamberlin in: Ann. ent. Soc. Amer., *v.* 5 p. 154.

23 Beinpaare, 10 Stigmenpaare (8. Rumpfsegment ohne Stigmen). Kopf mit 2 hinteren Längsfurchen. Antennen 17gliedrig. Vorderrand der Kieferfußhüften fast gerade, ohne Zähne. 1. Tergit mit Ringfurche und gegabelten Längsfurchen. Tergite mit Paramedian- und Lateralfurchen. Sternite mit Furchenkreuz. Coxopleuren mit einspitzigem Fortsatz und Porenfeld, ventral und lateral bedornt. Präfemur, Femur und Tibia der Endbeine mit zahlreichen kleinen Dornen; Tarsus 2gliedrig, in eine Längsgrube der Tibia einklappbar, mit starker Endkralle. Tarsen des 1.—22. Beinpaars eingliedrig, mit 1 Tarsalsporn, Tibia mit 2 Spornen.

Utah, Neumexiko.

1 Art.

1. **K. utahensis** (Chamb.) 1909 *Newportia u.*, Chamberlin in: Canad. Ent., *v.* 41 p. 29 f. 2 | 1912 *Kethops u.*, Chamberlin in: Ann. ent. Soc. Amer., *v.* 5 p. 155 t. 13 f. 3—6.

Länge 21 mm. Rostrot, Antennen und Beine blasser, gelblich. Kopf grob punktiert mit 2 divergierenden Längsfurchen, die an einer mit dem Hinterrand parallelen Querfurche nahe ersterem beginnen und ungefähr bis

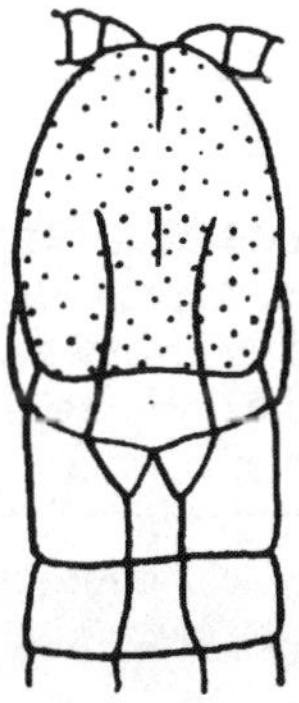

Fig. 353.
Kethops utahensis (Chamb.)

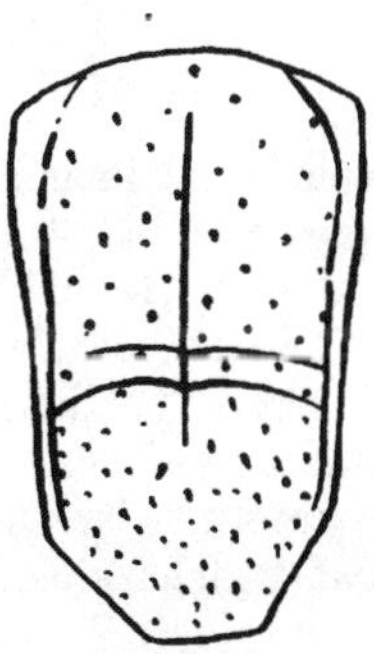

Fig. 354.
Kethops utahensis (Chamb.)
Sternit.

zur Mitte reichen. Zuweilen unterbrochene Spuren einer Medianfurche (Fig. 353). Vorderrand der Kieferfußhüften sehr stumpfwinklig, ungezähnt, die Fläche punktiert mit 2 nach vorn divergierenden Furchen. 1. Tergit mit in der Mitte winkelig nach hinten gezogener Ringfurche und 2 Längsfurchen, die sich gabeln, die medialen Äste treffen sich in der Mediane (W-Zeichnung), die lateralen Äste der Gabel setzen sich über die Ringfurche bis an den Vorderrand fort. Paramedianfurchen des 2. Tergits nach hinten divergierend, die der anderen Tergite parallel. Lateralfurchen vom 3. Tergit an. Letztes Tergit hinten gerundet, ohne Medianfurche. Sternite punktiert, mit vorn und hinten abgekürzter Medianfurche. Lateralfurchen und 2 oder mehr

Querfurchen (Fig. 354). Letztes Sternit verjüngt, hinten abgerundet. Die ganze Fläche mit Dörnchen besetzt. Präfemur und Femur der Endbeine (Fig. 356) sowohl dorsal als ventral längsgefurcht, mit Ausnahme der Dorsalseite bedornt; Tibia mit einem in der Mitte eingebuchteten Längskiel und einer Grube lateral vom Kiel, in die der Tarsus eingeklappt werden kann. 1. Tarsus mit wenigstens einem ventralen Zähnchen. Klaue lang und kräftig.

Utah: Warm Springs, Salt Lake County; Neumexiko: Glorieta.

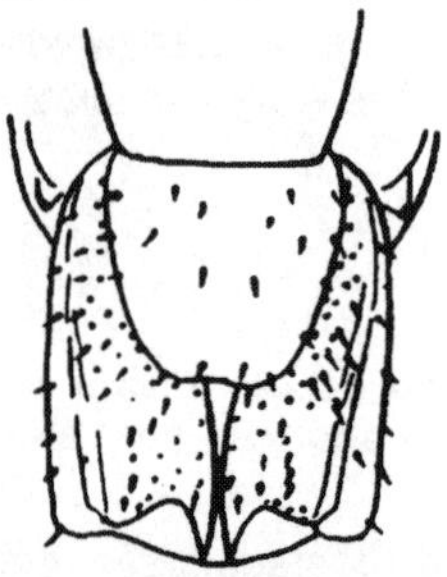

Fig. 355.
Kethops utahensis (Chamb.)

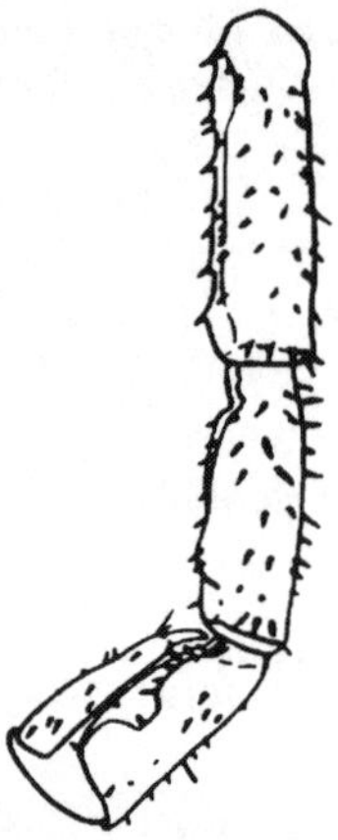

Fig. 356.
Kethops utahensis (Chamb.)
Endbein.

10. Gen. **Kartops** Archey

1923 *K.*, Archey in: Rec. Canterbury Mus., *v.* 2 p. 113.

23 Beinpaare. 10 Paar Stigmen (8. Rumpfsegment ohne Stigmen). Kopf das 1. Tergit überlagernd. Antennen 11gliedrig. Vorderrand der Kieferfußhüften dorsal vom beborsteten Teil mit 2 hammerförmigen Fortsätzen. 1. Tergit mit Ringfurche. Paramedianfurchen und gebogene Lateralfurchen vorhanden. 23. Tergit nicht berandet. Sternite mit großem Endosternit und Furchenkreuz. Coxopleuren mit langem, einspitzigem Fortsatz und Porenfeld. Tibia der Gehbeine mit Lateralsporn. Tarsus des 1.—21. Beinpaars nicht deutlich gegliedert, Tarsus des 22. undeutlich 2gliedrig. Endbeine des einzigen bekannten Exemplares fehlen.

Britisch-Guayana.

1 Art.

1. **K. guianae** Archey 1923 *K. g.*, Archey in: Rec. Canterbury Mus., *v.* 2 p. 114 t. 22 f. 1—3.

Länge 30 mm. Kopf und 1. Tergit dunkel rotbraun, die letzten 2 Tergite gelbbraun, die übrigen grünlich-grau. Kopf punktiert mit 2 kurzen, am Hinterrand beginnenden Längsfurchen. Antennen 11gliedrig, die ersten 2 Glieder dorsal nur mit einzelnen langen Borsten, vom 3. Glied an nimmt die Dichte der Beborstung allmählich zu. Vorderrand der Kieferfußhüften kurz zweilappig, beborstet; dorsal davon 2 hammerförmige, die beborsteten Lappen überragende Fortsätze (Fig. 357). 1. Tergit mit Ringfurche und hinter dieser mit 2 Längsfurchen, die sich vorn gabeln und eine W-Zeichnung bilden.

2.—22. Tergit mit deutlichen Paramedianfurchen und hinten abgekürzten schrägen gebogenen Lateralfurchen. Letztes Tergit hinten vorgezogen-gestutzt, seitlich nicht berandet. Sternite mit großem, durch eine Furche abgesetztem und bis zu einem Drittel unter das folgende Sternit reichendem Endosternit.

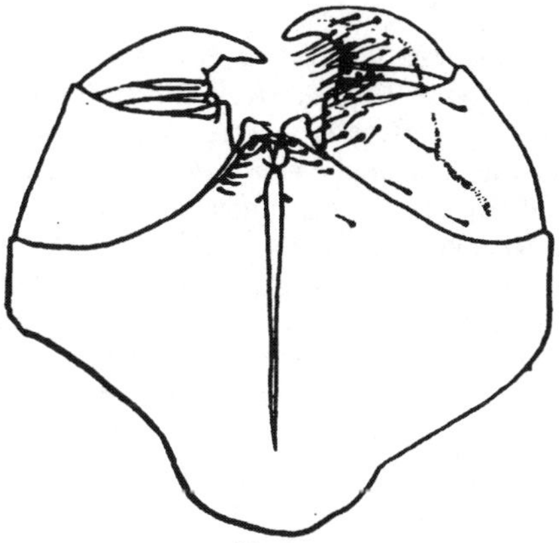

Fig. 357.
Kartops guianae Archey
Kieferfüße.

Furchenkreuz mit stärkerem Längsbalken; vorn jederseits eine Längsfurche nahe dem Rande. Endsternit so breit wie lang, verjüngt, hinten tief eingebuchtet. Coxopleuren am Hinterrand mit 5 oder 6 langen Borsten, der Fortsatz lang, einspitzig, am Ende ein Paar feine Haare, auf der Dorsal- und

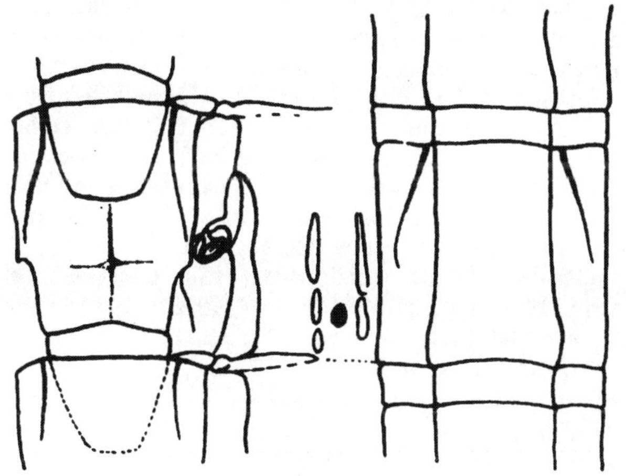

Fig. 358.
Kartops guianae Archey
16. Segment ausgebreitet.

Ventralfläche mit je 3 langen Borsten; Poren zahlreich, die ganze Oberfläche bedeckend. Tibia des 1.—15. Beinpaars mit lateralem Sporn (16.—21. Beinpaar?). 22. und 23. Beinpaar ohne Sporn. Nach der Zeichnung kein ventraler Tibialsporn und kein Tarsalsporn.

Britisch-Guayana: Kartabo, Bartica-Distrikt.

11. Gen. **Newportia** Gerv.

1847 *N.*, P. Gervais in: Walckenaer, Hist. Apt., *v.* 4 p. 298 | 1869 *N.* + *Scolopendrides*, Humbert & Saussure in: Rev. Mag. Zool., ser. 2 *v.* 21 p. 158 | 1903 *N.*, Kraepelin in: Mt. Mus. Hamburg, *v.* 20 p. 78 | 1907 *N.*, C. Verhoeff in: Bronn, Kl. Ordn., *v.* 5 II p. 251 | 1921 Subgen. *Newportides*, Chamberlin in: Occas. Papers Mus. Zool. Michigan, *v.* 4 nr. 97 p. 10.

23 Beinpaare. Kopf meist mit 2 Längsfurchen, den Vorderrand des 1. Tergits überlagernd. Keine Augen. Antennen 17gliedrig, schon die Grundglieder dorsal beborstet, ihre Borsten etwas länger und spärlicher als die der weiteren Glieder. Clypeus zerstreut beborstet, die Borsten relativ groß. Seiten des Labrum in der Mitte des Hinterrandes gefranst. 2. Glied des Telopodits der 2. Maxille mit schwacher Dornborste, Endkralle ohne Nebenkrallen. Hüften der Kieferfüße vorn gerade oder kurz zweibogig, der Rand schmal feinwulstig gesäumt, manchmal von ihm 2 kurze glattrandige Plättchen (Homologa der Zahnplatten anderer Gattungen) abgesetzt; Präfemur ohne Innenzahn. 2., 4., 6. Tergit kürzer als die benachbarten, am kürzesten das 2., das nur wenig mehr als halb so lang wie das 1. ist; vom 9., 11. usw. an ist der Unterschied in der Länge kaum merklich. 1. Tergit immer mit Ringfurche, die nur bei einer Art in der Mitte zwischen den Längsfurchen unterbrochen ist; die Ringfurche ist entweder gleichmäßig halbkreisförmig oder in der Mitte winklig nach hinten gezogen; die Längsfurchen sind entweder ± parallel oder sie gabeln sich und ihre Medialäste treffen in der Mediane zusammen, so daß eine W-Zeichnung entsteht; die parallelen Längsfurchen reichen entweder vom Hinterrand bis zur Ringfurche oder über diese hinaus bis zum Vorderrand; bei einer Art fehlen die Längsfurchen ganz. Tergite mit 2 paramedianen Längsfurchen und gebogenen Seitenfurchen, manchmal einige vordere mit vorderer Schrägfurche. Nur das 23. Tergit berandet. Sternite meist mit medianer Längsfurche, die meist vorn und hinten abgekürzt ist, dazu am Rande je 1—2 feine Seitenfurchen. Keine Querleiste zwischen den Hüften; manchmal vor dem Hinterrande eine feine Querfurche, Endosternit durch eine Querleiste abgegrenzt. Coxopleuren mit meist langem, einspitzigem Fortsatz und großem Porenfeld. Tarsus der Beinpaare 1—21 eingliedrig oder undeutlich 2gliedrig, meist mit 1 Sporn; Tibia am Ende mit Lateralsporn oder mit Ventralsporn oder mit beiden. Präfemur der Endbeine unten bedornt, Femur meist auch mit 1—3 Dornen, selten unbedornt; Tibia nur bei *N. mexicana* bedornt, sonst unbedornt, 2. Tarsus in eine größere Zahl von sekundären Gliedchen, die ± deutlich abgegrenzt sind, geteilt, meist ohne, selten mit Endkralle. 11 Paar runde oder ovale, meist sehr kleine Stigmen auf den beintragenden Segmenten 3, 5, 7, 8, 10, 12, 14, 16, 18, 20, 22.

Zentral- und Südamerika.

Typus: *N. longitarsis* (Newp.)

23 Arten, von denen 2 in 4 Unterarten geteilt sind und 4 unsichere Arten.

Übersicht über die Arten:

1 { Endbeine ohne Endkralle (Fig. 362) — 2
Endbeine mit Endkralle (Fig. 380, 382) — 24

2 { 2. Tarsus deutlich gegliedert. Tibia der vorderen Beine meist nur mit lateralem, selten nur mit ventralem, bei einer Art mit lateralem und ventralem Sporn. Tarsus der vorderen Beine mit ventralem Sporn — 3
2. Tarsus nur undeutlich gegliedert. Tibia der vorderen Beine mit ventralem und meist auch mit lateralem Sporn. Tarsus der vorderen Beine meist ohne Sporn. 1. Tergit mit ungegabelten Längsfurchen, bei einer Art ohne Längsfurchen — 17

3 1. Tergit mit halbkreisförmiger Ringfurche, hinter dieser keine Grube, die Längsfurchen nicht gegabelt (Fig. 359) — **4**
1. Tergit mit median winkelig nach hinten vorgezogener Ringfurche, hinter ihr eine Grube; die Längsfurchen sind vorn gegabelt und bilden eine W-Zeichnung (Fig. 365) — **10**

4 1. Tergit und Kopf ohne Längsfurchen . . . . – 6. **N. pusilla**
1. Tergit mit 2, wenigstens ganz kurzen Längsfurchen — **5**

5 Femur der Endbeine unbedornt; 2. Tarsus der Endbeine aus 19—25 Gliedchen bestehend . . . . – 5. **N. diagramma**
Femur der Endbeine bedornt; 2. Tarsus der Endbeine aus 8—19 Gliedchen bestehend — **6**

6 Tibia der vorderen Beine mit ventralem, ohne lateralen Sporn . . . . – 4. **N. cubana**
Tibia der vorderen Beine mit lateralem, ohne ventralen Sporn — **7**

7 1. Tarsus der Endbeine fast so lang wie die Tibia, aber viel dünner als diese. 2. Tarsus viergliedrig . . . – 3. **N. dentata**
1. Tarsus der Endbeine halb bis $^2/_3$ so lang wie die Tibia, nur wenig dünner als diese. 2. Tarsus 7 bis 15gliedrig — **8**

8 Femur der Endbeine mit 3 Dornen, 2 vor, 1 hinter der Mitte. 2. Tarsus plötzlich viel dünner als der erste . – 2. **N. heteropoda**
Femur der Endbeine mit 1—2 Dornen vor der Mitte. 2. Tarsus nicht viel dünner als der erste . . . . . – 1. **N. longitarsis: 9**

9 Präfemur der Endbeine oben-innen mit 2 Reihen von 7—10 Dörnchen. Vorderrand der Kieferfußhüften mit 2 kurzen, breiten Plättchen . . . . – 1a. **N. l. longitarsis**
Präfemur oben-innen nur beborstet ohne Dörnchen. Vorderrand der Kieferfußhüften fast gerade. Zwischen den Paramedianfurchen des 2. Tergits vorn ein Netzwerk feiner Linien . . . . – 1b. **N. l. sylvae**

10 (3) Tibia der vorderen Beine mit Ventralsporn (mit oder ohne Lateralsporn); Tarsus der vorderen Beine mit Ventralsporn. Femur der Endbeine ventral mit 3 Dornen — **11**
Tibia der vorderen Beine ohne Ventralsporn mit Lateralsporn. Tarsus der vorderen Beine ohne Ventralsporn. Femur der Endbeine mit 0—2 Dornen — **12**

11 Tibia der vorderen Beine mit Lateral- und Ventralsporn. 1. Tarsus der Endbeine so lang und dick wie die Tibia; 2. Tarsus 13—14gliedrig. Sternite mit Medianfurche . . . . – 7. **N. spinipes**
Tibia der vorderen Beine nur mit Ventralsporn. 1. Tarsus der Endbeine kürzer und viel dünner als die Tibia; 2. Tarsus 5—8gliedrig. Sternite ohne Medianfurche . – 8. **N. oreina**

12 Die Längsfurchen des 1. Tergits setzen sich auch vor der Ringfurche bis zum Vorderrand fort — **13**
Die Längsfurchen des 1. Tergits enden an der Ringfurche — **14**

13	Vorderrand der Kieferfußhüften geradlinig mit seichter Mittelkerbe, schwach gesäumt (Fig. 366). Femur der Endbeine an der Basis medial mit 1 Dorn, ventral mit 1—2 Dornen. Sternite bis zum 19. mit Längsfurche	9. **N. simoni**
	Vorderrand der Kieferfußhüften zweibogig, stark gesäumt. Femur der Endbeine mit 2 Dornen medial, einer nahe der Basis, einer nahe dem Ende, ventral ohne Dorn. Sternite bis zum 12. oder 13., selten 15. mit Medianfurche. 3–4 hintere Sternite mit Querfurche hinter den Hüften	10. **N. fuhrmanni**
14	Femur der Endbeine unbedornt. 1. Tarsus kaum verschieden vom 1. Gliedchen des 2. Tarsus	11. **N. balzanii**
	Femur der Endbeine bedornt. 1. Tarsus deutlich vom 2. Tarsus verschieden (Fig. 371) — **15**	
15	Vorderrand der Kieferfußhüften gerade mit 2 leistenartigen Plättchen. 2. Tarsus 6–11, selten 19gliedrig	12. **N. monticola**
	Vorderrand der Kieferfußhüften mit 2 rundlappigen Plättchen (Fig. 370). 2. Tarsus 18—25gliedrig . .	13. **N. bicegoi: 16**
16	Der Teil des 1. Tergits vor der Ringfurche ist viel kürzer als der hintere Teil. 1. Tarsus der Endbeine zylindrisch und am Ende nicht eckig vorspringend .	13a. **N. b. bicegoi**
	Die Ringfurche teilt das 1. Tergit in 2 fast gleiche Hälften. 1. Tarsus der Endbeine am Ende verbreitert und spitzeckig vortretend	13b. **N. b. collaris**
17 (2)	Tibia der Endbeine ventral mit 3 Dornen. Dornen auf der Medialseite des Präfemur fast so groß wie die der Unterseite	14. **N. mexicana**
	Tibia der Endbeine unbedornt. Dörnchen auf der Medialseite des Präfemur viel kleiner als die großen Ventraldornen — **18**	
18	1. Tergit ohne Längsfurchen. (Der Tarsus der Endbeine überhaupt nicht deutlich gegliedert, kein 1. Tarsus erkennbar)	15. **N. lasia**
	1. Tergit mit Längsfurchen — **19**	
19	Die Ringfurche des 1. Tergits ist zwischen den beiden Längsfurchen unterbrochen (Fig. 374)	16. **N. divergens**
	Die Ringfurche des 1. Tergits ist vollständig, halbkreisförmig — **20**	
20	Tibia des 1.—20. Beinpaars nur mit Ventralsporn . .	17. **N. mimetica**
	Tibia des 1.—20. Beinpaars mit ventralem und lateralem Sporn — **21**	
21	Tarsus der Endbeine nicht deutlich in ersten und zweiten Tarsus geteilt (Fig. 375)	18. **N. brevipes**
	Der 1. Tarsus ist deutlich von dem undeutlich geringelten 2. Tarsus abgesetzt (Fig. 379) — **22**	
22	Kopf vor dem Hinterrande mit einer die Längsfurchen kreuzenden Querfurche (Fig. 376)	19. **N. ernsti**
	Kopf ohne hintere Querfurche — **23**	
23	Fortsatz der Coxopleuren ziemlich kurz, etwas gekrümmt, lateral reichlich beborstet. 23. Sternit kaum verjüngt, hinten gestutzt. 2. Tergit mit 2 kurzen Furchen vorn	20. **N. stolli**
	Fortsatz der Coxopleuren lang, gerade, lateral spärlich beborstet. 23. Sternit nach hinten deutlich verschmälert; binten in der Mitte konvex, seitlich eingekerbt. 2. Tergit mit 2 kurzen Furchen hinten .	21. **N. paraensis**

24 (1)
- 2. Tarsus der Endbeine undeutlich gegliedert, 1. Tarsus länger als die Tibia (Fig. 381) . . . . 22. **N. amazonica**
- 2. Tarsus der Endbeine aus 9 deutlich abgesetzten Gliedchen bestehend. 1. Tarsus halb so lang wie die Tibia (Fig. 382) . . . . 23. **N. unguifer**

1. **N. longitarsis** (Newp.) 1845 *Scolopocryptops l.*, Newport in: Tr. Linn. Soc. London, *v.* 19 p. 407 t. 40 f. 10.

1. Tergit mit halbkreisförmiger Ringfurche und 2 Längsfurchen zwischen Ringfurche und Hinterrand. Kopf mit 2 kurzen Furchen hinten. Femur der Endbeine mit 1—2 Dornen vor der Mitte. Die Gliedchen des 2. Tarsus deutlich abgegrenzt, nicht viel schlanker als der 1. Tarsus. Tibia der vorderen Beine mit Lateralsporn, ohne Ventralsporn.

Zentralamerika, Antillen, Südamerika.

2 Unterarten.

1a. **N. l. longitarsis** (Newp.) 1845 *Scolopocryptops l.*, Newport in: Tr. Linn. Soc. London, *v.* 19 p. 407 t. 40 f. 10 | 1847 *Newportia l.*, P. Gervais in: Walckenaer, Hist. Apt., *v.* 4 p. 298 | 1893 *N. l.*, Pocock in: J. Linn. Soc. London, *v.* 24 p. 466 | 1898 *N. l.*, Brölemann in: Ann. Soc. ent. France, *v.* 67 p. 251 & p. 319 t. 28 f. 1, 2 | 1903 *N. l.*, Kraepelin in: Mt. Mus. Hamburg, *v.* 20 p. 86 f. 40 | 1904 *N. l.*, Brölemann in: Revista Mus. Paul., *v.* 6 p. 67.

Länge 45 mm. Gelbrot, Kopf und 1. Tergit rotbraun. Kopf glatt, glänzend, zerstreut punktiert, hinten mit 2 feinen, bis zur Mitte reichenden Furchen (Fig. 359). Antennen 17gliedrig, 3—4 Grundglieder glänzend.

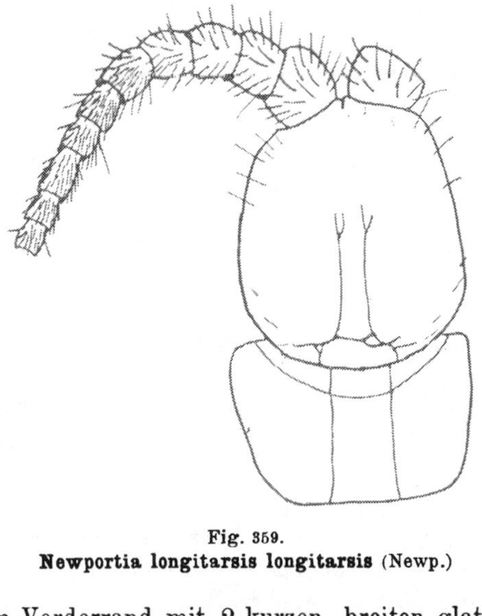

Fig. 359.
Newportia longitarsis longitarsis (Newp.)

Kieferfußhüften am Vorderrand mit 2 kurzen, breiten glattrandigen Plättchen (Fig. 360). 1. Tergit mit halbkreisförmiger Ringfurche, ohne Mediangrube, mit 2 einfachen ungegabelten Längsfurchen vom Vorderrand bis zum Hinterrand, also auch vor der Ringfurche. 2.—22. Tergit mit 2 Paramedianfurchen; die Lateralfurchen vom 5. an. 23. Tergit etwas bogig vorgezogen, ohne Medianfurche. Sternite zerstreut punktiert, mit abgekürzter Medianfurche und hinten abgekürzten Seitenfurchen. Letztes Sternit wenig verjüngt, hinten gestutzt oder seicht ausgerandet, ohne Medianfurche. Beine feinborstig. Tibia mit Lateralsporn, ohne Ventralsporn. Tarsus undeutlich 2gliedrig, ohne Sporn. Coxopleurenfortsatz ziemlich schlank, zerstreut beborstet, einspitzig; Porenarea groß, vorn den Seitenrand erreichend (Fig. 361). Präfemur der Endbeine im

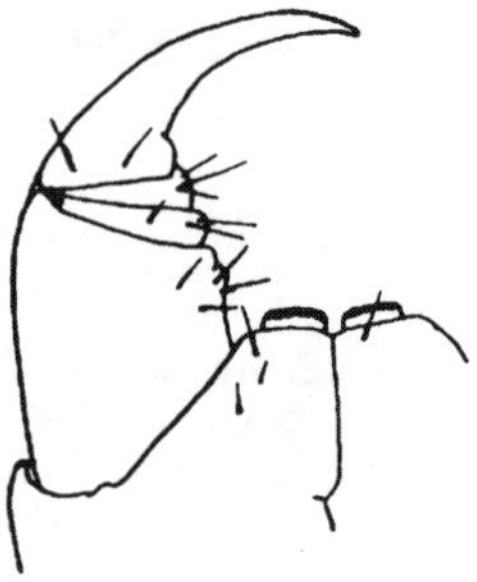

Fig. 360.
Newportia longitarsis longitarsis (Newp.)
Kieferfüße.

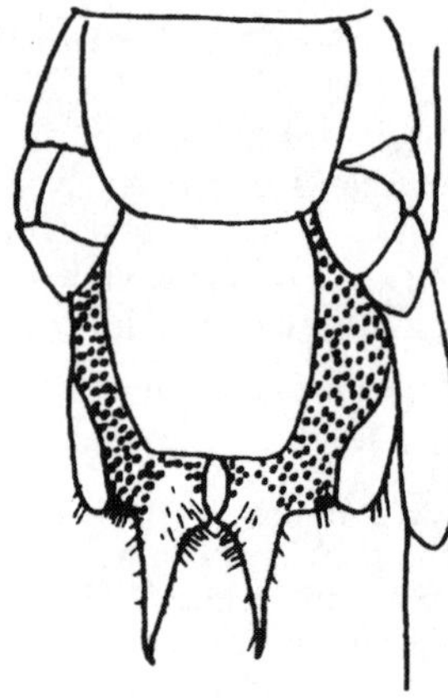

Fig. 361.
Newportia longitarsis longitarsis (Newp.)
Hinterende, Ventralseite.

Querschnitt dreieckig, die Unterkante mit 4—5 großen Dornen, der letzte endständig, dorsal-medial mit 2 Reihen von je 7—10 winzigen Dörnchen, die in eine feinkörnige Höckerung der Medialfläche übergehen. Präfemur und Femur dorsal am Ende mit kurzer grubenartiger Furche. Femur medial

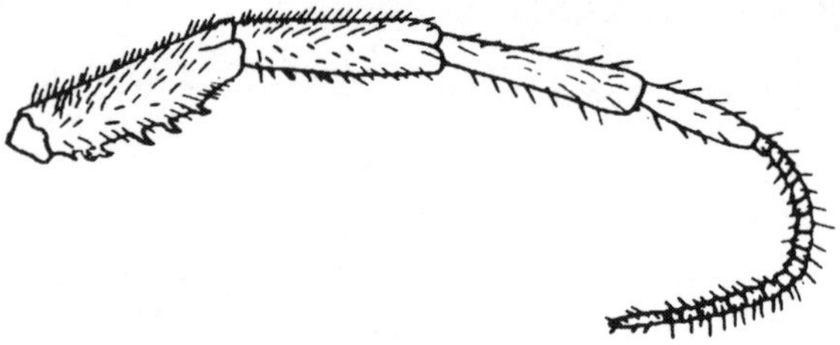

Fig. 362.
Newportia longitarsis longitarsis (Newp.)
Endbein.

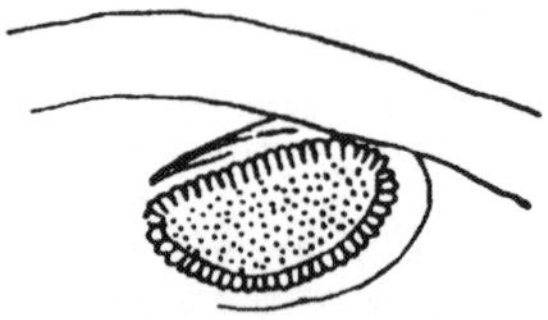

Fig. 363.
Newportia longitarsis longitarsis (Newp.)
Stigma des 3. Segments.

am Grunde mit spitzem Dorn; oft auch ein 2. kurz vor der Mitte. Tibia unbedornt. 1. Tarsalglied $^1/_2$—$^2/_3$ so lang wie die Tibia; Geißel aus 8—19 deutlich abgesetzten, wenig beborsteten Gliedern (Fig. 362). Stigmen groß, rund oder etwas stehend-oval (Fig. 363).

Zentralamerika, St. Vincent, Kuba, Venezuela, Brasilien, Kolumbien.

1b. **N. l. sylvae** Chamb. 1914 *N. l. s.*, Chamberlin in: Bull. Mus. Harvard, *v.* 58 p. 168 t. 2 f. 1, 2.

Länge 36 mm. Ockergelb, die meisten Tergite längs des Hinterrandes dunkler rötlich. Kopf grob, aber nicht dicht punktiert mit 2 kurzen Furchen hinten und einer feinen Medianfurche vorn. Antennen 15—17gliedrig, kein

Glied glänzend. Vorderrand der Kieferfußhüften fast gerade, ohne Zahnplatten. 1. Tergit mit halbkreisförmiger Ringfurche und zwischen ihr und dem Hinterrand mit 2 Längsfurchen; zwischen der Längsfurche und dem Seitenrand jederseits nahe dem Hinterrande eine Querfurche (Fig. 364). 2.—22. Tergit mit vollständigen Paramedianfurchen; auf dem 2. Tergit zwischen den Vorderenden dieser Furchen ein Netzwerk feiner Linien. 3. Tergit mit vorderer schräger Furche. 5.—22. Tergit mit Lateralfurchen. Sternite mit abgekürzter Medianfurche, einfachen abgekürzten Seitenfurchen und einer Querfurche vor dem Hinterrande. Letztes Sternit stark verjüngt, hinten eingebuchtet. Tarsen der vorderen Beine nicht deutlich gegliedert, die Gehbeine spärlich beborstet ohne Dörnchen, Tibia mit Lateralsporn. Präfemur der Endbeine ventral mit vier starken Dornen; auf der Medialfläche etwa vier unregelmäßige Reihen, auf der dorsalen Medialkante eine und lateral einige Reihen von Borsten, aber keine Dörnchen. Femur mit 1 starken Dorn ventral nahe der Basis. 1. Tarsus etwas mehr als halb so lang wie die Tibia und so dick wie der deutlich gegliederte 2. Tarsus. Stigmen mäßig groß.

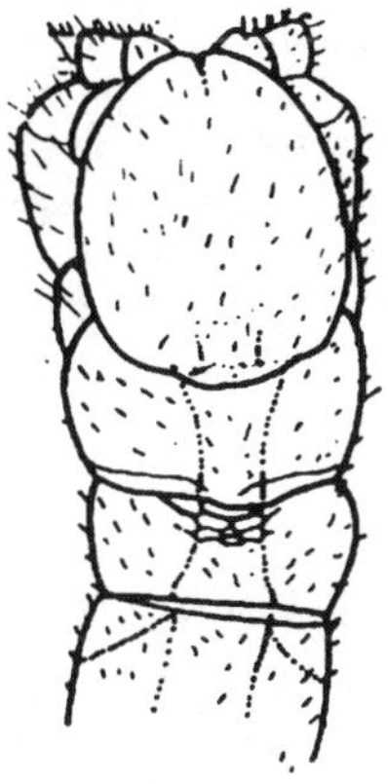
Fig. 364. Newportia longitarsis sylvae Chamb.

Brasilien, Staat von Matto Grosso, Madeira-Mamore.

2. **N. heteropoda** Chamb. 1918 *N. h.*, Chamberlin in: Bull. Mus. Harvard, *v.* 62 p. 154.

Länge 17 mm. Sehr ähnlich der *N. longitarsis*; Unterschiede: Femur der Endbeine mit 3 Dornen, von denen 2 vor, 1 hinter der Mitte stehen; Präfemur medial und lateral mit 2 Reihen von Dornborsten; Tibia etwas länger als das Femur und ebenso dick wie dieses. 1. Tarsalglied ungefähr halb so lang wie die Tibia und nur wenig schlanker als diese, leicht keulig und am Ende scharf abgestutzt. Glieder des 2. Tarsus, 9 an der Zahl, deutlich gegliedert, plötzlich viel dünner als das 1. Tarsalglied.

Kuba: Belona oriente.

3. **N. dentata** Poc. 1890 *N. d.*, Pocock in: Ann. nat. Hist., ser. 6 *v.* 6 p. 143 | 1903 *N. d.*, Kraepelin in: Mt. Mus. Hamburg, *v.* 20 p. 87.

Länge 16 mm. Ockergelb, Kopf kastanienbraun. Femur der Endbeine dorsal-medial mit 3 kleinen Dörnchen. 1. Tarsalglied fast so lang wie die Tibia, aber viel dünner als diese. 2. Tarsus aus 4 deutlich abgegrenzten Gliedchen bestehend. Im übrigen, namentlich bezüglich 1. Tergit, Bedornung der Beine, Präfemur der Endbeine und Coxopleuren gleich *N. longitarsis.*

Ekuador: Chimborasso.

4. **N. cubana** Chamb. 1915 *N. c.*, Chamberlin in: Bull. Mus. Harvard, *v.* 59 p. 497.

Länge 42 mm. Kopf und die letzten 2 Tergite kastanienbraun, der Rest des Rückens oliv, mit einem grünen oder grünschwarzen medianen Doppelband und dunklen Flecken seitlich und am Hinterrand, Sternite licht oliv, die meisten mit einem vorderen dunklen Fleck, Beine gelb, Präfemur, Femur und Tibia des 22. Beinpaars ventral weißlich mit dunklen Fleckchen. Kopf dicht fein punktiert, hinten mit 2 sehr kurzen Längsfurchen. Antennen 17 gliedrig, einige Grundglieder weniger dicht behaart, mit längeren Borsten dazwischen. Vorderrand der Kieferfußhüften fast oder ganz gerade. 1. Tergit mit halbkreisförmiger Ringfurche und 2 Längsfurchen zwischen ihr und dem Hinterrand. 2.—22. Tergit mit vollständigen Paramedianfurchen; die meisten Tergite mit niedrigem Mediankiel. 2.—20. Sternit mit vorn und hinten abgekürzter Längsfurche; letztes stark verjüngt, hinten fast winkelig eingebuchtet. Tibia der vorderen Beine mit einem Ventraldorn, aber ohne Lateraldorn. Tarsen 2gliedrig, ohne Dorn. Präfemur der Endbeine ventral mit 4 langen, krummen Dornen; Femur proximal-medial mit 1, zuweilen 2 Dornen. Tibia so lang wie das Femur, aber schlanker; 1. Tarsalglied etwas über halb so lang wie die Tibia, ein wenig schlanker als diese. 2. Tarsus mit 7—15 deutlichen Gliedern.

Kuba: Juan Guerra Sagira de Panamo; Guantanamo, Arroyo Hondo.

5. **N. diagramma** Chamb. 1921 *N. d.*, Chamberlin in: Occas. Papers Mus. Zool. Michigan, *v.* 4 nr. 97 p. 7 t. 2 f. 8 & 9.

Länge 50 mm. Ockergelb bis licht kastanienbraun, der Kopf nicht merklich verschieden. Kopf zerstreut punktiert mit 2 kurzen Längsfurchen hinten. Antennen 17gliedrig, die ersten 4 Glieder zerstreuter langborstig. Kieferfußhüften mit ± deutlicher Medianfurche, vorn zweibogig, in der Mitte stumpf eingekerbt. 1. Tergit mit halbkreisförmiger Ringfurche und 2 ungegabelten Längsfurchen, die vom Vorderrand bis zur Mitte zwischen Ringfurche und Hinterrand ziehen. 2.—22. Tergit mit Paramedianfurchen. Lateralfurchen meist nicht sichtbar. Mediankiel fehlend oder undeutlich. Sternite mit vorn und hinten abgekürzter Medianfurche, letztes Sternit hinten seicht eingebuchtet. Coxopleurenfortsatz sehr kurz, eigentlich auf die Endspitze beschränkt. Tarsen aller Gehbeine 2gliedrig, Tibia des 1.—21. mit vorderem (lateralem) Sporn. Präfemur der Endbeine im Querschnitt dreieckig, die ventrale Kante gewöhnlich mit 3, selten mit 4—7 starken geraden Dornen, im übrigen nur mit zahlreichen, kurzen, auf einem Tuberkel sitzenden Härchen; die Dorsalseite abgeflacht, am Ende gefurcht. Femur und Tibia unbedornt mit kurzen auf einem Tuberkel sitzenden Härchen. 1. Tarsus halb so lang wie die Tibia, 2. Tarsus aus 19—25 deutlich abgegrenzten Gliedchen bestehend.

Britisch-Guayana: Dunoon, Labba Creek.

6. **N. pusilla** Poc. 1893 *N. p.*, Pocock in: J. Linn. Soc. London, *v.* 24 p. 468 | 1903 *N. p.*, Kraepelin in: Mt. Mus. Hamburg, *v.* 20 p. 88 | 1914 *N. pusillum*, Ribaut in: Mém. Soc. Neuchâtel, *v.* 5 II p. 71 (? Sep. 1912).

Länge 38 mm. Gelb, Kopf und 1. Tergit rötlich. Kopf und Tergite fein und sehr dicht punktiert. Kopf ganz ohne Furchen. Antennen 17gliedrig. Vorderrand der Kieferfußhüften gerade, in der Mitte eingekerbt. 1. Tergit mit halbkreisförmiger Ringfurche, ohne Längsfurchen und Mediangrube. 2. Tergit mit vollständigen Paramedianfurchen, 3. oder 3. und 4., manchmal auch 5. meist mit unvollständigen Paramedianfurchen, die folgenden wieder mit vollständigen. Ein deutlicher Mediankiel vorhanden besonders in der hinteren Körperhälfte. Beine beborstet. Tibia nur mit Lateralsporn, Tarsus ohne Sporn. Präfemur der Endbeine ventral mit 3—5 großen Dornen, Femur unbedornt oder mit 1—2 Dornen, Tibia unbedornt. 1. Tarsalglied etwa halb so lang wie die Tibia, 2. Tarsus 7—11gliedrig, deutlich gegliedert.

St. Vincent; Kolumbien, Zentralkordilleren (Camelia) und Ostkordilleren: Bogota, Paramo Cruz Verde, Tambo, Cafetal angelia, Viota (1600—3600 m).

7. **N. spinipes** Poc. 1896 *N. s.*, Pocock in: Biol. Centr.-Amer., Chilop. p. 33 t. 3 f. 5 | 1903 *N. s.*, Kraepelin in: Mt. Mus. Hamburg, *v.* 20 p. 88 f. 41, 42.

Länge 46 mm. Ockergelb, Kopf und Kieferfüße kastanienbraun. Kopf glatt, sparsam fein punktiert, hinten mit 2 kurzen Furchen (Fig. 365). Antennen 17gliedrig, die ersten 3—4 Glieder sparsam beborstet. Kieferfußhüften vorn ± tief ausgerandet mit 2 schmalen braunen Platten. 1. Tergit mit in der Mitte nach hinten vorgezogener Ringfurche, dahinter eine Mediangrube; 2 Längsfurchen vom Hinter- bis zum Vorderrand; jede gabelt sich ungefähr in der Mitte, der mediale Ast vereinigt sich mit dem der anderen Seite im Mediangrübchen, wodurch eine W-förmige Zeichnung entsteht. 2.—22. Tergit mit Paramedianfurchen, 3.—21. Tergit auch mit Lateralfurchen; 23. Tergit ohne Medianfurche, hinten nur schwach bogig vorgezogen. Sternite fein punktiert, mit abgekürzter Medianfurche und 2 abgekürzten Seitenfurchen jederseits; letztes Sternit breiter als lang, etwas verjüngt, hinten tief ausgerandet. Grundglieder namentlich der vorderen Beine kurz dornkörnig, Tibia mit lateralem und ventralem Sporn, Tarsus 1—21 ungegliedert mit ventralem Sporn. Coxopleurenfortsatz lang schlank, 1spitzig, kahl, am Grunde oft ein kleines Dörnchen. Endbeine unbehaart; Präfemur ventral mit einer Reihe von 4 starken Dornen, lateral und medial mit zahlreichen kleinen Dörnchen in mehreren Reihen. Femur ventral mit einer Reihe von 3 starken Dornen, lateral und medial zerstreute Dornkörnchen. Tibia länger als das Femur, 1. Tarsus fast so lang wie die Tibia und ebenso dick, am Ende gestutzt und einerseits etwas eckig vorgezogen. 2. Tarsus dünn, borstenförmig, aus 13—14 deutlich abgesetzten Gliedern bestehend. Stigmen rund, ziemlich groß.

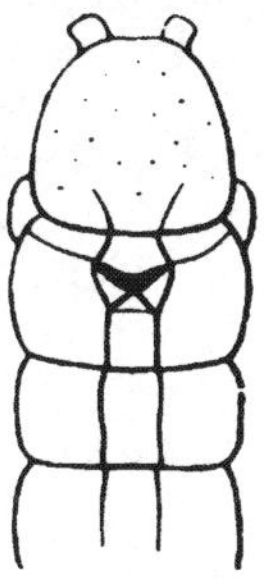
Fig. 365.
Newportia spinipes Poc. Vorderende.

Mexiko: Guerrero, Omilteme und Sierra de las Aguas Escondidas.

N. azteca Humb. & Sauss. 1869 *N. a.*, Humbert & Saussure in: Rev. Mag. Zool., ser. 2 *v.* 21 p. 158 | 1872 *N. a.*, Saussure & Humbert in: Miss. Mex., Part 6 Sect. 2 p. 137 t. 6 f. 20 | 1896 *N. a.*, Pocock in: Biol. Centr.-Amer., Chilop. p. 32.

Die unvollständige Beschreibung stimmt mit der von *N. spinipes* überein. Die Abbildung (1872) zeigt aber auf dem Präfemur der Endbeine nur 2 Dornen und der dritte Dorn des Femur steht nicht in einer Reihe mit den beiden anderen. Im Text ist über die Bedornung der Endbeine nichts angegeben. Eine sichere Identifizierung ist zur Zeit unmöglich, wenn es auch sehr wahrscheinlich ist, daß sich beide Beschreibungen, nämlich von *spinipes* und *azteca*, auf die gleiche Art beziehen.

Mexiko: Cordova.

8. **N. oreina** Chamb. 1915 *N. o.*, Chamberlin in: Bull. Mus. Harvard, *v.* 59 p. 499.

Länge 23 mm. Lichtgelb oder lichtbraun. Kopf nicht deutlich punktiert, vorn mit kurzer Medianfurche, hinten mit 2 kurzen Längsfurchen ohne Querfurche. Antennen kurz, 17gliedrig, die ersten 4 Glieder schütter langborstig, die anderen sehr kurz und dicht behaart. Vorderrand der Kieferfußhüften mit medianem scharfem Einschnitt, jederseits eine kurze schmale Platte, die Fläche mit 2 Längsfurchen, die vorn durch eine Querfurche verbunden sind. 1. Tergit wie bei *N. spinipes* mit median vorgezogener Ringfurche, einem Mediangrübchen und 2 Längsfurchen, die sich hinter der Ringfurche gabeln und eine W-förmige Zeichnung bilden. Tergite vom 2. an mit Paramedianfurchen, die auf dem 2. Tergit durch eine bogige Querfurche nahe dem

Vorderrande verbunden sind. Einige Tergite der hinteren Körperhälfte mit Mediankiel. Sternite glatt, nur mit einer halbkreisförmigen Querfurche nahe dem Vorderrande. Letztes Sternit so breit wie lang, stark verjüngt, hinten winkelig eingebuchtet. Coxopleurenfortsatz mäßig lang, einspitzig, ventral mit 1—2 Dörnchen; am Hinterrand der Coxopleure auch meist 2 Dörnchen. Tarsen aller Gehbeine 2gliedrig; 2. Tarsalglied der vorderen Beine mit ventralem Sporn in der Mitte; Tibia mit kleinem Ventralsporn, ohne Lateralsporn, Präfemur mit 2—3, Femur mit 1 ventralen Dörnchen am Ende. Präfemur der Endbeine mit 4, Femur mit 3 starken Dornen ventral, beide Glieder außerdem mit zahlreichen Dörnchen auf der Lateral- und Dorsalfläche. Tibia länger als Femur und 1. Tarsalglied, letzteres viel schlanker als die Tibia, 2. Tarsus plötzlich viel schlanker als der 1. Tarsus, kurz, ungefähr so lang wie das Femur, aus 5—8 deutlich gesonderten Gliedchen bestehend.

Mexiko: Hidalgo, Guerrero.

9. **N. simoni** Bröl. 1898 *N. S.*, Brölemann in: Ann. Soc. ent. France, *v.* 67 p. 251 t. 20 f. 3—6 | 1903 *N. s.*, Kraepelin in: Mt. Mus. Hamburg, *v.* 20 p. 90 f. 43, 44.

Länge 26 mm. Blaß ockergelb, Kopf und letztes Tergit rostfarben. Kopf zerstreut grob punktiert, im hinteren Drittel 2 Längsfurchen. Antennen 17gliedrig, 2 Grundglieder kahl und glänzend. Kieferfußhüften vorn vorgezogen und gestutzt, in der Mitte kaum eingekerbt (Fig. 366). 1. Tergit mit median nach hinten vorgezogener Ringfurche, Mediangrube und 2 vom Vorder- bis zum Hinterrand ziehenden Längsfurchen, die sich hinter der

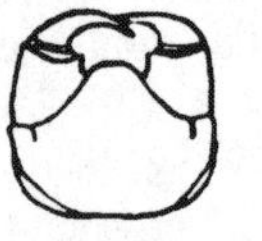

Fig. 366.
Newportia simoni Bröl.

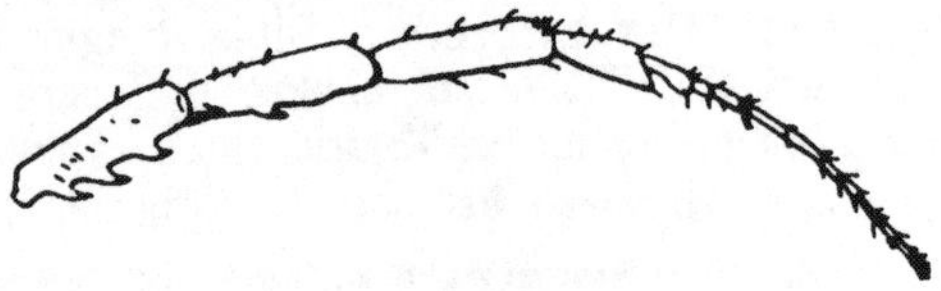

Fig. 367.
Newportia simoni Bröl.
Endbein.

Ringfurche gabeln und eine W-Zeichnung bilden. 2.—22. Tergit mit Paramedianfurchen, die auf dem 2. unvollständig sind, 3.—21. Tergit mit Lateralfurchen. 3. 19. Sternit mit vorn und hinten abgekürzter Medianfurche, 2.—21. Sternit mit einfachen Seitenfurchen, vor dem Hinterrande keine Querfurche. Letztes Sternit schwach verjüngt, hinten seicht ausgerandet. Gehbeine mit Dornborsten, Tibia nur mit Lateralsporn. Tarsus ungegliedert ohne Sporn. Präfemur der Endbeine ventral mit einer Reihe von 3 bis 4 großen Dornen, dorsal-medial und lateral und auf der Medialfläche winzige Dörnchen; Femur am Grunde medial mit einem großen Dorn, ventral 1 bis 2 kleinere; 1. Tarsus kaum halb so lang wie die Tibia, ebenso dick, distal verbreitert, schief abgeschnitten, in eine spitze Ecke ausgezogen; 2. Tarsus aus 6 bis 10 deutlich abgesetzten dünnen Gliedchen bestehend (Fig. 367). Stigmen rund und klein.

Venezuela: La Guayra, Corozal.

10. **N. fuhrmanni** Rib. 1914 *N. F.*, Ribaut in: Mém. Soc. Neuchâtel, *v.* 5II p. 72 (? Sep. 1912).

Nahe verwandt mit *N. simoni* und in allen nicht erwähnten Punkten mit dieser übereinstimmend. Vorderrand der Kieferfußhüften tief zweilappig vorspringend, der Rand wulstig verdickt. Paramedianfurchen des 2. Tergits vollständig. 2.—12. oder 15. Sternit mit Medianfurche; auf den 3—4 vorletzten Sterniten hinter den Hüften eine Querfurche. Femur der Endbeine mit 2 Dornen, beide auf der Medialfläche sitzend. 1. Tarsus am Ende kaum abgeschrägt, doppelt so dick wie die Basis des 2. Tarsus; letzterer aus 5 bis 8 Gliedchen bestehend.

Kolumbien: Cafetal Camelia bei Angelopolis in den Zentralkordilleren.

11. **N. balzanii** Silv. 1895 *N. b.*, Silvestri in: Ann. Mus. Genova, *v.* 34 p. 767 | 1903 *N. b.*, Kraepelin in: Mt. Mus. Hamburg, *v.* 20 p. 92 f. 45, 46.

Länge 30 mm. Ockergelb, Kopf rotbraun. Kopf ziemlich grob punktiert, hinten mit 2 kurzen Längsfurchen (Fig. 368). Antennen 17gliedrig, 2 Grundglieder glänzend und etwas länger beborstet. Kieferfußhüften mit 2 deutlichen, ziemlich schmalen Platten. 1. Tergit mit median nach hinten vorgezogener Ringfurche, Mediangrube und 2 Längsfurchen, die vorn gegabelt sind und eine W-Zeichnung bilden, sich aber vor der Ringfurche nicht fortsetzen. 2.—20. Tergit mit vollständigen Paramedianfurchen, Lateralfurchen vom 3. Tergit an. 5.—20. Sternit mit abgekürzter Medianfurche und durchgehenden einfachen Seitenfurchen, ohne Querfurche vor dem Hinterrande; letztes Sternit etwas verjüngt, hinten fast halbkreisförmig gerundet. Beine beborstet, besonders die Grundglieder des 22. Paares, Tibia nur mit Lateralsporn, Tarsus ungegliedert, ohne Sporn. Coxopleuren rot beborstet. Präfemur der Endbeine ventral mit 3 starken Dornen, dorsal-medial eine Reihe von 8—10 kurzen Borsten, Medialfläche mit 2—3 kleinen Borsten, lateral eine Reihe feiner anliegender Börstchen, dorsal fein kurzhaarig, Femur unbedornt, mit feinen langen roten Borsten, ebenso die Tibia; 1. Tarsus $^1/_3$ so lang wie die Tibia, wenig dicker als der 2. Tarsus, der aus etwa 11 deutlich abgesetzten Gliedchen besteht. Stigmen längsoval.

Paraguay: Rio Apa.

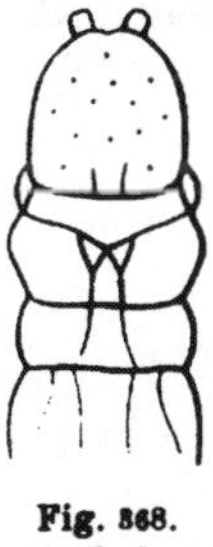

Fig. 368.
Newportia balzanii Silv.
Vorderende.

Fig. 369.
Newportia monticola Poc.

12. **N. monticola** Poc. 1890 *N. m.*, Pocock in: Ann. nat. Hist., ser. 6 *v.* 6 p. 144 | 1896 *N. rogersi*, Pocock in: Biol. Centr.-Amer., Chilop. p. 34 t. 3 f. 6 | 1903 *N. r*, Brölemann in: Ann. Soc. ent. France, *v.* 72 p. 130 | 1903 *N. r.* + *monticola*, Kraepelin in: Mt. Mus. Hamburg, *v.* 20 p. 91, 92 | 1914 *N. m.*, Ribaut in: Mém. Soc. Neuchâtel, *v.* 5 II p. 74 (? Sep. 1912).

Länge 32 mm. Ockergelb, Kopf und 1. Tergit kastanienbraun. Kopf punktiert, hinten mit 2 sehr kurzen Längsfurchen (Fig. 369). Antennen 17gliedrig, 2—3 Grundglieder glänzend und weniger behaart. Vorderrand der Kieferfußhüften fast gerade, mit 2 leistenartigen Platten. 1. Tergit mit median nach hinten vorgezogener Ringfurche, Mediangrube und 2 Längsfurchen, die sich vorn gabeln und eine W-Zeichnung bilden, sich aber nicht vor der Ringfurche fortsetzen. 2.—22. Tergit mit vollständigen Paramedianfurchen, Lateralfurchen vom 3. oder 4. Tergit an. Sternite mit abgekürzter Medianfurche und einfachen Seitenfurchen; letztes hinten gestutzt oder seicht ausgerandet. Beine beborstet, Tibia nur mit Lateralsporn; Tarsus ziemlich deutlich 2gliedrig, ohne Sporn. Präfemur der Endbeine ventral mit 4 starken Dornen, dorsal-medial mit 1—2 Reihen winziger Dörnchen; Femur medial mit 1—2, ventral mit 0—1 Dorn; 1. Tarsus halb so lang und dick wie die Tibia, einfach zylindrisch; 2. Tarsus aus 6—11 deutlich abgesetzten Gliedchen bestehend. Stigmen längsoval, winzig.

Kolumbien, Zentral- und Ostkordilleren; Ekuador: Chimborasso, La Dormida, Guayaquil; Costa Rica, Volcan de Irazu; Isla de Cocos.

13. **N. bicegoi** Bröl.*) 1903 *N. b.* + *collaris*, Kraepelin in: Mt. Mus. Hamburg, *v.* 20 p. 90, 93 | 1904 *N. b.*, Brölemann in: Revista Mus. Paul., *v.* 6 p. 67 t. 1 f. 1, 2 | ?1921 *N. parva*, Chamberlin in: Occas. Papers Mus. Zool. Michigan. *v.* 4 nr. 97 p. 12 t. 4 f. 16.

1. Tergit mit Ringfurche und 2 Längsfurchen, die sich vorn gabeln und eine W-Zeichnung bilden, sich aber nicht über die Ringfurche nach vorn fortsetzen. Tibia der Gehbeine nur mit Lateralsporn. Tarsus ohne Sporn. Femur der Endbeine medial mit 0—1, ventral mit 1—2 Dornen. Präfemur ventral mit 4 starken Dornen. 1. Tarsus der Endbeine etwa 1/3 so lang wie die Tibia, 2. Tarsus aus 18—25 deutlich abgesetzten Gliedchen bestehend. Kieferfußhüften mit 2 gerundeten Plättchen.

Brasilien, Französisch-Guayana.

2 Unterarten:

13a. **N. b. bicegoi** Bröl. 1903 *N. b.*, Kraepelin in: Mt. Mus. Hamburg, *v.* 20 p. 93 f. 47, 48 | 1904 *N. b.*, Brölemann in: Revista Mus. Paul., *v.* 6 p. 67 t. 1 f. 1, 2 | 1914 *N. b.*, Ribaut in: Mém. Soc. Neuchâtel, *v.* 5 II p. 74 (? Sep. 1912).

Länge 33 mm. Ockergelb, Kopf und 1. Tergit gelbrot, Kopf zerstreut punktiert, langborstig, mit oder ohne kurze Längsfurchen hinten. Antennen 17gliedrig, ziemlich lang, 3—4 Grundglieder glänzend und zerstreuter lang-

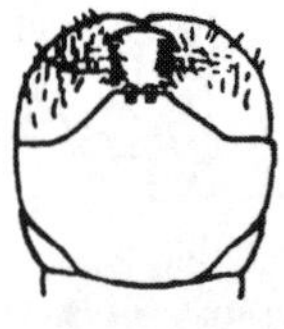

Fig. 370.
Newportia bicegoi bicegoi Bröl.
Kieferfüße.

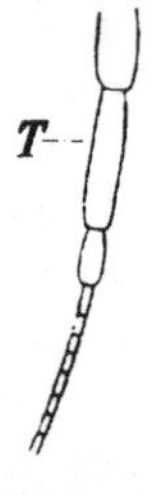

Fig. 371.
Newportia bicegoi bicegoi Bröl.
Endbein.

borstig, die anderen dicht kurz behaart. Kieferfußhüften mit 2 schmalen, gerundeten Plättchen (Fig. 370). 1. Tergit mit median nach hinten vorgezogener Ringfurche, Mediangrube und 2 gegabelten, eine W-Zeichnung bildenden Längsfurchen, die sich nicht über die Ringfurche nach vorn fortsetzen. 2.—22. Tergit mit vollständigen Paramedianfurchen, Lateralfurchen vom 3. Tergit an. Sternite fein punktiert, 1.—21. mit Medianfurche in der

*) Kraepelin citiert nach Correcturbögen von Brölemann diese Art. Die Arbeit Kraepelins erschien schon 1903, die von Brölemann erst 1904.

hinteren Hälfte und einfachen Seitenfurchen; letztes verjüngt, hinten gestutzt oder schwach ausgerandet. Gehbeine stark rotbraun beborstet, Tibia nur mit Lateralsporn, Tarsus ungegliedert, ohne Sporn. Coxopleuren beborstet. Präfemur der Endbeine (Fig. 371) ventral mit 4 starken Dornen, ringsum beborstet. Femur auf der Medialfläche mit 0—1, ventral mit 1—2 kleinen Dornen, lang rötlich beborstet. 1. Tarsus $^1/_3$ so lang wie die Tibia, zylindrisch, deutlich dicker als der 2. Tarsus, der aus etwa 21 wenig deutlich abgesetzten Gliedchen besteht. Stigmen rund-oval, ziemlich groß.

Brasilien: Manaos.

13b. **N. b. collaris** Krpln. 1903 *N. c.*, Kraepelin in: Mt. Mus. Hamburg, *v.* 20 p. 90 | 1914 *N. bicegoi* var. *c.*, Ribaut in: Mém. Soc. Neuchâtel, *v.* 5 II p. 75 (? Sep. 1912).

Die Ringfurche ist fast halbkreisförmig, in der Mitte nur wenig nach hinten vorgezogen und trennt das 1. Tergit in 2 fast gleiche Hälften. Die Längsfurchen des 1. Tergits vorn gegabelt, eine auffallend kleine W-Zeichnung bildend, nach vorn nicht über die Ringfurche fortgesetzt. Coxopleuren nicht beborstet. Femur der Endbeine innen am Grund mit 1, ventral mit 2 kleinen Dornen. 1. Tarsus kaum halb so lang wie die Tibia, nach dem Ende verbreitert und medial in eine spitze Ecke ausgezogen; 2. Tarsus aus 18 bis 19 Gliedchen bestehend, fast so lang wie alle anderen Glieder zusammen. In allem übrigen mit *N. bicegoi* übereinstimmend.

Französisch-Guayana: Bas Carsevenne.

14. **N. mexicana** (Sauss.) 1858 *Scolopendrides m.*, Saussure in: Rev. Mag. Zool., ser. 2 *v.* 10 p. 546 | 1860 *Scolopocryptops m.*, Saussure in: Mém. Soc. Genève, *v.* 15 p. 389 f. 48 | 1869 *Newportia m.*, Humbert & Saussure in: Rev. Mag. Zool., ser. 2 *v.* 21 p. 159 | 1872 *N. m.*, Saussure & Humbert in: Miss. Mex., Part 6 sect. 2 p. 138 | 1896 *Scolopendrides m.*, Pocock in: Biol. Centr.-Amer., Chilop. p. 30 | 1903 *Newportia m.*, Kraepelin in: Mt. Mus. Hamburg, *v.* 20 p. 83.

Länge 30 mm. Rostfarben. Präfemur, Femur und Tibia der Endbeine ungefähr gleich lang, Präfemur ventral-lateral mit einer Reihe von 4 Dornen, ventral-medial mit einer Reihe von 4 etwas kleineren Dornen. Femur ventral in der Mitte mit 1 Dorn, Tibia ventral mit einer Reihe von 3 Dornen. 1. Tarsus ungefähr so lang und dick wie die Tibia, 2. Tarsus undeutlich vielringelig, dünn fadenförmig. Endsternit verjüngt, hinten gestutzt (Fig. 372).

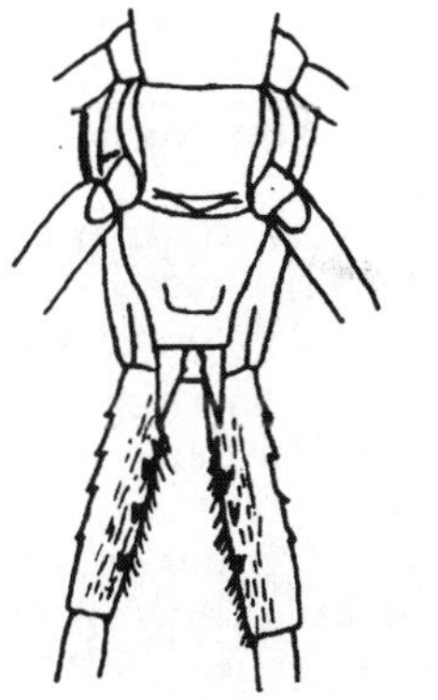

Fig. 372. **Newportia mexicana** (Sauss.)

Beschreibungen sehr unvollständig.

Mexiko: Cordova.

15. **N. lasia** Chamb. 1921 *N. l.*, Chamberlin in: Occas. Papers Mus. Zool. Michigan, *v.* 4 nr. 97 p. 10 t. 3 f. 11.

Länge 52 mm. Ockergelb oder licht orangegelb, der Kopf mehr rötlich. Kopf spärlich fein punktiert, mit 2 kurzen Längsfurchen am Hinterrande. Antennen lang, 17gliedrig. Vorderrand der Kieferfußhüften eingekerbt, die Hüftfläche ohne Furchen. 1. Tergit mit halbkreisförmiger Ringfurche, ohne Längsfurchen. 2. Tergit auch ohne Paramedianfurchen, diese beginnen auf dem 3., die Lateralfurchen auf dem 4. Tergit. Kein Mediankiel. Sternite mit Medianfurche, letztes hinten seicht eingebuchtet. Coxopleurenfortsatz mäßig lang, seitlich dicht beborstet. Tibia des 1.—21. Beinpaars mit 2 Spornen, die des 22. Beinpaars nur mit Ventralsporn. Tarsus des 1.—22. Beinpaars mit großem Ventralsporn in der Mitte. Medialseite des 22. Beinpaars dicht behaart. Präfemur der Endbeine (Fig. 373) ventral mit 5 kurzen, gekrümmten Dornen, auf der Medialseite dicht beborstet; Femur mit einer Reihe von 3 etwas kleineren Dornen. Tarsus viel länger als die Tibia, überhaupt nicht deutlich gegliedert, auch nicht in 1. und 2. Tarsus. Stigmen rund, ziemlich groß.

Britisch-Guayana: Dunoon.

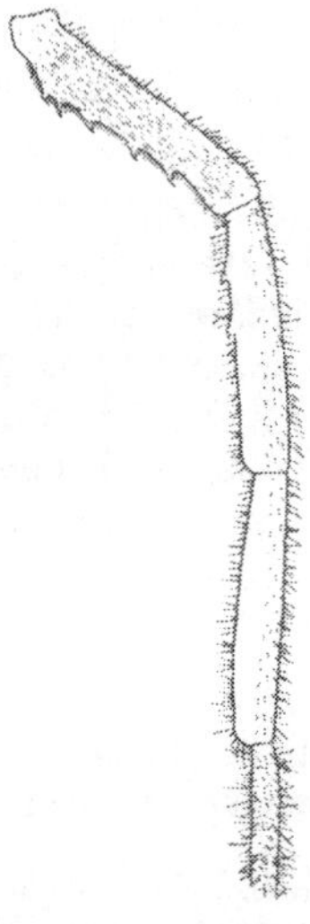

Fig. 373.
Newportia lasia Chamb. Endbein.

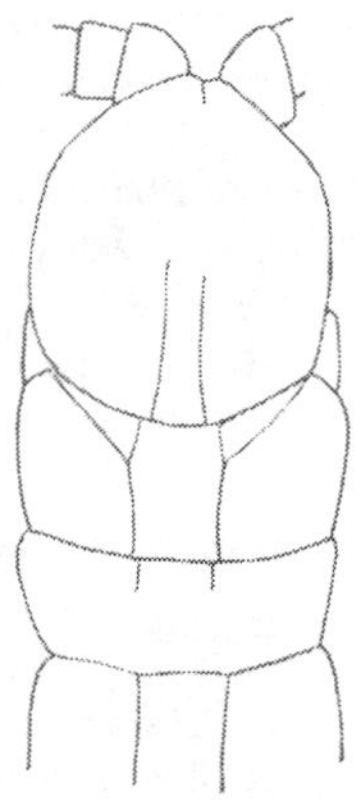

Fig. 374.
Newportia divergens Chamb.

16. **N. divergens** Chamb. 1922 *N. d.*, Chamberlin in: P. U. S. Mus., *v.* 60 nr. 7 p. 6 t. 1 f. 1.

Länge 27 mm. Kopf mit 2 Längsfurchen vom Hinterrand bis zur Mitte ohne hintere Querfurche (Fig. 374). 1. Tergit mit einer in der Mitte zwischen den vom Vorderrand bis zum Hinterrand ziehenden Längsfurchen unterbrochenen Ringfurche. Endbeine im wesentlichen so wie bei *N. stolli* (nr. 20), die kleinen Dörnchen auf der Medialseite des Präfemur etwas zahlreicher. Femur gewöhnlich mit 2, manchmal nur 1 Dorn in der Grundhälfte, zuweilen ein dritter in der distalen Hälfte.

Beschreibung unvollkommen.

Guatemala: Joyabay, San Rafael.

17. **N. mimetica** Chamb. 1922 *N. m.*, Chamberlin in: P. U. S. Mus., *v.* 60 nr. 7 p. 5.

19 mm lang. Kopf mit 2 Längsfurchen vom Hinterrand bis zur Mitte oder etwas darüber, ohne hintere Querfurche. Kieferfußhüften mit kurzen, breiten, gerundeten Zahnplatten. 1. Tergit mit gleichmäßig gebogener Ringfurche und 2 parallelen ungegabelten vom Vorder- bis zum Hinterrand ziehenden Längsfurchen. 2. Tergit nur im vorderen Drittel mit Paramedianfurchen, vom 3.—22. sind letztere vollständig. Tarsus des 1.—21. Beinpaars eingliedrig, Tibia der vorderen Beine nur mit Ventralsporn. Coxopleurenfortsatz fast kahl. 22. und 23. Beinpaar medial nur spärlich beborstet. Endbeine im wesentlichen wie bei *N. stolli* (nr. 20). Präfemur der Endbeine ventral mit 5 gekrümmten

Dornen, dorsal und medial mit einer größeren Zahl von Dörnchen. Femur ventral mit 2 Dornen, einer vor und einer hinter der Mitte.

Honduras: Lombardia.

18. **N. brevipes** Poc. 1891 *N. b.*, Pocock in: Ann. nat. Hist., ser. 6 *v.* 8 p. 163 | 1896 *Scolopendrides b.*, Pocock in: Biol. Centr.-Amer., Chilop. p. 30 | 1903 *Newportia b.*, Kraepelin in: Mt. Mus. Hamburg, *v.* 20 p. 84 f. 37.

Länge 22,5 mm. Scherbengelb oder bleich ockerfarben, Kopf rotbraun. Kopf zerstreut punktiert, hinten mit 2 feinen, kurzen, nach vorn divergierenden Längsfurchen. Antennen 17gliedrig, 3 Grundglieder langborstig. Kieferfußhüften vorn gestutzt, in der Mitte schwach eingeschnitten mit 2 schmalen Platten. 1. Tergit mit halbkreisförmiger Ringfurche und 2 vom Vorder- zum Hinterrand ungegabelt durchlaufenden Längsfurchen, ohne Mediangrube. 2.—22. Tergit mit Paramedianfurchen, 3.—21. auch mit Lateralfurchen, vom 5. oder 6. an ein ± deutlicher Mediankiel. Sternite mit vorn und hinten abgekürzter Medianfurche und einfachen, hinten abgekürzten Seitenfurchen, die der hinteren Körperhälfte mit feiner Querfurche im hinteren Drittel; letztes Sternit verjüngt, hinten ausgerandet. Gehbeine beborstet, Tibia mit ventralem und lateralem Sporn, Tarsus undeutlich 2gliedrig, mit Sporn. Präfemur, Femur und Tibia der Endbeine (Fig. 375) ziemlich gleich lang. Präfemur im Querschnitt dreieckig, die Unterkante mit Längsreihe von 5 Dornen, dorsalmedial einige winzige Dörnchen. Femur ventral in der Grundhälfte mit kleinem Dorn. 1. Tarsus meist dicker als der 2., letzterer undeutlich gegliedert. Stigmen winzig.

Fig. 375. **Newportia brevipes** Poc. Endbein.

Britisch-Guayana: Demerara.

19. **N. ernsti** Poc. 1891 *N. e.*, Pocock in: Ann. nat. Hist., ser. 6 *v.* 8 p. 161 | 1893 *N. e.*, Pocock in: J. Linn. Soc. London, *v.* 24 p. 468 | 1896 *Scolopendrides e.*, Pocock in: Biol. Centr.-Amer., Chilop. p. 30 | 1903 *Newportia e.*, Kraepelin in: Mt. Mus. Hamburg, *v.* 20 p. 85 f. 38, 39 | 1914 *N. e.*, Chamberlin in: Bull. Mus. Harvard, *v.* 58 p. 166 t. 2 f. 5.

Länge 40 mm. Scherbengelb, Kopf dunkler rostrot. Kopf ziemlich grob punktiert mit 2 von hinten bis zum Vorderdrittel reichenden Längsfurchen, die nahe dem Hinterrande von einer zarten Querfurche gekreuzt werden (Fig. 376). Antennen 17gliedrig, 2—3 Grundglieder länger beborstet. Kieferfußhüften vorn zweibogig mit wulstigem Rand. 1. Tergit mit Ringfurche und 2 parallelen, ungegabelten Längsfurchen, die vom Vorderrand bis zum Hinterrand ziehen, ohne Mediangrube. 2.—22. Tergit mit Paramedianfurchen, 5.—21. auch mit Lateralfurchen, vom 5. oder 6. an ein flacher Mediankiel nicht immer deutlich. Sternite mit vorn und hinten abgekürzter Medianfurche und einfachen Seitenfurchen, in der hinteren Körperhälfte mit feiner Querfurche im hinteren Drittel; letztes Sternit hinten gestutzt oder ± ausgerandet. Gehbeine beborstet, Tibia mit ventralem und lateralem Sporn. Tarsus des 1.—21. Paares 1gliedrig, mit Ventralsporn, des 22. Paares 2gliedrig. Präfemur, Femur und Tibia der Endbeine gleich lang, Präfemur im Quer-

Fig. 376. **Newportia ernsti** Poc. Vorderende.

schnitt dreieckig, Unterkante mit Längsreihe von 6 Dornen, dorsal-medial mit einer Reihe winziger Dörnchen; Femur ventral mit 1—2 Dörnchen. 1. Tarsus halb so lang und fast ebenso dick wie die Tibia, deutlich vom undeutlich gegliederten 2. Tarsus abgesetzt (Fig. 377). Stigmen winzig.

Venezuela: Caracas; Brasilien: Pernambuco; St. Vincent.

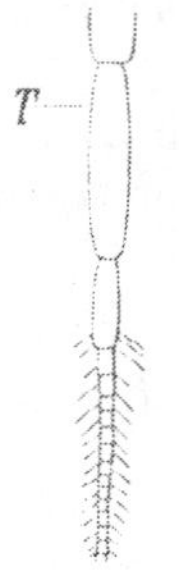

Fig. 377.
Newportia ernsti Poc.
Endbein.

20. **N. stolli** (Poc.) 1896 *Scolopendrides s.*, Pocock in: Biol. Centr.-Amer., Chilop. p. 31 t. 3 f. 4 | 1903 *Newportia s.*, Kraepelin in: Mt. Mus. Hamburg, *v.* 20 p. 85 | 1914 *N. s.*, Ribaut in: Mém. Soc. Neuchâtel, *v.* 5 II p. 71 (? Sep. 1912).

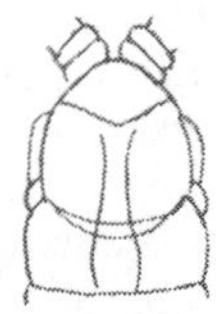

Fig. 378.
Newportia stolli (Poc.)

Länge 35 mm. Blaß kastanienbraun, die Tergite etwas beraucht. Kopf mit 2 feinen parallelen Längsfurchen in der hinteren Hälfte, ohne Querfurche (Fig. 378). Antennen kurz. Kieferfußhüften vorgezogen, winklig eingekerbt, ohne Zahnplatten. 1. Tergit mit bogiger Ringfurche und 2 ungeteilten parallelen bis an den Vorderrand durchlaufenden Längsfurchen. 2. Tergit nur vorn gefurcht, 3.—22. Tergit mit vollständigen Paramedianfurchen, Lateralfurchen (diese zuweilen erst vom 7. Tergit an) und Mediankiel. Sternite mit Medianfurche und hinten abgekürzten Seitenfurchen, letztes kaum verjüngt, hinten gestutzt. Gehbeine stark beborstet, namentlich die hinteren Paare. Tibia mit 2 bis 3 Spornen, Tarsus des 1.—21. Paares unvollkommen 2gliedrig, mit ventralem Sporn. Tarsus des 22. Paares 2gliedrig, ungespornt. Coxopleurenfortsatz leicht aufwärts gekrümmt, beborstet. Präfemur, Femur und Tibia der Endbeine gleich lang, Präfemur im Querschnitt dreieckig, auf der Unterkante mit einer Reihe von 5—7 Dornen, von denen 1—3 am Grunde stehende inkonstant sind, innen mit einigen Dörnchen; Femur in der Grundhälfte mit 1 bis 3, meist 2 ventralen Dornen. Präfemur und Femur dorsal gefurcht. 1. Tarsus halb so lang wie die Tibia; 2. Tarsus undeutlich vielgliedrig (Fig. 379).

Guatemala: Quezaltenango; Kolumbien: Bogotá, Tambo.

21. **N. paraensis** Chamb. 1914 *N. p.*, Chamberlin in: Bull. Mus. Harvard, *v.* 58 p. 166 t. 2 f. 3.

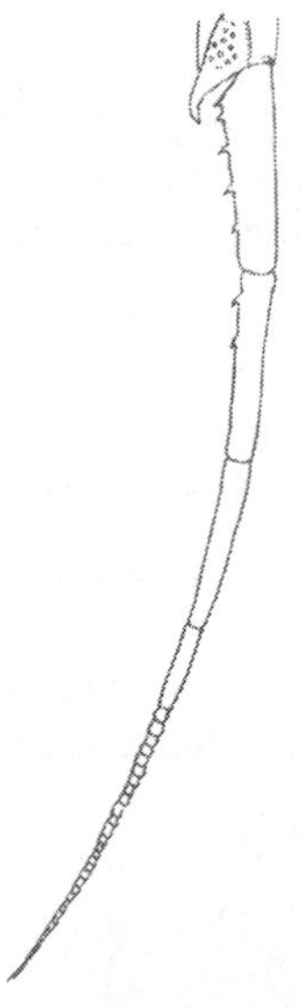

Fig. 379.
Newportia stolli (Poc.)
Endbein.

Länge 28 mm. Rötlichgelb, Kopf und 1. Tergit rotbraun. Kopf reichlich und kräftig punktiert mit 2 Längsfurchen von hinten bis zur Mitte ohne hintere Querfurche; vorn mit kurzer Medianfurche. Antennen kurz, 16- oder 17gliedrig, die ersten 2 spärlicher beborstet. Kieferfußhüften mit 2 breiten, kurzen, leicht konvexen Zahnplatten. 1. Tergit mit halbkreisförmiger Ringfurche und 2 parallelen, den Vorderrand erreichenden Längsfurchen. 2. Tergit mit 2 kurzen Paramedianfurchen hinten, die sich jede in 2 feine divergierende Linien gabeln. Vom 3. Tergit an sind die Paramedianfurchen vollständig, vom 4. an ein Mediankiel, vom 5. an Lateralfurchen. 2.—22. Sternit mit hinten abgekürzter Medianfurche und etwas schrägen Seitenfurchen. Letztes Sternit beträchtlich breiter als lang, verjüngt, der Hinterrand median breit abgerundet, jederseits eingekerbt. Coxopleurenfortsatz lang, gerade, zerstreut kurz borstig. Präfemur der Endbeine ventral mit 6 großen Dornen und auf der Medialfläche mit etwa 18 Dörnchen in 4 Längsreihen. Femur ventral in der Grundhälfte mit 2 Dornen. 1. Tarsus ungefähr halb so lang wie die Tibia, schlanker als diese und beträchtlich dicker als der undeutlich gegliederte 2. Tarsus (Fig. 380).

Brasilien: Pará.

22. **N. amazonica** Bröl. 1904 *N. (Scolopendrides) a.*, Brölemann in: Revista Mus. Paul., *v.* 6 p. 69 t. 1 f. 3, 4 | 1914 *N. a.*, Chamberlin in: Bull. Mus. Harvard, *v.* 58 p. 165 t. 2 f. 4.

Länge 25 mm. Rotgelb bis grünlich. Antennen 17gliedrig, sehr kurz. Kieferfußhüften mit 2 kurzen

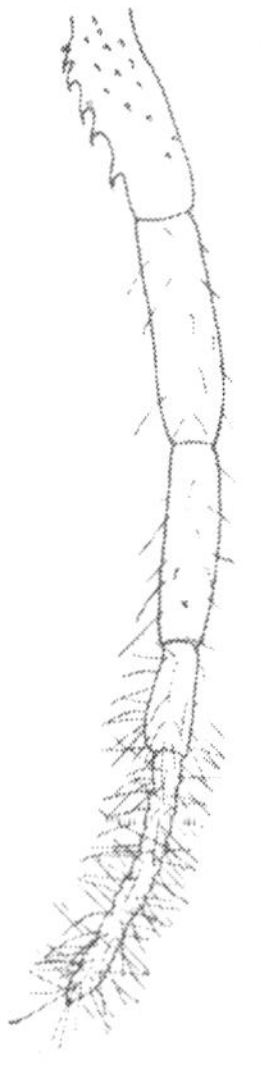

Fig. 380.
Newportia paraensis Chamb.
Endbein.

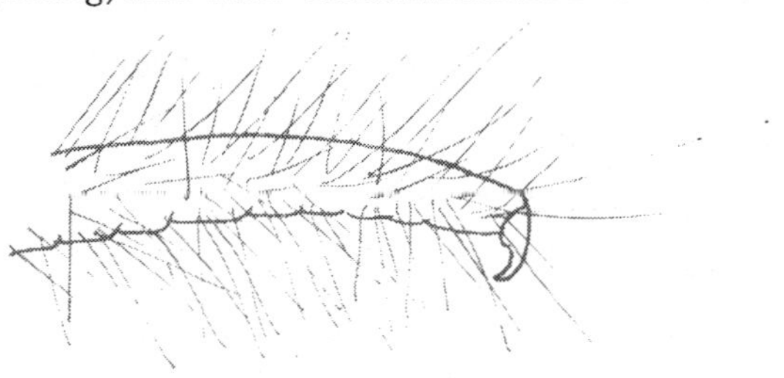

Fig. 381.
Newportia amazonica Bröl.
Endbeintarsus.

Plättchen. Tergite punktiert. 1. Tergit mit gleichmäßig gebogener Ringfurche mit 2 nicht gegabelten Längsfurchen, die vor der Ringfurche fast erloschen sind. 2.—22. Tergit mit 2 Paramedianfurchen, 3.—21. Tergit außerdem mit Lateralfurchen und flachem Mediankiel. 21. Tergit seitlich berandet, hinten gebogen und in der Mitte eingedrückt. 2.—21. Sternit mit vorn und hinten abgekürzter Medianfurche; letztes verjüngt, hinten geradlinig. Gehbeine unbedornt, fast kahl, Tarsen des 22. Paares dorsal kurzborstig. Coxopleurenfortsatz lang, beborstet, Präfemur der Endbeine ventral mit 3 oder 4 starken Dornen, oben-medial mit einer Reihe winziger Dörnchen. Femur medial nahe der Basis mit einem kräftigen Dorn. Tibia unbedornt. 1. Tarsalglied sehr lang, länger als die Tibia schlank, unregelmäßig quergerunzelt; 2. Tarsus kürzer als der erste mit etwa 15 undeutlich abgegrenzten Gliedern und starker, kurzer Endkralle (Fig. 381).

Manaos.

23. **N. unguifer** Chamb. 1921 *N. (Newportides) u.*, Chamberlin in: Occas. Papers Mus. Zool. Michigan, *v.* 4 nr. 97 p. 9 t. 2 f. 10.

Länge 18 mm. Rotbraun, Kopf mehr orangefarben. Kopf mit kurzen, die Mitte nicht erreichenden hinteren Längsfurchen ohne hintere Querfurche. Antennen 17gliedrig, relativ lang, die ersten 2 Glieder schütter beborstet, die anderen dicht. Vorderrand der Kieferfußhüften stärker vorspringend als gewöhnlich, in der Mitte mit tiefem scharfem Einschnitt. 1. Tergit mit halbkreisförmiger Ringfurche und 2 Längsfurchen, die bis zum Vorderrand reichen, also auch vor der Ringfurche. 2.—22. Tergit mit Paramedianfurchen, vom 5. an auch Lateralfurchen und ein niedriger Mediankiel. Sternite mit Medianfurche, letztes hinten in der Mitte konvex, seitlich konkav. Coxopleurenfortsatz mäßig lang, einspitzig, unbewehrt. Vordere Beine mit kleinem lateralem Tibialsporn. Präfemur, Femur und Tibia der Endbeine deutlich abgeflacht; Präfemur ventral mit 4 krummen Dornen, Femur mit 2 kleineren Dörnchen unten. 1. Tarsus ungefähr halb so lang wie die Tibia, 2. Tarsus plötzlich viel schlanker als der erste, aus 9 deutlichen Gliedern bestehend mit gut entwickelter Endkralle (Fig. 382).

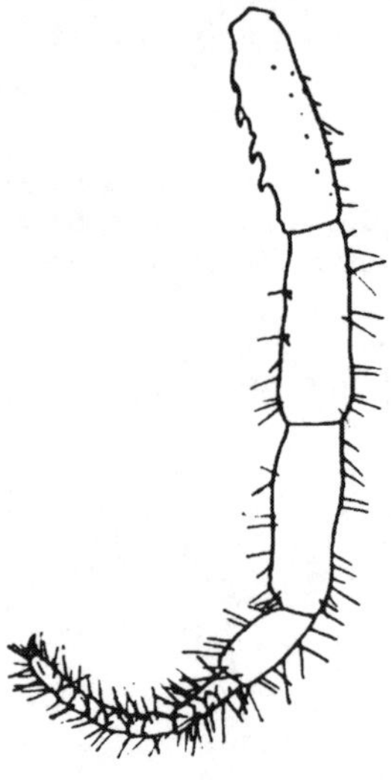

Fig. 382.
Newportia unguifer Chamb.
Endbein.

Britisch-Guayana, Dunoon, Labba Creek.

N. sulana Chamb. 1922 *N. s.*, Chamberlin in: P. U. S. Mus., *v.* 60 nr. 7 p. 6.

Hat wie *N. amazonica* und *unguifer* Krallen an den Endbeinen, doch ist sonst so gut wie nichts über diese unkenntliche Art angegeben.

N. bollmani Att. 1889 *N. longitarsis*, Bollman (nec Newp.) in: P. U. S. Mus., *v.* 11 p. 337 | 1893 *N. l.*, Bollman in: Bull. U. S. Mus., *v.* 46 p. 88.

Länge 28 mm. Rotbraun. Kopf und Hinterrand der Tergite dunkler. Kopf zerstreut punktiert, mit 2 Längsfurchen in der hinteren Hälfte. Vorderrand der Kieferfußhüften nicht vorgezogen, wulstig berandet, eingebuchtet. Tergite mit 6 Furchen. Endsternit verjüngt, hinten eingebuchtet. Endbeine sehr lang und schlank, Präfemur mit etwa 22 großen und kleinen Hakendornen in 4 oder 5 Reihen. Femur mit 2 langen Ventraldornen, beide Glieder auf der Medialseite dicht hakig-beborstet. (1. Tergit? Gliederung des 2. Tarsus?)

Kuba.

N. azteca Humb. & Sauss. [Siehe oben unter nr. 7.] 1869 *N. a.*, Humbert & Saussure in: Rev. Mag. Zool., ser. 2 *v.* 21 p. 158 | 1872 *N. a.*, Saussure & Humbert in: Miss. Mex., Part 6 sect. 2 p. 137 t. 6 f. 20.

Wahrscheinlich gleich *N. spinipes* Poc. (nr. 7).

Mexiko: Cordova.

N. bahiensis Verh. 1906 *N. b.*, C. Verhoeff in: N. Acta Ac. Leop., *v.* 86 p. 397 f. 26; p. 409 f. 32.

Nomen nudum.

12. Gen. **Tidops** Chamb.

1915 *T.*, Chamberlin in: Bull. Mus. Harvard, *v.* 59 p. 495.

23 Beinpaare. Kopf das 1. Tergit überlagernd. Antennen 13- bis 17gliedrig. Kieferfußhüften mit 1 + 1 kegelförmigen oder breiten, plattenförmigen Zähnen, die Endkralle sehr klein. Präfemur ohne Medialzahn. 1. Tergit mit Ringfurche und 2 vorn gegabelten Längsfurchen. Tergite mit Paramedianfurchen und Lateralfurchen, nur das letzte seitlich berandet. Sternite ohne oder mit deutlicher Längsfurche. Tibia der Gehbeine ohne Sporn oder mit 1—2 Spornen. Tarsen des 1.—21. Beinpaars ungeteilt. Coxopleuren mit langem, einspitzigem Fortsatz und Porenfeld. Präfemur und Femur der Endbeine bedornt; 2. Tarsus in mehrere, deutlich abgesetzte, sekundäre Gliedchen geteilt, ohne Endklaue.

Grenada, Britisch-Guayana.

Typus: *T. simus* Chamb.

Übersicht über die 2 Arten:

Antennen 13gliedrig. Kieferfußhüftzähne zylindrisch. 2. Tarsus der Endbeine in 6—8 Gliedchen geteilt; Tibia ventral mit zylindrischem Fortsatz. Präfemur mit 3 ventralen Dornen. 23. Tergit mit Medianfurche	1. T. simus
Antennen 17gliedrig. Kieferfußhüftzähne breit, plattenförmig. 2. Tarsus in 23 Gliedchen geteilt. Tibia ohne Fortsatz, Präfemur mit 4 starken Ventraldornen. 23. Tergit ohne Medianfurche	2. T. echinopus

1. **T. simus** Chamb. 1915 *T. s.*, Chamberlin in: Bull. Mus. Harvard, *v.* 59 p. 496 t. 1 f. 1—6.

Länge 19 mm. Ockergelb, Kopf und Kieferfüße dunkel rotbraun, Beine gelb. Kopf mit 2 kurzen Längsfurchen hinten (Fig. 383). Antennen 13gliedrig, 2—4 Grundglieder spärlicher beborstet. Kieferfußhüften (Fig. 384) mit zwei

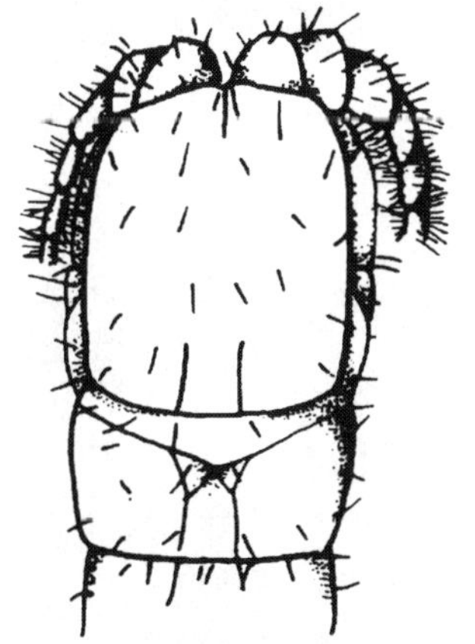

Fig. 383.
Tidops simus Chamb.

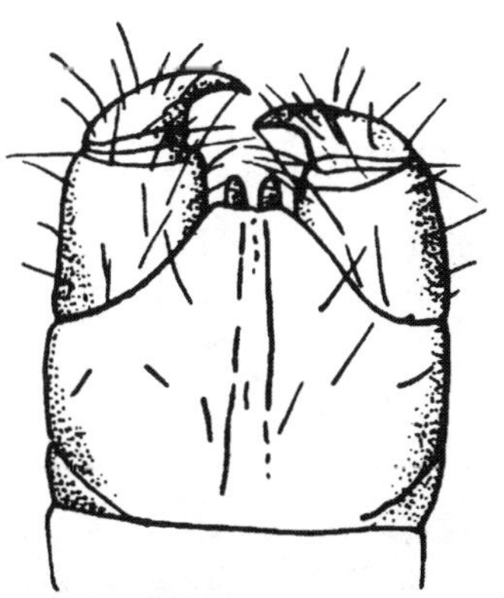

Fig. 384.
Tidops simus Chamb.
Kieferfüße.

durchlaufenden Längsfurchen, am Vorderrand 2 große zylindrische, am Ende stumpfe Zähne; Präfemur ohne Medialzahn; Ungulum sehr klein. Ringfurche des 1. Tergits in der Mitte winklig nach hinten gezogen, die Längsfurchen vorn gegabelt, eine W-Zeichnung bildend, an der Ringfurche endigend. Tergite vom 2. mit Paramedianfurchen, vom 5. mit Lateralfurchen; Mediankiel vorhanden. 23. Tergit mit Medianfurche, hinten vorgewölbt, seitlich berandet. Sternite ohne Medianfurche, mit breiter Querfurche in der Mitte. Endosternit (auf wieviel Sterniten?) ausgebildet. Letztes Sternit verjüngt, hinten eingebuchtet. Coxopleurenfortsatz unbedornt, mit einer Borste an der Basis. Die Porenarea erreicht nicht ganz den Hinter- und Seitenrand. Tibia der vorderen Beine mit einer lateralen Borste. Präfemur des 21. Beinpaars mit 2, Femur mit 1 ventralen Dorn. Präfemur und Femur des 22. Beinpaars mit je 2 ventralen Dornen, Femur auch medial mit 2 Dornen. Präfemur der Endbeine (Fig. 385) ventral mit 3 starken Dornen, medial mit 2 und oben-medial mit 5 oder 6 Dörnchen, ventral-lateral 2, auf der Lateralfläche 6 Dörnchen. Femur ventral mit 2 Dornen vor der Mitte, spärlich beborstet. Tibia unbedornt, endwärts etwas verdickt und ventral in einen zylindrischen Fortsatz ausgezogen. 1. Tarsus weniger als halb so lang wie die Tibia und schlanker als diese, endwärts keulig verdickt und ventral winklig vorragend. 2. Tarsus viel schlanker als der 1. Tarsus in 6—8 spärlich langborstige Gliedchen geteilt.

Grenada: Richmond Hill.

2. **T. echinopus** Chamb. 1921 *T. e.*, Chamberlin in: Occas. Papers Mus. Zool. Michigan, *v.* 4 nr. 97 p. 4 t. 1 f. 5; t. 2 f. 6, 7.

Länge 25 mm. Ockergelb, Kopf und Kieferfüße blaß kastanienbraun, Kopf mit 2 kurzen Längsfurchen hinten. Antennen 17gliedrig, 4 oder 5 Grundglieder spärlich beborstet. Vorderrand der Kieferfußhüften (Fig. 386) mit 2 breiten, median sich fast berührenden Zahnplatten. 1. Tergit mit Ringfurche und Längsfurchen wie bei *T. simus*. Paramedianfurchen vom 2.,

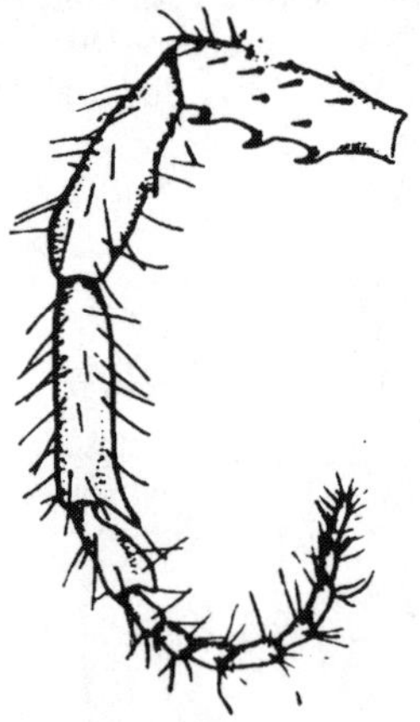

Fig. 385. **Tidops simus** Chamb. Endbein.

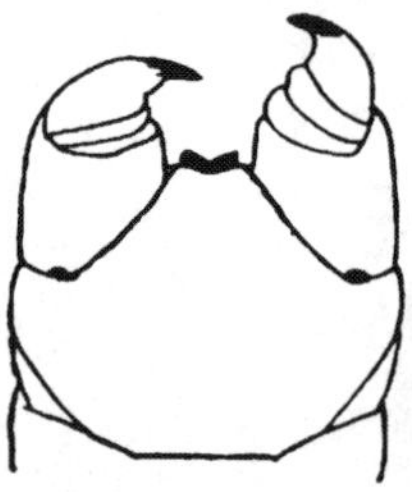

Fig. 386. **Tidops echinopus** Chamb. Kieferfüße.

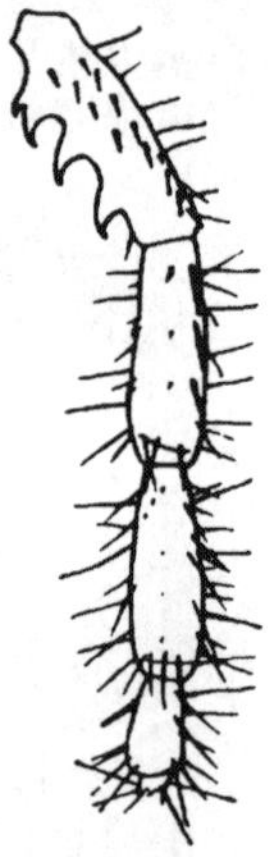

Fig. 387. **Tidops echinopus** Chamb. Endbein.

Lateralfurchen vom 3. Tergit an. Kein Mediankiel. 23. Tergit ohne Medianfurche, hinten in der Mitte gestutzt, jederseits eingebuchtet. Sternite im hinteren Teil des Schildes mit tiefer Medianfurche. Letztes Sternit hinten eingebuchtet. Coxopleurenfortsatz mäßig lang, seitlich nicht bedornt. Tarsen der vorderen Beine ungeteilt; Tibia mit starkem vorderem und schwächerem ventralem Sporn. Präfemur der Endbeine mit 4 starken Dornen ventral; auf der Medialfläche eine Reihe von 5, auf der Lateralfläche eine Reihe von 7 Dornborsten, oben-medial eine Reihe von 11 oder 12 Dornborsten. Femur ventral mit 2, auf der Medialseite nahe der Basis mit 1 Dorn. Tibia am Ende unten nicht vorgezogen. 1. Tarsus viel dicker als der 2., endwärts keulig verdickt. 2. Tarsus in 23 Gliedchen geteilt (Fig. 387).

Britisch-Guayana, Dunoon, Labba Creek.

Die folgenden systematischen Kategorien haben zu entfallen, da darin nicht näher verwandte Gattungen zusammengefaßt sind:

1. 1845 Subfam. **Scolopendrinae,** Newport in: Tr. Linn. Soc. London, *v.* 19 p. 377 (Genera: *Scolopendra, Scolopocryptops, Theatops*).

2. 1845 **Heterostominae,** Newport in: Tr. Linn. Soc. London, *v.* 19 p. 410 (Genera: *Branchiostoma, Heterostoma, Scolopendropsis*) | 1872 *Heterostomiens*, Saussure & Humbert in: Miss. Mex., Part 6 sect. 2 p. 120 (Genera: *Heterostoma, Branchiostoma, Dacetum*) | 1881 Tribus *Scolopendridae Heterostomini*, Kohlrausch in: Arch. Naturg., *v.* 47 I p. 52 (Genera: *Heterostoma, Branchiostoma, Trematoptychus*).

3. 1847 **Scolopendrides cribrifères,** P. Gervais in: Walckenaer, Hist. Apt., *v.* 4 p. 243 *(Heterostoma)* | 1881 *Scolopendridae cribriferi*, Kohlrausch in: Arch. Naturg., *v.* 47 I p. 52 *(Scolopendridae Heterostomini + Scolopendridae anchistrophi).*

4. 1847 **Scolopendrides morsicantes,** P. Gervais in: Walckenaer, Hist. Apt., *v.* 4 p. 243 (Genera: *Scolopendra, Monops, Cryptops*) | 1881 Subfam. *Scolopendridae morsicantes*, Kohlrausch in: Arch. Naturg., *v.* 47 I p. 52 (Genera: *Cormocephalus, Rhombocephalus, Theatops, Scolopendra*).

5. 1847 **Scolopendrides heteropodes,** P. Gervais in: Walckenaer, Hist. Apt., *v.* 4 p. 243 (Genera: *Scolopendropsis, Scolopocryptops. Newportia*) | 1872 *Scolopendropsiens*, Saussure & Humbert in: Miss. Mex., Part 6 sect. 2 p. 120 | 1881 Subfam. *Scolopendridae heteropodes*, Kohlrausch in: Arch. Naturg., *v.* 47 I p. 52 | 1893 *Scolopendropsinae*, Bollman in: Bull. U. S. Mus., *v.* 46 p. 165, 166 (Genera: *Scolopocryptops, Otocryptops, Newportia, Scolopendropsis*).

6. 1872 Tribus **Scolopendriens,** Saussure & Humbert in: Miss. Mex., Part 6 sect. 2 p. 120 (Genera: *Cormocephalus, Scolopendra, Cryptops, Theatops, Monops*).

7. 1881 Tribus **Scolopendridae anchistrophi,** Kohlrausch in: Arch. Naturg., *v.* 47 I p. 52 (Genera: *Branchiotrema, Alipes, Cupipes*).

8. 1906 Superfam. **Scolopendrina,** C. Verhoeff in: N. Acta Ac. Leop., *v.* 86 p. 431 | 1907 Superfam. *S.*, C. Verhoeff in: Bronn, Kl. Ordn., *v.* 5 II p. 247 (Familien: *Scolopocryptidae* und *Scolopendridae*).

9. 1906 Fam. **Scolopocryptidae,** C. Verhoeff in: N. Acta Ac. Leop., *v.* 86 p. 433 | 1907 Fam. *S.*, C. Verhoeff in: Bronn, Kl. Ordn., *v.* 5 II p. 248 (Subfam. *Scolopocryptinae, Anodontostominae, Otostigminae, Ethmostigminae*).

Folgende Namen bezeichnen unnötige Abspaltungen von geltenden höheren Gruppen:

1. 1845 **Cormocephalinae,** Newport in: Tr. Linn. Soc. London, *v.* 19 p. 419.

2. 1893 Subfam. **Plutoniinae,** Bollman in: Bull. U. S. Mus., *v.* 46 p. 165 | 1906 *Plutoniidae*, C. Verhoeff in: N. Acta Ac. Leop., *v.* 86 p. 433 | 1907 *P.*, C. Verhoeff in: Bronn, Kl. Ordn., *v.* 5 II p. 248.

3. 1896 **Newportiidae,** Pocock in: Biol. Centr.-Amer., Chilop. p. 29 | 1906 *N.*, C. Verhoeff in: N. Acta Ac. Leop., *v.* 86 p. 432 | 1907 *N.*, C. Verhoeff in: Bronn, Kl. Ordn., *v.* 5 II p. 247.

4. 1895 Subfam. **Alipedinae,** Pocock in: Biol. Centr.-Amer., Chilop. p. 18 | 1906 Tribus *Alipedini*, C. Verhoeff in: N. Acta Ac. Leop., *v.* 86 p. 435 | 1907 *A.*, C. Verhoeff in: Bronn, Kl. Ordn., *v.* 5 II p. 255.

5. 1906 **Theatopsidae,** C. Verhoeff in: N. Acta Ac. Leop., *v.* 86 p. 432 | 1907 *T.*, C. Verhoeff in: Bronn, Kl. Ordn., *v.* 5 II p. 248. (Für *Theatops*: *Theatopsidae* und *Plutoniidae* bilden bei Verhoeff die Superfam. *Theatopsina*, hier = Subfam. *Theatopsinae;* oben p. 249).

6. 1906 Subfam. **Scolopendropsinae,** C. Verhoeff (nec Bollman) in: N. Acta Ac. Leop., *v.* 86 p. 435 | 1907 *S.*, C. Verhoeff in: Bronn, Kl. Ordn., *v.* 5 II p. 258 | 1914 Tribus *Scolopendropsini*, Attems in: Arch. Naturg., *v.* 80 A. 4 p. 101.

7. 1906 Tribus **Rhysidini,** C. Verhoeff in: N. Acta Ac. Leop., *v.* 86 p. 435 (Genera: *Rhysida, Ethmostigmus*).

Alphabetisches Register

Nomenclator generum et subgenerum

von C. Apstein

Alipes Imhoff in: Verh. Ges. Basel, *v.* 1 p. 120. 1854. Sp.: *A. multicostis.*

Alluropus Silvestri in: Boll. Laborat. Zool. Portici, *v.* 6 p. 43. 1912. Sp.: *A. Demangei.*

Anethops Chamberlin in: P. Ac. Philad., *v.* 54 p. 39. 1902. Sp.: *A. occidentalis.*

Anodontastoma Tömösváry in: Termész. Füzetek, *v.* 6 p. 162. 1883. Sp.: *A. octosulcatum.*

Anodontostoma pro: *Anodontastoma* Tömösváry E. Haase in: Abh. Mus. Dresden, nr. 5 p. 95. 1887.

Anodontostoma Bleeker in: Verh. Batav. Genoot., *v.* 22 Madura p. 6, 8, 15. 1849. Pisc.

Arrhabdotus nom. nov. [pro: *Anodontostoma* (Tömösváry) Haase] Attems in: Tierreich, *v.* 54 p. 9, 198. 1930. Sp.: *A. octosulcatus.*

Arthrorhabdinus subgen. C. Verhoeff in: Bronn, Kl. Ordn., *v.* 5 II p. 262. 1907. Sp.: *Arthrorhabdus (A.) pygmaeus.*

Arthrorhabdus Pocock in: Ann. nat. Hist., ser. 6 *v.* 7 p. 221. 1891. Sp.: *A. formosus.*

Asanada Meinert in: P. Amer. phil. Soc., *v.* 23 p. 189. 1886. Sp.: *A. brevicornis.*

Branchiostoma Newport in: Tr. Linn. Soc. London, *v.* 19 p. 411. 1845. Sp.: *B. lithobioides, longipes, nuda, spinicauda.*

Branchiostoma O. Costa, Cenni zool., p. 49. 1834.

Branchiotrema Kohlrausch, Beitr. Scolopendr., p. 22. 1878. Sp.: *B. multicarinatum, astenon, lusonicum, calcitrans, tuberculatum, scabricauda.*

Calcaria subgen. Porat in: Bih. Svenska Ak., *v.* 4 nr. 7 p. 10. 1876. Sp.: *Scolopendra (C.) calcarata.*

Campylostigmus Ribaut in: N. Caledonia, *v.* 3 I p. 37. 1923. Sp.: *C. crassipes, biseriatus, consobrinus, orientalis, decipiens.*

Chromatanops C. Verhoeff in: N. Acta Ac. Leop., *v.* 86 p. 389. 1906. Sp.: *C. bivittatus.*

Collaria subgen. Porat in: Bih. Svenska Ak., *v.* 4 nr. 7 p. 4. 1876. Sp.: *Scolopendra (C.) gigantea, cristata, crudelis, nitida, heros, otomita.*

Colobopleurus Kraepelin in: Mt. Mus. Hamburg, *v.* 20 p. 169, 182. 1903. Sp.: *C. devylderi, parcespinatus.*

Cormocephalus Newport in: Tr. Linn. Soc. London, *v.* 19 p. 275, 419. 1844/5. Sp.: *C. rubriceps, lobidens, aurantiipes, obscurus, foecundus, Westwoodi, ambiguus, ? miniatus, subminiatus, pallipes, violaceus, lineatus, Guildingii.*

Cryptops Leach in: Tr. Linn. Soc. London, *v.* 11 p. 384. 1815. Sp.: *C. hortensis.*

Cupipes Kohlrausch, Beitr. Scolopendr., p. 10, 23. 1878. Sp.: *C. amphieurys, microstoma, Graecus, lineatus, Brasiliensis, clavipes.*

Daceton Perty, Delect. An. artic., fasc. 3 p. 136. 1833. Hym.

Dacetum pro: *Daceton*, Perty 1833. L. Agassiz, Nomencl. zool., Index p. 115. 1846.

Dacetum C. L. Koch in: Koch-Panzer, Krit. Revis., *v.* 3 p. 156. 1847.

Digitipes Attems in: Tierreich, *v.* 54 p. 9, 167. 1930. Sp.: *D. verdascens.*

Edentistoma Tömösváry in: Termész. Füzetek, *v.* 5 p. 229. 1882. Sp.: *E. octosulcatum.*

Ethmophorus Pocock in: Ann. nat. Hist., ser. 6 *v.* 7 p. 58. 1891. Sp.: *E. monticola.*

Ethmostigmus Pocock in: Ann. nat. Hist., ser. 7 *v.* 1 p 327. 1898. Sp.: *E. platycephalus.*

Eucorybas Gerstaecker in: Ent. Zeit. Stettin, *v.* 15 p. 310. 1854. Sp.: *E. crotalus.*

Eurylithobius A. G. Butler in: Ann. nat. Hist., ser. 4 *v.* 17 p. 446. 1876. Sp.: *E. Slateri.*

Hemicormocephalus Kraepelin in: Mt. Mus. Hamburg, *v.* 20 p. 169, 211. 1903. Sp.: *H. multispinus.*

Hemiscolopendra Kraepelin in: Mt. Mus. Hamburg, *v.* 20 p. 169, 212. 1903. Sp.: *H. chilensis, laevigata, michaelseni, platei, punctiventris.*

Heterostoma Hartmann, Erd-Süßw. Gasterop., p. 177. 1843. Moll.

Heterostoma Newport in: Tr. Linn. Soc. London, *v.* 19 p. 413. 1845. Sp.: *H. trigonopoda, spinosa, ? fasciata, platycephala, sulcidens, sulcicornis, flava, megacephala, ? spinulosa, elegans, fulvipes.*

Kartops Archey in: Rec. Canterbury Mus., *v.* 2 p. 113. 1923.

Kethops Chamberlin in: Ann. ent. Soc. Amer., *v.* 5 p. 154. 1912. Sp.: *K. utahensis.*

Mimops Kraepelin in: Mt. Mus. Hamburg, *v.* 20 p. 31, 62. 1903. Sp.: *M. orientalis.*

Monops Walckenaer, Hist. Apt., *v.* 4 p. 243. 1847. Sp.: *Cryptops nigra* (p. 242, 294).

Newportia P. Gervais in: Walckenaer, Hist. Apt., *v.* 4 p. 298. 1847. Sp.: *N. longitarsis.*

Newportides subgen. Chamberlin in: Occas. Papers Mus. Zool. Michigan, *v.* 4 Nr. 97 p. 9. 1921. Sp.: *Newportia (N.) unguifer.*

Opisthemega H. C. Wood in: J. Ac. Philad., ser. 2 *v.* 5 p. 35. 1862. Sp.: *O. postica, spinicauda.*

Otocryptops E. Haase in: Abh. Mus. Dresden, nr. 5 p. 96. 1887. Sp.: *O. rubiginosa.*

Otostigma pro: *Otostigmus* Porat 1876. Meinert in: Vidensk. Meddel., *v.* 36—38 p. 118. 1886.

Otostigmus Porat in: Bih. Svenska Ak., *v.* 4 nr. 7 p. 18. 1876. Sp.: *O. orientalis, scaber, carinatus, rugulosus, spinosus, inermis, appendiculatus.*

Paracryptops Pocock in: Ann. nat. Hist., ser. 6 *v.* 7 p. 227. 1891. Sp..: *P. Weberi.*

Parotostigmus Pocock in: Biol. Centr.-Amer., (Chilop.) p. 25. 1896. Sp.: *P. denticulatus.*

Pithopus*) pro: *Rhoda*, Meinert 1886 (nom. praeocc. [sic!]) Pocock in: Ann. nat. Hist., ser. 6 *v.* 7 p. 223. 1891. Sp.: *P. inermis, calcaratus.*

Plutonium Cavanna in: Bull. Soc. ent. Ital., *v.* 13 p. 169. 1881. Sp.: *P. Zwierleini.*

Pseudocryptops Pocock in: Ann. nat. Hist., ser. 6 *v.* 7 p. 225. 1891. Sp.: *P. Walkeri.*

Psiloscolopendra Kraepelin in: Mt. Mus. Hamburg, *v.* 20 p. 169, 217. 1903. *P. feae.*

Ptychotrema Peters in: Monber. Ak. Berlin, p. 82. 1855. Sp.: *P. afrum.*

Rhadinoscytalis Attems in: Voy. zool. Gadeau de Kerville Syrie, *v.* 1 p. 244. 1926. Sp.: *R. clavipes, dalmatica, canidens.*

Rhoda Meinert in: P. Amer. phil. Soc., *v.* 23 p. 188. 1886. Sp.: *R. thayeri.*

Rhombocephalus Newport in: Tr. Linn. Soc. London, *v.* 19 p. 275, 425. 1844, 1845. Sp.: *R. viridifrons, Gambiae, parvus, politus, brevis.*

Rhysida H. C. Wood in: J. Ac. Philad., ser. 2 *v.* 5 p. 40. 1862.

Scolopendra Linné, Syst. Nat., ed. 10 p. 637. 1758. Sp.: *S. lagura, coleoptrata, forficata, gigantea, morsitans, electrica, phosphorea, occidentalis, marina.*

Scolopendropsis subgen. J. F. Brandt in: Bull. Ac. St.-Pétersb., *v.* 7 p. 24. 1840. Sp.: *Scolopendra (S.) bahiensis.*

Scolopocryptops Newport in: Tr. Linn. Soc. London, *v.* 19 p. 275, 405. 1844, 1845. Sp.: *S. Miersii, melanostoma, ferruginea, 6-spinosa, longitarsis.*

Theatops Newport in: Tr. Linn. Soc. London, *v.* 19 p. 275, 409. 1844, 1845. Sp.: *T. postica.*

Tidops Chamberlin in: Bull. Mus. Harvard, *v.* 59 p. 495. 1915. Sp.: *T. simus.*

Trachycormocephalus Kraepelin in: Mt. Mus. Hamburg, *v.* 20 p. 169, 218. 1903. Sp.: *T. mirabilis, afer.*

Trematoptychus Peters, Reise Mossamb., *v.* 5 p. 529. 1862.

Trigonocryptops C. Verhoeff in: N. Acta Ac. Leop., *v.* 86 p. 390. 1906. Sp.: *T. gigas, bottegi, numidicus.*

*) Der Name *Rhoda* ist nicht durch *Rhode* Simon 1882 und durch *Rhodea* Adams 1857 praeokkupiert, wie Pocock angibt.

Kolibri 360 GmbH
Ferdinand-Jühlke-Straße 7
99095 Erfurt, Deutschland
produktsicherheit@kolibri360.de